Torge · Geschichte der Geodäsie in Deutschland

Wolfgang Torge

Geschichte der Geodäsie in Deutschland

Walter de Gruyter · Berlin · New York

Prof. (em.) Dr.-Ing. Wolfgang Torge
Institut für Erdmessung
Universität Hannover
Schneiderberg 50
30167 Hannover

Das Buch enthält 296 Abbildungen.

⊗ Gedruckt auf säurefreiem Papier,
das die US-ANSI-Norm über Haltbarkeit erfüllt.

ISBN 978-3-11-019056-4

Bibliografische Information der Deutschen Nationalbibliothek

Die Deutsche Nationalbibliothek verzeichnet diese Publikation in der Deutschen Nationalbibliografie; detaillierte bibliografische Daten sind im Internet über http://dnb.d-nb.de abrufbar.

Printed in Germany.
Einbandgestaltung: Rudolf Hübler, Berlin.
Druck und buchbinderische Verarbeitung: Hubert & Co. GmbH & Co. KG, Göttingen.

Vorwort

Die Geodäsie hat in den letzten fünfzig Jahren einen radikalen Umbruch erfahren, der durch den technologischen Fortschritt ausgelöst und von ihm bestimmt wurde. Modellbildung, Datenerfassung, Datenverarbeitung und Darstellung der Ergebnisse haben sich wesentlich verändert und zu einer weitgehenden Abkehr von den klassischen Methoden des Vermessungswesens geführt. Der heutige Wandel lässt sich durchaus mit der Umbruchszeit des 17. und 18. Jahrhunderts vergleichen, in der nach einer rund 2000-jährigen Entwicklung eine „moderne" Geodäsie entstand. Der Autor hat den gegenwärtigen Umbruch seit den 1950er Jahren miterlebt und in Praxis und Wissenschaft auch mitgestalten können. Dabei wuchs auch sein Interesse an der Geschichte der Geodäsie, das bereits durch seinen Lehrer Professor Großmann geweckt worden war; es verstärkte sich in den vergangenen zehn Jahren anlässlich zahlreicher geodätischer Jubiläen. Die vorliegende „Geschichte der Geodäsie" soll die lange Entwicklung dieser alten Geo- und Ingenieurwissenschaft bis zu den Mitte des 20. Jahrhunderts einsetzenden Veränderungen zusammenfassen und sie in das gesellschaftliche Umfeld einbinden. Sie konzentriert sich auf die geodätischen Arbeiten und ihre Nutzungen in Deutschland, bei angemessener Berücksichtigung der von außen wirkenden Einflüsse.

Die Monographie geht dementsprechend von den im Altertum gelegten Grundlagen der Astronomie, Geographie und Feldmesskunst aus und führt dann über die Wissensbewahrung des Mittelalters zur Entstehung der ersten Landeskarten. In der Neuzeit entwickelt sich aus der Erkenntnis des heliozentrischen Weltsystems und der ellipsoidischen Erdfigur eine eigenständige Geodäsie, die neu entwickelten Messmethoden bewähren sich auch bei den nun überall in Deutschland beginnenden Landesaufnahmen. In der Napoleonischen Zeit werden dann die Weichen zu staatlich organisierten Landesvermessungen in den deutschen Ländern gestellt, wobei durchaus unterschiedliche Strategien verfolgt werden. Ein Qualitätssprung ereignet sich mit der von deutscher Seite ausgehenden internationalen Zusammenarbeit und dem Einfluss der preußischen Landesvermessung nach der Reichsgründung. Die Anforderungen aus Verwaltung, Wirtschaft und Militär zwingen jetzt zur Vereinheitlichung der geodätischen Systeme und der Ausbildung. Diese Bemühungen setzen sich nach dem ersten Weltkrieg fort und führen zu Lösungen, die bis in die Gegenwart wirken. Mit einem Überblick über den Anfang der 1950er Jahre einsetzenden politischen und technologischen Umbruch wird diese Darstellung der „klassischen" Geodäsie in Deutschland abgeschlossen. Der Text wird durch zahlreiche Abbildungen von handelnden Personen, benutzten Instrumenten, geodätischen Netzen und darauf aufbauenden Karten illustriert, ein ausführliches Literaturverzeichnis erleichtert ein weitergehendes Studium.

Das Buch wendet sich an geschichtlich interessierte Studierende, Wissenschaftler und Praktiker des Vermessungs- und Geoinformationswesens, der Kartographie und der Geowissenschaften, aber auch an wissenschaftshistorisch Interessierte. Es soll zum Verständnis einer alten Erd- und Technikwissenschaft beitragen, die sich heute in einem grundlegenden Wandel befindet.

Der Inhalt des Buches beruht vor allem auf den intensiven Literaturrecherchen des Autors, aber auch auf seinen eigenen Arbeiten zur Entwicklung der internationalen und der nationalen Geodäsie. Er dankt den vielen Personen und Organisationen, welche Abbildungen bereitwillig und oft kostenfrei zur Verfügung gestellt haben; hierauf wird in der Abbildungsliste hingewiesen. Dankbar ist der Autor auch für viele nützliche Hinweise auf historische Fakten. Einige Netzbilder wurden am Institut für Erdmessung der Universität Hannover von Dipl.-Ing. Liliane Biskupek neu gezeichnet. Eine wesentliche Unterstützung bei der Text- und vor allem der Bildverarbeitung leistete wiederum Dipl.-Ing. Wolfgang Paech; für diese Hilfe wird gedankt. Die gute Zusammenarbeit mit dem Verlag setzte sich auch bei der Erstellung dieses Buches fort, hierfür dankt der Autor Dr. Robert Plato und den Mitarbeitern bei Walter de Gruyter. Schließlich danke ich meiner Frau Renate für Ihr Verständnis auch bei diesem Buchprojekt und die sorgfältige Korrekturlesung.

Hannover, im Februar 2007 Wolfgang Torge

Inhaltsverzeichnis

1 Einführung

1.1 Zielsetzung

Die Geodäsie ist nach der klassischen Definition von Friedrich Robert Helmert (1880) die „Wissenschaft von der Ausmessung und Abbildung der Erdoberfläche". Ihre Zielsetzung lässt sich in leichter Erweiterung zu Torge (2003) heute folgendermaßen beschreiben: *„Die Geodäsie hat die Aufgabe, die Figur und das äußere Schwerefeld der Erde und anderer Himmelskörper sowie deren Orientierung im Raum als Funktion der Zeit aus Beobachtungen auf den Oberflächen und außerhalb dieser Körper zu bestimmen"*. Die Geodäsie zählt damit sowohl zu den Geowissenschaften als auch zu den Ingenieurwissenschaften, ihre Entwicklung wird durch die Fortschritte in Mathematik, Physik und Technik bestimmt. Mit einer über 2000-jährigen Geschichte gehört die Geodäsie neben der Astronomie und der Geographie zu den ältesten Wissenschaften, welche sich mit dem Planeten Erde befassen, ihre Entwicklung wird u. a. in Perrier (1949), Bachmann (1965) und Bialas (1982) ausführlich behandelt.

Der im englischen und französischen Sprachraum üblichen Einteilung folgend, werden wir hier im Wesentlichen nur die Erdmessung und die Landesvermessung betrachten, also die globalen und regionalen Aufgabenstellungen der Geodäsie. Die Ergebnisse dieser großräumigen Vermessungen dienen einerseits der wissenschaftlichen Zielsetzung der Bestimmung von Größe und Gestalt der Erde einschließlich ihrer Orientierung im Raum und ihrer zeitlichen Veränderungen, andererseits liefern sie die Grundlagen für die Positionsbestimmung und Navigation, die Entwicklung von Landeskartenwerken, den Aufbau von Liegenschaftskatastern und Geoinformationssystemen sowie die Durchführung von Ingenieurprojekten. Die Geodäsie ist damit in die gesellschaftliche, wissenschaftliche und technische Entwicklung der jeweiligen Zeit eingebettet und von dieser abhängig, hierauf wird in den jeweiligen Epochen einzugehen sein. Dabei werden auch die Zusammenhänge zwischen den geodätischen Produkten und den oben genannten Anwendungsfeldern sichtbar werden.

Eine Darstellung der Geschichte der Geodäsie in *Deutschland* ist besonders reizvoll, da hier wegen der seit dem Mittelalter bestehenden territorialen Zersplitterung und der häufigen politischen Veränderungen eine Vielzahl von unterschiedlichen theoretischen und praktischen Ansätzen zur Lösung der geodätischen Aufgaben zu finden ist. Dabei bestehen naturgemäß enge Querverbindungen zu Entwicklungen außerhalb Deutschlands, die deutschen Beiträge zur Entwicklung der Erdmessung sind überhaupt nur im internationalen Zusammenhang zu sehen. Andererseits haben die Resultate der Landesvermessungen häufig auch zu den globalen Aufgaben der Erdmessung beigetragen.

In der Geodäsie lassen sich – wie in vielen anderen Gebieten – wesentliche Grundlagen theoretischer und praktischer Art auf im Altertum gewonnene Erkenntnisse und dort entwickelte Verfahren und hier im Wesentlichen auf den sumerisch-babylonischen, den ägyptischen und den griechisch-hellenistischen Kulturkreis zurückführen. Nicht betrachtet werden die außerhalb des Mittelmeerraumes gelegenen Hochkulturen in China, Indien und Amerika, da ihr Einfluss auf die Entwicklung der Geodäsie in Deutschland gering bleibt oder gar nicht vorhanden ist. Durch Byzanz und die Araber bewahrt, wird das antike Wissen im Mittelalter in den europäischen Kulturkreis hineingetragen. Die stark anwendungsbezogenen vermessungstechnischen Arbeiten im Römischen Reich haben aber ebenfalls ihre Spuren in der Entwicklungsgeschichte der Geodäsie in Europa und in Deutschland hinterlassen. Mit dem von der Astronomie und Physik begründeten neuen Weltbild, der zunehmenden Entwicklung des Handels und dem allmählichen Entstehen politischer Einheiten finden wir im späten Mittelalter und in der frühen Neuzeit auch in Deutschland Vorläufer der „modernen" Geodäsie. Deren Beginn kann dann mit den berühmten französischen Gradmessungen zur Bestimmung der Erdfigur und den ersten auf einer trigonometrischen Grundlage beruhenden Landesvermessungen auf das 18. Jahrhundert datiert werden. Im 19. Jahrhundert bildet sich schließlich die Geodäsie als eigenständige wissenschaftliche Disziplin heraus, Deutschland leistet hierbei in Erd- und Landesvermessung wesentliche Beiträge. Mit dem Vordringen der geodätischen Raumverfahren findet in der zweiten Hälfte des 20. Jahrhunderts eine immer stärkere „Globalisierung" der Geodäsie statt, die nationalen Bezugssysteme gehen nun in einem global definierten geodätischen Standard auf.

Die folgende „Geschichte der Geodäsie" geht dementsprechend vom Altertum aus und führt über das Mittelalter und die frühe Neuzeit mit immer stärkerer Konzentration auf Deutschland zu den Landesvermessungen des 18. bis 20. Jahrhunderts. Diese werden ausführlich beschrieben, dabei wird auch der Zusammenhang mit der Erdmessung und die praktische Nutzung für die Herstellung geographischer und topographischer Karten und den Aufbau von Liegenschaftskatastern herausgestellt. Die in der neueren Literatur gut dokumentierte und die Geodäsie radikal verändernde Entwicklung seit der Mitte des 20. Jahrhunderts wird nur zusammenfassend beschrieben.

Von den vorliegenden umfassenden Darstellungen zur Entwicklung der Geodäsie in Deutschland sei hier vor allem Jordan–Steppes (1882) genannt, eine nützliche Zusammenstellung von Fakten und Daten findet sich bei Scheel u. Mohr (1978). Suckow u. Ellerhorst (1932) geben einen Überblick über das deutsche Vermessungswesen um 1930, und im Planheft (1944) wird der Stand der Landesvermessung zu Beginn der 1940er Jahre beschrieben; beide Zusammenstellungen enthalten auch Erläuterungen zu den historischen Entwicklungen seit dem 19. Jahrhundert. Spezialliteratur ist u. a. mit Hilfe der „Bibliographie zur Geschichte des Vermessungswesens" (Grewe 1984/1992, Labicki u. Resnik 2004) und mit den jährlichen Literaturübersichten (bis 2000) in der Zeitschrift für Vermessungswesen (ZfV – Zeitschrift für Geodäsie, Geoinformation und Landmanagement) zu finden. Als Beispiel für die Entwicklung der Geodäsie in unserem westlichen Nachbarland sei schließlich auf eine instruktive Darstellung der „französischen" Geodäsie hingewiesen (Levallois 1988). Zur Geschichte der Astronomie verweisen wir auf Wolf (1890/1892), Bialas (1998) und Hamel (1998). Die Geschichte der

Kartographie wird u. a. in Arnberger u. Kretschmer (1975) und in Bagrow u. Skelton (1985) behandelt.

1.2 Zu den Begriffen „Geodäsie" und „Landesvermessung"

Der bei den Griechen geprägte Begriff „Geodäsie" erfährt bis zu der heutigen Definition mehrfach inhaltliche Änderungen, die auch eine geschichtliche Darstellung tangieren. Hierauf und auf den hier ebenfalls durchgehend benutzten Begriff „Landesvermessung" soll kurz eingegangen werden.

Das Wort *Geodäsie* ($\gamma\eta$ = Erde, $\gamma\varepsilon\omega\delta\alpha\acute{\iota}\sigma\acute{\iota}\alpha$ = Erdteilung, Landverteilung) erscheint erstmals bei Aristoteles (384–322 v. Chr.) im 2. Buch der Metaphysik (Schmidt 1935). Es bedeutet jede Art von praktischer Messung einschließlich der Vermessung von Oberflächen und Körperinhalten. Als Anwendung der *Geometrie* ($\gamma\varepsilon o\mu\varepsilon\tau\rho\iota\alpha$ = Erdmessung) hat die Geodäsie als „freie Kunst" dabei einen geringeren Stellenwert als die „reine Mathematik". Auch als *„Praktische Geometrie"* bezeichnet, bleibt diese Erklärung als „Feldmesskunst" im Mittelalter und in der Neuzeit bis in das 18. Jahrhundert hinein üblich. Sie umfasst die Feldmessung einschließlich der Grenzfestlegung und die im Bau- und Kriegswesen benötigten Vermessungen. Die Vermessung großer Teile der Erde und ihre Abbildung zählt dagegen zur *„Mathematischen Geographie"*, also der „Erdbeschreibung" (Schmidt 1828). Anfang des 19. Jahrhunderts wird dann im deutschen Sprachraum der Begriff der Geodäsie erweitert und zwischen der „höheren" und der „niederen" Geodäsie unterschieden. Die „höhere" Geodäsie umfasst nun mit der *Erdmessung* und der *Landesvermessung* die großräumigen Aufgabenstellungen, bei denen die Krümmung der Erdoberfläche und das Schwerefeld nicht vernachlässigt werden dürfen. Dies entspricht der international und im englischen Sprachraum üblichen Definition der *„geodesy"*.

Zu Beginn der Neuzeit findet sich z. B. bei Conrat von Ulm (Straßburg 1579) die Formulierung *„Geodaesia, das ist von gewisser und bewährter Feldmessung"* (Bialas 1970), und auch Anfang des 19. Jahrhunderts definiert Klügel (1805, S. 311) noch folgendermaßen: *„... Geodäsie ist eigentlich derjenige Teil der praktischen Geometrie, worin die Einteilung der Felder und Ländereien nach vorgeschriebenen Verhältnissen und Maßen gelehrt wird ... Man gebraucht das Wort aber auch im weiteren Verstande für die Feldmesskunst überhaupt"*. In der Instruktion für die bayerische Landesvermessung (1808) werden die Vermessungsarbeiten in die des Trigonometers (Triangulation), des Geometers (graphische Festpunktverdichtung) und des Geodäten (Messtischaufnahme) unterschieden; 1830 erhält der bisherige Geodät die Bezeichnung Geometer, der Geometer wird zum Obergeometer. Späth (1816) unterscheidet dann bereits die „höhere" Geodäsie von der „gemeinen" oder „elementaren" Geodäsie, erstere zählt er zur höheren angewandten Trigonometrie (Abb. 1.1). Nach Decker (1836) liefert die „höhere" Geodäsie die *„Regeln zur zusammenhängenden Vermessung eines ganzen Landes"*, sie wird von der „niederen" Geodäsie oder „Feldmesskunst" unterschieden. Nach Hunaeus (1848) soll die „praktische Geometrie" den diese Wissenschaft *„Lernenden befähigen, kleinere oder größere Theile der Erdoberfläche zu messen und auf dem Papiere abzubilden ... "*, die „höhere Geodäsie" stellt sich als hiervon unterschiedener besonderer Bereich dar (Abb. 1.2). Helmert (1880) etabliert dann mit

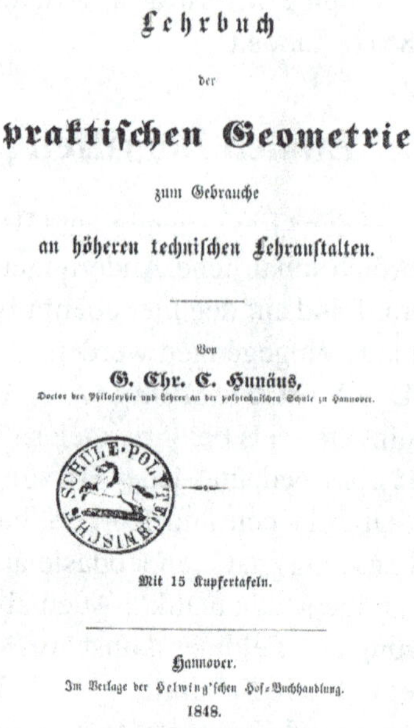

Lehrbuch
der
praktischen Geometrie
zum Gebrauche
an höheren technischen Lehranstalten.

Von
G. Chr. C. Hunäus,
Doctor der Philosophie und Lehrer an der polytechnischen Schule zu Hannover.

Mit 15 Kupfertafeln.

Hannover.
Im Verlage der Helwing'schen Hof-Buchhandlung.
1848.

Abb. 1.2. Titelseite von G. Hunäus: „Lehrbuch der praktischen Geometrie", Hannover 1848

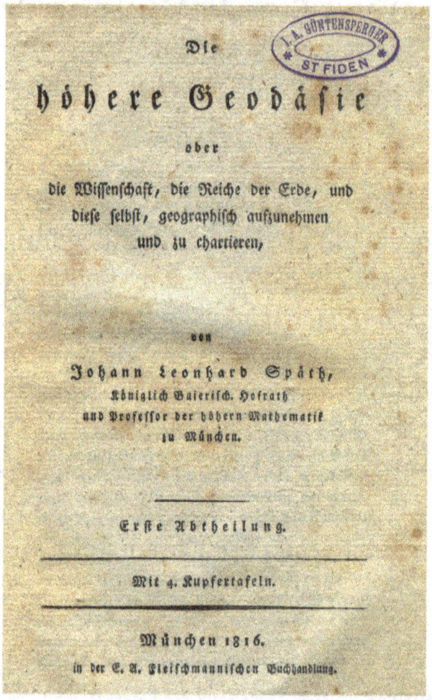

Die
höhere Geodäsie
oder
die Wissenschaft, die Reiche der Erde, und diese selbst, geographisch aufzunehmen und zu chartieren,

von
Johann Leonhard Späth,
Königlich Baierisch. Hofrath und Professor der höhern Mathematik zu München.

Erste Abtheilung.

Mit 4. Kupfertafeln.

München 1816.
in der E. A. Fleischmannischen Buchhandlung.

Abb. 1.1. Titelseite von J. L. Späth: „Die höhere Geodäsie", München 1816

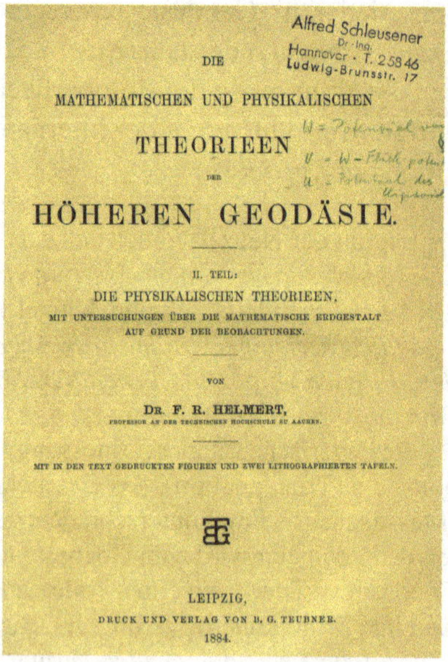

DIE
MATHEMATISCHEN UND PHYSIKALISCHEN
THEORIEEN
DER
HÖHEREN GEODÄSIE.

II. TEIL:
DIE PHYSIKALISCHEN THEORIEEN,
MIT UNTERSUCHUNGEN ÜBER DIE MATHEMATISCHE ERDGESTALT AUF GRUND DER BEOBACHTUNGEN.

VON
DR. F. R. HELMERT,
PROFESSOR AN DER TECHNISCHEN HOCHSCHULE ZU AACHEN.

MIT IN DEN TEXT GEDRUCKTEN FIGUREN UND ZWEI LITHOGRAPHIERTEN TAFELN.

LEIPZIG,
DRUCK UND VERLAG VON B. G. TEUBNER.
1884.

Abb. 1.3. Titelseite von F. R. Helmert: „Die mathematischen und physikalischen Theorien der höheren Geodäsie", Band 2, Leipzig 1884

seinem grundlegenden Werk (Abb. 1.3) die „höhere Geodäsie“ als eigenständige wissenschaftliche Disziplin, sie wird später auch im deutschen Sprachraum oft nur als „Geodäsie“ bezeichnet (Baeschlin 1948, Torge 2003). Daneben findet sich die Bezeichnung „Geodäsie“ aber auch weiterhin für den gesamten Bereich der Vermessungskunde (z. B. Jordan–Eggert 1950, S. 1).

Bei einer regional begrenzten Betrachtung der Geodäsie spielt der Begriff der *„Landesvermessung“* eine besondere Rolle. Hierunter wird zunächst die Grundlagenvermessung eines Landes verstanden, mit der das geometrische Gerüst für die anschließende topographische Aufnahme gelegt wird. Diese Detailvermessung wird zusammen mit der Herstellung der topographischen Landeskartenwerke oft auch als (topographische) *„Landesaufnahme“* bezeichnet. Meist ist unter „Landesvermessung“ bzw. „Landesaufnahme“ aber die Gesamtheit der zur geographischen und administrativen Erfassung eines Landes notwendigen und staatlicherseits durchgeführten trigonometrischen, topographischen und kartographischen Arbeiten subsumiert worden, wobei häufig auch die Katastervermessung einbezogen wurde. In den vergangenen zwei Jahrhunderten wurden diese beiden Bezeichnungen oft nebeneinander benutzt. Gegenwärtig zeichnet sich im Zusammenhang mit dem Schlagwort „Geoinformation“ ein Zurückdrängen des Ausdrucks „Landesvermessung“ in den amtlichen Bezeichnungen ab.

In den süddeutschen Staaten und einigen anderen deutschen Ländern hat der Begriff „Landesvermessung“ die am weitesten gehende Definition gefunden, wie etwa das Werk von Amann (1908) über die der Katasteraufstellung dienende bayerische Landesvermessung in der ersten Hälfte des 19. Jahrhunderts zeigt: 1915 wird das Königliche Katasterbüro in Bayerisches Landesvermessungsamt umbenannt! Die kurhannoversche „Landesaufnahme“ des 18. Jahrhunderts wird in den Akten auch als „Landesvermessung“ bezeichnet (Bauer 1993, S. 123), beschränkt sich aber auf die topographische Aufnahme ohne Katastervermessung. Das bleibt auch unverändert mit der 1828 im Königreich Hannover angeordneten und von C. F. Gauß geleiteten trigonometrischen Landesvermessung, welche als Grundlage für die „Gauß'sche (topographische) Landesaufnahme“ dient. In Preußen wird 1875 die Königlich Preußische Landesaufnahme mit der trigonometrischen, topographischen und kartographischen Abteilung gegründet. Sie geht 1921 in das Reichsamt für Landesaufnahme über; das Liegenschaftskataster wird unabhängig hiervon organisiert. Nach dem zweiten Weltkrieg entstehen in den einzelnen Bundesländern Landesvermessungsämter mit vergleichbaren Zuständigkeiten, so 1948 das Niedersächsische Landesvermessungsamt.

Im letzten Jahrzehnt sind mit dem Vordringen von Begriffen wie Geoinformation und Geobasisdaten Veränderungen in den Bezeichnungen der für die Landesvermessung zuständigen Institutionen festzustellen. So werden etwa die Aufgaben der Landesvermessung in Niedersachsen seit 1997 vom Landesbetrieb „Landesvermessung und Geobasisinformation Niedersachsen“ (LGN) wahrgenommen (Nieders. Min.blatt 47. (52.) Jahrgang, Nr. 34: 1281–1284, 1997). Zu den Aufgaben dieses Betriebes gehören die Schaffung eines Landesbezugssystems und der Nachweis eines Topographisch-Kartographischen Informationssystems. Im Niedersächsischen Gesetz über das amtliche Vermessungswesen (NVermG) vom 12. Dezember 2002 (Nachr. d. Nieders. Verm.- und Kat.verw. 53: 4–8, 2003) taucht der Begriff „Landesvermessung“ nicht mehr auf, sondern es wird vom Vorhalten eines Landesbezugssystems und dem Nachweis der Liegenschaften und der Topografie gesprochen. Die erweiterte Begründung zu diesem Gesetz (a. a. O.: 9–28) spricht dann von der „Landesvermessung“ als historisch gewachsener Aufgabe, wobei hierunter die „Grundlagenvermessung“ und die „Topografische Landesaufnahme“ verstanden wird. Aus dem Bayerischen Landesvermessungsamt ist Anfang des 21. Jahrhunderts das „Landesamt für Vermessung und Geoinformation“ geworden, analoge Entwicklungen finden sich in den anderen Bundesländern.

1.3 Grundlegende Fragestellungen der Geodäsie

Bei einer Behandlung der Geodäsie im Sinne von Erdmessung und Landesvermessung ist auf die folgenden grundlegenden Fragen einzugehen:

- *Definition der Erdfigur und Festlegung ihrer Parameter*: Nach der spekulativen Frage zur Figur der Erde und ihrer Stellung im Weltraum bei den alten Kulturen folgt die Anerkennung der Kugelgestalt vor weit über 2000 Jahren. Damit tritt das Problem der Bestimmung des Erdumfangs auf, wobei das bis in das 16. Jahrhundert anerkannte geozentrische Weltsystem eine durchaus leistungsfähige Arbeitshypothese darstellt. Die später mit dem Ellipsoid und dem Geoid vorgenommenen Verfeinerungen des Erdmodells erzwingen die Festlegung einer erheblich größeren Zahl von Modellparametern und erfordern damit auch wesentlich detailliertere globale und regionale Vermessungen.

- *Definition und Realisierung eines Bezugssystems*: Auf die bei den Griechen eingeführte Einteilung in Klimazonen und die Erdoberfläche zerlegenden Hauptlinien folgt bereits im Altertum die bis heute gültige Ortsfestlegung durch geographische Koordinaten mit einem entsprechenden Koordinatennetz und damit auch die enge Verbindung von Geodäsie und Astronomie. Die sehr früh erkannten zeitlichen Veränderungen in den zälestisch-terrestrischen Bezugssystemen führen die Zeit als wesentliche Komponente in die Geodäsie ein.

- *Festlegung der Maßeinheiten*: Die auf der Geometrie beruhende Geodäsie benötigt insbesondere Festlegungen für die Einheiten von Länge und Winkelmaß. Eine einheitliche Zählung der Winkel ist seit über 3000 Jahren mit der 360°-Teilung des Vollkreises und der sexagesimalen Unterteilung weitgehend erreicht. Die Standardisierung der lange Zeit von menschlichen Körperteilen oder Gegenständen der Natur abgeleiteten Längeneinheiten blieb dagegen bis gegen Ende des 19. Jahrhunderts unbefriedigend. Dies führt gerade bei der Diskussion älterer Vermessungen zu teilweise erheblichen Unsicherheiten.

- *Bereitstellung von Mess- und Auswerteverfahren*: Vom Altertum bis in die Gegenwart lässt sich hierbei zwischen großräumigen und lokalen Verfahren unterscheiden, wobei nach einer Stagnation im Mittelalter vom 16. Jahrhundert an wesentliche Fortschritte in Theorie und Praxis festzustellen sind. Großräumig liefern die auf Winkel- und Zeitmessungen beruhenden astronomischen Methoden absolute Positionen und Richtungen, während kleinräumig die Messung von Strecken und Winkeln zwischen Punkten auf der Erdoberfläche die lokale Geometrie liefert. Nach entsprechender Modifikation und Verfeinerung der lokalen Verfahren können diese auch für Aufgaben der Erd-

und Landesvermessung genutzt werden. Die entsprechende Kombination mit den astronomischen Methoden setzt bereits im Altertum ein und erreicht mit den Gradmessungen und Landesvermessungen des 18. und 19. Jahrhunderts einen Höhepunkt.

- *Bereitstellung von Verfahren zur Abbildung in die Ebene*: Die auf der gekrümmten Erdoberfläche durchgeführten Messungen und Berechnungen müssen für die folgende Nutzung, also den Anschluss von Detailvermessungen und die Darstellung der Erdoberfläche in geographischen, topographischen und thematischen Karten i. Allg. in ein ebenes Bezugssystem transformiert werden, was nicht ohne Verzerrungen möglich ist. Fragen der Abbildung in die Ebene sind dementsprechend bereits im Altertum behandelt und mit speziellen Lösungen beantwortet worden, in der Neuzeit wurde dann insbesondere mit der Entwicklung konformer Abbildungen eine für die Geodäsie zufriedenstellende Strategie entwickelt.

Die hier kurz angedeuteten Fragen werden sich im Folgenden sowohl bei der historischen Entwicklung als auch bei der regionalen Betrachtung wiederfinden.

2 Schaffung der Grundlagen: Altertum

Im Altertum werden bis in die Neuzeit maßgebliche Grundlagen für die Geodäsie gelegt. Diese beziehen sich einerseits auf die Astronomie und die Erfassung der Erdfigur, andererseits auf die Feldmessung und die Ingenieurbaukunst mit den dort jeweils benötigten mathematischen Kenntnissen sowie technischen Möglichkeiten und Standards. Zusammenfassende Darstellungen hierzu finden sich u. a. in Minow et al. (1973/1976) und Bialas (1982), Lelgemann (2001) gibt eine breit gefächerte Zusammenfassung und Interpretationen aus geodätischer Sicht. Im Altertum und im Mittelalter verwendete Messinstrumente werden u. a. in Schmidt (1935) und Peters (2002) beschrieben, s. auch Deumlich u. Staiger (2002). Zugehörige Messverfahren erläutert Hertel (1995), und Weißgerber (1969) weist auf antike Quellen hin. Grundlegende Ausführungen zur Geographie und zum Weltbild der Griechen finden sich bei Berger (1903) und Szabó (1992).

2.1 Astronomie und Feldmessung: Sumerisch-babylonischer und ägyptischer Kulturkreis

Im 4. Jahrtausend v. Chr. findet in den Flusslandschaften Mesopotamiens (Euphrat und Tigris) und Ägyptens (Nil) der Übergang vom Jäger- und Hirtentum zum Bauerntum statt. Um 3000 v. Chr. entstehen hier auch die ersten städtischen Hochkulturen; die Entwicklung der Schrift schafft eine entscheidende Voraussetzung für die Übertragung von Wissen und Fähigkeiten. Von der Priesterkaste geleitet entwickeln sich Verwaltung und Rechtswesen, aber es beginnen auch, religiös und kultisch motiviert, erste systematische Himmelsbeobachtungen mit der anschließenden Entdeckung astronomischer Gesetzmäßigkeiten: dies ist der Anfang der *Astronomie*. Gleichzeitig entwickelt sich die *Feldmesstechnik* im Zusammenhang mit der Verteilung des Landbesitzes und wasserbaulichen Maßnahmen sowie die für die Errichtung von Großbauten erforderliche *Bauvermessung*.

Als *Längenmessgeräte* dienen bei diesen lokalen Vermessungen unterteilte Messseile und Messstangen, größere Distanzen werden durch Abschreiten ermittelt. Sehr früh werden auch Längeneinheiten festgesetzt, wobei die der Länge des Unterarms entsprechende Elle als Grundeinheit dient. *Rechte Winkel* werden mit dem Winkelkreuz abgesteckt, zur Festlegung der *Vertikalen* bzw. *Horizontalen* werden Lote und Wasserwaagen verwendet. Die Auswertung der auf eng begrenzte Gebiete beschränkten Messungen setzte bereits ein entwickeltes rechnerisches Können und die Kenntnis praktischer *Geometrie* voraus.

Die mechanische Längenmessung mit Seilen und später mit Messketten und -bändern sowie mit Messlatten bleibt über mehr als 4000 Jahre Standardwerkzeug des Vermessungswesens und liefert auch bei Grundlagenvermessungen bis in das 20. Jahrhundert den Maßstab geodätischer Netze. Daneben werden bis in das 18. Jahrhundert hinein geometrische Informationen über ausgedehnte Gebiete weiterhin auch durch Abschreiten, Abreiten und Abfahren gesammelt. Rechtwinkelgeräte, Lote und Libellen gehören bis in die Gegenwart zur Ausrüstung des Vermessungsingenieurs.

Das *Weltbild* ist in diesen Stromkulturen mythisch-religiös bestimmt und durch die geographischen Kenntnisse über den eigenen Lebensraum begrenzt. So finden sich unterschiedliche Vorstellungen in Bezug auf die Erdfigur und die Größe der Welt. Oft wird die Erde als vom Ozean umflossene Scheibe angesehen, mit dem jeweils übersehbaren Lebensbereich als Mittelpunkt. Wir finden aber auch schon erste kartenähnliche Darstellungen der Erdoberfläche, sowohl für den gesamten überschaubaren Lebensraum als auch für spezielle Gebiete.

- Die wechselvolle Geschichte *Mesopotamiens* beginnt im 3. Jahrtausend v. Chr. mit der sumerisch-babylonischen Kultur. Tontäfelchen aus Nippur weisen mathematische Kenntnisse zur Lösung vermessungstechnischer Aufgaben und ein Zahlensystem nach. Ein Maß- und Gewichtssystem wird durch den Gottkönig Dungi I. eingeführt.

Der im Tempel von Nippur aufgefundene kupferne Ellenmaßstab (um 2800 v. Chr.) von 51,8 cm (Abb. 2.1) korrespondiert mit dem 16 Finger (1 Finger = 1,65 cm) breiten „Gudea“-Fuß von 26,4 cm, der sich als Maßstab auf den Knien der im Louvre befindlichen Diorit-Statue des Priesterkönigs Gudea von Lagasch (um 2600 v. Chr.) findet (Abb. 2.2). Die diesem Wert entsprechende 30 Finger breite *gemeine babylonische Elle* lässt sich als Urmaß für alle Längenmaßeinheiten des Altertums betrachten, daneben wurde die königlich-babylonische Elle als das $^{10}/_{9}$-fache hiervon (55 cm) benutzt. Abgeleitet hieraus werden als das 360-fache der „Doppelminutenweg“ zu 178 m bzw. 198 m, von den Griechen auch „griechisch-römisches“ bzw. „babylonisch-persisches“ Stadion genannt.

Eine Darstellung der „ganzen Welt“ findet sich auf einem babylonischen Tontäfelchen aus dem 7. Jhd. v. Chr. Diese Kopie einer um 2400 v. Chr. entstandenen „Weltkarte“ zeigt Babylonien, Assyrien und den Euphrat, umringt vom Ozean. Auf die Sumerer und Babylonier geht auch die 12-Stunden-Teilung des Tages, die Kreisteilung in 360° sowie die Sexagesimalteilung zurück. Eine Blütezeit erlebt die beobachtende Astronomie im

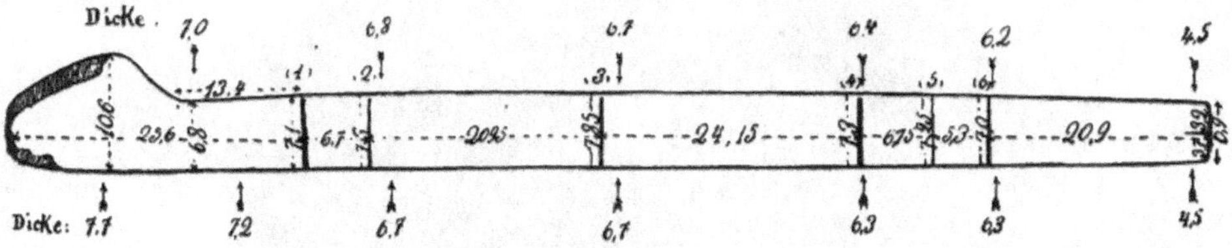

Abb. 2.1. Nippur-Elle, etwa 2800 v. Chr. (Nachzeichnung)

Assyrischen Reich (etwa ab 1200 bis 612 v. Chr.) und dem anschließenden neubabylonischen Reich der Chaldäer, hier findet sich bereits der Beginn einer wissenschaftlichen Methodik (Bialas 1998). Diese Epoche endet mit der Eroberung durch die Perser (539 v. Chr. fällt Babylon) und dem Ende des Perserreiches (336–330 v. Chr.) durch den Feldzug Alexanders des Großen.

Abb. 2.2. Gudea von Lagash mit Bauplan und geteiltem Lineal, um 2600 v. Chr. (Nachzeichnung)

- In *Ägypten* entsteht im Alten Reich des 3. Jahrtausend v. Chr. Privatbesitz an Grund und Boden, damit treten im Zusammenhang mit den jährlichen Nilüberschwemmungen vermessungstechnische Aufgaben in großem Umfang auf. Zur Wiederherstellung der Besitzverhältnisse werden regelmäßig Neuvermessungen und Feldzuteilungen notwendig, ein „Grundsteuerkataster“ ist seit dem 2. Jahrtausend v. Chr. (Höhepunkt des „Neuen Reiches“ unter Ramses II., 1290–1224 v. Chr.) nachgewiesen. Als Messgeräte finden Messseile (Längen etwa 100 Ellen = 53 m) aus Binsen oder Hanf, die durch Knoten in Ellen unterteilt werden, oder Messlatten aus Holz Verwendung (Abb. 2.3). Die Bematisten spielen als beamtete Schrittzähler eine große Rolle. Rechte Winkel werden mit einem Winkelhaken oder einer Messschnur mit Hilfe des 3:4:5-Verhältnisses („Ägyptisches Dreieck“) abgesetzt. Mit diesen Werkzeugen und mit Setzwaage und Lot gelingt auch eine exakte Absteckung großer Bauwerke wie der Pyramiden. Die astronomischen Kenntnisse erlauben darüber hinaus die Ausrichtung von Großbauten nach Himmelsrichtungen (Beispiel Cheopspyramide, Schmidtchen 2005). Die vermessungstechnischen Arbeiten setzen grundlegende Kenntnisse der Arithmetik und der Geometrie voraus, dies wird u. a. aus dem um die Mitte des 2. Jahrtausend v. Chr. geschriebenen „Papyrus Rhind“ (nach dem Ägyptologen A. H. Rhind) ersichtlich (Hammer 1908).

Die ägyptischen Längenmaße basieren überwiegend auf der dem zweifachen Gudea-Fuß entsprechenden und seit etwa 2700 v. Chr. nachweisbaren *Königselle* (auch ägyptisch-ptolemäische Elle) von 52,8 cm mit den Unterteilungen $1/28$ = 1 Fingerbreit = 1,9 cm und $1/7$ = 1 Handbreit = 4 Fingerbreit = 7,5 cm. Die Länge dieser großen königlich-ägyptischen Elle ist durch eine

Abb. 2.3. Ägyptische Seilspanner beim Feldmessen. Wandmalerei im Grab des Mena in Theben, um 1420 v. Chr.

Anzahl von Maßstäben aus Holz oder Bronze überliefert (Abb. 2.4), auf diesen findet sich daneben das Maß einer „kleinen" (ägyptischen) Elle zu $^6/_7$ der „großen" Elle = 45,4 cm. Das Ellenmaß wurde auch an verschiedenen Nilmessern (von den alten Ägyptern zur Ermittlung der Wasserstände längs des Nils eingerichtete Pegel) gefunden. So liefert der bereits bei Strabon (um Christi Geburt) beschriebene Nilometer auf der Insel Elephantine bei Syene (Assuan) den Wert 52,7 cm, und Jordan (1889) findet für den 716 n. Chr. eingerichteten Pegel auf der Insel Rodah bei Kairo den Wert 52 cm.

Abb. 2.4. Ägyptische Königselle, Holz, 14. Jhd. v. Chr. (Nachzeichnung)

2.2 Erdfigur und Geographie: Griechisch-hellenistischer Kulturkreis

2.2.1 Die Erdvermessung als wissenschaftlich-praktisches Problem: Die Anfänge

Die ionische Naturphilosophie (6. Jahrhundert v. Chr.) markiert den Beginn der europäischen Wissenschaft, dabei wird auch die Frage nach der Erdfigur und der Ausdehnung der „Welt" gestellt. Astronomie und Geometrie werden die tragenden Säulen der sich allmählich entwickelnden „Geodäsie". *Thales von Milet* (etwa 624–546 v. Chr.) entwickelt die elementare Geometrie, die Erde schwimmt nach seiner Ansicht auf dem Ozean wie ein Stück Holz. Sein Schüler *Anaximandros aus Milet* (etwa 610–546 v. Chr.) soll bereits einen Himmelsglobus und eine Weltkarte entworfen haben, die Erde stellt sich ihm als flacher Zylinderstumpf dar. In dieser Anfangszeit herrscht dann aber bald die Kreisscheibe als Erdfigur vor. Dagegen vertreten *Pythagoras aus Samos* (um 580–500 v. Chr.) und seine Schule aus ästhetischen Gesichtspunkten bereits die Kugelgestalt für die in der Mitte der Welt frei schwebende Erde.

Zur Zeit des *Aristoteles* (384–322 v. Chr.) ist das *sphärische* Erdmodell allgemein anerkannt und durch (qualitative) Beobachtungen gestützt. Der Umfang des größten Kreises auf der Erde wird von Aristoteles *„nach Berechnungen der Mathematiker"* mit 400 000 Stadien angegeben, wobei die Art der Bestimmung und das Stadionmaß unbekannt bleiben. Diese Maßstabsfrage wird auch bei den späteren Erdumfangsbestimmungen der Antike eine wesentliche Rolle spielen und Auswirkungen bis in die frühe Neuzeit haben.

Aufbauend auf dem umfangreichen Beobachtungsmaterial der Babylonier entwickeln die griechischen Astronomen nun ein *geozentrisches* Weltbild. Das bereits von *Eudoxos von Knidos* (etwa 395–340 v. Chr.), einem Schüler Platons, entworfene geometrische Weltmodell geht von kreisförmigen Bewegungen der Gestirne um die Erde aus. Es wird von Aristoteles aufgegriffen und bleibt über fast 2000 Jahre die herrschende Lehre. Hinweise auf ein *heliozentrisches* Weltsystem finden sich allerdings auch schon bei *Herakleides Pontikos* (um 350 v. Chr.), einem anderen Schüler Platons. Dieses später von *Aristarchos von Samos* (etwa 310–230 v. Chr.) postulierte System (hierüber berichtet Archimedes) mit einer um ihre Achse rotierenden Erde bleibt jedoch zunächst ohne Bedeutung.

Hinweise darauf, dass die Frage der Erdvermessung bereits in dieser frühen Zeit diskutiert wird, finden sich in zwei Komödien des *Aristophanes* (um 445–385 v. Chr.). So fragt in der 423 v. Chr. in Athen erstmals aufgeführten Komödie „Die Wolken" der ungebildete Landmann Strepsiades einen Schüler des Sokrates nach dem Nutzen der dort neben der Astronomie auch gelehrten Geometrie. Mit der Antwort „um die Erde zu vermessen" kann der Fragende nur die Vermessung umzuverteilender Feldstücke verbinden, er wird jedoch belehrt: „Nein, die Erde, die ganze Erde" (Bretterbauer 1999). In dem Stück „Die Vögel" (414 v. Chr. aufgeführt) tritt der in Athen bekannte Astronom Meton (um 430 v. Chr.) mit auffallenden Instrumenten auf, mit denen er die „Luft vermessen und nach Feldstücken zerteilen will". Hierunter kann das im Altertum für die Zeitbestimmung benutzte Horologium verstanden werden, das auch für Erdmessungszwecke eingesetzt wurde.

Für die Ortsbestimmung und die kartographische Darstellung entscheidend werden die bereits von *Dikaiarchos von Messene* (ca. 350–290 v. Chr.) benutzten Begriffe der *Breite* (meist Polhöhe genannt) und *Länge*. Hier finden sich auch die in der Folge bis Ptolemaios immer wieder benutzten Orientierungslinien und Begrenzungen für die *Oikumene*, das ist der aus der Sicht des hellenistischen Kulturkreises „bewohnte Teil der Erde".

Eine Hauptlinie ist die von West nach Ost von der Straße von Gibraltar über Messina und den Peloponnes durch Rhodos bis Kleinasien verlaufende Trennlinie (*„Parallel von Rhodos"*) zwischen dem nördlichen und dem südlichen Teil der Oikumene. Die in Nord-Süd-Richtung verlaufende zweite Hauptlinie führt von Meroe in Nubien (heute Sudan) und Syene (heute Assuan) im südlichen Ägypten über Alexandria und Lysimacheia am Hellespont (heute Dardanellen) bis zur Donaumündung und verläuft somit genähert im Meridian von *Alexandria*, beide Bezugslinien schneiden sich in Rhodos (Abb. 2.5). Das Erdbild selbst umfasst die vom Okeanos umgebenen Kontinente Europa, Asien und Afrika, wobei die bewohnte Zone auf Grund der jenseits herrschenden zu großen Kälte bzw. Hitze durch den Polarkreis und den nördlichen Wendekreis begrenzt wird. Damit ist die aus der Astronomie vermutlich seit Anaximandros bekannte Einteilung auf die Erde übertragen. Zwischen der Ost-West- und der Nord-Süd-Erstreckung der Oikumene wird ein Verhältnis von 3:2 bis 4:2 angenommen, wobei die Kanarischen Inseln die Begrenzung im Westen bilden; der östliche Rand bleibt dagegen vage. Zwar ist die Existenz der asiatischen Großreiche (Persien, Indien, China) bekannt, ihre Dimensionen sind jedoch völlig unsicher; über lange Zeit wird eine äquatoriale Ost-West-Ausdehnung von 180° angenommen. Auf Grund neuer, auf Reisen gewonnener Erkenntnisse muss dann die südliche Begrenzung der Oikumene bald bis zum Äquator und darüber hinaus verschoben werden. Bereits früh wird für die Konstruktion von Karten die bewohnte Erde durch „Parallel"-Linien zu den Hauptachsen in unterschiedlich breite Zonen zerlegt, bis schließlich bei Marinos von Tyros (2. Jahrhundert n. Chr.) das Gitternetz der geographischen Koordinaten in Form von Parallelkreisen und Meridianen erscheint, s. [2.2.2].

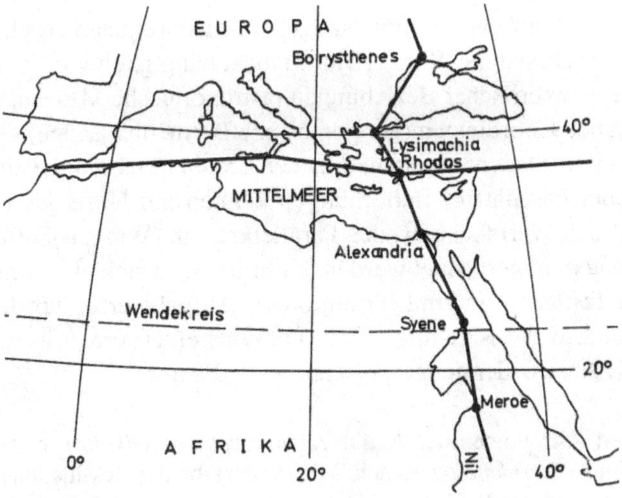

Abb. 2.5. Haupt-Orientierungslinien für die Geographie der Oikumene, ab 300 v. Chr.

Mit Aristoteles, Schüler Platons und Lehrer Alexanders von Makedonien, und dem kurzlebigen (336–323 v. Chr.), jedoch die politische Landschaft total verändernden Weltreich Alexanders des Großen (356–323 v. Chr.) verlassen wir die athenische Phase des Griechentums. In der nun einsetzenden hellenistischen Phase wird insbesondere in dem im Diadochenreich der Ptolemäer gelegenen *Alexandreia* ein Höhepunkt auch in den Natur- und Ingenieurwissenschaften erreicht.

331 v. Chr. von Alexander dem Großen gegründet, entwickelt sich Alexandreia (heute Alexandria) unter der Herrschaft der Ptolemäer bald zum kulturellen und wissenschaftlichen Zentrum der antiken Welt. Es bleibt dieses auch nach der Einverleibung Ägyptens durch das Römische Reich bis in die ersten Jahrhunderte nach Christi Geburt. Mittelpunkt des geistigen Lebens war das mit einer wissenschaftlichen Akademie und einer Universität vergleichbare *Museion*, in dem gerade auch die Astronomie, die Geographie und die Mathematik gepflegt wurden; hier wirkten u. a. Euklid, Eratosthenes, Hipparch, Strabon, Heron und Ptolemaios. Die zugehörige Bibliothek enthielt mit rund 750 000 auf Papyrusrollen geschriebenen Büchern den Wissensstand der damaligen Zeit. Die hellenistische Wissenschaft baute auf den griechischen Erkenntnissen auf, konzentrierte sich aber stark auf die Anwendungen. Bei der Eroberung Alexandrias durch Julius Cäsar (47 v. Chr. bei der Verfolgung des Pompeius) gehen wertvolle Schriften der Bibliothek verloren. Christliche Fanatiker setzen 391 n. Chr. die Zerstörung fort, der endgültige Untergang tritt schließlich bei der Eroberung durch die Araber (642 n. Chr.) unter Kalif Omar mit einer gezielten Bücherverbrennung ein.

In der wissenschaftlichen Fragestellung wird jetzt immer klarer zwischen der *astronomisch-geodätischen* und der eigentlich *geographischen* Aufgabe unterschieden. Erstere fragt nach der Stellung der Erde im Raum und ihrer Form und Größe, letztere nach der Beschreibung und Kartierung der Oikumene. Diese Aufgaben werden dadurch gelöst, dass zunächst auf der „Himmelskugel" die Koordinaten (Richtungsangaben) von Himmelskörpern (Fixsterne, Sonne, Mond) in Abhängigkeit von der Zeit bestimmt werden. Mit Hilfe geometrischer Beziehungen (astronomische Messungen) lassen sich daraus entsprechende Koordinaten (geographische Breite und Länge) terrestrischer Punkte in einem erdfesten System ableiten. Auf der Erdoberfläche in bestimmten Richtungen gemessene (oder geschätzte) Entfernungen können mit Hilfe des Erdradius und nach Reduktion auf den Meridian bzw. den Parallelkreis in (Winkel-)Differenzen geographischer Koordinaten umgerechnet werden, hiermit lassen sich also weitere Punkte auf der Erdoberfläche festlegen. In Umkehrung dieser Aufgabe erfordert die Bestimmung des Erdradius demnach die Messung von mindestens einer terrestrischen Strecke und der zugehörigen Differenz der geographischen Koordinaten.

Auf den größten Astronomen der Antike *Hipparchos von Nikaia* (um 190–120 v. Chr.) geht der älteste bekannte *Sternkatalog* zurück. Mit der Angabe der Deklination (Winkelabstand vom Himmelsäquator) und der Rektaszension (auf dem Himmelsäquator gemessener Winkel zwischen der Richtung zum Frühlingspunkt und dem Deklinationskreis durch das Gestirn) von ausgewählten Fixsternen entsteht das Verzeichnis eines zälestischen „Festpunktfeldes" zur Ableitung der Koordinaten terrestrischer Punkte. Hipparchos entdeckt auch die von der Präzession der Äquinoktien verursachten zeitlichen Veränderungen des Sternsystems und überträgt die 360°-Teilung von der Himmelskugel auf die Erde, führt also die geographische Breite und Länge ein. Schließlich entwickelt er die stereographische und die orthographische Projektion der Kugel auf die Ebene.

Für die Aufgaben der Erdmessung und der geographisch-kartographischen Erfassung der Oikumene stehen in dem hellenistischen Zeitabschnitt eine Anzahl von Instrumenten und Verfahren zur Verfügung, die zum Teil bereits den Babyloniern und Ägyptern bekannt waren. Vieles hiervon wird – mit zum Teil nur langsamer Weiterentwicklung – bis in die frühe Neuzeit Verwendung finden:

Die *„absolute"* Positionsbestimmung, d. h. die Bestimmung geographischer Koordinaten, ist direkt mit der Astrometrie und damit mit der Messung von Winkeln zu den Gestirnen verknüpft. Das auf Hipparchos zurückgehende *Astrolabium* (Sternnehmer) ist im Prinzip eine mit einer Gradeinteilung versehene Kreisscheibe. Mit Hilfe eines drehbaren Zeigerlineals mit Visiereinrichtung (Diopter) können Winkel in beliebigen Ebenen (Positionswinkel) gemessen werden. Das Astrolabium wird anfangs hauptsächlich zur Bestimmung von Gestirnshöhen eingesetzt, erhalten sind erst von den Arabern weiterentwickelte Geräte (Abb. 2.6). Zur Messung von Höhenwinkeln wird auch der erstmals von Ptolemäus (2. Jahrhundert n. Chr.) beschriebene *Quadrant* benutzt, ein ursprünglich auf einer senkrecht aufgestellten Platte aufgetragener, später auch tragbarer Viertelkreis mit einem Zeiger, s. [2.2.2]. Zur Bestimmung von Winkelangaben für den Sonnenstand und die astronomische Breite des Beobachtungsortes dient das bereits dem Anaximandros bekannte *Gnomon* (Schattenzeiger), ein in der Horizontalebene senkrecht aufgestellter Schattenstab. In Verbindung mit einer mit Stundeneinteilung versehenen offenen Halbkugelschale (*Skaphe*) als umgekehrtes Spiegelbild der Himmelskugel entsteht das vielseitig nutzbare *Horologium*, Abb. 2.7 (Szabó 1992, Lelgemann 2000). Während die geographische Breite so relativ leicht mit Unsicherheiten von einigen Zehner Bogenminuten und besser bestimmt werden konnte, ließen sich geographische Längen (genauer: Längendifferenzen) nur gelegentlich aus den an verschiedenen Orten gleichzeitig beobachteten Mond- oder Sonnenfinsternissen ableiten. Die Längenbestimmung stellt dann auch wegen der Schwierigkeiten der Zeitübertragung bis in die Neuzeit ein ernstes Problem dar.

Abb. 2.6. Arabisches Astrolabium, etwa 1100 n. Chr.

Obwohl Hipparchos nach einer Kritik an der im 3. Jahrhundert v. Chr. entstandenen Karte des Eratosthenes, siehe [2.2.2], dafür eintritt, nur astronomische Ortsbestimmungen als Gerüst einer Karte zu benutzen, sind diese wegen des hohen Aufwandes bis in die Neuzeit nur in sehr begrenzter Zahl ausgeführt worden. Die Mehrzahl der terrestrischen „Festpunkte" und natürlich die topographischen Details werden dagegen durch *„relative"* Messungen zwischen den Punkten festgelegt. Zu dieser relativen Positionsbestimmung dienen insbesondere die aus Reisezeiten zu Lande und zu Wasser und den zugehörigen Richtungsangaben gewonnenen Informationen über die gegenseitige Richtung und Entfernung zweier Punkte. Bei kürzeren Entfernungen wird auch die Schrittzählung und vereinzelt auch die Zählung der Umdrehungen eines Wagenrades genutzt. Schließlich fließen natürlich überlieferte Informationen in die Kartierungen ein, etwa aus den Angaben des ägyptischen Katasters. Bei der Umrechnung der Entfernungsangaben in geographische Koordinaten als im Kugelzentrum definierte Winkel wirkt sich die Unsicherheit der Bestimmung des Erdradius aus, dies bleibt bis in die Neuzeit ein Problem bei der kombinierten Auswertung astronomischer und terrestrischer Messungen.

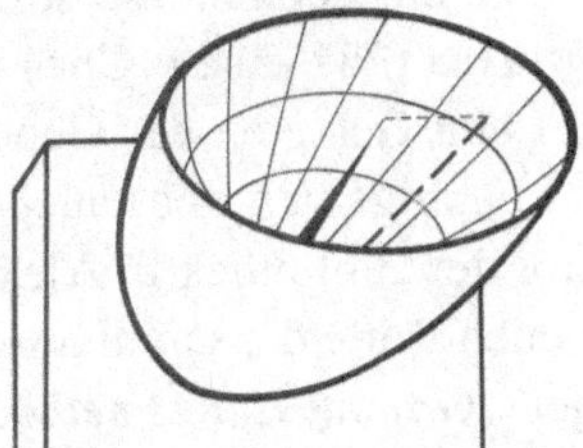

Abb. 2.7. Horologium, bestehend aus Gnomon und Skaphe (Prinzipzeichnung)

Bei der Identifikation der antiken *Längenmaße* und ihrer Transformation in das metrische System treten erhebliche Probleme auf (Prell 1957, Lelgemann 2004). Die in Griechenland und Rom für größere Wegstrecken benutzten Maße Stadion bzw. Meile lassen sich meist aus der babylonischen Elle ableiten. In den griechischen Stadtstaaten finden sich Fußmaße mit Längen zwischen 27 und 35 cm, in Rom der in 16 Fingerbreite unterteilte Fuß (pes) mit normalerweise 29,6 cm, doch kommen auch andere Werte vor.

Eindeutig zuzuordnen ist der römischen Meile die Länge von 1,48 km, sie wird in 1000 (Doppel-)Schritt (milia passuum) unterteilt, mit 1 passus = 5 Fuß = 1,48 m (Dilke 1991). Für die Umrechnung der Ergebnisse antiker Gradmessungen sind aus der Vielzahl der antiken Stadienmaße das o. g. babylonisch-persische Stadion = 198 m, das „Zehntelmeilenstadion" = 300 babylonische Ellen = $^1/_{10}$ römische Meile = 148 m und das Römische Stadion (Stadium Italicum) = $^1/_8$ römische Meile = 185 m von besonderer Bedeutung, aber auch der auf der ägyptischen Norm beruhende Wert von 300 Königsellen = 158 m (Stadion des Eratosthenes), s. [2.1].

2.2.2 Von Eratosthenes bis Ptolemaios: Erste Resultate

Mit den Namen Eratosthenes, Strabon, Marinos aus Tyros und Ptolemaios erreichen wir Höhepunkte in der frühen Erdmessung und kartographischen Erfassung der bewohnten „Welt". Aufgebaut wird dabei auf den in der Astronomie und Geometrie gelegten Grundlagen, wobei in der Geometrie durch Euklid eine bahnbrechende Entwicklung eingetreten ist.

Eukleides (lat. Euklid) fasst in seinem 13-bändigen Hauptwerk „Elemente" (um 300 v. Chr.) die bisherigen Erkenntnisse der Mathematik einschließlich der für die Geodäsie bedeutsamen Geometrie zusammen und liefert so das theoretische Gerüst für die jetzt sich entwickelnde wissenschaftliche Geographie. Die „Elemente" bleiben bis in die Gegenwart eines der am meisten gedruckten Bücher der Wissenschaftsgeschichte (mehr als 1000 Auflagen). Die Euklidische Geometrie beherrscht auch das Vermessungswesen über fast 2000 Jahre, erst mit C. F. Gauß, N. I. Lobatschewski und Johann Bolyai wird in der ersten Hälfte des 19. Jahrhunderts die Erweiterung zur nichteuklidischen Geometrie begonnen (Zimmermann 1980).

Eratosthenes von Kyrene (etwa 275–195 v. Chr.), wegen seiner vielseitigen Begabungen und Interessen auch „Pentathlos" („Fünfkämpfer") genannt, ist ein Zeitgenosse des berühmten Mathematikers und Ingenieurs *Archimedes von Syrakus* (287–212 v. Chr.) und steht mit diesem in Verbindung. Er leistet Bedeutendes auf den Gebieten der Geographie, der Astronomie, der Mechanik und der Mathematik, betätigt sich aber auch als Dichter und Historiker. Um 235 v. Chr. wird er zum Direktor der Bibliothek in Alexandria berufen. Im Zusammenhang mit der Erstellung einer neuen Karte der Oikumene ist von ihm erstmals eine Bestimmung des Erdradius nach der *„Gradmessungsmethode"* überliefert. Dabei wird durch geodätische Messungen die Länge eines Meridianbogens bestimmt, während astronomische Beobachtungen den dazu gehörenden Zentriwinkel liefern. Diese Methode wurde bis in das 20. Jahrhundert hinein angewandt, Eratosthenes wird deshalb auch als Begründer der Geodäsie angesehen (Schwarz 1975).

Eratosthenes hat bei seiner Gradmessung die Entfernung (5000 Stadien) zwischen den auf der antiken Nord-Süd-Hauptlinie liegenden Orten Alexandria und Syene vermutlich aus den Angaben von Schrittzählern (Bematisten) des ägyptischen Katasters entnommen. Den zugehörigen Zentriwinkel bestimmte er mit Skaphe und Gnomon. Die Ergebnisse seiner Erdmessung hat Eratosthenes in der verloren gegangenen Schrift „Über die Messung der Erde" niedergelegt, so dass die unterschiedlichsten Interpretationen seiner Arbeit existieren. Für den Erdumfang findet sich hiernach bei Strabon nach leichter Aufrundung der Wert von 252 000 Stadien. Bei Annahme eines Stadionmaßes der babylonischen Norm von 148 m ergibt sich der Erdumfang zu 37 300 km anstelle des richtigen Wertes von 40 000 km, die Verwendung der ägyptischen Norm von 158 m führt nahe an diesen Sollwert heran.

Die zur Karte der Oikumene führenden Grundlagen und Erkenntnisse finden sich in dem nur fragmentarisch erhaltenen 3-bändigen Werk „Geographika". Zur Einteilung der bewohnten Erdoberfläche benutzt Eratosthenes weiterhin „Parallelen" zu den oben beschriebenen Ost-West- und Nord-Süd-Hauptlinien, also noch keine durch astronomisch-geographische Koordinaten definierten Parallelkreise und Meridiane. Die Darstellung von Nordwesteuropa geht im Wesentlichen auf die (umstrittenen) Berichte von *Pytheas aus Massalia*, dem heutigen Marseille (um 300 v. Chr.) zurück, der wohl auch Breitenbestimmungen aus Messungen des Sonnenstandes durchgeführt hat. Hier und auch bei späteren Beschreibungen wird das heutige Deutschland als Teil des mittleren und nördlichen Europa ohne jegliche Gliederung dargestellt.

Der Historiker und Geograph *Strabon von Amaseia* (etwa 63 v. Chr.–26 n. Chr.) fasst in seiner fast vollständig erhaltenen umfangreichen *Erdbeschreibung* („Geographika") das geographische Wissen seiner Zeit auf der Grundlage älterer Werke und ausgedehnter eigener Reisen zusammen. Dieses 17-bändige Werk übt bis in das Mittelalter starken Einfluss auf die Geographie aus, es überwiegt jedoch der beschreibende Teil. *Marinos von Tyros* (um 120 n. Chr.) führt dann in seiner auf Eratosthenes aufbauenden Weltkarte die Netzlinien der *geographischen Koordinaten* ein und entwickelt ein geozentrisches System, das durch Zahlenwerte für die Festpunkte – ausgewählte Fixsterne und Punkte auf der Erdoberfläche – definiert wird. Die von ihm eingeführte mittabstandstreue zylindrische Abbildung wird die Standardform der antiken Karte und findet sich auch in den Karten des Mittelalters und der frühen Neuzeit. Hierbei werden die Bogenlängen in Breite und Länge rechtwinklig abgetragen, die Netzmaschen erhalten so eine quadratische Form (quadratische Plattkarte).

An Marinos von Tyros knüpft *Klaudios Ptolemaios* (Claudius Ptolemaeus; ca. 100–160 n. Chr., die Jahreszahlen variieren erheblich) an. Er bestimmt das geographische Bild der Erde bis in die frühe Neuzeit, wobei nun wieder die mathematischen Grundlagen der Geographie betont werden (Simek 1992). Ptolemaios verfasst eine auf der griechischen Geometrie und der Physik des Aristoteles sowie auf eigenen Beobachtungen aufbauende systematische Darstellung der Astronomie (*„Mathematiké Syntaxis"*, später arabisiert „Almagest") einschließlich eines auf Hipparchos zurückgehenden Sternkatalogs (über 1000 Sterne) und schreibt damit das geozentrische Weltsystem des Aristoteles fest (Abb. 2.8). Die 8 Bücher der

Abb. 2.8. Ptolemäus mit Quadrant. Relief am Dom zu Florenz, um 1300

„Geographike hyphegesis“ („Explicatio geographica“ – „Geographische Anleitung“, kurz „Geographie“) enthalten über 8000 Ortsangaben (einschließlich Flussmündungen, Bergen usw.) mit Breite und Länge (bezogen auf den Äquator und die „Insulae Fortunatae“, die Kanarischen Inseln) sowie eine Anleitung zum Kartenzeichnen. Dem Werk waren eine Weltkarte (Karte des Eratosthenes in der durch Marinos von Tyros verbesserten Gestalt) und zahlreiche Regionalkarten beigegeben. Da Originalkarten nicht erhalten sind, stützt sich unser Wissen jedoch nur auf die ab Ende des 15. Jahrhunderts gedruckten und auf älteren Unterlagen basierenden Ptolemäus-Ausgaben, s. [3.2.1]. Die „Weltkarte“ überdeckt in der Breite den Bereich von 16°25′S bis 63°N, dabei geht Ptolemäus von einer West-Ost-Erstreckung von 180° aus (Abb. 2.9). Für den deutschen Raum („Magna Germania“) finden wir die älteste Erwähnung der Langobarden, Sachsen und Friesen sowie anderer germanischer Stämme zwischen Rhein und Weichsel wie auch des Sudetengebirges (Abb. 2.10), Mzik (1938).

Zum Unterschied von den 90 n. Chr. eingerichteten römischen Grenzprovinzen Germania Superior (Hauptort Mainz) und Germania Inferior (Hauptort Köln) nannte man das nicht unterworfene Land östlich und nördlich von Rhein, Limes und Donau bis zur Weichsel „Germania Libera“ oder *„Germania Magna“*. Der Name Germania wurde dann im Mittelalter für das Land östlich des Rheins benutzt und hielt sich bis in das 18. Jahrhundert, nun aber mit der Bedeutung „Deutschland“ (Neumann 1997).

Ptolemäus nimmt für den Erdumfang nach *Poseidonius von Apameia* (um 115–51/50 v. Chr.) den Wert von 180 000 Stadien an, bei der Umrechnung mit dem Römischen Stadion ergibt sich der auch später benutzte zu kleine Wert von rund 33 000 km. Für die Darstellung der gesamten Erde in einer Karte schlägt Ptolemäus schließlich zwei unterschiedliche Kegelprojektionen vor, für die Regionalkarten empfiehlt er weiterhin die quadratische Plattkarte.

Genauigkeitsuntersuchungen der geographischen Angaben des Ptolemaios zeigen, dass die Koordinaten nur zu einem geringen Teil aus astronomischen Messungen stammen können, sondern meist älteren Karten entnommen oder auch aus den Wegstrecken der römischen Itinerarien und aus Seewegen abgeleitet sind. Das führt zu unterschiedlichen Verzerrungen und teilweise erheblichen Fehlern. Außerhalb des Mittelmeerraumes wachsen die Fehler stark an, sie können nach Verschiebung und Maßstabskorrektion in identifizierten Punkten noch 1° bis 2° (entsprechend 100 bis 200 km) betragen (Knobloch et al. 2003).

Im Mittelalter geht die Kenntnis der Werke des Ptolemaios in Westeuropa zunächst verloren, sie werden jedoch durch Übersetzungen in das Arabische und bei Gelehrten in Byzanz bewahrt. Im 15. Jahrhundert mit der Renaissance wieder entdeckt, bestimmt das Werk des Ptolemäus dann das Weltbild des Spätmittelalters und der frühen Neuzeit, s. [3.2.1], [3.2.2].

Abb. 2.9. Ptolemäus-Weltkarte, Ausschnitt „Germania magna", Ulm 1482

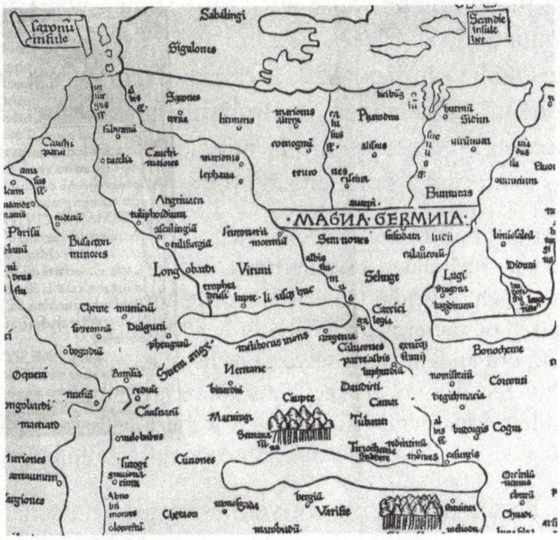

Abb. 2.10. Ptolemäus: „MAGNA GERM[A]NIA", Tabula antiqua (Ausschnitt), Ulm 1482

2.3 Die praktische Landvermessung im Imperium Romanum

Nach der Gründung Roms (um 750 v. Chr.) und der Einigung Italiens unter Roms Führung breitet das Römische Reich sich vom Ende des 3. Jahrhunderts v. Chr. an rasch auch über den östlichen Teil des Mittelmeerraums und damit die alten Zentren astronomischen, geographischen und mathematischen Wissens aus, 146 v. Chr. wird Korinth eingenommen, 47 Alexandria. Von unmittelbaren Schäden bei Kampfhandlungen abgesehen (Brand der Bibliothek in Alexandria) bleibt die hellenistische Wissenschaft von dieser politischen Umwälzung jedoch unberührt und kann sich weiter entwickeln, wie das Beispiel des Ptolemäus zeigt. Die Römer nutzen diese Ergebnisse, konzentrieren sich aber ihrer praktischen Veranlagung entsprechend auf die bei der Verwaltung und Entwicklung des Imperium Romanum notwendigen Vermessungsarbeiten, wobei sie einen hohen Grad an Vollkommenheit erreichen. Die aus etruskischen Ursprüngen weiter entwickelte *Feldmesskunst* erstreckt sich auf die Absteckung der Straßen und von linienhaften Befestigungsanlagen wie des Limes, die Landvermessung (limitatio) bei der Neugründung von Siedlungen und bei den immer wieder vorgenommenen Landaufteilungen sowie die Ingenieurvermessungen bei Bauwerken wie Brücken und Wasserleitungen. Wesentliches Merkmal der allmählich große Teile des Reiches überziehenden Limitationen ist die quadratische Anlage und Unterteilung auf der Grundlage eines rechtwinkligen Achsenkreuzes, das oft nach den Himmelsrichtungen orientiert wird. Die Feldmesser (agrimensores) verwenden dabei Geräte, die zum Teil aus den älteren Kulturen stammen. In der Weiterentwicklung entstehen jedoch Instrumente, die bis in die Neuzeit in Europa teilweise auch im Rahmen von Landesvermessungen benutzt werden (Cantor 1875).

Die wichtigste Quelle für diese Messgeräte und die Messmethoden sind die Bücher Herons und die darauf aufbauenden, in Bruchstücken überlieferten Schriften (50–150 n. Chr.) der römischen Feldmesser, die in mittelalterlichen Abschriften (z. B. „Corpus Agrimensorum Romanorum") erhalten sind (Grewe 1991).

Heron von Alexandria, genannt der „Mechaniker", wirkt um Christi Geburt in Alexandrien. Er ist der bedeutendste Techniker des Altertums, auf den eine Vielzahl von Erfindungen und Entwicklungen zurückgeht. Für die Geodäsie bedeutsam sind seine Werke „Metrika" („Messkunde") und „Dioptra" (Zimmermann 1981). In der Metrika wird die Flächenberechnung, die Berechnung von Körpern und die Teilung von Flächen behandelt. Die Dioptra ist – mit entsprechenden Überarbeitungen – ein bis in die frühe Neuzeit benutztes Lehrbuch zur Feldmessung, hier werden neben dem Messgerät Dioptra auch weitere Messinstrumente und Methoden der Positionsbestimmung beschrieben, etwa das Zählen von Radumdrehungen.

In der *„Dioptra"* beschreibt Heron ein vermessungstechnisches Universalinstrument. Es besteht aus einer auf einem Stativ angebrachten in 360° geteilten Kreisscheibe mit Visier, das um eine vertikale und nach Kippung um 90° auch um eine horizontale Achse gedreht werden kann Zum Nivellieren kann das Visier durch eine nach dem Prinzip der kommunizierenden Röhren arbeitende Kanalwaage ersetzt werden (Abb. 2.11). Das Instrument lässt sich als Vorläufer des Theodolits ansehen, über einen praktischen

Einsatz ist nichts bekannt (Ingensand 1992). Für die Standardaufgabe der Absteckung rechter Winkel war die *„Groma"* das wichtigste Gerät der Agrimensoren. Sie besteht aus zwei exzentrisch auf einem Stab sitzenden und sich rechtwinklig schneidenden, horizontal drehbaren Armen, an deren Enden Schnurlote zum Visieren herabhängen (Abb. 2.12). Daneben wurde sicher das mit Diopteren versehene und bereits den Babyloniern und Griechen bekannte starre Winkelkreuz weiter benutzt (Peters 2002). Große Bedeutung für die Straßenvermessung besaßen die Ergebnisse der jedem Landheer zugeordneten *Schrittzähler*, ein mechanischer Distanzmesser wurde durch den Ingenieur und Architekten *Marcus Vitruvius Pollio* (lebte im 1. Jahrhundert v. Chr. zur Zeit des Augustus) entwickelt und beschrieben. Erwähnt wird auch die Konstruktion eines Wegemessers durch Zählung von Radumdrehungen. Die bei den Limitationen auftretenden kürzeren Strecken wurden mit hölzernen *Messlatten* mit Endbeschlägen (z. B. der zehnfüßigen decempeda) gemessen. In geneigtem Gelände finden wir bereits die Staffelmessung, wobei die Horizontale mit der Setzwaage (gleichschenkliges Dreieck mit Lot) festgelegt wurde.

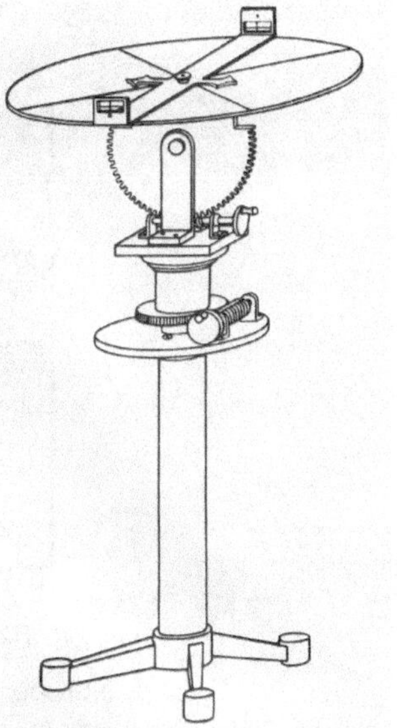

Abb. 2.11. Universalinstrument „Dioptra" nach Heron von Alexandria (Rekonstruktion)

Reste einer Groma (1. Jhd. n. Chr.) wurden in Pompeji und ein eisernes Original oder das eines Winkelkreuzes am Limes im Kastell Pfünz gefunden, eine Abbildung findet sich in Ivrea auf dem Grabstein eines Landmessers. Eine der größten aufgefundenen Limitationen (über 15 000 km^2) wurde im 1. Jahrhundert n. Chr. von den Agrimensoren der III. Legion Augusta in der Provinz Africa vetus (heutiges Tunesien) angelegt (Decramer 2001).

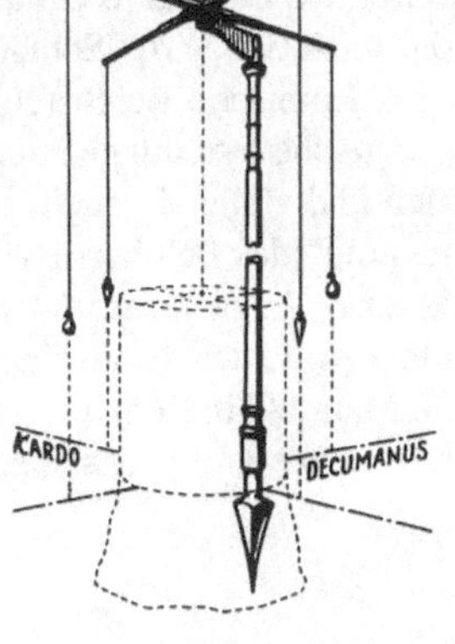

Abb. 2.12. Groma (Rekonstruktion)

Zum *Nivellement* diente neben der Wasserwaage bei den Römern insbesondere der Chorobat, ein 20 Fuß langer drehbarer Stab mit einer Wasserrinne (Abb. 2.13). Auch ein Längsnivellement mit der Kanalwaage und zwei Nivellierlatten wird bei Heron beschrieben.

Die wissenschaftliche Fragestellung nach der *Größe der Erde* wurde bei den Römern nicht weiter verfolgt. Die für die Verwaltung des Reiches und die Heeresbewegungen notwendigen kartographischen Darstellungen stützten sich auf die Straßenvermessungen und die großen Landvermessungen in den Siedlungsgebieten. Großräumige Grundlagenvermessungen sind weiterhin unbekannt und bleiben Spekulation (Minow 1976).

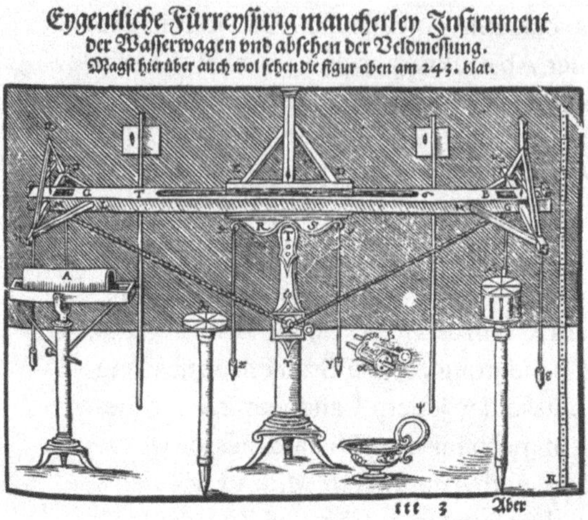

Abb. 2.13. Chorobat (Rekonstruktion), Vitruvius-Ausgabe, Nürnberg 1548

Römische *Straßenkarten* sind nicht im Original erhalten, doch finden sich mittelalterliche Abschriften.

Das umfangreiche römische Straßennetz wurde in den mit Entfernungsangaben versehenen Wegeverzeichnissen (*itineraria scripta*) und den streifenförmig mit unterschiedlichem Maßstab und wechselnder Orientierung angelegten Wegekarten (*itineraria picta*) nachgewiesen. Mit der „Tabula Peutingeriana“ (Peutingersche Tafel) ist eine mittelalterliche Abschrift (11. oder 12. Jahrhundert) einer solchen, vermutlich bis in das 4. Jahrhundert fortgeführten Karte in Rollenform erhalten (Bergmann 1995). Sie ist nach dem Augsburger Ratsherrn und Stadtschreiber *Conrad Peutinger* (1465–1547) benannt, dem die Karte vom Entdecker, dem Wiener Professor und Humanisten *Konrad Celtes* (Bibliothekar Kaiser Maximilians I.) vererbt wurde; mit dem Nachlass des Prinzen Eugen gelangte die Karte 1738 in die Wiener Hofbibliothek. Die Karte enthält ein Straßennetz von mehr als 70 000 römischen Meilen, als Folge der nach der Varus-Schlacht (9 n. Chr.) aufgegebenen Einbeziehung der „Germania Magna“ in das Römische Reich fehlt das rechtsrheinische Germanien. Wenn den Itinerarien auch keine geodätische Grundlage zugrunde liegt, so dürften sie doch in Verbindung mit weiteren Informationen und vielleicht auch zusätzlichen Messungen eine wesentliche Quelle für die „Reichsvermessung“ des Feldherrn *Marcus Vipsanius Agrippa* (63/62–12 v. Chr.) gewesen sein. Diese wurde unter Augustus ab 37 v. Chr. besonders aus strategischen Gründen durchgeführt und führte zu einer Karte des Römischen Reiches (Minow 1986). Die in Marmor gehauene Karte wurde auf dem Marsfeld in Rom aufgestellt; Kopien erhielten alle größeren Städte des Reiches, doch blieb keine dieser Karten erhalten.

3 Überlieferung und Weiterentwicklung: Mittelalter und frühe Neuzeit

Mit dem Ende des Weströmischen Reiches geht das antike Wissen in Westeuropa weitgehend verloren, wenn auch die „agrimensores“ bei der von den neuen Herren vorgenommenen Landaufteilung zunächst noch Beschäftigung finden. Die Erkenntnisse des Altertums werden jedoch in Byzanz und bei den Arabern bewahrt und über die Klöster schließlich wieder zum Bewusstsein gebracht. Dabei spielen im Früh- und Hochmittelalter geodätisch-kartographische Fragen keine Rolle. Im Spätmittelalter entstehen dann im Zuge der Renaissance erste, zunächst auf Ptolemäus aufbauende Deutschlandkarten. Zunehmender Handel und die Ausbildung von Landesherrschaften führen in der frühen Neuzeit zur Herstellung kleinmaßstäbiger Regionalkarten, die oft vom Landesherrn veranlasst oder gefördert werden. Dabei finden nun auch neue Aufnahmen statt, wobei die überlieferten Messgeräte und Verfahren langsam weiter entwickelt werden. Die Bestimmung der Erdfigur ist in dieser Epoche nicht relevant (Bialas 1970).

3.1 Christliches Weltbild und Wissensbewahrung: Früh- und Hochmittelalter

Mit Einsetzen der Völkerwanderung (ab 375 n. Chr.) beginnt der Zerfall des Römischen Reiches. Nach der Teilung des Reiches (395 n. Chr.) finden wir in dem durch Theoderich den Großen (451–526) in Italien gegründeten Ostgotenreich (493–552) noch einmal eine letzte Blüte spätantiker Wissenschaft. Mit der Anerkennung des Christentums durch Konstantin den Großen (Regierungszeit 306/324–337) und der neuen Hauptstadt Konstantinopel (Byzanz) verlagert sich jedoch die Bewahrung antiken Wissens in das *Oströmische Reich*, in dem sich griechische Kultur, römische Tradition und christliche Religion verbinden. Dieses über 1000 Jahre bestehende Reich findet nach einem langen Kampf gegen Araber, Seldschuken und Türken schließlich mit der Eroberung von Byzanz (1453) sein Ende.

Im westlichen Reichsteil tritt im Frühmittelalter mit der Verschmelzung germanischer und römischer Bevölkerungsteile und der Entwicklung des fränkischen Königtums schließlich unter *Karl dem Großen* (Regierungszeit 768–814) eine Konsolidierung mit enger Bindung an das seit dem 5. Jahrhundert an aufgestiegene und als Kirche organisierte Papsttum ein. Das fränkische Reich (Kaiserkrönung Karls im Jahre 800) umfasst nun auch das Gebiet der Sachsen, Langobarden und Bayern. Am Hof Karls des Großen in Aachen setzt eine gezielte Pflege von wissenschaftlichen Studien und des Unterrichts in den „freien Künsten“ ein. Diese umfassen die Astronomie (für die Karl zugleich mit der Astrologie bevorzugtes Interesse zeigt), Musik, Geometrie und

Arithmetik, sie gelten weiterhin als Diener der Theologie. In dieser *„karolingischen Renaissance"* entstehen auch die Klosterschulen, welche zur Bewahrung antiken Wissens wesentlich beitragen.

Mit der Teilung des Reiches (843: Vertrag von Verdun) beginnt unter Ludwig dem Deutschen im Ostfrankenreich die selbständige Entwicklung *Deutschlands*, wobei die Stammesherzogtümer zusammen mit den Bistümern von Anfang an eine wesentliche Rolle spielen. Mit den sächsischen Herrschern Heinrich I. (Regierungszeit 919–936) und Otto I. der Große (Regierungszeit 936–973, Kaiserkrönung 962) entwickelt sich das ostfränkische Reich, das mit der Bezeichnung „Heiliges Römisches Reich" im Hochmittelalter zur Vormacht im Abendland wird. In der *„ottonischen Renaissance"* fungieren besonders die *Klöster* als Kulturträger, sie übernehmen das wissenschaftliche und literarische Erbe der Antike, soweit es durch die katholische Kirche und durch den Umweg über Byzanz in den Westen gelangt ist. Im Zusammenhang mit dem Fall von Byzanz findet dann im Spätmittelalter eine bedeutsame Vermittlung antiken Wissens statt. Ein anderer Weg des Wissenstransfers führt über die Begegnung mit der *arabischen* Wissenschaft und ihrer Bewahrung des griechisch-römischen Erbes. Dies geschieht hauptsächlich über das mit dem Sieg der Araber unter Tarik über den letzten Westgotenkönig Roderich 711 beginnende und bis zur Eroberung Granadas 1492 andauernde Zusammentreffen des islamischen und des christlichen Kulturkreises in Spanien (1085: kastilische Eroberung des Wissenschaftszentrums Toledo), aber auch über die Kreuzzüge (1095–1291) und die kurzzeitige Verlagerung der Kaiserherrschaft nach Süditalien unter Friedrich II. (ab 1220).

Mit dem Untergang der römischen Zivilisation und dem nur langsamen Herausbilden neuer politischer und kultureller Strukturen im west- und mitteleuropäischen Raum hatte sich das Zentrum der wissenschaftlichen Welt nach Bagdad verlagert, es wird im Jahre 762 Residenz des bis 1258 bestehenden Kalifenreiches. Unter dem Kalifen *Harun ar-Rashid* (Regierungszeit 768–809) werten hier Gelehrte aus dem Nahen Osten und dem östlichen Mittelmeerraum die Ergebnisse der griechischen Ära und weitere Informationen aus und überarbeiten und übersetzen mathematische und astronomische Werke ins Arabische. Der Kalif *Al-Mámûn* (Regierungszeit 813–833) lässt die Bücher des Ptolemäus ins Arabische übersetzen, eine Gradmessung ausführen und ausgedehnte Entdeckungsreisen unternehmen. Aus dem Gradmessungsergebnis von $56\,^2/_3$ arabischen Meilen für einen Breitengrad ergibt sich mit einer arabischen Meile = 4000 Ellen (1 Elle = 49,5 cm) der Erdumfang zu 40 400 km. Der Astronom *Al-Biruni* (973–1048) entwickelt die Methoden zur astronomischen Ortsbestimmung weiter und beschäftigt sich mit der Konstruktion geodätischer Instrumente und dem Entwurf von Kartenprojektionen. Er verfasst auch ein Lehrbuch zur sphärischen Trigonometrie, hier erscheinen die von den Indern übernommenen Winkelfunktionen. Das Astrolab als Winkelmessinstrument mit geteiltem Kreis und drehbarem Diopterlineal (Alhidade) wird zum astronomischen Universalinstrument weiterentwickelt und um 1300 auch in Westeuropa bekannt. Schließlich erfährt auch die Vermessungstechnik für Zwecke der Landmessung (Grenzsicherung) und Ingenieurvermessung eine Weiterentwicklung und die Ausgestaltung zu einer eigenen Disziplin (Minow 1979).

Das mittelalterliche Weltbild selbst ist *christlich* bestimmt – das Mittelalter fasste sich selbst als Übergangszeit zwischen der Erscheinung Christi und dem Ende der Zeiten mit dem jüngsten Gericht auf – und hat keine geodätisch fassbaren Dimensionen (Kaufer 1992). Es zielt nicht auf eine der Realität entsprechende Bestimmung der Erdfigur und die genaue kartographische Darstellung der Erde, sondern versucht die Beobachtungen mit der christlichen Weltordnung in Übereinstimmung zu bringen.

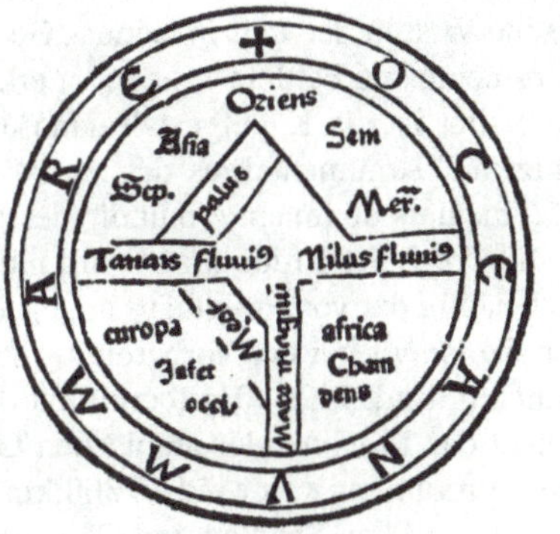

Abb. 3.1. Weltkarte in T-Form. Aus einer Sallust-Handschrift, Venedig 14. Jhd.

Die geographischen Kenntnisse decken sich zunächst weitgehend mit der Verbreitung der Christenheit, erweitern sich aber später mit den Kreuzzügen und dem Wiederentdecken antiker Quellen. Die Karte dient anfangs der Bibelauslegung und hat heilsgeschichtliche Bedeutung, über das antike Wissen hinausgehende neue Erkenntnisse werden kartographisch nicht zur Kenntnis genommen. Für die Kartographie der Mönche ist die übernommene römische *Rundkarte* – auch Radkarte – typisch. Die „bewohnte" Erde wird dabei – wie aus der Antike bekannt – auf einer scheibenförmigen Karte in T-Form dargestellt, mit den Erdteilen Europa, Asien und Afrika und mit Jerusalem als Mittelpunkt. Die T-Form spiegelt die Kreuzform des Erlösers wieder, es wird also ein Symbol der Erde als Schöpfung Gottes vermittelt (Abb. 3.1). Ein herausragendes Beispiel für eine solche Radkarte ist die zwischen 1230 und 1250 entstandene *Ebstorfer Weltkarte* (gefunden 1830 im Benediktinerinnenkloster Ebstorf südlich von Lüneburg, 1943 im Kriege zerstört, aber wirklichkeitsgetreu wiederhergestellt), die 75 Orte im römisch-deutschen Reich nachweist (Abb. 3.2), Rosien (1952). Daneben finden sich auch in Anlehnung an die Antike von der Kugelform ausgehende *Zonenkarten*, bei denen die Ökumene entsprechend der Bewohnbarkeit in Klimazonen unterteilt wird. Mit dem Aufkommen der auf Ptolemäus basierenden und durch neuere Kenntnisse ergänzten „Gelehrtenkarten" verschwinden die Rundkarten gegen Ende des 15. Jahrhunderts, s. [3.2.1].

Abb. 3.2. Ebstorfer Weltkarte, 13. Jhd.; verkl. Ausschnitt mit Hildesheim, Braunschweig (Löwenfigur), Verden, Bremen

Wenn auch das Wissen um die geodätisch-kartographischen Leistungen des Altertums im Mittelalter über rund 1000 Jahre aus dem allgemeinen Bewusstsein verschwand, so ist doch festzuhalten, dass die antike Erkenntnis von der *Kugelgestalt* der Erde sicher nicht verloren ging (Simek 1992). Das gilt auch für das Wissen in der Astronomie und der Geometrie mit ihren Anwendungen in der Feldmessung.

So ist zwar im frühesten Mittelalter die Ansicht einer scheibenförmigen Erde vereinzelt zu finden und die „heidnisch-antike" Kugelform wird von einigen Kirchenvätern abgelehnt, etwa von dem afrikanischen Kirchenlehrer *Firmianus Lactantius* (um 250–320) wegen der vermeintlichen Unsinnigkeit antipodischer Zustände. Die Frage der Erdfigur bleibt jedoch weitgehend irrelevant. Der auf vielen Gebieten kenntnisreiche *Gerbert von Aurillac*, der spätere Papst Silvester II. (etwa 940/950–1003) fasst das mathematische Wissen der Zeit in seiner „Geometria" zusammen und beschreibt auch astronomische Instrumente und Feldmessgeräte, er erkennt die Kugelgestalt der Erde ausdrücklich an. Im Spätmittelalter ist die Kugelgestalt dann unbestritten. Auch die Kirche vertritt nun öffentlich, gestützt auf Argumente aus der Antike, die Kugelform, etwa in dem um 1480 erschienenen Werk „Tractatus de imagine mundi" des französischen Kardinals *Petrus Alliacus* (um 1350–1420). Die Frage des Erdumfangs wird nun für die maritimen Entdeckungsreisen bedeutsam. Dabei wird häufig der von Ptolemäus angegebene zu kleine Wert benutzt, s. [2.2]; hierauf stützt sich auch *Kolumbus* bei der Vorbereitung seiner Fahrt zur Erkundung des westlichen Seeweges nach Indien (Girndt 1996). Er übernimmt dabei jedoch nicht die Angaben des Ptolemäus, sondern rechnet das Ergebnis der arabischen Gradmessung mit der römischen Meile von 1,485 km in einen Erdumfang von rund 30 300 km um. In Verbindung mit der zu groß angenommenen Entfernung zwischen Spanien und China (nach Ptolemäus) bzw. Japan (nach Marco Polo) führt das zu einer viel zu kleinen Schätzung für den westlichen Seeweg nach Indien (Bialas 1992).

3.2 Von der Gelehrtenkartographie zu ersten Landeskarten: Spätmittelalter und frühe Neuzeit

3.2.1 Die Wiederentdeckung des Ptolemäus und erste Deutschlandkarten: Die Renaissance

Nach dem Tode Friedrichs II. (1250) endet 1254 mit Konrad IV. das universale abendländische Kaisertum der Staufer. Der Zerfall des Reiches im folgenden Spätmittelalter ist mit der weiteren Stärkung der Landesherrschaften und deren Auseinandersetzung mit den Landständen (Adel, Geistlichkeit, Städte) verbunden. Besondere Bedeutung erlangen die zur Königswahl berechtigten Kurfürsten, dies sind zunächst die Erzbischöfe von Mainz, Köln und Trier, der König von Böhmen, der Markgraf von Brandenburg, der Herzog von Sachsen-Wittenberg und der Pfalzgraf bei Rhein. Mit Albrecht II. übernehmen 1438 die Habsburger die Herrschaft in dem bis 1806 währenden „Heiligen Römischen Reich deutscher Nation" (der Zusatz „deutscher Nation" gilt seit dem Wormser Reichstag 1495). Damit vollzieht sich auch politisch der Übergang in die Neuzeit, deren Beginn auf die Entdeckung Amerikas (1492) durch Christoph Kolumbus (1451–1506) datiert wird.

In der Renaissance setzt bereits im 14. Jahrhundert eine Wiederbesinnung auf die alten Kulturen ein. Mit der Wissensübertragung durch die Araber und dem Wissenszufluss aus Byzanz, ausgelöst durch die lange vor der Eroberung durch die Türken einsetzende Fluchtwelle von Gelehrten, werden die Werke des Ptolemäus und das auf ihn und Aristoteles zurückgehende geozentrische Weltsystem bekannt. Die Naturwissenschaften lösen sich nun allmählich von der Theologie, es beginnt eine wieder wissenschaftliche Betrachtungsweise der Natur. Das zunehmende Interesse an der Geographie und der kartographischen Erfassung der Erde wird durch die im 15. Jahrhundert mit Heinrich dem Seefahrer (1394–1460) einsetzenden europäischen Entdeckungsreisen weiter gefördert. Großräumige Erdbeschreibungen werden durch den zunehmenden Fernhandel mit weiten Transporten zu Lande und zu Wasser notwendig.

Mit den ersten Welt- und Erdteilkarten und den nach römischem Vorbild entworfenen Wegekarten entwickeln sich vom 14. Jahrhundert an kartographische Aktivitäten unterschiedlicher Art. Diese nun wieder die Realität wiedergebenden Karten beruhen auf sehr einfachen geometrischen Grundlagen, über die wenig bekannt ist. Grundlage bilden zunächst die Angaben des Ptolemäus, sie werden durch meist in Klöstern zusammengestellte Ortslisten und neuere Reisebeschreibungen ergänzt und verbessert. Dabei spielen die in Itinerarien festgehaltenen Meilenabstände zwischen wichtigen Orten eine bedeutende Rolle, astronomische Ortsbestimmungen werden nur selten vorgenommen. Ab Ende des 15. Jahrhunderts entstehen dann in vermehrtem Umfang Karten einzelner Regionen, insbesondere auch von Mitteleuropa und Deutschland (Neumann 1997). Für die Kartographie und die Verbreitung von Karten werden die technischen Errungenschaften des 15. Jahrhunderts – der Holzschnitt (um 1400), der Kupferstich (um 1420) und der Buchdruck (1445) – von entscheidender Bedeutung, s. [3.2.3].

Die im 15. Jahrhundert europaweit bekannt werdenden Werke des *Ptolemaios*, s. [2.2.2], bestimmen das Weltbild der frühen Neuzeit bis zu Copernikus und Kepler. Das gilt sowohl für die Stellung der Erde im Raum und die Bewegungen der Himmelskörper als auch für die Dimension der Erde und die geographische Beschreibung der Welt. Nachdem der Almagest bereits im 12. Jahrhundert aus dem Arabischen ins Lateinische übersetzt worden ist, folgt ca. 1409/1410 die Übersetzung der „Geographie“ vom Griechischen ins Lateinische durch Jacopo Angolo da Scarperia; er widmet das Werk nacheinander den Päpsten Gregor XII. und Alexander V. Gegen Ende des 15. Jahrhunderts finden wir gedruckte Ausgaben in Italien. Eine erste deutsche Ausgabe erscheint 1482 in Ulm, sie enthält 27 „Tabulae antiquae“ und mehrere „Tabulae modernae“ (Abb. 3.3). Erstere geben den Stand des 2. Jahrhunderts n. Chr. nach Ptolemäus wieder, letztere den ergänzten und verbesserten aktuellen Stand des 15. bzw. 16. Jahrhunderts. Bis zum Ende des 16. Jahrhunderts wird das Werk in vielen Auflagen gedruckt.

Gegen Ende des Mittelalters entstehen eigenständige kleinmaßstäbige Karten des mitteleuropäischen Raumes, typische Vertreter sind die „Cusanus“- und die „Etzlaub“-Karten:

- Die um 1450 entstandene „Deutschlandkarte“ des Humanisten *Nicolaus Cusanus* (Nikolaus von Kues, 1401–1464) charakterisiert den Beginn der Entstehung von „*Ger-*

Abb. 3.3. Deutschlandkarte nach Ptolemäus, Tabula moderna (verkl. Ausschnitt). Ringmann und Waldseemüller, Straßburg 1520

mania-Karten“ (das sind Übersichtskarten des alten Deutschen Reiches) nach dem Vorbild und in starker Anlehnung an Ptolemäus, sie leitet gleichzeitig die *„Gelehrtenkartographie“* der folgenden mehr als 100 Jahre ein (Meurer 1989).

Cusanus ist einer der bedeutendsten Universalgelehrten der Frührenaissance, Kirchenrechtler und Naturwissenschaftler, 1448 Kardinal und 1450 Erzbischof von Brixen. Er befasst sich u. a. mit astronomischen Beobachtungen und äußerst Gedanken zur Bewegung der Erde.

Die Karte (Maßstab etwa 1:7 Mill.) umfasst das Gebiet Mitteleuropas und stellt Ortschaften, Gebirge und Flüsse sowie ein trapezförmiges Kartennetz dar, was auf eine Kegelabbildung schließen lässt (Mesenburg 1995). Leider ist die Karte weder im Original noch in einer authentischen Kopie erhalten, der Eichstätter Kupferstich (1491) wird meist als das dem Original am nächsten kommende Exemplar betrachtet (Abb. 3.4). Der Vergleich von identifizierten Orten mit heutigen Positionen ergibt nach Beseitigung erheblicher Verschiebungen und Verzerrungen eine mittlere Unsicherheit von etwa 10 km.

- Die um 1492 aus Anlass des „Heiligen Jahres“ 1500 entstandene Romwegpilgerkarte (*„Das ist der Romweg von meylen zu meylen mit puncten verzeychnet von eyner stat zu der anderen durch deutsche lantt“*) des Nürnberger Kompassmachers, Feldmessers und Arztes *Erhard Etzlaub* (um 1460–1532) im stark schwankenden Maßstab von etwa 1:6 Mill. (Holzschnitt) ist ein Beispiel für die im Mittelalter nach dem Vorbild der römischen Itinerarien sicher vorhandenen Straßenkarten (Abb. 3.5). Diese lassen sich

Abb. 3.4. Cusanus-Karte (verkl. Ausschnitt des norddeutschen Raumes), etwa 1:7 Mill., 1491

Abb. 3.5. Romweg-Pilgerkarte von Etzlaub (verkl. Ausschnitt, Norden unten), etwa 1:6 Mill., Nürnberg 1500

nach der spätantiken Peutingerschen Tafel, s. [2.3], jedoch nicht mehr belegen, wohl aber Wegbeschreibungen (Bergmann 1995). Die auf neueren Weginformationen beruhende Karte zeichnet sich durch hohe relative Genauigkeit (Meilenangaben durch Punktierung zwischen den einzelnen Orten) und Orientierung (astronomische Breiten) aus. Eine verbesserte Neubearbeitung ist Etzlaubs Landstraßenkarte von 1501 *„Das seyn dy lantstrassen durch das Romisch reych …“* (Brunner 2001). Sie wird als Holzschnitt von *Georg Glockendon* in Nürnberg mit dem ungefähren Maßstab 1:4 Mill. gedruckt und umfasst Mitteleuropa mit dem Mittelpunkt Nürnberg und den von hier ausgehenden Hauptstraßen mit Meilensignaturen. Nach einer Helmert-Transformation ergibt sich eine mittlere Unsicherheit der Ortspositionen von etwa 8 km. Die Etzlaub-Quelle wird bis in das 16. Jahrhundert hinein als Datenbasis benutzt, u. a. von Martin Waldseemüller, der 1511 eine Straßenkarte Europas mit Gebrauchsanweisung herausgibt, und von Sebastian Münster, s. [3.2.3].

- Die *Nürnbergkarte* Etzlaubs von 1492 leitet zu den Regionalkarten des 16. und 17. Jahrhunderts über, s. [3.2.3]. Sie umfasst Franken, die Oberpfalz und Teile von Ober- und Niederbayern mit Nürnberg im Mittelpunkt (Finsterwalder 2001). Die im Holzschnittverfahren hergestellte Rundkarte im ungefähren Maßstab 1:930 000 enthält Orte, Gewässer und Territorialgrenzen. Über identifizierbare Orte berechnet sich nach einer Ähnlichkeitstransformation (Verdrehung 8,5°, Nürnberg als Koordinatenursprung unverändert) eine mittlere Restklaffung von ± 13 km. Die Entfernung der Orte von Nürnberg hat bei der Kartenkonstruktion offensichtlich eine wichtige Rolle gespielt, viele Entfernungen waren aus Itinerarien damals bereits auf etwa eine Meile genau bekannt. Die Orientierung beruht wohl auf Kompassangaben.

Die Freie Reichsstadt Nürnberg war um 1500 ein Zentrum der Astronomie, Mathematik und Kartographie. 1471 lässt sich der aus der Wiener Schule kommende Astronom und Mathematiker *Regiomontanus* („Königsberger“) hier nieder. *Martin Behaim* (1459–1501) stellt den ersten erhalten gebliebenen Erdglobus her, *Hartmann Schedel* (1440–1514) gibt 1493 die „Weltchronik“ heraus. Der Autor, Arzt und Geograph *Hieronymus Münzer* druckt im Holzschnitt Karten Mittel- und Nordeuropas, und *Johannes Schöner* (1477–1547) baut mit einem Koordinatenverzeichnis auf den Etzlaub-Karten auf.

Eine besondere Rolle in dieser Entwicklung der großräumigen Kartographie spielen über mehr als 300 Jahre die seit dem Ende des 13. Jahrhunderts in vielen Ausfertigungen erscheinenden *Portolankarten*. Sie beschreiben in Maßstäben um 1:5 Mill. zunächst die Küsten des Mittelmeeres und des Schwarzen Meeres, später aber auch anderer europäischer Regionen recht genau und gehen dabei über die Angaben des Ptolemäus hinaus. Die nach einfachen Transformationen gefundene hohe relative Genauigkeit von einigen 10 km lässt auf speziell vorgenommene Vermessungen durch die Seefahrer (der Kompass wurde etwa ab 1300 benutzt) schließen, systematische Grundlagenvermessungen sind jedoch nicht bekannt (Peters 1985, Mesenburg 1989). Für das hier behandelte Thema sind die Portolankarten naturgemäß nur von geringer Bedeutung.

3.2.2 Messgeräte und Messverfahren: Fortführung überlieferter Entwicklungen

In der frühen Neuzeit werden die mittelalterlichen Feudalherrschaften mit ihren unübersichtlichen geographischen Zuständigkeiten immer mehr zugunsten klar begrenzter fürstlicher Gebietsherrschaften zurückgedrängt. Diese Entwicklung führt in Verbindung mit dem zunehmendem Wunsch nach einer verbesserten geographischen Kenntnis der Territorien dazu, dass im 16. und frühen 17. Jahrhundert eine große Zahl von *Regionalkarten* hergestellt werden und im Druck erscheinen (Bönisch et al. 1990), s. [3.2.3]. Dabei werden nun auch neue Originalaufnahmen durchgeführt und so die geometrischen Grundlagen der Karten allmählich verbessert.

Über die *Aufnahmeverfahren* und die evtl. zugrunde liegenden geometrischen Grundlagen der Regionalkarten ist verhältnismäßig wenig bekannt. Neben den überkommenen und langsam verfeinerten Methoden der astronomischen Ortsbestimmung und der großräumigen Bestimmung von Strecken und Richtungen stützen sich die Detailaufnahmen auf die in der Feldmesskunst entwickelten Verfahren der praktischen Geometrie, diese gehen ebenfalls weitgehend auf antike Vorbilder zurück.

Astronomische Ortsbestimmungen bleiben auch im 16. und 17. Jahrhundert selten und dienen i. Allg. nur zur Graduierung des Kartenrahmens, wegen des um etwa 10 % zu klein angenommenen Erdradius weist der Rahmen der Karten deshalb meist einen kleineren Maßstab als die Karte selbst auf. Die Breite wird wie üblich aus Höhenwinkeln zu Zirkumpolarsternen oder der Sonne bestimmt. Als Winkelmessinstrument finden wir vom 10. Jahrhundert an das zur Analoglösung vieler astronomischer Aufgaben weiter entwickelte *Astrolabium* wieder (Abb. 3.6), Minow (1985). Hinzu kommt der nun auch als Handgerät benutzte *Quadrant* mit einem den Höhenwinkel zur Sonne oder einem Stern anzeigenden Lot und später der besonders in der Seefahrt benutzte *Jakobstab*, erfunden von dem Astronomen *Levi ben Gerson* (1288–1344). Er besteht aus einem Basisstab und ein oder zwei dazu senkrechten Querhölzern, der zu messende Winkel wird durch entsprechendes Verschieben eines Querstabes an der Winkelteilung des Längsstabes abgelesen (Richter 1984). Mit diesen Instrumenten können auch beliebig orientierte Positionswinkel zwischen Himmelskörpern oder zwischen terrestrischen Zielen gemessen werden, hierfür werden sie bis in die Neuzeit benutzt (Abb. 3.7). Astronomische Längenbestimmungen kommen wohl kaum vor, jedoch werden Längenunterschiede unter Berücksichtigung der Breite aus der Breitendifferenz und der Entfernung berechnet. Dabei wirkt sich bei der Umrechnung der Entfernung in Winkelmaß neben den Fehlern der Entfernungsmessung wiederum die Unsicherheit des Erdradius aus.

Abb. 3.6. Astronom mit Astrolab. Holzschnitt aus Schedels „Weltchronik“, 1493

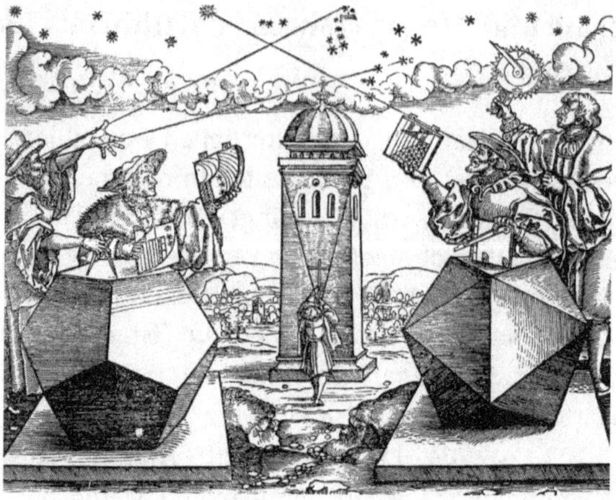

Abb. 3.7. Gebrauch verschiedener Instrumente (u. a. Quadrant, Jakobsstab) in Astronomie und Feldmesskunst. Peter Apianus: „Instrumenten Buch", Ingolstadt 1533

Die Frage des *Ausgangsmeridians* für die Längenzählung erhält mit der zunehmenden „Entdeckung" der Erde neue Bedeutung. Eine von Kardinal Richelieu nach Paris einberufene Konferenz von Geographen und Mathematikern legt 1634 fest, dass der Nullmeridian durch den westlichsten Punkt der Kanareninsel Ferro (El Hierro) verlaufen soll, später wird die Lage dieses Meridians gegenüber dem Meridian durch Paris auf 20° und gegenüber Greenwich auf 17°40′ westlich festgelegt. Im 16. und 17. Jahrhundert finden bei der Kartenherstellung auch andere Nullmeridiane Verwendung, doch bleiben Ferro, Paris und Greenwich bis in das 19. Jahrhundert die wichtigsten Bezugsorte (Forstner 2005).

Die *praktische Geometrie* entwickelt sich im Spätmittelalter – angeregt durch die Zunahme des Handels und die Entwicklung der Städte – ebenfalls langsam weiter. Die zur Herstellung der Regionalkarten genutzte aktuelle geometrische Information beruht auf Strecken und Winkeln bzw. Richtungen zwischen ausgewählten Punkten des Vermessungsgebietes, für diese relative Punktbestimmung werden neben den Winkelmessgeräten der Astronomie die in der Feldmessung gebräuchlichen und in der Tradition der spätantiken und römischen Agrimensoren stehenden Methoden und Geräte übernommen und weiterentwickelt (Minow 1991, Peters 2002).

Zur Bestimmung von großen Entfernungen dient hauptsächlich die Auswertung von *Reisezeiten*, in begrenzterem Bereich auch die direkte Schätzung durch Abschreiten, Abreiten oder Abfahren. Hierfür werden *Schrittzähler* (Abb. 3.8), Messräder (Hodometer, Abb. 3.9) und mit mechanischen Zählwerken ausgerüstete *„Meilenwagen"* entwickelt. Große Gebiete werden so in ausgemessene Dreiecke oder Vierecke zerlegt, im Anschluss an gegebene Punkte können daraus durch Bogenschnitt die Koordinaten weiterer Punkte bestimmt werden. Kürzere Strecken, z. B. Grundlinien für Einschneideaufgaben, werden auch mit *Messseilen* von etwa 10 Ruten Länge und seit dem 16. Jahrhundert vor allem mit der *Messkette* gemessen (Abb. 3.10). Diese ist meist 5 Ruten lang und aus Eisendrahtgliedern von einem halben oder ganzen Fuß Länge gefertigt, die über Ösen durch Messingringe miteinander verbunden sind. Die hölzerne *Messrute* („Virga“) von etwa $1/2$ Ruten Länge wird in den Schriften zahlreicher Klöster erwähnt (Abb. 3.11).

Abb. 3.8. Landmesser mit Schrittzähler. P. Pfinzing: „Methodus geometrica“, Nürnberg 1598

Abb. 3.9. Hodometer (Laufmessrad) von Schißler, ca. 1600

Abb. 3.10. Landmesser mit Messkette und Kreuzvisier. C. Stephan u. J. Liebhalt: „Von dem Feldbau“, Straßburg 1579

Abb. 3.11. Feldmesser mit Messstange. J. Köbel: „Geometrei“, Frankfurt a. M. 1556

Vorschriften für die Umrechnung von Reisezeiten in Entfernungen finden sich schon früh, so bei Zubler (1625): „... *Also kan man auch die messung nach den Stunden richten/ dann ein gantze Teutsche Meil haltet zwo Stund* ... ". Die Entfernungsmessung durch Abschreiten wird noch gegen Ende des 19. Jahrhunderts für einfache Aufgaben herangezogen, dabei wird auch die Abhängigkeit des Schrittwertes (um 80 cm) von der Größe des Abschreitenden und der Geländeneigung berücksichtigt. Besonders bei Expeditionen in unerschlossene Gebiete bleibt die Marschzeit von Menschen (5–6 km/Stunde) und Tieren (Kamele 4 km/Stunde) ebenfalls lange ein wesentliches Entfernungsmaß, und das Messrad findet sich noch heute bei Kontrollmessungen etwa im Straßenbau (Jordan–Eggert 1950, S. 78 ff.). Messlatten werden bis in die erste Hälfte des 20. Jahrhunderts hinein verwendet, die Messkette wird dagegen im 19. Jahrhundert durch das Messband verdrängt.

Die vermessungstechnischen Aufnahmeverfahren gehen meist von *Bussolenzügen* längs der Wege, Gewässer oder Grenzen aus, wobei die Strecken mit den o. g. Methoden geschätzt oder gemessen werden. Längs der Route sichtbare topographische Einzelheiten werden durch ihre Richtungen und gemessene oder geschätzte Entfernungen (*polares Anhängen*), aber auch durch Winkelmessung von zwei Punkten aus (*Vorwärtsabschnitt*) festgelegt und sofort kartiert. Zur Winkelmessung dienen anfangs einfache *Dioptergeräte*, wobei die Kreisteilung allmählich verfeinert wird. Häufig eingesetzt werden das *Astrolabium* und andere *Scheibeninstrumente*, entweder freihändig oder auf einem Stativ, bei horizontaler Anwendung auch in Verbindung mit einer Bussole (Abb. 3.12). Zu den zur Winkelmessung und indirekten Streckenmessung mit Hilfe geometrischer Proportionen verwendeten Stabinstrumenten gehört das bereits von Gerbert von Aurillac erwähnte *geometrische Quadrat*, ein quadratischer Rahmen mit Teilung und einem um eine Ecke beweglichen Diopterlineal, es wird ebenso wie der Jakobsstab besonders zur Bestimmung von Turm- und Berghöhen eingesetzt. Seit dem 16. Jahrhundert

Abb. 3.12. „Geometrisches Instrument" zur Winkelmessung. L. Zubler: „Novum instrumentum geometricum", Basel 1625

finden wir die graphische *Geländetriangulation.* Ausgehend von vermessenen Standlinien werden dabei mit einem Winkelmessgerät oder auch mit speziell entwickelten Geräten (etwa einem Basislineal mit zwei drehbaren Schenkellinealen) ausgewählte Punkte wie Kirchtürme, Bergkuppen, Häuser und Bäume anvisiert und die Visuren aufgetragen und zum Schnitt gebracht. Topographische Details werden weiterhin durch Einschneiden oder Abschreiten usw. erfasst, schwer begehbare Geländeteile auch durch Interpolation oder auf Grund von Auskünften der Landeseinwohner. Wichtige Werkzeuge des Feldmessers sind daneben das zum Abstecken rechter Winkel dienende *Winkelkreuz* oder die *Kreuzscheibe* (auch Winkelkopf oder Winkelscheibe).

Einen guten Einblick in die Verfahren und Instrumente geben die seit dem Spätmittelalter erscheinenden *Lehrbücher* und *Anweisungen* zur astronomischen Ortsbestimmung und zur Feldmessung oder praktischen Geometrie (Schmidt 1935). Dabei werden i. Allg. die Grundlagen der Euklidischen Geometrie vermittelt und es wird eine Übersicht über die Methoden und Instrumente gegeben, wobei die Ansätze des Altertums weitgehend erhalten bleiben.

Fragen der Kalenderfestlegung und Aufgabenstellungen der Astrologie sind seit dem Hochmittelalter starke Antriebskräfte für die Astronomie, hiervon profitiert allmählich auch die geographische Ortsbestimmung. *Johannes von Halifax*, gen. *Sacrobosco* (ca. 1200–1256), seit 1221 Professor der Mathematik in Paris, verfasst ein elementares Lehrbuch der Astronomie („De sphaera"), das rund 100 Auflagen erlebt. Es beruht auf dem Almagest und arabischen Kommentatoren, etwa dem Lehrbuch des Al-Biruni. In der Renaissance entwickelt sich in Wien eine mathematische Schule hohen Ranges, die mit den Namen *Georg von Peuerbach* (1423–1461) und seines Schülers *Johannes Müller*, gen. *Regiomontanus* (1436–1476) verknüpft ist. Die Übersetzung des Almagest, neue astronomische Beobachtungen, verbesserte astronomische Instrumente, Weiterentwicklungen in der ebenen und sphärischen Trigonometrie sowie die Berechnung von Sinus- und Tangenten-Tafeln kennzeichnen diese Periode. Regiomontanus richtet gegen Ende des 15. Jahrhunderts in Nürnberg auch eine Werkstatt zur Herstellung mathematischer Instrumente ein.

Die älteste mittelalterliche Abhandlung über die Feldmessung und die Grenzsicherung findet sich in der in Carpentras/Südfrankreich aufbewahrten Handschrift des Feldmessers *Bertrand Boysset* aus Arles (um 1400); das Seilmaß, die hölzerne Messrute und der Winkelhaken sind die bei der vorherrschenden Orthogonalmethode benutzten Geräte (Minow 2003). Die aus der Zeit des Hochmeisters *Conrad von Jungingen* stammende „Geometria Culmensis" (ebenfalls um 1400) fasst die Regeln der handwerksmäßig betriebenen Feldmesskunst bis zur Flächenbestimmung einfacher Figuren zusammen. Das stark auf antikem Wissen aufbauende Werk „Commensurator" (um 1470) des *Regiomontanus* wird zum viel benutzten Lehrbuch der Geometrie, es gibt detaillierte Gebrauchsanweisungen und Hinweise zur Konstruktion genauer Karten auf der Grundlage astronomischer und geodätischer Messungen. Bei *Leonardo da Vinci* (1452–1519) finden sich Konstruktionen von Wegmessern an Wagen, von Schrittzählern und von Setzwaagen, und *Albrecht Dürer* (1471–1528) entwickelt in der „Unterweysung der messung mit dem zirckel und richtscheyt in Linien, ebnen und gantzen corporen" (1525) die Messtechnik weiter (Richter 1954). Über mehr als 100 Jahre (1535–1616) in zahlreichen Auflagen weit verbreitet, aber auch angegriffen ist das 1531 erstmals erscheinende Lehrbuch für Landmesser des Mathematikers, Astronomen und Verlegers *Jacob Köbel*, Stadtschreiber in Oppenheim: „Geometrei.

Von künstlichem Feldmessen, vnd absehen Allerhandt Höhe, Fleche, Ebne, Weitte vund Breite". *Sebastian Münster* beschreibt 1528 in einer „Kurzen Anweisung, wie künstliche Landtafeln auß rechtem Grund zu machen ..." das Aufnehmen großer Distrikte durch Winkelmessung mit einer graduierten Halbkreisscheibe mit drehbarem Zeiger (auch „Holländischer Kreis" genannt) und verschiedene andere Aufnahmemethoden. Der vielseitige *Peter Apian* (urspr. Bienewitz, 1495–1552), ausgebildet in der Wiener Schule, wird 1527 Professor in Ingolstadt und 1540 „Kaiserlicher Hofmathematiker". Aus der Vielzahl seiner Veröffentlichungen sei das „Instrumentum primi mobilis" (1533) genannt, unter den von ihm entworfenen Instrumenten stellt das *Torquetum* (eine Weiterentwicklung nach Regiomontanus) eine erste Realisierung eines Universalinstrumentes dar (Abb. 3.13), Winkel (1951).

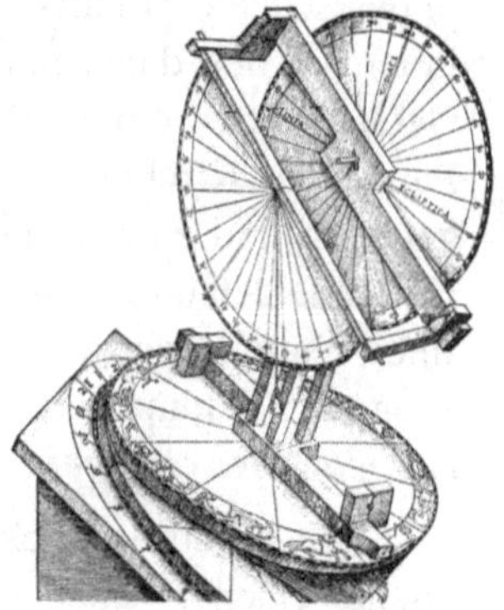

Abb. 3.13. Torquetum. Peter Apianus: „Astronomicum Caesareum", Ingolstadt 1540

Die Methoden der Feldmessung der frühen Neuzeit werden u. a. von *Conrat von Ulm* mit seinem bereits erwähnten Werk „Geodaisia" (1579) beschrieben. Ein weiteres fundiertes Werk zur Feldmesskunst „Gründlicher und warer Bericht vom Feldmessen und Markscheiden" wird 1574 von dem Wittenberger Gelehrten *Erasmus Reinhold* vorgelegt. Bereits 1513 erscheint die erste Auflage der „Elucidatio fabricae ususque Astrolabii", in der *Johannes Stoeffler* (1452–1531) die Herstellung und den Gebrauch des Astrolabiums beschreibt. Der durch umfangreiche kartographische Darstellungen bekannt gewordene *Paul Pfinzing* (1554–1599), Ratsherr in Nürnberg, fasst in „Methodus geometrica" (1596) den Stand der Feldmesskunst gegen Ende des 16. Jahrhunderts zusammen, insbesondere auch die Methoden der Entfernungsmessung durch Schrittzählung zu Fuß und Pferd oder das Zählen von Wagenradumdrehungen. Weite Verbreitung findet das Werk des Orientalisten und Mathematikers *Daniel Schwenter* (1585–1636) „Geometriae practicae novae et auctae libri IV" (Nürnberg 1618), es enthält bereits den Messtisch. *Leonhard Zubler* (1563–1609), Goldschmied und Instrumentenbauer in Zürich, gibt ab 1602 zwei Bücher „Novum instrumentum geometricum ..." heraus, in denen er vor allem Geräte zum mechanischen und zum graphischen Vorwärtsabschnitt vorstellt („Triangel"), aber auch eine für die Anlage und graphische Auswertung von Bussolenzügen notwendige und als Kartiertisch ausgebildete Diopterbussole (Zubler 1625). 1616 finden wir in Bayern im Zusammenhang mit der Neuordnung des Landrechts ein Lehrbuch „von dem Feldmessen" (Simmerding 1991). Eine Auswahl der frühen Lehrbücher zur Feldmesskunst findet sich in Minow u. Pfeifer (1991).

Bei der *Kartenkonstruktion* spielen die seit Ptolemäus verfügbaren *Listen geographischer Koordinaten* ausgewählter Orte und die wenigen astronomischen Ortsbestimmungen eine besondere Rolle. Dabei wird der Einfluss des Ptolemäus durch die neueren geographischen Informationen nach und nach immer mehr zurückgedrängt. Im Nachbarbereich wird die Kartenqualität durch neue Aufnahmen mit Hilfe der oben genannten Verfahren teilweise erheblich verbessert. Zur Nordorientierung steht die um 1200 erstmals genannte *Magnetnadel* und ab etwa 1300 der *Kompass* zur Verfügung.

Für den Bereich Deutschlands fehlen Angaben aus Ortslisten bei Ptolemäus naturgemäß weitgehend. Vom 16. Jahrhundert an werden außer den unverändert gelassenen Koordinatenverzeichnissen in den Ptolemäusatlanten neue geographische Positionstabellen in Werken geographisch-kosmographischen oder astronomischen Inhalts veröffentlicht, etwa in den „Tabulae directionum“ des *Regiomontanus* (Nürnberg, um 1476), der „Luculentissima quaedam terrae totius descriptio“ von *Johann Schöner* (Nürnberg 1515) und dem „Cosmographicus liber“ (mehr als 1400 Orte) des *Peter Apian* (Landshut 1524). Für das mit Germania bezeichnete Gebiet Mitteleuropas finden sich hier immerhin über 200 Ortspositionen. Nach Beseitigung von systematischen Verschiebungen in Breite und Länge und von Maßstabsfehlern (fehlerhafter Erdradius) weisen diese Ortsangaben Restfehler von etwa $10'$ in Breite und Länge (entspricht etwa 20 km) auf (Finsterwalder 1997).

Im Zusammenhang mit den Längenmessungen wird – zunächst mehr bei den örtlich begrenzten Aufgaben der Grundstücksvermessung – wie im Altertum die Definition und Festlegung einer *Längenmaßeinheit* notwendig. Hier findet sich nach dem Ende des römischen Reiches in den verschiedenen Ländern eine Vielzahl von Längenmaßen, die aber nur teilweise aus den römischen Einheiten abgeleitet sind und darüber hinaus regional stark variieren. Dabei wiederholen sich die Entwicklungen in den alten Kulturen, mit vom menschlichen Körper abgeleiteten Maßen wie Fuß oder Schuh als Länge des Fußes und Zoll als Breite des Daumens, aber auch die Elle als Länge eines Unterarmes, der Klafter als Länge beider seitwärts gestreckter Arme und der Schritt als Abstand der Füße beim Gehen. Die in der Feldmessung besonders wichtige Rute ergibt sich als die (verschieden große) Summe von Fußlängen. Die Vielzahl der Längeneinheiten und die Willkür bei ihrer Festsetzung und Überwachung blieb bis in die jüngere Neuzeit hinein bestehen, so werden auf einer Maßstabsplatte aus dem 18. Jahrhundert 68 gebräuchliche Fußmaße einander gegenüber gestellt. Für die Unterteilung der Rute finden wir Angaben von 10, 12, 14, 15, 16 und 18 Fuß. Die Rutenlängen variieren zwischen 3 und 5 m, das Fußmaß zwischen 0,25 und 0,4 m. Zur Umrechnungen alter Maße in metrische Einheiten s. [9.1].

Bereits Karl der Große versuchte, diese Unübersichtlichkeit in Maßen und Gewichten im Jahre 789 durch eine Anweisung zu beheben: *„Daß alle gleiche und richtige Maße wie auch gerechte und gleiche Gewichte haben sollen, sowohl in den Gemeinden wie auch in den Klöstern, ... “* (Brachner 1996). Als Norm für das Längenmaß diente dabei die Länge des Fußes Karls des Großen. Nach dem Sachsenspiegel (1230) sollte eine Rute als die Summe der Fußlängen von 15 Männern gebildet werden. Das Aufblühen von Wirtschaft und Handel im 15. und 16. Jahrhundert stellte erhöhte Anforderungen auch an die Eichung und Vergleichbarkeit der Längenmaße, Normalmaße sollten für die entsprechende Einheitlichkeit sorgen. Angestrebt wurde weiterhin eine von der einzelnen Bezugsperson unabhängige Festlegung von Einheiten (Abb. 3.14). So machte Jacob Köbel den Vorschlag: *„Es sollen sechtzehen man/klein und groß/ wie die vngefehrlich nach einander auß der Kirchen gehen / ein jeder vor dem anderen einen Schuch stellen/ vnnd darmit ein Lenge/ die da gerad sechtzehn derselben Schuch begreiffet/ messen /Dieselb Lenge ist/ vnd soll sein/ ein gerecht gemeyn Meßrute/ darmit mann das Feldt messen soll/ “* (Simmerding 1970).

Abb. 3.14. Bestimmung des durchschnittlichen Fußmaßes. J. Köbel „Geometrey", Frankfurt a. M. 1608

3.2.3 Regionalkarten des 16. und frühen 17. Jahrhunderts: Erfassung von Landesherrschaften

Die in der frühen Neuzeit entstehenden Regionalkarten werden als *„Gelehrtenkarten"* häufig von Mathematikern und Astronomen, aber auch von Philologen und Theologen hergestellt. Diese sind dem Zeitgeist des Humanismus entsprechend meist Universalgelehrte. Gefördert oder sogar in Auftrag gegeben werden die Karten oft von dem jeweiligen Landesherrn. Der Karteninhalt konzentriert sich auf die Siedlungen, die Flüsse, den Wald und andere Kulturarten wie Wiesen, Äcker und Weinberge, dagegen werden Straßen und Wege i. Allg. nicht gezeigt. Ortschaften werden teilweise durch Punkte oder Kreise grundrisstreu, aber oft auch durch herausgehobene Gebäude nachgewiesen, im übrigen herrschen aufrissähnliche Darstellungen vor. Das gilt auch für Berge und Gebirge, Bergstriche und Bergschraffen setzen sich erst später durch. Die Lagetreue der Gewässer ist wegen der ungenügenden Vermessung i. Allg. unbefriedigend, das gilt – von speziellen Vermessungen abgesehen – auch für die Forsten. Die Maßstäbe der Regionalkarten variieren zwischen 1:100 000 und 1:1 Mill., wobei Maßstäbe um 1:500 000 überwiegen, sie werden anfangs im Holzschnittverfahren, später überwiegend im Kupferstich vervielfältigt. Eine nicht unbedeutende Rolle bei der Entstehung dieser Karten hat vermutlich die 1528 ergangene Aufforderung von Sebastian Münster an alle *„Liebhaber des deutschen Vaterlandes"* gespielt, von der Umgebung ihrer Wohnorte Karten aufzunehmen und ihm geographische und topographische Informationen zu übersenden.

Daneben entstehen in wachsender Zahl *Spezialkarten* größerer Maßstäbe für die verschiedensten Zwecke: Festlegung von Landes- und Ämtergrenzen, Amtskarten, Vogteikarten, Domänenkarten, Gemarkungs- und Flurkarten, Forstkarten, Flusskarten, Meliorationskarten, Deichkarten, Bergbaukarten, Stadtkarten, Streitkarten (rechtliche Auseinandersetzungen dokumentierende Prozesskarten), Wege- und Straßenkarten, Festungspläne usw. Diese Unterlagen werden in unterschiedlicher Intensität auch bei der Herstellung der Regionalkarten genutzt.

Wir nennen einige der im 16. und frühen 17. Jahrhundert mit Hilfe neuer Aufnahmen entstandenen und im Druck vervielfältigten *Regionalkarten* (Bönisch et al. 1990):

- Die früheste gedruckte Regionalkarte Deutschlands ist die *Bayern*karte (1523) des Geschichtsschreibers *Johannes Aventin* – genannt *Aventinus* – (*Johann Turmair*, 1477–1534, Abb. 3.15) im Maßstab von etwa 1:725 000 (Trapezabbildung, Holzschnitt). Das auf Wegstrecken basierende Kreisschnittverfahren war wohl die Aufnahmemethode, den Rahmen lieferten die aus Verzeichnissen entnommenen geographischen Koordinaten ausgewählter Orte (Abb. 3.16), Finsterwalder (1967).

Abb. 3.15. Johannes Aventin (1477-1534)

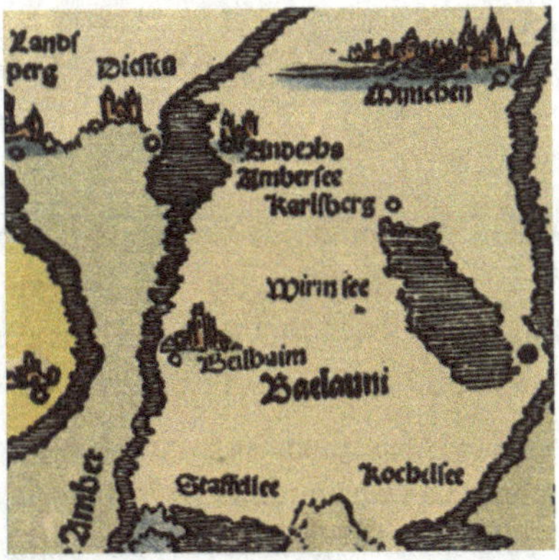

Abb. 3.16. Aventin: „Karte von Ober- und Niederbayern", etwa 1:725 000 (verkl. Ausschnitt), 1523

- Der seit 1561 in herzoglichen Diensten stehende Astronom, Mathematiker, Kartograph und Wasserbauingenieur *Tilemann Stella* (1525–1589) fertigt 1552 im Auftrag des Herzogs Johann Albrecht I. eine erste (nicht erhaltene) Karte *Mecklenburgs* im ungefähren Maßstab 1:500 000 an. Zwischen 1561 und 1582 führt er dann auf zahlreichen Reisen in Deutschland eine Vielzahl von Einzelvermessungen zur Herstellung von Regional- und Spezialkarten durch, wobei er außer Entfernungen auch Richtungen und Polhöhen bestimmt; der Plan eines großen Deutschlandatlasses wird aber nicht ausgeführt (Pápay 1988).

- Der Breslauer Pädagoge (Lehrer an der Lateinschule) *Martin Helwig* (1516–1574) stellt mit Förderung durch den Patrizier Nikolaus Rehdiger auf eigene Kosten eine *Schlesien*karte her, die 1561 im Druck (Holzschnitt) mit dem ungefähren Maßstab 1:530 000 erscheint (Abb. 3.17). Ganz erhebliche Schwankungen im Maßstab weisen auf große Unsicherheiten bei der Bestimmung von Entfernungen und Richtungen hin. Die Karte bleibt bis 1750 Grundlage aller Karten Schlesiens (Spata 1996).

Abb. 3.17. M. Helbig: „Landtafel von Schlesien", etwa 1:530 000, Norden unten (verkl. Ausschnitt), 1561

- In *Altpreußen* (Ostpreußen) führt der Pfarrer *Caspar Henneberger* (1529–1600) ab 1570 in mehrjährigen Bereisungen eine Kartierung durch, die vom Herzog Albrecht finanziert wird und 1576 zu einer ersten Prussia-Karte führt. Sie wird 1595 im Maßstab 1:520 000 im Holzschnittverfahren neu gedruckt (Brunner 2002).

- Der Mathematiker und Historiker *Ubbo Emmius* (1547–1625), Gründer der Lateinschule in Leer und ab 1614 Professor für Griechisch und Geschichte an der Universität Groningen, beginnt etwa 1590 mit umfangreichen „Neuvermessungen" *Ostfrieslands* durch Abschreiten von Entfernungen zwischen Orten, Winkelmessungen und Skizzieren der Topographie. Die Karte „Typus Frisiae Orientalis" des Maßstabs 1:210 000 wird 1595 im Kupferstich gedruckt, sie bleibt bis 1804 Grundlage aller Karten Ostfrieslands (Lang 1985).

- Ein Forstkartenwerk ist Ziel einer frühen Landesaufnahme in *Württemberg*, beruht doch der Reichtum dieses 1495 zum Herzogtum erhobenen Landes auf seinen ausgedehnten Wäldern. Hiermit wird 1585 der herzogliche Oberrat *Georg Gadner* (1522–1605) von Herzog Ludwig mit dem Auftrag *„das gantze Land durchaus bereiten, aigentlicher besichtigen und abreissen"* betraut. Routenaufnahmen mit Pferd und Schrittzähler und einer zur direkten Kartierung geeigneten Auftragsbussole erfassen die Forstgrenzen. Durch die Aufnahme weiterer topographischer Gegenstände entsteht eine allgemeine Landeskarte, wobei die Topographie teilweise im Grundriss, teilweise im Aufriss wiedergegeben wird. Der mittlere Maßstab der gezeichneten Karten dieser 1596 abgeschlossenen „Chorographia Ducatus Wirtembergici" beträgt etwa 1:94 000, mit Maßstabsschwankungen um 25 % (Häberlein 1997).

- Auf Befehl der Pommerschen Herzöge Philipp II. und Philipp Julius stellt *Eilhard Lubin* (1565–1621), Professor der Theologie und der Mathematik in Rostock, 1608 eine Karte von *Rügen* (um 1:200 000) und von 1611 bis 1613 eine Karte von *Pommern* im ungefähren Maßstab 1:240 000 her (Kupferstich), diese wird noch im siebenjährigen Krieg von den Preußen benutzt. Sie beruht auf eigenen Reisen und Vermessungen (Astrolab, Jakobsstab und Höhenwinkelmesser), von rund 150 Standpunkten aus werden dabei etwa 5700 Orte bestimmt (Lips 1938).

- *Wilhelm Dilich*, eigentlich Wilhelm Schäfer (um 1571–1650), Topograph, Kartograph, Geschichtsschreiber und Festungsbaumeister beim hessischen Landgrafen Moritz, erstellt ab 1607 im Auftrag des Landgrafen mit den „Landtafeln hessischer Ämter" ein (unvollständiges) Kartenwerk von *Hessen-Kassel* (Abb. 3.18). Die Arbeiten werden mehrfach unterbrochen. Die Aquarellkarten im Maßstab 1:15 000–1:40 000 gelten bereits 1630 als verschollen (Bertinchamp 1988).

Nach einer vorübergehenden Verhaftung (1617) wegen ungenügenden Fortschritts der Arbeiten nimmt Dilich diese im nächsten Jahr wieder auf, wird aber 1621 in Schuldhaft genommen. Grund für die unwürdige Behandlung von Dilich in Hessen ist wohl die völlige Fehleinschätzung des Bedarfs an Zeit, Geld und Personal für eine Landesaufnahme dieses Umfangs und nicht die ihm mit dem Vermerk des Landgrafen: *„Wehre gut, er hätte sich besser getummelt"* vorgeworfene Langsamkeit. Nach gelungener Flucht kann er ab 1625 als kursächsischer Architekt, Ingenieur und Geograph wieder tätig werden.

Abb. 3.18. W. Dilich: „Hessische Landtafeln", kol. Federzeichnung, etwa 1:15 000–1:40 000 (verkl. Ausschnitt), 1607–1621

Genauigkeitsbetrachtungen zu den geodätisch-kartographischen Produkten des Mittelalters und der frühen Neuzeit können sich an den mit den damaligen Methoden erzielbaren Möglichkeiten orientieren. Die Genauigkeit hängt demnach einmal von den geometrischen Grundlagen und zum andern von der sehr unterschiedlichen Art der Detailaufnahme ab (Bönisch 1967). Aussagekräftiger sind jedoch Koordinatenvergleiche identifizierbarer Punkte und Vergleiche der alten Karten mit heutigen Darstellungen, hierzu müssen identische Punkte (meist Ortslagen) zur Verfügung stehen. Ein Vergleich kann dann über die abgegriffenen geographischen Koordinaten oder die der Karte entnommenen Entfernungen durchgeführt werden. Im ersteren Fall wird i. Allg. durch eine Ähnlichkeitstransformation der tatsächliche Kartenmaßstab und die Orientierung im Koordinatensystem (Ursprung und Ausrichtung nach Nord) ermittelt, die Restklaffungen geben einen Anhalt auf die mittlere Genauigkeit der Kontrollpunkte. Wegen des Aneinanderfügens lokaler Aufnahmen zu einem Kartenblatt muss dabei stets mit großräumigen Verzerrungen unterschiedlicher Art gerechnet werden. Hierüber kann ein Verzerrungsgitter in Form des in die Karte eingetragenen Netzes der geographischen

Koordinaten Auskunft geben. Lokal können in Abhängigkeit von der Qualität der örtlichen Aufnahmen höhere (relative) Genauigkeiten zu finden sein. Die zu diesem Zweck aus Streckenvergleichen berechneten mittleren Streckenfehler zeigen bei entsprechender Analyse auch orts- und richtungsabhängige Maßstabsänderungen und den Fehleranstieg mit der Entfernung auf (Beineke 2001).

Problematisch ist die *Maßstab*abschätzung aus der oft eingezeichneten Maßstabsleiste, u. a. auch wegen der Unsicherheit über die Länge der benutzten Meile, das gilt auch für das evtl. im Kartenrahmen angerissene Gradnetz (Finsterwalder 1988). Wegen des nicht-dezimalen Zusammenhanges zwischen den einander zugeordneten Natur- und Kartenmaßen muss dabei stets von unrunden Maßstäben ausgegangen werden. Für größere Entfernungen und bei Kartenmaßstäben werden unter Anlehnung an die römische Meile meist *„Meilen“* als Längenmaß verwendet (Hartnack 1939). So finden wir in Peter Apians „Cosmographicus liber“ die gemeine deutsche Meile (*„Milliaria Germanica communia“*) zu 5,9 km, was bei einer Definition der geographischen Meile zu $^1/_{15}$ des Äquatorgrades auf den als zu klein angenommenen Erdumfang schließen lässt. Unter Nutzung der jeweils verfügbaren Ergebnisse von Gradmessungen ergeben sich bei den Altkarten Meilenwerte zwischen 5 und 8 km, wobei im Laufe der Zeit eine Annäherung an den richtigen Wert von 7,4 km eintritt. Zu finden ist aber auch die große deutsche Meile mit $^1/_{12}$ der Bogenlänge des Äquatorgrades = 9,3 km.

Festzuhalten ist, dass über die Größe der gemeinen deutschen Meile kaum eine klare Vorstellung herrschte. So erklärt Daniel Schwenter in der „Geometriae practicae“: *„... wie viel eigentlich eine Teutsche Meil in sich halte, streiten die Geometrae, und die Sach ist noch nicht vertragen und ausgangen“*. Dies bleibt auch in den folgenden Jahrhunderten so. In Preußen setzt sich schließlich im 18. Jahrhundert die brandenburgische (preußische) Meile zu 2000 rheinländischen Ruten durch, mit 1 Rute = 12 Fuß (Stichling 1951). Mit 1 preußischer (rheinländischer) Fuß = 0,31385 m folgt 1 Rute = 3,766 m und 1 Meile = 7,532 km, daneben sind jedoch eine Vielzahl von Landesmeilen durch Gesetz oder Gewohnheit eingeführt. Weitere Angaben zu den Maßeinheiten finden sich in [9.1].

Schließlich ist bei diesen Vergleichen auch die unterschiedliche *Abbildung* in die Ebene zu beachten. Da die Kartierung der Altkarten rein manuell mit Maßstab und Zirkel vorgenommen wurde, kann von einer strengen Abbildung mit Abbildungsgleichungen nicht gesprochen werden. Es müssen also mit Hilfe der Geometrie des Karteninhalts „adäquate Netzentwürfe“ bestimmt werden, die sich der Altkarte bestmöglich anpassen (Beineke 2001). Dabei finden sich vor allem die quadratische Plattkarte und die Trapezabbildung. Bei letzterer wird das Kartenblatt durch die Netzlinien des geographischen Netzes begrenzt und diese werden als Gerade längentreu in die Ebene abgebildet, das entspricht der späteren Preußischen Polyederprojektion.

Die Tatsache, dass die kugelförmige Erde nicht verzerrungsfrei in der Ebene abgebildet werden kann und verschiedene Projektionsarten möglich sind, war bereits den Griechen bekannt. Dies führt bereits im Altertum zur Entwicklung verschiedener Projektionsmethoden, u. a. durch Hipparch, Marinos von Tyros und Ptölemäus, s. [2.2.1], [2.2.2]. Dieses Wissen ging auch im

Mittelalter nicht verloren und veranlasst – mit Nicolaus Cusanus beginnend – bis in die Neuzeit die Herleitung immer neuer Abbildungsentwürfe; so wird die von Mercator 1568 eingeführte winkeltreue „Merkator-Projektion“ für die Navigation und die Kartenherstellung bedeutsam. Ebenso war bekannt, dass trigonometrische Rechnungen – wie sie dann mit der Triangulation auch über große Distanzen durchgeführt werden – nicht in der Ebene vorgenommen werden durften. So bemerkt Gemma Frisius 1533 in seiner Schrift zur Triangulation, dass *„es niemals eine Zeichnung von Gegenden auf ebener Fläche geben kann, die in jeder Hinsicht vollkommen ist, auch wenn Ptolemaeus selbst auf die Erde zurückkehrte“*, s. [4.2].

Zusammenfassend ist festzustellen, dass bei den hier betrachteten Regionalkarten Verschiebungen bis zu 10 Bogenminuten und teilweise wesentlich mehr in der Breite auftreten, das gilt auch für Längenunterschiede. Diese Werte lassen sich durch die Fehler der aus Listen oder älteren Karten übernommenen und der evtl. neu bestimmten geographischen Koordinaten erklären, die absolute Längenfestlegung gegen Ferro kann dagegen um 5° und mehr unsicher sein. Die Orientierungsfehler können 5° und mehr betragen, hier wirken sich wiederum die Fehler der geographischen Koordinaten der Stützpunkte, aber auch unsichere Kompassangaben aus. Der Kartenmaßstab kann stark schwanken und um 10 bis 20 % fehlerhaft sein. Nach Beseitigung dieser systematischen Fehler treten Restklaffungen von 5 bis 20 km und mehr auf, welche oft einen systematischen Verlauf aufweisen. Die hieraus resultierenden relativen Streckenfehler können 10 % und mehr betragen. Hier wirkt sich aus, dass die Detailaufnahme nicht auf einem flächenhaften geometrischen Gerüst beruht.

Auf der „Geographie“ des Ptolemäus, den Etzlaub-Karten und in zunehmendem Maße auf den neuen Regionalkarten bauen auch die großen gedruckten *Kartenwerke* der frühen Neuzeit auf, sie enthalten auch Karten von Deutschland und von seinen Regionen. *Martin Waldseemüller* (ca. 1470–1520) publiziert 1513 in Straßburg einen „Atlas“ mit 27 Karten der „alten“ Welt nach den Vorstellungen von Ptolemäus und 20 auf neueren Erkenntnissen aufbauenden Karten (Neumann 1993). Deutschlandkarten enthält auch das zwischen 1524 und 1609 in 24 Auflagen erschienene „Cosmographicus liber“ des *Peter Apian* (1495–1552). Die Baseler Ptolemäus-Ausgabe (1540) der „Geographia Universalis“ des in Heidelberg und Basel (ab 1529) wirkenden Hebräisten und Kosmographen *Sebastian Münster* (1488–1552) umfasst 27 Ptolemäus- und 48 moderne Karten mit vielen Regionaldarstellungen. Zum Standardwerk der Geographie mit starker Wirkung in der breiteren Öffentlichkeit wird Münsters „Cosmographia“ (Basel 1544) mit bis 1628 insgesamt 46 Auflagen (Minow 2000). Mit dem in Antwerpen schaffenden Buchhändler und Kartographen *Abraham Ortelius* (1527–1598) geht die Führung der Kartographie auf die niederländische Schule über. Das in vielen Auflagen ab 1570 erscheinende „Theatrum orbis terrarium“ repräsentiert eine erste umfangreiche Kartensammlung in Buchform (später „Atlas“ genannt) und enthält auch zahlreiche Landkarten deutscher Regionen. *Gerardus Mercator* (1512–1594), ein Freund des Ortelius und Schüler des Gemma Frisius, gibt ab 1585 in Duisburg einen Atlas „Germania tabulae geographicae“ heraus, mit dem auch die Kupferstichkartographie einen ersten Höhepunkt erreicht. Er enthält neben einer Deutschlandkarte 25 sich überlappende Regionalkarten und zeichnet sich durch eine besonders kritische und sorgfältige Bearbeitung aus.

4 Umbruch des Weltbildes und neue Messmethoden: Grundlagen für eine moderne Geodäsie

Die frühe Neuzeit ist in Europa durch radikale Veränderungen politischer, wirtschaftlicher und geistiger Art gekennzeichnet. Besonders der deutschsprachige Bereich wird durch die Reformation (1517 schlägt Martin Luther seine Thesen an der Schlosskirche in Wittenberg an) und die Gegenreformation (ausgehend vom Reformkonzil in Trient 1545–1563) geprägt. Eine lange Phase religiöser und sozialer Krisen („Ritterkrieg", „Bauernkrieg") kulminiert schließlich im Dreißigjährigen Krieg (1618–1648), der die deutschen Länder in unterschiedlicher und meist verheerender Weise berührt. Diese Umgebung bildet den Rahmen für die gleichzeitig einsetzende wissenschaftliche Revolution, die von Fortschritten in der Technik und von der Veränderung des Weltbildes begleitet wird. Für die sich langsam herausbildende Geodäsie wird die Entwicklung des heliozentrischen Weltsystems und die Erweiterung der geographischen Kenntnisse durch die Entdeckungsreisen bedeutsam.

Mit der Stärkung staatlicher Macht entsteht der Wunsch nach der kartographischen Erfassung der Herrschaftsgebiete durch Landesaufnahmen; die Frage nach der Größe der Erde wird – wenn auch zögernd – ebenfalls wieder aufgenommen. Unterstützt werden diese Zielsetzungen durch einen Innovationsschub, den die geodätischen Mess- und Auswertemethoden erfahren. Hierzu gehört die zunächst in der Astronomie erprobte Qualitätssteigerung der Winkelmessung, die Erfindung der Triangulation und die Einführung des Messtischverfahrens. Mit der Erfindung der Logarithmen eröffnet sich der die kommenden Jahrhunderte bestimmende Weg zur rechnerischen Bearbeitung gemessener Daten auch bei komplizierteren Algorithmen.

4.1 Copernicus, Kepler und Galilei: Das heliozentrische Weltsystem

Der Übergang vom geozentrischen, auf Aristoteles und Ptolemäus zurückgehenden und von der katholischen Kirche übernommenen Weltsystem zum heliozentrischen System ist mit den Namen Copernicus, Kepler und Galilei verbunden. Diese revolutionäre Ablösung eines 2000 Jahre lang gültigen Weltbildes vollzieht sich langsam und unter erheblichem Widerstand der Kirche.

Thomas von Aquino (etwa 1225–1274), dem bedeutendsten Kirchenlehrer des Mittelalters, war es nach der Wiederentdeckung der antiken Werke gelungen, eine vollkommene Verträglichkeit zwischen den naturwissenschaftlichen Lehren des Aristoteles und der Theologie herzustellen. Jeder Zweifel am Weltbild des Aristoteles konnte danach als Angriff auf das Dogma der katholischen Kirche erscheinen, hiermit – und mit dem im Allgemeinverständnis verankerten Glauben an die Unbeweglichkeit der Erde – musste sich jeder Erneuerer auseinandersetzen.

Eingeleitet wird diese Revolution des Weltbildes durch den kosmopolitischen Humanisten *Nicolaus Copernicus* (1473–1543, Abb. 4.1). Seit 1497 Domherr im ermländischen Kapitel zu Frauenburg, unternimmt Copernicus neben seiner ärztlichen und politisch-juristischen Tätigkeit eine kritische Sichtung älterer astronomischer Beobachtungen und fügt eigene Messungen hinzu. Vom *heliozentrischen System* ist er schon früh überzeugt, wie der zwischen 1509 und 1512 handschriftlich verteilte „Commentariolus" zeigt. Ein 1540 erscheinender Vorbericht („Narratio Prima") des lutherischen Theologen *Georg Joachim von Lauchen* (Rheticus), Professor für Mathematik und Astronomie in Wittenberg, bereitet schließlich auf das erst im Todesjahr von Copernicus in Nürnberg veröffentlichte Werk „De Revolutionibus Orbium Coelestium Libri VI" vor. Mit der hier geforderten Bewegung der Planeten um die Sonne und der täglichen Erdrotation wird mit dem antiken Weltsystem gebrochen, wenn auch Copernicus noch an der „Heiligkeit" der Kreisbewegung festhält (Großmann 1973a).

Abb. 4.1. Nicolaus Copernicus (1473–1543), anon. Kupferstich, nach 1600

Wohl wissend um die Brisanz seines Modells stellt Copernicus seinem Werk eine Widmung an den Papst Paul III. voran. Der nach dem Weggang von Rheticus den Druck beaufsichtigende *Andreas Osiander*, lutherischer Hauptpfarrer in Nürnberg, betont zudem noch in einem ohne Zustimmung des Copernicus verfassten anonymen Vorwort den hypothetischen Charakter des neuen Systems. Das neue Weltbild bleibt umstritten, wird einerseits von Luther und Melanchton als „Narretei" abgelehnt, andererseits an renommierten Universitäten vorgetragen und rund 70 Jahre von der katholischen Kirche als Hypothese geduldet. Erst 1616 wird die Lehre des Copernicus als schriftwidrig von der katholischen Kirche auf den Index gesetzt, wobei „Verbesserungen" zugelassen werden. Aus dem Index der verbotenen Bücher wird das Werk des Copernicus 1828 entfernt.

Aus geodätischer Sicht ist von Interesse, dass Copernicus und sein Freund und Domkollege *Alexander Sculteti* 1529 von dem ermländischen Bischof Moritz Ferber den Auftrag erhielten, eine Karte Preußens (das ist Ostpreußen) zu entwerfen. Es bleibt unbekannt, ob eine solche Regionalkarte entstanden ist.

Die mathematische Beschreibung des heliozentrischen Systems gelingt dem von der Theologie zur Astronomie gelangten *Johannes Kepler* (1571–1630). Mit den drei Gesetzen der Planetenbewegungen (1609: „Astronomia Nova . . . ", 1619: „Harmonices Mundi") legt er die Grundlagen für die Himmelsmechanik, dabei führt er nun elliptische Bahnen und veränderliche Bahngeschwindigkeiten ein (Bialas 2004). Höchst bedeutsam für diese Arbeiten ist das Zusammentreffen mit dem genialen Beobachter *Tycho Brahe* (1546–1601, Abb. 4.2). Dem selbstherrlichen und jähzornigen Brahe ist nach dem Tod seines Gönners, des dänischen Königs Friedrich II., die Unterstützung des Königs Christian IV. entzogen worden. Er verlässt daraufhin mit seinen Instrumenten und Beobachtungsprotokollen im Jahre 1597 das für ihn 1576 errichtete Observatorium Uraniborg auf der Insel Hven im Øresund und wird kaiserlicher Mathematiker am Hofe Rudolfs II. in Prag.

Abb. 4.2. Tycho Brahe (1546–1601) mit dem großen Mauerquadrant in Uraniborg

In demselben Zeitraum entsteht um 1560 auch die vom *Landgrafen Wilhelm IV.* von Hessen-Kassel („der Weise", 1532–1592) im Kasseler Stadtschloss eingerichtete erste Sternwarte Mitteleuropas. Der zwischen 1561 und 1567 selbst beobachtende Landgraf erzielt Genauigkeiten von einer Bogenminute und besser und erstellt so gegen Ptolemäus wesentlich verbesserte Sternkataloge (Abb. 4.3). Tycho Brahe erhält hier bei einem Besuch wichtige Anregungen und bleibt dem Landgrafen durch Briefwechsel und Austausch von Beobachtungen weiter verbunden. Der in Kassel und Uraniborg erzielte Fortschritt in der Beobachtungstechnik wird durch Vergrößerung der Instrumentendimensionen und den allmählichen Übergang von Holz- zu Messinginstrumenten erreicht. Hinzu kommt die Verwendung besserer Uhren, in Kassel wirkt der begabte Schweizer Mechaniker und Mathematiker *Jost Bürgi* (1552–1632). Beiden Sternwarten ist über die Lebenszeit ihres Gründers hinaus jedoch nur eine kurze Lebensdauer beschieden. Die Brahe'sche Sternwarte verfällt bald nach seinem Weggang, und auch in Kassel schläft die wissenschaftliche Tätigkeit bald ein (Repsold 1908). Als letzter Vertreter der astronomischen Beobachtungskunst vor Einführung des Fernrohrs sei noch der Danziger Ratsherr *Johannes Hevelius* (1611–1687) genannt. Die mit selbst entwickelten oder verbesserten Instrumenten in seiner Privatsternwarte durchgeführten Beobachtungen zeichnen sich durch besonders hohe Präzision aus; er wird Mitglied der Royal Society und erhält von Ludwig XIV. einen Ehrensold.

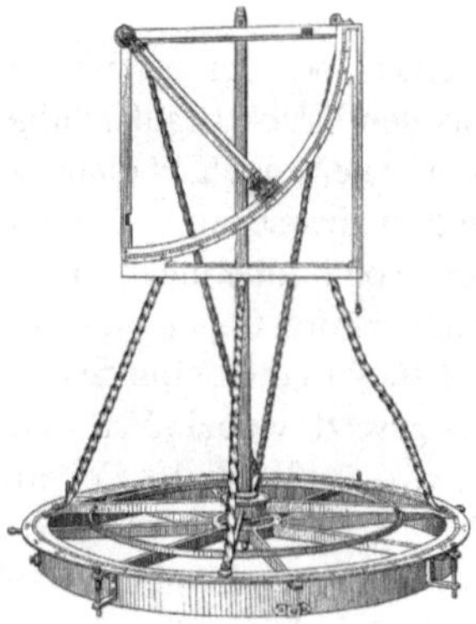

Abb. 4.3. Quadrant des Landgrafen Wilhelm von Hessen, um 1560

Im Jahre 1600 ruft Tycho Brahe den ihm bereits bekannten Kepler als seinen Gehilfen nach Prag und übergibt ihm sein reichhaltiges, ohne Fernrohr insbesondere mit einem großen Mauerquadranten gewonnenes extrem genaues (Bogenminuten) Beobachtungsmaterial. Besonders auf diese Beobachtungen gehen die von Kepler erstellten und 1627 gedruckten „Tabulae Rudolphinae" zurück, die außer neuen Ephemeriden von Sonne,

Mond und Planeten auch einen Fixsternkatalog mit über 1000 Sternörtern und ein Ortsverzeichnis mit den geographischen Koordinaten von mehr als 500 Orten enthalten. Hier und später in Linz formuliert Kepler dann seine Gesetze, welche die ungestörte Bewegung eines Satelliten um einen Zentralkörper beschreiben. Im Zeitalter der Satellitengeodäsie haben diese für die Geodäsie eine fundamentale Bedeutung erlangt. Kepler entwickelt auch erste Vorstellungen über die zwischen der Sonne und den Planeten wirkenden Kräfte, wobei er nach dem Vorbild von *William Gilbert* (1600: „De Magnete") von einer magnetischen Kraftwirkung ausgeht.

Abb. 4.4. Johannes Kepler (1571–1630), Kupferstich von Jacob van der Heyden, 1601/1633

Keplers Leben ist entscheidend von der Umbruchszeit und den Wirren der ersten Hälfte des 17. Jahrhunderts geprägt (Abb. 4.4). *Michael Maestlin* (1550–1631), sein protestantisch-orthodoxer Lehrer in Tübingen, hat nach der Vertreibung des Philipp Apian, s. [4.3], dessen Lehrstuhl erhalten, fasziniert als Anhänger des Copernicus aber Kepler von der neuen Lehre. Das 1594 übernommene mathematische Lehramt in Graz endet 1600 mit der Ausweisung des Protestanten Kepler und, nach dem Tod Tycho Brahes, der Anstellung als kaiserlicher Mathematiker in Prag. Er bleibt dieses auch nach dem Tod des Kaisers Rudolf II. und seiner Übersiedlung nach Linz und später nach Regensburg und Sagan/Schlesien, wo er ab 1828 in Diensten Wallensteins mit begrenztem Erfolg versucht, Gehaltsrückstände einzutreiben. Seine Mutter kann er zwischen 1617 und 1621 in Württemberg erfolgreich gegen den Vorwurf der Hexerei verteidigen. Der Tod durch Lungenentzündung ereilt ihn 1630 beim Ritt zum Kurfürstentag in Regensburg, dem er seine Gehaltsforderungen vortragen wollte (Gerlach u. List 1966).

Während Tycho Brahe die Lehre des Copernicus ablehnt und ein zwischen dem geozentrischen und dem heliozentrischen System vermittelndes Modell entwickelt, ist der tief religiöse Kepler von der Richtigkeit der heliozentrischen Hypothese fest überzeugt und von einem fast mystischen Glauben beseelt, dass Gott das Weltall in Übereinstimmung mit göttlichen harmonischen Proportionen konstruiert hätte (Born 1991). Als man ihn beschuldigt, *„er bringe das Reich Christi mit seinen absurden Phantastereien durcheinander"*, erklärt er voll religiöser Begeisterung: *„Ich denke die Gedanken Gottes"* (Lovell 1988, S. 69).

Abb. 4.5. Galileo Galilei (1564–1642), Kupferstich von Cl. Audran, 1642-1675

Mit *Galileo Galilei* (1564–1642, Abb. 4.5), Professor der Mathematik in Pisa (1589) und Padua (1592), Hofmathematiker in Florenz (ab 1610), beginnt schließlich die moderne Naturwissenschaft. Mit den Gesetzen der Pendelbewegung und des freien Falls begründet er die Mechanik. Eigene astronomische Beobachtungen (ab 1609 mit dem von ihm nach niederländischem Vorbild konstruierten Fernrohr, Genauigkeit im Zehnersekundenbereich) insbesondere der Planetenbewegungen machen ihn zum überzeugten Anhänger der Lehre des Copernicus. Ein früh mit Kepler aufgenommener Briefwechsel bleibt allerdings bis auf Keplers Begeisterung für die Beobachtungen Galileis wenig ergiebig und wird von Galilei beim Beginn seines Konflikts mit dem Heiligen Offizium abgebrochen.

Galilei, über 20 Jahre hochbewunderter Professor – seine Vorlesungen ziehen berühmte Leute aus ganz Europa an und umfassen manchmal 2000 Zuhörer, 1611 wird er in Rom von Papst Paul V. empfangen – vertritt aggressiv die Lehre des Copernicus als *Wahrheit* und gerät so in einen eskalierenden Streit mit der katholischen Kirche. 1615 muss er sich erstmals vor der Inquisition rechtfertigen, mit dem von 1624 bis 1629 in italienischer Sprache verfassten und 1632 gedruckten „Dialogo ...“ (*„Dialog über die hauptsächlichsten Weltsysteme, das ptolemäische und das kopernikanische“*) kommt es zum offenen Konflikt. 1633 wird ihm der Prozess gemacht und er muss sein Bekenntnis zum Copernicanischen Weltbild als „Irrtum“ widerrufen. Die lebenslange Kerkerhaft wird später in Hausarrest umgewandelt. Erst 1979 verlangt der Papst die volle Rehabilitierung Galileis durch Wiederaufnahme des Inquisitionsprozesses, und 1992 wird Galilei durch eine päpstliche Kommission rehabilitiert.

4.2 Triangulation und Messtischverfahren: Neue Techniken für die Erd- und Landesvermessung

In der frühen Neuzeit finden, zum Teil ausgehend von der Astronomie, technische und methodische Entwicklungen statt, die – wenn auch nur sehr allmählich – die jetzt langsam wieder auflebende Erdmessung und die Landesaufnahme auf qualitativ bessere geodätische Grundlagen stellen und die seit dem Altertum weitgehend unveränderten einfachen Aufnahmemethoden verdrängen.

Das „Einschneiden“ von Neupunkten durch Winkelmessung war bereits im Mittelalter bekannt, wurde aber i. Allg. nur über begrenzte Entfernungen etwa zu sichtbaren Punkten bei Routenaufnahmen angewandt. Der Niederländer *Rainer Gemma Frisius* (1508–1555) beschreibt erstmals das Prinzip einer auf dem Einschneiden beruhenden *systematischen* trigonometrischen Vermessung und damit die Vorstufe einer Triangulation (Abb. 4.6), Haasbroek (1968).

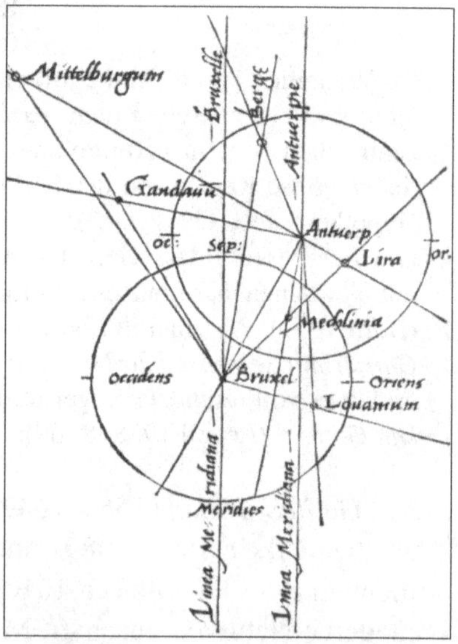

Abb. 4.6. Lehrbild „Triangulation“. Frisius: „Libellus“ (1533)

Frisius, ab 1542 Professor der Medizin und Mathematik an der Universität Löwen, war vielseitig interessiert, gerade auch an der Astronomie und Geographie. Er macht als erster den Vorschlag, Längendifferenzen mit einer tragbaren Uhr zu bestimmen, empfiehlt also das später operationell werdende Standardverfahren zur Bestimmung von geographischen Längenunterschieden. Das Grundprinzip der Triangulation veröffentlicht er 1533 in einem Anhang zu Apians „Cosmographicus liber“ unter dem Titel „Libellus de locorum describendorum ratione deque distantiis eorum inveniendis“, zunächst noch als eine von gemessenen Grundlinien ausgehende aufeinanderfolgende Lösung von Vorwärtsschnitten mit graphischer Ausgleichung der Neupunkte. Er gibt aber auch eine Lösung für den Rückwärtseinschnitt und Konstruktionen für Winkelmessgeräte (geteilte Scheibeninstrumente mit Visierlineal und Kompass) an. Zu seinen Weggefährten gehört Gerardus Mercator, der berühmte Kartograph, und wohl auch der spätere „Kaiserlich-königliche Geograph“ *Jacob van Deventer* (um 1500–1575). Dieser zeichnet in den Jahren 1536–1546 auf der Grundlage einer graphischen Triangulation Karten der niederländischen Provinzen und arbeitet anschließend an einem Städteatlas Nordwesteuropas (Meurer 1985). Tycho Brahe wendet die Triangulation dann 1578/79 bereits bei einer Vermessung in Dänemark an.

Abb. 4.7. Willebrord Snel van Royen – Snellius (1580–1626)

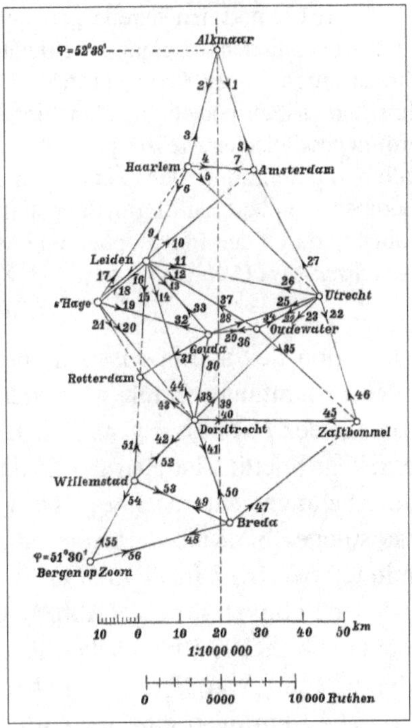

Abb. 4.8. Dreiecksnetz des Snellius, 1614/15

Willebrord Snell van Royen, genannt *Snellius* (1580–1626, Abb. 4.7), führt 1614/15, also rund 80 Jahre nach der Publikation des Gemma Frisius, eine systematische Dreiecksvermessung zwischen Bergen op Zoom und Alkmaar in den Niederlanden durch und etabliert damit die *Triangulation* als ketten- oder flächenförmiges Verfahren der Festpunktbestimmung (Abb. 4.8), Bialas (1981). Die bei ihm noch mit Holzlatten gemessenen Grundlinien definieren dabei den Netzmaßstab, über Basisvergrößerungsnetze wird dieser auf das eigentliche großräumige Dreiecksnetz übertragen. Die Form des Netzes wird durch Messung möglichst sämtlicher Dreieckswinkel festgelegt, Snellius benutzt hierzu einen Kupferquadranten.

Bei den frühen Dreiecksmessungen waren zunächst in 360° geteilte *Kreisscheiben* verwendet worden, versehen mit einem zentrisch drehbaren Lineal mit Diopter („Holländischer Kreis“). Freihändig oder horizontiert auf einem Stativ benutzt, ließen sich so Winkel oder nach Orientierung mit einem Kompass auch magnetische Richtungen mit Unsicherheiten von etwa 10

Bogenminuten und besser bestimmen (Abb. 4.9). In den Triangulationen des 17. Jahrhunderts wird dann überwiegend der in der Astronomie bereits als fest installiertes oder transportables Instrument bewährte *Quadrant* eingesetzt. Diese auf den Viertelkreis reduzierte Kreisscheibe ermöglicht eine Vergrößerung des Durchmessers gegenüber einem Vollkreisgerät und erbringt so – in Verbindung mit dem Übergang zu Instrumenten aus Metall – eine Genauigkeitssteigerung in den Bogenminutenbereich und besser. Der Quadrant bleibt auch das bevorzugte Winkelmessgerät bei den frühen Gradmessungen und Landesvermessungen, er wird erst gegen Ende des 18. Jahrhunderts durch Neuentwicklungen ersetzt (Dreier 1989).

Abb. 4.9. Holländischer Kreis. J. de Steur, Leiden, um 1655

Bedeutsam für die Winkelmessung wird die Erfindung des *Fernrohrs* (um 1600 in den Niederlanden) und deren erfolgreiche Modifikation und Anwendung in der Astronomie durch Galilei (um 1610) und Kepler (1611). Hinzu kommt die Steigerung der Ablesegenauigkeit mit Hilfe des *Nonius* (1631 durch *Pierre Vernier* eingeführt) und die mit dem *Fadenkreuz* verbesserte Zielgenauigkeit. Letzteres wird um 1640 durch den Engländer *William Gascoigne* erfunden und ab 1670 durch *Adrien Auzout* und *Jean Picard* benutzt (Hammer 1896). Die frühen Dreiecksnetze werden mit den Formeln der ebenen Trigonometrie berechnet. Die umfangreicher werdenden Rechenarbeiten werden durch die zeitgleiche Einführung der *Logarithmen* durch den Schotten *John Napier* (1550–1617) und den bereits genannten Schweizer *Jost Bürgi* und den Übergang zu dekadischen Logarithmen durch *Henry Briggs* (1561–1630) wesentlich erleichtert. Einen entscheidenden Einfluss auf die Auswertung geodätischer Messungen übt in der Folgezeit vor allem die Schaffung der Grundlagen der analytischen Geometrie und die Einführung der „kartesischen" Koordinaten durch den Philosophen und Mathematiker *René Descartes* (1596–1650) aus.

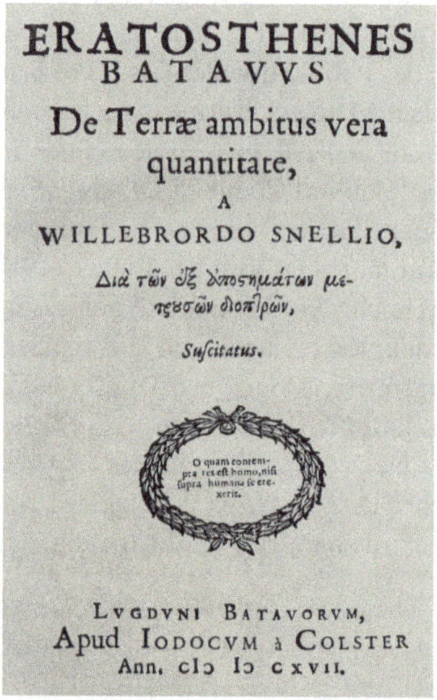

ERATOSTHENES
BATAVVS
De Terræ ambitus vera
quantitate,
A
WILLEBRORDO SNELLIO,
Διὰ τῶν ἐξ ἀποστημάτων μετεώρων διοπτρῶν,
Suscitatus.

O quam contempta res est homo, nisi supra humana se erexerit.

LVGDVNI BATAVORVM,
Apud IODOCVM à COLSTER
Ann. cIↃ IↃ CXVII.

Abb. 4.10. Titelseite von Snellius: „Eratosthenes Batavus", Leyden 1617

Ziel der Triangulation des Snellius ist eine neue Bestimmung des Erdumfangs, damit wird dieses klassische Problem der *Erdmessung* nun auch in Europa aufgegriffen. Snellius ist sich der Bedeutung seines Unternehmens durchaus bewusst, wie der Titel „Eratosthenes batavus, de terrae ambitus vera quantitate" der 1617 in Leyden erschienenen ausführlichen Publikation zeigt (Abb. 4.10). Mit dem Ergebnis von 28 500 Rheinischen Ruten für eine Breitendifferenz von 1° ergibt sich der Erdumfang zu 38 640 km, also eine wesentliche Verbesserung gegenüber bisher benutzten Werten. Dieselbe Zielsetzung hatte bereits 1525 der französische Arzt *Jean Francois Fernel* im Zusammenhang mit seinem Lehrbuch zur „Cosmotheoria" verfolgt. Er bestimmte zwischen Paris und Amiens die Distanz für einen mit dem Quadranten festgelegten Breitenunterschied von 1° aus der Zahl der Radumdrehungen eines selbst konstruierten Messwagens, die Realität dieser Messung wird allerdings bereits von Snellius angezweifelt.

Die Bestimmung der Erdkrümmung lag jedoch in dieser Zeit in der Luft, sicher auch wegen der Ausweitung des geographischen Wissens und der Forderung nach im Maßstab genaueren Karten. So führt der Lektor der Mathematik *Richard Norwood* im Zusammenhang mit der Erstellung eines Segelhandbuches eine Gradmessung zwischen London und York aus (1633–1635), mit direkter Streckenmessung, Reduktion auf den Meridian und Breitenbestimmung mit dem Sextanten. Kepler schlägt die Bestimmung der Erdkrümmung aus gegenseitigen Zenitdistanzen vor und erweitert diesen Vorschlag sogar zu einer entsprechenden Vermessung entlang der Meridiane und Parallelkreise in Europa (Bialas 1982). Wegen der über größere Distanzen nicht befriedigend lösbaren Refraktionsprobleme hat sich diese Methode jedoch auch bei späteren Versuchen nicht durchgesetzt.

Keplers Vorschlag findet sich in einem Brief an den bayerischen Kanzler Herwart von Hohenburg in München (Bulirsch 2001):

Prag, 24. November 1607

Edler und hochherziger Mann, hoch zu verehrender Gönner.
... Der Kurfürst von Köln nannte [mir] München und Freising; von den Fenstern der Schlösser könne man von einem Ort zum anderen sehen ... Wenn man die dazwischen liegende Strecke ausmessen könnte ... eine Maßbestimmung [der Erde] wäre für alle Zeiten festgelegt ... [Aber] die Ansicht des Franzosen Thevetus über die Eiform des Erdkörpers müsst Ihr sorgfältig beachten ...
In der Steiermark habe ich zwei Berge bestiegen und den einen vom anderen aus anvisiert. Ich fand die Krümmung der Erde gleich 19 Minuten ...
Eurer Edlen Magnifizenz
Höchstwilliger Mathematicus Johann Kepler.

Für die Detailaufnahme bedeutsam, wenn auch im betrachteten Zeitraum noch nicht in größerem Maße eingesetzt, wird die Einführung des *Messtisches*. Zwar sind bereits seit dem Mittelalter bei lokalen Aufnahmen graphische Schnitte von Visuren zur Punktbestimmung benutzt worden, 1590 beschreibt Praetorius den Messtisch aber gezielt als Gebrauchsinstrument zur topographischen Aufnahme eines Kartenblattes.

Abb. 4.11. Johannes Richter – Praetorius (1537–1616)

Johannes Richter, genannt *Praetorius* (1537–1616, Abb. 4.11), ist seit 1576 als Professor für Mathematik an der späteren Universität in Altdorf bei Nürnberg tätig. Äußerst produktiv auf den Gebieten der Astronomie, der Algebra, des

Instrumentenbaus und des Feldmessens verfasst er 1610 eine Anweisung zum Feldmessen, die von seinem Schüler Daniel Schwenter erweitert und im dritten Tractat seines weit verbreiteten Lehrbuchs (ab 1618) als „Mensula Praetoriana" vorgestellt wird (Schwenter 1641).

Hiernach besteht dieses *„geometrische Tischlein"* aus einer auf einem Stativ aufgesetzten horizontierten Tischplatte, auf der das Aufnahmeblatt befestigt wird (Abb. 4.12). Ein Lineal mit Visiereinrichtung (Diopter, später kippbares Fernrohr) dient zum Anzielen der Zielpunkte von gegebenen und kartierten Standpunkten (Basislinien). Aus den Schnitten der Visurlinien oder dem polaren Anhängen mit Richtung und gemessener oder geschätzter Entfernung entsteht die Karte im Angesicht des Geländes (Abb. 4.13). Nachdem sich der Messtisch im 18. Jahrhundert allgemein durchgesetzt hat, bleibt er bis weit in das 20. Jahrhundert hinein das Standardwerkzeug zur Herstellung topographischer Karten.

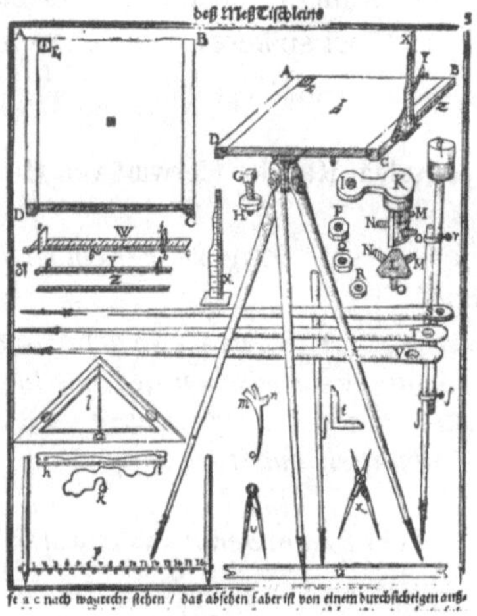

Abb. 4.12. Messtisch nach Praetorius

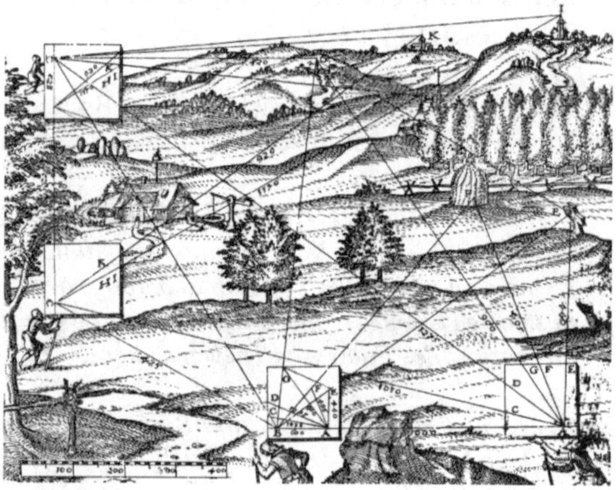

Abb. 4.13. Einschneiden mit dem „geometrischen Instrument"

4.3 Bayern, Sachsen und Württemberg: Frühe Landesaufnahmen bereiten den Weg

Mit dem wachsenden Bedürfnis zur kartographischen Erfassung der Landesherrschaft entstehen im 16. und 17. Jahrhundert erste mehr systematisch angelegte *Landesaufnahmen* mit dem Ziel, größermaßstäbige (Maßstab um 1:100 000 und größer) Karten zu erstellen. Sie werden im Auftrag oder mit Unterstützung des Landesherrn unternommen und streben eine einigermaßen vollständige Erfassung des Landes an, ein Druck der Karten ist nicht unbedingt vorgesehen. Die Aufnahmen basieren auf verbesserten geometrischen Grundlagen, wobei die überlieferten Methoden des Bogenschnitts, des polaren Anhängens und des Einschneidens weiter eine große Rolle spielen. Bussolenzüge längs begehbarer Routen bilden das Gerippe für die Aufnahme. Übernommene und in begrenztem Maße auch neue astronomische Ortsbestimmungen liefern eine grobe Orientierung im geographischen Netz. Die Triangulation setzt sich – zunächst als graphische Geländetriangulation – ebenso wie das Messtischverfahren nur langsam durch. Die topographische Aufnahme konzentriert sich wie bei den älteren Regionalkarten auf Grenzen, Siedlungen und Wasserläufe, Berge werden in der Ansicht dargestellt. Die entstehenden Kartenwerke sind dementsprechend nicht homogen in der Erfassung der Topographie und von sehr unterschiedlicher Qualität.

Drei abgeschlossene oder begonnene Landesaufnahmen charakterisieren diese Epoche des Übergangs zwischen den kleinmaßstäbigen Regionalkarten und den in unterschiedlicher Weise triangulationsgestützten flächenhaften Landesvermessungen der folgenden Jahrhunderte:

- Der Ingolstädter Universitätsprofessor *Philipp Apian* (1531–1589; Abb. 4.14), Sohn und Lehrstuhlnachfolger von Peter Apian, s. [3.2.2], nimmt von 1554 bis 1561 in *„schier sieben Summerzeit"* die *„Große Karte von Bayern"* im ungefähren Maßstab 1:45 000 auf. Dieses Unternehmen kann als erste systematische Aufnahme eines deutschen Landes bezeichnet werden. Der Herstellung der Karte lag ein 1554 erteilter Auftrag des Herzogs Albrecht (Regierungszeit 1550–1579) zugrunde. Nach Verkleinerung auf etwa 1:135 000 und Generalisierung wird das nach Norden orientierte Rahmenkartenwerk im Jahre 1568 als „Bayerische Landtafeln" veröffentlicht, in 24 Holzschnittblättern mit einheitlichem Blattschnitt und der Projektion als quadratische Plattkarte (Abb. 4.15), Brunner (1995). Geodätische Grundlage der Aufnahme sind eine Anzahl (einige zehn) astronomischer Ortsbestimmungen. Dieser Rahmen wird durch ein mit Einschneiden aufgebautes Dreiecksnetz gefüllt, das sich von Ingolstadt ausgehend immer mehr in einzelne Ketten längs der Flüsse auflöst. Die Grundlinien werden durch „Abreiten" bestimmt, die Winkel mit einem mit einer Bussole orientierten „Richtscheitlein" gemessen (Finsterwalder 1967). Wie bei den Karten jener Zeit immer noch üblich, enthält die Karte keine Straßen und Wege, wohl aber Ortschaften als Aufrissbilder und Signaturen für Städte, Märkte, Schlösser, Dörfer und Klöster. Detaillierter dargestellt ist naturgemäß das Gewässernetz, ferner die Wälder, Weinbaugebiete und Grenzlinien. Die Apian'schen Landtafeln werden noch über 200 Jahre später von den Napoleonischen Truppen bei der Besetzung Bayerns benutzt.

Abb. 4.14. Philipp Apian (1531–1589), Holzschnitt von Jakob Lederlein (1596) nach einem Portrait von Hans Ulrich Alt (1590)

Abb. 4.15. Apian: „Bayrische Landtafeln", etwa 1:135 000 (verkl. Ausschnitt), 1568

Das Kartenwerk des Apian brachte Bayern den Ruhm ein, *„von allen Räumen der Erde am genauesten dargestellt worden zu sein"*. Sein persönliches Schicksal führt uns wieder in die Zeit der Reformation und Gegenreformation. Der mit 21 Jahren zum Professor der Mathematik in Ingolstadt Berufene wird als überzeugter Protestant 1569 wegen seiner Ablehnung der Beschlüsse des Konzils von Trient aus seiner in dem katholischen Herzogtum Bayern gelegenen Vaterstadt verbannt. In seiner zweiten Heimat Tübingen weigert er sich, durch Unterschrift die Calvinisten zu verdammen und verliert 1583 auch hier seine Professur, darf aber privat an seiner „Descriptio Bavariae" weiterarbeiten.

• Eine der Apian'schen Aufnahme vergleichbare Landesaufnahme finden wir in Deutschland erst in der rund 50 Jahre später durchgeführten Aufnahme *Kursachsens* durch *Matthias Öder* (gestorben 1614). Unter dem Einfluss des Humanismus und befördert durch das in Sachsen sich rasch entwickelnde Bergbau- und Hüttenwesen hatte hier der auch geographisch und kartographisch interessierte Kurfürst August (Regierungszeit 1553–1586) eine Verwaltungsreform eingeleitet. Aus der zunächst vorgesehenen Vermessung der Forsten und Jagden mit Messschnur, Kompass und Quadrant entsteht bald der Wunsch nach einer allgemeinen Landesaufnahme, die von seinem Sohn und Nachfolger Christian I. 1586 angeordnet wird. Der Freiberger Markscheider Öder wird mit der Durchführung beauftragt (Harmßen 1996, Brunner 1996).

Am 6. Juli 1586 schreibt Christian I: „... *Wir haben Mathes Odern Markscheider ... bevehlen lassen, uns ein mappa unsers ganzen Landesumkreis, wiefern sich itzunter unsere Jagten erstrecken zu verfertigen, und darein alle unser Holtzer, sambt den umliegenden Stedten, Dorfern und Wässern zu bringen"*.

Nach Öders Tod werden die Arbeiten von seinem Nachfolger *Balthasar Zimmermann* (gestorben 1633 oder 1634) fortgesetzt. Die Grenzen werden als reine Bussolenzüge mit der Messschnur oder der Messkette in geschlossenen Polygonen aufgenommen. Markante Punkte wie Gebäude werden mit dem Quadrant oder der Kreisscheibe durch Vorwärtsabschnitt, die Topographie aber teilweise auch durch Augenmaß festgelegt. Die Aufnahme ist jedoch auch nach fast fünf Jahrzehnten nicht abgeschlossen, sie kommt gegen 1630 im Dreißigjährigen Krieg zum Erliegen. Der mittlere Maßstab dieser in „Vermessungsbücheln" und Handzeichnungen festgehaltenen Aufnahme beträgt 1:13 333 („*Ur-Öder*"). Die hieraus abgeleitete und von Zimmermann fertiggestellte eigentliche Landeskarte hat den Maßstab 1:53 333 (Abb. 4.16), Bönisch (1963).

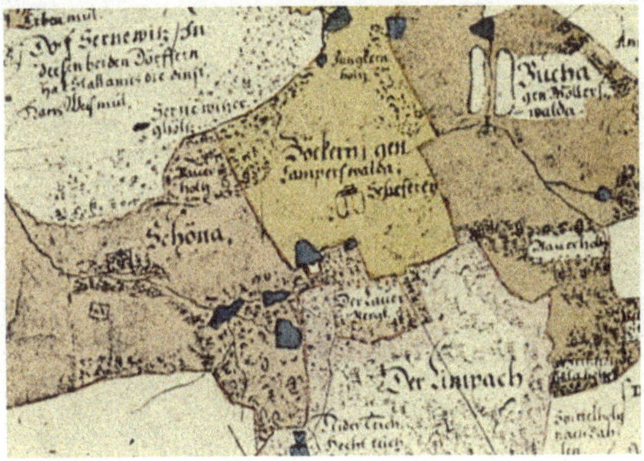

Abb. 4.16. Öder–Zimmermann: „Kursächsische Landesaufnahme", etwa 1:53 333 (verkl. Ausschnitt), 1586–1630

- In *Württemberg* beginnt *Wilhelm Schickard* (1592–1635, Abb. 4.17), ab 1619 Professor für hebräische Sprachen und Mathematik an der Universität Tübingen, aus eigenem Antrieb 1624 die erste *triangulations*gestützte Landesaufnahme in Deutschland (Steiff 1899).

Als Seelsorger in verschiedenen Gemeinden tätig, gilt Schickards Liebe den orientalischen Sprachen, der Mathematik, Astronomie, Geographie und Kartographie. Seine über Jahre hinweg erprobten Vermessungsmethoden publiziert er 1629 in der Schrift *„Kurtze Anweisung, wie künstliche Landtafeln auß rechtem Grund zu machen, und die bisher begangene Irrthumb zu verbessern, sampt etlich New erfundenen Vörtheln, die Polus Höhin aufs leichtest, und doch scharpff gnug zu forschen"*.

Abb. 4.17. Wilhelm Schickard (1592–1635). Kupferstichsammlung Theoph. Spizelius (1673)

Nach Vorarbeiten führt Schickard von 1630 bis zu seinem Tod die eigentliche Triangulation mit rund 220 Stand- und 2000 Zielpunkten (Kirchtürme, Schlosstürme und andere topographische Ziele) nach dem Vorbild des Snellius durch, wobei er bereits Dreieckspunkte I. bis III. Ordnung unterscheidet (Abb. 4.18). Zur Maßstabsfestlegung dient eine Basis von etwa 1 km Länge, die

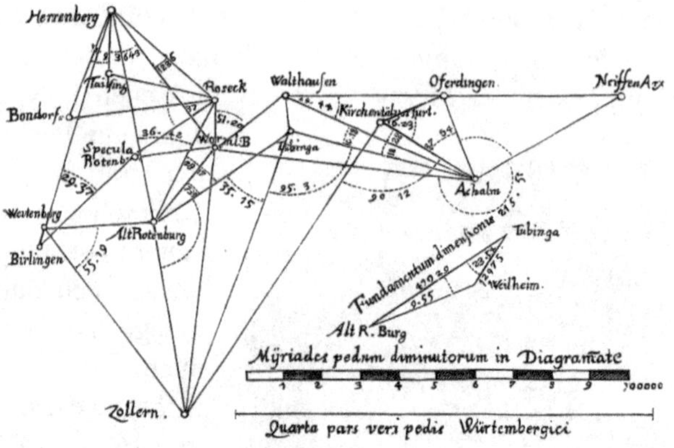

Abb. 4.18. Trigonometrisches Netz (Teil) von Schickard, 1624–1635

Winkel werden mit einem selbst konstruierten Triangel mit Diopter (Genauigkeit um 10 Bogenminuten) gemessen. Die Ortsbestimmung geschieht durch graphisches oder rechnerisches Vorwärtseinschneiden, für nicht einsehbare Punkte wird der Rückwärtseinschnitt graphisch gelöst. Die Geländepunkte werden mit einer hölzernen, in 360° geteilten Diopterscheibe erfasst, hinzu kommen Kompassangaben.

Um die für ein Ein-Mann-Unternehmen durch Abreiten kaum lösbare Aufgabe der Detailvermessung zu bewältigen, suchte Schickard Leute, die *„nur ein wenig mit dem Circkel unnd dem Linial umbzugehen wissen"*, es meldete sich jedoch nur der Theologe Daniel Hizler. Dies gibt einen Hinweis auf die an einen Geometer damals und bis in das 20. Jahrhundert hinein gestellten körperlichen Anforderungen, wie sie Paul Pfinzing 1590 in der „Methodus geometrica" formuliert: *„... Zum rechten Feldmesser gehört ein gesunder und vermöglicher Leib, ein stette unzitterende Faust, starcke gute Schenckel ...* " (Burlisch 2001).

Schickards Arbeiten werden vom Dreißigjährigen Krieg erschwert. 1632 sind die Schweden bis Süddeutschland vorgedrungen und 1635 bricht in Tübingen die Pest aus, der auch Schickard erliegt. Das geplante Kartenwerk „Topographia Wirtembergiae" 1:130 000 (1 Fuß auf 5 Meilen) wird nicht vollendet, nur ein Blatt ist erhalten (Abb. 4.19). Bemerkenswert ist, dass Schickard 1623 auf der Basis der Neperschen Logarithmen auch eine Rechenmaschine für die vier Grundrechenarten entwickelt. Hierüber informiert er 1623 Kepler, mit dem er lebenslang in Freundschaft verbunden ist.

Die *Genauigkeit* dieser ersten Landesvermessungen hängt wiederum von den (wenigen) astronomischen Ortsbestimmungen und den jetzt sorgfältigeren und übergreifend angelegten „Grundlage"-Vermessungen ab. Während die relative Genauigkeit in den vermessenen Gebieten einige 100 m erreichen kann, sind absolute Fehler von einigen km und wesentlich mehr üblich; Maßstabsschwankungen und Orientierungsfehler

Abb. 4.19. Schickard: „Topographia Wirtembergiae", Blatt VIII, etwa 1:130 000 (verkl. Ausschnitt), 1630–1635

treten großräumig weiterhin auf. Gegenüber den Regionalkarten des 16. Jahrhunderts ist jedoch ein erster Fortschritt in Richtung auf eine detailliertere Erfassung des Landes bei gleichzeitiger Qualitätsverbesserung erkennbar.

5 Neue Erdfigur und staatliche Landesaufnahmen: Die Geodäsie entsteht

Mit dem Ende des 30-jährigen Krieges (Westfälischer Friede 1648) endet auch die eigenständige Geschichte des Reiches, das nun in rund 300 souveräne Teile zerfällt. Die einzelnen Territorialstaaten entwickeln sich – bei Anerkennung beider christlicher Konfessionen – in absolutistischer Form nach dem Vorbild Frankreichs unter Ludwig XIV. (Regierungszeit 1643–1715), mit Zentralisation der Verwaltung, Steuererhebung und Einrichtung eines stehenden Heeres. Den Reichsfürsten von Bayern, Sachsen, Hannover und Brandenburg-Preußen kommt dabei besondere Bedeutung zu. In Verbindung mit der Entwicklung von Manufakturen, der Zunahme des Handels und dem Bau von Verkehrswegen erfordert diese „Modernisierung" der Staaten detailliertere und genauere Landesaufnahmen. Wesentliche Antriebskräfte sind ab der Mitte des 18. Jahrhunderts auch militärstrategische Gesichtspunkte und – im kleinräumigeren Maßstab – die ebenfalls im 18. Jahrhundert einsetzende Umgestaltung der ländlichen Bewirtschaftungs- und Eigentumsverhältnisse. Diese führt später zum Wunsch nach Kartengrundlagen für die Einrichtung von Grundsteuerkatastern.

Die Naturwissenschaften erleben in der zweiten Hälfte des 17. Jahrhunderts und im 18. Jahrhundert eine Blüte, die durch die Gründung wissenschaftlicher Akademien gefördert wird. Gleichzeitig beginnt der Übergang vom Universalgelehrten des Mittelalters und der frühen Neuzeit, wie er etwa noch von Leibniz repräsentiert wird, zum immer stärker spezialisierten Wissenschaftler. Während die Frage nach der Erdfigur von Astronomen, Mathematikern und Physikern nun intensiv wieder aufgegriffen wird, finden wir bei den Landesvermessungen in zunehmendem Maße auch spezialisierte militärische und zivile Messingenieure. Am Ende des 18. Jahrhunderts ist mit der wissenschaftlichen Fragestellung nach der Figur der Erde und der Forderung nach größermaßstäbigen geometrisch einwandfreien Landesaufnahmen die Grundlage für eine eigenständige Disziplin „Geodäsie" gelegt. Die neuen Gradmessungen und Landesvermessungen zeigen die Wege zur Lösung der damit gestellten Aufgaben auf. Dabei wird nach dem Vorbild Frankreichs und Dänemarks meist eine flächenhaft angelegte Triangulation mit rechnerischer Bearbeitung zugrunde gelegt, daneben werden aber auch noch die überkommenen Messverfahren der Landmessung verwendet.

Zu den geodätischen Arbeiten dieses und z. T. auch des anschließenden Zeitraumes bis zur Mitte des 19. Jahrhunderts existieren eine Anzahl zusammenfassender Darstellungen. Lips (1936/37) gibt eine umfassende Übersicht über die mitteleuropäischen Dreiecksmessungen bis etwa 1860, und Schroeder-Hohenwarth (1962) beschreibt die unmittelbare Auswirkung der Cassini'schen Arbeiten auf die deutschen Länder.

5.1 Das ellipsoidische Erdmodell und die Messtechnik: Herausforderung für die Astronomie und die Geodäsie

5.1.1 Der geometrische Nachweis der Erdabplattung

1666 hatte der Astronom *Giovanni Domenico* (Jean-Dominique) *Cassini* (1625–1712, Abb. 5.1) die Abplattung des Jupiter an den Polen beobachtet. Dieser Cassini (I) aus Bologna, ab 1669 Direktor der Pariser Sternwarte, ist der erste aus der berühmten Cassini-Dynastie, deren Vertreter uns im folgenden immer wieder begegnen werden. Der Astronom *Jean Richer* (1630–1696) findet 1672/73 in Cayenne anlässlich einer Expedition zur Bestimmung der Marsparallaxe – Cassini führt die entsprechenden Messungen in Paris aus –, dass er die Länge eines in Paris justierten Sekundenpendels zu verkürzen hat, um wieder Sekundenschwingungen zu erhalten. Aus dieser Feststellung kann man auf Grund des Pendelgesetzes auf eine Zunahme der Schwerkraft vom Äquator zu den Polen schließen. Dieses Resultat wird von *Edmund Halley* (ab 1720 Direktor der Sternwarte Greenwich) bestätigt, als er Pendelmessungen in London und St. Helena (1677/78) miteinander vergleicht.

Abb. 5.1. Jean-Dominique Cassini – Cassini I (1625–1712)

Aufbauend auf diesen Beobachtungen und seinen eigenen theoretischen Arbeiten zur Gravitation und zur Hydrostatik entwickelt *Isaac Newton* (1643–1727, Abb. 5.2) ein physikalisch begründetes Erdmodell (1687: „Philosophiae Naturalis Principia Mathematica"). Auf der Grundlage des Gravitationsgesetzes erhält er ein Rotationsellipsoid als Gleichgewichtsfigur für den homogenen, flüssigen und rotierenden Erdkörper. Gleichzeitig postuliert er eine Zunahme der Schwerebeschleunigung vom Äquator zu den Polen mit $\sin^2\varphi$ (φ = geographische Breite).

Abb. 5.2. Isaac Newton (1643–1727)

Mit dem universalen Geist Newtons beginnt die exakte Naturwissenschaft. Dieser in Breite und Tiefe außergewöhnliche Denker und Forscher ist aber auch Parlamentsabgeordneter, Königlicher Münzmeister und langjähriger Vorsitzender der 1660 gegründeten Royal Society. Die in den „Principia" niedergelegte klassische Mechanik erklärt Keplers Gesetze unter Berücksichtigung des Fallgesetzes von Galilei und liefert so die physikalische Begründung für die Planetenbewegungen. Dieses Werk ist *„sicherlich das einflussreichste Buch in der Geschich-*

te der Physik" (Hawking u. Mlodinow 2005, S. 170). Der holländische Physiker *Christian Huygens* (1629–1695) berechnet zu dieser Zeit („Discours de la Cause de la Pesanteur", 1690) unter anderen Annahmen über die anziehenden Massen ebenfalls eine an den Polen abgeplattete Gleichgewichtsfigur für die Erde. Die Abplattungswerte dieser beiden nun vorliegenden Modelle betragen 1:230 bzw. 1:576.

Der *geometrische* Nachweis der Erdabplattung stellt eine Herausforderung für die Geodäsie dar, als Methode steht seit dem Altertum die *Gradmessung* zur Verfügung, s. [2.2.2]. Es werden nun jedoch mindestens zwei Gradmessungen in verschiedenen Breiten notwendig. Aus der dort jeweils gefundenen Krümmung der Erde kann abgeleitet werden, ob (größerer Krümmungsradius in Polnähe) und wie stark die Erde an den Polen abgeplattet ist.

Durch die Initiative der 1666 in Paris gegründeten Akademie der Wissenschaften übernimmt Frankreich für weit über 100 Jahre die führende Rolle in der Geodäsie. Bereits 1669/1670 führt auf Betreiben Ludwig XIV. – noch unter Annahme eines sphärischen Erdmodells – der Abbé *Jean Picard* (1620–1682) eine Gradmessung im Meridian von Paris zwischen Malvoisine und Amiens mit Hilfe einer Triangulation durch. Dabei verwendet er zur Winkelmessung mit dem Quadranten ein Fernrohr mit Fadenkreuz (Abb. 5.3) und zur astronomischen Ortsbestimmung einen Zenitsektor. Der Maßstab wird durch eine mit hölzernen Messlatten bestimmte Grundlinie von mehr als 10 km Länge festgelegt und durch eine zweite Basis überprüft. Der von ihm bestimmte Wert für den Erdradius dient Newton bei der Überprüfung des von ihm 1665/66 formulierten Gravitationsgesetzes, und J.-D. Cassini empfiehlt in einer Denkschrift die Verlängerung dieses Meridianbogens durch ganz Frankreich. Die entsprechende Triangulation wird unter seiner Leitung dann auch 1683 begonnen und an die Basis von Picard angeschlossen. Wegen großer Unterbrechungen u. a. durch den spanischen Erbfolgekrieg (1701–1714) werden die Arbeiten aber erst 1718 abgeschlossen, die Ergebnisse publiziert sein Sohn *Jacques Cassini* (Cassini II, 1677–1756), s. [5.2.1]. Die Auswertung von zwei Teilstücken dieses auf 8°20′ erweiterten Bogens ergibt – wie auch die Aufbereitung älterer Gradmessungen – ein an den Polen verlängertes Erdmodell mit einer „negativen" Abplattung von −1:95.

Abb. 5.3. Quadrant von Picard. J. Picard: La Mesure de la Terre, Paris 1671

Die „Zuspitzung" der Erde an den Polen wird nicht nur von Cassini vertreten. So versucht z. B. auch der deutsche Arzt *Johann Caspar Eisenschmidt* in der 1691 erschienenen Schrift „Diatribe de figura telluris elliptico-sphaeroide" die Verlängerung der Polachse aus den bis dahin bekannten Gradmessungen nachzuweisen.

Der nun einsetzende erbitterte Streit zwischen den Anhängern Cassinis und Newtons um die Erdfigur wird schließlich durch zwei weitere von der französischen Akademie der Wissenschaften veranlasste Gradmessungen in hoher und niedriger Breite entschieden. An der Expedition nach Lappland (1736/37) nehmen u. a. *Pierre Louis Moreau de Maupertuis* (1698–1759, Abb. 5.4) und *Alexis Claude Clairaut* (1713–1765) teil. Die Resultate dieser Gradmessung beweisen in Verbindung mit der durch *Cassini de la Thury* (Cassini III) und *La Caille* 1739/40 überprüften Messung im Meridian von Paris mit einem Wert von 1:304 die Abplattung an den Polen. Bestätigt wird dies durch die Ergebnisse der in das spanische Vizekönigreich Peru (Gebiet des heutigen Ecuador) entsandten Expedition (1735–1744), an der u. a. *Pierre Bouguer* (1698–1758), *Charles Marie de la Condamine* (1701–1774) und *Louis Godin* (1704–1760) teilnehmen. Die Kombination des Peru-Bogens mit dem Lappland-Bogen ergibt eine Abplattung von 1:210 (Bialas 1972).

Abb. 5.4. Pierre-Louis Moreau de Maupertuis (1698–1759)

5.1.2 Sternwarten und Instrumente: Deutsche Beiträge zur frühen Geodäsie

Die deutsche Kleinstaaterei verhindert die Realisierung überregionaler geodätischer Projekte. Doch entstehen in der zweiten Hälfte des 18. Jahrhunderts nach dem Vorbild Englands – das jetzt im Instrumentenbau und in der Positionsastronomie führend wird – und Frankreichs auch in Deutschland *Sternwarten*, in denen neben den astronomischen Arbeiten auch wertvolle Beiträge zur Geodäsie geleistet werden. Die Leiter dieser Sternwarten tragen dabei durch Fixsternbeobachtungen und astronomische Ortsbestimmungen zur Lösung geodätischer Aufgaben bei oder führen sogar selbst Landesvermessungen durch, auch Gradmessungen werden erörtert. Angeregt und gefördert wird die Einrichtung dieser Observatorien entweder direkt durch den Landesherrn oder durch die nun auch in Deutschland gegründeten wissenschaftlichen Akademien, zugeordnet werden die Sternwarten i. Allg. einer Universität:

- *Gottfried Wilhelm Leibniz* (1646–1716, Abb. 5.5) erreicht im Jahr 1700 die Gründung der „Societät der Wissenschaften" in *Berlin* und wird ihr erster Präsident.

Von den vielen Leistungen des Universalgelehrten Leibniz nennen wir hier die Erfindung einer Rechenmaschine, mit der die vier Grundrechenarten mechanisch gelöst werden konnten, und die Entwicklung der Infinitesimalrechnung – gleichzeitig und unabhängig von Newton. Dies

Abb. 5.5. Gottfried Wilhelm Leibniz (1646–1716)

werden auch für die Geodäsie wesentliche Schritte zur numerischen Lösung und mathematischen Formulierung ihrer Aufgaben.

Friedrich II. überführt die Societät dann in die Preußische Akademie der Wissenschaften und beruft 1741 *Maupertuis* zu ihrem Präsidenten. Anfang des 18. Jahrhunderts wird in Berlin ein astronomisches Observatorium eingerichtet, sein Ruf wird insbesondere durch den 1786 zum Direktor bestellten *Johann Elert Bode* (1747–1826) begründet. *Johann Franz Encke* (1791–1865) erreicht später bei seiner Berufung den Bau einer neuen, von 1835 bis zu ihrem Abriss im Jahre 1913 bestehenden Sternwarte, die nach Plänen von Karl Friedrich Schinkel errichtet wird.

- *Johann Tobias Mayer d. Ä.* (1723–1762, Abb. 5.6) wird 1750 als Professor für Ökonomie an die 1737 eröffnete Universität *Göttingen* berufen, 1754 wird er auch Direktor der 1748 eingerichteten Sternwarte. Bekannt geworden war er durch astronomische Beobachtungen, die Entwicklung geodätischer Instrumente und die Zeichnung von Landkarten bei Homann-Erben in Nürnberg. In Göttingen führt er – im siebenjährigen Krieg durch die wiederholte Besetzung Göttingens durch die Franzosen stark behindert – die unterschiedlichsten Arbeiten durch, u. a. astronomische Präzisionsmessungen mit einem großen Mauerquadranten.

Abb. 5.6. Johann Tobias Mayer d. Ä. (1723–1762)

Bei den Kapitulationsverhandlungen anlässlich der französischen Belagerung Göttingens erweist sich Prof. Mayer als kaltblütiger Partner. Auf die Androhung eines französischen Generals, die Stadt aushungern zu lassen, entgegnet er kühl: *„mit dem Hunger seien deutsche Universitätslehrer so vertraut, dass eine solche Drohung ihn nicht erschrecken könne“* (Kaspereit 1960).

Der vielseitige Mayer entwickelt ferner einen Spiegelkreis und erfindet das Repetitionsverfahren zur Steigerung der Winkelmessgenauigkeit. Hierbei wird eine Anzahl aufeinanderfolgender Messungen eines Winkels am Teilkreis mechanisch aufaddiert und der gesuchte Winkel dann durch Division gebildet. Die Teilkreisfehler gehen entsprechend zurück und lassen sich so auf die Größenordnung des bei Fernrohrbenutzung kleinen Zielfehlers herunterdrücken. Der Repetitionskreis und der Repetitionstheodolit zählen später zu den wichtigsten Instrumenten beim Aufbau trigonometrischer Netze.

Schließlich bewirbt sich Tobias Mayer auch mit dem Vorschlag, die Fixsternbedeckung durch den Mond zur geographischen Längenbestimmung zu nutzen – wozu er die Mondephemeriden und Sternkataloge verbessert –, um den 1714 vom Board of Longitude ausgesetzten Preis. Diesen erhält zwar nach einem langwierigen und von Intrigen nicht freien Verfahren der englische Uhrmacher *John Harrison* (1693–1776) mit seinem mechanischen Chronometer. Mayers Witwe wurde aber noch mit 3000 Pfund bedacht, was 36 Professorengehältern entsprach. Mayer, ein Wegbereiter der Naturwissenschaften in der Zeit der Aufklärung, wird von Delambre 1827 als einer *„der größten Astronomen nicht nur des 18. Jahrhunderts, sondern aller Zeiten und Länder"* bezeichnet (Erb 2004).

Gleichzeitig wirkt in Göttingen *Abraham Gotthelf Kaestner* (1719–1800), Professor der Mathematik und Physik, er wird nach dem Tod Mayers Leiter der Sternwarte. In dem ab 1766 erscheinenden umfassenden Werk über die „Anfangsgründe der Arithmetik, Geometrie, ebenen und sphärischen Trigonometrie" behandelt Kaestner später auch die Astronomie und die mathematische Geographie. Sein Schüler *Georg Christoph Lichtenberg* (1742–1799) wird 1775 zum Professor ernannt, er wird uns bei der kurhannoverschen Landesaufnahme wieder begegnen. *Johann Tobias Mayer d. J.* (1752–1830, Abb. 5.7), der Sohn von Tobias Mayer, studiert in Göttingen u. a. bei Kaestner und wird nach Professuren in Altdorf (1780) und Erlangen (1786) schließlich 1799 in Göttingen Professor für Physik. Er wird durch das ab 1777 in drei Teilen erscheinende Werk „Gründlicher und ausführlicher Unterricht zur praktischen Geometrie" (Mayer 1777) in der Geodäsie bestens bekannt (Abb. 5.8). Er stellt dabei u. a. die Triangulation der astronomischen Ortsbestimmung gegenüber und propagiert noch den Sextant als Winkelmessgerät, gibt die Konstruktion eines Winkelmessers zur Sternhöhenmessung an und beschreibt für das Nivellement die Liesganig'sche Wasserwaage mit Fernrohr und Libelle.

Abb. 5.7. Johann Tobias Mayer d. J. (1752–1830)

J. T. Mayer geht auch auf die Wirtschaftlichkeit einer Vermessung ein und weist darauf hin, dass *„die Stücke zu messen sind, von denen bei der weiteren Behandlung die geringsten Fehler zu befürchten sind"*. Kurios ist die Bemerkung *„Daß hierin die Feldmesser die Arbeit länger, als nothwendig, aufhalten, ist kein Wunder, wenn man überlegt, dass oft nicht nur bloße Unwissenheit, sondern wirklich noch öfter die Begierde Geld zu gewinnen, zum Grunde liegt"* (Kaspereit 1960). Auf die langsame Weiterentwicklung der Feldmesskunst und die Ausbildung der Feldmesser wird in [7.2.4] näher eingegangen.

Die Universität Göttingen entwickelt sich so bereits im 18. Jahrhundert zu einem Zentrum der Mathematik, Astronomie und Physik, hierzu trägt auch die 1751 gegründete Akademie der Wissenschaften bei. Durch Carl Friedrich Gauß werden schließlich in den ersten Jahrzehnten des 19. Jahrhunderts in Göttingen die weitgespannten Grundlagen einer wissenschaftlichen Geodäsie gelegt und praktische Realisierungen aufgezeigt, s. [6.3.1].

• Von 1794 bis 1945 besitzt auch *Leipzig* ein Universitätsobservatorium auf dem Turm der Festung Pleissenberg. Zu den ersten Vorstehern dieser Sternwarte zählen *Carl Brandan Mollweide* (1774–1825), u. a. bekannt durch die Mollweidische Kartenprojektion, und *August Ferdinand Möbius* (1790–1868). Dieser tritt in der Mathematik durch seine Arbeiten zur Geometrie hervor, bestimmt aber auch die astronomischen Koordinaten des Observatoriums und den Längenunterschied gegenüber Paris. Mit Carl Christian Bruhns und Ernst Heinrich Bruns begegnen uns dann in der zweiten Hälfte des 19. Jahrhunderts für die Entwicklung der Geodäsie bedeutsame Astronomen (Münzel u. Ilgauds 1996), s. [8.1.1], [8.2.2].

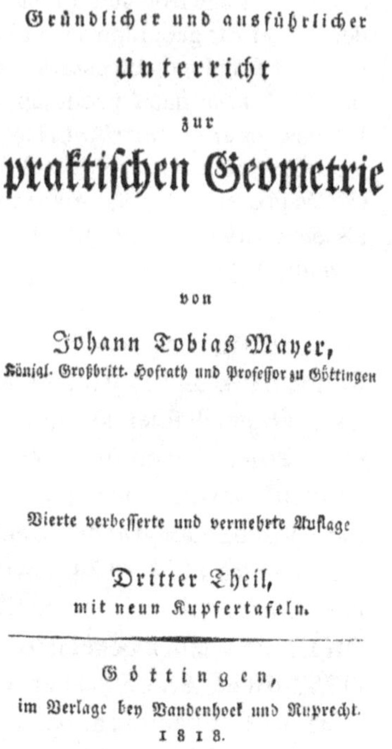
Gründlicher und ausführlicher
Unterricht
zur
praktischen Geometrie
von
Johann Tobias Mayer,
Königl. Großbritt. Hofrath und Professor zu Göttingen
Vierte verbesserte und vermehrte Auflage
Dritter Theil,
mit neun Kupfertafeln.
Göttingen,
im Verlage bey Vandenhoek und Ruprecht.
1818.

Abb. 5.8. Titelseite von J. T. Mayer: „Praktische Geometrie", Göttingen ab 1777

• In Süddeutschland gewinnen besonders die Sternwarten in Tübingen, Mannheim und Bogenhausen/München an Bedeutung. In der seit 1752 bestehenden Sternwarte in *Tübingen* wirkt ab 1796 der als Observator berufene *Johann Gottlieb Friedrich Bohnenberger*, er wird uns als Schöpfer der württembergischen Landesvermessung wieder begegnen, s. [5.2.2], [7.4.2]. *Christian Mayer*, Hofastronom des Kurfürsten Karl Theodor von der Pfalz und bis zur Aufhebung des Jesuitenordens 1773 auch Professor der Mathematik und Physik an der Universität Heidelberg, ist bis zu seinem Tod Direktor der nach seinen Plänen errichteten und 1772 bezogenen *Mannheim*er Sternwarte. Neben seinen astronomischen Arbeiten sind die im Zusammenhang mit der Cassini'schen Längengradmessung beginnenden Triangulierungen von Bedeutung, s. [5.2.2]. In Bayern konstituiert sich 1759 die Bayerische Akademie der Wissenschaften, die früh einsetzenden Bemühungen zur Gründung einer Sternwarte führen schließlich zu der unter *Soldners* Leitung ab 1819 operierenden *„Königlichen Sternwarte zu Bogenhausen"*, s. [6.2.2].

• Zu einem Zentrum der Astronomie wird *Gotha* durch *Franz Xaver von Zach*, s. [6.3.2]. Der astronomisch interessierte Herzog Ernst II. von Sachsen-Gotha-Altenburg (Regierungszeit 1775–1804) richtet hier 1786 ein Observatorium ein und stattet es mit vorzüglichen englischen Instrumenten aus. Der nach Gotha berufene Zach kann dann ab 1793 in der nach seinen Plänen neu errichteten Sternwarte auf dem Seeberg arbeiten. Er wird uns später im Zusammenhang mit seinen Triangulationsarbeiten wieder begegnen.

Bemerkenswert ist, dass Zach von Anfang an jede Gelegenheit zu astronomischen und geodätischen Ortsbestimmungen im Thüringer Raum benutzt. Die Dreiecksmessungen mit dem Sextanten geben Winkelschlussfehler $< 25''$, berechnet werden auf die Schlosssternwarte bezogene ebene kartesische sowie geographische Koordinaten (Ullrich 2004). 1793 äußerst er sich über eine Harzreise folgendermaßen: *„Ich kann nicht umhin, bey dieser Gelegenheit etwas von der so erwünschten als glücklichen Lage des Brockens zu Grad-Messungen zu erwähnen. Vom Gipfel dieses Berges habe ich von Braunschweig bis an den Thüringer-Wald Winkel messen können, diese Entfernung begreift anderthalb Grade der Breite, in der Länge konnte ich vom Weissenstein bis Petersberg bey Halle Winkel nehmen, dieses begreift 2 1/2 Grad der Länge; das Ganze ließ sich mit nicht mehr als vier sehr proportionirten Triangeln vermessen, ... die herrliche Plaine vor dem thüringer Walde bey Gotha gäbe einen unvergleichlichen Platz zur ersten Grundlinie, ... In England, Frankreich, Schweden, Dänemark, Österreich, Hungarn, Italien, in Africa und in Amerika sind Grade gemessen worden, welch ein nützliches und unsterbliches Denkmal könnten sich nicht die Fürsten Deutschlands ... stiften; welcher Gewinn für die Wissenschaft überhaupt, welcher Nutzen für die Länderkunde und Geographie Deutschlands daraus erwüchse, brauche ich nicht erst darzustellen."*

Dies ist der Plan zu einer deutschen *Gradmessung* mit dem Seeberg als Ursprung und einer daran anschließenden Basis, die Realisierung wird rund zehn Jahre später von Zach auch versucht. Darüber hinaus wird Zach als „Wissenschafts-Manager“ von erheblicher Bedeutung für die Fortentwicklung von Astronomie und Geodäsie in Mitteleuropa.

Mit dem Vordringen der Triangulation im 18. Jahrhundert verbunden ist eine wesentliche Weiterentwicklung in der Winkelmessung und – für die Messung der Grundlinien – auch der Streckenmessung. Die Messwerkzeuge werden nun in zunehmendem Maße in spezialisierten Werkstätten und nicht mehr von dem jeweiligen Operateur gefertigt (Ambronn 1899, Repsold 1908/1914). Der *Repetitionskreis* von Borda und die *Theodolite* der englischen Instrumentenbauer Sisson, Adams, Dollond, Ramsden u. a. verdrängen gegen Ende des 18. Jahrhunderts den Quadranten, der *Sextant* spielt bei den Triangulationen der nächsten Jahrzehnte jedoch auch noch eine erhebliche Rolle (Junius 1985a).

Abb. 5.9. Borda-Kreis, um 1800

Der französische Astronom und Konstrukteur *Jean Charles de Borda* (1733–1799) entwickelt 1785 mit dem „Borda-Kreis“ ein die Repetitionsmethode benutzendes Instrument zur Messung von Positionswinkeln. Hergestellt bei *Etienne Lenoir*/Paris (1744–1822), dem berühmtesten Instrumentenbauer Frankreichs, findet der Borda-Kreis (20″-Ablesung) eine weite Verbreitung in der napoleonischen Zeit, in Frankreich wird er noch bis etwa 1850 benutzt (Abb. 5.9). Borda konstruiert auch einen Bimetall-Basismessapparat, bei der die Temperatur der Messstangen aus ihrer Längendifferenz bestimmt werden kann. Führend in der Instrumentenherstellung werden die englischen Werkstätten, hier entstehen die ersten leistungsfähigen Theodolite (Engelsberger 1969). Einfache theodolitähnliche Konstruktionen waren als Scheibeninstrumente bereits seit dem 16. Jahrhundert in Gebrauch, das Wort „Theodelitus" wird 1571 von dem Engländer *Leonhard Digges* für ein solches mit einem Diopterlineal ausgerüstetes Instrument eingeführt. Ein erster brauchbarer und mit einer Röhrenlibelle ausgestatteter Theodolit wird aber erst 1730 von dem englischen Mechaniker *John Sisson* gebaut, *Richard Townley* entwickelt 1667 eine Teilkreismaschine. Der Optiker und Mechaniker *Jesse Ramsden* (1735–1800) führt dann insbesondere auch mit Hilfe neuer Teilkreismaschinen die englische Schule der Theodolitherstellung zu einem Höhepunkt (Abb. 5.10). Der von ihm 1787 für die englische Landesvermessung unter Leitung des Generals *William Roy* hergestellte große Theodolit (Teilkreisdurchmesser 36 inch, Genauigkeit 2″, Gewicht 200 Pfund) und der kleine Theodolit (Durchmesser 18 inch) bleiben hier bis etwa 1840 die Winkelmessgeräte, Ramsden wird 1786 Mitglied der Royal Society. Über einige Jahrzehnte gewinnt auch der vornehmlich für die Schifffahrt gedachte Spiegelsextant Bedeutung in der Geodäsie (Abb. 5.11). Bereits von Newton beschrieben, wird dieses Gerät von *John Hadley* (1682–1744) entwickelt und etwa ab 1760 hergestellt. Mit dem Instrument können unter Nutzung von zwei Spiegeln, von denen der eine zur Hälfte durchsichtig, der andere beweglich ist, zwei Punkte gleichzeitig angezielt werden, an der Kreisteilung wird der Positionswinkel abgelesen.

Abb. 5.10. Theodolit von Dollond, um 1770

Abb. 5.11. Sextant von A. Willings u. Co., 19. Jhd.

In Deutschland entstehen – begründet durch die nicht zentralistisch gesteuerte Nachfrage – erst langsam bedeutendere Werkstätten (Hirsch 1985, Gombel 2002):

- *Georg Friedrich Brander* (1713–1783, Abb. 5.12) gründet in der Mitte des 18. Jahrhunderts eine feinmechanisch-optische Werkstatt in Augsburg. Der Konstruktion von Scheibenmessinstrumenten folgt u. a. die Herstellung von Spiegelsextanten, Nivellieren, Messtischen mit Kippregeln und – nach englischem Vorbild – Theodoliten. Kreisteilmaschinen ermöglichen jetzt Messgenauigkeiten bis zu einer Bogenminute, bedeutsam ist auch die Herstellung eines achromatischen Fernrohrs. Brander steht mit Dollond in England in Verbindung, seine Reputation wird durch die Korrespondenz mit Lambert, Mayer, Cassini, Bernoulli und anderen und die Wahl zum Mitglied der Bayerischen Akademie der Wissenschaften (1759) dokumentiert. Nach seinem Tod noch von seinem

Abb. 5.12. Georg Friedrich Brander (1713–1783)

Abb. 5.13. Johann Christian Breithaupt (1736–1799)

Schwiegersohn als „Brander und Höschel“ weitergeführt, verliert das Unternehmen bald an Bedeutung und wird 1844 letztmalig erwähnt.

- In Kassel gründet 1762 der Büchsenmacher *Johann Christian Breithaupt* (1736–1799, Abb. 5.13) ein mathematisch-mechanisches Institut, 1767 wird er Hofmechanikus des Landgrafen Friedrich II. Ein Mauerquadrant von 6 Fuß Durchmesser für die Kasseler Sternwarte ist neben Nivellierinstrumenten, Bussolen und Distanzmessern, aber auch den Quadranten des Grafen von Schmettau und des Freiherrn von Zach das Ergebnis dieser Anfangsphase. Das Geschäft wird übernommen von seinen Söhnen *Heinrich Carl Wilhelm* (1775–1856), ab 1805 Professor in Bückeburg, der 1824 auch ein Hand- und Lehrbuch der Feldmesskunst herausgibt, und *Friedrich Wilhelm* (1780–1855), letzterer leitet das Unternehmen ab 1804 allein. Er wird 1806 „Bergmechanikus“, 1807 macht ihn König Jérôme zum „Sous Ingénieur des Mines“ und 1814 der zurückgekehrte Kurfürst Wilhelm I. zum Hofmechanikus (Eichhorn 1987). Das Werk wird in Familientradition über viele Generationen bis heute fortgeführt, s. [7.6.1].

- Wir nennen schließlich noch den 1771 durch den Bergmechanikus *Gottlieb Friedrich Schubert* in Freiberg/Sachsen gegründeten Gewerbebetrieb zur Herstellung berg- und hüttenmännischer Instrumente. Dieser wird 1791 von *Johann Gotthelf Studer* (1763–1832, Abb. 5.14) übernommen, hergestellt werden jetzt u. a. auch Universalinstrumente und Theodolite. Die Werkstatt wird später von *Wilhelm Friedrich Lingke* (1784–1867) und seinem Sohn *August Friedrich Lingke* (1811–1875) weitergeführt. Einen großen Aufschwung erlebt es mit der Übernahme durch Max Hildebrand, s. [7.6.1].

Abb. 5.14. Johann Gotthelf Studer (1763–1832)

5.1.3 Das Meter als Längeneinheit

Von Frankreich geht auch Ende des 18. Jahrhunderts eine Vereinheitlichung der Längeneinheiten aus (Simmerding 1970).

Erste Anregungen, ein auf wissenschaftlicher Grundlage definiertes Naturmaß als Längennormal festzusetzen, gehen bereits auf das 17. Jahrhundert zurück. So schlägt der englische Astronom und Architekt *Christopher Wren* (1632–1723) vor, die Länge eines Halbsekundenpendels als verbindliches Normalmaß einzuführen. *Huygens* macht 1664 den Vorschlag, den Fuß als ein Drittel der Länge des Sekundenpendels (so wurde das mit einer halben Periode von einer Sekunde schwingende Pendel mit der Länge von etwa 0,994 m bezeichnet) zu definieren, später erweitert er diese Definition durch Berücksichtigung der Breitenabhängigkeit der Schwere. 1670 empfiehlt der französische Abbé *Gabriel Mouton* (1618–1694), die Länge der Bogenminute eines Großkreises der Erde als Normalmaß „Meile" („Milliare") mit dezimaler Teilung zu bestimmen.

1790 schlägt *Charles Maurice de Talleyrand* (1754–1838), Bischof von Autun und späterer Außenminister Napoleons, der französischen Nationalversammlung vor, die Länge des Sekundenpendels in 45° Breite als natürliche Längeneinheit einzuführen; vorausgegangen war eine gründliche Vorarbeit durch den Ingenieuroffizier *Prieur du Vernois* (1763–1827). Eine von der Académie des Sciences eingesetzte Kommission (Borda, Laplace, Lagrange, Monge, Condorcet) verwirft jedoch diesen Vorschlag und empfiehlt 1791, als Einheit des Längenmaßes den zehnmillionsten Teil des Erdquadranten mit der Bezeichnung *„mètre"* anzunehmen. Nach Annahme dieses Vorschlags wird 1795 ein provisorisches Meter eingeführt und beschlossen, zur genauen Festlegung einen Meridianbogen von Dünkirchen bis Barcelona zu vermessen. *Jean Baptiste Joseph Delambre* (1749–1822) und *Pierre Francois André Méchain* (1744–1804) führen daraufhin von 1792 bis 1798 in den Wirren der französischen Revolution und der Anfangsjahre der Republik eine entsprechende Triangulation durch. Benutzt werden der Repetitionskreis und der 2 Toisen-Bimetall-Basisapparat (Platinstange mit Kupferstab zur Temperaturerfassung) von Borda. Im Jahre 1799 wird dann – bereits unter dem Direktorium mit Napoleon Bonaparte als einem Konsul – das „mètre vrai et définitiv" als Längeneinheit eingeführt und mit dem „mètre des archives" (Endmaß aus Platin) realisiert (Méchain u. Delambre 1806–1810).

Zur Berechnung des Meridianquadranten durch Paris wurde der französische Gradbogen mit dem Ergebnis der Gradmessung in Peru kombiniert, was zu einem Abplattungswert von 1:334 führte. Die Längeneinheit lieferte dabei der bei der peruanischen Gradmessung benutzte Maßstab, die *toise du Pérou*, diese war bereits 1766 als französische Maßeinheit proklamiert worden. Das *Meter-Normal* (bei 0° Celsius) wurde zu 443,296 Pariser Linien der Peru-Toise bei 13°R festgesetzt, so dass folgende Beziehungen gelten:

1 Toise (t) = 6 Pariser Fuß = 864 Pariser Linien (P. L.) = 1,949 037 Meter (m)

1 m = 0,513 074 t = 443,296 Pariser Linien

1 Pariser Linie = 2,255 83 mm.

Die Einführung des metrischen Systems in Frankreich wirkte sich in der napoleonischen Zeit und danach auch auf die deutschen Staaten im Sinne einer Vereinheitlichung der Maßsysteme aus. Unter Ludwig XVIII. wird allerdings in Frankreich von 1816 bis 1840 die Toise wieder als alleinige Maßeinheit eingeführt, und auch in Deutschland wird diese Längeneinheit zunächst weiter bevorzugt, wobei Kopien der Peru-Toise diesen Längenstandard realisieren. Erst rund 70 Jahre später setzt sich in Deutschland das metrische System durch, damit wird dann auch der Vielfalt der Längenmaße ein Ende bereitet, s. [8.1.2], [9.1].

5.2 Landesaufnahmen im Zeitalter des Absolutismus

5.2.1 Das französische Vorbild

Zu den frühen Aufgaben der Akademie der Wissenschaften in Paris gehörte auch, die Herstellung einer guten Karte zu fördern; hierauf hatte bereits Colbert, der einflussreiche Finanzminister Ludwig XIV., gedrängt. Grundlage wird die von J.-D. Cassini, La Hire und J. Cassini zur Bestimmung der Erdabplattung angelegte Triangulation längs des Meridians von Paris, s. [5.1.1]. Unter der Leitung von *César-François Cassini de Thury* (Cassini III, 1714–1784, Abb. 5.15), dem Enkel von Cassini I und als dritter Cassini Direktor des Observatoire Royal in Paris, wird diese Kette ab 1733 zur flächenhaften Triangulation Frankreichs erweitert und so die geometrische Grundlage für die *„Carte géométrique de la France“* gelegt.

Abb. 5.15. César-François Cassini de Thury – Cassini III (1714–1784)

Nach Abschluss der *Triangulation* erscheint 1744 eine Übersichtskarte der Dreiecke mit dem Titel „Nouvelle Carte Qui Comprend les principaux Triangles qui servent de Fondement à la Description Géométrique de la France“, sie enthält auch die geographischen Koordinaten von 442 ausgewählten Punkten. Als Gerüst dient die inzwischen nachgemessene und verbesserte Dreieckskette im Meridian von Paris und eine im 48°-Parallel senkrecht hierzu verlaufende Kette, die – auch als Längengradmessung gedacht – von Brest über Paris nach Straßburg führt und später weiter nach Osten verlängert wird. Das nicht sehr regelmäßig gestaltete Netz enthält rund 800 Dreiecke mit etwa 3000 Dreieckspunkten und stützt sich auf 19 mit metallenen Stangen gemessene Basislinien (Abb. 5.16). Die Winkel werden mit einem Quadranten gemessen, die geographischen Koordinaten aus Zenitsektorbeobachtungen

Abb. 5.16. Dreiecksnetz (Ausschnitt) für die „Carte géométrique de la France", 1744

Abb. 5.17. „Carte géométrique de la France" 1:86 400, Blatt 43 (verkl. Ausschnitt), 1744–1793

abgeleitet. Als Abbildung des auf den Meridian von Paris bezogenen rechtwinklig-sphärischen Koordinatensystems dient die nach Cassini benannte mittabstandstreue Zylinderprojektion in transversaler Lage, hierbei werden die Ordinaten längentreu in die Ebene abgebildet. Diese Abbildung wird später, von Bayern ausgehend, auch in vielen deutschen Staaten eingeführt.

Im Jahre 1747 ordnet König Ludwig XV. (Regierungszeit 1715–1774) dann die Herstellung der *„Carte géométrique"* an, die topographische Aufnahme beginnt 1751 im Aufnahmemaßstab 1:20 000. Eingesetzt werden kleinere Halbkreisinstrumente (Graphometer) mit einem auf der Grundplatte drehbaren Lineal mit Diopter. Bis 1793 (in diesem Jahr wird Ludwig XVI. mit der Guillotine hingerichtet) liegen 184 in Kupfer gestochene Blätter vor, der Abschluss der Arbeiten steht unter der Leitung von *Jean-Dominique Cassini* (Cassini IV, 1748–1845), dem Sohn von Cassini III. Dieses Kartenwerk im Maßstab 1:86 400 (1 Pariser Linie in der Karte entspricht 100 Toisen in der Natur) wird für Jahrzehnte Vorbild in einer Anzahl deutscher Staaten, s. [5.2.2]. Gegenüber den Karten der frühen Neuzeit unterscheidet sich der Inhalt der Cassini-Karte u. a. durch den grundrisstreuen Nachweis der Städte, das Netz der Chausseen und die sorgfältigen Angaben zur Bodenbedeckung (Abb. 5.17). Die Höhenverhältnisse werden durch Bergstriche in Richtung des größten Gefälles beschrieben (Schroeder-Hohenwarth 1962).

Bemerkenswert ist, dass dieses ausschließlich zivile Kartenwerk zunächst der Öffentlichkeit zugänglich ist, im Gegensatz zu den meisten der um diese Zeit und später durchgeführten Landesaufnahmen in den deutschen Ländern. Das Unternehmen wird zunächst mit einem staatlichen Kredit von Cassini privat geführt. Mit Einstellung der Kredite bei Ausbruch des 7-jährigen Krieges (1756) finanziert er das Werk über eine private Gesellschaft, in die auch der König und Madame de Pompadour einzahlen. Napoleon verstaatlicht schließlich die Karte und teilt sie dem bereits 1688 eingerichteten Dépôt de la Guerre zu, damit ist sie der Öffentlichkeit nicht mehr zugänglich.

Die Ausstrahlung der Cassini'schen Arbeiten auf die deutschen Länder beginnt früh und verstärkt sich mit den militärischen Aufnahmen der napoleonischen Zeit, s. [5.2.2], [6.1.1]. Unmittelbar berührt werden die süddeutschen Länder und Österreich von dem Plan Cassinis (III), die Dreieckskette im 48°-Parallelkreis über Straßburg hinaus zu einer *Längengradmessung* über München nach Wien zu erweitern, eine Ausdehnung bis an die Donaumündung und nach Odessa wird zeitweise von ihm erwogen (Fischer 1991). Das Unternehmen ist durch die politische Konstellation begünstigt, Frankreich ist im siebenjährigen Krieg mit Österreich und den süddeutschen Staaten gegen Preußen verbündet. Darüber hinaus propagiert Cassini die geplanten Vermessungen auch als Grundlage für die Landesvermessungen der jeweiligen Länder. Im Rahmen der Erkundungen besucht Cassini 1761 zunächst Wien und vermisst mit dem Hofastronomen, dem Jesuitenpater *Josef Liesganig* (1718–1799) ein örtliches Dreiecksnetz. Auf der Rückreise kartiert er in demselben Jahr die Markgrafschaft Bayreuth und fertigt dann auf Wunsch des bayrischen Kurfürsten Maximilian III. eine Umgebungskarte von München an, dabei wird eine 4 km lange Grundlinie nördlich der Stadt angelegt. Im folgenden Jahr vermisst er eine 14 km lange Grundlinie zwischen München und Dachau, die wegen großer Widersprüche aber keine bleibende Bedeutung erlangt. Die Fortsetzung der Triangulation bis Mainz und Frankfurt führt zur Zusammenarbeit mit Christian Mayer, s. [5.2.2], bei Ludwigsburg in Württemberg wird noch eine Grundlinie gemessen. Die süddeutsche Triangulation führt schließlich in einer Dreieckskette über Württemberg und Bayern bis Wien, dabei werden auf 300 Beobachtungspunkten 81 Hauptdreiecke vermessen (Abb. 5.18).

Die Genauigkeit der Cassini'schen Messungen bleibt jedoch unbefriedigend, was bei dem großen Zeitdruck der Arbeiten auch nicht verwundert. So äußert sich der Legationsrat Beigel 1803 in einem Bericht über die trigonometrische Vermessung in Bayern besonders extrem: *„Cassinis Bestimmungen der Längen und Breiten in Deutschland haben nur einen Fehler, sie sind grundfalsch. Sein Ruhm scheiterte am Übergang über den Lech; die Geschichte kennt glorreichere Übergänge und die Arbeiten Cassinis in Deutschland schänden seinen Namen"* (Finsterwalder 1967).

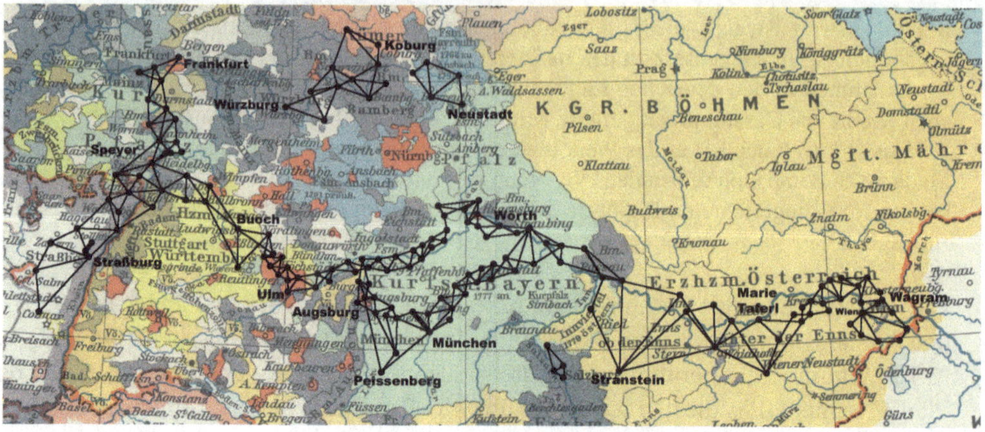

Abb. 5.18. Dreiecksketten im 48°-Parallel (Straßburg–Wien) von Cassini (III), 1761/62

5.2.2 Auswirkungen in Süd- und Westdeutschland

Die französische Landesvermessung und die Cassini'schen Triangulationen in Süddeutschland wirken sich unmittelbar in den süd- und westdeutschen Ländern aus.

- Als erster deutscher Landesherr will der Kurfürst von *Bayern* eine Karte nach dem Vorbild Cassinis herstellen lassen und damit die nach der Apian'schen Aufnahme fast 200-jährige Periode des kartographischen Stillstands in Bayern beenden – so sprechen die „Kosmographischen Nachrichten" geradezu von *„einer geographischen Finsternis, die in diesem Teil von Deutschland herrschen soll"* (Finsterwalder 1967). Die Bayerische Akademie der Wissenschaften stellt sich denn auch bereits bei ihrer Gründung die Aufgabe, die Landesbeschreibung des Kurfürstentums zu verbessern. Die Akademie überträgt diese Aufgabe 1764 dem französischen Ingenieur-Geographen *Saint Michèl*, einem Mitarbeiter Cassinis. Dieser nutzt das trigonometrische Netz Cassinis als Grundlage für die topographische Detailaufnahme und berechnet nach den Formeln der ebenen Geometrie rechtwinklige Koordinaten, Koordinatenursprung ist der Beobachtungsturm der Bayerischen Akademie der Wissenschaften. Unzufriedenheit mit dem Ergebnis der Michel'schen Aufnahmen führt aber dazu, dass dieser 1769 von seinem Auftrag entbunden wird. Das Kartenwerk wird nicht weiter bearbeitet, fertiggestellt sind nur zwei in Kupfer gestochene Blätter 1:86 400.

Zu erwähnen ist ferner das von dem Fürstlich Augsburgischen Hofkammerrat und Landesgeometer *Ignaz Ambros von Amman* (1753–1840) als Grundlage für eine mehr skizzenhafte Detailaufnahme 1787–1797 im Hochstift Augsburg (kam 1803 zu Bayern) angelegte Dreiecksnetz. Es wird mit dem Spiegelsextanten vermessen und enthält sieben Grundlinien sowie astronomische Beobachtungen. 1796 publiziert er seine Verfahren und gibt die Ergebnisse der Vermessung des östlichen Schwaben bekannt, das wird sein Beitrag zu der von Bohnenberger angeregten Karte von Schwaben (Fischer 2005), s. u. Amman wird uns später bei der bayerischen Katasteraufnahme wieder begegnen, das trifft auch für den Generalstraßen- und Wasserbau-Direktor *Adrian von Riedl* (1746–1809, Abb. 5.19) zu. Dessen auf Eigeninitiative und eigener Finanzierung, wenn auch auf kurfürstlichem Privileg beruhender Versuch (1785–1787), durch Sammeln und Zusammenfügen aller erreichbaren Spezialkarten eine Universalkarte von Bayern zu schaffen, schlägt allerdings fehl; Teilergebnisse sind der „Reise-Atlas" (1:110 000) und der „Strom-Atlas" (1:28 000) von Bayern. In diesem Zusammenhang wird 1786 das allgemeine Plankonservatorium unter der Leitung Riedls eingerichtet, das als Vorläufer des späteren Topographischen Bureaus angesehen werden kann.

Abb. 5.19. Adrian von Riedl (1746–1809)

- In *Württemberg* legt der astronomisch-geodätisch interessierte Pfarrvikar *Johann Gottlieb Friedrich Bohnenberger* (1765–1831, Abb. 5.20) dem Herzog Karl Eugen 1793 den Plan vor, nach dem Vorbild von Cassini eine auf einer Triangulation gestützte Karte von Württemberg im Maßstab 1:86 400 herzustellen Der Plan wird gebilligt, es werden jedoch auch hier nur geringe Mittel für dieses mit dem Verlag Cotta/Tübingen vereinbarte Privatunternehmen zur Verfügung gestellt. Das Projekt wird später unter Einbeziehung der Amman'schen Karte des Augsburger Raumes zur *„Charte von Schwaben"* erweitert, unter Schwaben wird dabei der bayrische und württembergische Gebiete umfassende schwäbische Reichskreis verstanden (Abb. 5.21).

Abb. 5.20. Johann Gottlieb Friedrich Bohnenberger (1765–1831). Ölgemälde von F. S. Stirnbrand (1831)

Abb. 5.21. Bohnenbergers Karte von Schwaben 1:86 400, Blatt Tübingen (verkl. Ausschnitt), 1799

Bohnenberger, Sohn eines Pfarrers, studiert zunächst in Tübingen Theologie, widmet sich daneben aber mit großem Eifer der Mathematik und Physik. Seine astronomisch-geodätischen Kenntnisse vervollkommnet er bei Zach in Gotha sowie in Göttingen, wo u. a. Kaestner und Lichtenberg wirken; 1796 wird er Observator an der Tübinger Sternwarte, s. [5.1.2], (Blumer et al. 2005). Ein Jahr vorher ist sein Buch „Anleitung zu geographischen Ortsbestimmungen vorzüglich vermittelst des Spiegelsextanten" erschienen (Baumann 2002), er beginnt nun auch mit den Arbeiten zu der vorgeschlagenen Karte. 1798 wird Bohnenberger Professor an der Universität Tübingen, er wird uns in der kommenden Periode des Entstehens hochwertiger Landesvermessungen wieder begegnen. Von seinen ein breites Spektrum von der Geodäsie über die Mathematik, Astronomie und Physik bis zur Theologie überdeckenden Arbeiten seien aus dieser ersten Wirkungsphase außer der oben genannten „Anleitung" noch „Die Anfangsgründe der höheren Analysis" (1811) und „Über das Höhenmessen mit dem Barometer" (1815) erwähnt. In dem Lehrbuch „Astronomie" (1811) wird das Reversionspendel beschrieben, das nach der späteren Konstruktion durch Kater viele Jahrzehnte zur absoluten Schweremessung dient, s. [8.2.2], Reist (1965).

Die *Triangulation* wird 1795 im Anschluss an die Messungen von Amman in Schwaben und in Zusammenarbeit mit diesem begonnen. Die Winkel der 45 Hauptdreiecke werden bis 1801 mit einem auf einer feststehenden Achse aufgesetzten Spiegelsextanten und später mit einem 6-zölligen Theodolit von Ramsden ($1'$-Nonienangabe) im Repetitionsverfahren beobachtet. Eine Basis von etwa 5 km Länge wird 1799 bei Tübingen mit hölzernen Stangen gemessen. Astronomische Beobachtungen im Tübinger Observatorium orientieren das nach Verdichtung aus mehr als 400 Dreieckspunkten bestehende Netz, zur Graduierung der Karte stehen weitere 19 astronomisch bestimmte Punkte zur Verfügung (Abb. 5.22). Nach sphärischer Dreiecksauflösung werden mit den Formeln der ebenen Trigonometrie rechtwinklige Koordinaten in Bezug auf die Tübinger Sternwarte als Nullpunkt berechnet. Die anschließend zur Umformung in geographische Koordinaten benutzten Formeln werden später auch in anderen Landesvermessungen verwendet (Jordan–Steppes 1882, Band 1, S. 246). Bemerkenswert ist, dass Bohnenberger bereits in dieser Zeit umfangreiche trigonometrische und barometrische Höhenmessungen durchführt; Württemberg übernimmt damit in den ersten Jahrzehnten des 19. Jahrhunderts eine Vorreiterrolle bei der Erfassung der dritten Dimension, s. [7.5]. 1818 beginnt dann unter Bohnenbergers Leitung eine neue, der Katasteraufstellung dienende Landesvermessung (Reist 1968), s. [7.4.2].

Die während der ersten Koalitionskriege gegen Frankreich durchgeführte Aufnahme für die Karte von Schwaben erfährt – je nach Kriegslage – auch Unterstützung von den in diesem Raum arbeitenden österreichischen bzw. französischen Militär-Ingenieuren, s. [6.1.1]. Die begrenzte Genauigkeit der Triangulation (relative Unsicherheit 1:3000 bis 1:8000) reicht für die Herstellung der Karte aus, nicht aber für das später eingerichtete Liegenschaftskataster. Das erste im Kupferstich hergestellte Blatt erscheint 1798; die Fertigstellung des Kartenwerkes verzögert sich jedoch bis in die 1820er Jahre, es wird dann auch auf Baden und Hessen ausgedehnt.

• Die kriegerischen Ereignisse des 18. Jahrhunderts veranlassen auch *Österreich*, der Kartenherstellung größere Aufmerksamkeit zuzuwenden. Die so entstehenden *Militär-*

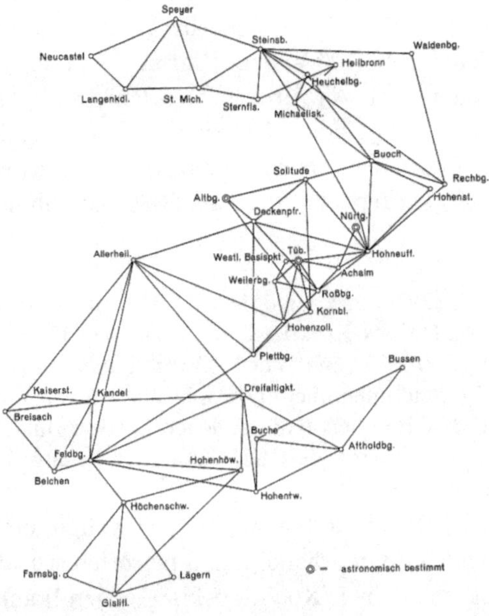

Abb. 5.22. Hauptdreiecksnetz für die Karte von Schwaben, 1795–1801

karten überdecken auch große Teile Deutschlands, da – von Unterbrechungen abgesehen – neben Preußen vor allem Frankreich als potentieller Gegner angesehen wird.

In der österreichischen Armee spielt die Kartographie bis in die zweite Hälfte des 17. Jahrhunderts hinein nur eine geringe Rolle. Das ändert sich unter dem Einfluss des französischen Militärwesens durch süddeutsche und italienische Ingenieure während des großen Türkenkrieges (1683–1699). Prinz Eugen von Savoyen (ab 1697 Oberbefehlshaber der kaiserlichen Armee in Ungarn, 1703 Präsident des Hofkriegsrates) fördert nun maßgeblich die Militärkartographie (Festungspläne, Karten von Heereslagern, Armeemärschen, Schlachten und Kriegsschauplätzen). 1717 wird in Wien eine Ingenieur-Akademie zur Ausbildung von Militäringenieuren gegründet, 1747 werden diese in einem Geniecorps zusammengefasst.

Auslöser für eine bessere Kartenversorgung ist der endgültige Verlust des größten Teils Schlesiens im siebenjährigen Krieg. In einer Denkschrift (1763) an den Präsidenten des Hofkriegsrates, Feldmarschall Leopold Graf Daun, äußert sich der Generalquartiermeister Feldmarschall-Leutnant Franz Moritz Graf Lacy folgendermaßen: „… *Wie unumgänglich nothwendig es dem Militari seye, von denjenigen Landen, in welchen Krieg geführet wird, genaue Kentniss zu haben, hievon hat uns der letztere Krieg hinlängliche Proben gegeben …* “.

Nach Ende des siebenjährigen Krieges ordnet die Kaiserin Maria Theresia (Regierungszeit 1740–1780) im Jahre 1764 die kartographische Aufnahme ihres Reiches an. Unter Leitung des Generalquartiermeisterstabes wird bis 1787 mit der „*Josephinischen Landesaufnahme*“ (Kaiser Joseph II., in den habsburgischen Ländern bis 1780 Mitregent seiner Mutter Maria Theresia, hatte 1765 die Leitung der Militärangelegenheiten übertragen bekommen) der größte Teil des habsburgischen Länderkomplexes in dem Maßstab 1:28 800 (1 Wiener Zoll : 400 Wiener Klafter, 1 Klafter = 72 Zoll) kartiert (Dörflinger 1989). Die Arbeiten sind von der französischen Landesaufnahme beeinflusst, doch fehlt eine einheitliche Triangulation. Die einzelnen Kronländer werden zum Teil unabhängig voneinander und nach verschiedenen Methoden (Messtisch mit Diopterlineal, Astrolab und Bussole) kartiert, die mehr als 5000 Aufnahmeblätter bleiben streng geheim.

Nach dem verlorenen 3. Koalitionskrieg ordnet Kaiser Franz II. (später Franz I. von Österreich) auf Antrag des Präsidenten des Hofkriegsrates Erzherzog Karl 1806 eine Neuaufnahme der Monarchie an. Diese *„Franziszeische“* oder *„Zweite Landesaufnahme“* basiert nun auf einem Dreiecksnetz mit drei Grundlinien, die topographische Aufnahme wird wiederum im Maßstab 1:28 800 durchgeführt. Die Ergebnisse dieser neuen Landesaufnahme werden diesmal nicht geheim gehalten, die Aufnahme wird aber 1869 – noch immer unvollendet – abgebrochen.

Nach Fertigstellung der Landesaufnahme werden weitere umfangreiche Aufnahmen in neu erworbenen oder von Kriegshandlungen betroffenen Gebieten durchgeführt. Dies betrifft vor allem das seit dem 1. Koalitionskrieg gegen Frankreich bedeutsame Mittelrheingebiet und Südwestdeutschland, s. [6.1], Bertinchamp (1979). So entstehen in den Jahren 1793 bis 1796 73 handgezeichnete Kartenblätter im Maßstab 1:57 600 (1 Wiener Zoll : 800 Wiener Klafter) der Rheingegend im Raum von Basel bis Mainz, Trier und Heidelberg. Unter dem Generalquartiermeister *Johann Heinrich von Schmitt* (1744–1805) werden dann 1797/98 aus älteren Karten und einigen Neuaufnahmen rund 200 Blätter der *„Schmitt'schen Karte von Südwestdeutschland“* im gleichen Maßstab als Handzeichnung gefertigt (Abb. 5.23), das Kartenwerk umfasst Salzburg, Bayern, Teile der Pfalz, Württemberg, Baden und Hessen-Nassau (Finsterwalder 1973). Trigonometrische Grundlagenvermessungen können bei diesen unter extremem Zeitdruck stehenden militärischen Arbeiten natürlich nur sehr begrenzt durchgeführt werden, die graphische Messtischtriangulation überwiegt. Die Detailaufnahme wird mit dem Messtisch, vor allem aber durch Abschreiten oder Schätzen vorgenommen. Das Rahmenkartenwerk (ein Blatt entspricht 24 km×36 km in der Natur) weist erhebliche Verzerrungen und Maßstabsschwankungen auf, Streckenfehler von 1 km und mehr können innerhalb eines Blattes auftreten (Stigloher 1984).

Abb. 5.23. Schmitt'sche Karte von Südwestdeutschland 1:57 600, Sektion Nr. 102 (verkl. Ausschnitt), 1793/96

- In der *Kurpfalz* führt *Christian Mayer* (1719–1783, Abb. 5.25), Direktor der Mannheimer Sternwarte, von 1763 bis 1772 größere Triangulierungsarbeiten als Grundlage für eine Landesaufnahme durch. Der renommierte Astronom hatte an den Gradmessungen von Cassini (III) teilgenommen, die im Norden bis Frankfurt reichten, und insbesondere eine Basismessung über fast 13 km bei Heidelberg vorbereitet und durchgeführt, s. [5.1.2]. Das von Frankfurt bis Straßburg und Basel ausgedehnte Dreiecksnetz wird von ihm mit einem Quadranten (Radius 2 $^1/_2$ Fuß, Noniusangabe eine Bogenminute) in Form von Positionswinkeln beobachtet (die mehrfach gemessenen Winkel dürften mittlere Fehler von 5″ haben) und durch eine astronomische Ortsbestimmung für das später aufgegebene Observatorium im Schwetzinger Schloss orientiert (Abb. 5.24). Für die Dreieckspunkte

Abb. 5.25. Christian Mayer (1719–1783). Zeichnung nach der zu seinem Andenken geprägten Schaumünze

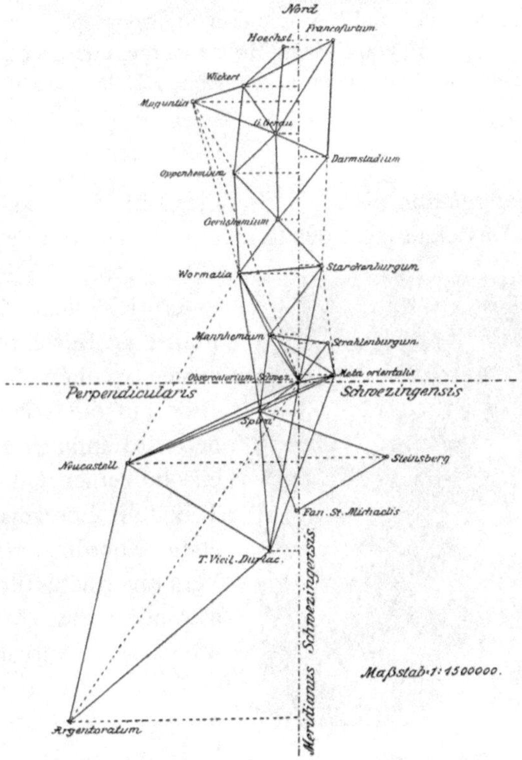

Abb. 5.24. Dreiecksnetz für die „Charta Palatina“ von Mayer, 1763–1772

werden, dem Beispiel Cassinis folgend, ebene rechtwinklige Koordinaten bezogen auf das Observatorium berechnet. Das Dreiecksnetz dient als Grundlage für die Herstellung der unvollendet gebliebenen *„Charta Palatina"* im ungefähren Maßstab 1:75 000. Diese entsteht durch Einschneiden von Hochpunkten, Bussolenmessungen, Abschreiten und Nutzung vorhandener Waldpläne. An das Dreiecksnetz von Mayer schließen sowohl Amman und Bohnenberger im Osten als auch der anschließend vorgestellte Haas im Norden an (Merkel 1928).

• In der Landgrafschaft *Hessen-Darmstadt* fertigt der Artillerieoffizier und spätere Oberstleutnant *Johann Heinrich Haas* (1758–1810) als Privatunternehmen mit Förderung durch den späteren Landgrafen Ludwig X. ab 1786 eine militärische *„Situations-Charte"* der Rhein-Main-Neckar-Gegend im ungefähren Maßstab 1:30 400 (1 rhein. Duodezimalzoll : 170 Darmstädter Ruten) an.

Haas ist 1773 in die landgräflich hessische Armee eingetreten und entwirft hier u. a. handgezeichnete Aufnahmen des Vogelsberges. Vom Erbprinz Ludwig gefördert, wird er Lehrer an der 1793 eingerichteten Artillerieschule, zu seinen Schülern gehört der spätere General Lyncker, s. [7.3.1]. Während des Koalitionskrieges kommt Haas auch mit Wiebeking (Herzogtum Berg), Lecoq (Nordwestdeutschland) und österreichischen Topographen zusammen. Die von ihm im Anschluss an die Kartenwerke von Cassini, Bohnenberger und Lecoq, s. [5.2.1], [5.2.2], [6.1.2], geplante Karte 1:86 400 kommt wegen seines frühen Todes jedoch nicht zustande (Neunhöffer 1932/33).

Eine Messtischtriangulation dient als Grundlage für die Detailaufnahme mit Bussole und Abschreiten. Das erste Blatt der topographischen Karte erscheint im Kupferstich 1791 (Abb. 5.26). Der erste Koalitionskrieg unterbricht dann die Arbeiten. Nach militärischer Bewährung setzt Haas ab 1795 seine Arbeiten fort und geht dazu ab 1804 auf die Triangulation über, verwendet wird anfangs ein Sextant, später auch ein hölzerner Quadrant und ein kleiner Theodolit. Berechnet werden rechtwinklig-ebene Koordinaten bezogen auf Tübingen. Verantwortlich für die trigonometrisch-astronomischen Arbeiten der 1809 abgeschlossenen Aufnahme wird Haas' Mitarbeiter Christian Eckhardt, die Messung einer Basis bei Darmstadt (1808) stellt den Übergang zu der nun unter Eckhardts Leitung durchgeführten Katastertriangulation dar, s. [6.2.3].

Abb. 5.26. Militärische Situationskarte von Haas, Blatt Darmstadt, etwa 1:30 400 (verkl. Ausschnitt), 1789/90

5.2.3 Die mühsamen Anfänge in den preußischen Landen

In dem territorial noch sehr zersplitterten und durch die schlesischen Kriege (1740–1763) überaus beanspruchten Preußen gestalten sich die Anfänge einer systematischen Landesaufnahme besonders mühsam (Roedder 1907, Hanke 1935, Albrecht 2001).

Zur Zeit des Großen Kurfürsten (Regierungszeit 1640–1688) war in Brandenburg der 1655 etablierte *Generalquartiermeisterstab* mit allgemeinen Aufgaben der Truppenführung betraut worden, die angeschlossene Plankammer wird für die Kartenausstattung zuständig. Die für die Vermessungs- und Kartierungsarbeiten benötigten Spezialisten liefert das *Ingenieurkorps*. Bereits Ende des 17. Jahrhunderts vom Großen Kurfürsten eingerichtet, wird es 1729 unter Friedrich Wilhelm I. (Regierungszeit 1713–1740) in eine festgefügte Formation umgewandelt. Die Ingenieure werden neben den mit dem Festungswesen zusammenhängenden Aufgaben mit der Anfertigung von im Kriegsfall benötigten Karten (Festungs- und Schlachtenpläne, Marschwege, Lagerplätze) betraut, in Friedenszeiten aber auch für zivile Aufgaben eingesetzt (Vermessungen und Kartenherstellung bei Meliorationen, Flussbegradigungen, Bau von Straßen und Kanälen usw.), Degner (1941). Unter Friedrich II. (Regierungszeit 1740–1786) wird das Ingenieurkorps weiter ausgebaut. Analoge Entwicklungen des militärischen Ingenieur- und Kartenwesens finden – nach dem französischen Vorbild – mit dem Übergang zu stehenden Heeren auch in anderen Ländern statt, z. B. in Österreich, Kurhannover, Bayern und Sachsen, auch dort wirken Ingenieurgeographen maßgeblich bei den ersten Landesaufnahmen mit.

Nur zögernd beginnen im 18. Jahrhundert erste Aufnahmen der preußischen Kernlande:

- Von 1719 bis 1721 erstellt der Generalquartiermeister *Peter von Montargues* (1660–1733) mit einer flüchtigen Kartierung eine Situationskarte der preußischen Mittelprovinzen im Maßstab 1:96 000. Auf Befehl Friedrich II. entwickelt der Ingenieur-Oberstleutnant *Johann Friedrich de Balbi* (1700–1779) dann 1748/49 auf der Grundlage der Montargues'schen Aufnahme eine Karte 1:75 000 der Kurmark Brandenburg, wobei das Gelände mit der Bussole und der Messkette vermessen wird.

Der große König hatte jedoch grundsätzliche Bedenken gegen die Herstellung genauer Karten seines eigenen Landes wegen der Gefahr, dass diese auch an den zukünftigen Landesfeind verraten werden könnten. Dagegen war ihm die Bedeutung von Kriegskarten durchaus bewusst, da *„Die Kenntnis von der Lage der Länder und deren Beschaffenheit das Vornehmste sei, was ein Offizier und General wissen muss und außerdem kein rechter General werden kann"* (Hafeneder 2004). So bleiben die in der Plankammer aufbewahrten frühen Aufnahmen der preußischen Mittelprovinzen und die im Zusammenhang mit den Kriegen gegen Österreich und Sachsen hergestellten Karten von Schlesien bis zum Tod von Friedrich II. geheim und werden – wenn überhaupt – nur in sehr geringer Anzahl durch Handzeichnung vervielfältigt.

Über die Einstellung Friedrichs II. und die missliche Lage der Kartographie Preußens liegen aus dieser Zeit eine ganze Anzahl von Kommentaren vor. Bereits 1743 äußerst sich die renommierte Landkartenfirma Homann folgendermaßen: *„... dass nämlich Brandenburg und Preußen das Land seien, das am liederlichsten in den Landeskarten aussehe und doch von Gelehrten wimmele"*. F. W. Carl Graf von Schmettau stellt 1781 fest, *„dass der große Friedrich wenig auf Mathematik, auf Erdbeschreibung und Geometrie hielt"* (Hanke 1935, S. 11 bzw. S. 143). Der französische Graf Mirabeau urteilt 1788: *„Friedrich trieb die Geringschätzung der Karten im Kriege bis zur Absonderlichkeit"*. J. C. v. Textor bemerkt in einem Bericht über die ost- und westpreußische Landesvermessung (1800): *„... Alles was von Preußen an Karten vorhanden ist, kann man nur als Wische ohne die mindeste Richtigkeit betrachten ... "* (Lehmann 1987). 1803 analysiert K. L. v. Lecoq in Band 8 von „Zachs monatlicher Correspondenz" die in Westfalen vorhandenen Karten auf ihre Brauchbarkeit für die Kriegführung. Nach Nennen einiger eben noch brauchbarer Werke wie der Messtischaufnahme des Bistums Osnabrück und der im Detail mangelhaften trigonometrischen Vermessung der Grafschaft Mark (s. u.) stellt er fest: *„... Die übrigen hier nicht genannten Karten sind selbst unter der Kritik ... "*.

Die ablehnende Einstellung des Königs spiegelt sich auch in seinem Verhalten gegenüber den Bemühungen der Grafen von Schmettau wieder:

- Der Generalquartiermeister *Samuel Graf von Schmettau* (1684–1751, Abb. 5.27) unternimmt kurz nach seinem Amtsantritt erste Versuche zur genaueren Kartierung Preußens. Als Generalquartiermeister-Leutnant in österreichischen Diensten hatte er 1719–1721 das in Folge wechselnder Koalitionskriege gegen Spanien schließlich habsburgisch gewordene Sizilien aufgenommen und dabei topographisch-kartographische Erfahrungen gesammelt. 1741 in preußische Dienste übergetreten, entwirft er 1748 einen Plan von Berlin und will dann eine Längengradmessung als Gerüst für eine Karte von Deutschland durchführen. Nach ersten astronomischen Ortsbestimmungen und Dreiecksmessungen in der Kurmark und darüber hinaus bis Sachsen, Hessen und Schlesien verbietet Friedrich II. 1750 dieses Vorhaben. Die später veröffentlichten Koordinaten von 59 Orten sind um bis zu 2 km fehlerhaft, was aber durchaus einen Fortschritt gegenüber älteren Ortsbestimmungen bedeutet (Hanke u. Degner 1934).

Abb. 5.27. Samuel Graf von Schmettau (1684–1751)

- Sein Sohn, der Oberst und spätere Generalleutnant *Friedrich Wilhelm Carl Graf von Schmettau* (1743–1806) bearbeitet von 1763 bis 1787 für die Gebiete östlich der Weser einschließlich Ost- und Westpreußen, Schlesien, aber auch für Teile von Hessen, Thüringen und Sachsen die *„Schmettausche Kabinettskarte des Preußischen Staates östlich der Weser"*. Hierzu werden im Wesentlichen großmaßstäbige Gemarkungs-, Wirtschafts-, Meliorations-, Separations- und Forstkarten mit Dreiecks- und Polygonkonstruktionen zusammengefügt und durch Messtischaufnahmen, Bussolenzüge und vereinzelte Streckenmessungen mit der Messkette ergänzt (Abb. 5.28). Eine Triangulation findet nicht statt; an den topographischen Aufnahmen ist der Ingenieur und Kartograph *Carl Friedrich Wiebeking* (1762–1842) beteiligt (Lips 1930/31, Schulze 1933/34).

Abb. 5.28. Schmettau'sche Kabinettskarte 1:50 000, Blatt Nr. 105 (verkl. Ausschnitt), 1763–1787

Wiebeking wirkt bereits 1779/80 im Rahmen der Schmettau'schen Aufnahme an der „Chorographischen und militairischen Charte" von Mecklenburg-Strelitz im ungefähren Maßstab 1:34 000 mit. Ab 1785 bearbeitet er in diesem Zusammenhang auch die thüringischen Herzogtümer Sachsen-Weimar und Sachsen-Gotha sowie die hessische Herrschaft Schmalkalden. Zur Herstellung der dort angefertigten Karten 1:25 000 werden vorhandene Wirtschaftskarten genutzt und Vermessungslinien mit der Kette gemessen, hinzu kommt die graphische Triangulation mit der Diopterbussole; Entfernungen werden aber auch abgeschritten oder geschätzt (Lehmann 1933/34, Kahlfuß 2001). Wiebeking wirkt später im Herzogtum Berg, wo er u. a. eine topographische Karte anfertigt (1789–1792), s. [6.2.3]. Ab 1805 ist er in Bayern tätig, wo er schließlich Chef des Wasser-, Brücken- und Straßenbaues wird.

Nach Fertigstellung der Schmettau'schen Karte werden die über 900 handgezeichneten Blätter meist des Maßstabs 1:50 000 und teilweise auch 1:25 000 abgegeben, sie dürfen nicht veröffentlicht werden. 1778 wird Graf Schmettau wegen offener Kritik am König aus der Armee entlassen, arbeitet aber im Auftrage des Kronprinzen Friedrich Wilhelm (des späteren Königs Friedrich Wilhelm II.) rund 20 Jahre auf eigene Kosten weiter an dem Kartenwerk. *Friedrich Wilhelm Graf von der Schulenburg-Kehnert* (1742–1815), ab 1771 Minister Friedrichs II., entschließt sich dann zu einer staatlichen Beteiligung an der Schmettau'schen Karte, wobei eine regionale Aufteilung vorgenommen wird. Etwa 1795 wird die Schmettau'sche Karte für ein Handexemplar des Ministers auf den Maßstab 1:100 000 reduziert („*Schulenburgische Karte*"). 1797 wird Graf Schmettau in die Armee zurückgerufen, 1806 erliegt er seinen in der Schlacht bei Auerstedt erlittenen Verletzungen.

- Eine besondere Situation lag für das nach drei Kriegen im Frieden von Hubertusburg (1763) Preußen endgültig zugesprochene *Schlesien* vor. Von österreichischer Seite existierten nur die unter Karl VI. (Regierungszeit 1711–1740) ab 1722 von dem Ingenieurleutnant *Johann Wolfgang Wieland* († 1736) vorgenommenen und danach durch den Ingenieurleutnant *Matthäus von Schubarth* († 1758) revidierten Aufnahmen. Sie basierten auf Streckenmessungen mit der Messkette und wenigen astronomischen Ortsbestimmungen. Diese Arbeiten wurden unter preußischer Hoheit abgeschlossen und führten 1750 zu dem bei Homanns Erben in Nürnberg im Kupferstich gedruckten

„Atlas Silesiae ...“ im ungefähren Maßstab 1:150 000. Der Ingenieur-Oberstleutnant *Carl Friedrich von Wrede* (1702 – nach 1764) fertigt dann nach Abschluss des zweiten Schlesischen Krieges im Auftrage Friedrichs II. von 1747 bis 1753 eine *„Kriegskarte von Schlesien“* im Maßstab 1:33 333 an, die in Form kolorierter Handzeichnungen nur für den militärischen Gebrauch bestimmt ist (Schlenger 1933/34).

- Nachdem Friedrich II. 1772 die Herstellung von Karten Preußens und seiner Nachbarstaaten dem Generalquartiermeisterstab übertragen hat, hört die bisherige Zuweisung von topographischen Aufnahmearbeiten an einzelne Ingenieuroffiziere direkt durch den König praktisch auf. Bis Anfang des 19. Jahrhunderts entstehen nun unter der Leitung von Quartiermeisteroffizieren und unter Hinzuziehen kommandierter Offiziere aus den örtlichen Regimentern eine Anzahl von Kartenwerken in neu erworbenen Gebieten und im Zusammenhang mit – auch erwarteten – kriegerischen Ereignissen. Dies betrifft das im Rahmen der polnischen Teilungen (1772–1795) annektierte Westpreußen, Südpreußen und Neu-Ostpreußen ebenso wie das im Bayerischen Erbfolgekrieg (1778/79) interessante sächsisch-böhmisch-schlesische Grenzgebiet. Auch die Lecoq'sche Aufnahme von Nordwestdeutschland kann hier eingeordnet werden, s. [6.1.2]. Bis auf die Lecoq'sche Karte unterliegen die hierbei entstehenden Karten aber weiter der militärischen Geheimhaltung.

Unterschiedlich verläuft die Entwicklung in den *westlichen Exklaven Preußens*. Als Ergebnis des Jülich-Kleveschen Erbfolgestreits hatte Brandenburg hier 1614 das Herzogtum Kleve und die westfälischen Grafschaften Ravensberg (um Bielefeld) und Mark (Raum Hamm, Soest, Schwelm) erhalten. Während aus Kleve über eine frühe, jedoch ohne übergreifendes Netz angelegte Katastervermessung zu berichten ist, s. [6.2.1], finden wir in der *Grafschaft Mark* eine bemerkenswerte triangulationsgestützte Aufnahme:

- Der Pastor *Friedrich Christoph Müller* (1751–1808, Abb. 5.29) hatte hier auf eigenes Betreiben vom Minister Graf von der Schulenburg-Kehnert den Auftrag zur Anfertigung einer Karte erhalten (Spata 1999). Die Aufnahme wird 1775 mit Hilfe einer Messkette und einer Diopter-Bussole vorgenommen. Die Ergebnisse werden in Brouillons (Entwurfsskizzen) nachgewiesen und noch in demselben Jahr in einer Karte im Sollmaßstab 1:96 000 (3 preußische Zoll : eine preußische Meile) veröffentlicht. Nach starker Kritik an der Qualität dieser ersten Ämterkarte (mittlerer Lagefehler von 9 km) arbeitet Müller ständig an Verbesserungen, so gelingt ihm 1787 anlässlich einer Sonnenfinsternis eine astronomische Ortsbestimmung. 1788 erhält er vom *Freiherrn vom Stein*, dem damaligen Direktor des Bergamtes in Wetter an der Ruhr, den Auftrag, eine Triangulation als Grundlage für die märkischen Revierkarten durchzuführen. Auf der Basis des 1789/90 beobachteten Dreiecksnetzes (38

Abb. 5.29. Friedrich Christoph Müller (1751–1808). Kupferstich von Johan Gottfried Pflugfelder, 1789

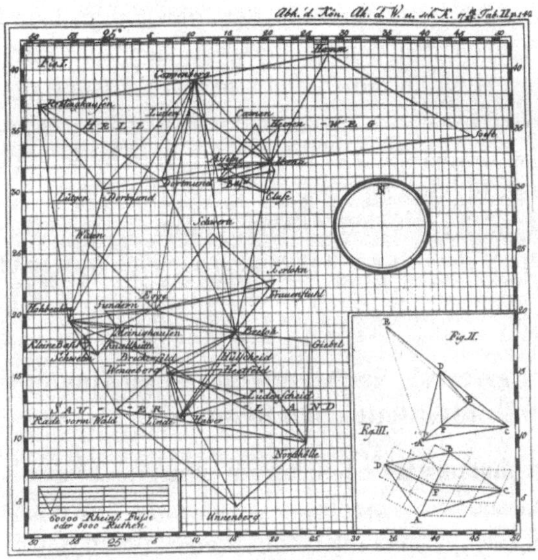

Abb. 5.30. Trigonometrisches Netz für die Karte der Grafschaft Mark, 1789/90

Punkte, Winkelmessung mit einem vom Freiherrn vom Stein ausgeliehenen Dollond-Theodolit) entsteht dann 1791 die dritte Ämterkarte der Grafschaft (Abb. 5.30). Die absoluten Lagefehler reduzieren sich auf die Größenordnung von einigen 100 m bis zu 2 km, die relativen Fehler liegen bei 30 bis 50 m. Die Karte (Maßstab rund 1:187 000) erscheint 1791 im Druck.

F. C. Müller studiert in Rinteln Theologie (ein „Brotstudium") und anschließend in Göttingen Mathematik, Astronomie und die Geniewissenschaften (Artillerie und Fortifikation). Von 1774 bis 1776 unterrichtet er in Hamm preußische Offiziere im Ingenieurwesen. Ab 1776 nimmt er Predigerstellen wahr, ab 1785 in Schwelm. Müller wird besonders als Verfasser astronomischer, kartographischer und vermessungstechnischer Schriften und Kartenautor bekannt, das Aufnehmen und Zeichnen von Karten war seine Lieblingsbeschäftigung. 1788 wählt ihn die Berliner Akademie der Wissenschaften zu ihrem auswärtigen Mitglied. Zu Müllers Schülern zählt u. a. Benzenberg, dem wir bei der Landesvermessung des Herzogtums Berg begegnen werden (Spata 2001).

- Eine ganz besondere Entwicklung findet in *Ostfriesland* statt, das nach Aussterben des Hauses Cirksena 1744 preußisch geworden war. Hier regt *von Oeder*, der Leiter der oldenburgischen Landesvermessung, s. [5.2.4], 1789 das Preußische Generaldirektorium zu einer entsprechenden Vermessung an. Damit soll die Regionalkarte des Ubbo Emmius von 1595 abgelöst werden, s. [3.2.3], seitdem waren nur Spezialkarten insbesondere im Zusammenhang mit dem Küstenschutz und wasserwirtschaftlichen Aufgaben entstanden (Gewässer-, Deich-, Fehn- und Polderkarten). Daraufhin entschließen sich 1797 die ostfriesischen Landstände, dem oldenburgischen Beispiel zu folgen. Die Vermessungsarbeiten werden dem niederländischen Artillerie-Kapitän *Willem Camp* übertragen. Im Anschluss an die Oldenburger Vermessung umschließt er 1798–1802 Ostfriesland mit Dreiecksketten, eine weitere Kette führt ins Landesinnere. Nullpunkt des Koordinatensystems wird der Kirchturm in Aurich; die topographische Aufnahme wird mit dem Messtisch durchgeführt. Die 1804 im Kupferstich erscheinende „Neue geographische Spezial-Karte von dem Fürstenthum Ostfriesland und dem Harlingerlande" (Maßstab etwa 1:120 000) weist jedoch erhebliche Verzerrungen auf (Harms 1963, Lang 1985).

5.2.4 Von Hannover bis Sachsen: Unterschiedliche Ansätze in den nord- und mitteldeutschen Staaten

In den an Preußen angrenzenden Staaten entstehen in der zweiten Hälfte des 18. Jahrhunderts ebenfalls Landesvermessungen, die aber nur teilweise auf Triangulationen aufbauen und weniger oder gar nicht von dem französischen Beispiel beeinflusst sind. Dabei stellen insbesondere die Landesaufnahmen von Hannover, Oldenburg und Sachsen einen – wenn auch unterschiedlichen – Fortschritt in der systematischen Landesvermessung dar.

- Im *Kurfürstentum Hannover* gehen die Anfänge einer planmäßigen Landesvermessung auf den Kurfürsten Georg Ludwig (Regierungszeit 1698–1727), den späteren (ab 1714) König Georg I. von England, zurück; bekanntlich waren England und Hannover dann bis 1837 durch Personalunion verbunden. Dabei werden von 1698 bis 1732 in Form einer Messtischaufnahme 1:11 200 ein Großteil der Amtsgrenzen mit der angrenzenden Topographie durch den hannoverschen Ingenieuroffizier *Gouffiers de Bonnivet*, genannt *de Villiers*, vermessen.

  Von 1764 bis 1786 wird die *Kurhannoversche Landesaufnahme* durch das Ingenieurkorps (Abb. 5.31) durchgeführt. Die Leitung haben der spätere General *Georg Josua du Plat* (1722–1795), Bruder des u. g. Johann Wilhelm, und der spätere Oberst *Johann Ludwig Hogrewe* (auch Hogreve, 1737–1814). Anlass für diese zunächst rein zivile Unternehmung gibt ein mit Ansiedlungsmaßnahmen im Hochmoor verknüpftes Kanalprojekt zwischen Weser und Ems mit der hierzu notwendigen Vermessung und Kartierung. Hieraus entwickelt sich die 1765 von König Georg III. (Regierungszeit 1760–1820) angeordnete Aufnahme des ganzen Landes, jetzt auch im militärischen Interesse, was zu

Abb. 5.31. Offizier des Churhannoverschen Ingenieurkorps, um 1770

einer strikten Geheimhaltung der Ergebnisse führt. Wie in der von Hogrewe herausgegebenen „Praktischen Anweisung zur topographischen Vermessung eines ganzen Landes" (Hannover-Leipzig 1773) beschrieben, liegt der Aufnahme eine Messtischtriangulation mit der Standlinienmethode zugrunde. Dabei werden Standlinien von bis zu 10 km Länge und mehr als Grundlage für das Zusammenfügen der Messtischblätter mit der Messkette gemessen und magnetisch orientiert, eine richtige Triangulation findet nicht statt. Visuren zu gut sichtbaren, auch auf anderen Messtischblättern liegenden Hauptpunkten erlauben dann das Zusammenfügen der Blätter. Die Detailaufnahme geschieht mit dem Messtisch mit Diopterlineal und Bussole, mit Messketten von 5 Calenberger Ruten (= 23,3 m) bzw. Messstangen von 5 Fuß (= 1,45 m) Länge, aber oft auch durch Abschreiten. Benutzt werden auch die Ämterkarten von de Villiers und Forstkarten. Die Messtischaufnahmen im Maßstab 1:21 333 $^{1}/_{3}$ (1 $^{1}/_{2}$ Calenberger Fuß oder 18 Zoll : eine deutsche Meile, 1 deutsche Meile = 2000 Calenberger Ruten) erhalten mit Hilfe weniger astronomischer Ortsbestimmungen (s. u.) eine geographische Zuordnung (Abb. 5.32). Als Ergebnis liegt ein handgezeichnetes Kartenwerk in 165 Blättern vor; aus identischen Punkten kann auf eine Lagegenauigkeit von besser als 100 m geschlossen werden. Abgeleitet werden die *Militärkarte* 1:64 000 (6 Zoll : 1 Meile) und die mit einem geographischen Netz versehene *Generalkarte* 1:192 000 (2 Zoll : 1 Meile), Schnath (1933/34), Bauer (1993). Auf Wunsch Georg III. wird von 1763 bis 1767 auch das Hochstift *Osnabrück* (in dem alternierend von katholischen und evangelischen Bischöfen regierten Hochstift fungierte seit 1764 Georgs Sohn Friedrich als Bischof) von den hannoverschen Offizieren *Georg Wilhelm von dem Busche* und *Franz Christian Benoit* im Stil der Kurhannoverschen Landesvermessung aufgenommen, aber mit den Maßstäben 1:24 000 für die topographische Karte und 1:144 000 für die Generalkarte.

Abb. 5.32. Kurhannoversche Landesaufnahme 1:21 333 $^{1}/_{3}$, Blatt Polle (verkl. Ausschnitt), 1764–1786

Der heute vor allem durch seine Aphorismen bekannte Göttinger Mathematiker und Physiker *Georg Christoph Lichtenberg* (Abb. 5.33) hatte 1771 die Order König Georg III. erhalten, die astronomischen Breiten und Längen von Hannover und Osnabrück möglichst exakt zu bestimmen, hinzu kommt später Stade; für Göttingen lagen geographische Koordinaten durch die Beobachtungen von Tobias Mayer vor. Im Verlauf dieser Messungen kam Lichtenberg in immer engeren Kontakt mit dem hannoverschen Ingenieurkorps, so dass seine Messungen dann

Abb. 5.33. Georg Christoph Lichtenberg (1742–1799)

auch zur Orientierung der Landesaufnahme herangezogen wurden. Die Zuneigung des Professors zu den hannoverschen Offizieren ist geteilt, einen der Ingenieuroffiziere schildert er so: *„Er führte erst den Degen fürs Vaterland mit nicht sonderlichem Glück, und nun fing er an, die Messkette für dasselbe zu führen"*. Die Beobachtungen werden mit einem von Georg III. gestifteten Quadranten mit Messfernrohr durchgeführt, die Fehler der Breiten betragen einige Bogensekunden, die der Längen (aus Jupitermondbeobachtungen) einige Zehner Zeitsekunden und mehr (Brosche 1993, Bauer 1995). Lichtenberg fürchtet bei dem großen Interesse, dass seinen Messungen in Hannover entgegengebracht wird, eine Behinderung seiner Arbeiten: *„Und doch lässt sich alles in anderer Leute Gegenwart machen, nur keine genauen astronomischen Observationen"*, fügt aber in einer Fußnote hinzu: *„ihm falle ein, dass es noch mehr Dinge gebe, die sich schlecht in Gegenwart von mehreren anderen verrichten lassen"* (Zitate nach Kaspereit 1958).

Die Kurhannoversche Landesaufnahme stellt eine beachtliche, ohne Einrichtung einer besonderen Behörde realisierte und für zivile und militärische Zwecke gedachte Landesvermessung dar. Das topographisch detaillierte und kartographisch mit gelungener Farbgebung und plastischer Geländedarstellung sehr ansprechende Kartenwerk steht wegen der fehlenden trigonometrischen Grundlage jedoch am Ende einer Epoche.

Wegen der ungenügenden geometrischen Grundlage wird sie auch schon früh kritisch betrachtet. So äußert der damalige Oberstleutnant Scharnhorst 1798 in einem Brief an Lecoq: *„... ist kein Netz trigonometrisch aufgenommen. Das ganze Land ist einzeln mit der Mensel nach dem Unterricht von Hogrevens topographischen Vermessungen aufgenommen. Auch sind die einzelnen Blätter nie anders, als in der geographischen Karte zusammengesetzt, ohngeachtet sie aneinander passen oder doch passen sollen ..."*.

Bemerkenswert ist im Kurfürstentum die Herstellung *großmaßstäbiger Karten* im Rahmen der früh einsetzenden Maßnahmen zur Verbesserung der Agrarstruktur, wenn auch diese geometrisch nur lokal gestützten Karten für die topographische Landesaufnahme nicht genutzt werden (Clotten 1881/1882).

Nach Beendigung des siebenjährigen Krieges und mit der unter Georg III. (Regierungszeit 1760–1820) vorgenommenen Gründung der Landwirtschaftsgesellschaft in Celle (1764) finden in verstärktem Maße und dann besonders im nächsten Jahrhundert *Gemeinheitsteilungen* und *Verkopplungen* statt (Gemeinheitsteilungsordnung für das Fürstentum Lüneburg von 1802). Diese agrarstrukturellen Veränderungen werden graphisch in Inselkarten der Maßstäbe 1:2133 1/3 (9 Zoll : 100 Ruten, 1 Rute = 16 Fuß) und 1:3200 (6 Zoll : 100 Ruten) dokumentiert (Jordan 1955). Dabei dienen mit Messketten und Messstangen gemessene und zu Dreiecken zusammengestellte lange Hauptlinien als geometrische Grundlage, in seltenen Fällen werden auch Winkel mit dem Astrolabium gemessen. Im Hochstift *Osnabrück* wird unter der Leitung des kurhannoverschen Hauptmanns Johann Wilhelm du Plat zwischen 1784 und 1790 sogar eine erste, auf mehrere km langen Hauptlinien aufgebaute *Katasteraufnahme* durchgeführt. Die Ergebnisse werden in Inselkarten 1:3840 nachgewiesen; ab 1787 wirkt hier auch der Ingenieurhauptmann Hogrewe mit.

- In *Braunschweig* hatte von 1675 bis 1680 bereits eine Vermessung der kommunalen Harzforsten mit Messkette und Bussole stattgefunden. Im 18. Jahrhundert folgt eine *allgemeine Landesvermessung* (1746–1784) unter Leitung einer Fürstlichen „General-Landesvermessungs-Commission". Ziel der zu Feldrissen des Maßstabs 1:4000 führenden Aufnahme (ohne trigonometrisches Netz mit der Messkette und einem Scheibeninstrument mit Bussole vermessen) ist die gerechte Besteuerung, die Verbesserung des Wege- und Gewässernetzes, die Ablösung herrschaftlicher Lasten und die evtl. notwendige Zusammenlegung und Flurbereinigung; dabei durfte die Dreifelderwirtschaft nicht gestört werden.

Nach Ende des siebenjährigen Krieges beauftragt Herzog Karl I. (Regierungszeit 1735–1780) den damaligen Ingenieur-Hauptmann *Johann Heinrich Daniel Gerlach* (1735–1798) mit der Herstellung einer topographischen Karte des Herzogtums Braunschweig-Wolfenbüttel. Dieser entwickelt aus den Vermessungsrissen der bereits laufenden Landesvermessung in Verbindung mit zusätzlichen Messtischaufnahmen, aber ohne trigonometrische Grundlage, von 1764 bis 1770 die *„Gerlach'sche Topographische Karte"* im ungefähren Maßstab 1:42 000 (Abb. 5.34). Er folgt dabei den Regeln der Kurhannoverschen Landesaufnahme, die Vermessung wird durch eine geographisch-statistische Landesbeschreibung ergänzt (Konstanzer 1960, Frühauf et al. 1999).

Abb. 5.34. Gerlach'sche Topographische Karte des Herzogtums Braunschweig-Wolfenbüttel 1:42 000, Blatt Fürstentum Blankenburg und Stift Walkenried (verkl. Ausschnitt), 1764–1770

- In *Mecklenburg* entstehen in Folge der Veränderungen in der Agrarstruktur relativ früh Steuerkataster mit umfangreichen lokalen Vermessungen (Greve 1997).

Bereits 1628 hatte Wallenstein als Herzog von Güstrow ein Landeskataster nach den Angaben der Besitzer angelegt. Die Anregung zu einfachen Katastervermessungen kommt dann aus dem von 1648 bis 1720 schwedischen *Vorpommern*. Dort war 1692–1698 eine Landesvermessung (1692–1698) zur Einrichtung eines Grundsteuerkatasters durchgeführt worden, als Ergebnis waren rund 1750 Matrikelkarten des ungefähren Maßstabs 1:8000 entstanden. 1701 beginnen erste Aufnahmen im Domanium (dem Herzog direkt steuerpflichtiges Besitztum, etwa ein Drittel des Landes), die nur der Flächenermittlung dienen sollen. Die 5 Ruten lange Messkette ist das wichtigste Vermessungswerkzeug, die Umringsgrenzen der Feldmark werden als Polygonzüge aufgenommen. Die durch die Ständeverfassung (Ritterschaft und Landschaft bildeten den Ständelandtag und vertraten die landtagsfähigen Gutsbesitzer bzw. die Städte) verursachten ständigen Auseinandersetzungen mit den mecklenburgischen Herzögen sollten dann durch den „Landesgrundgesetzlichen Erbvergleich" von 1755 beseitigt werden. Dieser sah ab 1756 eine

Direktorialvermessung des ritterschaftlichen Grundbesitzes durch die „Herzogliche Direktorial-Landesvermessungs-Commißion zu Rostock“ vor. Hierbei wurden möglichst lange Hauptlinien abgesteckt und mit der zu rektifizierenden Messkette gemessen, der Messtisch war zugelassen. Kartiert wurde meist in 1:3840 (1 Zoll lübischen Maßes : 20 Ruten, mit 1 Rute = 16 Fuß, 1 Fuß = 12 Zoll), aber auch in 1:4800 (1 Zoll : 25 Ruten). Die Vermessung war 1773, die Bonitierung 1778 abgeschlossen, 1779 wurde das ritterliche Hufenkataster veröffentlicht. Parallel dazu liefen die Vermessungen im Domanium weiter, nun besonders im Zusammenhang mit umfangreichen Regulierungen der Feldmarken und der Einrichtung von Erbpachthufen, verbunden mit Separationen und Verkoppelungen. Methodisch folgen die Vermessungen der Direktorialvermessung, ab Mitte des 19. Jahrhunderts wird der Messtisch durch die Linienaufnahme ersetzt. Hierbei werden zunächst große Dreiecke mit der Messkette und dem Theodolit vermessen, es folgt eine Verdichtung durch Messungslinien und die Orthogonalaufnahme mit dem Winkelspiegel (Greve 2003).

Im siebenjährigen Krieg wird das Fehlen topographischer Karten von den preußischen Offizieren als großer Mangel empfunden, sie verwenden die als Inselkarten angelegten Karten der Direktorialvermessung. Auf dieser Grundlage erstellt dann auch der preußische Oberst *Graf Schmettau* im Anschluss an seine Aufnahme Preußens eine Karte von Mecklenburg, mit der Zeichnung beauftragt er seinen Mitarbeiter C. F. Wiebeking, s. [5.2.3]. Von 1780 bis 1788 entsteht so ohne trigonometrische Grundlage durch Verkleinern und Zusammenzeichnen der Katasterkarten der Direktorialvermessung mit einigen Ergänzungsaufnahmen eine Kartierung 1:24 000 (1 Zoll : 125 Ruten). 1788 wird die *„Topographische, oeconomische und militairische Charte vom Herzogthum Mecklenburg-Schwerin“* im Maßstab 1:50 000 im Kupferstich veröffentlicht, s. [7.3.2].

- In *Oldenburg* wird 1781 auf Anordnung des Herzogs Friedrich August (Regierungszeit 1773–1785) *„zur besseren Beförderung der Aufnahme und gemeinen Wohlfahrt“* eine triangulationsgestützte systematische Landesvermessung begonnen. Mit der Leitung der Vermessungsarbeiten wird der Landvogt *Georg Christian von Oeder* (1728–1791, Abb. 5.35) als 1. Kommissar der Landesvermessungskommission betraut, für die astronomischen und geodätischen Arbeiten stellt Oeder den Dänen *Caspar Wessel* (1745–1818) ein (Harms 1961/63).

Abb. 5.35. Georg Christian von Oeder (1728–1791)

Oldenburg ist nach dem Tod des letzten Oldenburger Grafen Anton-Günther von 1667 bis 1773 (die Grafschaften Oldenburg und Delmenhorst werden nun zum Herzogtum erhoben) an Dänemark gefallen, hieraus resultieren enge Verbindungen zwischen beiden Ländern. So hatte Oeder, der nach seinem Studium in Göttingen 1754 Professor für Botanik in Kopenhagen wurde, während eines fast 20-jährigen Aufenthaltes in Dänemark Kenntnis von den geodätischen Arbeiten von Professor Bugge erhalten. 1772 wegen seines Eintretens für die Befreiung der dänischen Bauern als Landvogt nach Oldenburg ver-

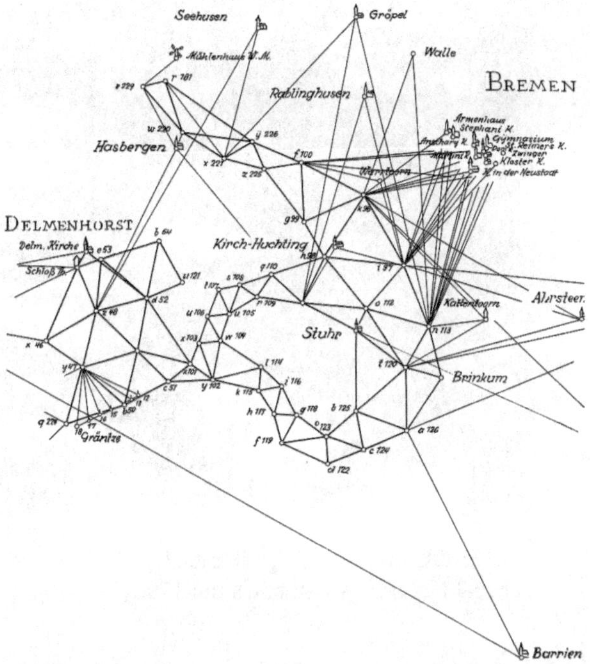

Abb. 5.36. Trigonometrisches Netz der Oldenburger Landesvermessung, 1781–1785

setzt, bittet er Bugge um Mitwirkung bei der Landesvermessung. Dieser empfiehlt ihm für die geodätischen Arbeiten den Landmalingsinspektor im Dienst der Königlich Dänischen Wissenschaftlichen Gesellschaft Wessel, der u. a. bereits zusammen mit Bugge an der Triangulation Schleswig-Holsteins beteiligt war (s. u.).

Die Triangulation wird wegen des flachen Geländes in Ketten mit Dreiecken kurzer Seitenlänge (2–10 km) aufgebaut, die Winkel mit einem in Kopenhagen bei Bugge gefertigten Messinstrument (Genauigkeit 10″) mit zwei Fernrohren gemessen. Die Bodenpunkte werden mit Holzpfählen vermarkt, daneben werden zahlreiche Hochpunkte Kirchtürme, Mühlen etc.) bestimmt (Abb. 5.36). Den Maßstab liefert eine südlich Oldenburg angelegte und mit Stangen aus Tannenholz gemessene Basis von 5,5 km Länge. Ursprung und Orientierung des Koordinatensystems ergeben sich aus den astronomischen Koordinaten eines in der Nähe des Schlosses kurzfristig eingerichteten Observatoriums. Die 1785 abgeschlossene Triangulation weist eine hohe relative Genauigkeit (einige dm) auf, berechnet werden ebene rechtwinklige und geographische Koordinaten. Aus der anschließenden Messtischaufnahme gehen die in drei Exemplaren angefertigten *Vogteikarten* des Maßstabs 1:20 000 (1 Rheinländischer Dezimalzoll : 2000 Rheinländischen Fuß) hervor, die Aufnahme wird schließlich auch auf das Jeverland und die Wesermündung ausgedehnt (Abb. 5.37). 1803/04 kommt die hieraus abgeleitete *Generalkarte* 1:160 000 des Herzogtums im Kupferstich heraus.

Abb. 5.37. Oldenburger Vogteikarte 1:20 000, Blatt Bad Zwischenahn (verkl. Ausschnitt), um 1790

Verantwortlich für die topographische Aufnahme ist der Kondukteur *Christoph Friedrich Mentz* (1765–1832), der später bis zum Konferenzrat und Regierungspräsident aufsteigt und sich besonders um die Reform des Steuerwesens und die innere Kolonisation verdient macht. Unter dem Nachfolger Oeders, dem Kammerrat *Dietrich Christian Römer,* wird die Aufnahme 1:20 000 im Jahre 1799 abgeschlossen. Die Idee einer Spezialvermessung im Maßstab 1:4000 („Oekonomische Karte") wird nach Oeders Tod aufgegeben, da eine solche Aufnahme mit dem vorhandenen Personal 40–50 Jahre gedauert hätte.

Wessel führt schließlich mit Hilfe einer Triangulation über Hannover nach Schleswig-Holstein auch einen Anschluss an die dänische Triangulation und damit an die Sternwarte in Kopenhagen durch, unter anderem um die geographische Orientierung des Oldenburger Netzes zu überprüfen – sie erwies sich als vorzüglich.

Die Weitsicht Oeders in Bezug auf eine moderne Landesvermessung, aber auch deren Nutzen für großräumige geodätische Fragestellungen geht aus den folgenden Zitaten aus Briefen an Prof. Bugge (1784 bzw. 1788) hervor: „... *Denen, und wenn darunter auch Feldmesser sein sollten, die nichts als die gemeine Weise kennen, auch denen muß ich dann sagen, dass sie nicht mir, sondern großen Mathematicis glauben müssen, dass eine ganz genaue Vermessung eines ganzen Landes sich nicht anstellen lässt, ohne Trigonometrie zum Grunde zu legen, und dass sie diese Triangelreihen ansehen müssen als das Baugerüst bei einem Bau ... oder als ein Skelett, das in einem mit Fleisch und Haut bekleideten Körper unsichtbar ist, aber den ganzen Körperbau stützt und hält.*" Die – nicht erfolgreiche – Anregung zu weiteren deutschen Triangulationen und deren gegenseitige Verbindung wird folgendermaßen propagiert: „*Wenn dieses von unserer Landesherrschaft gegebene Beispiel, meines Wissens das erste in Deutschland, Nachfolge erweckt, und von Orten, die mit wohlversehenen und wohlbedienten Observatorien versehen sind, ausgehende Triangelreihen mehrere gezogen würden, z. B. von Berlin nach Holstein zur Kombination mit dem dänischen Triangelsystem, von Berlin nach Göttingen, von Göttingen nach der oldenburgischen Grenze zur Kombination mit dem oldenburgischen Triangelsystem, von Göttingen nach Mannheim usw., so würde ein von großen Mathematikern geäußerter Wunsch erfüllt und der beste Grund zur Geographie von Deutschland gelegt"* (Harms 1981).

- An die Oldenburger Triangulation schließt als Privatunternehmen auch das 1790–1798 von dem Bremer Kaufmann und Senator *Johann Gildemeister* (1753–1837) vermessene Dreiecksnetz der Hansestadt *Bremen* an. Mit einem Spiegelsextant werden mehr als 100 Dreieckspunkte beobachtet und rechtwinklige Koordinaten mit dem Ursprung Ansgarikirchturm berechnet. Der Jurist und Bürgermeister *Christian Abraham Heineken* (1752–1818) führt die hierauf aufbauende Detailaufnahme mit Messtisch und Diopterlineal durch, hieraus entsteht eine Karte 1:40 000 (Brinkmann 1935).
- *Schleswig-Holstein*, seit 1460 in Personalunion mit Dänemark verbunden, wird in der Erstellung von topographischen und ökonomischen Landeskartenwerken ganz besonders durch die Entwicklungen in Dänemark geprägt (Kahlfuß 1969).

Für Zwecke der Verwaltung und der Flurneuordnung einschließlich der Aufhebung von Feldgemeinschaften und der Verkopplung entstehen auch hier in der zweiten Hälfte des 18. Jahrhunderts *Flurkarten* als Inselkarten, wobei die Orthogonalmethode mit Messkette und rechten Winkeln das vorherrschende Aufnahmeverfahren ist. Später setzt sich die auf parallelen Hauptlinien aufbauende *„Parallelenmethode"* mit dem Kompass als Orientierungsmittel durch. So entsteht zwischen 1763 und 1787 ein Flurkartenwerk (meist im Maßstab 1:3000) im Herzogtum Holstein-Gottorf. Für das Herzogtum Schleswig und den königlichen Teil von Holstein fertigt das Büro des Oberlandmessers und späteren Landinspektors *Johann Bruyn* (1739–1799) von 1767 bis 1799 Flurkarten des Maßstabs 1:1800.

Die *topographische Landesaufnahme* folgt der gleichzeitigen dänischen Landesvermessung. Auf Grund einer Empfehlung der Königlich Dänischen Wissenschaftlichen Gesellschaft zu Kopenhagen wird dort nämlich von 1762 bis 1779 eine Landesvermessung auf trigonometrischer Grundlage und mit astronomischer Orientierung durchgeführt. Triangulationen erster und zweiter Ordnung mit einer Basis bei Kopenhagen bilden die Grundlage für das auf das Observatorium Kopenhagen bezogene System, die Leitung obliegt dem bereits genannten Astronomen *Thomas Bugge* (1740–1815). Zunächst auf die Kopenhagener Basis als Koordinatenrichtung bezogen, wird das Netz später astronomisch orientiert und durch weitere Grundlinien kontrolliert, zur Winkelmessung dient ein eigens konstruiertes Vollkreisgerät (Messgenauigkeit etwa $10''$). Die Detailaufnahme wird in Anlehnung an die Katastervermessung auf der Basis von Nord-Süd-Parallellinien (mit der Kette gemessen und magnetisch orientiert, Abstand 10 000 Ellen = 6276 m) mit Messtisch und Diopterlineal vorgenommen. Als Ergebnis entstehen die dänischen *Konzeptblätter* des Maßstabs 1:20 000 (1 dänischer Dezimalzoll : 1000 dänische Ellen, 1 Elle = 2 Dezimalfuß), abgeleitet wird hieraus die *Spezialkarte* 1:120 000. Das dänische Netz wird allmählich auch auf Schleswig, Holstein und Lauenburg ausgedehnt, um 1800 reicht es bis Altona und an die Lübecker Bucht. Bei diesen Arbeiten finden wir den uns bereits aus der Oldenburger Triangulation bekannten Caspar Wessel wieder.

Parallel zu dieser wissenschaftlich fundierten Landesvermessung werden in der bewegten Zeit der Jahrhundertwende auch *militärische* Aufnahmen durchgeführt. Das Herzogtum Holstein, das Hochstift Lübeck und die Hansestadt Hamburg werden von 1789 bis 1797 durch den Major *Gustav Adolf von Varendorf* (1743–1812) im Maßstab 1:26 000 (1 holsteinischer bzw. Hamburger Fuß : 1 geographische Meile) aufgenommen, wobei die vorhandenen Flurkarten durch Ergänzungsmessungen mit der Kette und dem Messtisch zusammengefasst werden; abgeleitet wird eine Übersichtskarte im ungefähren Maßstab 1:105 000. Nach der Besetzung Hannovers und des Herzogtums Lauenburg durch die Franzosen erstellt der Premierleutnant *Heinrich Christian Johann du Plat* (1769–1852) in den Jahren 1804/05 aus den vorhandenen Detailkarten eine Militärkarte 1:57 600 für den eventuellen Kriegsschauplatz Schleswig.

- In *Sachsen* beginnt 1780 unter dem Kurfürsten Friedrich August III. (Regierungszeit 1763–1827, ab 1806 als König Friedrich August I.) ebenfalls eine triangulationsgestützte Landesvermessung, Auslöser ist u. a. der im Bayrischen Erbfolgekrieg (1778/79) sichtbar gewordene Mangel an Karten des sächsisch-böhmischen Grenzgebietes. Die Aufnahme wird vom kurfürstlich-sächsischen Ingenieur-Corps durchgeführt, die Leitung hat der Major *Friedrich Ludwig Aster* (1732–1804, Abb. 5.38), Stams u. Stams (1981), Brunner (1996); eine ausführliche Dokumentation zur Organisation und zu den Arbeiten des staatlichen Vermessungswesens in Sachsen findet sich in „Landesvermessungsamt Sachsen 2006".

Abb. 5.38. Friedrich Ludwig Aster (1732–1804)

In Sachsen war die Bereitstellung von Kartenmaterial für Kriegszeiten – im Gegensatz zu der Politik Friedrich des Großen – völlig vernachlässigt worden. So behauptet ein höherer Offizier in dem Buch „Betrachtungen über die Kriegskunst" noch im Jahre 1800: *„Unsere Kriege werden ohne Karten nicht um ein Haar schlechter geführt werden als mit Karten"* (Zanthier 1930/31). Der mit der Landesvermessung beauftragte Aster hatte nach Privatunterricht ab 1750 im sächsischen Ingenieurkorps Karriere gemacht und war 1778 zum Major befördert worden, 1795 wird er als Generalmajor schließlich Kommandeur des Ingenieurkorps. Auf Reisen hatte er in Holland und Dänemark die Triangulation kennen gelernt, bei dem Projekt der Landesvermessung stützt er sich insbesondere auf das von ihm übersetzte geodätische Werk von Thomas Bugge: „Beschreibung der Ausmessungsmethode, welche bei den dänischen geographischen Karten angewendet worden" (1787), Baumann (2002).

Die Landesaufnahme basiert auf einer *Triangulation* I. Ordnung (Seitenlängen 10 bis 50 km) mit einer Basismessung (armierte Holzstangen von 8 Ellen Länge, Basislänge 4,2 km) bei Pirna und einer späteren (1819) astronomischen Ortsbestimmung sowie

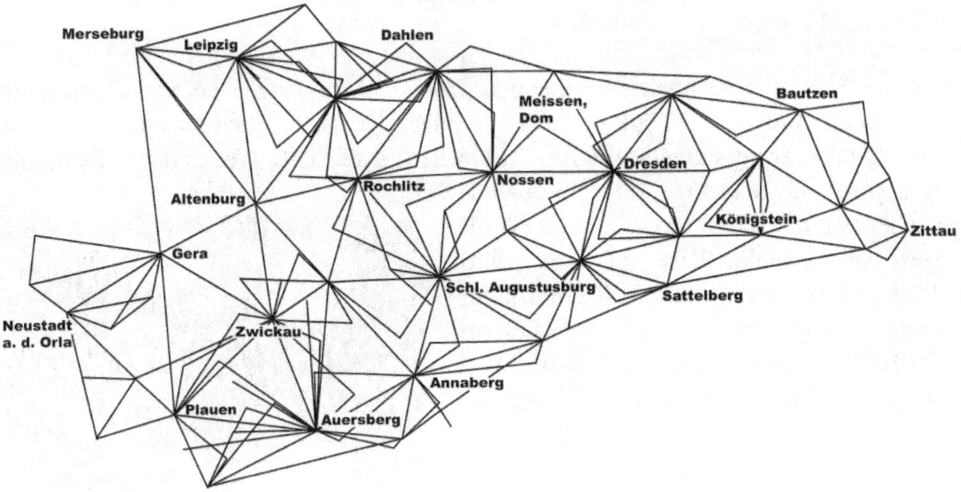

Abb. 5.39. Hauptdreiecksnetz der sächsischen Landesvermessung von Aster, ab 1780

einer Verdichtung II. Ordnung. Die Winkel werden mit einem Scheibeninstrument mit Fernrohr (18 Zoll ∅, Fernrohr und Nonius mit $1'$-Angabe, Schätzung auf $15''$) und später mit einem Theodolit von Studer größtenteils von Aster selbst gemessen (Abb. 5.39). Die Punkte des Hauptdreiecksnetzes liegen i. Allg. auf Bergspitzen und Höhenrücken, sie werden unterirdisch mit hölzernen Schwellenkreuzen vermarkt und durch Stangen mit Strohwischen signalisiert. Die von Aster allein durchgeführte Dreiecks- und Koordinatenberechnung geschieht nach den Regeln der ebenen Trigonometrie, wobei die Dreiecksschlüsse auf 180° abgestimmt werden; die Lagefehler erreichen 300 m. Die Koordinatenrichtungen und der Koordinatenursprung werden nach dänischem Vorbild zunächst durch die Basis festgelegt. Später wird das Netz durch astronomische Beobachtungen in Bezug auf den Meridian des Mathematisch-Physikalischen Salons in Dresden orientiert, zwei Meridiansäulen dienen zur Vermarkung. Die anschließende sehr detaillierte *topographische Aufnahme* wird mit dem Messtisch und Diopterlineal (aber auch durch Abschreiten und Schätzen von Entfernungen) vorgenommen, wobei das Festpunktfeld durch graphisches Einschneiden weiter verdichtet wird. Die Geländeformen werden ab 1807 durch „Lehmannsche Schraffen“ beschrieben, dies ist ein wesentlicher Fortschritt in der Geländedarstellung.

Johann Georg Lehmann (1765–1811), vom Vater als Mühlknappe ausgebildet und als Kuhhirte beschäftigt, wird 1784 zur sächsischen Armee gepresst. Er fällt wegen seiner Begabung zur Geländedarstellung auf und wird 1798 Lehrer an der Königlich Sächsischen Ritterakademie (später Kadettenkorps). 1799 erscheint sein Hauptwerk „Darstellung einer neuen Theorie der Bezeichnung der schiefen Flächen im Grundriß oder die Situationszeichnung der Berge“, mit dem er die Geländedarstellung auf eine systematische Grundlage stellt. Er erhält schließlich die Leitung der 1806 gegründeten und nun für die topographischen Aufnahmen zuständigen Militärplankammer.

Die als Kartierungseinheit entstehenden *„Meilenblätter"* (Fläche eine Quadratmeile) haben den Maßstab 1:12 000 (1 Dresdner oder sächsische Elle : 1 kleinen sächsischen oder Landesvermessungs-Meile zu 12 000 Ellen), Abb. 5.40. Wegen der Orientierung in Bezug auf die Basislinie sind die quadratischen Kartenblätter um 42° nach Nordwest verschwenkt. Die Aufnahme wird 1808 unterbrochen, die restlichen Blätter werden von 1821 bis 1825 im Maßstab 1:40 000 aufgenommen. Von 1808 bis 1811 war auf Drängen Napoleons auch noch eine *„Campagne-Aufnahme"* 1:28 800 zum Schließen kartographischer Lücken in Thüringen begonnen worden. Das für militärische Zwecke ausreichende Kartenwerk wird lange geheim gehalten und soll nur im Kriegsfall ausgegeben werden; die 1813 nach Paris gebrachten Originale werden 1815 zurückgegeben. Die dem Kurfürsten überlassene Kopie muss nach der Schlacht bei Leipzig an die Preußen ausgeliefert werden (Töpfer 1981).

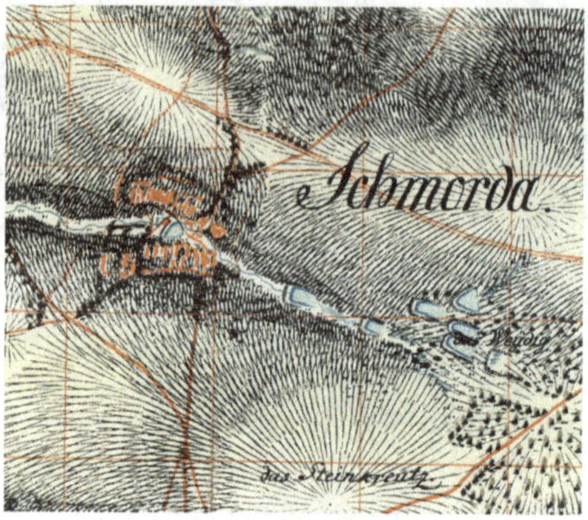

Abb. 5.40. Sächsisches Meilenblatt 1:12 000, Blatt 88aI (verkl. Ausschnitt), aufgenommen 1796

Die sächsische Landesaufnahme unter Aster zeichnet sich außer durch die trigonometrische Grundlage durch den großen Maßstab und die kartographische Qualität der Meilenblätter aus, diese bleiben über viele Jahrzehnte die Grundlage für weitere topographische Kartenwerke. Großmaßstäbige Katastervermessungen kommen in Sachsen dagegen erst langsam im Laufe des 19. Jahrhunderts in Gang, s. [7.3.2].

6 Militärische Aufnahmen und systematische Landesvermessungen: Die Napoleonische Zeit

Wir betrachten in diesem Kapitel schwerpunktmäßig die „Napoleonische Zeit“, also den Zeitraum zwischen 1799 (Napoleon wird erster Konsul nach einem Staatsstreich, der die Revolution für beendet erklärt) und 1815 (endgültige Abdankung und Verbannung Napoleons). Für die Entwicklung der Geodäsie in Deutschland ist dieses kurze Intervall mit seinen durch Frankreich bestimmten wechselvollen militärischen Ereignissen und den ständigen politischen Veränderungen von erheblicher Bedeutung.

Preußen war 1795 mit dem Frieden von Basel aus dem ersten Koalitionskrieg (1792–1797) – verbündet sind Österreich und anfangs auch Preußen, später fast alle europäischen Staaten – gegen das revolutionäre Frankreich ausgeschieden und im zweiten Koalitionskrieg (1799–1802) neutral geblieben. Im Frieden von Lunéville (1801) wurde Frankreich das linke Rheinufer auch juristisch zugesprochen, der „Reichsdeputationshauptschluss“ von 1803 löste dann mit der Aufhebung zahlreicher Kleinstaaten, der Säkularisierung der geistlichen Herrschaften und der Mediatisierung kleinerer Territorien die Grundlagen des alten Reiches weitgehend auf. Nach dem dritten Koalitionskrieg (1805) endet 1806 mit Niederlegung der Kaiserwürde durch Franz II. das Heilige Römische Reich Deutscher Nation. In dem von Frankreich abhängigen Rheinbund schließen sich von 1806 bis 1812/13 die süd- und westdeutschen, später auch die mitteldeutschen Staaten zusammen, was oft mit einer Aufwertung des Status (etwa zum Königreich oder Großherzogtum) verbunden ist. Der unter ungünstigsten Voraussetzungen begonnene vierte Koalitionskrieg (1806/07) des mit Sachsen und Russland verbündeten Preußen wird durch die vernichtende Niederlage der preußischen Armee bei Jena und Auerstedt (1806) entschieden, im Frieden von Tilsit wird Preußen auf die Gebiete östlich der Elbe zurückgedrängt. Mit dem kurzlebigen (1807–1814), aus Kurhessen, Hannover, Braunschweig und den preußischen Gebieten westlich der Elbe gebildeten Vasallenstaat „Königreich Westphalen“ und der Einverleibung (1810) des küstennahen Nordwestdeutschlands in das französische Kaiserreich werden weitere Bereiche Deutschlands in das französische Rechts- und Verwaltungssystem einbezogen.

In dem betrachteten Zeitraum werden militärische Aufnahmen in den von Frankreich annektierten Gebieten und den verbündeten Ländern, aber auch vorsorglich in zukünftigen Kriegsschauplätzen vorgenommen. Damit setzen sich die bereits während der ersten Koalitionskriege gegen das revolutionäre Frankreich durchgeführten Militärvermessungen fort. Daneben wirkt sich die Einführung der allgemeinen Grundsteuer in Frankreich und die schließlich hierfür als erforderlich angesehene Katastervermessung ebenfalls auf deutsche Länder aus und führt hier zu unterschiedlichen Lösungen – die gerechte Regelung dieser wichtigsten Einnahmequelle des Staates wird eine politische Aufgabe ersten Ranges.

Bei den Landesvermessungen setzt die Triangulation als geometrische Grundlage sich durch, die Messtischaufnahme wird zum vorherrschenden Verfahren der topographischen Detailvermessung. Die mathematischen Grundlagen der Geodäsie erreichen durch die Arbeiten der berühmten französischen Mathematiker eine neue Qualität. Hier ordnen sich nun auch deutsche Gelehrte ein, wobei der Gedanke einer Gradmessung auf deutschem Boden wieder aufgegriffen wird.

Die Zusammenstellung der Dreiecksmessungen in Mitteleuropa von Lips (1936/37) umfasst auch diesen Zeitraum, der französische Einfluss und die trigonometrischen Vermessungen in den Rheinlanden und darüber hinaus werden in dem Standardwerk von Schmidt (1973) erschöpfend behandelt. Die unterschiedlichen Landesaufnahmen im nordwestdeutschen Raum beschreiben Großmann (1955a) und Kost (1955).

6.1 Die Militärkarten in Süd-, West- und Norddeutschland: Von den Koalitionskriegen bis zum Befreiungskrieg

6.1.1 Die Aufnahmen der französischen Ingenieurgeographen in Schwaben, Bayern und den Rheinlanden

In der napoleonischen Zeit werden durch die französischen *Ingenieurgeographen* wichtige Weichen für die späteren topographischen Landesaufnahmen in den deutschen Ländern gestellt. Im Gegensatz zur Einstellung Friedrichs II. von Preußen legte Napoleon nämlich großen Wert auf topographische Karten als Grundlage für die Kriegführung: *„… Il est trés important d'avoir de trés bonnes cartes de tous le pays …"* und *„Une carte détaillée est une arme du guerre"* (Hafeneder 2004). Bereits 1688 war in Frankreich im „Dépôt général de la Guerre" ein Kartenarchiv zur Sammlung aller militärisch bedeutsamen Karten angelegt worden. Als Fachleute für die Kartenaufnahmen waren hier wie bei den regionalen Topographischen Büros und den Armeegeneralstäben die „Ingénieurs géographes" (Abb. 6.1) tätig, daneben werden auch zivile Astronomen, Mathematiker und Geographen eingestellt. Beginnend mit dem ersten Koalitionskrieg erhalten die Ingenieurgeographen die Aufgabe, in den besetzten Gebieten das vorhandene Kartenmaterial zu sammeln und erforderlichenfalls durch neue Aufnahmen zu ergänzen oder zu verbessern sowie die für die Armeeführung erforderlichen Operationskarten bereitzustellen. Für den süddeutschen Raum sind die Aufnahmen von Schwaben und Bayern sowie am Oberrhein bedeutsam, die an Frankreich angegliederten Rheinlande erfahren eine besonders gründliche Vermessung. In diesem Zusammenhang sind auch die Arbeiten in den Niederlanden und in Hannover zu

Abb. 6.1. Französische Ingenieurgeographen bei der Messtischaufnahme, um 1800

sehen. Bemerkenswert ist, dass diese militärischen Aufnahmen sich jetzt stets auf eine Triangulation (Winkelmessung i. Allg. mit dem Borda-Repetitionskreis) stützen, sie werden an das französische System mit dem Rückgrat des Meridianbogens von Delambre und Méchain angeschlossen. Die Vermessungen müssen naturgemäß immer unter großem Zeitdruck durchgeführt werden, was zu meist nicht optimalen Netzkonfigurationen und Messmethoden führt.

Bereits 1801 befiehlt Napoleon, die Cassini'sche Karte 1:86 400, s. [5.2.1], auf die neuen linksrheinischen Departements und auf Holland, die Schweiz und Norditalien auszudehnen. Das Jahr 1806 bringt mit der Gründung des Rheinbundes und der Niederwerfung Preußens dann den Auftrag, eine weit über Deutschland hinausreichende militärische *„Carte de l'Allemagne"* 1:100 000 herzustellen. Unter Nutzung vorhandener, aus ganz Europa zusammengetragener Karten und der Aufnahmen der französischen Ingenieurgeographen geht diese Arbeit rasch voran. Dieser Fortschritt in der Herstellung ist aber auch mit erheblichen Qualitätseinbußen verknüpft. So ordnet der Kaiser im Krieg gegen Österreich 1809 an: *„... ich gebe Befehl, dass die Carte d'Allemagne, die beim Dépôt de la Guerre hergestellt worden ist, dort überprüft wird; sie ist so schlecht, dass ich mit ihr nichts anfangen kann; ich ziehe ihr die erste beste Karte eines Buchhändlers vor. Die Vermischung von guten Teilen und schlechten ist unglücklich und schlimmer, als wenn das Ganze schlecht wäre ... Man kann (nur) gute Karten gebrauchen, oder aber es wäre nötig, die zweifelhaften oder schlechten Stellen mit einer Farbe zu bezeichnen, um darzutun, dass man sich darauf nicht verlassen kann"* (Schmidt 1973). Die 1812 nur als Manuskript vorhandenen Originale dieser Karte gehen im Russland-Feldzug verloren, als Napoleons Kriegsvermessungschef General Sanson beim Übergang über die Beresina mit dem gesamten Kartenmaterial den Russen in die Hände fällt. Kopien des deutschen Raumes (278 Einzelblätter) werden jedoch später von Russland zur Verfügung gestellt.

- Die Kartenaufnahme in *Schwaben* beginnt bereits während der Feldzüge von 1795 und 1796, im Jahre 1800 wird von General Moreau die Herstellung einer militärischen Operationskarte des Schwäbischen Kreises angeordnet. Der Ingenieurgeograph *Epailly* (er wird uns bei der Aufnahme des Kurfürstentums Hannover wieder begegnen) führt daraufhin mit einfachen Mitteln (Sextant und einfache Theodolite zur Winkelmessung) innerhalb eines Jahres die trigonometrische Vermessung und bis 1802 auch die topographische Aufnahme durch, wobei weitgehend vorhandenes Material (Cassini, Bohnenberger, Amman, s. [5.2.1], [5.2.2]), benutzt wird. Als Ergebnis liegt ein handgezeichnetes Kartenwerk 1:50 000 in Bonne'scher flächentreuer unechter Kegelabbildung vor, diese *„Carte de la Souabe"* wird 1806 Bestandteil der „Carte de l'Allemagne".

- Für *Bayern* liegt um 1800 neben den Bayerischen Landtafeln von Apian, s. [4.3], flächendeckend nur die Schmitt'sche Militärkarte von Südwestdeutschland als handgezeichnetes Einzelstück vor. Die Versuche zur Herstellung größermaßstäbiger topographischer Karten auf trigonometrischer Grundlage (St. Michel, A. v. Riedl) waren gescheitert, s. [5.2.2]. Mit der direkten Einbeziehung Bayerns in die Koalitionskriege verändert sich diese Situation (Fuchs 2001). Mit französischer Unterstützung beginnt von 1801 bis 1807 eine triangulationsgestützte topographische Aufnahme von Bayern, welche den Beginn der bayerischen Landesvermessung markiert. Diese Aufnahme wird von dem Ingenieurgeographen Oberst Bonne geleitet, zu seinen Mitarbeitern gehört u. a. der Astronom Henry.

Hier finden wir auch *Adrian von Riedl* wieder, s. [5.2.2], er wird 1796 – jetzt zum Oberst befördert – während des ersten Koalitionskrieges als „Obermarsch-Kommissär“ verantwortlich für den möglichst reibungslosen Durchzug russischer, österreichischer und französischer Truppen durch das Kurfürstentum und wechselt hierzu in den bayerischen Generalstab. Als die französische Rheinarmee unter General Moreau im zweiten Koalitionskrieg nach dem Sieg bei Hohenlinden 1800 München besetzt, tritt sie durch das „Bureau Topographique“ sofort mit der provisorischen bayerischen Verwaltung in Verbindung, um alle verfügbaren Karten und Pläne zu erhalten – der Kurfürst Maximilian IV. Joseph (Regierungszeit 1799–1825, ab 1806 als König Maximilian I. Joseph) und Riedl waren nach Amberg bzw. Bayreuth geflohen. Die (mühsamen) Versuche, durch eine mit befohlener bayerischer Mitwirkung eingerichtete „Commission de Routes“ aus vorhandenen Unterlagen eine *„astronomisch und geographisch richtige Karte“* von Bayern abzuleiten, führen schließlich zu dem Ergebnis, dass nur eine Neuvermessung diese liefern würde. Mit dem Bündniswechsel Bayerns nach dem Frieden von Lunéville und dem Abzug der französischen Truppen tritt eine neue Situation ein. Der Generalstabschef der Rheinarmee Lahorie macht der Regierung in München das Angebot, den Ingenieur-Geographen Oberst *Charles-Rigobert-Marie Bonne* (1771–1839), ab 1801 Leiter des Bureau Topographique, und eine Anzahl französischer Geographen in München zu lassen, um die begonnenen Arbeiten zur Herstellung einer von einem trigonometrischen Netz gestützten topographischen Karte des Landes zu Ende zu bringen. Ziel ist von französischer Seite dabei, für das Operationsgebiet in einem zukünftigen Krieg gegen Österreich eine Militärkarte *„Carte de la Bavière“* im Maßstab 1:100 000 in Analogie zu der bereits hergestellten „Carte de la Souabe“ zu schaffen. Nach einigen Verhandlungen wird das französische Angebot vom Kurfürsten angenommen, die Karte bleibt aber unvollendet und auf Altbayern beschränkt. Der von dem Geheimen Finanzreferendär *Joseph von Utzschneider* (1763–1840) vorangetriebene Versuch, durch Einrichtung eines Katasterbüros die dringend notwendige Vermessung zur Grundsteuererhebung mit der topographischen Aufnahme zu verbinden, scheitert zunächst.

Die Einrichtung des *„Topographischen Bureaus“* im Jahre 1801 markiert den Anfang der topographischen Landesaufnahme in Bayern, wegen des Zusammenhangs mit der kurz danach beginnenden, von Soldner geprägten umfassenden Landesvermessung wird hierauf in [6.2.2] eingegangen.

- Aus Bayern abberufen, wird der französische Oberst *Maurice Henry* (1763–1825) 1802 mit der Kartenaufnahme in der *Schweiz* beauftragt. Der Plan, das Netz in der Schweiz nach Norden bis zum Anschluss an die Triangulationen in Schwaben und im Rheinland auszudehnen, führt 1804 zunächst zur Vermessung (Borda'scher Basisapparat mit Bimetallstangen) einer 19 km langen Basis bei Ensisheim im Elsass. Bis 1813 werden dann in Zusammenarbeit mit dem uns gleich begegnenden Tranchot Dreiecksketten am *Oberrhein* vermessen und Verbindungen nach Bayern, Hessen-Darmstadt (Triangulation von Haas und Eckhardt) und zum Rheinland (Tranchot) hergestellt.

- Zu den bedeutendsten Leistungen dieser Zeit zählt die Aufnahme der *Rheinlande* durch den Ingenieurgeographen Colonel *Jean Joseph Tranchot* (1752–1815), Ziel ist auch hier die Herstellung der Karte 1:86 400 (Schmidt 1973, Albrecht 1980a).

Für die Aufnahme des 1801 französisch gewordenen linken Rheinufers war zunächst der berühmte Delambre vorgesehen. Noch voll beschäftigt mit der Auswertung seiner Gradmessung, schlug dieser hierfür den Astronomen Tranchot vor, der als „Chef de la Brigade" dann die vorgesehene Erweiterung der Cassini-Karte auf die Rheinlande realisieren sollte. Tranchot hatte u. a. an der Triangulation der 1768 von der Republik Genua abgekauften Insel Korsika und unter Méchain und Delambre an der französischen Gradmessung im Meridian von Paris teilgenommen. Das für die Aufnahme der vier linksrheinischen Departements eingerichtete Topographische Büro verlegt im Lauf der Arbeiten seinen Sitz von Aachen nach Trier. Mit Beginn des Russland-Feldzuges muss Tranchot jedoch seine besten Mitarbeiter an die Große Armee abgeben, Anfang 1814 werden die Arbeiten nach der Aufnahme von rund 21 000 km^2 eingestellt.

Das Tranchot'sche *Dreiecksnetz* I. Ordnung ist bei Seitenlängen zwischen 10 und 60 km klar aufgebaut und enthält insgesamt 80 Dreiecke mit 55 Punkten (Abb. 6.2). Die neben Kirchtürmen und Windmühlen überwiegend benutzten Bodenpunkte werden mit (nicht sehr standfesten) Holzsignalen ausgerüstet, die auch den Beobachter und das Winkelmessgerät tragen; eine dauerhafte Vermarkung wird nicht vorgenommen. Das Dreiecksnetz wird 1809 über eine Verbindungskette aus 18 Dreiecken I. O. an das Dreiecksnetz des Oberst Henry am Oberrhein angeschlossen. Diese Kette verläuft zwischen den Grundlinien von Ensisheim/Elsass (s. o.) und Darmstadt, letztere wird 1808 von Eckhardt und Schleiermacher gemessen, s. [6.2.3]; die Verbindung der beiden Grundlinien zeigt eine Diskrepanz von 4 m. Im Norden wird das Tranchot'sche Netz an das

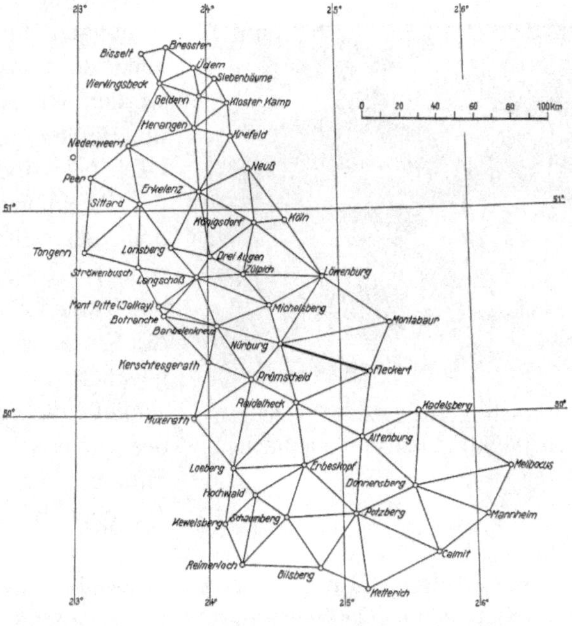

Abb. 6.2. Dreiecksnetz von Tranchot, 1801–1813

niederländische Dreiecksnetz von Krayenhoff, s. [6.1.2], und vor allem an die französische Kette im Meridian von Paris und damit auch an die 12 km lange Basis bei Melun südlich von Paris (1798) angeschlossen; dies wird bei späteren Berechnungen für Erdmessungszwecke genutzt. Das trigonometrische Netz wird – wie allgemein bei den Aufnahmen der Ingenieurgeographen üblich – mit Borda'schen Repetitionskreisen (12, 14 oder 16 Zoll Durchmesser) in Form von Positionswinkeln beobachtet. Mit Noniusablesung können so Winkel auf 10 Dezimalsekunden abgelesen werden, die Zahl der Repetitionen liegt i. Allg. zwischen 20 und 30. Die 1801 im Norden beginnenden Messungen werden 1813 abgeschlossen.

Die Dreiecksberechnung geschieht nach Reduktion auf den Horizont und die Sehnenebene mit den Formeln der ebenen Trigonometrie, die Dreiecksschlussfehler werden schrittweise und mit einer gewissen Willkür auf das Netz verteilt. Die Berechnung schließt an die französische Gradmessung an, berechnet werden auf die Pariser Sternwarte bezogene rechtwinklige und – ebenfalls durch polare Übertragung – geographische Koordinaten. Im Anschluss an die Triangulation I. Ordnung wird noch eine große Anzahl von Punkten II. und III. Ordnung durch Einschneiden bestimmt. Neuberechnungen der Tranchot'schen Triangulation zeigen eine relative Genauigkeit von 1:10 000 bis 1:100 000 auf, die Punktlagefehler liegen bei 1 bis 2 m.

Die *topographische Aufnahme* folgt der trigonometrischen Vermessung, anfangs im Maßstab 1:10 000 und später in 1:20 000. Eingesetzt werden der Messtisch mit graphischem Einschneiden oder die Bussolenmethode, wobei die Entfernungen mit der Messkette oder auch durch Abschreiten bestimmt werden. Die Aufnahmearbeiten und die Herstellung der Karte 1:86 400 (Abb. 6.3) sind bei der Übernahme des Rheinlands durch Preußen jedoch bei weitem nicht abgeschlossen. 1816 werden die Unterlagen der Tranchot'schen Aufnahme und die Kartenoriginale an Preußen abgegeben. Der General v. Müffling schließt die erste Landesaufnahme des preußischen Generalstabs unmittelbar an die Aufnahme von Tranchot an, s. [7.2.2].

Abb. 6.3. Topographische Karte 1:86 400 von Tranchot, Blatt Aachen (verkl. Ausschnitt), aufgenommen 1805/07

Die Tranchot'sche Triangulation wird von Zeitgenossen sowohl positiv als auch kritisch beurteilt. So urteilt v. Müffling (1851): „*Die Hauptdreiecke, welche dieser Karte der vier linksrheinischen Departements zum Grunde lagen, waren mit den besten Instrumenten und mit Sorgfalt gemessen; ich hielt sie für geeignet zu einer Gradmessung*". Bemängelt wird jedoch immer wieder die ungenügende Vermarkung, die vielen Rechenfehler und die durch Probieren vorgenommene recht willkürliche Fehlerverteilung. Zum Kartenwerk wird meist sehr positiv Stellung genommen. So äußert sich wieder der General v. Müffling 1817 gegenüber dem Direktor der Seeberger Sternwarte v. Lindenau: *„Diese Karte der Départements réunis ist in ihrem Ganzen unstreitig das Vollkommenste, was die französischen Ingenieurgeographen je gemacht haben ...* “.

Napoleon selbst war übrigens mit dem Fortschritt der Arbeiten Tranchots wegen der zu detaillierten Aufnahme durchaus nicht zufrieden. In einem Schreiben an den Kriegsminister (1804) formuliert er wie folgt: *„Ich glaube wohl, dass die Ingenieurgeographen arbeiten, aber ich bin nicht sicher, dass sie nach guten Richtlinien arbeiten. Man lässt sie Kataster herstellen statt Militärkarten, woraus folgt, dass man in 20 Jahren noch nichts (an Militärkarten) hat ... Ich weiß nicht, warum das Kriegsministerium Kataster machen will ... Ich habe nichts anderes verlangt, als die Karte von Cassini zu ergänzen. Achten Sie darauf, dass die Arbeiten nicht aufs Unermeßliche ausgerichtet werden. Die Erfahrung zeigt, dass es der größte Fehler der allgemeinen Verwaltung ist, zuviel machen zu wollen; das führt dann dazu, daß man das nicht hat, wessen man bedarf ...* “ (Schmidt 1973).

6.1.2 Wechselnde Militärvermessungen im Nordwesten Deutschlands

Im nordwestdeutschen Raum werden die trigonometrischen Vermessungen und die Kartenaufnahmen in dieser Zeit von der lange unentschiedenen Politik Preußens und den rasch wechselnden Besitzverhältnissen bestimmt (Großmann 1955a).

- Nachdem Preußen 1795 aus der Koalition gegen Napoleon ausgeschieden war, wurde der nordwestdeutsche Raum durch eine Demarkationslinie abgegrenzt, die von der holländischen Grenze rheinaufwärts bis zur Ruhr lief und dann unter Einschluss von Hannover und Kurhessen nach Osten in Richtung obere Weser bis zum südlichen Thüringen führte. Die zum Schutz dieser Linie aufgestellte Demarkationsarmee steht unter dem Oberbefehl des Herzogs Carl Wilhelm Ferdinand von Braunschweig, Generalquartiermeister wird der preußische Oberst und spätere Generalmajor *Karl Ludwig Edler von Lecoq* (1754–1829).

Aus eigenem Antrieb, aber mit weitgehender Unterstützung durch seinen Oberbefehlshaber, fasst Lecoq 1796 den Plan, die Cassini'sche Karte auf *Nordwestdeutschland* auszudehnen. Scharnhorst, damals Major beim kurhannoverschen Kontingent der Armee, bekundet ebenfalls Interesse, ordnet Offiziere ab und nimmt selbst das Bistum Hildesheim im Stil der kurhannoverschen Militärkarte 1:64 000 auf. Grundlage der Lecoq'schen Aufnahme werden astronomische Ortsbestimmungen und ein recht unregelmäßig aufgebautes trigonometrisches Netz (etwa 3000 Dreiecke), Abb. 6.4. Es wird von ihm selbst und weiteren Offizieren größtenteils mit dem Sextanten, teilweise auch mit in England gefertigten kleinen Theodoliten beobachtet, die Dreiecksschlussfehler erreichen 2 Bogenminuten. Über das Netz des Pastors Müller in der Mark, s. [5.2.3], wird es mit der französischen Rheinkette und über die Oldenburger Dreiecke mit der dänischen Triangulation von Bugge verbunden. Orientiert wird das Netz im Schlossturm von Oldenburg, der Maßstab ergibt sich aus den Anschlusszwängen und fünf mit der Messkette gemessenen Grundlinien von 2 bis 6 km Länge. Insgesamt bestimmt Lecoq rund 1000

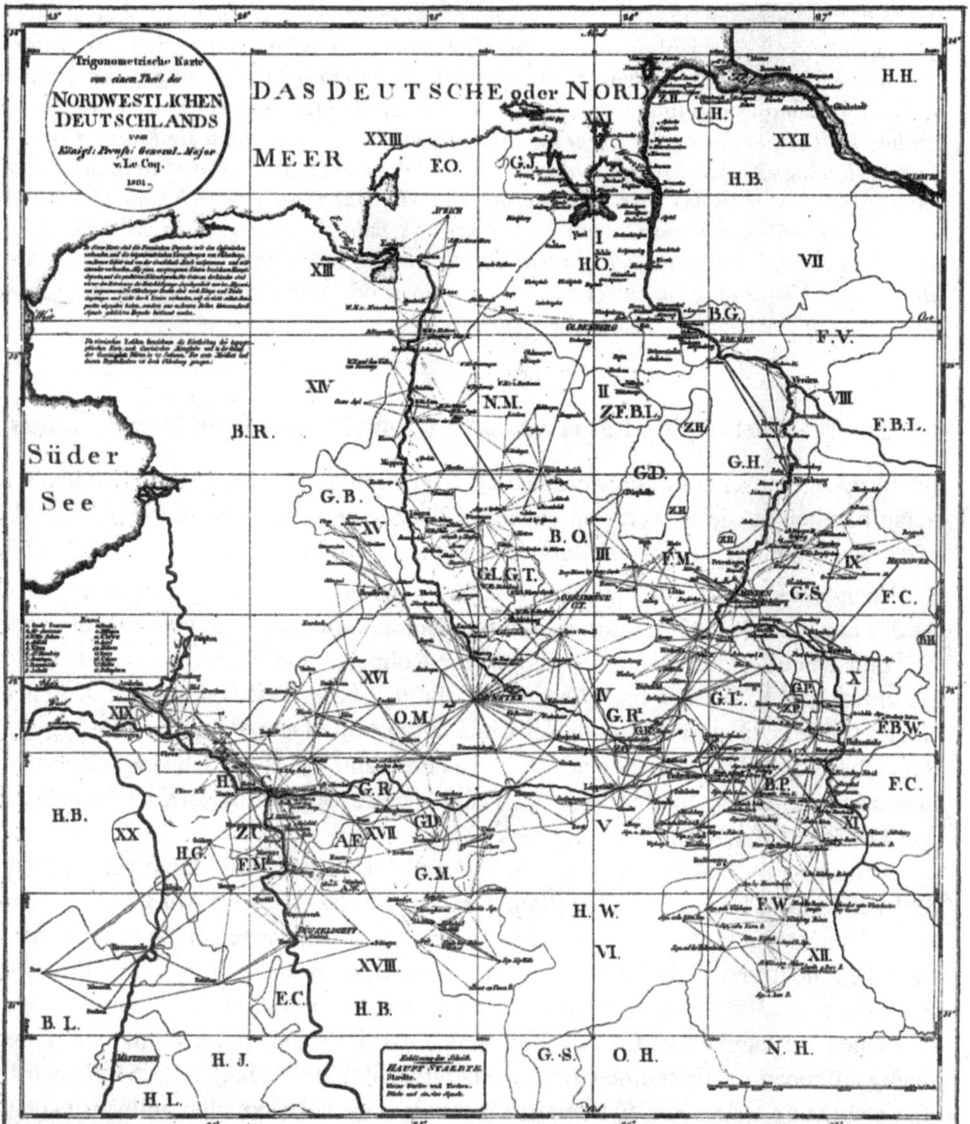

Abb. 6.4. Dreiecksnetz von Lecoq, 1796–1805

Punkte, meist Kirchen und Windmühlen; berechnet werden ebene-rechtwinklige Koordinaten in Bezug auf Oldenburg und geographische Koordinaten. Die Punktlagen sind um einige Bogensekunden, also bis zu 100 Meter und mehr unsicher. Den topographischen Inhalt seiner Karten entnimmt Lecoq größtenteils vorhandenen Karten, z. B. den hannoverschen Ämterkarten, der kurhannoverschen Landesaufnahme, den Oldenburger Vogteikarten und der Wiebeking'schen Aufnahme des Herzogtums Berg, s. [5.2.3], [6.2.3]. Größere Gebiete werden auch noch nach Auflösen der Demarkationsarmee (1801) bis 1805 durch preußische Offiziere mit dem Messtisch oder der Bussole (Aufnahmemaßstab 1:28 800, 10 Rheinl. Zoll : 1 Preußische Meile) aufgenommen. Aus den Aufnahmen entsteht von 1805 bis 1813 im Kupferstichverfahren das Kartenwerk *„Topographische Karte, den größten Theil von Westphalen enthaltend, so wie auch das Herzogthum Westphalen und einen Theil der Hannövrischen, Braunschweigischen und Hessischen Länder"* im Maßstab 1:86 400, (Abb. 6.5), wobei Lecoq den Druck ab 1806 privat organisieren muss. Das Relief wird in dieser Karte noch durch ungestufte Bergschraffen dargestellt (Degner 1931/32, Spata 2004).

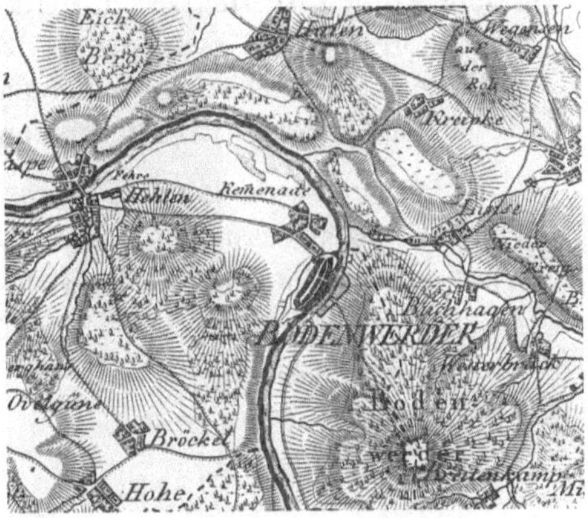

Abb. 6.5. Topographische Karte 1:86 400 von Lecoq, Blatt XIV (verkl. Ausschnitt), 1805–1813

In theoretischen Fragen wendet sich Lecoq mehrfach an v. Zach in Gotha und an den jungen Dr. Gauß in Braunschweig So erläutert Gauß bereits 1800 die Auswirkung der Meridiankonvergenz und die rechtwinklig-sphärischen Koordinaten (Daseke 1939). Der spätere preußische Generalfeldmarschall von Müffling erlernt hier als junger Leutnant die Triangulationsarbeiten, ist aber mit der Aufnahme des Fürstentums Minden auch maßgeblich an den Messtischaufnahmen beteiligt; er korrespondiert ebenfalls mit Gauß. Lecoq nimmt darüber hinaus auch Anteil an den Triangulationen von Müller (Grafschaft Mark) und Benzenberg (Herzogtum Berg). Die Kritik an der Lecoq'schen Aufnahme ist unterschiedlich, eine Notiz in einem Verzeichnis der Kartenabteilung des Preußischen Generalstabs vermerkt: *„Von der mathematischen Gewissenhaftigkeit dieser Karte sowie von den einzelnen Terraindarstellungen ist bekanntlich viel Böses gesagt und eingestanden worden; doch kann man im Vergleich mit manchen anderen Gegenden gewiss mit einer so umfassenden Arbeit militärisch vorlieb nehmen"* (Lips 1936/37, S. 243).

- Das mit Großbritannien durch Personalunion verbundene Kurfürstentum *Hannover* wird 1803 nach der Kriegserklärung Englands durch französische Truppen besetzt. Ausgelöst durch die Konvention (sprich: Kapitulation) von Sulingen werden die kurhannoverschen, Oldenburger und Osnabrücker Kartenwerke beschlagnahmt, gleichzeitig aber mit der Herstellung eines kettenförmigen trigonometrischen Netzes zum Zusammenfügen der Karten begonnen. Der Eskadronchef *François Anatoile Epailly* (1769–1856) nimmt bei dieser „triangulation à frayeur" wenig Rücksicht auf Land und Leute; so werden Wälder abgeholzt, Kirchturmdächer abgedeckt und ganze Kirchtürme weiß angestrichen, um sie besser sichtbar zu machen. Die Triangulation I. Ordnung kann so mit Ausnahme der topographisch schwierigen Lüneburger Heide bis 1805 abgeschlossen werden (Abb. 6.6), begonnen wird dann bereits mit der Triangulation II. O. Mit der kurzfristigen und mit Frankreich vereinbarten Annexion Hannovers durch Preußen laufen Anfang 1806 die Arbeiten zunächst aus. Sie werden kurz danach wieder aufgenommen, nachdem ganz Nordwestdeutschland unter französische Militärverwaltung gestellt worden ist; im Westen wird an die holländische Triangulation des Generals Krayenhoff angeschlossen. Bereits 1805 beginnt in Paris die Herstellung der geplanten Karte 1:50 000 aus den Neuaufnahmen und zusammengetragenen alten Karten, die fertigen Blätter gehen 1812 in Russland verloren.

• Bedeutsam für die Landesvermessungen im nordwestdeutschen Raum sind schließlich die Dreiecksmessungen in der 1795 unter französischem Einfluss gegründeten Batavischen Republik. Hier hat der Oberstleutnant und spätere General *Cornelius Rudolph Theodor von Krayenhoff* (1758–1840) von 1801 bis 1811 eine Triangulation (Winkelmessung überwiegend mit dem Borda'schen Repetitionskreis, Winkelschlussfehler von

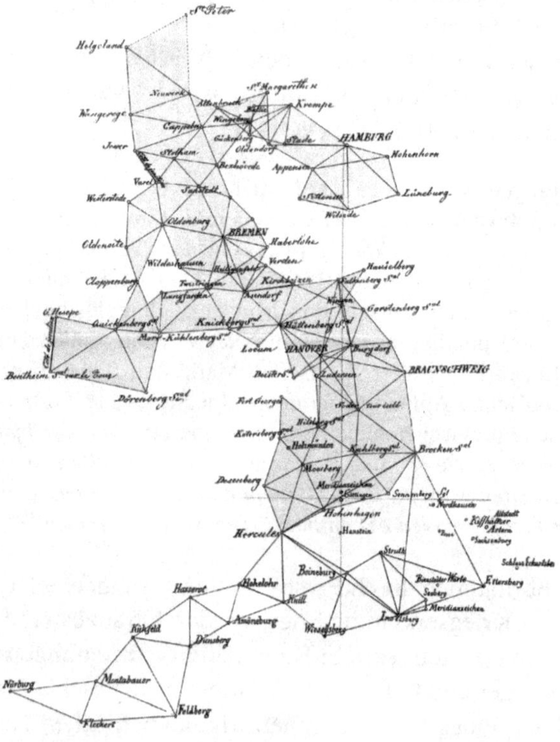

Abb. 6.6. Dreiecksnetz I. Ordnung von Epailly, 1803–1806

nur einigen Bogensekunden, rund 6 km lange Grundlinie auf der zugefrorenen Zuidersee) durchgeführt und an die französische Gradmessung im Meridian von Paris angeschlossen (Haasbroek 1972). Nachdem die Niederlande 1810 französisches Staatsgebiet geworden sind, erweitert Krayenhoff sein Dreiecksnetz über Ostfriesland bis zum Anschluss an die hannoversche Triangulation des Obersten Epailly. Das gesamte Netz umfasst schließlich 162 Dreiecke I. Ordnung; in den Jahren 1811/12 folgte noch eine Triangulation II. Ordnung. Das erste Blatt der auf der Triangulation beruhenden *„Choro-topografische kaart van de Noordelijke provinciën ...* “ im Maßstab 1:115 200 (1 rheinl. Zoll : 800 rheinl. Ruten) erscheint bereits 1803. Durch willkürliche Auswahl und nachträgliches Abändern der Winkel sind in diese Dreiecksmessungen jedoch größere Fehler hineingebracht worden, so dass sie bei späteren Netzzusammenschlüssen nicht benutzt werden.

6.2 Landes- und Katastervermessung als Einheit: Ein zukunftsweisender Weg wird beschritten

6.2.1 Das französische Parzellarkataster: Vorbild und Auswirkung

Wiederum von Frankreich ausgehend, vollzieht sich in der hier betrachteten Epoche auch ein bedeutsamer Wandel in der Detailvermessung der Liegenschaften, der in unterschiedlicher Weise auch Auswirkungen auf die Landesvermessungen hat. Flurvermessungen waren aus unterschiedlichen Anlässen zwar bereits seit dem 17. Jahrhundert in zahlreichen Gebieten Deutschlands durchgeführt worden, doch unter dem Gesichtspunkt der Flächenbestimmung meist mit sehr einfachen Schätz- oder Messmethoden und als lokale Aufnahmen ohne Bezug auf ein übergeordnetes Netz. Im 18. Jahrhundert kamen dann großmaßstäbige Vermessungen im Rahmen der Agrarreformen hinzu. Beispiele für solche Aufnahmen finden sich u. a. in Hannover, Braunschweig, Mecklenburg und Schleswig-Holstein, s. [5.2.4]. In *Preußen* finden wir unter Friedrich Wilhelm I. ebenfalls örtlich begrenzte Ansätze zur Aufstellung von Steuerkatastern.

So fordern in dem nach dem dreißigjährigen Krieg an Brandenburg gefallenen *Hinterpommern* die Stände eine Reform der Hufenverfassung mit Vermessung. Eine kurfürstliche Instruktion (1667) für die Landmesser sieht für die Klassifikation dann aber überwiegend Befragungen und Schätzungen vor, Vermessungen werden kaum behandelt. 1720 und 1724 erlässt der König im Rahmen seiner strikten Regulierung der Volkswirtschaft Instruktionen für die Aufstellung von Städtekatastern in der *Kur-* und *Neumark* sowie in *Hinterpommern*. Hiernach werden auf der Grundlage lokaler Vermessungen (Messkette) in 34 Städten Kataster mit Übersichtskarten (1:5000, 1:10 000) und Spezialkarten (1:1000, 1:2000) angelegt; über die Vermessungsarbeiten wird wiederum wenig gesagt (Lips 1933, Karsunke 2000).

In dem 1614 brandenburgisch gewordenen Herzogtum Kleve waren bereits in den 30er Jahren des 17. Jahrhunderts Pläne zu einer generellen Landesvermessung für ein Steuerkataster diskutiert worden. Nach vielen Diskussionen wird schließlich 1731 durch eine Kabinettsordre die *Klevesche Katasterreform* angeordnet. Die von Ingenieuroffizieren und vereidigten Landmessern vorgenommene Katastervermessung (Linearaufnahme mit Messketten) führt bis 1736 zu einer flächendeckenden Kartierung im Maßstab 1:2000, wobei in großem Umfang die wegen der Rheinüberschwemmungen angelegten Deichkataster verwendet werden. Die relative Genauigkeit dieser gemarkungsweise aufgenommenen Inselkarten ist recht hoch, ein übergreifendes Netz entsteht aber nicht (Schulte 1984).

In der sehr unterschiedlich und meist nur zögernd und ohne gründliche Vermessung vorgenommenen Aufstellung von Steuerkatastern in den deutschen Ländern tritt – wenn auch teilweise sehr langsam – unter dem Einfluss der Katastereinrichtung in *Frankreich* eine wesentliche Änderung ein. Hier war 1790 und 1798 durch Gesetz die Einführung einer allgemeinen Grundsteuer auf der Basis eines Katasters beschlossen worden, die Aufstellung eines solchen Registers auf Grund von Deklarationen der Eigentümer oder der Vermessung nur der Kulturarten ausgewählter Gemeinden führt jedoch nicht zum Erfolg. Eine von Napoleon eingesetzte Sachverständigenkommission unter Vorsitz von Delambre schlägt schließlich eine spezielle *Parzellarvermessung* vor, dieser Plan wird 1808 von Napoleon gebilligt.

Napoleon äußert sich zu der Katasteraufnahme folgendermaßen: *„Halbe Maßnahmen führen immer zu Zeit- und Geldverlusten. Das einzige Mittel zur Behebung der Übelstände besteht in der systematischen Vermessung und Schätzung jeder einzelnen Parzelle ... Ein gutes Kataster wird die beste Ergänzung meines Zivilgesetzbuches in Bezug auf die Ordnung des Grundeigentums sein. Die Pläne müssen so ausgearbeitet und so genau sein, dass sie es jederzeit ermöglichen, die Eigentumsgrenzen festzuhalten und Prozesse zu verhindern“* (Gotthardt 1955a).

Die für das französische Kataster maßgebenden Gesetze und Verordnungen sind in dem 1141 Paragraphen umfassenden *„Recueil méthodique des lois, décrets, règlements, instructions et décisions sur le cadastre de la France“* (1811) zusammengefasst. Ziel der Katastervermessung ist die Schaffung von Inselkarten mit dem geometrisch einwandfreien Nachweis der einzelnen Parzellen. Hierzu wird das Gebiet jeder Gemeinde mit einem Dreiecksnetz und einer zweimal gemessenen kurzen Grundlinie geometrisch erfasst. Berechnet werden ebene rechtwinklige Koordinaten in Bezug auf den Kirchturm der Gemeinde, der als Abszissenachse dienende Meridian wird mit der Bussole unter Berücksichtigung der Missweisung bestimmt. Die (graphische) Aufnahmemethode ist den Geometern weitgehend frei gestellt, verwendet werden die Messkette und das Winkelkreuz sowie die unterschiedlichsten Winkelmessinstrumente wie Kreisscheibengeräte, Astrolab und Bussole, besonders aber auch der Messtisch (Günther 2004). Der Anschluss an übergeordnete Triangulationen wird erst später gefordert.

Die französischen Regelungen werden auf die seit 1794 von Frankreich besetzten linksrheinischen Gebiete und später auch auf weitere annektierte Gebiete und Vasallenstaaten übertragen, dort können sie jedoch wegen der sich rasch ändernden politischen Verhältnisse zunächst nur begrenzt wirksam werden. Beim Übergang der Rheinprovinz an Preußen sind dort für rund 3000 km^2 die Katasteraufnahmen fertiggestellt, die Katasterkarten haben i. Allg. den Maßstab 1:2500 (Feldlagen) bzw. 1:1250 (Ortslagen). In *Preußen* war unter dem Druck der Verhältnisse bereits 1810 durch ein vom Freiherrn vom Stein entworfenes königliches Edikt versprochen worden, die verschiedenen Grundsteuersysteme der einzelnen Landesteile zu vereinheitlichen, die Steuern gleichmäßig zu verteilen und sämtliche Grundsteuerbefreiungen aufzuheben (Gotthardt 1955b). Die Arbeiten waren jedoch wegen der Zeitumstände, aber vor allem auch wegen des Widerstrebens der um ihre Steuerprivilegien bangenden Stände nur langsam angelaufen. Für die westlichen Provinzen wird dann aber 1820 eine Kabinettsorder über die Fortsetzung des Katasters erlassen, also an die unter französischer Herrschaft begonnenen Arbeiten angeschlossen (Kohl 1956), s. [7.2.4].

Einen ganz anderen Weg geht dagegen *Bayern*, indem es Anfang des 19. Jahrhunderts die französischen Beispiele der Landestriangulation und der Katasteraufnahme zu einer einheitlichen Landesvermessung verbindet und diese auch systematisch zu Ende bringt, s. [6.2.2]. Ähnliche Ansätze im Herzogtum Berg und in Hessen-Darmstadt bleiben unvollständig oder werden erst wesentlich später weitergeführt, s. [6.2.3], dann folgen auch andere deutsche Länder.

6.2.2 Die bayerische Landesvermessung unter Soldner: Ein bemerkenswertes Beispiel

Unter dem Einfluss der französischen Ideen, aber mit eigener wissenschaftlicher Weiterentwicklung entstehen in der Napoleonischen Zeit auch ganz bemerkenswerte Landesvermessungen auf trigonometrischer Grundlage, die vor allem die Katasteraufnahme zum Ziel haben. Ein herausragendes Beispiel ist die Landesvermessung im 1806 zum Königreich erhobenen Bayern (Amann 1908). Kurzbiographien von Personen, die sich um die Astronomie und Geodäsie in Bayern verdient gemacht haben, finden sich in Winschiers (1982).

Die auf die französische Besatzung folgende Zusammenarbeit mit der bayerischen Verwaltung, s. [6.1.1], führt schließlich zu dem kurfürstlichen Rescript vom 19. Juni 1801, in dem für die Herstellung einer topographischen Karte von Bayern („Charte des Baierischen Kreises") das *„Topographische Bureau"* (Bureau Topographique) ins Leben gerufen wird, der zuständigen Kommission gehört der bewährte Adrian von Riedl an (Stein 2001). Die Arbeiten beginnen sofort mit der (nur einmaligen!) Messung der fast 22 km (!) langen „altbayerischen" Grundlinie zwischen Oberföhring/München und Aufkirchen durch Oberst Bonne (Abb. 6.7). Verwendet wird ein Satz von fünf jeweils 5 m langen Fichtenholzstangen in der Kontaktmethode, zur Kalibrierung dient eine Kopie des „mètre provisoire" (Nagel 2001). 1802 nimmt der uns schon bekannte französische Astronom und Ingenieurgeograph Maurice Henry eine Breiten- und Azimutbestimmung zur Orientierung des geplanten Dreiecksnetzes vor. Bei der Nachmessung der Grundlinie (1920/21) durch G. Clauß wird eine Abweichung von 0,7 m gefunden. Bereits früh stellen Schiegg und auch Soldner fest, dass das von Henry bestimmte Azimut um 14,5″ zu klein ist. Maßstab und Orientierung des altbayerischen Netzes weisen also nicht unerhebliche Fehler auf (Kneißl 1940).

Abb. 6.7. Messung der altbayerischen Grundlinie München-Aufkirchen, Aquarell von Daumiller, 1801

Bis 1807 ist die *Triangulation* (Borda-Kreis) dieses „alten“ Hauptdreiecksnetzes im rechtsrheinischen Bayern abgeschlossen, die gemessenen Positionswinkeln werden zur Berechnung mit Hilfe von Höhenwinkeln in Horizontalwinkel umgerechnet. In diesem Jahr wird auch die fränkische Grundlinie Nürnberg-Bruck (etwa 14 km) unter Leitung von Professor Schiegg gemessen. Verwendet wird jetzt der bei Reichenbach angefertigte Basisapparat mit fünf eisernen Stangen von je 4 Meter Länge (eingelassenes Thermometer) und Messkeilablesung zwischen den sich nicht berührenden Stangen. An der Messung wirkt der später in der Rheinpfalz tätige Trigonometer Thaddäus Lämmle mit, s. [7.4.1].

Pater *Ulrich Schiegg* OSB (1752–1810, Abb. 6.8), seit 1770 in der Benediktinerabtei Ottobeuren, war seiner wissenschaftlichen Begabung wegen bald als Professor für Astronomie an der internen Hochschule, aber auch zum Kellermeister und Verwalter des Reichsstifts berufen worden. Im Rahmen seiner Aufgaben führt er auch eine Vermessung und Kartierung 1:86 400 des Stiftes durch. Angeregt von dem Heißluftballonversuch der Gebrüder Montgolfier wird Schiegg dann besonders durch das von ihm 1784 durchgeführte erste Experiment dieser Art in Deutschland bekannt. Von 1792 bis 1800 wirkt er als Professor an der Universität Salzburg auf vielen naturwissenschaftlichen Gebieten und widmet sich insbesondere auch der barometrischen und trigonometrischen Höhenmessung. Nach Ottobeuren zurückbeordert, kann er die von der Reichsdeputation beschlossene Besitznahme des Stifts durch Kurbayern im Jahre 1803 nur noch abwickeln. Er wird nun kurzfristig Hofastronom an der Sternwarte im ehemaligen Jesuitenkolleg in München, mit den modernen Instrumenten der Reichenbach'schen Werkstatt bestimmt er die geographischen Koordinaten von zahlreichen Messpunkten der französischen Ingenieure. Intrigen entfernen ihn 1805 von seinem Amt, gleichzeitig wird er mit der Leitung der Landesvermessung in den fränkischen Fürstentümern beauftragt, die oben genannte Basismessung ist hierbei sein bedeutendster Beitrag (Schiegg 250 Jahre, 2002).

Abb. 6.8. Ulrich Schiegg (1752–1810)

An die Triangulation schließt sich ab 1804 die *topographische Aufnahme* mit einem Aufnahmemaßstab von zunächst 1:28 000 an mit dem Ziel, eine Karte 1:50 000 (jetzt als *„Topographischer Atlas des Königreichs Bayern“* bezeichnet) zu erstellen. Das Topographische Büro setzt auch nach Beginn der anschließend erläuterten Landesvermessung seine trigonometrischen und topographischen Arbeiten zur Erstellung des Topographischen Atlas fort, wobei die Triangulation naturgemäß an Bedeutung verliert; das Kartenwerk wird Ende der 1860er Jahre fertiggestellt, s. [7.4.1].

Im Jahre 1808 wird dann eine entscheidende Weichenstellung vorgenommen. Mit Gründung der *„Unmittelbaren Steuervermessungs-Kommission“* (später „Steuer-Cataster-Commission“) wird die Katastereinrichtung auf der Grundlage eines trigonometrischen Netzes beschlossen – dieser Ansatz wird im 19. Jahrhundert Schule machen. Auslöser für die nun beginnende allgemeine Landesvermessung sind die Unterschiede und Ungerechtigkeiten bei der Grundsteuererhebung – in dem ab 1806 wesentlich erweiterten Königreich existieren 114 verschiedene Grundsteuersysteme! Vorsteher der Kommission wird der seit langem auf die Einrichtung eines Katasters hinwirkende Joseph von Utzschneider, in die Kommission wird auch Schiegg berufen. Dieser entwirft die „Instruktion für die bey der Steuervermessung im Königreich arbeitenden Geometer und Geodäten“ und führt dabei die Blatteinteilung der bayerischen Flurkarten ein. Diese sollen im Maßstab 1:5000 bzw. 1:2500 aufgenommen und auf das Soldner'sche Koordinatensystem (s. u.) bezogen werden. Der Kommission gehört auch der uns bereits bekannte v. Amman an, s. [5.2.2]. Er wirkt besonders bei der Detailvermessung mit, scheidet aber 1812 aus; kurzzeitig ist v. Riedl ebenfalls Kommissionsmitglied. Für die wissenschaftliche Bearbeitung der Landesvermessung wird die Einstellung des Astronomen Soldner (1808) als Trigonometer von ausschlaggebender Bedeutung, dieser wird ebenfalls bald Mitglied der Kommission (Past 1999).

Johann Georg von Soldner (1776–1833, Abb. 6.9) erweitert bereits als Kind seinen auf das Hüten der Kühe im elterlichen Hof und auf Bibellesen und Religion beschränkten Wirkungskreis durch Nachdenken über das Feldmessen und dann durch Selbststudium in Geometrie und Privatunterricht in Mathematik und Fremdsprachen. Um die Jahrhundertwende fällt er als Schüler des Astronomen Bode in Berlin bald durch astronomische (Kometenbahnberechnung, Aberration, gravitative Lichtstrahlablenkung), physikalische (Zusammenhang zwischen Temperatur, Feuchtigkeit und Druck) und mathematische (Theorie des Integrallogarithmus) Arbeiten mit Veröffentlichungen u. a. in Zachs Monatlicher Korrespondenz und Bodes Astronomischem Jahrbuch auf, der Autodidakt erwirbt hier auch die philosophische Doktorwürde. 1804 lehnt er einen Ruf als Direktor an die Universitätssternwarte Moskau ab. Der Auftrag, das preußische Fürstentum Ansbach zu trian-

Abb. 6.9. Johann Georg von Soldner (1776–1833), Portrait 1816

gulieren, kann wegen des Kriegsausbruches 1806 von ihm nicht erfüllt werden. Er lernt bei der Erkundung aber Professor Schiegg kennen und tritt 1808 auf dessen Veranlassung hin in bayerische Dienste. Dabei ist Soldner der geodätischen Aufgabe gegenüber zunächst durchaus skeptisch, er schreibt an Schiegg: *„Dieses Geschäft scheint mir nicht von der Art zu sein, wie es für mich passt. Mit eigentlichen Feldvermessungsarbeiten kann ich mich nicht abgeben. Zeichner bin ich nicht … denn ich bin nun einmal entschlossen, als Mathematiker zu leben und zu sterben“.*

Nach seiner fruchtbaren Arbeit für die Landesvermessung wird er 1815 Hofastronom und Vorstand der von ihm geplanten, neu eingerichteten Sternwarte in Bogenhausen (Abb. 6.10), nachdem er bereits 1813 in die Königliche Akademie der Wissenschaften aufgenommen worden war. Ab 1818 führt er nur noch astronomische Arbeiten durch, vorbildlich werden die umfangreichen Fixstern- und Planetenbeobachtungen (Past 2005). Leiter der Sternwarte wird nach Soldners Tod sein Schüler und Mitarbeiter, der Schotte *Johann von Lamont* (1805–1879). Er wird später Mitbegründer der Bayerischen Erdmessungskommission und befasst sich u. a. mit der Orientierung des bayerischen Dreiecksnetzes durch astronomische Ortsbestimmungen (Rummel 2006). Bedeutend sind seine bahnbrechenden Arbeiten zum Erdmagnetfeld, aber auch die Beobachtungen des Kometen Halley, die Herausgabe eines Sternverzeichnisses und Forschungen in der Meteorologie und Astrophysik (Soffel 2005).

Abb. 6.10. Sternwarte Bogenhausen, Lithographie von C. Lebschee, 1830

Die Kommission beschließt die Neumessung des Hauptdreiecksnetzes und die anschließende Verdichtung durch ein Sekundärnetz als Grundlage für die Detailaufnahme. Das wissenschaftliche Konzept für diese Grundlagenvermessung legt Soldner (1810) mit der Denkschrift *„Theorie der Landesvermessung“* vor, der Inhalt wird bis 1873 als Dienstgeheimnis behandelt (Abb. 6.11). Soldner geht hier von Delambres Sehnenmethode mit anschließender ebener Berechnung auf die sphärische Dreiecksberechnung über und stellt mit der Additamentenmethode ein neues Verfahren zur Dreiecksauflösung bereit. Er führt die nach ihm benannten rechtwinklig-sphärischen Koordinaten ein, bezogen auf den Nullpunkt München, Frauenkirche, Helmstange des nördlichen Turms, mit dem Meridian durch den Nullpunkt als Abszissenachse (x-Achse positiv nach Norden, y-Achse positiv nach Westen gerichtet). Bezugsfläche wird die mit den Parametern des bereits von Bonne benutzten Laplace-Ellipsoids (a = 6 376 614 m,

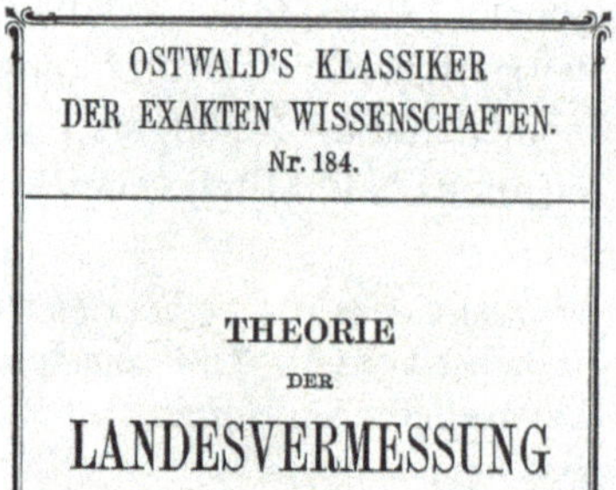

OSTWALD'S KLASSIKER
DER EXAKTEN WISSENSCHAFTEN.
Nr. 184.

THEORIE
DER
LANDESVERMESSUNG
VON
JOHANN SOLDNER
(1810)

WILHELM ENGELMANN IN LEIPZIG

Abb. 6.11. Titelseite von Soldner: „Theorie der Landesvermessung“ (1810), Leipzig 1911

f = 1:306) berechnete Soldner'sche Bildkugel. Mit dem Querkrümmungshalbmesser von München als Radius (6 388 172 m) berührt sie dieses Ellipsoid im Parallelkreis von München. Soldner weist nach, dass der Unterschied zwischen sphärischer und ellipsoidischer Rechnung bei der Ausdehnung Bayerns vernachlässigt werden kann. Für das pfälzische Dreiecksnetz wird ab 1816 ein eigenes Koordinatensystem eingerichtet, s. [7.4.1].

Rund 150 Jahre wird in Bayern mit diesen Koordinaten gearbeitet, die jetzt Grundlage für die zu den Flurkarten führende kartographische Abbildung werden. Dabei wird zunächst der Hauptmeridian in Abschnitte von je 800 Ruten unterteilt, senkrecht hierzu werden durch die Teilpunkte Großkreise gelegt und ebenfalls in 800-Ruten-Abschnitte zerlegt. In die Ebene ausgebreitet, entstehen bei dieser *„Soldner'schen Polyedermethode"* die durch Großkreisbögen und geodätische Parallelen begrenzten bayerischen *Flurkarten* 1:5000, sie bilden die Abbildungseinheit für die anschließende Katasteraufnahme mit dem Messtisch (Abb. 6.12). Dabei tritt mit wachsendem Abstand von der Abszissenachse eine Verjüngung der nord-südlich verlaufenden Blattgrenzen auf, diese erreicht bei einer Entfernung von 200 km jedoch erst 0,491 m/km. Bei einer Blattdimension von 800 Ruten macht das im Maßstab 1:5000 aber nur 0,23 mm aus, die im Prinzip trapezförmigen bayerischen Flurkarten können also als Quadrate angesehen werden.

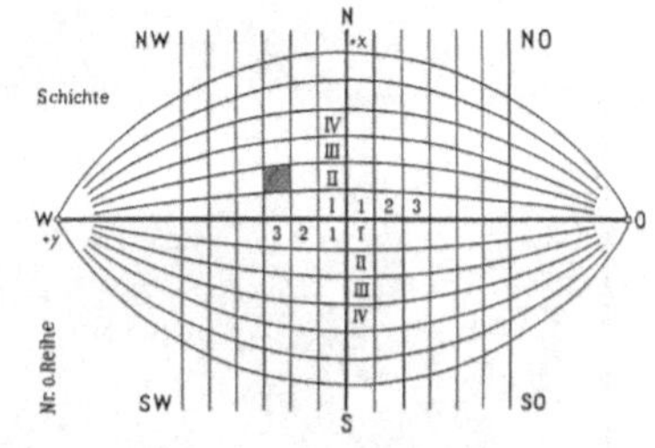

Abb. 6.12. Soldner'sche Polyederabbildung

Soldner stellt jedoch nicht nur die Theorie und die Rechenformeln für die Berechnung rechtwinklig-sphärischer und geographischer Koordinaten bereit, sondern wirkt auch an der Erkundung und Winkelmessung des flächenhaft (im Gegensatz zu der sonst üblichen Anordnung in Ketten) angelegten *Dreiecksnetzes* mit (Abb. 6.13). Das von 1808 bis 1828 (Abschluss der Beobachtungen in der Pfalz) aufgebaute altbayerische Hauptdreiecksnetz (129 Punkte mit Dreiecksseitenlängen zwischen 11 und 89 km) wird durch die Messung von ca. 3000 Winkeln bestimmt. Mit dem hierbei eingesetzten 12-zölligen Reichenbach'schen Repetitionstheodolit (5′-Kreisteilung und 4 Nonien, Abb. 6.14) werden zwei oder mehr Sätze in 10–20-facher Repetition gemessen, die Dreieckswidersprüche liegen im Durchschnitt bei 2″ und bleiben kleiner als 10″. Auf den Bodenpunkten werden meist vierseitige Holzpyramiden mit noch nicht getrenntem Gerüst für Beobachter und Instrument und Beobachtungshöhen bis zu 40 m und mehr errichtet (Abb. 6.15). Der Vermarkung der trigonometrischen Punkte wird allerdings auch hier – wie bei den meisten in dieser Zeit angelegten Netzen – keine große Bedeutung zugemessen. Die gleichzeitig anlaufende Vermessung des Sekundärnetzes (Turmspitzen u. ä.) durch Vorwärts- oder Seitwärtsabschneiden (8-zöllige Repetitionstheodolite, Abb. 6.16) wird bald dem Tempo der Messtischaufnahme angepasst, dabei wird eine Verdichtung auf 1–2 Punkte je Messtischblatt vorgenommen (Ziegler 1993).

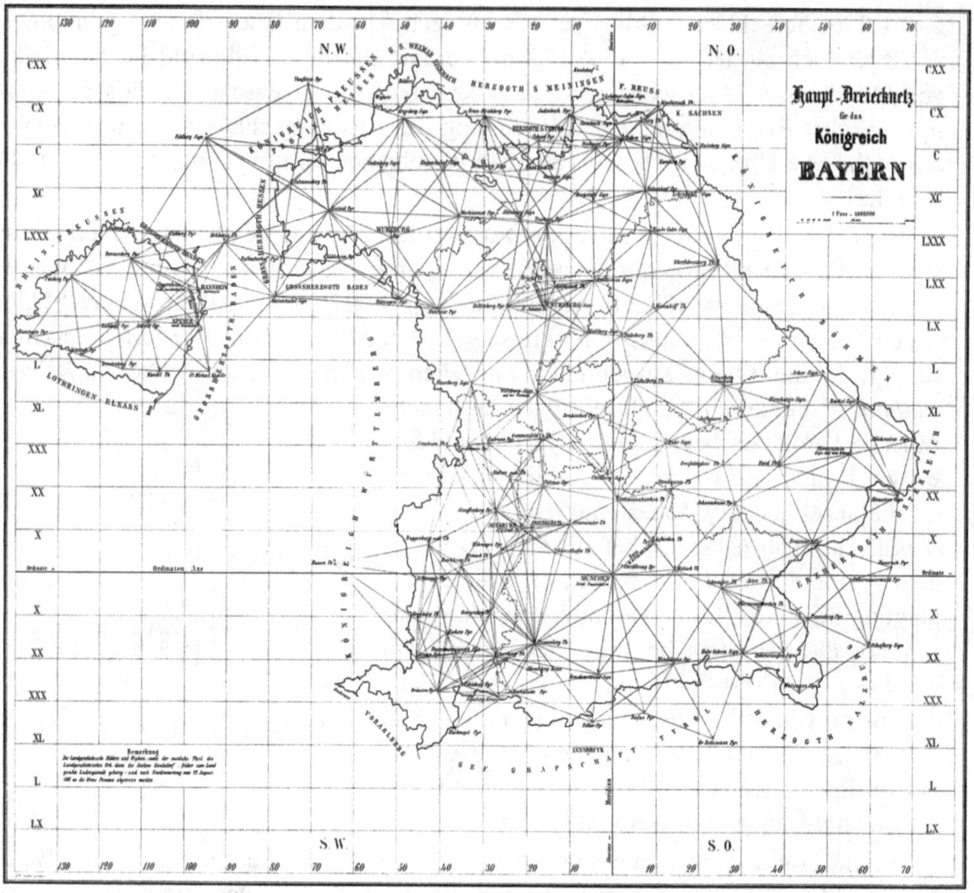

Abb. 6.13. Hauptdreiecksnetz von Bayern, 1808–1828

Bei der Berechnung des Hauptdreiecksnetzes wird der Netzmaßstab durch die Bonne'sche Basis und die Orientierung durch das Henry'sche Azimut festgelegt, also von den Arbeiten des Topographischen Büros übernommen. Das Netz wird von Soldner nach einem Näherungsverfahren empirisch ausgeglichen (Probiermethode). Durch Iteration und wiederholte Anwendung des arithmetischen Mittels gelingt Soldner dabei für Teilnetze von 20 bis 30 Dreiecken eine gute Annäherung an die strenge Methode der kleinsten Quadrate mit mittleren Punktfehlern von nur einigen Dezimetern (Kneissl 1940). Der zwangsweise Zusammenschluss der Teilnetze führt dann aber zu systematischen Verschiebungen, die an den Netzrändern einen Meter erreichen können. Die Ergebnisse der Landesvermessung werden erst 1873 veröffentlicht: der aus den Dreiecksschlüssen berechnete mittlere Winkelfehler bleibt dabei kleiner als 2″, die mittleren Koordinatenfehler sind unter 0,5 m, s. [9.3.3].

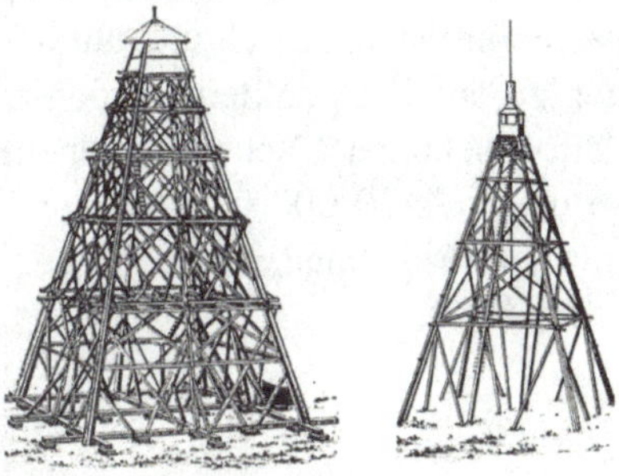

Abb. 6.15. Signalbauten der bayerischen Landesvermessung: Breitsöll (Spessart), Instrumentenhöhe 33 m (1821); Stauffersberg (Schwaben), 26 m (1810)

Abb. 6.14. 12zölliger Repetitionstheodolit von Reichenbach, Utzschneider und Liebherr, um 1810

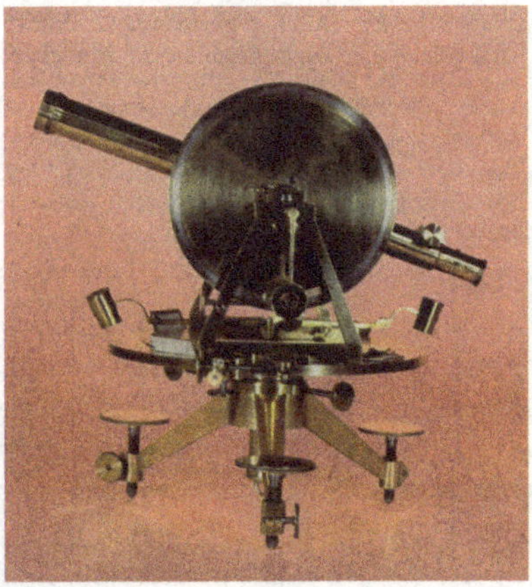

Abb. 6.16. Repetitionstheodolit mit 4 Nonien von Reichenbach, Utzschneider und Liebherr, 1804–1812

Bei der anschließenden *Katastervermessung* durch die Messtischaufnahme dient das Flurkartenblatt als Einheit. Dabei wird zunächst das Dreiecksnetz graphisch so verdichtet, dass schließlich 12–13 Punkte auf ein Messtischblatt fallen (Flurnetz). Der Standort des Messtisches wird durch Rückwärtseinschneiden bestimmt, und die einzelnen Aufnahmepunkte werden mit der Kippregel (kippbares mit einem Diopterlineal verbundenes Fernrohr) angezielt und auf dem Messtischblatt kartiert (Abb. 6.17). Die Entfernungen zu den Zielpunkten wurden anfangs mit der Messkette, ab 1813 aber optisch mit dem Reichenbach'schen Distanzmesser ermittelt. Zwischen 1808 und 1853 entstehen so mehr als 20 000 im Steindruck vervielfältigte Flurkartenblätter als Rahmenkarten mit dem Regelmaßstab 1:5000, in eng parzellierten Gebieten und Ortschaften 1:2500 (Abb. 6.18).

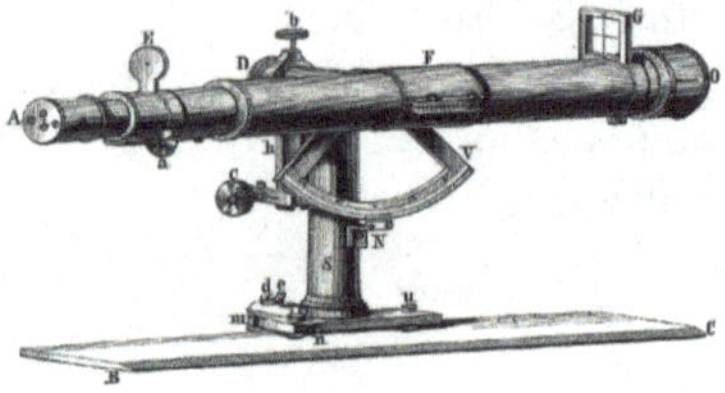

Abb. 6.17. Kippregel mit Reichenbach'schem Distanzmesser von Utzschneider und Liebherr, 1804–1812

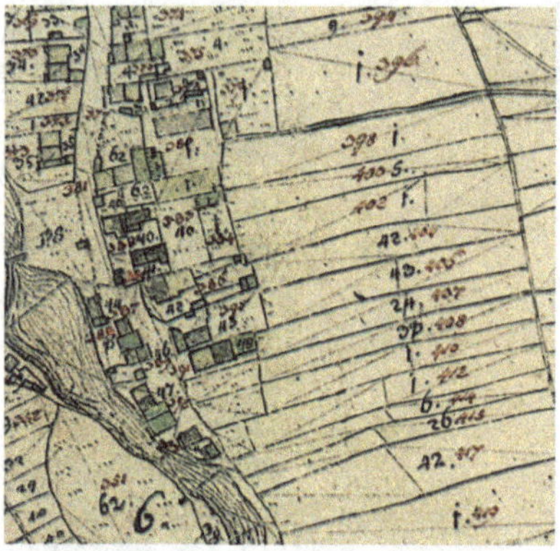

Abb. 6.18. Bayerische Flurkarte 1:5000, Blatt NW III.4 (verkl. Ausschnitt), Uraufnahme 1809

An die Katasteraufnahme waren bereits in der „Instruction für die bei der Steuermessung im Königreich Bayern arbeitenden Geometer und Geodäten" (1808) strenge Anforderungen gestellt worden: *„die Messung muss, nach aller Strenge des Wortes genommen, vollkommen sein"*. Auch auf eine über die Grundsteuererhebung hinausgehende Bedeutung der aufzunehmenden Karten wird bereits hingewiesen, sie sollen nämlich *„zu allen Zwecken der Staatswirtschaft tauglich sein"*. Zunächst werden aber doch verschiedene Verfahren der Vermessung zugelassen und entsprechende Versuche durchgeführt, so mit der flurweisen Vermessung nur der Umfangsgrenzen der Kulturarten und mit der dänischen Parallelenmethode. Diese führen jedoch zu keinem Erfolg, so dass schließlich die Entscheidung für die Messtisch-Methode fällt.

Von ganz erheblicher Bedeutung für die Landesvermessung in Bayern und bald auch darüber hinaus wird die Entwicklung neuer Messinstrumente durch den Artillerieoffizier und Ingenieur *Georg Friedrich von Reichenbach* (1771–1826, Abb. 6.19), einem hoch befähigten Konstrukteur von geodätischen und astronomischen Instrumenten großer Präzision (Preyss 1962). Er gründet 1804 in München zusammen mit dem bereits vorgestellten Organisator und Finanzfachmann *Utzschneider* und dem Uhrmacher

Joseph Liebherr (1767–1840) ein bald über Bayern hinaus bekanntes mathematisch-mechanisches Institut, s. [7.6.1], den Anstoß hierzu gibt die Entwicklung einer neuen Kreisteilmaschine (Abb. 6.20). Die Reichenbach'schen Repetitionstheodolite werden bald bei vielen Landesvermessungen benutzt, und die optische Entfernungsmessung mit Hilfe „Reichenbach'scher Distanzfäden" und vertikaler Messlatte wird über mehr als 150 Jahre zum Standardverfahren in der Tachymetrie. Einen wesentlichen Beitrag zur Qualität der Instrumente liefert schließlich der geniale Optiker und Fernrohrbauer *Joseph von Fraunhofer* (1787–1826, Abb. 6.21), unter Beteiligung Utzschneiders entsteht 1809 in Benediktbeuren ein optisches Institut.

Abb. 6.19. Georg von Reichenbach (1771–1826)

Abb. 6.20. Kreisteilmaschine von Reichenbach, um 1800

Abb. 6.21. Joseph von Fraunhofer (1787–1826)

Die Qualität des bayerischen Flurkartenwerkes wird aber auch durch neue Drucktechniken bestimmt. Mit der Einstellung von *Alois Senefelder* (1771–1834) in die 1808 von Utzschneider gegründete Lithographische Anstalt wird die Lithographie (Zeichnung mit Fetttusche auf Solnhofer Kalksteinplatten) eingeführt. Der Steindruck erweist sich dem teuren und für die Fortführung wenig geeigneten Kupferstich so überlegen, dass er über rund 100 Jahre ein leistungsfähiges Verfahren des Kartendrucks bleibt.

Die von der Triangulation bis zur Katastervermessung und zu einem einheitlichen Flurkartenwerk führende bayerische Landesvermessung ist in der Mitte des 19. Jahrhunderts abgeschlossen, s. [7.4.1]. Sie wird bald zum Vorbild für andere Länder und führt, wenn auch mit teilweise erheblichen Modifikationen, zu zahlreichen ähnlichen Aufnahmen. Rechtwinklig-sphärische Koordinatensysteme in Soldner'scher Anordnung werden bis zum Beginn des 20. Jahrhunderts in den meisten deutschen Ländern und auch außerhalb Deutschlands eingeführt.

Die Anerkennung des bayerischen Vermessungswerkes spiegelt sich in verschiedenen Äußerungen wider. So gab Laplace 1817 vor dem französischen Senat *„dem bayerischen Katastral-Messungs-Systeme, als dem vorzüglichsten, seine unumwundene Zustimmung und wies auf Nachahmung dieses teutonischen Institutes hin“*, und George Bellas Greenough, Präsident der Royal Geographic Society, erklärte 1841: *„the Catastral map of Bavaria as probably the most perfect ever attempted“* (Burlisch 2001).

6.2.3 Weitere Landesvermessungen in Westdeutschland

Bemerkenswert sind in diesem politisch bewegten Zeitraum auch die Landesvermessungen im Herzogtum bzw. (ab 1806) Großherzogtum Berg und in dem ebenfalls 1806 zum Großherzogtum erhobenen Hessen-Darmstadt. Wenn diese Arbeiten auch nicht abgeschlossen werden, so zeigen sie – ebenso wie die erfolgreichen Landesvermessungen in Bayern und später in Württemberg – doch den zukünftigen Weg einer einheitlichen Bearbeitung der Landesaufnahme vom Liegenschaftskataster bis zur topographischen Karte auf, der im 19. und 20. Jahrhundert in unterschiedlicher Weise in Deutschland weiter verfolgt wird.

- In dem seit 1777 unter bayrischer Verwaltung stehenden rechtsrheinischen *Herzogtum Berg* (mit der Hauptstadt Düsseldorf zwischen Ruhr und Sieg gelegen) hatte der uns bereits bekannte, als Wasserbaumeister angestellte Wiebeking, s. [5.2.3], von 1789 bis 1792 aus eigener Initiative, aber mit Erlaubnis des Kurfürsten, durch Messtischtriangulation eine *„Topographische Carte“* des ungefähren Maßstabs 1:50 000 angefertigt. 1801 war dann eine insbesondere der Katastereinrichtung dienende Landesvermessung angeordnet worden, die Regierung vermied aber wegen des Misstrauens der Steuerprivilegierten von einem Kataster zu sprechen. Wegen der völlig unzureichenden Vorbildung der Landmesser kamen die Arbeiten jedoch nicht voran, so dass 1805 Benzenberg, ein scharfer Kritiker des bisher angewandten Verfahrens, zum Leiter der Landesvermessung bestellt wurde. Er blieb dies auch in dem 1806 an Frankreich abgetretenen und erweiterten Großherzogtum. 1808 wird die Landesvermessung abgebrochen – der französische Kommissar Graf Beugnot erklärt, dass *„er das Land auch ohne Karten und Steuergleichheit regieren könne“* (Reinhertz 1903).

Johann Friedrich Benzenberg (1777–1846, Abb. 6.22) hatte nach einem abgebrochenen Theologie-Studium in Göttingen bei Lichtenberg Naturwissenschaften studiert (hier freundet er sich mit Gauß an) und an der Universität Duisburg mit einer astronomischen Arbeit promoviert. Von 1805 bis 1806 ist er Professor für Mathematik und Naturkunde am Lyzeum Düsseldorf, dann ermöglicht ihm 1809 ein reiches Erbe die wirtschaftliche Unabhängigkeit. Mit der im Herzogtum Berg geplanten Landesvermessung setzt er sich früh auseinander und fordert 1803: *„Das erste Erfordernis ist Genauigkeit in der grundlegenden Triangulation, bei der Standlinie, den Winkeln“* und erläutert *„aber wozu diese Genauigkeit? – Weil die genauesten Arbeiten zugleich* *die kürzesten sind"*. Er verweist auf die vortrefflichen Arbeiten durch Wessel in Oldenburg und Gildemeister in Bremen, s. [5.2.4], kritisiert die schlechte Ausbildung der Landmesser und die geringe Qualität der Arbeiten: *„Dagegen ist bey der jetzigen Art, das Land zu vermessen, schlechterdings unmöglich, eine Generalcharte zu machen ... (also) muß mit der Vermessung wieder von vorne angefangen werden ..."* (Lucht 1999). Bemerkenswert ist, dass Benzenberg ab 1815/16 auch die Bahn eines politischen Schriftstellers betritt und hierzu – neben den zahlreichen Arbeiten zu naturwissenschaftlichen Problemen – eine Vielzahl von Büchern, Berichten und Streitschriften verfasst, er korrespondiert u. a. mit Blücher, Gneisenau, Hardenberg und Alexander von Humboldt. In dem Buch „Über das Kataster" (1818) finden wir den berühmten Satz: *„Beim Cataster ist die Hauptsache, dass es fertig werde"*.

Abb. 6.22. Johann Friedrich Benzenberg (1777–1846), Lithographie von Julius Severin

Benzenberg stellt einen klar formulierten Arbeitsplan auf mit dem Ziel, auf der Grundlage einer Triangulation Flurkarten in den Maßstäben 1:1000, 1:2000, 1:4000 herzustellen. Diese sollen dann auch Grundlage einer allgemeinen Landeskarte des Maßstabs 1:50 000 bilden. Gemessen werden mit 2 Toisen langen Holzstangen je eine Basis im Norden (Mündelheim, etwa 7,8 km) und eine Kontrolle im Süden (Bergheim, etwa 13 km) des Herzogtums, die Kalibrierung wird mit einer von ihm aus Paris mitgebrachten Kopie der Toise du Pérou vorgenommen. Die Winkel des recht unregelmäßig gestalteten Dreiecksnetzes erster Ordnung (etwa 100 Dreiecke) werden als Positionswinkel mit dem Spiegelsextanten gemessen, was kostspielige Signalbauten usw. erübrigt (Abb. 6.23); hier steht Benzenberg an der Grenze zur genaueren Theodolitvermessung. Als Fehlergrenze für den Horizontschluss je Station (nach Reduktion auf den Horizont) setzt Benzenberg $1'$ und als Dreiecksschlussfehler $^1/_2{}'$ an, bei den (seltenen) Überschreitungen dieser Werte muss nachgemessen werden.

Benzenberg hatte – wie auch in seinem Buch „Über das Kataster" öfter betont, eine besondere Vorliebe für die Winkelmessung mit dem Sextanten, hauptsächlich weil man mit diesem *„auch von den Gipfeln hoher Eichen"* aus messen kann. Gegen die Verwendung des damals in Gebrauch kommenden Theodolits polemisiert er heftig, weil er diese Art der Winkelmessung für eine Landesvermessung für zu weitgehend hielt – die *„vornehme Rederei von Gradmessung"* sei sehr zum Schaden des Fortschritts der Arbeiten einer Landesvermessung.

Berechnet werden mit den Formeln der ebenen Trigonometrie rechtwinklige Koordinaten, bezogen auf die in seinem Wohnhaus in Düsseldorf eingerichtete Sternwarte; später werden sie auf das Pariser Observatorium umgerechnet. Zur Messung nachgeordneter Dreiecksnetze und zur umfassenden Katasteraufnahme kommt es unter Benzenberg nicht mehr, spätere Neuberechnungen zeigen Koordinatenfehler im Bereich weniger Meter bzw. eine Relativgenauigkeit von 1:10 000.

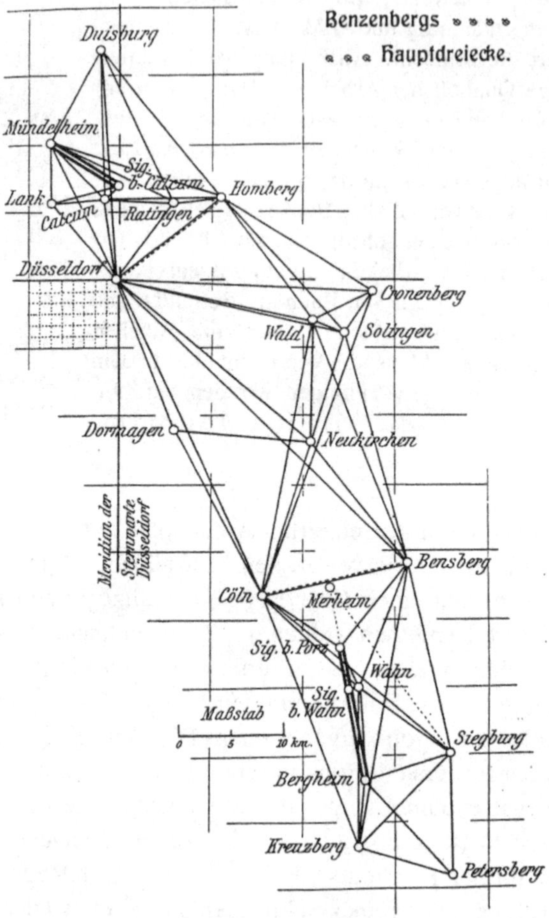

Abb. 6.23. Benzenbergs Hauptdreiecke, 1805–1806

• Eine ebenfalls auf wissenschaftlich fundierter Grundlage geplante Landesvermessung wird im Großherzogtum *Hessen-Darmstadt* durchgeführt (Ohlemutz 1953, 2006). In Fortsetzung der Arbeiten von Haas, s. [5.2.2], entsteht hier zunächst von 1804 bis 1809 unter Leitung von Christian Eckhardt und Mitarbeit von Ludwig Schleiermacher ein Dreiecksnetz (Winkelmessung mit einer Genauigkeit von 5″ bis 10″) mit mehr als 100 Punkten. Dieses ist ursprünglich als Grundlage für die von Haas geplanten topographischen Karten gedacht, 1813 liegt dessen „Militärische Situationskarte" vollständig vor. Das Netz schließt an die Triangulation von Bohnenberger an und übernimmt von dort auch Orientierung und Maßstab. Mit einer Breiten- und Azimutbestimmung (1808) in Darmstadt (Richtung zum südlich Darmstadt gelegenen zentralen Punkt Melibocus) und einer Basismessung (Länge 6,6 km, Messstangen aus Tannenholz) zwischen Darmstadt und Griesheim beginnt dann eine allgemeine Landesvermessung als Grundlage für die Katastereinrichtung. Berechnet werden rechtwinklig-sphärische Koordinaten in Bezug auf den Nullpunkt Darmstadt, Stadtkirche. Die von Eckhardt geleitete Katastertriangulation und die weiteren Arbeiten zur Katasteraufstellung werden mit dem Beginn des Freiheitskrieges 1813 unterbrochen und erst 1818 wieder aufgenommen, s. [7.3.1]. Gleichzeitig wird auch das vorübergehend (1803–1815) dem Großherzogtum zugeschlagene kurkölnische Herzogtum Arnsberg von Eckhardt und Emmerich für die Katasteraufstellung trianguliert (mittlerer Winkelfehler $\pm 2{,}4''$), Abb. 6.24. Diese Arbeiten werden dann unter der anschließenden preußischen Verwaltung beendet (Neunhöffer 1933/34).

Christian Leonhard Philipp Eckhardt (1784–1866) hat in Gießen Jura, Mathematik, Physik und Astronomie studiert, er wird durch Haas zur Geodäsie gelenkt, s. [5.2.2]. In den Anfängen der hessischen Landestriangulation wird er von *Ludwig Schleiermacher* (1785–1844) unterstützt, seit 1806 Lehrer für Mathematik und Physik am Gymnasium Darmstadt. 1809 tritt Eckhardt in die Steuerverwaltung ein, 1818 übernimmt er die Leitung der Katastervermessung. Eckhardt ist in das geodätische Umfeld seiner Zeit gut eingebunden, wie sein Briefwechsel mit Krayenhoff, Benzenberg, Zach, Tranchot und Müffling zeigt.

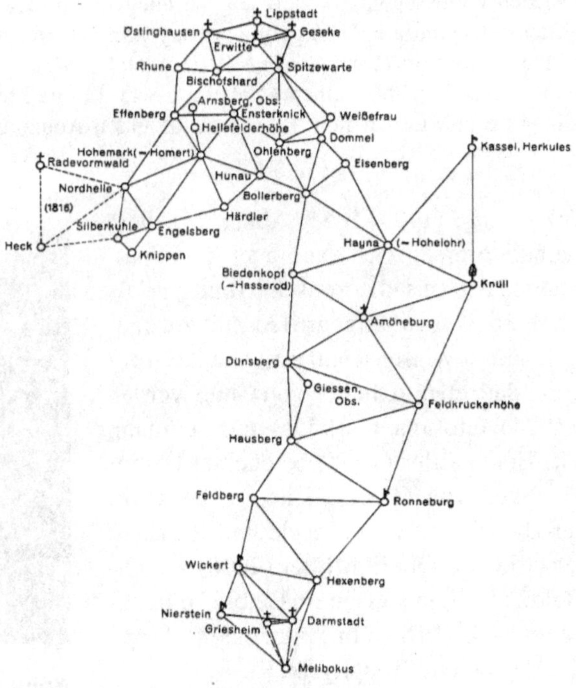

Abb. 6.24. Dreiecksmessungen I. Ordnung in Oberhessen und im Herzogtum Westfalen von Eckardt, 1810–1812

6.3 Die Anfänge deutscher Mitwirkung an einer wissenschaftlichen Geodäsie

6.3.1 Carl Friedrich Gauß und das Entstehen eines geodätischen Netzwerkes: Das wissenschaftliche Fundament wird gelegt

Nach den grundlegenden Arbeiten von Newton und Huygens zur Schwerkraft und Hydrostatik sowie der Gleichgewichtsfigur rotierender Körper legten insbesondere die berühmten französischen Mathematiker und Astronomen im 18. und beginnenden 19. Jahrhundert die Grundlagen für eine mathematisch fundierte Geodäsie. Für die physikalische Geodäsie nennen wir Pierre Bouguer, s. [5.1.1], und *Alexis Claude Clairaut* (1713–1765) mit Modellrechnungen im Schwerefeld sowie *Joseph Louis de Lagrange* (1736–1813), *Pierre Simon Marquis de Laplace* (1749–1827) und *Adrien Marie Legendre* (1752–1833) mit der Potentialtheorie und der Einführung der Niveauflächen, aber auch die Himmelsmechanik mit der Bahntheorie (Lagrange, Laplace) und die Theorie der Gezeiten (Laplace). Die geometrische Geodäsie verlässt mit der Einführung der geodätischen Linie auf dem Rotationsellipsoid und der ellipsoidischen Dreiecksberechnung (Clairaut, Lagrange, Laplace, Legendre) die bisher bei den großen Landesvermessungen in Frankreich und Österreich benutzte, auf Positionswinkeln aufgebaute Delambre'sche Sehnenmethode; bei der Verbindungstriangulation zwischen den Sternwarten von Paris und Greenwich wird bereits der Satz von Legendre (1787) zur Berechnung sphärischer Dreiecke durch Verteilung des sphärischen Exzesses angewandt. Gerade auch für die Geodäsie bedeutsam wird die Methode der kleinsten Quadrate, 1806 publiziert Legendre die entsprechende „méthode des moindres carrés“. Der Astronom *Pierre Jérôme Le Française Lalande* (1732–1807), Direktor des Pariser Observatoriums, berechnet einen Abplattungswert für die Erde aus Schweremessungen und erstellt einen neuen Sternkatalog, Laplace leitet einen Abplattungswert aus Gradmessungen ab.

Mit *Carl Friedrich Gauß* (1777–1855, Abb. 6.25), dem „Princeps Mathematicorum“, wird dann auch von deutscher Seite die Geodäsie aus theoretischer und praktischer Sicht auf hohem Niveau aufgegriffen und zur mathematisch abgesicherten Wissenschaft ausgebaut (Gronwald 1955). Die geodätischen Arbeiten von Gauß werden u. a. von Galle (1924), Großmann (1955a) und Lehmann (1955) behandelt, Bodemüller (1955) beleuchtet besonders die Persönlichkeit von Gauß. Bialas (1979) stellt heraus, wie Gauß die Einheit von Theorie und Praxis in der Geodäsie verwirklicht. Die in Mittler (2005) zusammengestellten Beiträge geben vielseitige Einblicke in das Leben von Gauß und sein Wirken in Mathematik, Astronomie, Geodäsie, Physik und Geophysik.

Abb. 6.25. Carl Friedrich Gauß (1777–1855), Portrait um 1803

Der in Braunschweig geborene und aus einfachen Verhältnissen stammende Gauß verblüfft als neunjähriger Schüler seinen

Lehrer Büttner mit der bereits nach wenigen Minuten mit den Worten „*Liggetse*" auf der Schiefertafel vorgelegten Lösung der auf eine Stunde Rechenzeit veranschlagten Aufgabe, sämtliche Zahlen von 1 bis 100 zusammen zu zählen. Die mathematische Begabung von Gauß fällt besonders Büttners Gehilfen Johann Martin Bartels auf, der ihn in die Mathematik einführt und lebenslang mit ihm in Verbindung bleibt. Vom 14. Lebensjahr an erfährt Gauß dann eine stetige Förderung durch Carl Wilhelm Ferdinand, Herzog zu Braunschweig und Lüneburg (regiert 1780–1806, tödlich verwundet in der Schlacht von Auerstedt). Er studiert zunächst Mathematik am Collegium Carolinum (Vorläufer der späteren technischen Hochschule) in Braunschweig und dann von 1795 bis 1798 in Göttingen. Hier lernt er noch Lichtenberg kennen und entdeckt die Konstruierbarkeit des regelmäßigen Siebzehnecks mit Zirkel und Lineal. 1799 wird er mit einem Beweis für den Fundamentalsatz der Algebra an der Braunschweigischen Landesuniversität Helmstedt in Abwesenheit (!) zum Doktor der Philosophie promoviert (bei Prof. *Johann Friedrich Pfaff*, 1765–1825). Als Privatgelehrter befasst sich Gauß dann im ersten Jahrzehnt seines Wirkens besonders mit der Mathematik und der Astronomie, 1807 entscheidet er sich für eine Professur für Astronomie an der Georgia Augusta Universität in Göttingen. Gleichzeitig wird er zusammen mit dem Astronomen *Karl Ludwig Harding* (1765–1834) Direktor der Sternwarte, die 1816 einen Neubau beziehen kann (Abb. 6.26). Hierfür bestellt Gauß modernste astronomische Instrumente, z. B. einen Meridiankreis von Reichenbach und Utzschneider in München sowie einen weiteren bei Ramsden.

Abb. 6.26. Göttinger Sternwarte, Aquarell von Friedrich Besemann, 1816

Aus der sich früh entwickelnden Zusammenarbeit mit Mathematikern und Astronomen des deutschsprachigen Raumes, durch die Beratung und Diskussion mit Leitern von Landesvermessungen und durch die Ausbildung qualifizierter Schüler (Reich 2000) entsteht ein wissenschaftliches Netzwerk, das dann in der Nach-Napoleonischen Zeit reife Früchte besonders auch in der Geodäsie erbringt. Gauß steht nun über viele Jahrzehnte mit fast allen bedeutenden Geodäten seiner Zeit in Verbindung. Die umfangreiche Korrespondenz befasst sich mit Fragen der Anlage, Vermessung und Berechnung von Dreiecksnetzen, aber auch mit dem Austausch von Erkundungsunterlagen und Messungs- und Berechnungsergebnissen. Von den meist über lange Zeit besonders eng mit Gauß verbundenen Wissenschaftlern seien hier Heinrich Christian Schumacher in Altona,

Franz Xaver von Zach und Bernhard August von Lindenau in Gotha, Friedrich Wilhelm Bessel in Bremen und dann in Königsberg, Bohnenberger in Tübingen, Peter Andreas Hansen in Gotha und die Gauß-Schüler Christian Ludwig Gerling in Kassel und Johann Franz Encke in Gotha/Berlin genannt, ebenso wie der Freund Heinrich Wilhelm Olbers in Bremen. Zu den Gesprächspartnern gehören aber auch Lecoq (bereits 1799), Benzenberg, Krayenhoff, Müffling, Eckhardt, Spehr, Vorlaender, Baeyer und Paschen. Wir sind diesen Personen bereits begegnet oder werden sie in der nächsten, geodätisch besonders wichtigen Epoche wieder treffen. Wenig ergiebig ist der Briefwechsel zwischen Gauß und Soldner, er beschränkt sich auf Einzelheiten zu den hannoverschen, hessischen und bayerischen Triangulationen und den Austausch von Resultaten (Gerardy 1977a). Von den politischen Veränderungen dieser Zeit – 1806 werden Braunschweig und Göttingen von den Franzosen besetzt und erhebliche Abgaben verlangt – wird auch Gauß betroffen, seine Leistungen werden aber durchaus von den neuen Herren gewürdigt. So wird er von Jérôme, dem König des kurzlebigen (1807–1813), von Napoleon abhängigen Königreichs Westfalen zum Ritter des „Ordens der Westphälischen Krone" ernannt.

Zwei bahnbrechende Veröffentlichungen aus der ersten Epoche wissenschaftlicher Aktivität von Gauß behandeln die Zahlentheorie („Disquisitiones arithmeticae", 1801) und die Bahnberechnung der Planeten („Theoria motus corporum coelestium", 1809). Fundamentale Bedeutung gerade auch für die Geodäsie besitzt die von ihm unabhängig von Legendre vorgenommene Entwicklung der Methode der kleinsten Quadrate, die zu den wahrscheinlichsten Ergebnissen bei der Auswertung fehlerhafter Messungen in überbestimmten Aufgaben führt, s. [7.1.1].

Der Theatinerpater *Guiseppe Piazzi* (1746–1826), Direktor der Sternwarte in Palermo, hatte 1801 den zunächst für einen kleinen Kometen gehaltenen Asteroiden Ceres entdeckt und mit wenigen Beobachtungen dokumentiert. Nach Veröffentlichung in Zachs „Monatlicher Correspondenz" berechnet Gauß die Bahnelemente des Kleinplaneten unter Verwendung seiner Ausgleichungsmethode, Ceres wird daraufhin von Zach und – davon unabhängig – kurz danach von Olbers wieder gefunden. Obwohl erst mit der „Theoria" vorgestellt und ab 1821 („Theoria combinationis observationum erroribus minimis obnoxiae, pars prior") systematisch publiziert, hat Gauß nach seinen Angaben sich dieser Ausgleichungsmethode bereits seit 1794 oder 1795 bedient (Ehlert u. Soltau 1995). Ein veröffentlichter Vorläufer findet sich 1799 bei der Berechnung der Erdabplattung aus dem von Delambre und Méchain gemessenen Gradbogen im Meridian von Paris (Brosche u. Odenkirchen 1996).

Gauß' Interesse für die *Messkunst* zeigt sich früh dadurch, dass er sowohl in Braunschweig als auch später in Göttingen Schrittdistanzen zwischen öffentlichen Orten bestimmt und in einem Register festhält; die Göttinger Sternwarte ist ein wichtiger Bestandteil dieser „Vermessungen". Von 1803 bis 1807 führt er mit einem Sextanten eine Triangulation in und um Braunschweig durch und bestimmt dabei mehr als 100 trigonometrische Punkte (meist Kirchtürme). Diese sollen das geometrische Gerüst für eine gegenüber der Gerlach'schen Aufnahme verbesserte neue Landeskarte bilden. Die ebenen, auf den Nullpunkt Braunschweig/Andreaskirche bezogenen Koordinaten berechnet Gauß durch Ausgleichung von Vorwärts- und Rückwärtsschnitten, nach Einpassung auf identische Punkte ergeben sich Restklaffungen im Meter-Bereich (Gerardy 1977b). Nach seiner Berufung nach Göttingen hat Gauß auch dort örtliche Dreiecksmessungen vorgenommen.

Gauß steht in dieser Zeit bereits in intensiver Verbindung mit Olbers und von Zach. So informiert er am 8.4.1803 Olbers in einem Brief: *„Dieser Tage habe ich bei dem jetzigen heiteren Wetter verschiedentlich Winkelmessungen um Braunschweig herum mit meinem Sextanten gemacht (Freund Zach hat mir ihn ganz überlassen) und aus hiesiger Gegend schon eine große Anzahl Punkte niedergelegt; ich wundere mich selbst über die große Genauigkeit, die dabei erlangt wird ... Ich habe den Plan, einst das ganze Land mit einem Dreiecksnetz zu beziehen wozu meine jetzigen Messungen nur eine Vorübung sind“*. 1803 lässt er sich von Zach in Gotha in praktischer Astronomie unterweisen und nimmt an der Messung der Seeberger Basis teil, dabei lernt er von Müffling und Lindenau kennen, s. [6.3.2]. 1805 trifft er den Oberst Epailly bei Winkelmessungen, die dieser im Rahmen der französischen Militärtriangulation auf dem Andreasturm vornimmt, und informiert sich über dessen Triangulation. Die Ergebnisse werden ihm später bei der hannoverschen Landesvermessung nützlich sein, s. [7.1.2].

An dieser Stelle muss auch auf die seit Mitte des 18. Jahrhunderts neu aufgegriffene Frage nach der Abweichung der *Erdfigur* von einem Ellipsoid eingegangen werden. Die nun in größerer Zahl vorliegenden Gradmessungen liefern nämlich Werte für die Abplattung (und die große Halbachse), die nicht mehr durch die Messfehler allein erklärt werden können; eine Zusammenstellung der bis 1950 durchgeführten Berechnungen findet sich bei Strasser (1957). Frühe Versuche, diese Diskrepanzen zu erklären, schließen lokale Störungen der Lotrichtung durch die Topographie und die Geologie ein (Bouguer 1739, Boscovich 1739, Gauß 1803). Um 1800 wird die bisherige Definition der Erdfigur jedoch massiv in Frage gestellt. Soldner (1810) schlägt wegen des großen Einflusses der Abplattung auf die Bestimmung des Mondortes vor, für die Beobachtungen einer speziellen Sternwarte den Abplattungswert des zugehörigen Meridians zu benutzen. Für Europa empfiehlt er dazu eine Gradmessung in Afrika: *„Der schicklichste Ort dazu wäre unstreitig die Küste von Kongo oder die Sklavenküste, da wo der Äquator die westliche Küste von Afrika schneidet ... “*. Delambre äußert sich folgendermaßen: *„... Seit dieser Zeit waren mehrere Grade in verschiedenen Ländern gemessen ... war der Vergleich der Messungen nur geeignet, um Zweifel an der Ähnlichkeit und Regelmäßigkeit der Krümmung der Meridiane zu veranlassen ... Später wird man vielleicht einsehen, ... dass die Erde kein genauer Umdrehungskörper ist ... “* (Méchain u. Delambre 1806/10). Für eine verfeinerte Modellbildung schlagen Laplace und Soldner die Einführung einer breiten- bzw. längenabhängigen Abplattung vor, und A. von Zach formuliert 1806 in den „Gedanken über die Figur der Erde“: *„... es sei überhaupt zu bezweifeln, dass die Erde ein Ellipsoid sei, vielmehr besitze sie einen ganz irregulären Körper ... “*.

Anton von Zach (1747–1826), der ältere Bruder des uns anschließend wieder begegnenden Franz Xaver von Zach, hatte als Ingenieur-Offizier im österreichischen Militär Vermessungen in

Galizien und Venetien durchgeführt und eine bemerkenswerte Karriere über eine Professur an der Militärakademie bis zum Feldmarschall-Leutnant durchlaufen. Er war u. a. an der Geologie und Geodynamik der Erde, aber auch an kosmologischen Fragen interessiert und hat hierzu bemerkenswerte Feststellungen getroffen (Brosche 2001).

6.3.2 Franz Xaver von Zach: Wissenschaftsmanagement und Beginn einer Gradmessung

Um die Wende vom 18. zum 19. Jahrhundert entwickelt sich Gotha zu einem Zentrum wissenschaftlichen Gedankenaustausches in Astronomie und Geodäsie. Von hier gehen auch neue Aktivitäten zu einer Gradmessung in Mitteleuropa aus, die erheblichen Einfluss auf die späteren geodätischen Arbeiten in Deutschland haben. Zentrale Figur dieser Entwicklung ist der uns bereits bekannte vielseitige Astronom F. X. von Zach, s. [5.1.2].

Abb. 6.27. Franz Xaver von Zach (1754–1832), um 1794. Pastell des Gothaer Hofmalers Ernst Christian Specht

Franz Xaver von Zach (1754–1832, Abb. 6.27), in Pest/Ungarn geboren, hatte bereits unter dem Pater Joseph Liesganig in den 1770er Jahren an der Vermessung des von Polen nach Österreich gelangten Galizien teilgenommen und dort die Triangulation mit Basis- und Winkelmessung (Quadrant) sowie astronomischer Orientierung kennen gelernt. Wechselvollen Wanderjahren u. a. in Italien und Frankreich folgt die Anstellung als Hofastronom in London, die Bekanntschaft mit Friedrich Wilhelm Herschel führt zu einer Zusammenarbeit mit diesem renommierten Astronomen. Nach weiteren Reisen in Deutschland und Frankreich wird v. Zach schließlich 1786 als Astronom des Herzogs Ernst II. von Sachsen-Gotha und Altenburg (Regierungszeit 1772–1804) angestellt.

Gotha wird mit der von Zach geplanten und mit modernsten Instrumenten ausgestatteten Sternwarte auf dem Seeberg und durch seine ausgeprägten Management-Fähigkeiten bald zu einem astronomisch-geodätischen Wissenschaftszentrum in Zentraleuropa (Abb. 6.28). Ausgang dieser Entwicklung ist ein 1798 in den unruhigen Zeiten der Koalitionskriege und des Aufstiegs Napoleons abgehaltener Astronomenkongress. Auf der Grundlage des für seine Journale geführten riesigen Briefwechsels mit Gelehrten aus ganz Europa gelingt es von Zach, so bekannte Astronomen wie Jerôme Lalande aus Paris und den Berliner Astronomen Johann Elert Bode zu einem Treffen in Gotha (mit 15 Teilnehmern) zu bewegen. In den Diskussionen steht dabei der Übereinstimmung in Fragen einer gewissen Einheitlichkeit bei astronomischen und geodätischen Operationen die Ablehnung des von Lalande vertretenen metrischen Maß-

Abb. 6.28. Seeberg-Sternwarte, Aquarell um 1800

systems gegenüber. Mit einer 1800 unternommenen Reise nach Celle (*Ferdinand Adolf Freiherr von Ende*, 1760–1817), Bremen (*Wilhelm Olbers*, 1758–1840) und Lilienthal (*Johann Hieronymus Schroeter*, 1745–1816) lernt von Zach norddeutsche Privatsternwarten mit ihren engagierten Beobachtern kennen. Dabei wird auch unter Einschluss einer begrenzten Anzahl nicht anwesender Astronomen eine erste, nur wenige Jahre bestehende astronomische Gesellschaft u. a. mit dem Ziel gegründet, den Himmel auf der Suche nach neuen Planeten systematisch zu durchmustern. Erwähnt sei noch der Kontakt mit Alexander von Humboldt. Zach hat dessen Neigung zur praktischen Astronomie gefördert, ihn zu geographischen Ortsbestimmungen angeregt und 1797 auch darin unterwiesen; er hat so auch einen Beitrag zu den vielen Ortsbestimmungen Humboldts in Südamerika geleistet (Ullrich 2004).

An dieser Stelle sei auf die vielfältigen Verbindungen des universalen Naturwissenschaftlers *Alexander von Humboldt* (1769–1859, Abb. 6.29) zur Geodäsie hingewiesen, die in Freiberg/Sachsen während seines Studiums an der Bergakademie begannen. Während seiner fünfjährigen Forschungsreise durch Süd- und Mittelamerika (1799–1804) führt Humboldt, ausgerüstet mit Sextant, Theodolit, Barometer, Thermometer, Messkette und Kompass, an mehr als 400 Tagen bzw. Nächten geographische Ortsbestimmungen durch und bestimmt die Höhen von rund 500 Punkten. Während seiner Aufenthalte in Paris (1804–1827) und Berlin kommt er in enge Berührung mit führenden Gelehrten der Astronomie und Geodäsie, u. a. mit Laplace, Delambre, Arago und dann mit Benzenberg, Gauß (als persönlicher Gast bei einem Naturforscher-Kongress 1828), Schumacher, Bessel und Baeyer. Seine Einstellung zu den messenden Wissenschaften kommt in den Worten zum Ausdruck (Kosmos, 1845–1862): *„Das*

Abb. 6.29. Alexander von Humboldt (1769–1859), Portrait von Joseph Stieler

Messen und Auffinden numerischer Verhältnisse, die sorgfältige Beobachtung des einzelnen, bereitet zur höheren Kenntnis des Naturganzen und der Weltgesetze vor" (Kick 1970). Im vierten Band des Kosmos beschreibt Humboldt unter der Überschrift „Größe, Figur (Abplattung) und Dichtigkeit der Erde" sogar die Methoden der Erdmessung und diskutiert die Ergebnisse der Gradmessungen und der Pendelmessungen, er stellt damit die Geodäsie als naturwissenschaftliche Disziplin vor.

Für den Austausch von Daten und Ergebnissen und die Diskussion unter Astronomen und Geodäten werden die von Zach gegründeten Zeitschriften von außerordentlicher Bedeutung. So gründet er 1798 die *„Allgemeinen Geographischen Ephemeriden ... "*, die – ab 1800 unter verschiedenen Herausgebern – bis 1830 bestehen. 1800 beginnt die Herausgabe der bis 1813 bestehenden *„Monatlichen Correspondenz einer Gesellschaft von Gelehrten zur Beförderung der Erd- und Himmels-Kunde"*. Nach dem Tod des Gothaer Herzogs (1804) geht von Zach als Oberhofmeister mit dessen Witwe auf Reisen nach Frankreich und Italien, dabei führt er weiter mit Begeisterung lokale astronomische und geodätische Messungen durch; eine bei Marseille gefundene Lotabweichung von 2 Bogensekunden führte er zu Recht auf den Einfluss eines nahe gelegenen Berges zurück. Er gibt aber auch von 1818 bis 1826 in Genua die *„Correspondance astronomique, géographique, hydrographique et statistique"* heraus, die besonders dem Wissenschaftstransfer aus dem mediterranen Raum dienen soll. Der bis zu seinem Tode (1832 in Paris) abenteuerliche Lebenslauf und die wissenschaftlichen und organisatorischen Leistungen von Zach sind in der Biographie von Brosche (2001) ausführlich dokumentiert.

Für die Geodäsie ist von Zach besonders durch die von ihm begonnene *Gradmessung* von Bedeutung. Nachdem durch den Frieden von Lunéville Erfurt und das Eichsfeld 1802 in preußischen Besitz gelangt waren, äußerte der preußische König Friedrich Wilhelm III. den Wunsch nach der Vermessung dieser Gebiete. Von Zach verbindet das mit seinen wissenschaftlichen Interessen und weitet das Unternehmen zu einer Landesvermessung von Thüringen und einer ersten Gradmessung auf deutschem Boden aus. Hierzu werden 1803 mit Hilfe von nächtlichen Pulverblitzen die Längenunterschiede (Genauigkeit ein bis zwei Zeitsekunden) zwischen einer Anzahl von ausgewählten Stationen ermittelt, u. a. auf dem Kyffhäuser (Beobachter der von der preußischen Armee abgeordnete Capitain von Müffling) und in Braunschweig, Wolfenbüttel und Helmstedt (Beobachter von Ende und Gauß); die Messungen auf dem Brocken bringen Gauß und Zach zusammen. Zu den Längenmessungen kommen astronomische Breitenbestimmungen durch Sonnen- und Sternbeobachtungen. Das über 4° Unterschied in der Breite und 6° in der Länge angelegte, mehr als 20 Punkte umfassende Netz reicht bis Kassel, Braunschweig, Magdeburg und Altenburg mit Anschluss nach Leipzig, bemerkenswert ist das auch später benutzte große Dreieck Inselsberg–Herkules/Kassel–Brocken. Vom Meridian des Passageinstruments in der Sternwarte Seeberg ausgehend, wird dann 1805 eine Basis nach Norden (11 km) und Süden (6 km) erkundet und an den Enden mit senkrecht eingemauerten eisernen Kanonenrohren vermarkt; mit eisernen Messstangen von 1 Toise Länge ausgemessen wird nur der südliche Teil dieser Basis. Mit der Wiederaufnahme der Kämpfe zwischen Frankreich und Preußen enden die Messungen, die Kanonenrohre werden nach der Schlacht von Jena und Auerstedt entfernt, um nicht als „verborgenes Kriegsmaterial“ deklariert zu werden. 1808/09 setzt Zachs Nachfolger v. Lindenau die Triangulation im westlichen Teil Thüringens fort, insgesamt bleibt das Unternehmen aber unvollendet. Die astronomisch bestimmten Breiten und die Längenunterschiede des Zach'schen Netzes weisen erhebliche systematische Fehler und Restunsicherheiten bis zu einigen Zehner-Sekunden und mehr auf, die Basis wird aber bei späteren Triangulationen von Gauß und Müffling weiter benutzt, s. [7.1.1], [7.2.2].

Bei der Triangulation und der Basismessung engagiert sich Zachs enger Mitarbeiter und Freund *Bernhard August von Lindenau* (1779–1854, Abb. 6.30). Dieser ist hauptberuflich als Jurist in der Verwaltung des Herzogtums Altenberg tätig, aber durch Triangulationsarbeiten zur Herstellung einer Verwaltungskarte auch schon mit geodätischen Arbeiten vertraut. Er wird 1808 zum Nachfolger Zachs als Leiter der Sternwarte berufen, scheidet jedoch 1817 aus und beginnt eine politische Karriere. In den letzten Jahren der Existenz von Sachsen-Gotha-Altenburg leitet er praktisch die Geschäfte dieses Kleinstaates und geht später in das Königreich Sachsen, wo er es bis zum Premierminister bringt; immer wieder nimmt er aber Verbindung mit dem durch Europa reisenden Zach auf. Das Sternwartengebäude auf dem Seeberg verfällt nun allmählich, die Gothaer Astronomie erlebt aber in den nächsten Jahrzehnten durchaus weitere Höhepunkte. Der bereits ab 1814 als Beobachter tätige *Johann Franz Encke* (1791–1865) wird 1822 Direktor der Sternwarte, 1825 geht er nach Berlin. Ihm folgt der auch für die Geodäsie wieder bedeutsame *Peter Andreas Hansen*, s. [7.3.1].

Abb. 6.30. Bernhard August von Lindenau (1779–1854), Portrait von Louise Seidler, 1811

7 Gradmessungen und Landesvermessungen in den deutschen Ländern: Die Entstehung geodätischer Systeme bis zur Reichsgründung

Der Zeitraum vom Ende der napoleonischen Kriege bis zur Reichsgründung sieht die Herausbildung der Geodäsie als eigenständige wissenschaftliche Disziplin. Sie entwickelt sich aus den Gradmessungen und den Landesvermessungen und baut auf den inzwischen vorhandenen mathematischen Grundlagen aus Geometrie, Potentialtheorie und Wahrscheinlichkeitsrechnung auf. Getragen wird sie im Wesentlichen von Astronomen und Mathematikern, aber auch von Seiteneinsteigern anderer Vorbildung. Eine ganz besondere Bedeutung kommt dabei in Deutschland den theoretischen Arbeiten und den Gradmessungen von Gauß und Bessel zu. Eine maßgebliche Rolle spielen ferner im gesamten Jahrhundert engagierte Militärs, hierfür stehen insbesondere Namen wie Müffling, Baeyer und Schreiber, die nun die preußische Landesaufnahme auf einen hohen Stand bringen. Die in allen deutschen Ländern entstehenden, erneuerten oder fortgeführten Landesvermessungen bauen, wenn auch in unterschiedlicher Weise, auf der von der Theorie bereitgestellten mathematischen Modellbildung auf. Dabei wird nun allgemein von der ebenen zur sphärischen oder ellipsoidischen Berechnung übergegangen und die Methode der kleinsten Quadrate zur Ausgleichung der Messungswidersprüche angewandt.

In den süddeutschen Ländern, aber auch in anderen deutschen Mittel- und Kleinstaaten wird die Landesvermessung – dem bayerischen Vorbild folgend – primär zur Aufstellung eines Grundsteuerkatasters und damit konsequenterweise von zivilen Behörden durchgeführt. In Preußen verläuft die Katastereinrichtung dagegen zunächst völlig getrennt von der militärischen Landesaufnahme. Bei den topographischen Aufnahmen herrschen Maßstäbe um 1:25 000 vor; für die hieraus entstehenden, besonders vom Militär gewünschten flächendeckenden Kartenwerke setzen sich die Maßstäbe 1:50 000 und 1:100 000 durch. Zur Qualitätssteigerung der geodätischen Produkte tragen die nun auch in deutschen Werkstätten hergestellten und laufend verbesserten Messinstrumente wesentlich bei. Die durch die Verbindung von Theorie und Praxis stattfindende Profilierung der Geodäsie geht einher mit einer im Niveau ansteigenden Ausbildung, wiederum mit von Land zu Land erheblichen Unterschieden.

Eingebettet ist dieser Aufschwung der Geodäsie in das politische und wirtschaftliche Umfeld der Epoche. Der Wiener Kongress (1814/1815) restauriert die alten Verhältnisse bei teilweise erheblichen Veränderungen der Landeszugehörigkeiten (z. B. Erweiterung Preußens durch Westfalen und die Rheinlande, Rückkehr der Rheinpfalz an das um Franken erweiterte Bayern, Verkleinerung Sachsens) und etabliert den Deutschen Bund (37 souveräne Fürsten und 4 freie Städte) als Staatenbund. Preußens Einfluss in Deutschland nimmt über den Deutschen Zollverein (1833), die Auflösung des Deutschen Bundes im Frieden von Prag (1866) und die anschließende Gründung des Norddeutschen Bundes kontinuierlich zu. Mit der Reichsgründung (1871) übernimmt Preußen schließlich die führende Rolle in dem jetzt ganz Deutschland umfassenden Nationalstaat. Zu den militärischen und fiskalischen Gesichtspunkten für eine Landesaufnahme kommt mit dem Wandel in der Agrarstruktur (Justus von Liebig führt 1841 den Kunstdünger ein) und den durch die industrielle Revolution verursachten Veränderungen ein weiterer starker Antrieb zur besseren Erfassung der Landesoberfläche. Die Höhenbestimmung wird besonders durch den Eisenbahnbau (1835 wird die Strecke Nürnberg–Fürth eröffnet) vorangetrieben.

Zur Literatur über diesen Zeitraum verweisen wir insbesondere auf die bereits genannten Arbeiten von Lips (1936/37) und Schmidt (1973) sowie Jordan–Steppes (1882), Jordan (1888, 1896) gibt Zusammenfassungen mit kritischer Wertung.

7.1 Carl Friedrich Gauß: Theorie und Praxis erfahren neue Impulse

7.1.1 Die Gauß'sche Gradmessung und die neue Definition der Erdfigur

Für die Geodäsie von herausragender Bedeutung wird nach den Napoleonischen Kriegen das Wirken von Carl Friedrich Gauß. Inzwischen renommierter Professor in Göttingen, richtet sich neben den mathematischen Arbeiten seine Aufmerksamkeit bis etwa 1830 besonders auf die Geodäsie, wobei in Verbindung mit zwei großen Vermessungsprojekten eine Vielzahl von neuen Ideen einfließt. Den Auftakt bildet die *hannoversche Gradmessung* zwischen Göttingen und Altona, sie wird später zur hannoverschen Landesvermessung erweitert, s. [7.1.2]. Die Anregung zu der Gradmessung kommt von dem dänischen Astronomen Schumacher im Zusammenhang mit einer Triangulation Dänemarks (Danielsen 1951).

Heinrich Christian Schumacher (1780–1850, Abb. 7.1) hatte – nach einem juristischen Studium und Selbststudien in Mathematik, Mechanik und Astronomie – 1808/09 in Göttingen bei Gauß studiert. In dieser Zeit beginnt auch ein anhaltender intensiver Briefwechsel mit Bessel und vor allem mit Gauß. In den Folgejahren ist Schumacher an der bis 1811 bestehenden Repsold'schen Sternwarte in Altona und ab 1813 an der von Christian Mayer gegründeten und später verwahrlosten Mannheimer Sternwarte tätig. 1815 wird er als Nachfolger von Thomas Bugge zum Professor für Astronomie in Kopenhagen berufen und mit der Ausführung einer Gradmessung als Ausgangspunkt für eine neue Triangulation Dänemarks beauftragt. Mit diesen auch Schleswig und Holstein einschließenden Arbeiten ist er in den nächsten Jahrzehnten beschäftigt, s. [7.3.2]. Von großer Bedeutung für die Astronomie und in den ersten Jahrzehnten auch für die Geodäsie wird 1821 die Gründung der bis heute erscheinenden „Astronomischen Nachrichten" („Astronomical Notes"), aber auch die Herausgabe astro-

Abb. 7.1. Heinrich Christian Schumacher (1780–1850)

nomischer Ephemeriden und eines neuen Astronomischen Jahrbuchs. Nach Umzug nach Altona entsteht ab 1822 im Garten seines Privathauses eine kleine, aber vorzüglich ausgestattete Sternwarte; sie wird nach weiterer Leitung durch Schumachers frühere Mitarbeiter A. C. Petersen und C. A. F. Peters schließlich 1872 nach Kiel verlegt (Brandt 1977).

Schumacher greift den bereits mehrfach geäußerten Gedanken einer Gradmessung durch Zentraleuropa auf und regt am 8. Juni 1816 in einem Brief an Gauß die Fortsetzung der dänischen Gradmessung durch Hannover über Hessen und Bayern bis Italien an: „... *Der König hat mir die nötigen Fonds zu einer Gradmessung von Skagen bis Lauenburg ... und eine Längengradmessung von Kopenhagen bis zur Westküste Jütlands ... bewilligt ... wäre es nicht möglich, dass Sie ... durch Hannover fort bis gegen Gotha, oder bis an die bayerischen Dreiecke führten* ... “. Gauß reagiert umgehend (am 5. Juli 1816) sehr positiv: „... *Diese Gradmessung in den k. dänischen Staaten wird uns ... über die Gestalt der Erde schöne Aufschlüsse geben. Ich zweifle indessen gar nicht, dass es in Zukunft möglich zu machen sein wird, Ihre Messungen durch das Königreich Hannover südlich fortzusetzen* ... “. Mit Kabinettsorder König Georgs IV. (9. Mai 1820) wird der Hofrat und Professor Gauß dann mit der Fortsetzung der dänischen Gradmessung durch Hannover beauftragt.

Im Vorfeld seiner eigenen Arbeiten nimmt Gauß zunächst 1820 an der Vermessung der rund 6 km langen *Basis* Braak in Holstein teil (Koch 1997). Eingesetzt wird eine vom Hamburger Mechaniker Repsold entwickelte Messapparatur, die vier 2 Toisen langen Eisenstangen sind dabei witterungsgeschützt in Holzkästen eingeschlossen. Der Abstand der sich nicht berührenden Stangen wird, wie inzwischen üblich, mit einem Messkeil bestimmt. Kalibriert werden die Stangen bei der Herstellung mit einem Etalon, spätere Nachberechnungen und Nachmessungen der nur einmal gemessenen Grundlinie zeigen Abweichungen von 20 bis 30 cm. Die von Schumacher angegebene Basislänge wird von Gauß später unverändert in seine Triangulation übernommen. Eine eigene Basismessung führt Gauß nicht durch, da er durch Anschluss an die Zach'sche Basis bei Gotha sich eine hinreichende Kontrolle verspricht, s. [6.3.2].

Bei der *Dreiecksmessung* selbst versucht Gauß durch „Durchhaue“ die Sichtverbindung zwischen den Netzpunkten ohne aufwendigen Signalbau herzustellen, im Gegensatz zu Soldner in Bayern – er kann damit eine wesentliche Einsparung erzielen. Die Erfindung (1820) des Heliotropen bringt einen weiteren Fortschritt, nun kann das auf weite Entfernungen sichtbare, durch Spiegel reflektierte Sonnenlicht als Zielmarke verwendet werden (Abb. 7.2). Die Idee hierzu war Gauß bereits 1818 bei der Beobachtung in Lüneburg gekommen, als er ein Fenster des Michaelisturms in Hamburg als hellstrahlenden Lichtpunkt sah. Mit den ab 1821

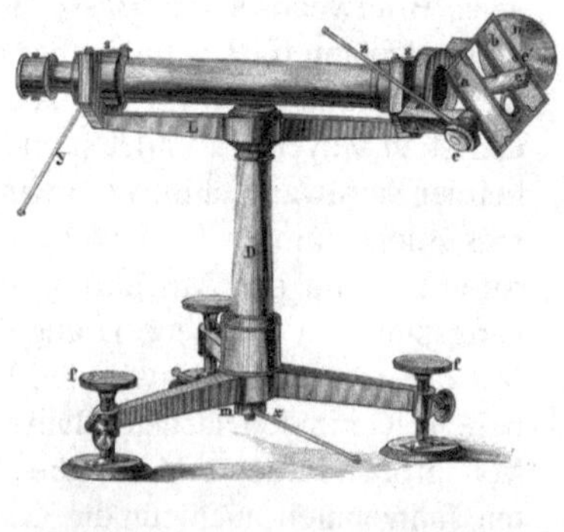

Abb. 7.2. Gauß'sches Heliotrop, ab 1821

von Repsold gebauten Geräten werden Nachtbeobachtungen mit Signallampen und das Anzielen von Signal- oder Kirchtürmen überflüssig, neben seinem Heliotrop verwendet Gauß auch Spiegelsextanten als „Vizeheliotrope" (Abb. 7.3). Zur Winkelmessung benutzt Gauß einen 12-zölligen Theodolit (Nonientheodolit mit 4″ Ablesung und 35 mm Fernrohröffnung) aus der Münchener Werkstatt von Reichenbach/Ertel (Abb. 7.4), Ambronn (1900); zur Instrumentenaufstellung dienen gemauerte Steinpfeiler und in Hochbauten Holzbohlen. Die astronomische Breitenbestimmung wird wiederum mit dem berühmten, bereits bei früheren Gradmessungen benutzten Zenitsektor von Ramsden durchgeführt, den die englische Regierung ausleiht. Die Zenitwinkel werden gewöhnlich mit einem Borda'schen Repetitionskreis gemessen.

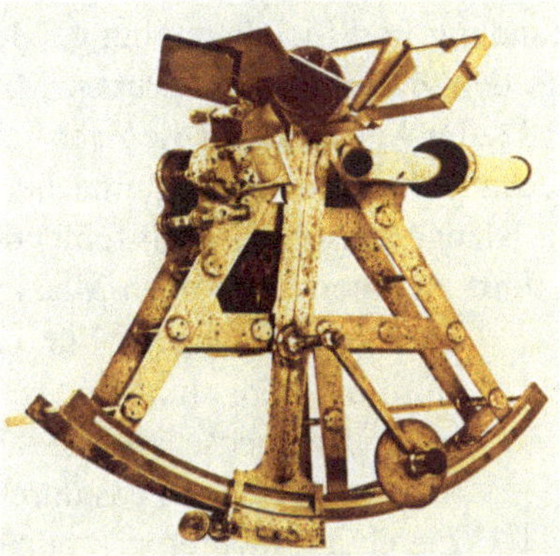

Abb. 7.3. Von Gauß benutztes Vizeheliotrop (Sextant von Troughton), vor 1801

Abb. 7.4. Zwölfzölliger Reichenbach'scher Theodolit, benutzt von Gauß bei der hannoverschen Gradmessung

Die Winkelmessungen führt Gauß bis 1825 persönlich aus, während die Heliotropen von seinen Gehilfen – Akademiker, als Offiziere im Rang von Majoren tätig und teilweise Lehrer an der Generalstabsakademie – ausgerichtet werden; bei der anschließenden Landesvermessung triangulieren diese dann selbständig. Dass Gauß für seine Messtätigkeit zuerkannte Tagegeld von 5 Taler am Tag war übrigens sehr großzügig bemessen, betrug doch sein Jahresgehalt als Direktor der Sternwarte bis 1825 nur 1400 Taler (Bauer 1977).

Die Verbindung der Göttinger Sternwarte mit der Sternwarte in Altona, also die eigentliche *Gradmessung*, wird 1821–1823 von Gauß in einem Beobachtungszeitraum von drei Sommern abgeschlossen (Abb. 7.5). Ausgangspunkt ist die im Jahre 1816 fertig gestellte Sternwarte in Göttingen, der Drehpunkt des auf zwei gemauerten Pfeilern fest installierten Repsold'schen Meridiankreises wird auch Nullpunkt des Gauß'schen Koordinatensystems (s. u.). Zur Festlegung der Meridianrichtung hatte Gauß nördlich und südlich von Göttingen gemauerte Meridianzeichen anbringen lassen (Abb. 7.6). Die Winkelmessung für die insgesamt 33 Hauptdreieckspunkte beginnt mit der Ausmessung des riesigen Dreiecks Hohenhagen–Brocken–Inselsberg mit Seitenlängen von 70, 107 und 87 km. Dieses Dreieck mit einem sphärischen Exzess von 15″ dient Gauß auch zur Untersuchung der Raumgeometrie. Gauß wendet bei der Triangulation bereits – wenn auch nicht in aller Strenge – die Winkelmessung in allen Kombinationen mit bis zu 120-facher Repetition an. Die Winkelwidersprüche in den Hauptdreiecken bleiben kleiner als 2″, die Ausgleichung ergibt einen mittleren Richtungsfehler von nur ±0,5″ (!). Gauß beschäftigt sich in diesem Zusammenhang auch intensiv mit Instrumentalfehlern und dem Einfluss der Seiten- und der Vertikalrefraktion, s. [7.5].

Zur Erleichterung der langwierigen Erkundung beschafft sich Gauß mit Vermittlung von Laplace Unterlagen der französischen Triangulation (1804–1805) unter Epailly. Besondere Schwierigkeiten bereitet die Überbrückung der (von Epailly noch ausgesparten) Lüneburger Heide. Die Form der Dreiecke ist durchaus nicht ideal, das liegt insbesondere an der dichten Aufeinanderfolge von Erkundung und Sichtherstellung, Messung und (vorläufiger) Berechnung, verursacht durch den Zwang zur sparsamen Mittelbewirtschaftung. Die Berechnung beginnt bereits 1822 im Anschluss an die Zach'sche Basis bei Gotha, danach wird der Maßstab des Netzes jedoch aus der Schumacher'schen Basis hergeleitet. Der benutzte Wert für die Basislänge ist wegen noch fehlender Reduktionen und Kalibrierung nur vorläufig, das führt zu einem zu großen Maßstab des Gauß'schen Netzes. Für das Ellipsoid (Abplattung = 1:302,78, große Halbachse = 3 271 820 Toisen) benutzt Gauß das durch Ausgleichung mehrerer Gradmessungen erhaltene Ergebnis (1819) von *Henric Johan Walbeck* (1793–1822). Walbeck ist Professor in Åbo, er hatte 1820 Gauß in Göt-

Abb. 7.5. Dreiecksnetz der Gauß'schen Gradmessung, 1821–1823

Abb. 7.6. Südliches Meridianzeichen der Göttinger Sternwarte

tingen besucht und auch an der Messung der Braaker Basis teilgenommen. Bemerkenswert ist, dass Gauß bereits bei der Gradmessung möglichst viele weitere Punkte (Kirch- und Schlosstürme, Windmühlen) durch Vorwärtseinschneiden bestimmt – ein Vorgriff auf die von ihm schon früh angesprochene General-Landesvermessung (Gaede 1885, S. 186), s. [7.1.2].

Auch Gauß ist an der Bestimmung bestanschließender Ellipsoide interessiert. So berechnet der Privatdozent Eduard J. C. Schmidt auf Gauß' Anregung um 1830 mit verbesserten Ausgleichungsansätzen aus verschiedenen Gradmessungen Ellipsoide mit großen Halbachsen um 6 376 850 m und Abplattungswerten von 1:297 bzw. 1:302. Die Ausgleichung von 47 aus Pendelmessungen bestimmten Schwerewerten liefert eine Normalschwereformel für ein Ellipsoid der Abplattung 1:288 (Strasser 1957).

Zur *Auswertung* ist hervorzuheben, dass bei Gauß keine Messungen willkürlich verworfen oder manipuliert werden, eine strenge Ausgleichung vorgenommen wird und die Ergebnisse publiziert werden – das ist eine fundamentale Änderung gegenüber den bisherigen Triangulationen. Zur Ausgleichung verwendet Gauß ein Iterationsverfahren, wobei die Bedingungsgleichungen in zwei Gruppen eingeteilt und nacheinander unter Verwendung der Ergebnisse der vorangegangenen Ausgleichung bearbeitet werden. Für die Ausgleichung der hannoverschen Gradmessung mit 43 Winkelbedingungen (erste Gruppe) und 12 Seitengleichungen (zweite Gruppe) braucht er nur 3 Näherungen (Lehmann 1955). Die geographischen Koordinaten der Netzpunkte werden von Gauß als Lösung der „geodätischen Hauptaufgabe" auf dem Ellipsoid hergeleitet. Schließlich berechnet er dann nach der von ihm entwickelten konformen Abbildung des Ellipsoids in die Ebene rechtwinklige Koordinaten in Bezug auf den Meridian von Göttingen als Abszissenachse und den oben genannten Nullpunkt in der Sternwarte.

Einer Bitte seines Freundes Olbers in Bremen folgend, erweitert Gauß in den Jahren 1824 und 1825 seine Dreieckskette im Norden durch ein nach Westen bis Varel und Jever reichendes Netz. Auf diese Weise wird eine Verbindung mit der holländischen Triangulation des Generals Krayenhoff und darüber hinaus mit der französischen Gradmessung hergestellt. Damit endet auch die Beobachtungsarbeit von Gauß, er konzentriert sich nun auf die umfangreichen Rechenarbeiten für die Gradmessung und auf die 1828 beginnende Landesvermessung, s. [7.1.2].

Abb. 7.7. Wilhelm Olbers (1758–1840)

Wilhelm Olbers (1758–1840, Abb. 7.7) hatte als praktizierender Arzt in Bremen sich eine Privatsternwarte eingerichtet und 1802 den von Gauß vorausberechneten Kleinplaneten Ceres gefunden, s. [6.3.1]. Hieraus entwickelt sich eine lebenslange persönliche und wissenschaftlich fruchtbare Freundschaft zwischen Gauß und Olbers, dieser konzentriert sich besonders auf die Beobachtung von Kometen und die Berechnung ihrer Bahnen. 1804 erkennt Olbers die mathematisch-astronomische

Begabung von Bessel und fördert ihn danach sehr, s. [7.2.3]. 1823 kann er den Senat der Hansestadt Bremen dazu bewegen, die Fortsetzung der Gauß'schen Gradmessung über Bremen hinaus zu unterstützen (Zimmermann 1983).

Gauß hatte bei seiner Arbeit als Mitarbeiter und Gehilfen u. a. den Stabskapitän *Georg Wilhelm Müller* (1785–1843) und den Leutnant *Johann Georg Friedrich Hartmann* (1796–1834). Müller hatte 1807/08 zu den ersten drei Studenten von Gauß gehört und war Lehrer an der Artillerieschule in Hannover. Ab 1821 zunächst als Assistent tätig, arbeitet er ab 1828 ganz selbständig bei der Landesvermessung; von Gauß erbittet er sich Unterlagen für die Unterrichtung der für die Aufnahmearbeiten vorgesehenen Generalstabsoffiziere (Großmann 1955b). Hartmann wird nach Lehrtätigkeit an der Artillerieschule 1831 Lehrer für praktische Geometrie und geometrisches Zeichnen an der neugegründeten höheren Gewerbeschule, der späteren Technischen Hochschule Hannover. Dritter Mitarbeiter ist Gauß' ältester Sohn *Joseph* (1806–1873), der nach Eintritt in das hannoversche Kadettenkorps viele Jahre als Leutnant bei der Landesvermessung mitwirkt und es später bis zum Oberbaurat bei der Eisenbahndirektion in Hannover bringt. Als untergeordnete Gehilfen stehen Gauß eine Reihe von Soldaten zur Verfügung, als persönlichen Diener hat er den Hausmeister der Sternwarte Teipel oft mit im Felde.

Gauß fiel die strapaziöse Feldarbeit nicht leicht. Er hatte ein organisches Herzleiden, größere Anstrengungen fielen ihm schwer, schwüles, heißes Wetter machte ihn krank. Er litt auch unter Wagenfahrten auf den schlechten Wegen und den oft primitiven Unterkünften. So schreibt er aus Wilsede in der Lüneburger Heide: „*Ganz so schlecht, wie ich gefürchtet hatte, ist der Aufenthalt hier doch nicht, ohne Vergleich besser, wie in Ober-Ohe. Dort lebte eine Familie, deren Haupt ‚Peter Hinrich von der Ohe zur Ohe' sich schreibt (falls er schreiben kann), dessen Eigentum vielleicht eine Quadratmeile groß ist, dessen Kinder aber die Schweine hüten. Manche Bequemlichkeiten kennt man dort gar nicht, z. B. einen Spiegel, einen Abort und dergleichen. Gott sei Dank, dass ich den zehntägigen Aufenthalt daselbst überstanden habe …* “. Auch gab es des öfteren Probleme mit dem auf seinen Reisen mitgeführten eigenen „Flaschenkeller“, so schreibt er 1824 an Schumacher: „*Zuerst meinen verbindlichsten Dank, teuerster Freund, für Ihre große Güte, mit der Sie mich mit Bier und Wein versorgt haben. Der letztere ist mir in diesem Augenblick sehr willkommen gewesen, da weder in Apensen noch hier ein trinkbarer Wein zu haben ist, und daher mein zuletzt in Verden mit gutem gefüllt gewesener Flaschenkeller schon ganz geleert ist. Ich behalf mich zuletzt mit täglich einer sehr kleinen Ration von der letzten noch aus Göttingen mitgeführten Notflasche. Jetzt bin ich bis Hannover geborgen*“ (Gerardy 1955a).

Gauß sieht seine Gradmessung von Anfang an als Teil einer ganz Europa überdeckenden Vermessung an.

So äußert er sich 1821 in einem Brief an Gerling wie folgt: „*Die genaueste Kenntnis der relativen Lagen der interessantesten Punkte eines Landes kann in vielfacher Beziehung nützlich sein, auch ganz abgesehen davon, dass eine Detailvermessung darauf am besten zu stützen ist. Es wäre gewiß äußerst wichtig, wenn der größte Teil von Europa vollständig mit einem Netz überzogen wäre, und nach und nach werden wir dahin kommen; jeder Staat sollte es sich zur*

Ehre rechnen, seinen Anteil daran so gut zu liefern, dass er würdig sei, neben den besten zu stehen“ (Lehmann 1955).

Er schließt seine Triangulation deshalb nicht nur im Norden an den dänischen Meridianbogen und im Westen an die Krayenhoff'sche Triangulation an (dabei treten allerdings auf den Anschlusspunkten Winkeldifferenzen bis zu 15″ auf!), sondern auch im Süden an die Müffling'sche Dreieckskette (über die Seite Brocken-Inselsberg) und an die Landesvermessung Kurhessens unter Gerling. Er denkt ferner an die Einbeziehung der Ergebnisse der württembergischen Landesvermessung unter Bohnenberger sowie der Triangulation von Hessen-Darmstadt unter Eckhardt und begrüßt natürlich auch die Erweiterungen des hannoverschen Netzes auf Oldenburg (Schrenck) und Braunschweig (Spehr), s. [7.2]–[7.4]. Dabei hat Gauß offensichtlich vorgehabt, einen mitteleuropäischen Bogen von Jütland bis Elba unter Verwendung der Originalbeobachtungen neu zu berechnen, er wandte deshalb auch sehr viel Eifer zur Beschaffung dieser Daten auf. Um die originalen Messdaten des französischen Obersten Epailly bemühte er sich allerdings vergeblich, und die bayerischen Dreiecksmessungen erhielt er nach vielen Bemühungen erst 1827 – da hatte Gauß allerdings diesen Plan einer großräumigen Berechnung bereits aufgegeben (Großmann 1955c).

Zur Veröffentlichung und zum Austausch geodätischer Resultate liegen von Gauß verschiedene Äußerungen vor. An Olbers schreibt er (1821): „*Meiner Meinung nach sollten alle gut gemessenen Dreiecke I. Ordnung als etwas betrachtet werden, worauf das ganze Publikum Anspruch hat*“. In einem Brief an Bohnenberger (1823) äußert er sich folgendermaßen: „*Leider finde ich, dass die Menschen so wenig zur Communication geneigt sind; ich habe mir auf officiellem diplomatischen und auf nicht officiellem Privatwege viele Mühe gegeben, aus Paris die von Epailly 1804 und 1805 im Hannoverschen gemachten Messungen zu erhalten, aber nichts als Ausflüchte, eine blosse Namensangabe der Stationen und eine Zeichnung der Dreiecke erhalten, 2 oder 3 Zahlangaben nicht gerechnet, die, wie aus meinen Messungen folgt, entschieden grob unrichtig sind* ... “. Zur mühsamen Beschaffung der bayerischen Originaldaten schreibt Gauß in einem Brief an Bessel: „*Schumacher erzählte mir, dass Soldner ihm gesagt hätte, der Grund, warum die Kommission in München meine Bitte um die Mittheilung nicht erfüllt habe, sei, weil man annehme, dass ich über diese Dreiecke Rechnungen anstellen wolle! Ebenso ist es mir mit den österreichischen gegangen*“ (Gauß–Bessel Briefe 1980, S. 460). Wie später (1867) von Bauernfeind bei den Verhandlungen der Europäischen Gradmessung erläutert, sind bei der bayerischen Landesvermessung „*vermuthlich bei Festsetzung des gemessenen Winkels praktische Erwägungen über die Persönlichkeit des Messenden, die Güte des Instrumentes, die Beleuchtung der Signale, die Horizont-Abschlüsse u. dergl. massgebend gewesen und hiernach Messungen ausgeschlossen worden, deren Werth sich jetzt nicht mehr beurtheilen lässt*“ (Gaede 1885).

Für die *Erdmessung* und die Definition der Figur der Erde bedeutsam werden die im Rahmen der Gradmessung angestellten Untersuchungen über die Lotabweichungen (Moritz 1977). Aus der Differenz der astronomisch und geodätisch (aus dem Dreiecksnetz) bestimmten Breiten von Altona und Göttingen findet Gauß bei Übertragung auf den Brocken (Messungen von Hansen) eine Lotabweichung des Brockens gegenüber

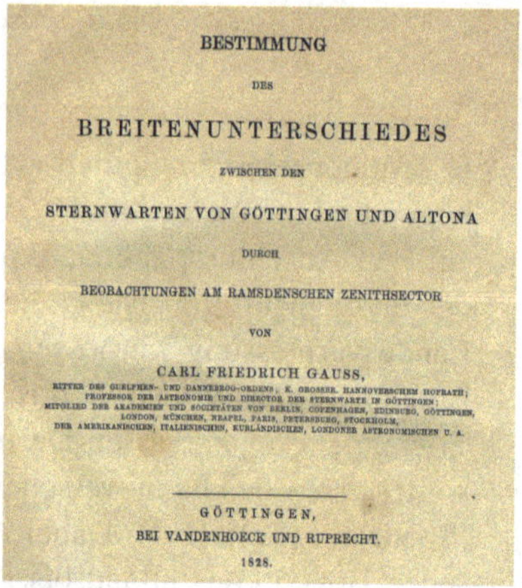
BESTIMMUNG
DES
BREITENUNTERSCHIEDES
ZWISCHEN DEN
STERNWARTEN VON GÖTTINGEN UND ALTONA
DURCH
BEOBACHTUNGEN AM RAMSDENSCHEN ZENITHSECTOR
VON
CARL FRIEDRICH GAUSS,
RITTER DES GUELPHEN- UND DANNEBROG-ORDENS, K. GROSSBR. HANNOVERSCHEM HOFRATH; PROFESSOR DER ASTRONOMIE UND DIRECTOR DER STERNWARTE IN GÖTTINGEN; MITGLIED DER AKADEMIEN UND SOCIETÄTEN VON BERLIN, COPENHAGEN, EDINBURG, GÖTTINGEN, LONDON, MÜNCHEN, NEAPEL, PARIS, PETERSBURG, STOCKHOLM, DER AMERIKANISCHEN, ITALIENISCHEN, KURLÄNDISCHEN, LONDONER ASTRONOMISCHEN U. A.

GÖTTINGEN,
BEI VANDENHOECK UND RUPRECHT.
1828.

Abb. 7.8. Titelseite der Gauß'schen Publikation über die hannoversche Gradmessung, Göttingen 1828

Altona von 16 Bogensekunden (Bezugsfläche ist das Ellipsoid von Walbeck). Hieran anschließend gibt er in dem Werk „Bestimmung des Breitenunterschiedes zwischen den Sternwarten von Göttingen und Altona" die klassische Definition der mathematischen Erdfigur: *„... was wir im geometrischen Sinn Oberfläche der Erde nennen, ist nichts anderes als diejenige Fläche, welche überall die Richtung der Schwere senkrecht schneidet, und von der die Oberfläche des Weltmeeres einen Theil ausmacht ...* " (Gauß 1828), Abb. 7.8. Damit ist mit der später „Geoid" genannten Fläche eine physikalisch definierte Erdfigur eingeführt, das Ellipsoid übernimmt die Rolle eines geometrisch einfachen und das Geoid approximierenden Erdmodells: *„Bei dieser Lage der Sache hindert aber noch nichts, die Erde im ganzen als ein elliptisches Revolutionssphäroid zu betrachten, von dem die wirkliche (geometrische) Oberfläche bald in stärkern, bald in schwächern, bald in kürzern, bald in längern Undulationen abweicht"*. Gauß äußert hier auch den später von Baeyer realisierten Gedanken eines europäischen Netzes: *„... vielleicht ist die Aussicht nicht chimärisch, dass einst alle Sternwarten von Europa trigonometrisch unter einander verbunden sein werden ...* ".

Die *theoretischen* Arbeiten von Gauß bringen durch die nun einsetzende vertiefte mathematische Fundierung und ganz neue Ansätze auch für die Landesvermessung eine Qualitätssteigerung, die – über die Arbeiten von Soldner hinausgehend – bis in das 20. Jahrhundert hinein wirksam ist (Lehmann 1955, Großmann 1955c). Weit über die Geodäsie hinaus bedeutsam wird die *Methode der kleinsten Quadrate*, bis heute in vielen messenden Wissenschaften das Standardverfahren zur Bearbeitung überbestimmter Probleme, s. [6.3.1]. Für die Geodäsie mit ihren z. T. sehr großen Datenmengen gewinnen die von Gauß angegebenen Verfahren zur näherungsweisen und zur iterativen Ausgleichung großer Netze ganz besondere Bedeutung (Wolf 1977).

Die Ausgleichungsmethode der kleinsten Quadrate beendet in der Geodäsie endlich das Suchen nach einer sämtliche Beobachtungen verwertenden, eindeutigen und plausiblen Lösung bei der Berechnung von Dreiecksnetzen; hierzu waren bei den Messungen des frühen 19. Jahrhunderts die unterschiedlichsten Versuche unternommen worden. So schreibt Gauß über die Krayenhoff'sche Triangulation an Bessel: *„Krayenhoff hat aus vielen Winkelreihen immer nur diejenigen beibehalten, die am besten zu passen schienen (ohne anzugeben, wie viel die anderen abwichen)"*. Während Soldner bei der Berechnung des bayerischen Dreiecksnetzes eine durchaus annehmbare Näherungslösung gefunden hatte, s. [6.2.2], konnte Bohnenberger in Württemberg erst nach langem Probieren die Koordinaten ohne die zugrundeliegenden Beobachtungen abliefern, und die badischen Dreiecke wurden nach vergeblichen Bemühungen schließlich erst lange nach Abschluss der Beobachtungen ausgeglichen (Ehlert u. Soltau 1995). Einen entscheidenden

Durchbruch in der deutschen Geodäsie erzielte die Methode der kleinsten Quadrate durch das Lehrbuch von Gerling (1843), s. [7.3.1], Gauß' eigene Schriften hierüber wurden in deutscher Sprache erst 1887 von Börsch und Simon herausgegeben.

Mit der Einführung des *Ellipsoids* als Rechenfläche und seiner winkeltreuen Abbildung in die Ebene stellt Gauß aber auch die geometrische Modellbildung in der Landesvermessung auf eine ganz neue Basis. Mit den in den „Disquisitiones generales circa superficies curvas" (1828) veröffentlichten Ergebnissen zur allgemeinen Flächentheorie wird der Durchbruch zur Verwendung krummliniger Koordinaten und der geodätischen Linie auf dem Ellipsoid erreicht, ausführlich erläutert dann in den „Untersuchungen über Gegenstände der höheren Geodäsie" (1843/1846). Mit den Gauß'schen Mittelbreitenformeln wird ein besonders effektives Verfahren der Transformation zwischen geographischen und polaren Koordinaten auf dem Ellipsoid (lange Zeit als „Geodätische Hauptaufgabe" bezeichnet) bereitgestellt. Für die praktische Verwertung geodätischer Lagenetze setzt sich im Laufe der nächsten einhundert Jahre die 1843 von Gauß so genannte *konforme Abbildung* weltweit durch, für lokale und regionale Anwendungen überwiegt aber noch für lange Zeit die ordinatentreue Abbildung Soldner'scher Koordinatensysteme. Gauß hat seine Methode erstmals 1822 als Lösung der von der Kopenhagener Sozietät der Wissenschaften gestellten Preisaufgabe mit der Arbeit *„Allgemeine Auflösung der Aufgabe: Die Teile einer gegebenen Fläche auf einer anderen gegebenen so abzubilden, dass die Abbildung dem Abgebildeten in den kleinsten Teilen ähnlich wird"* vorgestellt und auf verschiedene Spezialfälle angewandt. Die bei der hannoverschen Landesvermessung benutzte Lösung mit der geradlinigen und längentreuen Abbildung eines Hauptmeridians als Abszissenachse (später „Gauß–Krüger-Abbildung" genannt) ist in geschlossener Form allerdings nicht von Gauß, sondern erst 1866 von Oscar Schreiber veröffentlicht worden, s. [9.2.2].

Von Seiten der Mathematiker ist Gauß immer wieder vorgeworfen worden, mit der aufwendigen geodätischen Feldarbeit wertvolle Zeit für mathematische Entwicklungen verschwendet zu haben. Gauß hat hierzu durchaus eine andere Einstellung gehabt, wie etwa aus einem Brief an Bessel (1822) zum Ausdruck kommt: *„Meinen trigonometrischen Messungen habe ich immer eine interessante Seite abgewinnen können, da ihre tägliche Reduction immer einige Unterhaltung gab ... und ich muss sagen, dass ich dieses Geschäft mit seinen täglichen Ausgleichungen so lieb gewann, dass das Bemerken, Ausmitteln und Berechnen eines neuen Kirchthurms wohl ebensoviel Vergnügen machte wie das Beobachten eines neuen Gestirns. (Vor Gott ist's am Ende auch wohl einerlei, ob wir die Lage eines Kirchthurms auf einen Fuß oder die eines Sterns auf eine Secunde bestimmt haben)"*, Gerardy (1955b).

7.1.2 Die hannoversche Landesvermessung

Nach 1815 wird das nun zum Königreich erhobene Hannover nicht nur wiederhergestellt (die südlichen Landesteile waren 1807 dem Königreich Westfalen zugeschlagen worden, der nördliche Teil stand zunächst unter Militärverwaltung und wurde 1810 von

Frankreich annektiert), sondern um Ostfriesland, das Emsland, das Fürstentum Hildesheim und das untere Eichsfeld erweitert. Diese Gebiete waren von der kurhannoverschen Landesaufnahme, s. [5.2.4], nicht erfasst worden, Gauß schlägt deshalb eine entsprechende Erweiterung der Gradmessungsarbeiten als Grundlage für eine Messtischaufnahme vor. Eine Kabinettsorder von 1828 befiehlt daraufhin die Ausdehnung der Triangulation auf das ganze Königreich und überträgt dem Hofrat Gauß die Leitung der Arbeiten. Gleichzeitig wird eine auf die Triangulation zu stützende Spezialaufnahme des Landes und die Herstellung einer „Charte" angeordnet.

Bei der von 1828 bis 1844 währenden *Landesvermessung* wird das ganze Land im Anschluss an die Gradmessung mit Haupt- und Fülldreiecken überzogen (Abb. 7.9). Insgesamt werden – ausgehend von 89 Dreieckspunkten (einschließlich der Gradmessungspunkte) und etwa 100 weiteren Standpunkten – rund 3000 Punkte, darunter mehr als 1000 Kirchtürme, Windmühlen und sonstige Objekte bestimmt; als Beobachter fungieren die in der Gradmessung bewährten Mitarbeiter Müller, Hartmann und Joseph

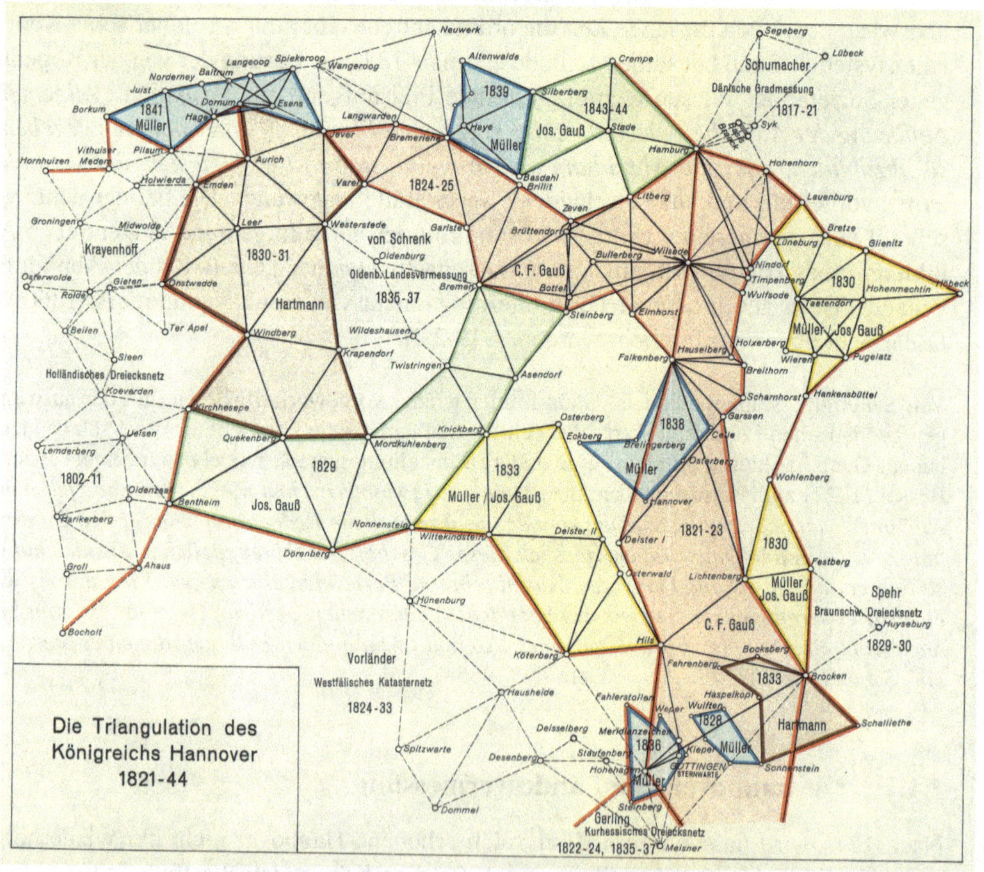

Abb. 7.9. Gauß'sche Triangulation des Königreichs Hannover, 1828–1844

Gauß. Die Berechnung des Hauptnetzes nimmt Gauß persönlich vor, bei den Punkten niederer Ordnung helfen zeitweise die Mitarbeiter. Die Netzverdichtung durch Einschneiden wird soweit getrieben, dass schließlich genügend Festpunkte für die anschließende Messtischaufnahme zur Verfügung stehen. Die Berechnung geschieht stückweise nach Arbeitsfortschritt, was natürlich zu systematischen Fehlern auf Grund von Anschlusszwängen führt. Abschriften der Messungsjournale, der Abrisse und des Koordinatenverzeichnisses (Gauß'sche konforme Abbildung bezogen auf die Göttinger Sternwarte) werden 1848 dem hannoverschen Innenministerium übergeben.

Gauß selbst spricht sich gegen eine Veröffentlichung des Koordinatenverzeichnisses im Druck aus. Dem folgt 1859 der Chef des hannoverschen Generalstabes Generalmajor von Sichart, „*weil die darin enthaltenen Koordinaten nicht nur einen außerordentlich relativen Wert haben, sondern auch, weil viele derselben, außer den ausdrücklich als unsicher bezeichneten, unzuverlässig und gar falsch sind* ... " (Gerardy 1955b, S. 107). So erfolgt eine Veröffentlichung für die Zwecke der Grundsteuertriangulation erst 1868 durch *Theodor Ludwig Wittstein* (1816–1894), wobei Korrektionen wegen der verbesserten Länge der Braaker Basis und der Einführung des legalen Meters vorgenommen werden. Wittstein war Professor für Mathematik an der Militärakademie und hatte ab 1839 in Göttingen u. a. bei Gauß Mathematik studiert, von ihm stammt auch ein Lehrbuch über die Methode der kleinsten Quadrate.

Abb. 7.10. Carl Friedrich Gauß. Ölgemälde von Gottlieb Biermann (1887) nach einem Originalportrait von Christian Albrecht Jensen (1840)

Ab Ende der 1820er Jahre verlagert sich der Schwerpunkt der Gauß'schen Arbeiten auf die Erforschung des Erdmagnetfeldes, schließlich wendet er sich wieder seiner Lieblingswissenschaft, der Mathematik, zu (Abb. 7.10). Durch die o. g. Arbeiten zur Flächentheorie und die sich lange hinziehenden Berechnungen für die Landesvermessung bleibt er aber auch weiterhin der Geodäsie verbunden.

Ungenügende Vermarkung und ungünstige Netzgeometrie haben – im Gegensatz zu der überall anerkannten Gradmessung – zu einer eher negativen Beurteilung der hannoverschen Landesvermessung geführt. Hierzu trägt auch Gauß' Bemerkung (Bericht von 1827) über den Nutzen der Verdichtungstriangulationen bei: „... *Die Angabe der Lage einer großen Anzahl fester Punkte in Zahlen ... bis auf wenige Fuss genau, muss als die Hauptausbeute der Operationen in topographischer Rücksicht betrachtet werden* ... " (Gaede 1885). Eine spätere Analyse des Gesamtnetzes ergab jedoch einen mittleren Koordinatenfehler (unter Einschluss der teilweise erheblichen Identifizierungsunsicherheiten) von nur ±0,7 m, für die nacheinander bearbeiteten Partialnetze geht dieser Wert auf ± 0,3 m zurück – dies ist für die anschließende topographische Aufnahme völlig ausreichend (Gerardy 1955b).

Die – in der damaligen Zeit übliche – ungenügende Vermarkung der Punkte hat eine spätere Nutzung der Gauß'schen Landesvermessung weitgehend verhindert. In den 1860er Jahren werden die noch vorhandenen Bodenpunkte der Grad- und Landesvermessung von hannoverschen Generalstabsoffizieren durch Steinpfeiler neu vermarkt, bei der späteren preußischen Landesaufnahme werden dann die wieder hergestellten Netzpunkte mit angeschnitten und koordiniert.

Die an das Gauß'sche Netz anschließende und ebenfalls bereits 1828 beginnende *Messtischaufnahme* beschränkt sich auf die neu erworbenen Gebiete, sie wird vom hannoverschen Generalstab mit Hilfe abkommandierter Offiziere im Stil der kurhannoverschen Landesaufnahme wiederum im Maßstab 1:21 333 $^1/_3$ durchgeführt (Abb. 7.11). Der trigonometrische Rahmen stellt nun eine wesentliche Verbesserung gegenüber der Aufnahme der Stammlande dar, die Blätter werden jedoch wieder nicht veröffentlicht. Die Aufnahmearbeiten sind – mit Ausnahme Ostfrieslands – 1861 beendet. Für den mitwirkenden hannoverschen Leutnant Oscar Schreiber beginnt hier eine geodätische Karriere, die ihn schließlich zu einem bedeutsamen Reformer der preußischen Landesvermessung werden lässt, s. [9.2.2].

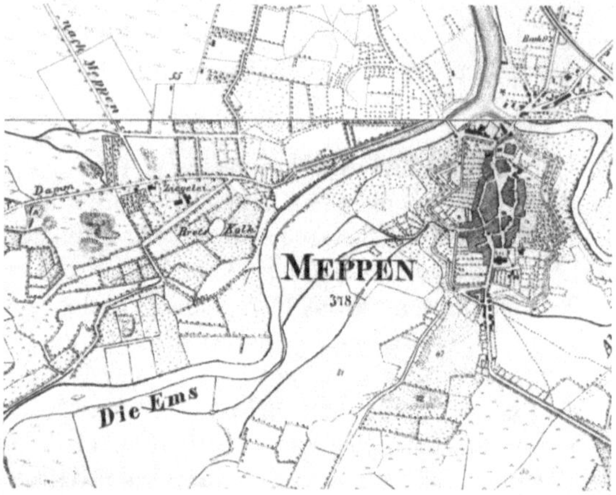

Abb. 7.11. Topographische Karte („Gauß'sche Landesaufnahme") 1:21 333 $^1/_3$ (verkl. Ausschnitt), 1828–1861

Bemerkenswert ist der von dem ehemaligen Kapitän im hannoverschen Ingenieurkorps und Gauß-Schüler (Aufnahme eines Mathematikstudiums in Göttingen 1825) *August Wilhelm Papen* (1800–1858) aus eigener Initiative, aber mit wirksamer staatlicher Unterstützung ab 1832 bearbeitete und auf die Gauß'sche Triangulation gegründete *„Topographische Atlas des Königreichs Hannover und des Herzogtums Braunschweig"* im Maßstab 1:100 000 – damit entsteht auch in Hannover ein für militärische und zivile Zwecke geeignetes topographisches Kartenwerk mittleren Maßstabes (Abb. 7.12). Der Karteninhalt beruht auf der kurhannoverschen Vermessung, den Neuaufnahmen und zahlreichen Spezialkarten, aber auch eigenen Aufnahmen. Das in Kupfer gestochene Kartenwerk ist 1848 abgeschlossen, an der Herstellung arbeitet auch der Leutnant Joseph Gauß mit. Nach der Annexion Hannovers gibt der Preußische Generalstab 1869–1872 eine zweite Auflage dieses gelungenen Kartenwerkes heraus (Grothenn 1996).

Für ein Liegenschaftskataster und für die zur Flurneuordnung durchzuführenden Vermessungen wird die Gauß'sche Triangulation im Königreich Hannover nicht benutzt. Die 1817 beginnende *Grundsteuerregulierung* wird zunächst trotz der negativen Erfahrungen in Frankreich auf die Angaben der Grundbesitzer gestützt, dabei wird nur ein Viertel (!) des Grundbesitzes angege-

Abb. 7.12. Topographischer Atlas des Königreichs Hannover und des Herzogtums Braunschweig („Papen'scher Atlas") 1:100 000 (verkl. Ausschnitt)

ben. Die dann ab 1823 folgende *„Geometrische Überschlagung des steuerbaren Eigentums"* dient allein der Flächenbestimmung, wobei mit einfachsten Methoden nur eine der Taxation entsprechende Genauigkeit angestrebt wird; Karten werden nicht angefertigt. So kann die Steuererhebung schon 1826 beginnen.

Wegen der vorgeschriebenen Übernahme von neuem Kartenmaterial insbesondere aus Verkopplungen, Gemeinheitsteilungen und Ablösungen ist dann aber bis 1866 doch schon mehr als die Hälfte des Landes mit großmaßstäbigen Karten besserer Qualität überdeckt, s. [7.2.4]. Grund hierfür ist, dass – im Gegensatz zur Katastereinrichtung – das Königreich Hannover im Bereich der *agrarstrukturellen Maßnahmen* durch eine klare Gesetzgebung ausgezeichnet ist. So liegen gesetzliche Regelungen zur Gemeinheitsteilung im Fürstentum Lüneburg bereits seit 1802, im Hochstift Osnabrück sogar schon seit 1785 vor. Die zur Durchführung der Verfahren gebildeten Kommissionen bestehen aus einem rechtskundigen *und* einem technischen Mitglied; hinzu kommt, dass an die Ausbildung der Ökonomie-Geometer bereits höhere Anforderungen gestellt werden. Die örtlichen Aufnahmen basieren auf Haupt- und Nebenlinien, die zu Dreiecken zusammengefügt werden; als Aufnahmeinstrumente dienen Bussole, Messtisch, Astrolabium und Messkette. Die als Inselkarten hergestellten Verkopplungskarten haben meist die Maßstäbe 1:3200 und 1:2133 1/3, s. [5.2.4].

7.2 Die preußische Landesvermessung organisiert sich: Trennung von militärischer und ziviler Zielsetzung

7.2.1 Die Organisation des militärischen Vermessungswesens und frühe Aufnahmen

Eine systematische Landesvermessung beginnt in Preußen erst nach den Befreiungskriegen. Sie ist von Anfang an militärisch organisiert und bleibt das auch bis zum Ende des ersten Weltkrieges, unter der Leitung hochbefähigter Militärgeodäten werden dabei herausragende Resultate erzielt. Der systematischen Aufnahme waren im 18. Jahrhundert und um die Wende zum 19. Jahrhundert eine Anzahl von Einzelunternehmungen qualifizierter Offiziere vorausgegangen, auf Anordnung oder mit Billigung des Königs oder eines Ministers; dabei hatte der Generalquartiermeisterstab immer mehr Zuständigkeiten gewonnen, s. [5.2.3], [6.2.1], Albrecht (2004).

Eine Denkschrift (1802) des Quartiermeisterobersten von Massenbach gibt den entscheidenden Anstoß für eine Umorganisation des Generalquartiermeisterstabes, der ab 1803 die Bezeichnung *„Generalstab"* führt und dem König direkt untersteht. Die militärgeographischen und topographischen Aufgaben dieser Einheit werden jetzt schärfer gefasst, bei der unter dem Generalmajor v. Scharnhorst 1809 vorgenommenen Reorganisation werden schließlich seine Aufgaben erweitert und eine einheitliche Ausbildung der Generalstabsoffiziere angestrebt.

Der hochbegabte *Christian Karl August Ludwig Freiherr von und zu Massenbach* (1758–1827), Professor an der Karlsschule, der Württembergischen Militärakademie, war 1783 in preußische Dienste getreten und bald zur führenden Persönlichkeit im Generalquartiermeisterstab geworden. Seine Reformideen für Staat und Armee schlossen auch eine zentral gelenkte und wissenschaftlich fundierte Landesaufnahme ein. Die von ihm vertretene und im preußischen Militär als richtungsweisend angesehene „Stellungstaktik" war der beweglichen Angriffstaktik Napoleons und seines Generalstabschefs Berthier jedoch nicht gewachsen, sie wird als eine Hauptursache für die gänzliche Niederlage der preußischen Armee im Feldzug von 1806/07 angesehen. *Gerhard Johann David von Scharnhorst* (1755–1813) leitete als Direktor des preußischen Kriegsdepartements und „Erster Offizier vom Generalstab" ab 1807 zusammen mit Gneisenau die Reorganisation der preußischen Armee, 1808 erhielt er die Leitung des neu geschaffenen Kriegsministeriums. Als Generalstabschef Blüchers erlag er 1813 seinen in der Schlacht bei Groß-Görschen erlittenen Verwundungen.

Die Aufgaben des Generalstabs werden dann vorübergehend (bis 1821) dem 2. Departement des Kriegsdepartements (Kriegsministerium) übertragen, das seit 1817 wieder als „Generalstab" bezeichnet wird. Direktor ist von 1814 bis 1819 der General v. Grolman und von 1821 bis 1837 (jetzt „Chef des Großen Generalstabes") der Generallieutenant Rühle von Lilienstern.

Karl Wilhelm von Grolman (1777–1843), einer der tatkräftigsten Verfechter der Scharnhorstschen Reformpläne, legt einen Entwurf für die Organisation des Generalstabs vor, in dem die

Landesaufnahme eine entscheidende Rolle spielt (Albrecht 1980b). Mit einer Instruktion von 1816 erhält der Generalstab eine eigene Einrichtung für die Durchführung der Landesvermessung, dies wird die Keimzelle für die spätere Preußische Landesaufnahme. Neben dem systematischen Ausbau der Plankammer mit Karten und Landesbeschreibungen widmet v. Grolman seine Aufmerksamkeit besonders den nun beginnenden Vermessungsarbeiten. Die von ihm angeordnete Abkommandierung von Offizieren aus der Armee zu den Arbeiten der Landesaufnahme bleibt bis 1914 bestehen. Als der Kriegsminister v. Boyen wegen der Widerstände gegen die geplante Landwehrordnung 1819 zurücktritt, folgt Grolman diesem Schritt eines weiteren Reformers der preußischen Armee. *Johann Jakob August Rühle von Lilienstern* (1780–1847), bekannt geworden auch durch seine militärwissenschaftlichen und geographischen Arbeiten, wird nach Einrichtung des „Generalstabs der Armee“ (das sind die den Korps und Divisionen zugeteilten Generalstabsoffiziere) unter v. Müffling, s. [7.2.2], Chef des neu gebildeten „Großen Generalstabs“, dem u. a. noch die Plankammer und das Lithographische Institut untersteht. Mit seiner Versetzung und Ernennung zum Direktor der Allgemeinen Kriegsschule erlöscht diese Position im Jahre 1837.

Der Große Generalstab wird nun dem Kriegsministerium entzogen und als eigene Dienststelle dem König direkt unterstellt, mit den neuen Bezeichnungen „Trigonometrisches Bureau“ und „Topographisches Bureau“ liegt hier die Zuständigkeit für die Landesvermessung. Das Stammpersonal dieser Bureaus wird durch für ein bis drei Jahre abkommandierte Leutnants verstärkt, welche die Kriegsschule mit Erfolg durchlaufen haben und als zukünftige Generalstabsoffiziere die Aufnahme und das Beurteilen des Geländes erlernen sollen. Der wohl bekannteste dieser kommandierten Offiziere ist der Sekondelieutenant *Helmuth von Moltke* (1800–1891). Er hatte 1823/26 die Allgemeine Kriegsschule mit dem Abschluss der Befähigung zum Generalstabsoffizier besucht und war dann von 1828 bis 1830 für drei Jahre zum Topographischen Bureau kommandiert worden. Der spätere Generalfeldmarschall und Chef des Generalstabs der Armee nahm in drei Sommern insgesamt sieben Messtischblätter auf, bekannt sind die Blätter Schmollen und Oels in Schlesien, s. [7.2.2].

An dieser Stelle ist auch ein Blick auf die *Ausbildung* der Offiziere angebracht, die im Rahmen der Heeresreform neu geordnet worden war (Albrecht 2004). Zunächst wird 1810 eine „Allgemeine Kriegsschule für Offiziere“ in Berlin eingerichtet. Zur *„Allgemeinen Kriegsschule“* erweitert (1816) und 1859 in „Kriegs-Akademie“ umbenannt, soll hier in einem dreijährigen Kursus vornehmlich die Allgemeinbildung der für gehobene Führungsaufgaben vorgesehenen Offiziere verbessert werden. Der Fachunterricht umfasst u. a. Mathematik, topographisches Aufnehmen, Geographie, Astronomie und Geodäsie; ein in der Anfangszeit sehr einflussreicher Lehrer für die Fächer Militärgeographie und Kriegsgeschichte ist Professor *Christian August Stützer* (1764–1824). Offiziere, die diese militärische Fachschule mit Auszeichnung durchlaufen haben, werden in der Regel für eine Verwendung im Generalstab vorgesehen; die o. g. zwei- bis dreijährige Kommandierung zur Topographischen Abteilung des Generalstabs geht dieser Übernahme voraus. Als Lehrer in den Fächern Mathematik, Astronomie und Geographie finden wir bis in die zweite Hälfte des 19. Jahrhunderts oft zivile Wissenschaftler wie den später in Leipzig tätigen Astronomen Heinrich Bruns und den renommierten Geographen Carl Ritter. Topographisches Aufnehmen und Geodäsie unterrichten aber meist von außen herangezogene erfahrene Militärs wie Baeyer und die späteren Chefs der Preußischen Landesaufnahme v. Morozowicz, Schreiber, Matthiaß und v. Bertrab. Ab 1871 werden auch Offiziere aus anderen deutschen Staaten zum Studium nach Berlin kommandiert, der Schwerpunkt der Ausbildung verlagert sich dann aber immer mehr auf das militärische Element. Parallele Entwicklungen finden sich auch in anderen deutschen Staaten, so wird im Königreich Hannover 1834 eine Militärakademie für die Ausbildung der späteren Führungsoffiziere gegründet.

Nur begrenzten Erfolg hatte der Versuch, nach französischem Vorbild auch *Ingenieur-Geographen* für die Aufnahmearbeiten auszubilden und einzusetzen (Abb. 7.13). So hatten die zunehmenden Anforderungen an die militärischen Karten bereits Friedrich II. veranlasst, in seinem Militärischen Testament von 1768 die Zuordnung von Ingenieur-Geographen zu jedem Corps zu fordern. 1790 wurde dann dieser neue, bis 1866 bestehende Dienstzweig aus dem Ingenieurkorps abgezweigt, vorgesehen war zunächst – im Gegensatz zu den umfassenden Aufgaben der französischen „Ingénieurs Géographes“ – nur eine Verwendung für kartographische Zeichenarbeiten; die eigentliche Geländeaufnahme sollte den an der Militärakademie ausgebildeten Offizieren vorbehalten bleiben. Trotz weiterer Qualifizierung blieb so die Stellung der meist aus dem zivilen Bereich (Bauwesen, Feldmesser, Forstbeamte) kommenden Ingenieurgeographen in der militärischen Hierarchie unbefriedigend (Degner 1941).

Abb. 7.13. Preußischer Ingenieurgeograph, 1818

Bekannt geworden ist aus der Laufbahn der Ingenieurgeographen der Plankammerinspektor und spätere Kapitän *Johann Gottlob Reymann* (1759–1837), insbesondere durch die vom König veranlasste private Herausgabe (1806) der „Geographischen Spezial-Karte von Deutschland und den angrenzenden Ländern“ im Maßstab 1:200 000 („*Reymann'sche Karte*“), die ein Jahrhundert lang als beste Karte dieses Maßstabs galt; ihm zu Ehren wurde 1828 an seinem 50-jährigen Dienstjubiläum die Gesellschaft für Erdkunde gegründet. Über viele Jahre Mitarbeiter von Reymann, aber auch Gehilfe v. Oesfelds bei den astronomischen und trigonometrischen Messungen war *Heinrich Karl Berghaus* (1797–1884), der ab 1821 als Lehrer und Professor an der Berliner Bauakademie und Begründer der geographischen Kunstschule zu den namhaften deutschen Geographen zählt. Sein Nachfolger im Trigonometrischen Büro ist *Karl Ludwig Ferdinand Bertram* (1795–nach 1878), der uns als Mitarbeiter von Baeyer begegnen wird, auch der spätere Generalstabschef v. Krauseneck geht aus der Laufbahn der Ingenieurgeographen hervor (Albrecht 2001).

Schließlich muss in diesem Zusammenhang auch auf die von *ziviler* Seite veranlasste Herstellung topographischer Karten von Teilen Preußens eingegangen werden. So entsteht um die Jahrhundertwende in *Ost-* und *Westpreußen* ein Dreiecksnetz als Grundlage für eine vom Staatsminister Freiherr von Schroetter geplante neue Karte.

Nach einem Bericht von v. Schroetter (1792) waren die vorhandenen Karten in Ostpreußen so unrichtig, „*daß darnach nicht der Marsch eines Kommandos, vielweniger eines Regiments und am wenigsten eines Corps d'armee gehörig angeordnet werden kann*“ (Stichling 1954, S. 219).

Die von dem Artilleriehauptmann *Johann Christian von Textor* (gest. 1811) zwischen 1796 und 1803 durchgeführte Triangulation stützt sich auf acht Grundlinien von 4 bis 8 km Länge und zwei Prüfungslinien, die Winkel der 367 Hauptdreiecke werden mit einem Spiegelsextanten gemessen (Dreiecksschlüsse um 30″, Winkelfehler im Minutenbereich werden später von Bessel nachgewiesen), Abb. 7.14. Das Netz wird durch eine Anzahl von astronomischen Azimuten, Breiten und Längen orientiert, berechnet werden rechtwinklige Koordinaten in mehreren Koordinatensystemen und geographische Koordinaten. Die im Maßstab 1:50 000 durchgeführte topographische Aufnahme bildet die Grundlage für die in Kupfer gestochene *„Schroetter'sche Karte"* 1:150 000.

Ein anderer Weg zur Herstellung topographischer Karten führt für kurze Zeit über das Königlich Preußische *Statistische Bureau*. Dieses 1805 gegründete und dem Innenministerium unterstellte Büro war mit der Herstellung nichtmilitärischer Karten in Preußen beauftragt worden. Es führt von 1810 bis 1812 in sehr eingeschränktem Umfang Triangulationen (Sextant) und topographische Aufnahmen in der Mark Brandenburg, in Pommern und in Schlesien durch, verantwortlich sind die außer Dienst stehenden Offiziere v. Textor und *Carl Wilhelm von Oesfeld* (1781–1843). Während des Wiener Kongresses vereinbaren dann nach einem Vorschlag von v. Oesfeld der Generalstabschef v. Grolman und der Direktor des Statistischen Bureaus Hoffmann, das gesamte

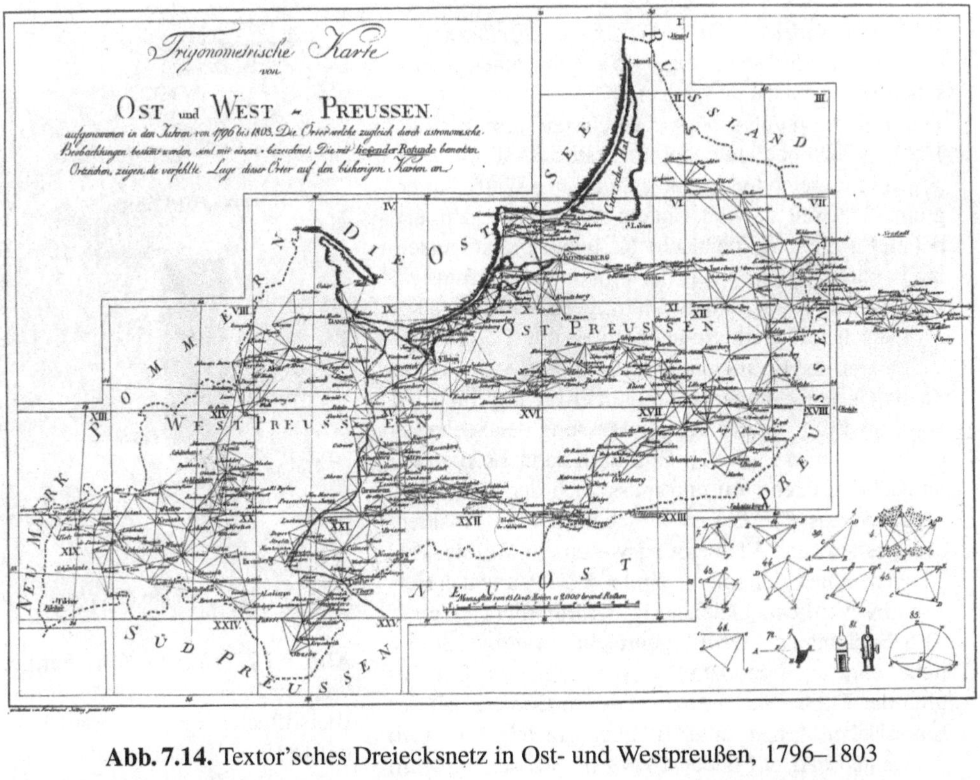

Abb. 7.14. Textor'sches Dreiecksnetz in Ost- und Westpreußen, 1796–1803

amtliche Vermessungs- und Kartenwesen in Preußen in die Zuständigkeit des Kriegsministeriums bzw. des Generalstabs zu legen, dieses Abkommen wird vom König gebilligt. Die topographische Sektion des Statistischen Bureaus wird daraufhin 1816 in das Aufnahme- und Zeichenbureau des Kriegsministeriums überführt (Lehmann 1988).

7.2.2 Die Müffling'sche Epoche: Triangulation und militärisches Kartenwerk

Im Jahre 1814 beginnen in Preußen die ersten Arbeiten zu einer systematischen militärischen Landesaufnahme, zuständig wird für mehr als einhundert Jahre der Generalstab bzw. später die dem Generalstabschef direkt unterstellte Preußische Landesaufnahme, s. [9.2.2]. Die erste Epoche dieser auf Dreiecksketten und -netze gestützten topographischen Aufnahme ist mit dem Namen des späteren Generalfeldmarschalls von Müffling verknüpft.

Die Aufnahmearbeiten des Preußischen Generalstabs werden eingehend von Degner (1940), Schroeder-Hohenwarth (1958) und Schmidt (2007) behandelt, zu Müfflings geodätischen Leistungen siehe insbesondere Schmidt (1973), Albrecht (1980a) und Torge (2002). Krüger u. Schnadt (2001) geben einen instruktiven Überblick über die geodätischen und kartographischen Arbeiten in Brandenburg-Preußen bis 1945.

Philipp Friedrich Carl Ferdinand Freiherr von Müffling (1775–1851, Abb. 7.15), Sohn eines preußischen Hauptmanns und späteren Generals, tritt mit 13 Jahren in die preußische Armee ein und nimmt 1792–1794 als Sekondelieutenant am ersten Koalitionskrieg gegen Frankreich teil. Seine geodätische Laufbahn beginnt 1796 mit der Abordnung zu den Aufnahmearbeiten für die topographische Karte Nordwestdeutschlands unter Lecoq. Nach der Abkommandierung zur Zach'schen Triangulation Thüringens kann er seine geodätischen Kenntnisse auch im Hinblick auf Fragestellungen der Erdmessung vertiefen, so wirkt er bei Zachs Untersuchungen zur Zeitübertragung mit Hilfe von Pulverblitzen und bei der Messung der Seeberger Grundlinie mit, s. [6.3.2]. Er nimmt dann 1806 an der Schlacht von Jena teil und muss nach der Niederlage Preußens aus der Armee ausscheiden. Als Präsident des Straßen- und Vermessungswesens in Weimar (bis 1813) macht er sich um die zivile Vermessung des Herzogtums verdient, gleichzeitig veröffentlicht er unter dem Decknamen „*Weiß*" zahlreiche militärgeschichtliche, aber auch geodätische Abhandlungen. Bei Beginn der Freiheitskriege wird er dem Generalstab der schlesischen Armee unter Blücher zugeteilt und nach dem ersten Pariser Frieden 1814 zum Stabschef der am

Abb. 7.15. Friedrich Carl Ferdinand von Müffling (1775–1851). Aquarell. Bleistiftzeichnung von Franz Krüger, um 1815

Niederrhein stehenden Armee ernannt. Hier fasst er den Plan, die kartographische Lücke zwischen der Lecoq'schen Karte von Nordwestdeutschland und der Haas'schen Karte in Hessen-Darmstadt zu füllen, der König billigt 1814 die hierzu notwendige Triangulation. In der weiteren Diskussion erklärt der Kriegsminister v. Boyen zunächst die Herstellung einer Operationskarte einheitlichen Maßstabs für ganz Deutschland als erstrebenswert. Müffling verweist aber auf den guten geographischen Entwicklungsstand der Staaten südlich des Mains, die für den angestrebten Zweck hinreichenden Aufnahmen von Westfalen (Lecoq) und Mecklenburg (Schmettau) sowie die geplante Triangulation Hannovers durch Gauß. Er fordert deshalb zunächst die Schaffung eines Hauptdreiecksnetzes vom Rhein bis an die Elbe und den Anschluss an die von Textor und Oesfeld durchgeführten Vermessungen in der Mark Brandenburg (Degner 1940). Die bereits angelaufenen Aufnahmearbeiten werden 1815 bei der Rückkehr Napoleons unterbrochen. Müffling wird als Verbindungsoffizier Blüchers zum Herzog von Wellington abgestellt, erlebt die Niederlage Napoleons bei Waterloo mit und wird dann für einige Monate zum Gouverneur von Paris ernannt. Bis 1818 fungiert er als Vertreter Preußens bei den Okkupationstruppen, verfolgt aber auch in dieser Zeit die topographischen Arbeiten im Rheinland und ihre Erweiterung weiter; 1821 wird er „Chef des Generalstabes der Armee". 1823 zum Ehrenmitglied der Berliner Akademie der Wissenschaften gewählt, wird er 1830 auf eigenen Wunsch zum Kommandierenden General des VII. Armeekorps in Münster ernannt, nachdem er bereits 1829 in diplomatischer Mission in Konstantinopel erfolgreich bei der Friedensvermittlung zwischen Russland und der Türkei tätig war. Es folgen (1838) die Ernennungen zum Präsidenten des Staatsrates und zum Gouverneur von Berlin, 1847 scheidet er aus dem aktiven Dienst aus (Behr 2003).

Müfflings Ziel ist die Herstellung eines einheitlichen Kartenwerkes vom westlichen Preußen unter Beibehaltung des französischen Maßstabs 1:86 400, für die mittleren und östlichen Teile Preußens hält er dagegen den metrischen Maßstab 1:100 000 für geeigneter. Grundlage hierfür soll eine umfassende trigonometrische Vermessung Preußens sein, die im Westen an die französische Gradmessung anschließt. Zurückgestellt werden kann die Aufnahme von Westfalen und von Ost- und Westpreußen, da hier mit der Lecoq'schen Aufnahme bzw. der Schroetter'schen Karte zunächst ausreichende Kartenwerke vorliegen, s. [6.1.2], [7.2.1]. Das gilt auch für die Rheinlande, nachdem v. Müffling von den Arbeiten des Colonels Tranchot erfahren und aus Paris schließlich auch dessen Unterlagen erhalten hat, s. [6.1.1].

Für die geodätisch-kartographischen Arbeiten war 1816 bei der Neuorganisation des Generalstabs eine eigene „Aufnahmeabteilung" gebildet worden. Die Unterabteilung für die Gebiete am Rhein und in Thüringen wurde v. Müffling direkt unterstellt, während für die Provinzen an und östlich der Elbe der Chef des Generalstabes die Leitung erhielt. Hier wird der früher im Statistischen Bureau tätige Major v. Oesfeld für die trigonometrischen Messungen und der Capitän *Carl von Decker* (1784–1844) für die topographischen Aufnahmen zuständig. Für die Aufnahmen im Westen richtet Müffling ein Aufnahme- und Zeichenbureau in Koblenz unter dem Major *Friedrich Ludwig Karl Knackfuß* (1772–1842) ein, nachdem bereits 1814 ein Zeichenbüro in Aachen mit der Sammlung und Auswertung vorhandener Karten beauftragt worden war; mit dem Fortschritt der Arbeiten wird das Büro 1820 nach Erfurt verlegt. Zu den in den Sommermonaten dorthin kommandierten Offizieren gehört auch der Sekondelieutenant Baeyer, auf dessen Leistungen für die Landesvermessung und die Erdmessung wir später zurückkommen, s. [7.2.3], [8.1.1]. Mit der Ernennung Müfflings zum „Chef des Generalstabes der Armee" geht 1821 die obere Leitung der gesamten militärischen trigonometrischen und topographischen Landesaufnahme an v. Oesfeld über.

Unter Mufflings Regie wird zunächst von 1816 bis 1821 im Anschluss an die Tranchot'schen Dreiecke (Seite Nürburg–Fleckert) eine *Kette I. Ordnung* vom Rhein bis zur Linie Brocken–Seeberg beobachtet; dabei wird an die Sternwarte in Gotha und den wieder hergestellten Südteil der Zach'schen Basis angeschlossen, Abb. 7.16. Die mit dieser Basis und mit den Grundlinien Ensisheim, s. [6.1.1], Darmstadt, s. [6.2.3] und der englischen Basis Romney Marsh möglichen Maßstabskontrollen zeigen Abweichungen von 0,1–0,2 m/km. Die Triangulation erstreckt sich auch über hessische und thüringische Gebiete, wobei der Astronom Encke die Winkelmessungen auf der Seeberger Sternwarte und dem Inselsberg übernimmt. Bis 1822 werden dann auch die Verdichtungstriangulationen II. und III. Ordnung vom Rheinland bis Thüringen abgeschlossen, verwendet werden aber auch vorhandene Netze wie das von Benzenberg. Darüber hinaus plant Müffling bereits früh die Weiterführung dieser Triangulation nach Osten und Anschlüsse an die österreichischen und russischen Gradmessungen, also einen deutschen Beitrag zur Erdmessung.

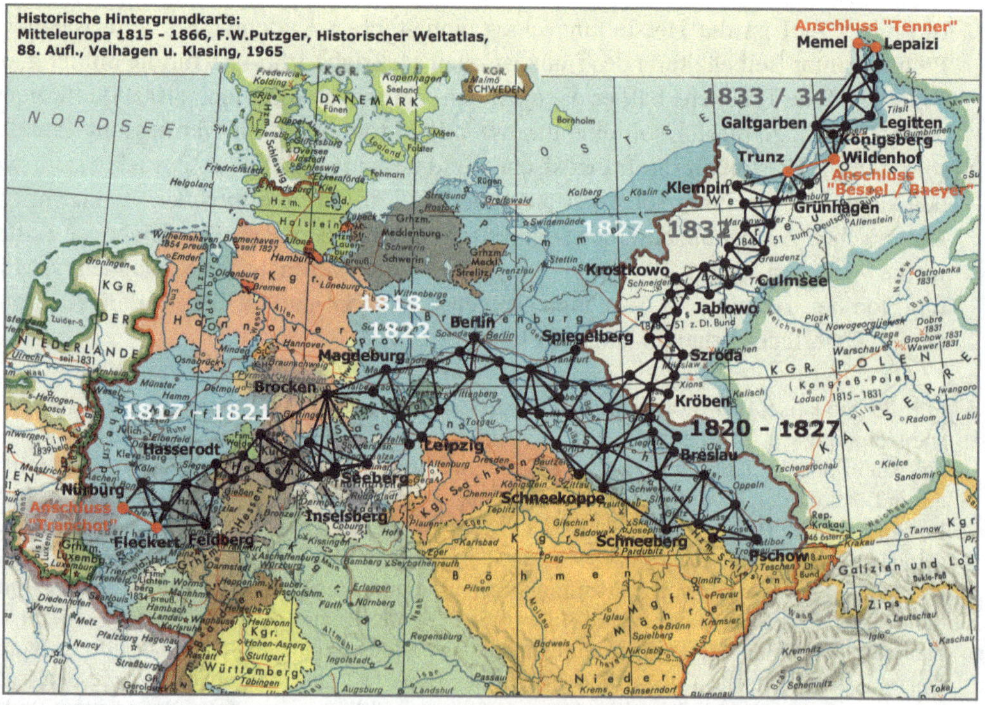

Abb. 7.16. Dreiecksketten des Preußischen Generalstabs vom Rhein über Schlesien bis Ostpreußen, 1817–1834

Müfflings Interesse an einer Gradmessung mag auf seine Teilnahme an der Zach'schen Triangulation in Thüringen zurückzuführen sein. Nachdem der Vorschlag einer Triangulationskette vom Rhein über den Seeberg bis Berlin vom preußischen König gebilligt worden war, versucht Müffling in einer Vorlesung im Bureau des Longitudes in Paris auch die französischen Gelehrten, insbesondere Delambre, für das Projekt einer Längengradmessung mit Anschluss an die französische Basis bei Dünkirchen zu gewinnen. Diese Erweiterung nach Westen kommt jedoch über Vorarbeiten (Erkundung von Punkten zur Zeitübertragung mit Hilfe von Pulversignalen) nicht hinaus. Mit den nach und nach unter der Regie des Generalstabs entstehenden Dreiecksketten vom Rhein bis Ostpreußen entsteht schließlich immerhin eine Müfflings Ideen entsprechende trigonometrische Verbindung zwischen West- und Osteuropa; die spätere Gradmessung in Ostpreußen kann als letzter Schritt hierzu angesehen werden. Erwähnenswert ist in diesem Zusammenhang auch, dass Baeyer bereits 1823 im Auftrage Müfflings eine Ellipsoidberechnung durchführt. Er verwendet dazu die 15 Dreiecke der Müffling'schen Kette sowie französische und holländische Triangulationen. Aus dem rechnerisch abgeleiteten großen Dreieck Dünkirchen-Seeberg-Mannheim ergibt sich schließlich ein Ellipsoid mit der Abplattung 1:315,2 und einer großen Halbachse (auf der Seeberger Grundlinie basierend) von 6 376 931 m.

Östlich der Elbe wird unter v. Oesfeld zunächst durch eine Dreieckskette vom Seeberg nach Berlin (1818–1822) der Anschluss an die märkischen Dreiecksmessungen des Statistischen Bureaus hergestellt, dabei wird auch ein Dreiecksnetz um Berlin beobachtet. Es folgen eine Dreieckskette von Berlin nach Schlesien mit Anschluss an die österreichischen Dreiecksnetze in Böhmen (1820–1827) und eine Kette von Schlesien über die Provinz Posen bis zur Weichselmündung und zum Frischen Haff (1827–1832), jetzt bereits unter Müfflings Nachfolger, dem General *Johann Wilhelm von Krauseneck* (1775–1850), Schmidt (2007). In Ostpreußen entsteht auch die Verbindung zu der Anfang der 1830er Jahre durchgeführten Gradmessung Dies führt uns bereits in die nächste, mit den Namen Bessel und Baeyer verknüpfte Epoche der preußischen Landesvermessung, s. [7.2.3].

Die Vermessungsarbeiten des Generalstabs folgen der von Müffling persönlich sofort nach seiner Ernennung zum Generalstabschef verfassten *„Instruction für die topographischen Arbeiten des Königlich Preußischen Generalstabes“* (1821), Abb. 7.17. Hierin werden erstmals einheitliche Regeln für die trigonometrischen Vermessungen (Triangulation I. bis III. Ordnung) und die topographische Aufnahme (Messtischverfahren), die Berechnung und die Kartierung festgelegt und durch Beispiele erläutert. Vorangegangen waren die bereits 1818 von Decker mit der Schrift *„Das militairische Aufnehmen, oder vollständiger Unterricht in der Kunst, Gegenden sowohl regelmäßig als nach dem Augenmaße aufzunehmen“* aufgestellten Regeln für die Detailvermessung und ein *„Musterblatt für die topographischen Arbeiten“*, Abb. 7.18.

In der Einleitung der Müffling'schen Instruktion wird sehr klar erläutert: *„Der Zweck dieser Instruction ist: den militairisch-topographischen Arbeiten, welche der preußische Staat ausführen lässt, ein solche Gleichförmigkeit zu geben, dass durch festbestimmte Normen, das Zusammenarbeiten vieler einzelner Glieder, die Revision des Vorhandenen, und das Wiederanknüpfen an abgebrochene, oder das Vollenden angefangener Messungen erleichtert wird“.*

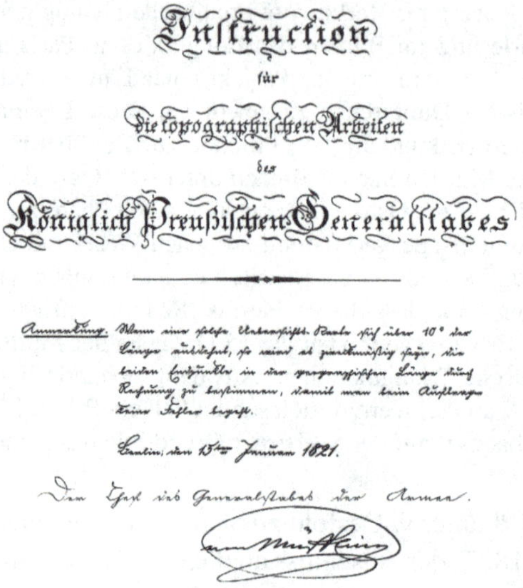
Instruction

für

die topographischen Arbeiten

des

Königlich Preußischen Generalstabes

Anmerkung. Wenn eine solche [illegible] sich über 10° der Länge ausdehnt, so wird es zweckmäßig seyn, die beiden Eckpunkte in der geographischen Länge durch Rechnung zu bestimmen, damit man beim Auftragen keine Fehler begeht.

Berlin, den 15ten Januar 1821.

Der Chef des Generalstabs der Armee.

Abb. 7.17. Titelseite und Einleitung (gekürzt) von Mufflings „Instruction für die topographischen Arbeiten des Königlich Preußischen Generalstabes", 1821

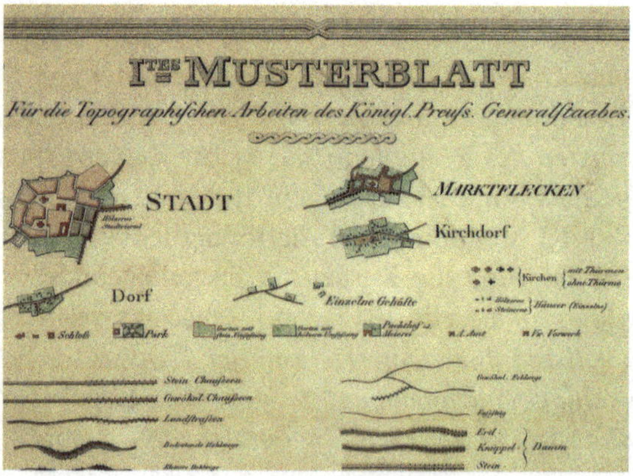

Abb. 7.18. Decker'sches Musterblatt für die topographischen Arbeiten des Königl. Preußischen Generalstabes (Ausschnitt), 1818

Unter anderem wird nun die Preußische Rute als einheitliche Maßeinheit eingeführt, der Dreiecksschlussfehler in der Triangulation I. Ordnung auf 3″ begrenzt und die sphärische Dreiecksberechnung (Soldner'sche Additamentenmethode) vorgeschrieben, während die II. und III. Ordnung mit der ebenen Trigonometrie berechnet wird. Bei der Netzplanung verfolgt Müffling das Ziel, eine möglichst kleine Anzahl von möglichst gleichseitigen Dreiecken zu messen, was zu teilweise sehr langen Seiten mit entsprechend hohem Beobachtungsaufwand führt. In der I. Ordnung werden Seitenlängen zwischen 15 000 und 25 000 Ruten und Winkel >24° vorgesehen. Der Berechnung wird auf Vorschlag von v. Oesfeld ein Ellipsoid mit der Abplattung 1:310 zugrunde gelegt („Müffling-Ellipsoid"). Dieser Wert berücksichtigt die Ergebnisse neuerer Ellipsoidberechnungen (Laplace, Delambre, v. Zach, Walbeck), er wird von der Preußischen Landesaufnahme bis 1866 beibehalten.

Die in dieser Epoche der preußischen Landesvermessung entstehenden *Dreiecksnetze* sind – der Müffling'schen Instruktion entsprechend – sehr weitmaschig angelegt mit 1–2 Punkten je Messtischblatt. Die trigonometrischen Punkte sind entweder Hochpunkte (Türme von Kirchen, Burgen etc.) oder Bodenpunkte, die mit eingegrabenen Holzpfählen vermarkt und zur Beobachtung benutzt werden. Sie werden durch hölzerne Beobachtungsgerüste (einfache Pyramidensignale) kenntlich gemacht, eine dauerhafte Vermarkung unterbleibt, Abb. 7.19. Beobachtet werden grundsätzlich Einzelwinkel je nach Sichtbarkeit der Ziele, mit mindestens 5, meist 10–30 und manchmal bis zu 90 (!) Repetitionen mit dem Kriterium, dass eine weitere Messung die Bogensekunde nicht mehr verändert. Reichenbach'sche Repetitionstheodolite (32 cm-Kreisdurchmesser, 35-fache Vergrößerung) ersetzen bald den anfangs noch benutzten Sextant oder Borda-Kreis. Bei sehr langen Seiten werden die Winkel anfangs nachts bei künstlichem Licht (Petroleumlampen) gemessen (nach dem Muster von Biot und Arago im südlichen Teil der französischen Gradmessung). Später werden nach Gauß'schem Vorbild Heliotrope benutzt, wobei sich die Repsold–Bertram'sche Konstruktion (1821/1829) besonders bewährt. Die Dreiecksschlüsse der Ketten vom Rhein bis Ostpreußen halten die Fehlergrenze von 3″ weitgehend ein, doch ist den Beobachtungen durch Aussuchen und Verwerfen wohl des öfteren ein bedeutender Zwang angetan worden (Brief von Gerling an Gauß vom 18.1.1824, Gerardy 1964, S. 16 ff.). Eine Neuberechnung (Ausgleichung) der Ketten vom Rhein bis Berlin ergab einen mittleren Winkelfehler von 1″, einen Maßstabsfehler von rund 0,1 m / 1 km und eine (relative) Lageunsicherheit von 1 bis 1,5 m, was der Genauigkeit der Tranchot'schen Triangulation entspricht (Schmidt 1973). Berechnet werden nach dem Vorbild von Cassini rechtwinklige (und geographische) Koordinaten, mit dem durch Paris

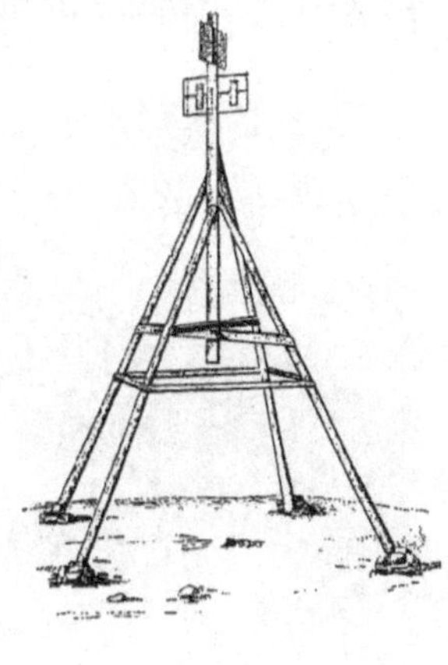

Abb. 7.19. Pyramidensignal, preußische Triangulationen der 1820er Jahre

laufenden Bezugsmeridian; v. Oesfeld bezieht sich bei den Arbeiten östlich der Elbe dagegen zunächst auf den Meridian durch die Berliner Sternwarte.

Abb. 7.20. Messtischblatt 1:20 000, Blatt Siegburg (verkl. Ausschnitt), aufgenommen 1816/18 von Lt. Baeyer

Die *topographischen Arbeiten* folgen der Triangulation mit einiger Verzögerung. Aufnahmemaßstab ist im Westen – im Anschluss an Tranchot – zunächst 1:20 000 (Abb. 7.20). Mit der Müffling'schen Instruktion wird dann der Maßstab 1:25 000 (8 Dezimalzoll : 1 Meile) eingeführt (Abb. 7.21). Für die Detailaufnahme wird das trigonometrische Netz durch Einschneiden mit dem Messtisch weiter verdichtet. Bei der eigentlichen Aufnahme werden anfangs noch Spiegelsextant, Astrolabium und Bussole eingesetzt, bald aber nur noch der Messtisch mit Diopterlineal bzw. Kippregel (ab Anfang der 1840er Jahre). Vom Westen ausgehend, ist 1828 Schlesien aufgenommen, es folgen bis 1838 die Provinz Sachsen, die Altmark, Posen und Pommern. Wiederholungsmessungen finden in Brandenburg und von 1836 bis 1860 im Rheinland und in Westfalen sowie in Mitteldeutschland statt. Aufgenommen werden auf Grund besonderer Vereinbarungen auch Teile Kurhessens und die thüringischen Kleinstaaten, etwa die Herrschaft Schmalkalden (Kahlfuß 2001).

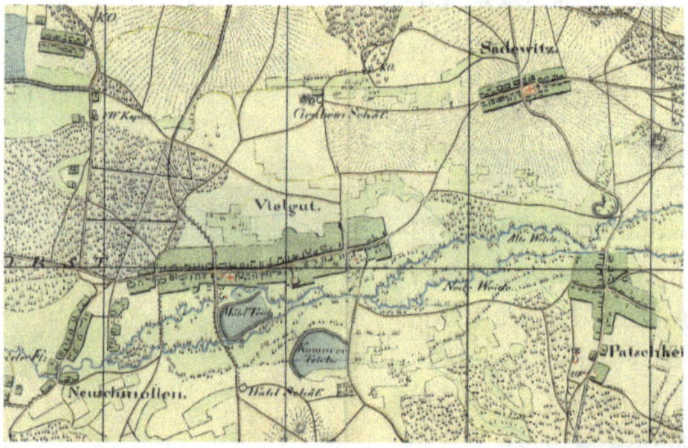

Abb. 7.21. Topographisches Aufnahmeblatt 1:25 000, Blatt Oels (verkl. Ausschnitt), aufgenommen 1828 von Lt. Baron v. Moltke

Von den *„Quadratmeilenblättern"* (die quadratischen Aufnahmeblätter hatten die Seitenlänge einer preußischen Meile = 7,532 km) der Anfangszeit wird ab 1828 auf die von Müffling vorgesehene, durch geographische Koordinaten begrenzte „Preußische Polyederprojektion" (Abb. 7.22) übergegangen, mit der Messtischblattgröße von $6'$ (Breite) $\times$ $10'$ (Länge), Krauß (1969). Als Folgemaßstäbe entstehen im Westen die Karte 1:86 400 (Abb. 7.23) und später 1:80 000, da Frankreich und Belgien auf diesen Maßstab übergegangen waren, im Osten die Karte 1:100 000; die Karten werden im Lithographischen Institut des Generalstabs gedruckt (Degner 1930/31). Die Höhenverhältnisse werden durch Lehmann'sche Schraffen dargestellt, sie werden auf Müfflings Vorschlag zwischen 5° und 25° durch zusätzliche Linien verdichtet (Spata 2002).

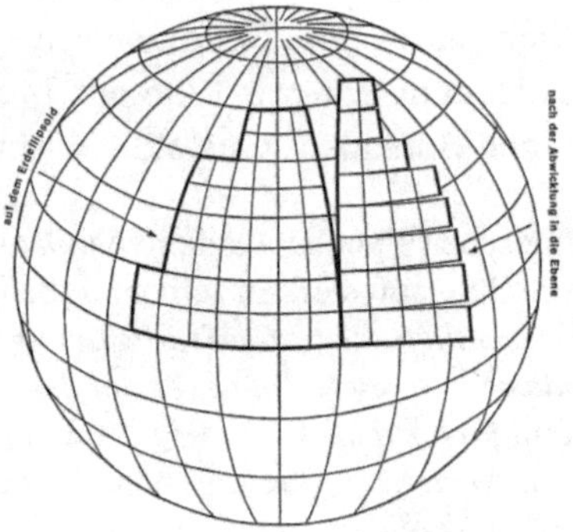

Abb. 7.22. Preußische Polyederabbildung

Abb. 7.23. Preußische Generalstabskarte 1:86 400, Blatt Bonn (verkl. Ausschnitt), etwa 1821

Die bei häufigem Personalwechsel unter großem Zeitdruck hergestellten Generalstabskarten der Jahre 1816–1830 weisen erhebliche Mängel auf, so dass der Generalstab sie zunächst nicht zur Veröffentlichung freigibt. Unter Druck der zivilen Nutzer erfolgt erst 1841 eine Freigabe der Blätter unter dem Titel *„Top. Karte vom Preußischen Staate mit Einschluss der Anhaltinischen und Thüringischen Länder"*, die kartographische Lücke war zwischenzeitlich durch die „Reymann'sche Karte" 1:200 000 geschlossen worden, s. [7.2.1]. Dieses Kartenwerk war 1836 auf 142 Blätter angewachsen, der Direktor des Trigonometrischen Bureaus v. Oesfeld erwirbt nun die Verlagsrechte.

Die Arbeiten dieser Müffling'schen Epoche werden von Gauß und Bessel positiv, von Gerling dagegen eher skeptisch beurteilt. Gauß stellt in seinem Arbeitsbericht (1821) fest: *„... Im Süden ... ist es zugleich sehr wesentlich, sie („die Gradmessung") an diejenigen fremden Messungen anzuschließen, welche das Königreich Hannover auf der Südseite berühren. In diesem Falle befinden sich die von der Königlich Preußischen Regierung veranstalteten und mit großer Sorgfalt ausgeführten Messungen, sowie ... "*. Gerling hält allerdings die preußische Triangulation *„bei aller Hochachtung vor dem Verdienste des Generals v. Müffling"* nicht für geeignet, um seine eigenen Dreiecke daran anzuschließen und beobachtet alle Punkte neu (Pfitzer 1913, S. 43). Die ungenügende Vermarkung der Dreieckspunkte ist auch hier wieder ein – nachträgliches – Argument gegen diese Triangulation. So urteilt Baeyer (1868) folgendermaßen: *„Durch das Unterlassen der Festlegungen ist die große Hauptdreieckskette des Generalstabes vom Rhein zur Weichsel völlig verloren gegangenen"*. General v. Morozowicz, der erste Chef der späteren Preußischen Landesaufnahme, äußert sich 1879 wie folgt: *„... In 12 Jahren ... mit unzureichenden Mitteln ein Kartenwerk ... zu schaffen, das war mehr das militärische Erzeugnis eines Landeskrokis, einer geographischen Skizze, welche in militärischer Beziehung mit dem umfassendsten Nutzen verwertet worden ist, als eine systematische Aufnahme, für welche die gedachten Arbeiten vor dem Jahre 1830 auch nie ausgegeben worden sind"* (Jordan–Steppes 1882, Band 1, S. 184).

7.2.3 Die Bessel–Baeyer'sche Epoche: Wissenschaftlich-technische Durchdringung

Die auf Müffling folgende Entwicklung der preußischen Landesvermessung ist bis 1875 unter den Generalstabschefs *von Krauseneck* (General der Infanterie, Amtszeit 1829–1848), *von Reyher* (General der Kavallerie, 1848–1857) und des späteren Generalfeldmarschalls *von Moltke* (1857–1875) zunächst durch die Weiterführung dieser ersten staatlich organisierten Landesaufnahme, dann aber bald auch durch vollständige Neuaufnahmen gekennzeichnet. Diese werden durch steigende Anforderungen an die Qualität der Kartenwerke und ihrer geodätischen Grundlagen und die Wünsche der zunehmenden Zahl von Nutzern notwendig (dichteres Festpunktfeld, dauerhafte Vermarkung der trigonometrischen Punkte, verbesserte topographische Aufnahme, Geländedarstellung durch Höhenlinien, Veröffentlichung der Generalstabskarte, Herstellung eines auch zivilen Zwecken dienenden Kartenwerkes 1:25 000 usw.). Besonders im Bereich der geodätischen Grundlagen findet dabei – mit den Namen Bessel und Baeyer verbunden – eine immer stärkere wissenschaftliche Durchdringung statt.

Die Bessel–Bayer'sche Epoche beginnt mit der berühmten Gradmessung in Ostpreußen. Auslöser ist eine 1829 von russischer Seite offiziell ausgehende Anregung, eine Verbindung zwischen den russischen Dreiecksmessungen im Baltikum und den unter v. Müffling und seinen Nachfolgern entstandenen preußischen Dreiecksnetzen herzustellen.

In Westrussland einschließlich Polens wird zu dieser Zeit unter General *Karl Ivanovic von Tenner* (1783–1859) eine militärische Landesaufnahme durchgeführt (1816–1837), die eine von *Friedrich Georg Wilhelm Struve* (1793–1864), Direktor der Sternwarte in Dorpat und später (ab 1834) in Pulkovo, veranlasste Breitengradmessung im Baltikum einschließt (Truck 1903). Bis 1855 werden diese Dreiecksketten dann zu einem von Hammerfest bis zur Donaumündung reichenden Meridianbogen erweitert – der „Struve-Bogen" wird übrigens 2005 in die Liste des UNESCO-Welterbes aufgenommen.

Nachdem Prof. Bessel, Direktor der Sternwarte in Königsberg, positiv zu dem russischen Vorschlag Stellung genommen und auf die Bedeutung einer Verbindungsmessung gerade auch für die Erdmessung hingewiesen hat, wird diese dann 1832–1835 unter seiner Leitung durchgeführt (Hamel u. Buschmann 1996).

Friedrich Wilhelm Bessel (1784–1846, Abb. 7.24) wählt *„wegen seiner großen Neigungen zum Rechnen"* zunächst den Kaufmannsstand und beginnt 1798 eine Lehre als Handlungsgehilfe in Bremen mit dem Ziel, Handelsbeauftragter im Überseegeschäft zu werden. Seine gründliche Vorbereitung umfasst auch des Erlernen von Fremdsprachen und das Studium der astronomischen Grundlagen der Nautik, dabei stößt er auf Bohnenbergers „Anleitung zu geographischen Ortsbestimmungen". Begeistert von dieser neuen Welt der Mathematik und Astronomie arbeitet er sich im Selbststudium ein und führt 1804 eine neue Bahnberechnung des Halley'schen Kometen durch. Olbers, dem er die Arbeit vorlegt, erkennt sofort die außergewöhnliche Begabung des jungen Amateurastronomen und empfiehlt sie v. Zach zur Veröffentlichung in dessen „Monatlicher Correspondenz zur Beförderung der Erd- und Himmelskunde". Er fördert ihn auch weiter und vermittelt den Kontakt zu Gauß, den er bei der Berechnung von Planetenbahnen unterstützt. Nach Abschluss der Lehrzeit nimmt Bessel eine Stelle als Inspektor der Privatsternwarte des Oberamtmanns Schroeter in Lilienthal bei Bremen an, wo er sich weiter in der Beobachtungstechnik übt und Bahnberechnungen durchführt. Das Angebot Benzenbergs, zur Mitarbeit an der Bergischen Landesvermessung nach Düsseldorf zu kommen, lehnt er ab. Kurz darauf erhält er 1809 (mit 25 Jahren und ohne ein Universitätsstudium absolviert zu haben!) das Angebot des preußischen Unterrichtsministers, den Bau einer neuen Sternwarte in Königsberg zu leiten und eine Professur für Astronomie an der Universität zu übernehmen. In seinem 36jährigen Wirken in Königsberg entwickelt sich die Sternwarte zu dem wohl bedeutendsten Zentrum

Abb. 7.24. Friedrich Wilhelm Bessel (1784–1846). Portrait nach einer Kreidezeichnung von Herterich 1825

astronomischer Forschung jener Zeit. Mit seiner hochentwickelten Beobachtungstechnik (u. a. mit Meridiankreisen von Reichenbach und Repsold) und intensivster Beobachtungstätigkeit (für die Schaffung eines neuen Fundamentalsystems werden in 12 Jahren rund 75 000 Beobachtungen von etwa 32 000 Sternen durchgeführt!) und den daraus folgenden Ergebnissen (z. B. die erstmalige Messung einer Fixsternparallaxe) setzt Bessel ganz neue Maßstäbe in der Positionsastronomie. Seine geodätischen Arbeiten führen zu einer wissenschaftlichen Durchdringung der Beobachtungskunst, aber auch zu neuen theoretischen Entwicklungen und zu Ergebnissen, welche die Geodäsie über 100 Jahre und mehr prägen. Als Bessel im Alter von 62 Jahren stirbt, umfasst sein wissenschaftliches Werk fast 400 Titel (Seeber 1984, Ławrynowicz 1995).

Durch Bessels Initiative wird aus der vorgesehenen Verbindungstriangulation eine eigenständige *Gradmessung* („schräg zum Meridian") hoher Genauigkeit. Eine Grundlinie (1,8 km) wird mit dem von Bessel entwickelten Basisapparat bei Königsberg gemessen, und astronomische Ortsbestimmungen werden in Memel, Trunz und Königsberg durchgeführt (Abb. 7.25). Bei der Grundlinienmessung geht Bessel von der bisherigen Handhabung der Messung langer Linien (10 km und mehr) ab, möglich wird das durch eine genauere Streckenmessung und ein sorgfältig beobachtetes Basisvergrößerungsnetz. Für die astronomischen Ortsbestimmungen wird ein transportables Passageinstrument benutzt, die Richtungsmessungen (unvollständige Richtungssätze) werden überwiegend mit einem 15-zölligen Theodolit von Ertel (Noniablesung 2″, Objektivdurchmesser 46 mm) durchgeführt, bei großen Entfernungen mit Heliotrop-Zielung. Die streng ausgeglichene Kette (Ausgleichung nach vermittelnden Beobachtungen mit Bedingungsgleichungen, mittlerer Winkelfehler ±0,7″) wird im Süden an die inzwischen bis zum Frischen Haff vorangetriebenen Dreiecksketten des Preußischen Generalstabs angeschlossen – die Gradmessung stellt also gleichzeitig den Abschluss dieser in der ersten Epoche der preußischen Landesvermessung angelegten Triangulation dar, s. [7.2.2]. Die aus dem Anschluss an die russischen Dreiecke einerseits und an die Basis Seeberg andererseits möglichen Maßstabsvergleiche zeigen im übrigen nur Differenzen von wenigen cm/km, ein weiterer Hinweis auf die Qualität der Arbeiten (Schmidt 2007).

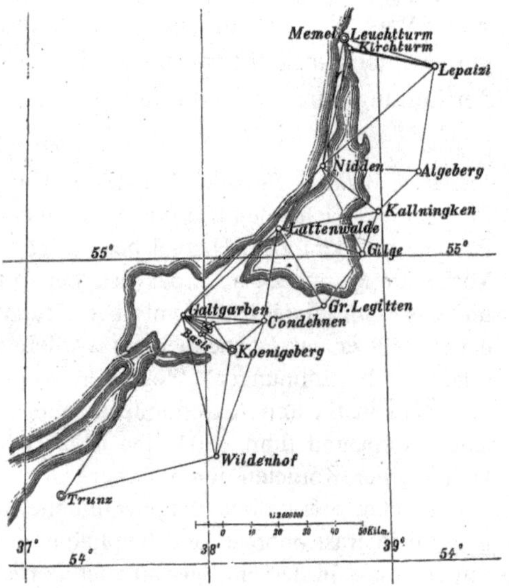

Abb. 7.25. Dreiecksnetz der Gradmessung in Ostpreußen, 1832–1835

Im Vorwort zu der von Bessel und Baeyer herausgegebenen Abschlusspublikation „Gradmessung in Ostpreußen und ihre Verbindung mit preußischen und russischen Dreiecksketten" (Berlin 1838) formuliert Bessel das Ziel, diese Gradmessung als Teil einer umfassenderen Bestimmung der Erdfigur zu nutzen: „... *Gegen Westen von dem Lande, in welchem die neue Gradmessung auszuführen war, liegen ausgedehnte Gradmessungen in Frankreich, England, Hannover und Dänemark, und es ist eine mit Sorgfalt gemessene Dreieckskette vorhanden, welche Herr Generallieutenant von Müffling, Exc., von den Dreiecken des Herrn Tranchot angefangen und durch Hessen, Thüringen und Brandenburg nach Schlesien geführt hat, welche die schon miteinander verbundenen französischen und englischen Gradmessungen nicht nur mit der dänisch-hannöver'schen Gradmessung, sondern auch mit bayerischen und österreichischen Messungen in Verbindung setzt und welche unter dem gegenwärtigen Chef des Königlichen Generalstabes, Herrn Generallieutenant Krauseneck, Exc., fortgesetzt und durch das Großherzogthum Posen und Westpreußen bis in die Nähe des Frischen Haffs geführt hat* ... ".

Von Bessels geodätischen, in die Gradmessung eingeflossenen oder aus ihr resultierenden Arbeiten nennen wir zunächst eine elegante Lösung für die Übertragung geographischer Koordinaten auf dem Ellipsoid (*„Erste Geodätische Hauptaufgabe"*), bei der die Konvergenz der Reihenentwicklung elliptischer Integrale durch Abbildung auf die „Bessel-Kugel" und anschließende sphärische Berechnung wesentlich verbessert wird; später wird das auch die Berechnung sehr langer Linien etwa in der Navigation ermöglichen. Für die Gradmessung wird von Bessel ein eigener *Basismessapparat* entwickelt. Er besteht aus vier Messstangen von 2 Toisen Länge, wobei nach dem Vorbild von Borda das Bimetallprinzip (Eisen- und Zinkstab) und die Messkeilmethode Verwendung finden. Der Bessel'sche Basismessapparat wird über fast einhundert Jahre bei zahlreichen Grundlinienmessungen in Deutschland (bis 1914 ist der Bessel-Apparat das Basismessgerät der Preußischen Landesaufnahme) und benachbarten Ländern benutzt. Im Zusammenhang mit der Gradmessung entwickelt Bessel auch ein Verfahren zur *Ausgleichung* unvollständiger Richtungssätze. Diese Art der Winkelmessung trägt erheblich zur Flexibilität der Triangulation bei, da die langen Wartezeiten für die gleichzeitige Sicht zu *allen* Zielpunkten entfallen. Gründlich untersucht wird von ihm auch die Zenitdistanzmessung und der Einfluss der *Refraktion* sowie die barometrische Höhenmessung (neue barometrische Höhenformel), s. [7.5]. Auf die im Rahmen der Realisierung der preußischen Längeneinheit von Bessel durchgeführten Pendelmessungen wird in [9.1] hingewiesen.

Im Zusammenhang mit der Bearbeitung der ostpreußischen Messungen stellt Bessel – in Fortsetzung der Gauß'schen Arbeiten – fest, dass die *„mathematische Erdfigur"* merkliche Abweichungen von einem Rotationsellipsoid aufweist, mit Wellenlängen kleiner als ein Grad. Konsequenterweise berechnet er dann sowohl ein Ellipsoid, das sich den Beobachtungen in Ostpreußen am besten anschließt ($a = 6\,387\,476$ m, $f = 1{:}302{,}51$) als auch ein global optimal angepasstes Ellipsoid. Dieses durch Ausgleichung von zehn Gradmessungen (peruanische, erste und zweite ostindische, französische, englische, hannoversche, dänische, preußische, russische und schwedische) berechnete *„Bessel-Ellipsoid"* von 1841 ($a = 6\,377\,397$ m, $f = 1{:}299{,}15$) wird 1866

Rechenfläche für die preußische Landesvermessung, aber auch in vielen anderen Ländern (u. a. in Österreich, Schweiz, Russland, Japan, Chile) benutzt.

Bessel hat sich übrigens noch 1828 in einem Brief an Alexander von Humboldt durchaus kritisch über den Nutzen neuer Gradmessungen für die Bestimmung eines Erdellipsoids geäußert: *„Die Abplattung der Erde scheint mir nur deshalb noch etwas zweifelhaft, weil man zu große Genauigkeit darin erreichen will. ... Wir wissen längst, dass sowohl die Pendelversuche als auch die Gradmessungen beträchtliche Ungleichheiten verrathen, welche Laplace so trefflich erläutert hat; eine neue Gradmessung mehr und selbst eine neue Pendel-Expedition scheinen mir daher für die Figur der Erde nicht mehr Interesse zu haben, als die Bestimmung von einem Dutzend Sterne für die Kenntnis des Himmels im Allgemeinen. Wenn man alle Messungen in Europa verbände und alle astronomisch bestimmten Punkte in die Operation zöge, so würde das zwar etwas mehr geben, weshalb ich auch Herrn von Müffling (der Gelegenheit dazu hat) einmal hierauf aufmerksam gemacht habe, aber dass wir die Unsicherheit, welche schon innerhalb der Größen von der Ordnung der unmittelbar sichtbaren Ungleichheiten und der durch Grad- und Pendel-Messungen sich verrathenden ist, noch beträchtlich vermindern sollten, ist mir nicht glaublich. ... Was ich durch Ihre früheren Bemerkungen über die gewaltige Ausdehnung der vulcanischen Heerde kennen gelernt habe, hat mir längst allen Muth genommen, eine Kenntnis der Erdfigur zu hoffen, welche nur einigermaßen mit der Vollendung zu vergleichen wäre, welche man erlangen kann, wenn es sich von Punkten handelt ...* “ (Felber 1994, S. 55 ff.).

Die Berechnung der Ellipsoidparameter aus Gradmessungen wird trotz der Erkenntnis über die Unvollkommenheit dieser Methode bis weit in das 20. Jahrhundert hinein fortgesetzt, wobei auch kombinierte Lösungen (große Halbachse aus Gradmessungen, Abplattung aus Schweremessungen) anfallen; zu nennen sind insbesondere die zahlreichen Lösungen von A. R. Clarke. Der übliche Ansatz, die Lotabweichungen zusammen mit den Beobachtungsfehlern als Zufallsgrößen einer Ausgleichung zu unterziehen, wird bereits von dem Mathematikprofessor *Philipp Fischer* (1818–1887) in seinen „Untersuchungen über die Gestalt der Erde“ (Darmstadt 1868) stark angegriffen, Helmert (1880, S. 587) vertieft diese Frage. Listing formuliert 1873 schließlich Minimumsbedingungen für die Lotabweichungen, um zu einer optimalen Anpassung von Geoid und Erdellipsoid zu gelangen, s. [8.2.2].

Von Seiten des Preußischen Generalstabs nimmt der 1831 hierzu abgeordnete Major Baeyer an der ostpreußischen Gradmessung teil, und *„diese Zusammenarbeiten des ideenreichen Astronomen Bessel mit dem in der Feldarbeit der Triangulation wohl erfahrenen Geodäten Baeyer erwies sich als überaus erfolgreich“* (Eggert 1911). Beachtlich ist, dass die Leitung der Gradmessung nach Übereinkunft mit v. Müffling dem Wissenschaftler Bessel und nicht dem Militär übertragen wird: *„... Ich bin gestern bei General Rühle gewesen, um ihn von Ihrem Abkommen mit Gen[eral] von Müffling, der Unterordnung der Officiere Ihren alleinigen astronomischen Bestimmungen etc., in Kenntnis zu setzen ..., und damit der Kriegsstand sich daran gewöhne, dem Astronomen – und welch einem! – untergeordnet zu sein ...* “ (Brief Alexander von Humboldts an Bessel vom 29.1.1830, Felber 1994, S. 66). Mit der Teilnahme an der ostpreußischen Gradmessung setzt sich die Karriere Baeyers bei der preußischen Landestriangulation fort. Die hohe Qualität der Gradmessung setzt aber nun neue Maßstäbe für die weiteren trigonometrischen Arbeiten und gibt Anlass, die bisherigen Triangulationen in Preußen als unzureichend anzusehen. Baeyer verfolgt dieses Ziel einer wissenschaftlich fundierten Landesvermessung sehr konsequent, was später zu erheblichen Konflikten mit dem Generalstab führt, s. u. und [8.1.2].

Johann Jacob Baeyer (1794–1885, Abb. 7.26), Kriegsfreiwilliger in den Befreiungskriegen, bleibt nach Friedensschluss Soldat, absolviert die Kriegsschule in Koblenz und nimmt ab 1816 als Leutnant an den von Müffling geleiteten topographischen und trigonometrischen Arbeiten im Rheinland und in Thüringen teil. 1821 wird er auf Veranlassung von Müffling zum Generalstab kommandiert, dieser macht ihn auch mit Bessel und Humboldt bekannt. Im Generalstab steigt Baeyer rasch auf und leitet schließlich als Dirigent von 1843 bis 1857 die Trigonometrische Abteilung, gleichzeitig wirkt er von 1825 bis 1857 als Lehrer für Mathematik und (ab 1832) Geodäsie an der Kriegsschule in Berlin (Buschmann 1994). 1857 scheidet Baeyer aus dem Dienst aus und wird in Würdigung seiner Verdienste unter „Charakterisierung" zum Generallieutenant dem neuen Generalstabschef von Moltke zur Disposition gestellt („charakterisierte" Offiziere waren in ihrem Dienstgrad den echt patentierten Offizieren gleichgestellt, erhielten jedoch das Gehalt bzw. die Pension des nächstniederen Grades. Offiziere, die „zur Disposition" – z. D. – gestellt wurden, konnten bei Bedarf wieder eingestellt werden), Dick (1996). Mit der Gründung der „Mitteleuropäischen Gradmessung" wird Baeyer dann zum Begründer und Organisator internationaler geodätischer Zusammenarbeit in der Geodäsie (Torge 1994), s. [8.1].

Abb. 7.26. Johann Jacob Baeyer (1794–1885)

Die unter Baeyer durchgeführten *Triangulationen* bauen auf den Bessel'schen Ideen auf, sie schließen an die bereits bestehenden Netze des preußischen Generalstabs an. Die „Küstenvermessung" längs der Ostseeküste (1837–1842) verbindet die ostpreußischen Dreiecke mit der dänischen Landesvermessung (dänischer Anschluss 1839–1841) und den Triangulationen westlich der Elbe, durch eine nach Süden abzweigende Kette (1842–1845) wird an die Netze um Berlin angeschlossen (Abb. 7.27, Abb. 7.28). Dabei entsteht der Trigonometrische Punkt Rauenberg südlich Berlin, der später über mehr als 100 Jahre für die deutsche Landesvermessung als Zentralpunkt dient.

Bei den umfangreichen Ausgleichungen dieser Netze wirkt übrigens der durch seine Kopfrechenkünste bekannte Schnellrechner Zacharias Dase mit. Er löst beispielsweise die bei der Berechnung der Anschlusskette nach Berlin auftretenden 86 Normalgleichungen in 3 1/2 Monaten richtig auf.

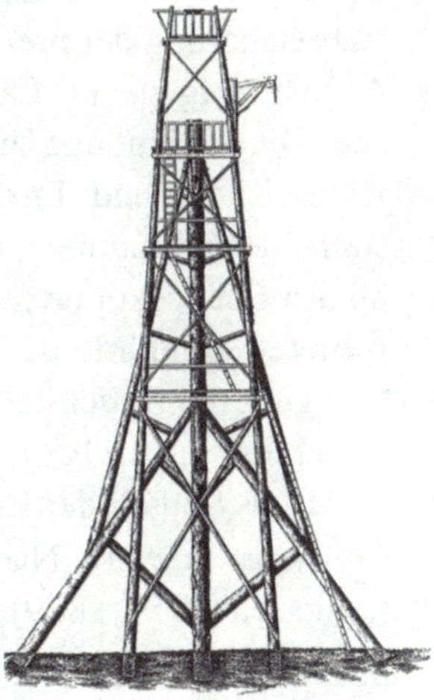

Abb. 7.27. Standpfeiler mit Beobachtungsgerüst, Küstenvermessung

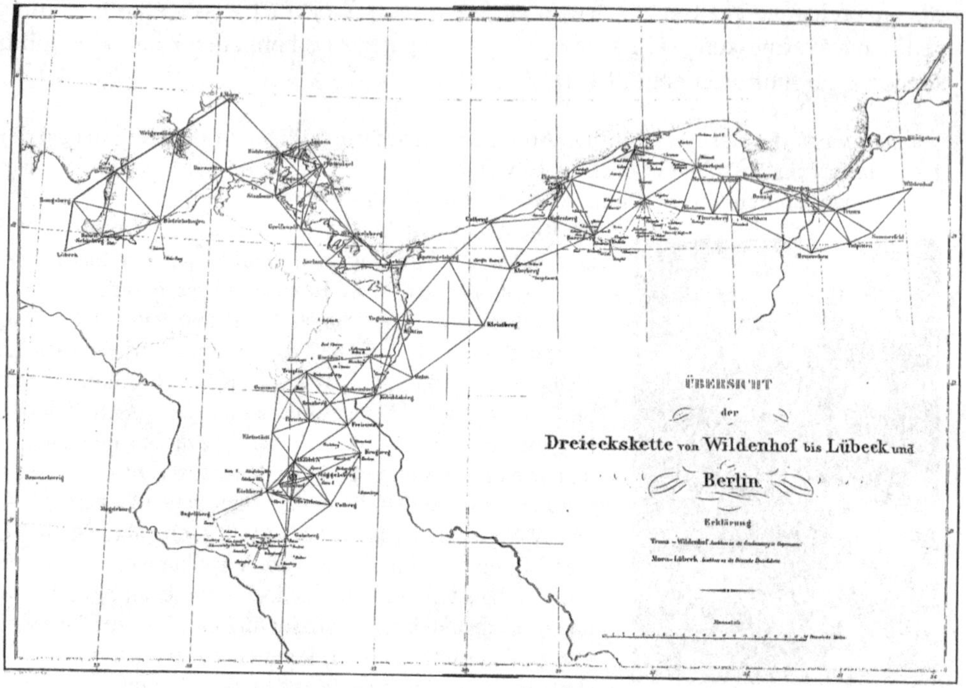

Abb. 7.28. Dreiecksketten der Küstenvermessung und Verbindung mit der Berliner Grundlinie, 1837–1845

Es folgen weitere Basismessungen bei Berlin (1846) und Bonn (1847), die zur Maßstabssicherung der preußischen Triangulation beitragen – damit wird die Müffling'sche Ansicht aufgegeben, dass die Zach'sche Basis bei Gotha zur Maßstabsfestlegung ausreiche. Die Verbindung zu den russischen Triangulationen wird durch weitere Anschlüsse bei Thorn und Tarnowitz verbessert. Die dabei entstehende Weichselkette (1853) stellt die Verbindung zur Küstenvermessung her, bei der Vermessung der von Tarnowitz bis zur Schneekoppe reichenden Schlesischen Dreieckskette (1852–1854) entsteht eine weitere Grundlinie bei Strehlen. Die Thüringer Lande werden von 1851 bis 1855 neu trianguliert, und schließlich wird die Mecklenburgische Verbindungskette (1855/56) als Anschluss an die beginnende mecklenburgische Landesvermessung angelegt, sie dient später als Südteil der Elbkette, s. [9.2.3].

Unter Baeyers Nachfolgern, den späteren Generalleutnants *Philipp von Hesse* (Amtszeit 1858–1869) und *Otto von Morozowicz* (1869–1875) führt die Trigonometrische Abteilung bzw. (ab 1865) das selbständige „Bureau der Landestriangulation" zunächst eine Neuberechnung der Ketten und Netze im Osten Preußens durch. Es folgt eine vollständige Neutriangulation (Dreiecksketten und Füllnetze) I. bis III. Ordnung in den bisher nicht vermessenen Teilen der östlichen Provinzen. Gleichzeitig wird die Anzahl der trigonometrischen Punkte je Messtischblatt erhöht, was zu einer wesentlichen

Qualitätsverbesserung der topographischen Aufnahme führt. Zunächst wird die Provinz Ostpreußen von 1858 bis 1862 durch drei Ketten erschlossen, anschließend wird 1865–1875 eine Kette quer durch Pommern beobachtet. Von 1868 bis 1872 folgt die als Doppelkette angelegte Märkisch-Schlesische Dreieckskette, die Schlesisch-Posensche Kette (1868–1872) stellt die Verbindung zu der Pommerschen Kette her. 1872/1873 bzw. 1877 wird der Raum zwischen der Schlesisch-Posenschen Kette und der russischen Grenze durch das Posensche Dreiecksnetz und das Schlesisch-Posensche Netz ausgefüllt, das Märkische Dreiecksnetz (1873/74) schließt den Raum zwischen der Küstenvermessung und der Schlesisch-Posenschen Kette. Zur raschen Erfassung des 1866 neu erworbenen Schleswig-Holstein wird 1869 die Schleswig-Holsteinische Kette mit der Basis Braak (1871) beobachtet, es folgt der nördliche Teil (1874/1875) der bereits 1856 begonnenen Elbkette. Dies ist auch der Abschluss dieser in Anlage, Messung und Ausgleichung (nach bedingten Beobachtungen mit Anschlusszwang an die bereits fertiggestellten Netzteile) einheitlichen Bearbeitung der Triangulationen östlich der Elbe, danach treten wir in die „Schreiber'sche" Epoche der Landesvermessung ein, s. [9.2.3].

Für die Berechnung der Ketten und Netze östlich der Elbe wird 1865 ein einheitliches Bezugssystem eingeführt, das *Geodätische Datum* hierfür ist durch die geodätischen Koordinaten des Punktes Rauenberg („Zentralpunkt") festgelegt. Diese werden den astronomischen Koordinaten gleichgesetzt, die durch geodätische Übertragung von der alten Berliner Sternwarte (Ortsbestimmung durch Encke 1859) erhalten werden. Es werden also die Lotabweichungen im Zentralpunkt zu Null angenommen; ein bald festgestellter Fehler von über 13″ in der geographischen Länge wirkt sich nur als konstante Verschiebung aus und ist deshalb innerhalb Preußens unschädlich. Das bereits von Baeyer bestimmte astronomische Azimut von Rauenberg zur nur 8 km entfernten Marienkirche in Berlin liefert die azimutale Orientierung des Netzes. Eine Aussage über die Höhenlage der Rechenfläche „Ellipsoid" zum Geoid als Niveaufläche im mittleren Meeresniveau wird nicht vorgenommen. Dieser vertikale Abstand ist indirekt durch die Reduktion der drei im Osten gelegenen Grundlinien (Königsberg, Berlin, Strehlen) auf das Geoid statt auf das Ellipsoid festgelegt, die beiden Flächen fallen dadurch im Bereich der Grundlinien zusammen. Als Rechenfläche wird das „Bessel-Ellipsoid" von 1841 eingeführt, es ersetzt das „Müffling-Ellipsoid".

Auch die auf die Müffling'sche Epoche folgenden Haupttriangulationen des Preußischen Generalstabs leiden daran, dass es dauerhafte Punktvermarkungen mit Ausnahme der unter der Leitung Baeyers ausgeführten Messungen nicht gab, auch ist die Qualität der Messungen recht unterschiedlich. So stellt Baeyer 1851 in seiner Denkschrift, s. [7.2.4], fest: *„Von den früheren Arbeiten können (nur) benutzt werden … die Hauptdreiecke des Generalstabes, welche in der Gradmessung in Ostpreußen und in der Küstenvermessung niedergelegt sind. Von den älteren Hauptdreiecken aber nur diejenigen, wo die Stationspunkte sich wieder auffinden lassen."* In seinem späteren Konflikt mit dem Generalstab – jetzt als Präsident der Mitteleuropäischen Gradmessung – wird Baeyer 1864 in einem Brief an Vorländer noch deutlicher: *„Nun trianguliert der Generalstab seit 1817 und hat außer den Hauptdreiecken keine brauchbaren Punkte. Früher waren nur zwei, höchstens drei Offiziere dazu kommandiert, wozu die befähigsten aus-*

gesucht wurden, und ihre Arbeiten sind nicht zu gebrauchen, weil sie keine Anleitung erhielten und alle drei Jahre wechselten" (Pfitzer 1914). Hier wird der grundsätzliche Gegensatz zwischen dem von Bessel inspirierten Wissenschaftler Baeyer und den Militärgeodäten des Generalstabs sichtbar, hierauf wird in [8.1] weiter eingegangen.

Neben dem wissenschaftlich fundierten, stark durch Bessels Arbeiten bestimmten Ausbau der preußischen Landestriangulation befasst sich Baeyer in seiner Zeit im Generalstab auch mit Maßstabsvergleichen zwischen den russischen und preußischen Grundlinien und mit dem Studium des Mittelwassers der Ostsee. Dabei geht er noch von der Annahme aus, dass die an verschiedenen Orten beobachteten Mittelwasser alle derselben Niveaufläche angehören. Mit dem „trigonometrischen Nivellement" entwickelt er schließlich eine leistungsfähige Methode zur relativen Höhenbestimmung, s. [7.5].

Die *topographischen Arbeiten* dieser Epoche folgen dem bisherigen Muster der Messtischaufnahme 1:25 000, auch finden umfangreiche Neumessungen im Westen statt, s. [7.2.2]. Von den 1840er Jahren an werden bei der Aufnahme auch Höhenlinien (im Fußmaßstab) konstruiert (Abb. 7.29). Das Preußische Handelsministerium gibt diese Blätter ab 1868 im Druck heraus – ein weiterer Erfolg bei der Nutzung der militärischen Landesaufnahme für zivile Zwecke. Für die „Generalstabskarte" wird von den 1860er Jahren in ganz Preußen auf den Maßstab 1:100 000 und den Blattschnitt 15′ (Breite) × 30′ (Länge) übergegangen.

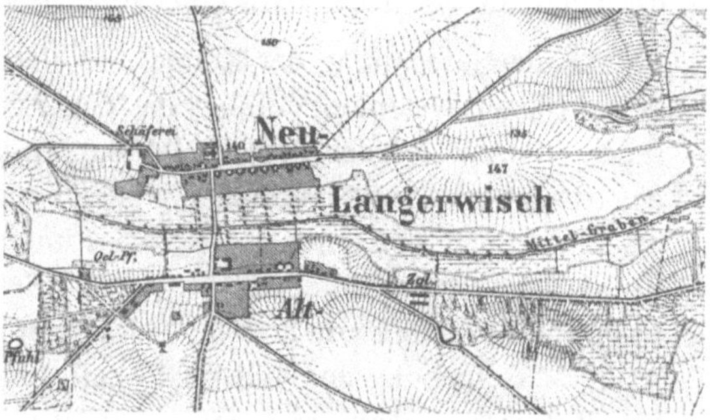

Abb. 7.29. Messtischblatt 1:25 000 mit Höhenlinien und Schraffen, Blatt Potsdam (Süd) (verkl. Ausschnitt), aufgenommen um 1870

7.2.4 Der Aufbau des preußischen Katasters: Ein Erfolg ohne Landesvermessung

Das zivile Vermessungswesen entwickelt sich in Preußen, im Gegensatz zu den süddeutschen Staaten, zunächst völlig unabhängig von der militärisch organisierten Landesvermessung. Die staatlichen Verwaltungen, die Vermessungen benötigen – dies sind insbesondere die Katasterverwaltung, die Landeskulturverwaltung, die Verwaltung der Domänen und Forsten und die Eisenbahnverwaltung – regeln ihre Vermessungsarbeiten unabhängig voneinander. Sie setzen dabei auf den *Feldmesser*, dessen Ausbildung und Ansehen allerdings zu wünschen übrig lässt (z. B. Siems 2005). Erst unter dem Zwang der im 19. Jahrhundert rasch ansteigenden vermessungstechnischen Anforderungen entwickelt sich dieser Beruf, der auf eine Tradition bis zu den „agrimensores" zurückblicken kann, zu einer immer mehr durch staatliche Regeln und dann auch durch schulmäßige Ausbildung geprägten und klar definierten Disziplin. Eine universitäre Ausbildung setzt sich in den deutschen Ländern aber erst langsam durch, s. [7.6.2]. Wegen der flächendeckenden Aufgabenstellung des Liegenschaftskatasters kommt den Katastervermessungen und den gesetzlichen und administrativen Regelungen des Katasters bei dieser Entwicklung eine besondere Bedeutung zu. Eine ausführliche Zusammenstellung der entsprechenden Vorschriften mit Erläuterungen gibt Wittstock (2001).

Die Einrichtung des preußischen Katasters kann in drei Abschnitte zerlegt werden: Die Katasteranlage im Rheinland und in Westfalen (Anfang des 19. Jahrhunderts bis 1834), die Einführung eines einheitlichen Grundsteuerkatasters für die westlichen und die östlichen Provinzen (1861–1865) sowie die Katasteraufstellung in den „neuen" Provinzen (1868–1875).

Der Aufbau des Liegenschaftskatasters beginnt in den *westlichen Provinzen* Preußens. Hier war linksrheinisch unter französischer Herrschaft die Katastervermessung bereits weiter fortgeschritten, im Großherzogtum Berg und im Herzogtum Westfalen war sie dagegen über Anfänge nicht hinaus gekommen, s. [6.2.1], [6.2.3]. Entscheidende Weichen für die Katastereinrichtung werden 1817 in den Godesberger Katasterverhandlungen gestellt.

An diesen Beratungen über den Aufbau eines Grundsteuerkatasters nehmen die Oberpräsidenten der drei westlichen Provinzen Preußens und die Regierungspräsidenten teil, zusammen mit einer größeren Zahl von technischen Sachverständigen (Osthoff 1967). Dabei wird diskutiert, ob – nach bayerischem Vorbild – die Katastervermessung als Grundlage für die topographische Aufnahme genutzt und auf eine einheitliche trigonometrische Grundlage gestützt werden soll. Hierbei bilden sich zwei Lager. Das eine wird von dem von der Bergischen Landesvermessung her bekannten Benzenberg und dem Oberlandmesser *Windgassen* vertreten. Sie sind der Meinung, dass ein für allemal sämtliche Vermessungsarbeiten durchgeführt werden sollten, um spätere Vermessungen überflüssig zu machen. Aufbauend auf einem Dreiecksnetz sollten die als Rahmenkarten angelegten Flurkarten als Grundlage für die topographischen Karten dienen. Das andere folgt den Ansichten des (nicht anwesenden) Generals v. Müffling als Chef des topographischen Büros, der sich wie folgt äußert: *„Eine Basismessung und ein Dreiecksnetz sind zur Aufnahme von Flurkarten nicht allein kostspielig und ganz zwecklos sondern, wie leicht zu beweisen wäre, der Arbeit schädlich. Eine militärische und eine Steuer-Aufnahme sind in ihren Zwecken so verschieden, dass sie als zwei ganz separate Arbeiten behandelt werden müssen"* und *„Im übrigen seien bei dem Bildungsstand der Landmesser nur Offiziere fähig, topographische Karten anzufertigen"* (Kohl 1956, S. 286). Die Hauptversammlung entscheidet sich gegen Benzenberg, damit beginnt die Zweigleisigkeit im Vermessungswesen Preußens, die bis weit in das 20. Jahrhundert hinein andauert.

Die *„Godesberger Instruktion"* von 1819 regelt dann die Einführung des Katasters und nimmt Verbesserungen am französischen „Recueil méthodique" vor. Bei der Parzellarvermessung bleibt es aber zunächst bei der Anlage örtlicher Netze mit eigener Standlinie und magnetischer Orientierung als Grundlage für die gemarkungsweise Aufnahme. Die Leitung der Katasteraufnahme erhält als Generalkommissar der ehemalige nassauische Hauptmann *v. Rolshausen*, der immerhin für eine verbesserte Geometerausbildung und für einigermaßen einheitliche Vermessungsmethoden sorgt.

Die „*Allgemeine Instruktion über das Verfahren bei Aufnahme des Katasters von ertragsfähigem Grundeigentum in den Rheinisch-Westfälischen Provinzen der Preussischen Monarchie*“ von 1822 sieht dann sogar die Verbindung der Einzelnetze durch Netze höherer Ordnung vor, ebenso wie die Vermarkung und die rechnerische Auswertung (Pfitzer 1922). Bei der Stückvermessung wird zwischen der Polygonierung mit unmittelbarer Orthogonalaufnahme, der Polygonierung mit anschließendem Liniennetz (diese Methode setzt sich später weitestgehend im preußischen Kataster durch) sowie der Linienmethode mit Aufteilung in große Dreiecke mit gemessenen Seiten unterschieden. Messkette und Messrute sowie Winkelkreuz (Abb. 7.30) werden die wichtigsten Werkzeuge des Geometers; der Messtisch und die Bussole werden nur noch ausnahmsweise zugelassen. Die Einbindung in vorhandene Triangulationen (linksrheinisch: Tranchot, s. [6.1.1], Berg: Benzenberg, Westfalen: Eckardt, s. [6.2.3]), führt jedoch zu erheblichen Problemen wegen der Mängel der älteren Arbeiten (ungenügende Vermarkung, weitmaschiger Netzaufbau, unübersichtliche Berechnung). Auch die systematische Anlage neuer Dreiecksnetze bis zur IV. Ordnung gelingt wegen des Zeitdrucks für die Fertigstellung des Katasters nur unvollkommen (Kaestner 1956). Immerhin entstehen eine Anzahl von Systemen rechtwinklig-ebener Koordinaten, die sich über einen als Nullpunkt gewählten Dreieckspunkt I. Ordnung auf den Kölner Dom (ein Punkt der Tranchot'schen Triangulation) beziehen. Diese Koordinaten bilden die Grundlage für die Flurkarten, die i. Allg. den Maßstab 1:2500 (Ortslagen 1:1250, Waldgebiete 1:5000) aufweisen (Abb. 7.31).

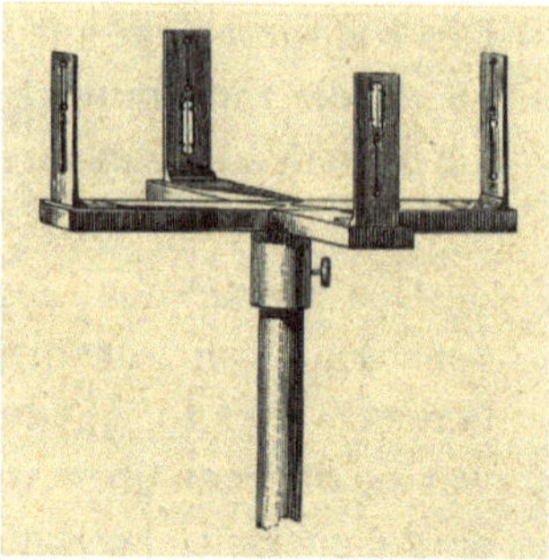

Abb. 7.30. Winkelkreuz

Abb. 7.31. Kataster-Urkarte im Rheinland, Gemarkung Oberdrees (verkl. Ausschnitt), 1815

Das Rheinisch-Westfälische Kataster ist 1834 fertiggestellt, 1839 wird ein hierauf bezogenes Grundsteuergesetz erlassen (Kohl 1956). Eine besondere Stellung in der Katastervermessung der westlichen Provinzen Preußens nimmt J. J. Vorlaender ein. Er versucht – mit ganz besonderem persönlichen Einsatz – die Katasteraufnahme auf eine dem damaligen Stand der Wissenschaft entsprechende geometrische Grundlage zu stellen.

Johann Jacob Vorlaender (1799–1886) erhält nach einer Geometerlaufbahn in Westfalen 1828 als Obergeometer die Leitung der Katastervermessungen im Regierungsbezirk Minden, 1833 wird er Katasterinspektor bei der dortigen Regierung. Nach einer Neuberechnung des von Eckardt angelegten Arnsberger Dreiecksnetzes führt er von 1824 bis 1829 eine Triangulation

I. und II. Ordnung (12-Zoll-Theodolit von Rössler/Darmstadt, bis zu 100-fache Repetition) des Bezirks Minden durch (Pfitzer 1913). Über die Dreiecksnetze von Müffling und Eckardt kann dieses Netz in Bezug auf den Kölner Dom koordiniert werden, doch leidet der systematische Netzaufbau wiederum unter dem herrschenden Zeitdruck. Im Rahmen seiner Arbeiten wird Vorlaender mit Carl Friedrich Gauß bekannt, später korrespondiert er u. a. mit Major Baeyer (Pfitzer 1914), s. [7.2.3]. Dabei erkennt er, angeregt durch die Arbeiten von Gauß und Gerling, dass eine einwandfreie Berechnung der bei der Katastereinrichtung allmählich entstandenen Dreieckskonfigurationen nur mit der Methode der kleinsten Quadrate möglich ist.

Etwa ab 1830 führt Vorlaender erste Ausgleichungen seiner Anschlussnetze an die Triangulationen in Hannover (Gauss) und Hessen (Gerling) durch. Er beschafft sich dann auf eigene Kosten einen Repetitionstheodolit der Firma Breithaupt und beobachtet damit das Mindener Netz I. Ordnung neu (Winkel-Genauigkeit etwa eine Bogensekunde). Der strengen Neuausgleichung der Netze I. und II. Ordnung (Abb. 7.32) folgt die Berechnung geographischer Koordinaten, bezogen auf die Orientierung des Gauß'schen Netzes in Göttingen. Im Anschluss daran wird von ihm schließlich auch noch das Katasternetz im Bezirk Münster ausgeglichen. Diese 1837 abgeschlossenen Triangulierungen können für die Katastervermessung allerdings nicht mehr benutzt werden, doch werden einige Punkte I. Ordnung später zu Nullpunkten der 1879 in Preußen eingeführten Soldner-Systeme, s. [9.2.4]. Vorlaender führt bei seinen trigonometrischen Erkundungsarbeiten auch in großem Umfang barometrische und trigonometrische Höhenbestimmungen durch, dabei bestimmt er u. a. einen Wert von 0,157 für den Refraktionskoeffizienten. Zu seinen Schülern gehört u. a. Friedrich Gustav Gauß, der spätere Organisator des preußischen Katasters (s. u.).

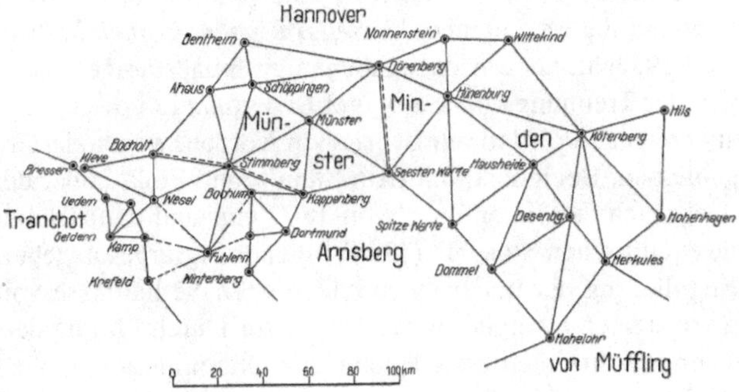

Abb. 7.32. Dreiecksnetze von Vorlaender in Westfalen und am Niederrhein, 1824–1837

Zur Problematik seiner Arbeiten äußert sich Vorlaender folgendermaßen: „*Geodätische Arbeiten, welche den Anforderungen der Wissenschaft entsprechen sollen erheischen, dass derjenige, der sie zu liefern hat, sich ihnen ungehindert widmen ... kann ... Dieser Gunst der Verhältnisse hatte ich mich nicht zu erfreuen. Die Spezialvermessung begann gleichzeitig mit meinen trigonometrischen Arbeiten und nahm mich so sehr in Anspruch, dass ich mich ihrer Leitung und*

Beaufsichtigung immer nur auf einzelne Wochen entziehen konnte … Unter diesen Umständen war ich ausserstande, das trigonometrische Netz als ein zusammenhängendes Ganzes in Arbeit zu nehmen und ununterbrochen durchzuführen … ".

Im Jahr 1861 wird mit dem „*Gesetz, betreffend die anderweite Regelung der Grundsteuer*" ein einheitliches Grundsteuerkataster (bisher waren 33 verschiedene Grundsteuersysteme gültig) für die *gesamte* preußische Monarchie angeordnet (Unger 1961). Als Termin für den Abschluss der dazu notwendigen Arbeiten wird der 1.1.1865 festgelegt, gleichzeitig werden Gesetze zur Einführung einer Gebäudesteuer und zur Aufhebung der Grundsteuerbefreiungen erlassen. In 3 1/2 Jahren war danach ein Parzellarkataster für rund 275 000 km^2 zu erstellen! In den *westlichen* Provinzen wird dabei nur eine Erneuerung des vorhandenen Grundsteuerkatasters notwendig, in den *östlichen Provinzen* (Preußen, Posen, Pommern, Mark Brandenburg, Schlesien, Sachsen) muss jedoch erstmals eine Bestandsaufnahme stattfinden (Ufer 1991). Dies gelingt nur durch Nutzung vorhandener Karten; Behörden. Kreditinstitute, Gemeinden und Privatpersonen werden verpflichtet, diese zur Verfügung zu stellen. Dabei handelt es sich insbesondere um die Separationskarten sowie um Guts-, Domänen-, Deich- und Forstkarten. Diese Vorlagen werden nach einheitlichen Regeln abgezeichnet und nach Ortsvergleich ergänzt. Für etwa 84 % der Fläche entstehen so Inselkarten in 89 (!) verschiedenen Maßstäben (1:250 bis 1:5000), der Rest muss neu vermessen werden. Ein bis in die Neuzeit wirkender Mangel dieses Katasters besteht darin, dass die Ortslagen nicht vermessen werden, da hier die Gebäudesteuer anstelle der auf die Fläche bezogenen Grundsteuer erhoben werden soll („ungetrennte Hofräume und Hausgärten").

Von besonderer Bedeutung für die Katastereinrichtung in Preußen – wie auch in anderen deutschen Ländern – waren die im Rahmen der *Separationen*, *Gemeinheitsteilungen* und *Verkopplungen* des 18. und 19. Jahrhunderts entstandenen großmaßstäbigen Karten. Forderungen nach Separationen, d. h. der Trennung von Guts- und Bauernland in der Feldflur und Aufteilung der Allmende waren bereits unter Friedrich II. erhoben worden, wegen der Freiwilligkeit aber ohne großen Erfolg geblieben. Beginnend mit dem Stein'schen Edikt „über den erleichterten Besitz und den freien Gebrauch des Eigentums" von 1807 entstand dann die auf dem „Allgemeinen Landrecht für die Preußischen Staaten" (1794) fußende Agrargesetzgebung (Landeskulturedikt und Edikt zur Regulierung der gutsherrlich-bäuerlichen Verhältnisse von 1811, Gemeinheitsteilungsordnung von 1821). Übergeordnetes Organ zur Durchführung der Agrarreform wurden die in den einzelnen Provinzen eingerichteten Generalkommissionen, die der Oberbaudeputation in Berlin als technischer Zentralbehörde unterstanden. Vor Ort führten Spezialkommissionen die Auseinandersetzung durch und vergaben die Vermessungsarbeiten, diese regelten sich nach dem Feldmesser-Reglement von 1813, 1819 folgte eine Instruktion über das technische Verfahren. Bis in die zweite Hälfte des 19. Jahrhunderts hinein war die Mehrzahl der preußischen Feldmesser mit diesen Arbeiten beschäftigt.

Den *Separationsmessungen* (Aufmessung des Bestandes, Übertragung der neuen Grenzen und des Wege- und Gewässernetzes) wurden fast ausschließlich lineare Dreiecksmessungen zugrunde gelegt, häufig wurde die Vermessung auf eine die gesamte Gemarkung überdeckende Hauptlinie aufgebaut (Abb. 7.33). Zur Winkelmessung war der Messtisch, ein Scheibeninstrument bzw. das Astrolabium und – aber sehr umstritten – die Bussole zugelassen, später auch

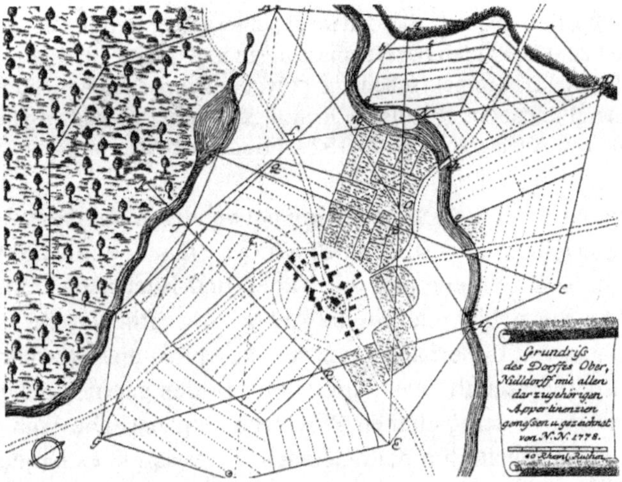

Abb. 7.33. Dreiecksnetz einer Separationsmessung, Preußen, 18. und 19. Jhd.

der Theodolit. Praktisch setzte sich die Vermessung mit Hilfe eines mit der Kette gemessenen Liniennetzes und rechtwinkliger Aufnahme (Kreuzscheibe, Winkelspiegel) durch. Die so entstandenen Inselkarten haben in Abhängigkeit von den Parzellengrößen die Maßstäbe 1:5000, 1:3000, 1:2500 und 1:2000 (Stichling 1936).

Mit Abschluss der Katastereinrichtung wird 1865 im Geschäftsbereich des preußischen Finanzministers die nun für die westlichen *und* östlichen Landesteile zuständige *Katasterverwaltung* eingerichtet, F. G. Gauß, der *„Kataster-Gauß"*, wird Leiter des entsprechenden Büros (Kurandt 1966).

Friedrich Gustav Gauß (1829–1915, Abb. 7.34) wird nach Feldmesserausbildung und mehrjähriger Tätigkeit in der Kataster-Inspektion Minden ab 1858 zunächst als Hilfsarbeiter im Büro des Finanzministeriums mit den Entwürfen für die allgemeine Regelung der Grundsteuer und dann auch mit der Organisation der Katastereinrichtung in Preußen betraut. Seine Befähigung war schon früh erkannt worden – so findet sich der Aktenvermerk: *„Gauß soll eine mehr als gewöhnliche allgemein wissenschaftliche Bildung haben, auch gewandt sein"*. Die unter seiner Leitung in so kurzer Zeit gelungene Lösung dieser gewaltigen Aufgabe führt zu einer bemerkenswerten Karriere. Der „Generalinspektor des Katasters" (1872) wird 1905 bei seinem Eintritt in den Ruhestand (im Alter von 76 Jahren!) schließlich zum „Wirklichen Geheimen Rat" mit dem Prädikat „Exzellenz" ernannt; von der Universität Straßburg war ihm 1899 die Würde eines Dr. phil. h. c. verliehen worden. Zur Verbesserung des preußischen Katasters und der

Abb. 7.34. Friedrich Gustav Gauß (1829–1915), Bronzerelief im Rathaus zu Bielefeld

Feldmesserqualifikation trugen insbesondere die unter seiner Leitung erarbeiteten Anweisungen (1868 und 1881) zum Verfahren bei Neumessungen und das ab 1870 in mehreren Auflagen erschienene Werk „Die trigonometrischen und polygonometrischen Rechnungen in der Feldmesskunst“ bei, seine „Fünfstelligen vollständigen logarithmischen und trigonometrischen Tafeln“ erleben mehr als 250 Auflagen (Suckow 1929, Friedrich 2000).

Für die im Rahmen der Katasteraufstellung notwendigen *Neumessungen* maßgeblich ist zunächst die 1857 für die westlichen Provinzen erlassene „Instruktion über die Neumessungen behufs der Erneuerung der Karten und Bücher des Grundsteuerkatasters“ (Kaestner 1956). Sie sieht weiterhin die Anlage von örtlichen linearen Dreiecksnetzen und Polygonzügen vor, fordert aber auch den Anschluss an Netze höherer Ordnung. Die Instruktion wird 1861 durch eine „Anweisung zu den geometrischen Arbeiten bei der Katastereinrichtung in den östlichen Provinzen“ ergänzt. Die Wahl der Vermessungsmethoden bleibt hier weiterhin dem Geometer überlassen, es ist jedoch, *„wenn es die Terrainverhältnisse irgend gestatten ... der Aufnahme ein Dreiecksnetz zum Grunde zu legen“*. Einen Fortschritt stellt die 1868 erlassene „Anweisung für das Verfahren bei den Vermessungsarbeiten zur Ausführung des Grundsteuergesetzes von 1861 in den Provinzen Schleswig-Holstein, Hannover und Hessen“ dar, auf die weiter gehenden Anweisungen von 1881 wird in [9.2.4] eingegangen. Die Fehlergrenzen der Anweisung von 1868 sind noch recht weit, die Winkelsumme eines Dreiecks IV. Ordnung darf z. B. um maximal 90″ von 180° abweichen, die Entfernung dieser Dreieckspunkte soll mindestens bis auf $^1/_{1000}$ *„genau sein“*. Einheitlich benutzt wird nun aber wie im gesamten Norddeutschen Bund die Längeneinheit „Meter“, s. [9.1]; die 5-Ruten-Messkette wird durch das 20m-Stahlmessband ersetzt.

Für die Erhebung der einheitlichen Grundsteuer in den *neuen Provinzen* wird durch Gesetz von 1870 der 1.1.1875 und später der 1.1.1876 bestimmt, in diesem Zeitraum war das Kataster für mehr als 70 000 km^2 aufzustellen. Vorausgegangen ist der Krieg von 1866, der mit der im Prager Frieden besiegelten Annexion der Herzogtümer Schleswig und Holstein, des Königreichs Hannover, von Kurhessen und dem Herzogtum Nassau sowie der Freien Reichsstadt Frankfurt am Main durch Preußen endet. Brauchbare Kataster unterschiedlicher Art liegen für nur 9 % dieser neu erworbenen Gebiete vor, für 39 % kann auf vorhandenem Vermessungsmaterial aufgebaut werden – für mehr als die Hälfte der Fläche sind also Neuvermessungen durchzuführen. Diese richten sich nach der Anweisung von 1868, die in der Regel ein trigonometrisches Netz als Grundlage vorsieht, das durch ein vermarktes Polygon- und Liniennetz zu verdichten ist. Danach folgt die Stückvermessung im Orthogonalverfahren (Aufmessung der Grenzpunkte usw. mit Rechtwinkelinstrumenten), der Gebrauch von Messtisch und Bussole werden verboten. Erstmals werden nun auch Fehlergrenzen für die Flächenberechnungen und die Polygonzüge eingeführt. Bereits diskutiert wird in dieser Zeit auch die Nutzung des Katasternachweises als Eigentumskataster, dieser Schritt wird aber erst 1910 vollzogen.

Wegen der jeweiligen Vorgeschichte verläuft die Katastereinrichtung in den neuen Provinzen sehr unterschiedlich (Emelius 1909):

- In *Hannover* liegen für 59 % der Fläche Gemeinheitsteilungs- und Verkoppelungskarten (Maßstäbe überwiegend 1:2133 1/3 und 1:3200 (Abb. 7.35) sowie Forstkarten vor, die nach Feldvergleich verwertbar sind, s. [5.2.4]. Die Neuvermessung der restlichen Flächen wird von 1868 bis 1876 durchgeführt und an das Gauß'sche Netz angeschlossen (v. d. Weiden 1955). Wegen der großen Verzerrungen am Rand dieses Systems wird das Netz jedoch entsprechend der politischen Kreiseinteilung des Landes in 31 Partialsysteme zerlegt (Abb. 7.36), Gerardy (1952). Diese werden mit der für den jeweiligen Nullpunkt geltenden Meridiankonvergenz neu orien-

Abb. 7.35. Verkopplungskarte 1:3200, Feldmark Klein-Hehlen, Königreich Hannover (verkl. Ausschnitt), 1856

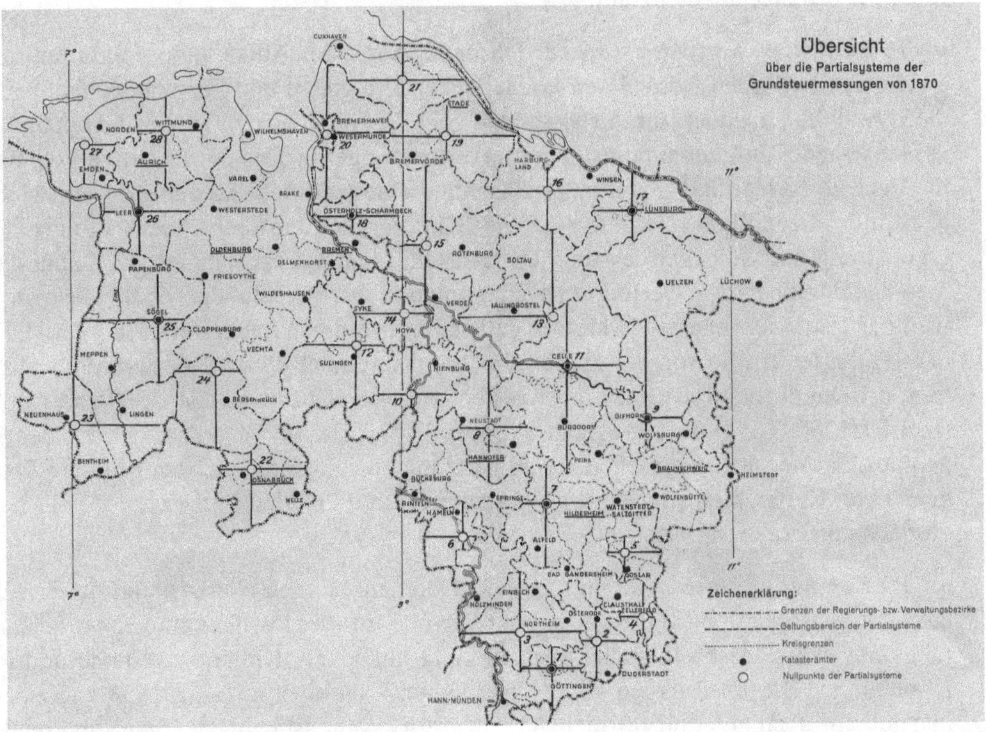

Abb. 7.36. Partialsysteme der Grundsteuervermessung (1868–1876) in der Provinz Hannover

tiert, und nach Berücksichtigung des Vergrößerungsverhältnisses werden zwischen den Gaußschen Punkten eines Systems Rechenzüge aus Richtungswinkeln und Strecken zusammengestellt. Das System der auf diese Weise von dem jeweiligen Nullpunkt aus neu berechneten Punkte wird dann durch Dreiecksketten, Einzelpunkteinschaltung und Polygonierung bis zur Stückvermessung mit Messungslinien verdichtet, wobei die Kleintriangulation Punktunsicherheiten von etwa 0,5 bis 1 m und mehr aufweist (Deelwater 1941). Als Ergebnis entstehen Inselkarten der Maßstäbe 1:500 und 1:1000 (Ortslagen) sowie 1:2000 und 1:4000 (Abb. 7.37).

Abb. 7.37. Katasterurkarte 1:1000, Bezirk Hildesheim, Provinz Hannover (verkl. Ausschnitt), 1872/73

- In *Schleswig-Holstein* waren im Rahmen der dänischen Vermessungen sehr unterschiedliche, aber größtenteils geometrisch nicht ausreichend gestützte Flurkarten entstanden, s. [5.2.4]. Für die Katasteraufstellung werden deshalb Neuvermessungen für fast 90 % der Fläche notwendig.

- In *Kurhessen* war bereits im 18. Jahrhundert mit der Aufstellung von Grundsteuerkatastern begonnen worden, die kriegerischen Ereignisse und Personalmangel hatten diese Aktivitäten jedoch zum Erliegen gebracht. Bei den von den 1830er Jahren an landesweit wieder aufgenommenen Katastervermessungen wurde die jeweilige Feldmark in Dreiecke zerlegt und – von einer Basis und einem Azimut ausgehend – mit einem Repetitionstheodoliten vermessen und als „Kirchturmsystem" berechnet, es folgten Polygonierung und Stückvermessung. Der Anschluss an die im Rahmen der Landesvermessung durchgeführte Gerling'sche Triangulation war vorgesehen, sobald diese im jeweiligen Raum fertiggestellt war; dies gelang nur in einigen Landesteilen, s. [7.3.1]. Bei den Flurkarten wurde von den früher üblichen Kartenmaßstäben (überwiegend 1:1271 entspr. 1 Duodezimalfuß : 100 Katasterruten) auf Maßstäbe zwischen 1:500 und 1:3000 (meist 1:1000, 1:2000) übergegangen (Sauer 1927), die Verwendung auch für das Eigentumskataster war vorgesehen. Unter Nutzung auch anderer, auf den neuesten Stand gebrachter Karten bleiben nach der Übernahme durch Preußen noch fast 40 % der Landesfläche neu zu vermessen.

- Im *Herzogtum Nassau* waren seit 1822 Detailaufnahmen überwiegend für Zwecke der Landkonsolidation (Verbesserung der Parzellenformen) vorgenommen worden, anfangs mit dem Messtisch, später auch gestützt auf lokale Kirchturmsysteme und Polygonierung. Die im Rahmen einer allgemeinen Landesvermessung 1853 begonnene und auf eine Triangulation gestützte Katastervermessung ist beim Übergang an Preußen aber noch nicht weit gediehen, s. [7.3.1]. Immerhin können von den Preußen bei der

Katastereinrichtung für mehr als 60 % des Landes vorhandene Karten (Maßstab meist 1:1000) übernommen werden, der Rest wird neu vermessen (Ehrmannstraut 1982).

- Die Freie Reichsstadt *Frankfurt am Main* hatte bereits 1787 eine Vermessung (Vermessungsrisse 1:1250) der nun vermarkten Grundstücke zum Zweck der Flächenberechnung durchgeführt. 1864 wurde ein trigonometrisches Netz im Anschluss an die hessische und die nassauische Triangulation angelegt, die anschließende Neuvermessung führte zu Karten des Maßstabs 1:1000 (überwiegend), die auch als Katastergrundlage dienen sollten und nun übernommen werden.

Die bereits oben angesprochene und immer wieder diskutierte Frage der Einheit von Landes- und Katastervermessung wird 1851 in einer *Denkschrift* des Generals *Baeyer*, inzwischen renommierter Chef der trigonometrischen Abteilung der Landesaufnahme, erneut aufgegriffen. Er schlägt hier vor, für die kartographische Erfassung Preußens (Gemeindekarte 1:5000, Spezialkarte 1:80 000) von einer Triangulation auszugehen, die über die dritte Ordnung hinaus die einzelnen Feldmarken durch Theodolitmessung erfasst, bei gleichzeitiger Höhenbestimmung aller Festpunkte. Die Parzellenvermessung (Kette und Bussole, evtl. auch Messtisch) soll hierin eingebunden werden und die Details für die (topographischen) Folgekarten liefern, dabei sieht Baeyer für die Flurkarten den Maßstab 1:2000 vor. Als Beispiel für eine solche Strategie nennt Baeyer die auf Grund eines von ihm angefertigten Gutachtens durchgeführte Landesvermessung in dem kleinen Thüringer Fürstentum Schwarzburg-Sondershausen, s. [7.3.1].

Baeyers Vorschlag kursiert zunächst bei verschiedenen Ministerien, König Friedrich Wilhelm IV. bittet 1854 Alexander von Humboldt um ein Gutachten. Von 1856 bis 1862 (!) wird der Entwurf in einer Kommission beraten, diese Diskussion um seinen Vorschlag wird von Baeyer in einem Brief (1864) an Vorlaender drastisch dokumentiert: „... *Der Vorsitzende der Kommission war ein Abteilungs-Chef vom Allgemeinen Kriegsdepartement im Kriegsministerium, der vom Vermessungswesen gerade soviel verstand als ich vom Chinesischen. Die übrigen Mitglieder waren etwa von demselben Schlage ... Der Vorsitzende, in Verbindung mit den Herren von der Kippregel beim Generalstabe, intrigierte gegen meinen Entwurf von vornherein und war der Meinung, dass man mit der Kippregel viel mehr leisten könne als mit dem Theodoliten ... Im vorigen Jahre hat die Kommission Bericht an das Staatsministerium erstattet, meinen Entwurf verworfen auf Grund von Dummheiten, die sie erfunden und dann vorausgesetzt hat, ich würde diese Dummheiten begehen, und den Vorschlag gemacht, dass die unglaublichen Pfuschereien, welche zur Steuerregulierung ausgeführt werden, zur Anfertigung einer Karte benutzt werden sollen*“ (Pfitzer 1914). Diese vernichtende Kritik muss sicherlich auch unter dem Gesichtspunkt des in den 1850er Jahren einsetzenden grundsätzlichen Streits zwischen Baeyer und dem Generalstab gesehen werden, s. [8.1.2].

Baeyer hat mit seiner Initiative keinen Erfolg, ebenso wenig wie mit dem Vorschlag zur Einrichtung einer Zentralbehörde für das Landesvermessungswesen (Buschmann 1994). Die zur Prüfung der Denkschrift eingesetzte Kommission befürwortet allerdings die von Baeyer vorgeschlagene Neutriangulation mit hoher Punktdichte, der bereits 1857 zur Disposition gestellte Baeyer erhält vorübergehend (1863 bis 1867) die obere Leitung dieser Arbeiten. Die von der Kommission getroffene Feststellung, dass man als Fernziel die Schaffung eines Kartenwerkes im Maßstab 1:5000 in Aussicht nehmen solle, nimmt aber immerhin die rund 50 Jahre später beschlossene Einführung der Deutschen Grundkarte vorweg. Die lange und polemisch geführte Diskussion findet schließlich ein Ende, als Baeyer seine Denkschrift zusammen mit Kommentaren und Gutachten 1868 unter dem Titel „Mein Entwurf zur Anfertigung einer guten Karte von den östlichen Provinzen des Preussischen Staates – Ein Beitrag zur Entwicklung der Messkunde in Preußen – von Dr. J. J. Baeyer, Generallieutenant z. D. und Präsident des Centralbüreaus der europäischen Gradmessung“ veröffentlicht (Abb. 7.38).

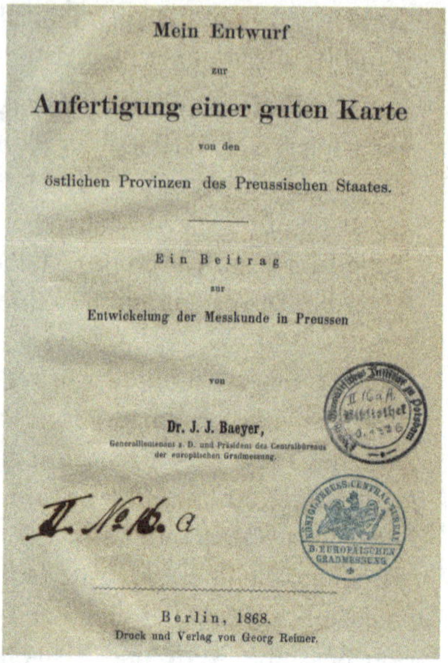

Mein Entwurf

zur

Anfertigung einer guten Karte

von den

östlichen Provinzen des Preussischen Staates.

Ein Beitrag

zur

Entwickelung der Messkunde in Preussen

von

Dr. J. J. Baeyer,

Generallieutenant z. D. und Präsident des Centralbüreaus der europäischen Gradmessung.

Berlin, 1868.

Druck und Verlag von Georg Reimer.

Abb. 7.38. Titelseite der Baeyerschen Denkschrift, Berlin 1868

Abschließend bleibt festzuhalten, dass die Schaffung einer zur Grundsteuererhebung geeigneten geometrischen Katastergrundlage in weniger als vier Jahren (östliche Provinzen) bzw. in rund fünf Jahren (1866 hinzu gekommene „neue Provinzen“) trotz aller Mängel eine bemerkenswerte Leistung darstellt – dieses ursprüngliche Steuerkataster wird später sogar als Eigentumskataster genutzt und reicht nach entsprechenden Erneuerungen dafür meist bis heute aus; eine nach Baeyers Vorschlag vorgenommene Lösung wäre unter dem herrschenden Zeitdruck und den finanziellen Restriktionen sicher nicht realisierbar gewesen.

7.3 Landesaufnahmen im Umfeld der Gauß’schen Landesvermessung

7.3.1 Hessen, Thüringen und Braunschweig: Der Anschluss nach Süden

Wie in [7.1] erläutert, werden die Gauß’sche Gradmessung und die Landesvermessung im Königreich Hannover an die Dreiecksnetze der umliegenden Länder angeschlossen, meist geben die hannoverschen Arbeiten erst die Anregung zu diesen Vermessungen (Reich 1996). Neue Triangulationen – meist von Gauß-Schülern geleitet und nach dem Muster der hannoverschen Arbeiten angelegt – entstehen in diesem Zeitraum in Oldenburg und in den hessischen Staaten, in Thüringen und in Braunschweig, auch die Katastertriangulation in der preußisch gewordenen Provinz Westfalen zählt hierzu, s. [7.2.4]. Von den Gauß’schen Arbeiten beeinflusst ist auch die vorzügliche Landesvermessung in Mecklenburg, während in Schleswig-Holstein und in Sachsen die geodätische Erschließung weniger konsequent fortgesetzt wird. Bei diesen Landesvermessungen werden weiterhin unterschiedliche Strategien entwickelt. Die im Grundsatz fast immer vorhandene Absicht einer für das Kataster *und* die topographische Karte nutzbaren Grundlagenvermessung wird aber wegen organisatorischer und finanzieller Probleme nicht überall realisiert. Für die an Preußen angrenzenden Staaten wird die von den 1820er Jahren an aktive preußische Landesaufnahme von erheblicher Bedeutung, Teile dieser Länder werden bald in die Triangulationen des preußischen Generalstabs einbezogen.

Für die von Gauß angestrebte Verbindung seiner Gradmessung mit den süddeutschen Dreiecksnetzen werden die Triangulationen in den im Süden an das Königreich Hannover angrenzenden Ländern von besonderer Bedeutung:

- In *Hessen-Kassel* (seit 1803 Kurhessen) führt Chr. L. Gerling als Mitglied der Landesvermessungskommission in den Jahren 1822–1824 und – nach Unterbrechung wegen finanzieller Schwierigkeiten – 1835–1837 eine Triangulation im Anschluss an das hannoversche Netz durch (Reinhertz 1901). Unterstützt wird er dabei von Offizieren des kurhessischen Generalstabs, vor allem von dem Hauptmann Wiegrebe. Dieser hatte bereits 1822 die Herrschaft Schmalkalden in einer Separat-Triangulierung aufgenommen, mit Anschluss an die Müffling'schen Dreiecke und anschließender Messtischaufnahme (Kahlfuß 2001). Die Triangulation soll zunächst als Grundlage für die topographische Aufnahme dienen, eine Verordnung von 1833 sieht dann aber auch die Nutzung für ein Grundsteuerkataster vor (Apel 1965). Gescheitert war vorher der preußische Versuch, Kurhessen in die Müffling'schen Vermessungen einzubeziehen.

Christian Ludwig Gerling (1788–1864, Abb. 7.39) hatte 1810–1812 in Göttingen studiert und als erster Schüler von Gauß mit einer Arbeit „Methodi proiectionis orthographicae ..." promoviert. Er ist dann ab 1817 als Professor für Mathematik, Astronomie und Physik an der Universität Marburg tätig, bemerkenswert ist sein umfangreicher Briefwechsel mit dem befreundeten Gauß. 1821 wird er zum Direktor des trigonometrischen Büros der „kurfürstlichen Landes-Vermessungs-Commission" bestellt. Diese war unter Leitung des kurhessischen Generalstabs gegründet worden, als Direktor der Plankammer gehört ihr der spätere Oberst *Ernst Heinrich Wiegrebe* (1793–1872) an. Dieser hatte ebenfalls in Göttingen Mathematik studiert und machte dann eine militärische Karriere, 1835 wird er Vorsitzender der Landesvermessungskommission und 1839 Dirigent der „Allgemeinen Landesvermessung". Erklärtes Ziel von Gerling ist es, „*... dass diese kurhessische Triangulierung ein würdiges Mittelglied abgäbe, die großen Triangelketten des südlichen und nördlichen Deutschlands, ... zum bleibenden Nutzen für die mathematische Geographie Europas, in ein Ganzes zu vereinigen*". Die Mitarbeit an dem entsprechenden Projekt der Mitteleuropäischen Gradmessung bleibt dem späteren kurhessischen Gradmessungskommissar jedoch durch seinen Tod versagt. Hervorzuheben ist sein Gauß gewidmetes Buch „Ausgleichsrechnungen in der praktischen Geometrie oder die Methode der kleinsten Quadrate" (1843), mit dem Gerling ganz wesentlich zur Verbreitung dieses neuen Ansatzes für die Bearbeitung geodätischer Messungen beiträgt (Apel 1976).

Abb. 7.39. Christian Ludwig Gerling (1788–1864)

Genannt werden muss in diesem Zusammenhang auch der als Topograph auffallende Geometer *Johann August Kaupert* (1822–1899), der über lange Zeit auch mit topographischen und kartographischen Arbeiten in Griechenland befasst ist. Er wird später in der Preußischen Landesaufnahme als Vermessungsdirigent maßgebend für die Herstellung und Weiterentwicklung der Messtischblätter und der abgeleiteten topographischen Karten.

Das Dreieck Brocken–Hohenhagen–Inselsberg wird 1823 von Gerling gemeinsam mit Gauß beobachtet, so dass der Anschluss an die Gauß'sche Triangulation (und auch an die Müffling'sche Kette) hergestellt ist, Maßstab und Orientierung werden von dem hannoverschen Netz übernommen. Das Hauptdreiecksnetz umfasst 24 Punkte I. Ordnung, sie werden mit einem 12-zölligen Reichenbach'schen Repetitions-Theodoliten beobachtet (Heliotropzielung, mittlerer Richtungsfehler $\pm 0{,}9''$). Das Netz wird nach der Methode der kleinsten Quadrate ausgeglichen und im Süden an die bayerische Triangulation angeschlossen (Abb. 7.40). Berechnet werden rechtwinklig-sphärische Koordinaten in Bezug auf den südlichen Hauptturm der Martinskirche in Kassel, Bezugsfläche ist das Walbeck-Ellipsoid. Die Ergebnisse der Dreiecksmessungen werden von Gerling 1839 in den „Beiträgen zur Geographie Kurhessens und der umliegenden Gegenden aus der Kurhessischen Triangulation der Jahre 1822 bis 1837" veröffentlicht.

Nach Netzverdichtung (über 2000 Punkte) durch die ab 1840 zuständige Trigonometrische Abteilung des Kurfürstlichen Generalstabs wird das Land bis etwa 1860 topo-

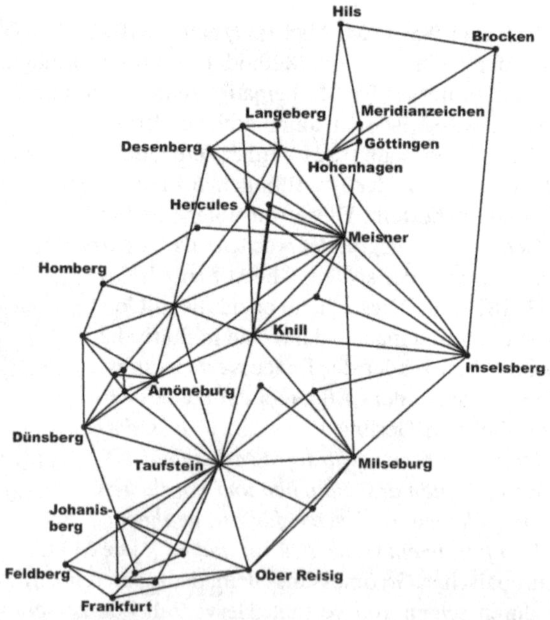

Abb. 7.40. Gerling'sches Dreiecksnetz in Kurhessen, 1822–1824, 1835–1837

graphisch mit Messtisch und Kippregel im Maßstab 1:25 000 aufgenommen. Es entsteht die „Niveaukarte" 1:25 000 mit Höhenlinien, abgeleitet werden die „Topographische Karte vom Kurfürstentum Hessen" 1:50 000 (Abb. 7.41) und die „Generalkarte" 1:200 000 (Böschungsschraffen), Bertinchamp (1979).

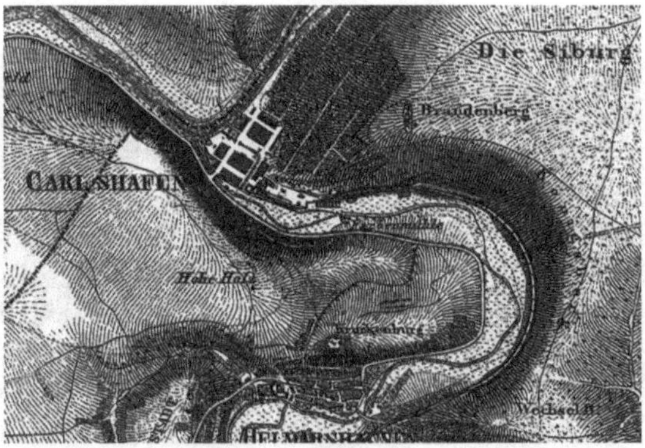

Abb. 7.41. Topographische Karte 1:50 000 des Kurfürstentums Hessen (verkl. Ausschnitt), 1831–1850

Vom Preußischen Generalstab wird bereits 1851–1855 eine Neutriangulation durchgeführt, dabei werden die alten Punkte und die Basis Inselsberg-Brocken wieder benutzt, die topographische Landesaufnahme folgt in den Jahren 1852–1857. Mit der Annexion durch Preußen geht die Landesvermessung ab 1866 auf die Preußische Landesaufnahme über.

- In *Hessen-Darmstadt* hatte Eckhardt als Mitarbeiter von Haas bereits ab 1804 an der Landestriangulation mitgewirkt, s. [6.2.3]. Nach Eintritt in die Steuerverwaltung beginnt er 1809 mit einer systematischen *Katastertriangulation*, die in vier Ordnungen eine Verdichtung bis zu einem Punktabstand von weniger als 1 km vorsieht; hervorzuheben ist die Vermarkung der Bodenpunkte durch Steinpfeiler. Die Beobachtungen der Dreiecksnetze I. und II. Ordnung (20-fache Repetition, mittlerer Winkelfehler <2″) sind 1821 abgeschlossen (Abb. 7.42), bis 1850 werden dann Verdichtungsnetze III. und IV. Ordnung eingeschaltet. Mit dem Katastergesetz wird 1824 das Kataster-Bureau (1856 Großherzogliches Hessisches Katasteramt) gegründet, gleichzeitig werden in einer Instruktion die Regeln für die Triangulation, die Polygonierung und die Detailaufnahme festgelegt. Für die Ausgleichung wird sehr früh die Methode der kleinsten Quadrate in

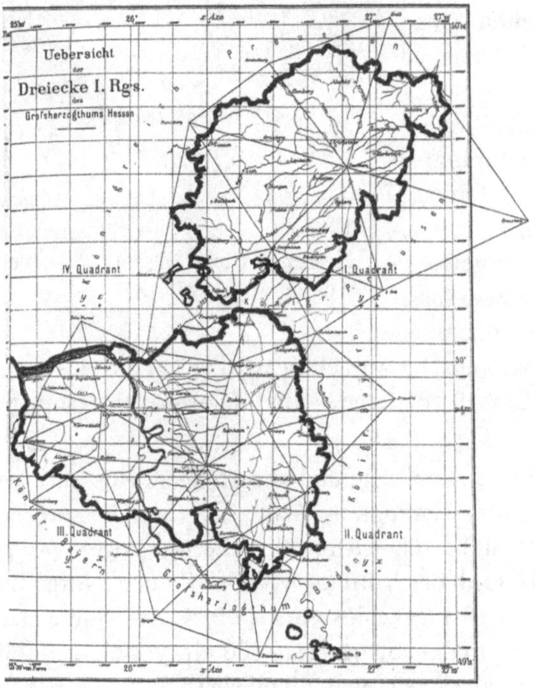

Abb. 7.42. Eckhardt'sche Kastertriangulation in Hessen-Darmstadt, 1809–1821

einer von Schleiermacher angegebenen Form angewandt, wobei allerdings durch die Einschaltung neu beobachteter Netzteile Spannungen im m-Bereich auftreten können. Berechnet werden rechtwinklig-sphärische Koordinaten in Soldner'scher Anordnung, bezogen auf die Stadtkirche Darmstadt, der Soldnerkugel liegt ein Ellipsoid mit $a = 6\,376\,890$ m und $f = 1{:}302{,}0$ zugrunde. Die Katasteraufnahme schließt an die französischen Arbeiten in Rheinhessen an und folgt dann der Triangulation mit der Polygonierung der Gemarkungs- und Flurgrenzen (Flurvermessung) und der anschließenden Parzellarvermessung, es entstehen Inselkarten in den Maßstäben 1:250 bis 1:2000. Bei der Vermessung sollen auch Höhenmessungen durchgeführt und topographische Details aufgenommen werden (Jordan 1899). Bemerkenswert ist, dass Eckhardt die Dreiecksmessungen zwischen den Sternwarten Göttingen, Seeberg, Darmstadt, Mannheim, Speyer und Straßburg auch als Gradmessungen auffasst und daraus 1834 durch Ausgleichung ein Ellipsoid mit der Abplattung 1:310 berechnet.

Mit der Gründung des hessischen Generalstabs (1822) geht die *topographische Aufnahme* auf diesen über. Im Jahre 1823 ordnet der Generalstabs-Chef, der spätere General *von Lynker*, eine topographische Aufnahme (Messtisch und Kippregel, Höhenlinien) des Großherzogtums im Maßstab 1:25 000 auf der Grundlage der Eckhardt'schen Triangulation an. Die hieraus abgeleitete Generalstabskarte 1:50 000 liegt 1850 vollständig vor (Abb. 7.43). Bereits 1828 erscheint die von Eckhardt bearbeitete Karte 1:200 000 des Großherzogtums und des Herzogtums, die ursprünglich angestrebte Karte 1:86 400 wird nicht fertiggestellt. 1867 wird der Generalstab auf Grund einer Militärkonvention mit Preußen aufgelöst – die verwandtschaftlichen Beziehungen zum russischen Zaren bewahren das Großherzogtum vor einer Annexion durch Preußen. Die topographische Aufnahme wird 1871 dem Hessischen Katasteramt übertragen, damit ist die Einheit von Landes- und Katastervermessung hergestellt.

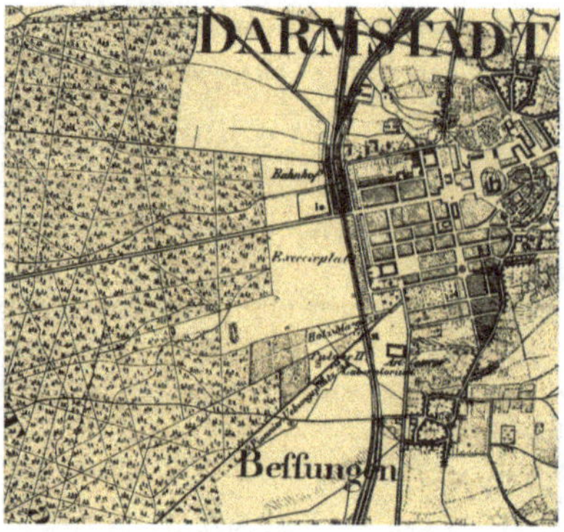

Abb. 7.43. Generalstabskarte 1:50 000 des Großherzogtums Hessen, Blatt Darmstadt (verkl. Ausschnitt), 1823–1850

- Das 1815 aus verschiedenen Territorien gebildete und von Preußen, Hessen-Darmstadt, Kurhessen und Bayern umschlossene Herzogtum *Nassau* war nach entsprechender Vereinbarung ab 1817 von der Müffling'schen Dreieckskette überzogen worden, nach einer Netzverdichtung II. und III. Ordnung wird die von den Preußen vorgenommene topographische Aufnahme dann 1819 abgeschlossen, s. [7.2.2]. Bis 1848 entsteht daraus durch Kopie der preußischen Aufnahmeblätter 1:20 000 ein vorläufiges topographisches Kartenwerk. Ab 1839 wird aber auch eine allgemeine Landesvermessung diskutiert, nachdem bereits ab 1822 für Zwecke der Landkonsolidation zahlreiche Vermessungen in lokalen Kirchturmsystemen durchgeführt worden waren. Nach Erlass eines Grundsteuergesetzes (1851) wird jedoch erst 1853 eine dem Innenministerium zugeordnete Landesvermessungskommission gebildet. Ziel der Landesvermessung ist die Aufstellung eines für die Grundsteuererhebung und die Grundeigentumssicherung geeigneten Katasters auf der Grundlage einer Triangulation. Die Planung und Ausführung dieses Unternehmens ist mit dem Namen F. L. Wagner verbunden (Ehrmanntraut 1982).

Friedrich Ludwig Wagner (1800–1868) ist nach Ausbildung als Katastergeometer zunächst bei der Katastervermessung in den preußischen Provinzen Rheinland und Westfalen tätig. Nach Abschluss dieser Arbeiten kehrt er 1836 nach Nassau zurück und ist als Privatgeometer für die herzoglichen Behörden tätig, als technisches Kommissionsmitglied bestimmt er dann praktisch den Verlauf der Landesvermessung. Bemerkenswert ist, dass Wagner bei diesen Arbeiten nach und nach auch seine vier Söhne und seinen Bruder einbezieht.

Das Netz I. und II. Ordnung wird ab 1853 von Wagner erkundet und größtenteils selbst beobachtet (9-zölliger Nonientheodolit, 20-fache Repetition, mittlerer Winkelfehler $<1''$), besonderer Wert wird auch hier auf eine dauerhafte Vermarkung der Festpunkte gelegt (Abb. 7.44). 1860 ist die Triangulation I.–III. Ordnung abgeschlossen, sie umfasst rund 3700 Punkte mit einem mittleren Abstand von 1 bis 2 km. Das Hauptdreiecksnetz schließt an die Triangulationen der Nachbarstaaten an, die Orientierung und der Maßstab werden über die Seite Melibokus–Feldberg aus der hessischen und der bayerischen Triangulation abgeleitet. Berechnet werden – ohne strenge Netzausgleichung – rechtwinklig-sphärische Koordinaten (Gauß'sche Bildkugel) in Bezug auf den Nullpunkt Schaumburg, Schlossturm.

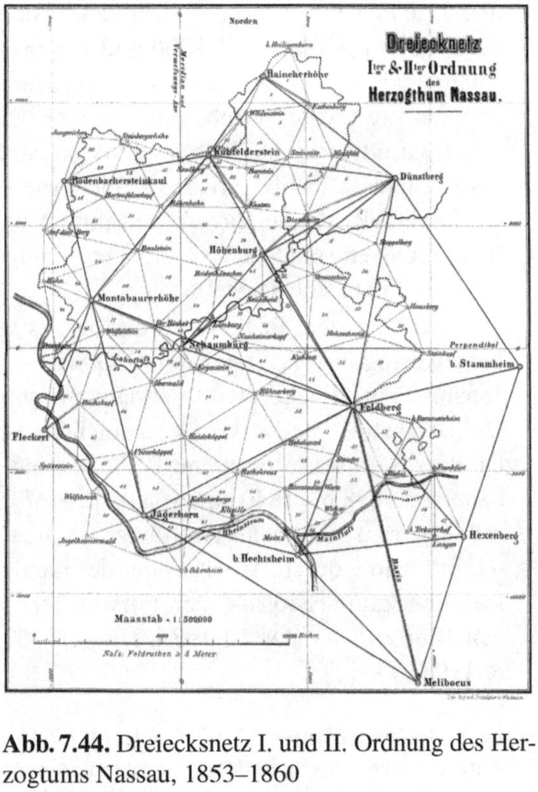

Abb. 7.44. Dreiecksnetz I. und II. Ordnung des Herzogtums Nassau, 1853–1860

1862 wird der Anschluss der älteren Partialmessungen und der neuen Katastermessungen (Polygonnetz und zahlenmäßige Stückvermessung) an das nun fertig gestellte Dreiecksnetz vorgeschrieben. Hieraus entstehen Gemarkungsübersichtskarten 1:5000 mit dem Ziel, aus diesen nach höhenmäßiger Vervollständigung eine *topographische Karte* 1:25 000 abzuleiten. Diese topographische Aufnahme ist 1866 bei der Umwandlung in die preußische Provinz Hessen-Nassau noch nicht beendet. Sie wird zunächst mit überwiegend preußischen Topographen (Leitung J. A. Kaupert) fortgesetzt und nach Auflösung der Landesvermessungskommission (1868) von der Preußischen Landesaufnahme 1869 abgeschlossen.

- Unterschiedliche Entwicklungen finden wir in *Thüringen*, das nach zahlreichen Teilungen und Neugliederungen in acht Fürstentümer zerfallen war, unter ihnen die vier sächsischen Herzogtümer. In Bezug auf die grundlegende Triangulation und die topographische Aufnahme schließen sich diese Kleinstaaten an Preußen – der preußische Generalstab hatte Thüringen in den 1850er Jahren trianguliert – bzw. im Süden an Bayern an, bei der Katastereinrichtung werden verschiedene Wege beschritten:

Im Großherzogtum *Sachsen-Weimar-Eisenach* führt die Grundsteuergesetzgebung (1839/1851) zur Flurvermessung, gleichzeitig beginnen systematische Zusammenlegungen. Von einer Standlinie ausgehend, werden die Fluren einzeln mit dem Messtisch und anschließend mit der Messkette und dem Winkelspiegel aufgenommen und in den Maßstäben 1:2000 bzw. 1:1000 und 1:4000 als Inselkarten kartiert; eine übergeordnete Triangulation fehlt (Krehan 1872). Im Herzogtum *Sachsen-Meiningen* wird die 1859 angeordnete Landesvermessung auf eine Triangulation I.–IV. Ordnung (Punktabstand 1 km) gestützt, die 1870 abgeschlossen ist. Sie wird von bayerischer Seite aus durchgeführt und an das bayerische Dreiecksnetz angeschlossen, für die Katasteraufnahme wird ebenfalls das in Bayern bewährte Messtischverfahren benutzt. Wegen der durch Realteilung entstandenen Kleinparzellierung werden die Flurkarten im Maßstab 1:2500 bzw. 1:1250 (Städte) erstellt.

Eine besondere Rolle spielt das bereits durch die Zach'schen Arbeiten herausgehobene Herzogtum *Sachsen-Coburg-Gotha*, s. [6.3.2]. Hier hatte schon der Gauß-Schüler Johann Franz Encke als Observator an den Winkelmessungen für die Müffling'sche Dreieckskette mitgewirkt. Der zum Direktor der Gothaer Sternwarte berufene P. A. Hansen führt dann von 1838 bis 1840 eine staatlicherseits angeordnete Triangulation als Grundlage für die Katastereinrichtung durch, Vorsitzender der Landesvermessungskommission ist der Forstmeister *Ernst von Wangenheim* (Oertel 1935, Hansen 200 Jahre 1995).

Abb. 7.45. Peter Andreas Hansen (1795–1874). Bleistiftzeichnung von Samuel Friedrich Diez, 1834

Peter Andreas Hansen (1795–1874, Abb. 7.45) hatte – nach einer Uhrmacherlehre – wegen seiner astronomischen Neigungen früh Kontakt mit Schumacher aufgenommen Er führt dann an dessen Sternwarte in Altona Beobachtungen und Berechnungen durch und nimmt an der dänischen Gradmessung und an der Vermessung Helgolands teil. Durch seine Abhandlungen in den „Astronomischen Nachrichten" bekannt geworden, wird er 1825 nach Gotha berufen und führt dort die Astronomie insbesondere mit seinen Arbeiten zur himmelsmechanischen Störungsrechnung und den Bahnberechnungen von kleinen Planeten und Kometen zu einem neuen Höhepunkt. Anstelle der verfallenen Seeberg-Sternwarte setzt Hansen einen Neubau (mit den Steinen der alten Sternwarte) in der Stadt durch, der 1858 bezogen werden kann. Als Dirigent der „Allgemeinen Landesvermessung" wendet er sich wieder der Geodäsie zu, besonders seine Arbeiten zur Ausgleichungsrechnung bringen ihm hohe Anerkennung. In höherem Alter engagiert er sich noch als Gradmessungskommissar bei der Entstehung der „Mitteleuropäischen Gradmessung" und wird Präsident der „Permanenten Kommission" (Lencer u. Mayer 1995), s. [8.1.2].

Vermessen wird ein Dreiecksnetz mit 21 Haupt- und 172 Nebenpunkten (Reichenbach'sche bzw. Ertel'sche Nonientheodolite, Richtungsmessungen mit mehr als 20 Zielungen, Vorwärtsschnitte), Abb. 7.46. Die Hauptpunkte werden als Bodenpunkte durch Sandsteine mit eingemeisseltem Kreuz vermarkt und durch Signalstangen mit aufgesetzter Trommel sichtbar gemacht. Nullpunkt ist der Standort des Passageinstruments auf der Seeberg-Sternwarte, Maßstab und Orientierung werden aus der Müffling'schen Seite Seeberg-Inselsberg übernommen. Über den Inselsberg ist die Triangulation auch mit der preußischen und der hessischen Landesvermessung verbunden. Die Berechnung (Stationsausgleichung und Netzausgleichung in der Ebene nach bedingten Beobachtungen) der über 10 000 Einzelmessungen nimmt Hansen persönlich vor, dabei entwickelt er ein Verfahren zur Ausgleichung unvollständiger Richtungssätze ebenso wie das Zweipunkt-Einschneideverfahren („Hansen'sche Aufgabe"), Zimmermann (1995). Die Ergebnisse der Triangulation dienen als Grundlage für die folgende Katastervermessung, die erzielte relative Genauigkeit von besser als 10 cm reicht hierfür völlig aus. Mit Kleintriangulation und Polygonierung führt die Flurvermessung schließlich zu Katasterkarten der Maßstäbe 1:1000, 1:2000 und 1:4000. In den 1850er Jahren

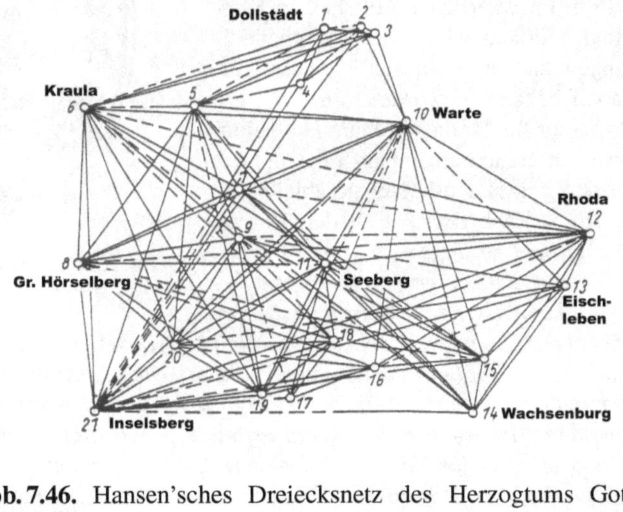

Abb. 7.46. Hansen'sches Dreiecksnetz des Herzogtums Gotha, 1838–1840

wird dann wie in Sachsen-Meiningen eine neue Landesvermessung im Anschluss an die bayerischen Arbeiten durchgeführt, mit Flurkarten im Maßstab 1:2500 bzw. 1:1250 (Kerschbaum 1873).

Besonders zu erwähnen ist schließlich das Fürstentum *Schwarzburg-Sondershausen*, das im Jahre 1850 für die geplante Katastervermessung ein Gutachten von Baeyer erbittet. Dieser empfiehlt eine triangulationsgestützte großmaßstäbige Aufnahme mit dem Ziel, diese als Grundlage nicht nur für ein Steuer- und Eigentumskataster, sondern auch für technische Arbeiten jeder Art zu nutzen. Baeyers Rat wird gefolgt: im Anschluss an die preußischen Hauptdreiecke wird ab 1853 eine Triangulation bis herab zur IV. Ordnung durchgeführt, mit anschließender Detailaufnahme mit Messkette und Winkelspiegel; Nullpunkt des Koordinatensystems wird der preußische Dreieckspunkt Possen, Turm. Als Ergebnis der 1865 abgeschlossenen Vermessung liegen Flurkarten im Maßstab 1:2000 bzw. (Ortslagen) 1:1000 vor (Schwarzburg-Sondershausen 1875).

- In *Braunschweig* beginnt F. W. Spehr 1829 im Anschluss an die Gauß'sche Gradmessung (Dreieck Brocken–Lichtenberg–Hils) mit einer von ihm vorgeschlagenen Triangulation. Sie soll als Grundlage für eine topographische Karte 1:50 000 dienen und die Gerlach'sche Karte in ihrer Geometrie verbessern, die Topographie soll aber aus dieser entnommen werden, s. [5.2.4], Konstanzer (1960).

Abb. 7.47. Friedrich Wilhelm Spehr (1799–1833)

Friedrich Wilhelm Spehr (1799–1833, Abb. 7.47) sollte ursprünglich Kaufmann werden, er wendet sich aber am Collegium Carolinum in Braunschweig bald mathematischen Fächern zu und studiert ab 1819 in Göttingen Mathematik, Astronomie und Mathematische Geographie, u. a. bei Gauß und Tobias Mayer. Während der Studienzeit entwirft er eine „Topographische Charte vom Herzogthume Braunschweig" im Maßstab 1:280 000, die 1820 im väterlichen Geschäft in Kupfer gestochen und gedruckt wird. Durch mathematische Abhandlungen und eine Vielzahl von Entwürfen für Atlaskarten bekannt geworden, wird er Lehrer und 1827 Professor für Mathematik am Collegium Carolinum. In seinen Bemühungen um eine moderne Landesvermessung argumentiert er geschickt und stützt sich u. a. auf v. Zach (Bericht an den Herzog Carl 1828): *„Es ist heut zu Tage eine durch vielfältige Erfahrung bis zur Evidenz erwiesene Thatsache, dass nur eine trigonometrische Aufnahme nicht nur die wahre und sicherste sondern auch die wohlfeilste Art sei, wie man zu richtigen und genauen geographischen, topographischen und militairischen Charten gelangen kann"* und *„indem das Herzogthum Braunschweig der einzige deutsche Staat ist, welcher sich bisher noch keiner trigonometrischen Vermessung zu erfreuen gehabt hat, so dass also dieses reiche, glückliche und in so vieler Rücksicht beneidete Land eine nicht unbedeutende Lücke in der Topographie Deutschlands darbietet"* (Pattenhausen 1887). Er erhält daraufhin 1828 die Leitung der Vermessungsarbeiten in der „Commission zur Berichtigung der Gerlach'schen

Spezialkarte des Herzogthums Braunschweig". Während der Triangulation korrespondiert Spehr häufiger mit Gauß und tauscht auch Beobachtungen aus (Gerke 1978).

Die Vermessung (12-zölliger Theodolit von Reichenbach-Ertel und 7-zölliger Theodolit von Breithaupt, mindestens 10-fache Repetition) des nicht optimal konfigurierten Netzes (Abb. 7.48) und die Berechnung (ebene Koordinaten im Gauß'schen System des Königreichs Hannover, Ausgleichung nach der Methode der kleinsten Quadrate) gehen nur mühsam voran. Dies liegt an der Erkrankung Spehrs und der unzureichenden Unterstützung durch das Herzogliche Staatsministerium, hinzu kommen ernsthafte Zweifel an der Qualität der Gerlach'schen Karte. 1832 werden die Vermessungen und 1835 die gesamten Arbeiten endgültig eingestellt, die Triangulation bleibt unvollendet.

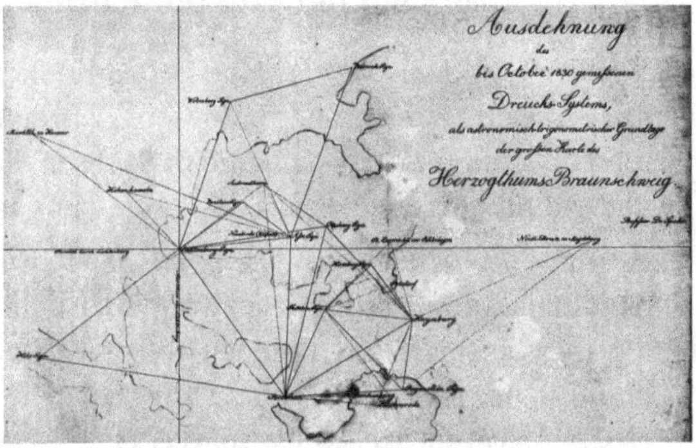

Abb. 7.48. Spehr'sches Dreiecksnetz des Herzogtums Braunschweig, 1829–1832

Immerhin werden die von Spehr bestimmten Punkte von dem Bau-Condukteur *A. Kolbe* dazu benutzt, die Gerlach'sche Karte zu entzerren und daraus eine Karte 1:200 000 abzuleiten (1836). Das Herzogtum Braunschweig wird in dieser Zeit auch von dem Papen'schen Atlas des Königreichs Hannover erfasst, wobei Papen sich u. a. auf die ihm von Seiten Braunschweigs zur Verfügung gestellten Unterlagen stützt, s. [7.1.2].

Für die ab 1859 vorgenommene *Grundsteuererhebung* (Gesetz von 1849) kann Braunschweig zunächst auf die Karten der Generallandesvermessung zurückgreifen, s. [5.2.4]. Von den 1830er Jahren an werden diese durch die im Rahmen von Separationen, Verkopplungen und Ablösungen nach der Gemeinheitsteilungsordnung von 1823 anfallenden Karten (Maßstäbe 1:3000 bzw. für die Ortslagen 1:1500) weitgehend ersetzt, bis 1859 liegen solche Karten für 90 % des Staatsgebietes vor, hinzu kommen Forst- und Domänenkarten; eine übergeordnete trigonometrische Grundlage fehlt weiterhin. Zuständige Behörde für die Grundsteuererhebung wird 1836 das „Herzogliche Steuer-Collegium", bei Neumessungen wird die 1834 zur Durchführung der Gemeinheitsteilungsordnung gegründete „Herzogliche Landesöconomie-Commission" eingeschaltet (Frühauf et al. 1999).

Die braunschweigischen *Harzgebiete* waren bereits in der ersten Hälfte des 18. Jahrhunderts von dem Forstmeister *J. G. von Langen* mit Astrolab, Bussole, Höhengradbogen und Messkette aufgenommen und in Rissen 1:20 000 und 1:40 000 dargestellt worden. Anfang des 19. Jahrhunderts hatte sich die Aufnahme mit Bussole und Messkette, später auch mit dem Theodolit durchgesetzt, die Ergebnisse reichen von den Grenzkarten 1:4000 (später 1:5000) bis zu den Oberforstkarten 1:48 000. Der Harz wird schließlich auch in die Neutriangulation und Messtischaufnahme Thüringens und Sachsens durch den Preußischen Generalstab einbezogen, s. [7.2.3].

7.3.2 Oldenburg, Mecklenburg, Schleswig-Holstein und Sachsen: Lösungen mit und ohne Einbeziehung des Katasters

Von der systematischen Anlage her vorbildliche Lösungen – mit und ohne Einbeziehung des Katasters – finden wir in diesem Zeitraum in Oldenburg und in Mecklenburg, während in Schleswig-Holstein und in Sachsen die Einrichtung eines Liegenschaftskatasters und die Erneuerung der Landesvermessung nur mühsam vorankommt:

- Im Großherzogtum *Oldenburg* entsteht in der ersten Hälfte des 19. Jahrhunderts eine Landesvermessung, die sowohl der Grundsteuererhebung als auch der Herstellung topographischer Karten dienen soll (Großherzogliche Resolution zur Regulierung der Grundsteuer von 1835). Hierzu wird zunächst von A. Ph. v. Schrenck eine Triangulation (1835–1837) im Anschluss an das Gauß'sche Netz (über die Seite Bremerlehe–Varel) durchgeführt.

Albert Philibert Freiherr *von Schrenck* (1800–1877, Abb. 7.49) hatte von 1818 bis 1820 in Göttingen bei Gauß Mathematik studiert und war dann als Geometer bzw. Obergeometer in Ostfriesland und bei der westfälischen Grundsteuervermessung unter Vorlaender im Regierungsbezirk Münster tätig, bevor ihm 1834 die Leitung der Vermessungsarbeiten des Großherzogtums Oldenburg übertragen wird. Durch sein Wirken erhält Oldenburg als erstes norddeutsches Land eine durch Triangulation, Polygonierung und Linienmessung gestützte Landesaufnahme als Grundlage für ein Zahlenkataster und die topographischen Karten. Anfang der 1860er Jahre kommt unter seiner Leitung noch ein erstes Landesnivellement hinzu. Nach 40-jähriger Tätigkeit tritt von Schrenck 1874 als Vermessungsdirektor und Geheimer Oberkammerrat in den Ruhestand (Harms 1961).

Abb. 7.49. Albert Philibert von Schrenck (1800–1877)

Bis auf die Einschaltung von zwei Punkten (Oldenburg und Wildeshausen) kann v. Schrenck bei der Triangulation auf die Vermessung eines Dreiecksnetzes I. Ordnung verzichten. Er gleicht die ihm von Gauß mitgeteilten Daten neu aus und verdichtet das Festpunktfeld durch Netze II. (36 Punkte) und III. Ordnung (216 Punkte), wobei fast nur Kirchtürme und Windmühlen verwendet werden (Abb. 7.50). Benutzt wird ein 7-zölliger Repetitionstheodolit von Baumannn, mit 15- bzw. 10-facher Repetition wird ein mittlerer Winkelfehler von $\pm 3''$ erreicht. Berechnet werden rechtwinklig-sphäroidische Koordinaten, bezogen auf den Nullpunkt Oldenburg, Schlossturm, und den zugehörigen Meridian als Abszissenachse; Bezugsfläche wird in Anlehnung an Gauß das Walbeck-Ellipsoid.

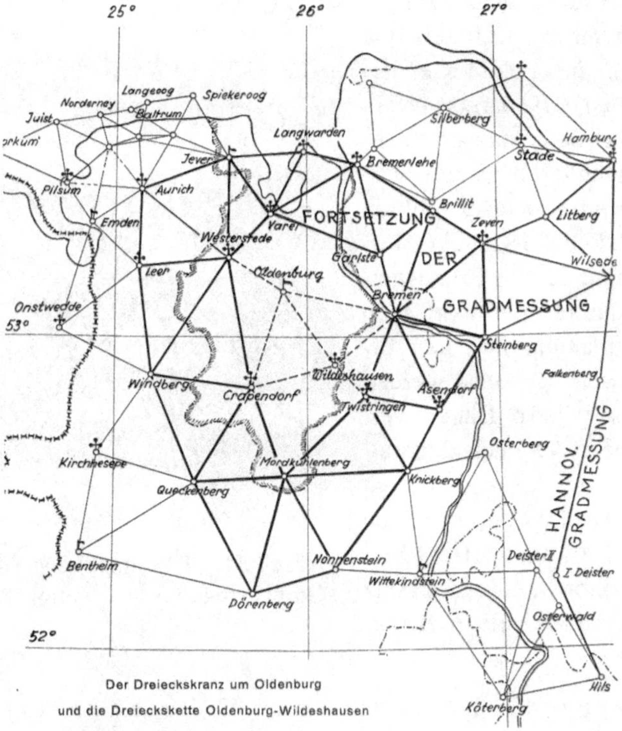

Abb. 7.50. Schrenck'sches Dreiecksnetz des Großherzogtums Oldenburg, 1835–1837

Die anschließende *Parzellarvermessung* baut auf einem gemeindeweise angelegten Netz IV. Ordnung (einige 1000 Bodenpunkte, Punktabstand bis zu 2 km, Vermarkung durch Eichenpfähle) auf, welches durch Flur-Rand-Polygonzüge und eingebundene lange Messungslinien für die Orthogonalaufnahme verdichtet wird (Jürgens 1978). Zwischen 1836 und 1855 werden so rund 3000 Flurkarten meist in den Maßstäben 1:2000 und 1:3000 geschaffen Nach Abschluss der Bonitierung kann die Grundsteuer ab 1866 nach dem Gesetz von 1855 erhoben werden – 50 Jahre nach der ersten Ankündigung einer Grundsteuerreform (Hauerken 1961). Aus den Katasterkarten wird schließlich nach topographischer Ergänzung (einschließlich der Höhen nivellierter Punkte) von 1853 bis 1865 die *„Topographische Karte des Herzogtums Oldenburg"* im Maßstab 1:50 000 als Gradabteilungskarte entwickelt und im Steindruck vervielfältigt (Abb. 7.51), ferner erscheint die „Generalkarte" im Maßstab 1:200 000 im Kupferstich. Beide Kartenwerke werden wegen ihrer Genauigkeit, der feinen Darstellung und der Klarheit u. a. von dem Geographen E. von Sydow und dem General Baeyer besonders gelobt.

- In *Bremen* wird nach langwieriger Vorbereitung durch den „Controleur der direkten Steuern" *Adam Ernst von Weltzien* (1787–1835) 1824 eine Kommission zur Katasteraufstellung gebildet, 1835 wird ein „Cataster-Bureau" eingerichtet (Lucht 1985). Die Feldmesser *Johann Heinrich Thätjenhorst* (1803–1859) und der mathematisch, technisch und sprachlich begabte Gauß-Schüler *Everhard Klüver* führen dann von 1826 bis 1849 eine Katastervermessung für die Grundsteuererhebung durch, die aber auch für die Stadtplanung und den Eigentumsnachweis genutzt werden soll (Erxleben 1985). Dabei werden durch lineare Dreiecksmessungen mit der Messkette und dem Winkelkreuz Katasterkarten in den Maßstäben 1:2000 und 1:1000 hergestellt, ein trigonometrisches Netz wird nicht zugrunde gelegt (Brinkmann 1935).

Abb. 7.51. Topographische Karte 1:50 000 des Großherzogtums Oldenburg, 1853–1865

- Eine ganz besondere Entwicklung nimmt die Landesvermessung in *Mecklenburg*. Hier liegt in Mecklenburg-Schwerin seit 1788 die im Rahmen der Schmettau'schen Aufnahme von Wiebeking erstellte Topographische Karte 1:50 000 und in Mecklenburg-Strelitz die 1780 fertiggestellte Karte 1:33 847 vor, s. [5.2.4]. Baeyer findet jedoch 1840 bei seiner auch Mecklenburg überziehenden Küstenvermessung ganz erhebliche Fehler, die Ostseeküste ist bis zu einer geographischen Meile falsch angegeben; er regt daraufhin 1849 eine Neuvermessung auf trigonometrischer Grundlage an. Das kommt den bereits seit einigen Jahren laufenden Bemühungen des Regierungsregistrators F. Paschen entgegen, der nun auf mecklenburgischer Seite die Initiative übernimmt und schließlich die Landesvermessung auf dem inzwischen durch die Arbeiten von Gauß und Bessel erreichten hohen Niveau plant und durchführt (Zimmermann 2000).

Friedrich Heinrich Christian Paschen (1804–1873) studiert 1821–1825 in Göttingen Jura, belegt aber auch mathematische, astronomische und geodätische Vorlesungen bei Gauß. Als großherzoglicher Beamter beschäftigt er sich privat mit geodätisch-kartographischen und astronomischen Problemen So findet er bereits 1841 in der Schmettau'schen Karte Lagefehler von einigen km und mehr, weitere Untersuchungen zeigen systematische Maßstabs- und Orientierungsfehler sowie zufällige Restfehler von einigen 100 m. Bereits 1843 führt Paschen eine astronomische Breitenbestimmung für die Domkirche zu Schwerin durch. 1848 unternimmt er mit vier Chronometern Reisen zwischen Schwerin und Altona, um die geographische Länge von dort zu übertragen; die astronomischen Beobachtungen in Schwerin nimmt er wiederum selbst vor. 1852 legt er dem Staatsministerium ein Promemoria vor, in dem er die Notwendigkeit einer Landesvermessung begründet. Bemerkenswert ist der Hinweis, dass *„durch eine gute Vermessung selbst eines* *relativ kleinen Landes wie Mecklenburg, ein Beitrag zur Erforschung der Erde und der Krümmung der Erdoberfläche geliefert werden könne".* Der Generalmajor *von Witzleben* reicht die Denkschrift kurzerhand mit der Bitte um Stellungnahme an Baeyer weiter. Nach kurzer Diskussion über die Art der Winkelmessung erfolgt 1853 durch den Großherzog Friedrich Franz II. der Befehl zur Durchführung der Landesvermessung, mit hinreichender Punktverdichtung für die topographische Aufnahme und der Bestimmung einer genügenden Zahl von Höhenfestpunkten. Paschen wird wissenschaftlich-technischer Leiter der neu gebildeten Landesvermessungskommission, für die Leitung der örtlichen Arbeiten wird seitens des Militärdepartements der damalige Hauptmann *Köhler* benannt; Dirigent der Kommission wird von Witzleben und ab 1859 Oberst *von Bilguer*. Zwischen Paschen und der militärischen Seite der Kommission gibt es immer wieder erhebliche Diskrepanzen, doch bleibt die paritätische Besetzung bis zum Abschluss der Arbeiten erhalten. Paschen, der die wissenschaftliche Leitung bis zu seinem Tod innehat, korrespondiert im Zusammenhang mit der Landesvermessung über viele Jahre intensiv mit Schumacher und Gauß. Als Vertreter Mecklenburgs wirkt er auch noch aktiv an der Entstehung und Entwicklung der Mitteleuropäischen Gradmessung mit, s. [8.1.2], Ramseger (2004). Der Schlussbericht der Landesvermessungskommission kann allerdings erst nach dem Tod von Paschen 1874 durch den Generalmajor Köhler vorgelegt werden. Nach wissenschaftlicher Bearbeitung durch Paschens Schwiegersohn Wilhelm Foerster (Direktor der Berliner Sternwarte) und Karl Bruhns (Direktor der Leipziger Sternwarte) werden die endgültigen Ergebnisse der Landesvermessung dann 1882 durch Foerster präsentiert (Zimmermann 2004).

Das Dreiecksnetz I. Ordnung (48 Punkte, davon 12 unzugängliche Hochpunkte) wird durch Offiziere des mecklenburgischen Militärdepartements mit 10-zölligen Universaltheodoliten der Firma Pistor und Martins beobachtet, wobei die Bodenpunkte mit Bertram'schen Heliotropen signalisiert werden (Kleinfeldt u. Ramseger 2003). Gemessen werden sechs über den Kreis verteilte Richtungssätze (mittlerer Fehler einer ausgeglichenen Richtung $\pm 1''$); die Messungen sind 1860 abgeschlossen (Abb. 7.52). Bis 1873 werden noch 322 Punkte II. und 737 Punkte III. Ordnung durch Einschneiden bestimmt. Das Netz wird an die Dreiecksketten der preußischen, hannoverschen und dänischen Vermessungen angeschlossen, und der Maßstab wird aus sechs preußischen Anschlussseiten abgeleitet, auf eine eigene Basismessung wird verzichtet. Die trigonometrischen Punkte I. und II. Ordnung werden durch Granitsteine und zwei Sicherungsmarken gekennzeichnet (Abb. 7.53).

Zentralpunkt des Netzes wird der Hauptturm des Schweriner Schlosses. 1857 beginnt Paschen die zur Netzorientierung notwendigen astronomischen Messungen. Breitenbeobachtungen werden in Schwerin und auf dem Dreieckspunkt Granzin durchgeführt, dort wird auch ein Azimut nach Polaris bestimmt ($\pm 0{,}3''$). Mit der dänischen Regierung wird eine Vereinbarung über den Längenanschluss an die Sternwarte in Altona getroffen, hier hat 1854 *Christian August Friedrich Peters* (1806–1880), ein Schüler Bessels, die Leitung übernommen. Die Längendifferenz zwischen Altona und Schwerin wird telegraphisch bestimmt, mit Beobachter- und Stationswechsel bei den astronomischen Zeitbestimmungen. Die geographischen Koordinaten der Hauptdreieckspunkte werden ausgehend vom Zentralpunkt durch geodätische Übertragung auf dem Bessel-Ellipsoid berechnet. Für die Abbildung in die Ebene wendet Paschen nach Diskussion

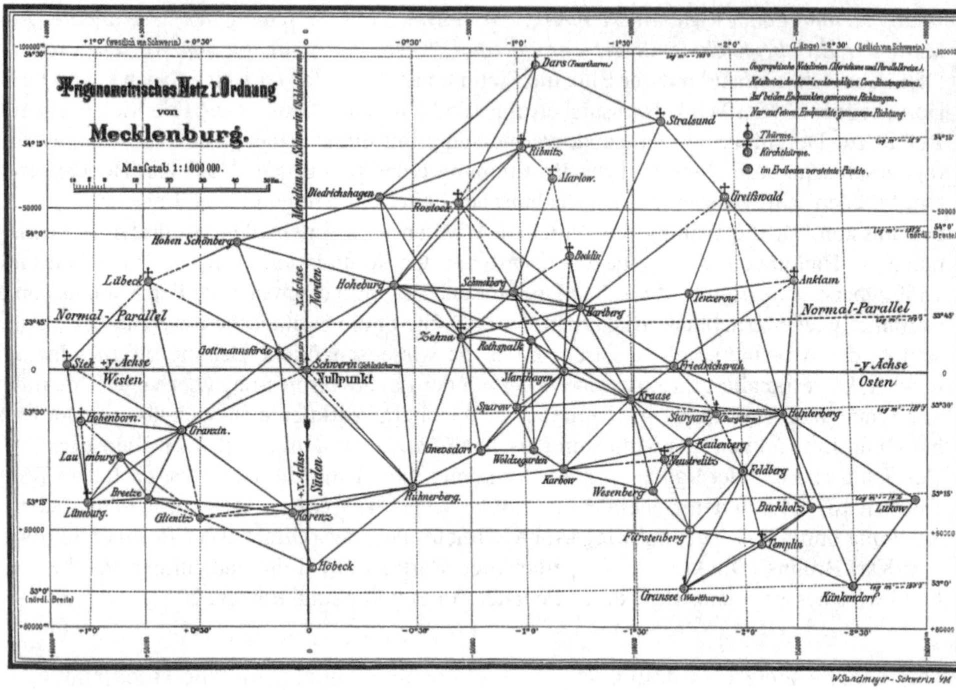

Abb. 7.52. Paschen'sches Dreiecksnetz I. Ordnung des Großherzogtums Mecklenburg-Schwerin, 1853–1860

mit dem Göttinger Astronomen Wilhelm Klinkerfues und dem Oberst Wiegrebe in Kassel die Gauß'sche konforme Kegelprojektion (Berührungsparallel des Kegels mit dem Ellipsoid in der Breite 53°45′) an, die Abszissenachse zeigt nach Süden, die Ordinatenachse nach Westen. Zur Verkleinerung der nach Norden und Süden anwachsenden Verzerrungen wird ein Verjüngungsfaktor von 0,999959 eingeführt. Schließlich werden auch die Höhen der Punkte I. Ordnung durch Messung und Ausgleichung eines Netzes von gegenseitigen und gleichzeitigen Zenitdistanzen bestimmt, s. [7.5]. Jordan charakterisiert die Mecklenburgische Landesvermessung als *„ein geodätisches Werk ..., welches durch seinen Urheber Paschen ... den Gaußschen und den Besselschen Theorien gefolgt ist, (und) mit zu dem Besten jener geodätischen Periode gehört“*.

Abb. 7.53. Vermarkung (Granitwürfel) des trigonometrischen Punktes „Ruhner Berg“

Die nach preußischem Vorbild im Maßstab 1:25 000 ausgeführte *topographische Landesaufnahme* beginnt 1863, wird aber ab 1867 nur noch sporadisch fortgesetzt und 1872 ganz eingestellt; ab 1877 werden die Arbeiten dann von der Preußischen Landesaufnahme wieder aufgenommen (Schaffer 2003). Mit der Feldmesserordnung von 1873 wird auch der Anschluss der *Detailvermessungen* an das Landesnetz vorgesehen, die Erneuerung der auf die Direktorialvermessung und die Vermessungen im Domanium zurückgehenden graphischen Nachweise geht jedoch nur langsam vor sich, s. [5.2.4]. Bei der Herstellung der Feldmarkskarten wird nun aber auf den metrischen Maßstab 1:4000 übergegangen (Greve 1997).

• In *Schleswig-Holstein* wird die unter Bugge begonnene dänische Landesvermessung fortgesetzt, s. [5.2.4]. Hier ist jedoch ein wesentlicher Wandel eingetreten, nachdem Bugge Kenntnis von der französischen Gradmessung durch Delambre und Méchain erhalten hatte und Schumacher die Leitung einer qualitativ besseren neuen Triangulation übertragen worden war. Dieser vermisst von 1817 bis 1821 eine Dreieckskette zwischen Altona und der Insel Alsen einschließlich der Basis Braak als Beginn einer Gradmessung, s. [7.1.1]. Für die Breitenbestimmungen leiht sich Schumacher von der englischen Regierung einen Ramsden'schen Zenitsektor aus, und für die Messung der Dreieckswinkel werden Reichenbach'sche Theodolite bestellt (Niemeyer 1951). 1820 wird Schumacher von der Wissenschaftlichen Gesellschaft auch beauftragt, die topographische Vermessung Holsteins auf der Basis dieser Triangulation fortzusetzen, 1825 erhält er einen entsprechenden Auftrag aus Hamburg. Aus den mit dem Messtisch und der Kippregel vorgenommenen Aufnahmen entstehen bis 1834 die topographischen Karten 1:20 000 für Teile Holsteins und Lauenburgs und für Hamburg.

Nach längerer Unterbrechung nimmt Schumacher 1837 die Triangulation wieder auf, die dänischen Netze werden jetzt mit den Dreiecksketten in Südschweden und der Baeyer'schen Küstenvermessung verbunden (Abb. 7.54). Ab 1842 wird der dänische Generalstab (1808 als „Generalquartiermeisterstab" gegründet) für die Landesvermessung zuständig, unter der Leitung des Oberstleutnants *Karl Christoph Georg Andrae* (1812–1893) werden die Dreiecksmessungen in den 1850er und 1860er Jahren beendet. 1870 ist der Schumacher'sche Meridianbogen bis an die Nordspitze Jütlands verlängert, nachdem 1845/46 auch eine Dreieckskette von Kopenhagen bis an die Westküste Jütlands angelegt worden war (Eggert 1916).

• In *Hamburg* hatte bereits 1814 der Strom- und Kanaldirektor *Johann Theodor Reinke* (1749–1825) eine Triangulation begonnen, mit einer über die Norderelbe bei Wilhelmsburg gelegten Grundlinie (Länge 2,1 km), die Arbeiten werden mit der Triangulation und der topographischen Aufnahme durch Schumacher eingestellt. Nach dem großen Brand von 1842 wird eine Grundstücksvermessung auf der Grundlage eines Dreiecksnetzes angeordnet, dieses Netz wird 1845–1847 unter der Leitung von Schumacher durch den Observator A. C. Petersen zunächst für das Stadtgebiet angelegt. Mit der Detailvermessung (Netzverdichtung durch Dreiecksmessung und Polygonierung, orthogonale Stückvermessung) der eigentlichen Stadt wird 1845 der englische Ingenieur

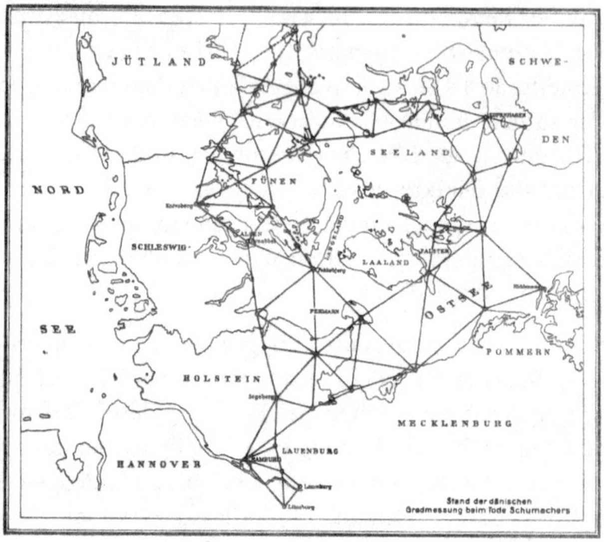

Abb. 7.54. Dänische Gradmessung und Landesvermessung, 1817–1850

William Lingley (1808–1900) beauftragt, der Geometer *Heinrich Stück* (1823–1915) dehnt dann ab 1862 die Vermessung auf das gesamte Hamburger Gebiet aus. Das Dreiecksnetz wird nach der Methode der kleinsten Quadrate ausgeglichen und in Bezug auf den Nullpunkt (Turmspitze der 1908 abgebrannten Großen Michaeliskirche) in einem rechtwinkligen Soldner-System (Walbeck-Ellipsoid) koordiniert; die Vermessungsarbeiten sind 1868 abgeschlossen. Als Ergebnis liegt ein koordiniertes Festpunktfeld (Grundlage sind über 1600 trigonometrische Punkte) hoher Genauigkeit vor, aus dem nach Bedarf die Koordinaten von Grenzpunkten und Gebäudeecken berechnet werden können: das ist der Beginn des Hamburger „Koordinatenkatasters". Das Rahmenkartenwerk weist die Maßstäbe 1:250 und 1:1000 auf, ab 1864 werden auch Nivellements zur Darstellung der Höhenverhältnisse durchgeführt. 1869 tritt ein Gesetz über das Grundeigentum in Kraft, nachdem bereits 1865 eine bei der Baubehörde angesiedelte Vermessungsverwaltung für Fragen der Stadtvermessung, des Katasters und der Bewertung zuständig geworden war (Reek 1970).

- Im Königreich *Sachsen* liegt 1825 mit den Meilenblättern 1:12 000 ein vollständiges topographisches Kartenwerk großen Maßstabes vor, allerdings handgezeichnet nur im Original und in zwei Kopien; nach dem Tod von Aster war die Aufnahme von Oberstleutnant Schmidt und ab 1808 von Oberstleutnant Le Coq geleitet worden, s. [5.2.4]. Die Meilenblätter bilden auch die Grundlage für die nun entstehenden und im Druck vervielfältigten topographischen Kartenwerke, wobei voneinander getrennt zivile und militärische Bearbeitungen vorgenommen werden (Deumlich 1996, Landesvermessungsamt Sachsen 2006).

Für den zivilen Bereich ist 1814 die dem Finanzministerium unterstehende Kameralvermessungsanstalt eingerichtet worden. Sie entwickelt auf Anstoß der Bergbehörde die *„Charte des Königreichs Sachsen und der angrenzenden Länderabtheilungen"* im Maßstab 1:120 000, 1826 erfolgt der endgültige Beschluss zur Herstellung dieser Karte. Sie soll die topographische Grundlage für die geplante geognostische Karte bilden, aber auch ein eigenständiges Kartenwerk darstellen. Maßgeblich für das Zustandekommen dieses Werkes ist neben dem Direktor der Kameralvermessung, dem als Ingenieuroffizier geschulten *Wilhelm Ernst August von Schlieben* (1781–1839) und dem zuständigen Minister B. A. von Lindenau vor allem der geodätisch erfahrene W. G. Lohrmann (Stams 1990).

Abb. 7.55. Wilhelm Gotthelf Lohrmann (1796–1840)

Wilhelm Gotthelf Lohrmann (1796–1840, Abb. 7.55) hatte nach einem Architekturstudium seine Laufbahn 1815 mit der Feldmesserausbildung an der Kameralvermessungsanstalt begonnen, hier wird er dann als Inspektor in vielfältiger Weise tätig. So führt er Probemessungen für die geplante Katasteraufnahme durch, ist für die Vermessung der für den Holztransport wichtigen Flößen (Kartierung 1:2400) zuständig und nimmt nach dem Elbehochwasser die Elbstromkarte 1:4800 auf trigonometrischer Grundlage auf (1821–1828). Mit den Arbeiten zu einem topographischen Kartenwerk 1:19 200 wird begonnen (1815–1819), auf Einspruch der Militärplankammer muss dieses Unternehmen aber eingestellt werden. Für die Geognostische Karte führt Lohrmann ab 1823 systematisch barometrische Höhenmessungen aus, 1833 werden 1102 Höhenwerte veröffentlicht. Diese Höhen werden auch für den Eisenbahnbau wichtig, unter Lohrmanns Leitung werden von der Kameralvermessungsanstalt u. a. die Trassierungsarbeiten für die erste deutsche Ferneisenbahn Leipzig–Dresden (ab 1833) durchgeführt. Seine als Amateur begonnene astronomische Tätigkeit gipfelt in der Herstellung einer auf eigenen Beobachtungen beruhenden und international anerkannten, aber erst 1878 erschienenen Mondkarte. Lohrmann wird auch erster Vorsteher der Technischen Bildungsanstalt und Anfang 1840 schließlich Direktor der Kameralvermessung, er stirbt aber schon kurz darauf mit 44 Jahren an Typhus (Dolz 1999).

Grundlage für die Kameralvermessungskarte werden von Lohrmann in drei Ordnungen durchgeführte Dreiecksmessungen auf fast 400 Punkten (1825–1828, 8-zölliger Theodolit von Reichenbach/Ertel), die Dreiecksschlussfehler bleiben in der I. Ordnung kleiner als 4″. Eine Basismessung (Basislänge 872 m) findet auf der Hauptallee des Großen Gartens in Dresden statt, und der Koordinatennullpunkt (Beobachtungspfeiler im Mathematisch-Physikalischen Salon) wird durch eine astronomische Ortsbestimmung festgelegt; der Meridian durch diesen Nullpunkt wird durch zwei Meridiansäulen vermarkt. Die topographischen Einzelheiten werden den Meilenblättern und anderen älteren Karten, aber auch Lohrmanns Messungen für die Katastereinrichtung und für die Elbstromkarte sowie seinen Höhenmessungen entnommen, das Kartenwerk liegt im Lithographieverfahren gedruckt 1840 vor.

Unabhängig von diesen zivilen Aktivitäten nimmt die Militärplankammer unter Leitung des späteren Generalmajors *Jakob Andreas Hermann Oberreit* (1777–1856) ab 1819 eine Revision der Meilenblätter vor. Sie entwickelt daraus den nun der Öffentlichkeit zugänglichen und international hoch angesehenen, im Kupferstich vervielfältigten *„Topographischen Atlas des Königreichs Sachsen"* im Maßstab 1:57 600 (5 Zoll : 1 Meile), er liegt 1860 abgeschlossen vor (Schmidt 1884), Abb. 7.56.

Auf der Londoner Weltausstellung 1851 findet der „Oberreit'sche Atlas" folgende Wertschätzung: *„Sachsen hat Karten von so bewundernswerther Vollendung eingesandt, dass sie hinsichtlich des Stiches alles weit hinter sich lassen, was Frankreich, England und der in Europa mit so vielem Rechte berühmte österreichische Generalstab je Ausgezeichnetes in dieser Art geliefert hat".*

Abb. 7.56. Topographischer Atlas des Königreichs Sachsen (Oberreit'scher Atlas) 1:57 600, Sektion Chemnitz Nr. XV (verkl. Ausschnitt), bearbeitet 1821

1856 wird die Plankammer als Topographisches Bureau dem Generalstab angegliedert. Von 1861 bis 1873 wird hier in Anlehnung an die preußische Generalstabskarte und auf der Grundlage des Oberreit'schen Atlas und der Meilenblätter die „Topographische Karte des Königreichs Sachsen" 1:100 000 als Gradabteilungskarte bearbeitet. Die weitere Entwicklung ist durch die Nagel'sche Neutriangulation und die weitere Anpassung der topographischen Kartenwerke an die reichseinheitlichen Regelungen gekennzeichnet, s. [9.3.2].

Mühsam gestaltet sich die Einrichtung eines *Liegenschaftskatasters*. Nach jahrzehntelangen Querelen um eine gerechte Besteuerung des Grund und Bodens hatten die sächsischen Landstände 1819 beschlossen, Probemessungen (hier ist Lohrmann beteiligt) zur Feststellung der geeigneten Verfahren und zur Kostenabschätzung durchführen zu lassen. Aus Kostengründen wird schließlich auf eine trigonometrische Grundlage verzichtet und 1834 der Beschluss gefasst, die Katastervermessung mit dem Messtisch (Flur-Umringsgrenzen, Maßstab 1:4800) und der Messkette (Detailvermessung) ausführen zu lassen. Die Grundsteuervermessung wird dann von 1835–1841 unter der Leitung von Offizieren der sächsischen Armee durch in einer „Präparandenanstalt" ausgebildete „Geodäten" im Akkord durchgeführt. Das neue Grundsteuersystem wird 1844 eingeführt und die hierfür eingesetzte Kommission aufgelöst. Die Aufnahmen („Menselkarten") werden als Inselkarten anfangs im Maßstab 1:1820 (1 Zoll : 10 Ruten) und 1:2730 (1 Zoll : 15 Ruten) kartiert, wegen der vermessungstechnischen Mängel finden aber bald Neuvermessungen im Maßstab 1:2000 bzw. 1:1000 statt. Die analog zu den Katastervermessungen im Rahmen von Zusammenlegungen und Gemeinheitsteilungen durchgeführten Arbeiten tragen auch hier zur Erneuerung des Katasters bei (Müller 2000). Für die im Liegenschaftskataster anfallenden Fortführungsarbeiten wird 1850 ein Finanzvermessungsbureau eingerichtet, es tritt an die Stelle der Kameralvermessungsanstalt.

7.4 Die süddeutschen Landesvermessungen: Einheit von topographischer und katastraler Aufnahme

7.4.1 Bayern: Fortsetzung des eingeschlagenen Weges

In Bayern kann die Landesvermessung auf die mit den Namen Bonne, Soldner und Schiegg verknüpften Arbeiten der napoleonischen Zeit aufbauen, s. [6.2.2]. Nach der Fertigstellung des rechtsrheinischen Hauptdreiecksnetzes wird ab 1819 auch in der wieder zu Bayern geschlagenen Pfalz ein Dreiecksnetz angelegt. Unter Leitung des bereits in Franken tätig gewesenen Steuerrats *Thaddäus Lämmle* (1774–1837) wird hier die rheinpfälzische Grundlinie Speyer-Oggersheim (19,8 km Länge!) gemessen. Ein Jahr später kontrolliert der Lyzealprofessor *Friedrich Michael Schwerd* die Lämmlesche Basis durch Messung einer kurzen (860 m) Grundlinie und einer Dreieckskette, deren letztes Glied diese Basis bildet. Mit der kleinen Differenz von 0,07 m gelingt ihm der Nachweis, dass der Maßstab einer Triangulation auch aus einer kurzen Basis und einem sorgfältig gemessenen Basisvergrößerungsnetz abgeleitet werden kann; dies wird später allgemein anerkannt. Soldner führt für das rheinpfälzische Netz ein eigenes rechtwinklig-sphärisches Koordinatensystem ein, Nullpunkt ist die Mannheimer Sternwarte, die rechtsrheinisch benutzte Soldner-Kugel (Bezugsbreite München) wird beibehalten.

1828 ist die Beobachtung des bayerischen Hauptdreiecksnetzes abgeschlossen, es wird 1852–1855 durch Anschluss an die Triangulation in Tirol noch nach Süden ergänzt. Wegen der ungenügenden Vermarkung können bei der von den 1870er Jahren an versuchten Wiederherstellung meist nur die Überreste der Signalgerüste genutzt werden. In den 1850er Jahren werden auch die thüringischen Herzogtümer *Sachsen-Coburg* und *Sachsen-Meiningen* von bayerischer Seite vermessen, s. [7.3.1].

Die ursprünglich vorgesehene Veröffentlichung der Ergebnisse der bayerischen Landesvermessung wird nach Soldners Tod zunächst nicht weiter verfolgt. Erst 1866 ergeht eine entsprechende Anordnung des Staatsministeriums der Finanzen; die Redaktion übernimmt zunächst Professor *v. Bauernfeind*. Nach dessen Rücktritt bearbeitet Oberstleutnant *Carl Maximilian von Orff* vom Militär-Topographischen Büro das Werk weiter, er führt u. a. eine strenge Neuausgleichung des Hauptdreiecksnetzes durch (1868–1873). Die abschließende Publikation erscheint dann mit der Steuer-Cataster-Commission und dem topograpischen Bureau des Königlichen Generalstabes als gemeinsamen Herausgebern, die Ergebnisse werden aber nur für wissenschaftliche Zwecke verwertet, s. [9.3.3].

Für die *Katasteraufnahme* (das Grundsteuergesetz wird 1828 erlassen) war bereits 1808 mit der Beobachtung eines „Sekundärnetzes" begonnen worden, das schließlich rund 19 000 Punkte umfasst; erst 1885 wird eine Einteilung des Dreiecksnetzes in Punkte I., II., III. und IV. Ordnung vorgenommen, s. [6.2.2]. Nachdem die Aufnahme in den 1850er Jahren abgeschlossen ist, muss fast ganz Oberbayern wegen erheblicher Veränderungen neu bearbeitet werden („Renovationsmessung"). In den 1870er Jahren wird zur Zahlenmethode übergegangen, bei Katasterneumessungen entstehen nun Flurkarten im Maßstab 1:1000. Zuständig für die zivile Landesvermessung bleibt weiter die Steuerkataster-Kommission, sie ist ab 1829 dem Finanzministerium unterstellt. 1872 wird ein Katasterbüro als permanente Behörde eingerichtet, es erhält 1915 die Bezeichnung „Landesvermessungsamt".

Abb. 7.57. Oberlieutenant des Königlich Bayerischen Topographischen Bureaus, 1840

Für die Herstellung des *Topographischen Atlas* 1:50 000 bleibt weiterhin das Topographische Büro zuständig, als Militär-topographisches Bureau wird es 1818 dem Generalstab unterstellt (Abb. 7.57). Damit können auch hier – wie in Preußen – kommandierte Offiziere zu den Aufnahmearbeiten herangezogen werden. Die trigonometrischen Messungen für dieses Kartenwerk sind Anfang der 1830er Jahre und in der Rheinpfalz rund 10 Jahre später beendet. Für die topographische Aufnahme wird der Messtisch eingesetzt, Entfernungen werden auch durch Schätzen oder Abschreiten bestimmt; hinzu kommt der Böschungsmesser zum Erfassen der Geländeneigung. Bereits 1817 wird zum Aufnahmemaßstab 1:25 000 („Positionsblätter") übergegangen (Abb. 7.58), die im Rahmen der Landesvermessung hergestellten Flurkarten 1:5000 liefern die Grundrissdarstellung. Als Abbildung wird für den Topographischen Atlas – im Gegensatz zur Flurkartendarstellung – die Bonnesche flächentreue Kegelprojektion gewählt, entwickelt von Rigobert Bonne, dem Vater des Ingenieurgeographen, s. [6.1.1]. Bis 1867 entstehen 112 Blätter 1:50 000 im Kupferstich, die Höhenverhältnisse werden durch Lehmann'sche Schraffen und einzelne Höhenzahlen dargestellt.

Abb. 7.58. Bayerisches Positionsblatt 1:25 000, ab 1817

7.4.2 Württemberg und Baden: Dem erfolgreichen Beispiel wird gefolgt

• Im Königreich *Württemberg* wird nach Ende der napoleonischen Kriege zunächst die Karte von Schwaben 1:86 400 fertiggestellt. 1818 wird dann durch königliches Dekret eine Katasterkommission (Leiter ist der Direktor des Steuerkollegiums) gebildet und mit der Durchführung einer „allgemeinen Landes-Detailvermessung" betraut, der bewährte *Bohnenberger* ist wissenschaftlicher Berater der Kommission, s. [5.2.2]. Nach dem Tod Bohnenbergers nimmt der Trigonometer *Konrad Kohler* seine Stelle in der Katasterkommission ein, von 1860 bis 1871 fungiert er als Vorstand des zugeordneten Katasterbüros.

Grundlage der nach bayerischem Vorbild angelegten Landesvermessung wird eine *Haupttriangulation* mit astronomischer Orientierung, Bohnenberger führt einen großen Teil der Winkelmessungen und der Berechnungen selbst aus. 1820 wird eine (nur einmalige) Basismessung (etwa 13 km) auf der Allee vom Lustschloss Solitude nach Ludwigsburg durchgeführt. Dabei werden 4 eiserne Stangen von je 2 Toisen Länge in geneigter Lage und mit Messkeilablesung eingesetzt, eine Kopie der Peru-Toise dient als Längennormal. Angeschlossen wird das Netz auch an die älteren Grundlinien in der Pfalz und im Elsass. Die Winkel in den insgesamt 135 Hauptdreiecken werden mit einem 12-zölligen Theodolit von Reichenbach (4″ Ablesung) in meist 5 Repetitionen gemessen. Mit der Verdichtung III. Ordnung entstehen rund 33 000 trigonometrische Punkte (Abb. 7.59), die Bodenpunkte werden mit Signalsteinen vermarkt. Netzausgleichung (Dreiecksschlussfehler im Mittel <2″, aber Maximalwert von 19″) und sphärische Berechnung bereiten wegen der Vielzahl der heterogenen Messungen und des Zeitdrucks erhebliche Probleme. Bohnenberger liefert dann als Ergebnis auch nur die rechtwinklig-sphärischen Koordinaten ab, diese beziehen sich auf den nordöstlichen Turm des Tübinger Schlosses (Abb. 7.60). Der Radius (R = 6 388 336 m) der berührenden Soldnerkugel (in 274 m Höhe über dem Landeshorizont) wird einem Ellipsoid mit a = 6 376 604 m und f = 1:312,7 entnommen. Die astronomische Orientierung stammt aus Messungen auf der Tübinger Sternwarte (Reist 1968).

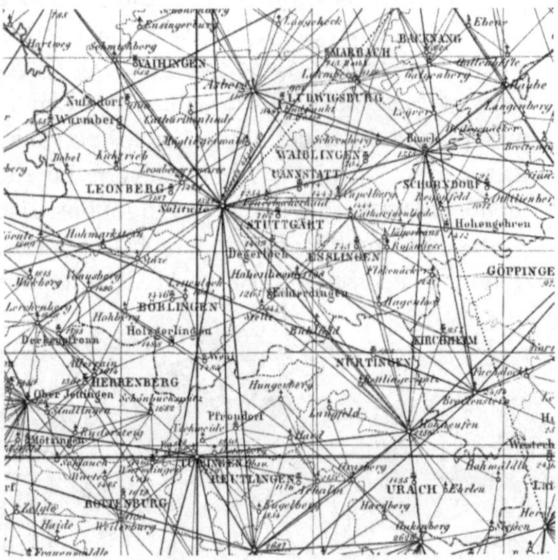

Abb. 7.59. Haupt- und Sekundärnetz (Ausschnitt) der württembergischen Landesvermessung, 1818–1840

Auf die trigonometrische Vermessung folgt nach weiterer Netzverdichtung die *Parzellarvermessung*. Bei der Stückvermessung wird zunächst der Messtisch mit Kippregel und Bussole zum Abstecken von Parallellinien eingesetzt, hierauf werden im Orthogonalverfahren die Details mit Kreuzscheibe oder Winkelspiegel aufgenommen; zur Längenmessung dienen Messstangen von 10 oder 20 Fuß Länge. Für die Berechnungen wird nach dem Vorbild der Cassini'schen Karte von Frankreich die ordinatentreue Abbildung der Kugel in die Ebene gewählt, dabei werden bekanntlich die Soldner'schen Koordinaten als ebene Koordinaten betrachtet. Die als Rahmenkarten angelegten quadratischen Flurkarten (4000 Schuh×4000 Schuh entspr. 1,145 km×1,145 km) haben die Maßstäbe 1:2500 (Abb. 7.61) bzw. 1:1250 (Ortschaften). Die gesetzliche Grundlage wird nach erfolgreichem Beginn der Landesvermessung 1828 mit dem „Gesetz über die Vornahme der Landesvermessung und das definitive Grundsteuerkataster" geschaffen. Damit ist wie in Bayern die einheitliche Katastervermessung auf trigonometrischer Grundlage und die Nutzung der Katasteraufnahme für die topographischen Kartenwerke erreicht, wobei die Katastereinrichtung auch schon für Zwecke der Eigentumssicherung gedacht ist. Die zunächst auf einen Zeitraum von 10 Jahren veranschlagten Arbeiten sind 1840 abgeschlossen, es liegen nun mehr als 15 000 in Stein gravierte Flurkarten vor. Von 1836 bis 1863 wird nach entspr. Vereinbarung auch das Fürstentum Hohenzollern trianguliert (Zieher 1968).

Abb. 7.60. Schloss Tübingen, nordöstlicher Turm (früher Sternwarte), im Vordergrund Observatorium Bohnenbergers

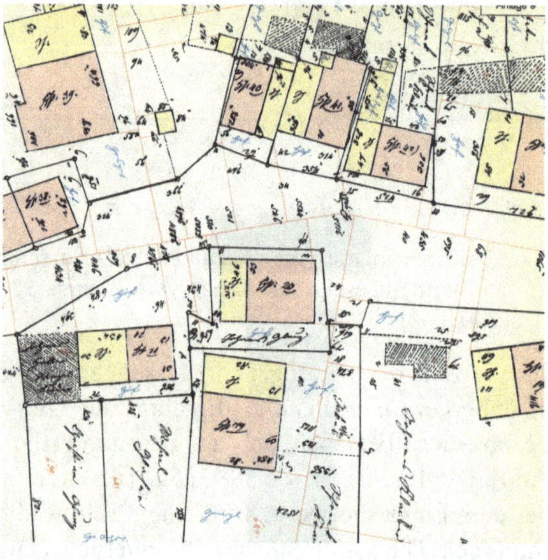

Abb. 7.61. Urbrouillon einer württembergischen Flurkarte 1:2500 (verkl. Ausschnitt), 1818–1840

Die Herstellung des *Topographischen Atlas* 1:50 000 aus den Flurkarten 1:2500 wird dem 1820 gegründeten Statistisch-topographischem Büro (ab 1885 Statistisches Landesamt) übertragen, welches der Katasterkommission an die Seite gestellt wird. Das Kartenwerk erscheint ab 1826 und liegt 1852 geschlossen in Steingravur vor (Abb. 7.62). Zur Beschaffung der notwendigen Höheninformation war in den 1830er Jahren ein trigonometrisches Landesnivellement durchgeführt worden, s. [7.5]. Während in den Aufnahmeblättern nach zusätzlichen Neigungsmessungen bereits rohe Höhenkurven entworfen werden, enthalten die veröffentlichten Karten jedoch wiederum neben den Bergstrichen der Schraffendarstellung nur wenige Höhenangaben (Hampel 1968).

- Eine besondere Stellung beim Aufbau einer Landesvermessung nimmt *Baden* ein. Dieses Grenzland zu Frankreich hatte sich aus der gleichnamigen Markgrafschaft entwickelt und war schließlich nach erheblicher Gebietsvergrößerung beim Reichsdeputationshauptschluss 1806 zum Großherzogtum erhoben worden (Panther 1937).

Abb. 7.62. Topographischer Atlas 1:50 000 von Württemberg, Blatt 32 Tübingen (verkl. Ausschnitt), 1826–1852

Das Oberrheintal war bereits 1762 von Cassini de Thury mit einem Dreiecksnetz überzogen und in Bezug auf Paris koordiniert worden (Unsicherheiten im Meter- bis Zehnermeter-Bereich). 1763–1772 hatte sich dann Christian Mayer angeschlossen und – aufbauend auf einer eigenen Basismessung – auf das Schwetzinger Schloss bezogene Koordinaten berechnet: eine erste Koordinatengeometrie in Deutschland, s. [5.2.2]. 1804/05 folgte die Triangulation des französischen Obersten Henry, s. [6.1.1].

1810 fordert der Ingenieur und spätere Oberst J. G. Tulla großräumige Rheinaufnahmen auf geometrischer Grundlage für den immer mehr als notwendig erachteten Stromausbau und Hochwasserschutz, die bereits 1806 erhobene Forderung nach einer Triangulation des Großherzogtums hatte nur wenig Wirkung gezeigt. Die früh genehmigte trigonometrische Aufnahme des Rheintals kommt aus verschiedenen Gründen (u. a. Mangel an Instrumenten, Nicht-Verfügbarkeit der französischen Messungen) nicht recht voran. Jedoch wird 1812 eine im Wesentlichen aus älteren Aufnahmen zusammengestellte Karte des Großherzogtums im Maßstab 1:500 000 veröffentlicht, entworfen vom Großherzoglich Badischen Ingenieur Bureau und revidiert von J. G. Tulla (Merkel 1954).

Johann Gottfried Tulla (1770–1828, Abb. 7.63) war als badischer Geometer durch den Markgrafen Friedrich stark gefördert worden, nach vielseitigen Studien besteht er 1797 die Prüfung zum Ingenieur in „Civilbaukunst, Mechanik, Hydrotechnik, Salzwerkskunde und Landesvermessung". Er gründet 1807 nach dem Vorbild der Ecole Polytechnique die Karlsruher

Ingenieurschule, die spätere Polytechnische Schule, und wird 1817 zum Badischen Wasser- und Straßenbaudirektor ernannt. Sein Lebenswerk ist die von ihm gegen viele Widerstände durchgesetzte Korrektion des Oberrheins, die nach seinen Plänen 1818 begonnen wird und zu einem für die damalige Zeit vorbildlichen Hochwasserschutz führt.

Abb. 7.63. Johann Gottfried Tulla (1770–1828)

Eine deutsch-französische Neutriangulation (1818/19) zur Festlegung der Rheingrenze (1828: Rheingrenzkarte 1:20 000) zwischen Basel und Karlsruhe schließt an die Henry'schen Messungen an, koordiniert wird im französischen System. Eine neue Epoche beginnt 1820 mit der von Tulla veranlassten Triangulation, die im Norden an das Dreiecksnetz der Rheinpfalz mit der Grundlinie Speyer-Oggersheim und im Süden an die elsässische Basis Oberhergheim mit deren jeweiligen Azimuten anschließt (Abb. 7.64), s. [7.4.1], [6.1.1]. Die Winkel werden mit 8-zölligen Repetitionstheodoliten von Reichenbach-Ertel beobachtet. Nach graphisch-empirischer Ausgleichung werden für die rund 600 Netzpunkte Koordinaten nach den Formeln der ebenen Trigonometrie berechnet, diese beziehen sich auf die Sternwarte Mannheim mit der Orientierung durch das Azimut Mannheim–Speyer (Dom). 1827 kann Tulla das Ergebnis als Voraussetzung zur Erstellung eines Rheinkorrektionsplanes übernehmen (Holewa 1997).

Mit der Gründung des Militär-topographischen Bureaus (1828) als Sektion des Generalstabs geht die Landesvermessung für wenige Jahrzehnte in militärische Hände über Das Büro erhält die Zuständigkeit für die Triangulation, die Höhenaufnahme und die Landestopographie und -kartographie. Leiter des Büros wird der frühere Ingenieur-Eleve und spätere Oberst *Wilhelm Friedrich Klose* (1790–1860), der Obergeometer *Rheiner* wird für den geodätisch-wissenschaftlichen Teil der Arbeiten zuständig. Das Büro setzt die angelaufene Triangulation fort; wegen erheblicher Widersprüche beim Zusammenschluss der Dreiecke aus der ersten Beobachtungsphase (Differenzen bis zu 20 m) werden aber von 1841 bis 1852 neue Beobachtungen und eine vollständige Neuberechnung durchgeführt. Zur Maßstabskontrolle wird 1846 auf dem Eisenbahndamm bei Heitersheim eine neue Basis (2,1 km Länge) angelegt und mit einem dem Bessel'schen Apparat nachgebildeten Basismessgerät gemessen, ferner wird das astronomische Azimut der Basis bestimmt. Rheiner gleicht dann das Dreiecksnetz I. und II. Ordnung (etwa 2100 Punkte) in Teilnetzen streng nach der Methode der kleinsten Quadrate (bedingte Beobachtungen) aus (von 1844 bis 1852!) und schließt dabei an die Nachbarländer an, der mittlere Fehler der ausgeglichenen Winkel beträgt 1,5″. Die nun sphärische Berechnung liefert „Soldner'sche" Koordinaten in Bezug auf die Mannheimer Sternwarte, als Bezugsellipsoid dient das „Ellipsoide des Ingénieur-Géographes" (Delambre 1810) mit $a = 6\,376\,985$ m und $f = 1{:}308{,}6$; für die Punkte I. Ordnung

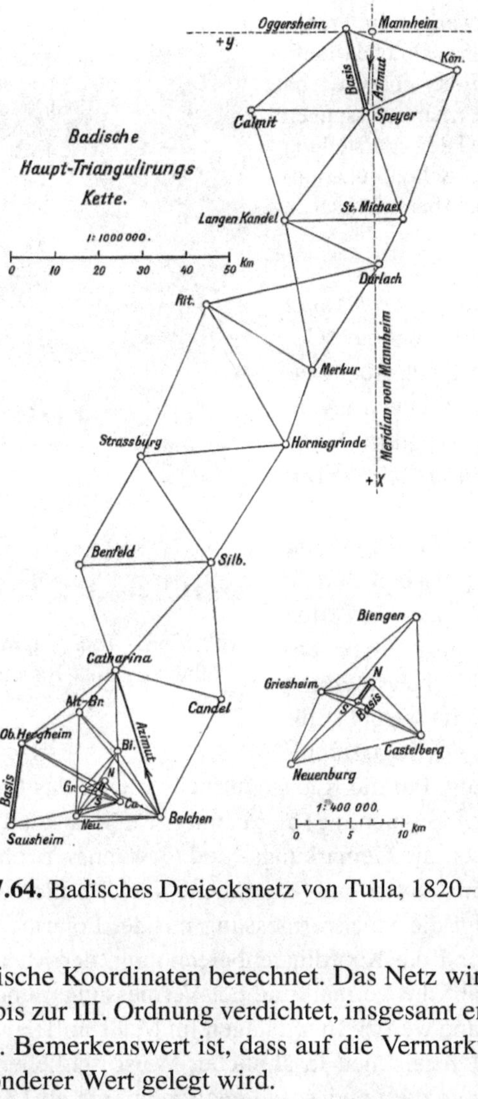

Abb. 7.64. Badisches Dreiecksnetz von Tulla, 1820–1827

werden auch geographische Koordinaten berechnet. Das Netz wird später für die topographische Aufnahme bis zur III. Ordnung verdichtet, insgesamt entstehen so etwa 4300 Punkte I.–III. Ordnung. Bemerkenswert ist, dass auf die Vermarkung der Bodenpunkte durch Steinpfeiler besonderer Wert gelegt wird.

Die *topographische Aufnahme* (1825–1846) mit Messtisch und Kippregel (tachymetrische Distanzmessung) schließt an die fertiggestellten Teile der Triangulation an. Sie beginnt im Aufnahmemaßstab 1:5000 und 1:10 000, später wird auf 1:25 000 übergegangen. Dabei werden auf der Grundlage der gleichzeitig stattfindenden Höhenbestimmungen, s. [7.5], in den Aufnahmeblättern 1:25 000 auch Höhenlinien entworfen. Der daraus abgeleitete *Topographische Atlas* 1:50 000 gibt das Gelände dann aber in Lehmann'schen Bergschraffen wieder (Abb. 7.65), 1849 liegt das in Stein gestochene Kartenwerk vollständig vor.

Erwähnt sei noch die von dem Hauptmann Michaelis bearbeitete Karte 1:86 400 (1823–1828), die sich hauptsächlich auf badisches Gebiet erstreckt und die Lücke zwischen den gleichmaßstäbigen Kartenwerken in Frankreich und Schwaben schließen soll, s. [5.2.1]. Sie beruht überwiegend auf den trigonometrischen Messungen Christian Mayers, die Höhendarstellung (Annäherung an die Schraffenkarten) basiert auf zahlreichen barometrischen Höhenmessungen.

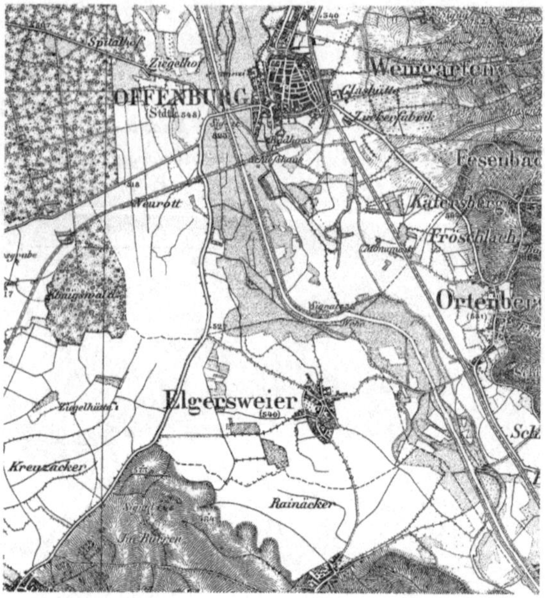

Abb. 7.65. Topographischer Atlas 1:50 000 des Großherzogtums Baden (verkl. Ausschnitt), 1839–1849

Die badische *Katastervermessung* geht auf das 1852 verkündete „Gesetz, die Vornahme einer stückweisen Vermessung sämtlicher Liegenschaften des Großherzogtums betr." zurück. Das hierzu eingerichtete Bureau der Katastervermessung (Finanzministerium) wird 1853 mit dem Militärtopographischen Bureau vereinigt und 1855 zur Direktion der Katastervermessung umgewandelt; die Topographische Abteilung des Generalstabs bleibt zunächst für die Laufendhaltung des Topographischen Atlas zuständig. Für die Katasteraufnahme wird das Landesnetz durch Dreieckspunkte (graphische Ausgleichung) bis zu einem Punktabstand von 1 bis 2 km verdichtet. Anschließend werden die Gemarkungs- und Gewanngrenzen mit Polygonzügen (Streckenmessung mit 5m-Latten) aufgenommen. Nach Verdichtung durch Nebenzüge und Messungslinien folgt die Stückvermessung mit der Polarmethode oder orthogonal mit der Kreuzscheibe und die Koordinatenberechnung, der Messtisch wird nicht benutzt. Großer Wert wird auf die Vermarkung der Vermessungs- und der Grenzpunkte gelegt. Die Grundstückspläne werden in Ortslagen im Maßstab 1:500 oder 1:750, in Feldlagen in 1000 bis 1:2000 gezeichnet. In ähnlicher Weise schließen auch die umfangreichen Waldvermessungen an die Landestriangulation an, die ab 1833 entstehenden Originalpläne haben meist den Maßstab 1:4000 (Doll 1873).

7.5 Die dritte Dimension wird erfasst: Beginn systematischer Höhenaufnahmen

Gegenüber der Lagefestlegung war die Höhenbestimmung und die kartographische Darstellung der Höhenverhältnisse bis in die Neuzeit hinein weit zurückgeblieben. Bis in das 18. Jahrhundert hinein werden nur die Höhen weniger ausgewählter Punkte trigonometrisch und später auch barometrisch ermittelt, diese punktweisen Messungen finden besonders auch im Rahmen von geographischen Aufnahmen und bei Expeditionen statt. Die barometrischen Höhenmessungen weisen Unsicherheiten von unter zehn bis zu weit über 100 m auf, auch die trigonometrische Höhenbestimmung ist – zumindest über längere Distanzen – kaum genauer. In den topographischen Karten dieser Zeit wird die dritte Dimension nur durch plastische Geländeformen, vereinzelt auch durch einzelne Höhenwerte dargestellt. Eine Besonderheit ist das von *Franz Ludwig Pfyffer* (1716–1802) von 1747 bis 1786 erstellte Relief der Urschweiz (Maßstab etwa 1:11 500). Es weist einen mittleren Höhenfehler von rund 110 m auf, die flächenhafte Darstellung der Höhenverhältnisse aus den Punktmessungen ist ein Novum (Niederöst 2005).

Im 19. Jahrhundert wird in den topographischen Karten die Schraffendarstellung üblich, sie erfordert nur die Bestimmung der Geländeneigungen. Zur Reduktion der in der Triangulation gemessenen Positionswinkel müssen darüber hinaus Höhenunterschiede bestimmt werden, hierzu dienen gemessene Zenitwinkel. Mit dem späteren Einsatz des Theodolits werden diese i. Allg. weiterhin mit gemessen, so dass auch die Höhen der Dreieckspunkte berechnet werden können. Gegen Mitte des 19. Jahrhunderts setzt sich die Geländedarstellung mittels Schichtlinien durch, zunächst in den topographischen Aufnahmeblättern als Zwischenstufe zur Schraffenmanier in den gedruckten Kartenwerken. Das zwingt zur flächenhaften Höhenaufnahme, wobei zunächst die trigonometrische Bestimmung im Anschluss an die Landestriangulation vorherrscht. Problematisch bleibt der absolute Höhenbezug, insbesondere in Ländern ohne Anschluss an das offene Meer (mittlerer Meeresspiegel als Höhen-Nullfläche!).

Die zunehmende Entwicklung von Wirtschaft und Verkehr (Eisenbahnbau, Kanalisierung), die Erschließung auch unwirtlicher Gegenden (Moore, Sümpfe) und die für zivile und militärische Planungen gewünschte Geländedarstellung in Höhenlinien führt schließlich zu systematischen Höhenaufnahmen und zur Festlegung eines einheitlichen Höhenniveaus auf der Grundlage eines Höhennetzes. Bei den Grundlagenetzen wird die trigonometrische Höhenmessung ab Mitte des Jahrhunderts durch das wesentlich genauere (aber auch aufwendigere) Verfahren des geometrischen Nivellements ersetzt, Bei den Ingenieurvermessungen der verschiedensten Art setzt dieses Verfahren sich naturgemäß rascher durch.

Das Nivellement, etwa mit der Wasserwaage, ist seit dem Altertum bekannt. Es wurde mit hoher Perfektion bei antiken Ingenieurprojekten (Tunnel, Wasserleitungen) praktiziert, ein herausragendes Beispiel ist die Vermessung des Tunnels auf Samos durch *Eupalinos* (um 550 v. Chr.), Kienast (2005). Die trigonometrische Höhenmessung durch Messung des Höhenwinkels, etwa mit Hilfe eines Astrolabs, wurde ebenfalls seit alter Zeit zur Bestimmung der Höhen von Bergen oder Gebäuden eingesetzt. Seit dem 17. Jahrhundert war die barometrische Höhenmessung möglich, das Quecksilberbarometer war 1643 von Galileis Schüler *Torricelli* erfunden worden. Mit der Erfindung des Federbarometers durch den Franzosen *Lucien Vidie* (1805–1866) stand eine sehr wirtschaftlich arbeitende Methode zur Höhenmessung zur Verfügung. Das geometrische Nivellement mit Hilfe von Libellen-Nivellieren wurde Mitte des 18. Jahrhunderts in Frankreich eingeführt, die Röhrenlibelle war bereits um 1661 durch *Thévenot* (etwa 1620–1692) erfunden worden (Müller 1906). Das Nivellement wird dann in großem Umfang in den 1830er und 1840er Jahren durch *P. A. Bordalouë* bei Straßenvermessungen in Frankreich eingesetzt. In Deutschland beginnen um 1865 großräumige Nivellements zum Aufbau von Höhenfestpunktfeldern, beim Eisenbahnbau wird das Verfahren bald ausschließlich angewendet (Willmann 1939). Die Darstellung der dritten Dimension in Isolinien findet sich in den Niederlanden ab Ende des 16. Jahrhunderts in Form von Tiefenlinien von Gewässern, Höhenlinien erscheinen 1765 bei dem Genfer Ingenieur *Du Carla*.

In den deutschen Staaten werden landesweite Höhennetze in den ersten Jahrzehnten des 19. Jahrhunderts angelegt. Jedes Land benutzt dabei zunächst einen eigenen Höhennullpunkt, wenn möglich durch Anschluss an den mit Hilfe eines Pegels bestimmten Meeresspiegel. So entstehen eine ganze Anzahl von voneinander unabhängigen oder nur lose miteinander verbundenen Höhensystemen. Die Vermarkung und Beschreibung der Höhenpunkte ist i. Allg. mangelhaft, so dass sie nach kurzer Zeit nicht mehr rekonstruierbar sind. Eine Vereinheitlichung beginnt erst in den 1860er Jahren und dann nach der Reichsgründung, insbesondere nachdem durch die Aktivitäten der „Mitteleuropäischen" und der „Europäischen Gradmessung" das geometrische Nivellement sich als genaues Höhenmessverfahren auch über große Entfernungen durchgesetzt hat und die Notwendigkeit einer einheitlichen Höhenbezugsfläche erkannt worden ist (Heyde 1923), s. [8.1.2]. Mit der Einführung von Normal-Null (N. N.) wird 1879 das einheitliche Höhenniveau für ganz Deutschland erreicht, s. [9.2.3].

Die *süddeutschen Staaten* begannen früh mit einer detaillierteren Darstellung der Höhenverhältnisse in den topographischen Karten, hatten jedoch die Schwierigkeit, einen auf das Meeresniveau bezogenen Nullpunkt festzulegen. Durch Fehler in der Höhenübertragung vom nächstgelegenen Meeresspiegel können die absoluten Höhenangaben deshalb leicht um 1 m und mehr von einer „Höhe über dem Meer" abweichen, das gilt auch für die mitteldeutschen Länder:

- Im Großherzogtum *Baden* finden bereits um 1810 Höhenmessungen im Rheintal statt, weitere Messungen folgen in den 1820er Jahren im Rahmen der Rheingrenzkarte; bei der Rheinregulierung kann Tulla auf diesen Höhen aufbauen, s. [7.4.2]. Im Rahmen der Aufnahme für den Topographischen Atlas 1:50 000 wird dann erstmals in Deutschland von 1833 bis 1844 eine systematische Höhenbestimmung im trigonometrischen Netz durchgeführt, benutzt wird ein 8-zölliger Ertel'scher Höhenkreis mit Repetitionseinrichtung. Durch laufende Punkteinschaltung werden mehr als 4000 Höhenpunkte trigonometrisch bestimmt. In der anschließenden Messtischaufnahme 1:25 000 werden die Höhendetails mit Kippregel und Böschungswinkelmesser vermessen und Schichtlinien entworfen. Der Boden des Straßburger Münsters wird als Höhenausgangspunkt festgelegt, barometrische und trigonometrische Anschlussmessungen ergeben eine Höhe von 145,752 m über dem Meeresspiegel des Mittelmeers (−2,0 m gegenüber N. N.), Merkel (1954).

Zu nennen sind noch die von dem Hauptmann Michaelis in den 1820er Jahren für die Karte 1:86 400 durchgeführten barometrischen Höhenmessungen, s. [7.4.2], und die auf Grund des Forstgesetzes ab 1833 vorgenommene Waldvermessung (etwa $^1/_3$ der Landesfläche). Diese schließt ebenfalls Höhenmessungen zur Ableitung von Höhenlinien ein, doch kann *„die Höhendarstellung, was Vollständigkeit und Zuverlässigkeit anbetrifft, auch den bescheidensten Ansprüchen nicht genügen"* (Denkschrift des badischen Finanzministers von 1926), Merkel (1927).

- In *Württemberg* werden in privater Initiative bereits um die Wende des 18. zum 19. Jahrhundert trigonometrische Höhenmessungen durch Bohnenberger und barometrische Höhenbestimmungen durch Prof. Schübler durchgeführt und die Ergebnisse veröffentlicht (Jordan–Steppes 1882). In der Instruktion für die Landesvermessung wird dann 1819 gefordert: *„Der Trigonometer hat neben seiner Triangular-Vermessung auch Höhenmessungen zu machen"*, aus Zeitmangel kommt es dazu jedoch nicht. Erst im Jahre 1835 erhält der Trigonometer Kohler vom statistisch-topographischen Bureau den Auftrag, ein trigonometrisches Landesnivellement für den Topographischen Atlas durchzuführen. Die Messungen im trigonometrischen Netz finden von 1836 bis 1839 mit einem 8-zölligen Multiplikationskreis statt, bei meist nur einseitiger Zielung und teilweise sehr großen Zielweiten (bis 40 km), danach werden weitere Punkte eingeschaltet. Nach Anschluss an badische Höhenpunkte können die Höhenwerte der rund 1500 Punkte ebenfalls auf den Boden des Straßburger Münsters und damit auf den Meeresspiegel des Mittelmeers bezogen werden (s. o.).

Für die in den 1850er Jahren anlaufende geognostische Aufnahme des Landes reicht diese erste Höhenaufnahme nicht aus. Deshalb wird ab 1859 eine an das Landesnivellement anschließende neue trigonometrische Höhenbestimmung (4-zölliger Reichenbach'scher Theodolit, später Breithaupt'scher Universaltheodolit mit 12-zölligem Höhenkreis, mittlere Zielweite etwa 7 km) durchgeführt. Dabei werden bis 1880 außer rund 7700 „Festpunkten" fast 20 000 Terrainpunkte mit dm- bis m-Genauigkeit bestimmt. Am Aufbau des Höhennetzes wirkt u. a. der spätere Professor Jordan mit, er entwickelt hierfür ein einfaches Ausgleichungsverfahren. Nachdem sich in der Aufnahme Unsicherheiten in der Horizontfestlegung bis zu 5 m gefunden haben, werden die Höhenangaben ab 1864 auf den Dreieckspunkt I. Ordnung Buoch, Kirchturmknopf, bezogen („Buocher Horizont", 533,03 m über dem Mittelmeer, +0,87 m gegenüber N. N.), Strobel (1968).

Mit dem Eisenbahnbau kommen bereits in den 1840er Jahren auch Anregungen zu einer das ganze Land umfassenden flächenhaften Höhenaufnahme *hoher* Genauigkeit. Die dann auf der Grundlage der Flurkarten 1:2500 von der Eisenbahnverwaltung und anderen Behörden durchgeführten Aufnahmen führen schließlich zur „Höhenflurkarte" als der ersten in Deutschland entstehenden großmaßstäbigen Karte *mit* Höhendarstellung, s. [9.3.3].

- In *Bayern* sieht bereits die Steuervermessungsinstruktion von 1808 die Ablesung des Höhenwinkels an der Kippregel und die Einzeichnung der Höhendetails auf Dezimeter im Messtischblatt vor, später werden auch barometrische Höhenmessungen eingeplant. Diese Bemühungen zur Höhenaufnahme schlafen jedoch ab 1820 ein (Rösch 1925).

Für den Topographischen Atlas beginnen auch hier Ende der 1830er Jahre trigonometrische Höhenmessungen (gegenseitige und gleichzeitige Zenitdistanzen) im Netz

I. Ordnung und in den nachgeordneten Netzen, dabei werden 8-zöllige Universalinstrumente und Gauß'sche Heliotrope verwendet. Bei einer mittleren Stationsentfernung von 40 km (Netz I. Ordnung) liegen die relativen Höhenfehler im Bereich von 0,5 bis 1 m. Die Höhenangaben beziehen sich in der bayerischen Pfalz auf das Mittelmeer; Höhenausgangspunkt ist der Boden des Portals der protestantischen Hauptkirche zu Karlsruhe (118,08 m über dem Mittelmeer, −2,0 m gegenüber N. N.), dessen Höhe sich wiederum auf das badische Höhensystem bezieht. Im rechtsrheinischen Bayern wird an ein Signal am Großen Rettenstein in den Salzburger Alpen angeschlossen, dessen Höhe über der mittleren Fluthöhe der Adria am Pegel von Venedig von österreichischer Seite mitgeteilt worden war. Hieraus ergibt sich für die Höhe des inneren Pflasters am Hauptportal der Frauenkirche zu München eine Höhe von 519,16 m über dem Adria-Niveau (−1,74 m gegenüber N. N.).

- In *Sachsen* beziehen sich die Höhenangaben des Oberreit'schen Atlas auf den Dresdner Elbpegel, dessen „Meereshöhe" von dem Privatgelehrten Wiemann aus Barometerbeobachtungen zu 78,650 m berechnet worden war. Die Höhenverhältnisse werden auch hier durch Schraffen dargestellt, doch stellen die von Lohrmann barometrisch bestimmten Höhen eine solide Grundlage dar. Nach 1840 wird dann auch die trigonometrische Höhenbestimmung stärker genutzt.

In den an die *Nord-* bzw. *Ostsee angrenzenden Ländern* werden die Mittelwasser verschiedener Pegel zur Definition der Höhen-Nullfläche benutzt, so dass die systematischen Unterschiede zwischen den Ländern im dm-Bereich bleiben. Im übrigen folgt die Höhenaufnahme den in der ersten Hälfte des 19. Jahrhunderts bewährten Grundsätzen mit der trigonometrischen Höhenbestimmung für die Festpunkte des Dreiecksnetzes und der daran anschließenden Geländeaufnahme mit der Kippregel und mit Neigungsmessern, barometrische Höhenmessungen und geometrische Nivellements kommen selten vor:

- In *Preußen* führt Baeyer 1835 auf Anregung Alexander von Humboldts ein „trigonometrisches Nivellement zwischen Swinemünde und Berlin" durch, um im Anschluss an das Mittelwasser am Pegel von Swinemünde die Höhe der Berliner Sternwarte (Bessel-sche Pendelmessung) zu bestimmen, s. [9.1]. Die hierbei angewandte Methode der gegenseitig-gleichzeitig beobachteten Zenitdistanzen ist bis heute die wirkungsvollste Strategie bei der trigonometrischen Höhenmessung geblieben, hier beginnen auch die Refraktionsstudien Baeyers. Nach den Grundsätzen dieses trigonometrischen Nivellements werden dann auch in den folgenden Dreiecksketten der Landesaufnahme „trigonometrische Hauptnivellements" zur Höhenbestimmung durchgeführt, erst 1868 wird diese Methode durch das geometrische Nivellement ersetzt. Angeschlossen werden diese trigonometrischen Höhenmessungen außer an Swinemünde (−0,06 m gegenüber N. N.) auch an andere Ostseepegel, z. B. Neufahrwasser bei Danzig und – für Schleswig-Holstein – den Elbflutmesser am Hafentor in Hamburg. Baeyer nimmt nämlich noch an, dass die an verschiedenen Stellen beobachteten Mittelwasser derselben Niveaufläche angehören, s. [8.1.2]. Ab etwa 1850 werden auch bei den topographischen Aufnahmen der Preußischen Landesaufnahme die Geländeformen in den Aufnahmeblättern 1:25 000 durch Schichtlinien dargestellt, was zur verfeinerten Höhenaufnahme zwingt. So werden von den 1860er Jahren an die Höhen aller Dreieckspunkte mit 8-zölligen Universalinstrumenten trigonometrisch bestimmt, in der trigonometrischen Abteilung beginnen auch erste Versuche mit dem geometrischen Nivellement, s. [9.2.2].

- In *Hannover* wird für die Höhenzahlen im Topographischen Atlas 1:100 000 (nach der Bestimmung durch Nivellement, trigonometrische Höhenmessung und barometrische Messung unterschieden) der „Nullpunkt der Nordsee" als Bezug angegeben. Auch die topographische Karte des Herzogtums *Oldenburg* 1:50 000 enthält neben der Schraffendarstellung einige Höhenzahlen, die aus einem in den 1850er und 1860er Jahren speziell hierfür durchgeführten „Landesnivellement" – mit mangelhafter Vermarkung der Festpunkte – stammen. Die Höhenwerte beziehen sich auf eine Horizontalfläche, die 10 Fuß unter dem Nullpunkt des Huntepegels am Stau zu Oldenburg verläuft; bezüglich des Nordseewasserstandes an der Küste bei Fedderwardersiel und des Jadewasserstandes bei Heppens liegt diese Nullfläche in nahezu gleicher Höhe mit der „ordinären Ebbelinie" und 12 Fuß unter der „ordinären Flutlinie" (Kost 1955). Aus den Angaben in Blatt 14 (1863) der topographischen Karte folgt, dass dieses „Oldenburger Null" rund 2,1 m unter N. N. verläuft.
- In *Mecklenburg* wird bei der unter Paschen durchgeführten Landesvermessung, s. [7.3.2], von Anfang an auch eine Höhenaufnahme auf der Grundlage eines Höhenfestpunktfeldes eingeplant, Paschen entscheidet sich dabei nach Rücksprache mit Gauß für die trigonometrische Höhenbestimmung. Von 1853 bis 1861 werden so in einem Netz aus acht Schleifen die gegenseitigen und gleichzeitigen Zenitwinkel zwischen den Punkten I. Ordnung gemessen und die Höhenunterschiede ausgeglichen (Nachbarschaftsgenauigkeit im dm-Bereich). Die Höhen werden auf das seit 1848 beobachtete Mittelwasser der Ostsee am Pegel Wismar (−0,27 m gegenüber N. N.) bezogen.

Die von Gauß, Bessel, Baeyer, Bauernfeind u. a. durchgeführten gegenseitigen Zenitwinkelmessungen werden auch zu umfangreichen Untersuchungen der atmosphärischen *Vertikalrefraktion* genutzt. Bereits Maupertuis hatte bei der Gradmessung in Lappland einen Mittelwert von 0,105 für den Refraktionskoeffizienten (Verhältnis zwischen Erdradius und Strahlkrümmungsradius) gefunden. Gauß erhält dann bei der hannoverschen Landesvermessung aus 28 Refraktionsbestimmungen einen mittleren Wert von 0,13, dieser Wert wird bis heute bei der Modellierung der Vertikalrefraktion benutzt. Bessel berechnet bei der ostpreußischen Gradmessung den Wert 0,137 und Baeyer erkennt schließlich, dass die Refraktion im Laufe des Tages eine periodische Änderung erfährt. In Bayern ergibt sich bei der trigonometrischen Höhenbestimmung im Netz I. Ordnung für den Refraktionskoeffizienten ein Mittelwert von 0,07.

7.6 Instrumentelle Entwicklungen und Ausbildung: Voraussetzungen für eine Qualitätssteigerung

7.6.1 Gründung optisch-mechanischer Werkstätten

An der Wende vom 18. zum 19. Jahrhundert entwickeln sich auch in Deutschland leistungsfähige mechanisch-optische Werkstätten, welche geodätische und astronomische Instrumente hoher Qualität herstellen können – dies ist eine wesentliche Voraussetzung für die nun einsetzende Blütezeit von Landesvermessungen und Sternwarten in den deutschen Staaten, s. auch [5.1.2]. Dabei werden in den ersten Jahrzehnten des 19. Jahrhunderts meist neben den modernen Messinstrumenten (Universalinstrument, Theodolit, Heliotrop) auch noch die überkommenen Winkelmessgeräte (Vollkreisscheibe, Borda-Kreis, Sextant usw.) hergestellt (Ambronn 1899, Repsold 1908/1914, Junius 1985a, Übersichten über die Hersteller und Konstrukteure finden sich bei Minow 1990 und Gombel 2002). Wir nennen die für die deutschen Landesvermessungen des 19. und teilweise auch des 20. Jahrhunderts besonders wichtigen Instrumentenbauer:

Abb. 7.66. Traugott Leberecht von Ertel (1778–1858)

- Die bereits genannte Reichenbach'sche Werkstatt in München, s. [6.2.2], bleibt weiterhin eine bedeutende Adresse für geodätische Instrumente. 1806 tritt *Traugott Leberecht von Ertel* (1778–1858, Abb. 7.66) in die Firma ein und wird 1815 neuer Teilhaber, es entwickelt sich eine fruchtbare Zusammenarbeit mit Reichenbach. Beliefert wird nicht nur die Bayerische Landesvermessung, sondern auch andere Vermessungsstellen und alle bedeutenden Observatorien; Gauß und Bessel geben hervorragende Urteile über Reichenbachs und Ertels Instrumente ab. Ab 1821 führt Ertel das Unternehmen allein weiter, ihm folgen seine Söhne Georg und Gustav und dessen Sohn Georg. 1890 übernimmt mit *August Diez* ein besonders begabter Instrumentenbauer und Unternehmer die Leitung der Firma T. Ertel & Sohn, die unter wechselnden Besitzern bis in die 1980er Jahre hinein Vermessungsinstrumente produziert (Pürkner 1963).

Abb. 7.67. Johann Georg Repsold (1770–1830)

- Mit dem Namen Repsold erscheint eine weitere über mehr als einhundert Jahre bestehende Firma auf dem Markt geodätischer und astronomischer Instrumente. Gründer ist der Oberspritzenmeister und Mechaniker *Johann Georg Repsold* (1770–1830, Abb. 7.67), der das zur Herstellung von Feuerwehrzubehör gegründete

Unternehmen zur feinmechanischen Werkstatt ausbaut. Mit astronomischen (Meridiankreise, Refraktoren, Durchgangsinstrumente, Höhenkreise) und geodätischen (Universalinstrumente, Theodolite, Basismessapparate, Heliotrope, Nivellierinstrumente) Instrumenten hoher Präzision, aber auch mit Kreis- und Längenteilmaschinen, Pendelapparaten und Horizontalpendeln wird die Firma Repsold in den nächsten einhundert Jahren zur renommierten Adresse für astonomisch-geodätische Nutzer (Abb. 7.68). In der Frühzeit werden u. a. der Basisapparat für Schumacher und Pendeluhren für Bessel hergestellt, Gauß kauft 1815 den großen Meridiankreis des Altonaer Observatoriums für die Göttinger Sternwarte. Weitere Instrumente dieses Weltbedeutung erlangenden Unternehmens werden uns noch mehrfach begegnen. Das Familienunternehmen endet in der dritten Generation mit dem Tod von *Johann Adolf Repsold* (1867–1919), Harzer (1920).

Abb. 7.68. 21′-Universalinstrument von Repsold, 1870

- Das bis heute bestehende Breithaupt'sche Familienunternehmen, s. [5.1.2], entwickelt sich zum wichtigen Lieferanten für die Landesvermessungen des 19. Jahrhunderts. Die mit einer verbesserten Kreisteilmaschine hergestellten neun- und zehnzölligen Theodolite werden unter anderem von Gerling in Hessen und Vorlaender in Westfalen eingesetzt. 1851 übernimmt *Georg August Breithaupt* (1806–1888), ein großer Konstrukteur, das Geschäft seines Vaters. Eine Längenteilmaschine wird konstruiert, und es werden auf Glas gezogene Kreuze für geodätische Instrumente eingeführt. Für die Preußische Landesaufnahme wird ein Messtisch mit Kippregel entwickelt, diese bezieht auch Nivellierinstrumente und Theodolite. In der vierten Generation treten die Söhne Friedrich und Wilhelm in die Firma ein, 1868 wird das 1000. Nivellierinstrument an die Halberstädter Eisenbahngesellschaft und 1872 der 1000. Theodolit an eine Tunnelbaufirma in Palermo ausgeliefert. Die Instrumente der Firma, hierzu gehören auch Grubentheodolite und viele Spezialgeräte, finden auch im nächsten Jahrhundert weltweit großen Absatz. Mit Georg und Friedrich Breithaupt übernimmt 1900 bzw. 1932 die fünfte und sechste Generation die Firma, auch der Wiederaufbau nach dem zweiten Weltkrieg gelingt (Draheim 1987).

- In den 1830er Jahren sind *Otto Fennel* (1826–1891) und *Johann Christian Dennert* (1829–1920) zunächst in der Firma Breithaupt tätig, sie machen sich später selbständig und gründen Konkurrenzunternehmen in Kassel (die Firma Fennel besteht als Familienunternehmen von 1851 bis 1968) bzw. Hamburg. Die Firma *Dennert* und *Pape* geht aus einer kleinen Werkstatt für geodätische Instrumente hervor, die 1849 von dem Mechaniker *Carl Chr. Plath* (1825–1910) in Hamburg gegründet wird. J. Chr. Dennert übernimmt 1860 die Werkstatt, 1863 tritt *Martin Pape* (1834–1884) als Teilhaber ein. Um die Jahrhundertwende reicht das Fabrikationsprogramm der Firma vom Universaltheodoliten über Bussoleninstrumente und Heliotrope bis zu Nivellieren und Messtischen mit Kippregel, hergestellt werden auch Nivellierlatten, Messbänder, Flutmesser, Planimeter und Planigraphen. Im 20. Jahrhundert konzentriert sich das Programm dann immer mehr auf Kartiergeräte und Rechenstäbe, ab 1921 erlangen diese Produkte unter dem Namen ARISTO Weltgeltung (Reek 1962). Die Fertigung wird 1979 eingestellt.

- Für die Herstellung von Theodoliten und anderen Instrumenten bedeutsam wird auch die Firma Pistor und Martins in Berlin (besteht von 1813 bis 1871), gegründet von dem Mechaniker *Carl Philipp Heinrich Pistor* (1778–1847), mit dem Teilhaber *Carl Otto Albrecht Martins* (1816–1871). Sie stellt für die Astronomie u. a. Meridiankreise, Universal- und Passageinstrumente her. Der geodätische Bereich ist mit Borda'schen Spiegelkreisen, Sextanten, Theodoliten und Heliotropen vertreten, die Firma beliefert u. a. auch die Preußische Landesaufnahme.

- Einen großen Aufschwung erlebt die Studer-Lingke'sche Werkstatt in Freiberg, s. [5.1.2], als *Max Hildebrand* (1839–1910, Abb. 7.69) im Jahre 1873 die Firma übernimmt. Hildebrand hatte seine Lehrzeit bei Pistor und Martins absolviert und sich dann in Paris und England weiter gebildet. Mit neuen Ideen und Instrumentenkonstruktionen erweitert er die Fertigungspalette bei gleichzeitiger Steigerung der Qualität. Beispiele sind die Übernahme des Ramsden'schen Okulars in geodätische Instrumente und die Entwicklung der „Freiberger" Zwangszentrierung von Theodolit und Zielmarke. Sein Sohn Walter Hildebrand baut die Werkstätten zum industriellen Betrieb aus, die deutschen Landesvermessungen werden gute Abnehmer der Instrumente. 1950 als „VEB Freiberger Präzisionsmechanik" verstaatlicht, bleibt die Firma eine gute Adresse besonders für die Vermessungsstellen in der DDR und den Ostblockländern, ihre traditionsreiche Geschichte endet im Jahre 1994 (Zimmermann 1989).

Abb. 7.69. Max Hildebrand (1839–1910)

Auf die in der zweiten Hälfte des 19. Jahrhunderts gegründeten Firmen Carl Bamberg/Berlin und Max Wolz/Bonn wird in [10.2.4] eingegangen, ebenso wie auf das bald zur Weltgeltung aufsteigende Zeiss-Unternehmen.

7.6.2 Reglements, Ausbildung und Lehrbücher: Der Feldmesser entwickelt sich zum Ingenieur

Bis in die Mitte des 19. Jahrhunderts hinein ist die Ausbildung und der Werdegang der mit geodätischen und vermessungstechnischen Aufgaben befassten Personen sehr unterschiedlich. In der wissenschaftlichen *Geodäsie* wirken Astronomen und Mathematiker, aber auch Seiteneinsteiger mit und ohne universitäre Ausbildung. Die Landesvermessungen werden häufig durch begabte Militärs durchgeführt, die ihre Ausbildung in Ingenieurkorps oder durch eine Kriegsschule/Militärakademie und Generalstabstätigkeit erhalten haben, s. [7.2.1].

Die Ausbildung der *Feldmesser* lässt dagegen sehr zu wünschen übrig. Sie geschieht – ohne theoretische Wissensgrundlage – traditionell bei einem Lehrmeister oder Praktiker, aber auch durch Selbststudium. Vom 18. Jahrhundert an werden die von den Feldmessern benutzten Methoden und ihre Qualifikation, wenn auch nur sehr allmählich, durch staatliche Reglements geordnet. Das Erlangen der Messerlaubnis setzt eine erfolgreich bestandene Prüfung durch eine staatliche Kommission voraus, dabei werden die Lösung praktischer Aufgaben und Kenntnisse in der elementaren Mathematik verlangt. Beschäftigt werden die Feldmesser nach Bedarf von den staatlichen oder privaten Auftraggebern bei den im zivilen Vermessungswesen anfallenden Aufgaben wie Grenzangelegenheiten, Aufnahmen zur Erfassung und Umgestaltung des Eigentums an Grund und Boden, Landeskulturarbeiten, städtebaulichen Planungen, Forsteinrichtungen, Flussausbauten und Anlage von Verkehrswegen. Mit der Aufstellung von Liegenschaftskatastern und den Maßnahmen zur Verbesserung der Agrarstruktur wachsen die Ansprüche, es werden – mit begrenztem Erfolg – Feldmesserschulen eingerichtet und die Anforderungen durch verschärfte Reglements erhöht. Die Einrichtung von staatlichen Vermessungsbehörden für die Landesvermessung, das Kataster und die Flurbereinigung führt dann im 19. Jahrhundert zu fest angestellten oder verbeamteten Geometern, mit weiter steigenden Anforderungen an die Ausbildung.

In *Preußen* werden bereits im 18. Jahrhundert erste *Reglements* für die Feldmesser erlassen (Stichling 1954). So sieht das aus Anlass der Erbpachtteilungen erlassene Reglement von 1704 u. a. die Herstellung von Flurkarten in einheitlichem Maßstab vor. Es ist sogar daran gedacht, daraus allmählich eine Landeskarte für kameralistische und militärische Zwecke abzuleiten. In der zweiten Hälfte des 18. Jahrhunderts folgen Reglements für die einzelnen Landesteile, insbesondere zur Abwicklung der Gemeinheitsteilungen (Feldmesser-Reglements 1981). Als Messwerkzeuge werden in diesen Vorschriften das Astrolabium und der Messtisch, die Messkette, die Bussole zur Winkelmessung und zur Orientierung sowie die Libelle zur Horizontierung genannt. Die Feldmesser haben jedoch erhebliche Freiheit in der Wahl der Geräte. Das für ganz Preußen gültige „Allgemeine Reglement für die Feldmesser im Preußischen Staate“ (1813) lässt für die Vermessungsarbeiten weiterhin sehr unterschiedliche Methoden zu, welche die Feldmesser *„nach eigener Überzeugung wählen“* können. Vorausgesetzt werden u. a. die Rechnung mit Logarithmen und Kenntnisse in der Geometrie, der ebenen Trigonometrie und im Nivellement, empfohlen werden auch Fertigkeiten in der mathematischen Geographie und der Astronomie. Einen Fortschritt in der Streckenmessung (Messkette von 5 Ruten Länge) bringt die verbindliche Festsetzung der seit 1773 in allen preußischen Provinzen außer Schlesien eingeführten Preußischen oder Rheinischen Rute = 1669,56 Pariser Linien, für die Kartierung wird der Maßstab 1:5000 empfohlen. Das „Allgemeine Feldmesser-Reglement“ von 1857 und das „Reglement für die öffentlich anzustellenden Feldmesser“ von 1871 bringen *„außer der Umstellung auf das Meter keine wesentlichen Änderungen, sie halten im wesentlichen an den erstarrten handwerklichen Regeln fest“* (Jordan–Steppes 1882, Band 2, S. 4 ff.). Insgesamt gesehen bleibt der

Zustand in Preußen bis zur Reichsgründung recht unbefriedigend, die Vermessungskunde wird als Handwerk und der Feldmesser als Gewerbetreibender betrachtet. Bei der Katastereinrichtung in den westlichen Provinzen (ab 1815) werden Katastergeometer in eigens eingerichteten Lehranstalten ausgebildet, bei der Grundsteuereinrichtung in den östlichen Provinzen (ab 1861) ist dies aus Zeitmangel nicht möglich. In den 1866 neu erworbenen Gebieten wird dann durch Arbeitsteilung und bessere Kontrolle ein höheres Niveau erreicht.

Die Regelungen in den anderen deutschen Ländern sind unterschiedlich, wobei in Süddeutschland besonders strenge Vorschriften gelten. In *Bayern* unterscheidet die 1808 herausgegebene Instruktion zur Steuervermessung zwischen trigonometrischen, geometrischen (Messtischtriangulation) und geodätischen (Parzellarvermessung) Arbeiten (Simmerding 1997). Zur Ausbildung wird eine Katasterlehranstalt eingerichtet, die schulischen Voraussetzungen für die Aufnahme in diese Anstalt werden wiederholt erhöht. In *Württemberg* unterliegen die Feldmesser von alters her strengen Ausbildungs- und Prüfungsvorschriften, ab 1808 wird je nach Qualifikation zwischen Feldmessern I. und II. Klasse unterschieden, später kommt noch eine III. Klasse hinzu. In *Hannover* wird die Arbeit der bei der Zusammenlegung beschäftigten Geometer durch das Feldmesser-Reglement von 1744 geregelt, die allgemeine Ausübung der Feldmesserarbeiten ist dagegen an keine staatliche Genehmigung gebunden. Noch 1856 hält man eine allgemeine Prüfung der Feldmesser nicht für erforderlich, da das Geschäft der Feldmesser nicht als Gewerbe, sondern als Kunst zu betrachten sei. In *Mecklenburg* wird bereits 1703 eine Landmesser-Instruktion für die Vermessung der Domänen erlassen, und die Feldmesser-Instruktion im Fürstentum *Fulda* (1721) sieht für die Grundsteuervermessung bereits die Anlage von Polygonen und die Orthogonalaufnahme mit der Messkette und dem Winkelkopf vor (Jestaedt 1955). In *Sachsen* wird – wie auch in anderen Ländern – für die Vermessungen zur Grundsteuerregulierung in den 1830er Jahren eine Vorbereitungsanstalt für Geodäten errichtet, nach Nagels Ansicht wegen der begrenzten Ausbildungszeit *„nicht ohne Nachtheil bis in die neueste Zeit"* (Jordan–Steppes 1882, Band 2, S. 356).

Die für den Norddeutschen Bund 1869 erlassene und später auf das Reich ausgedehnte Gewerbeordnung bringt für das nun freie Gewerbe der Feldmesser Einschränkungen für Handlungen mit rechtlicher Wirkung (Steinbring 1973). In §36 der Gewerbeordnung werden die Landmesser mit recht unterschiedlichen Berufen zusammengeworfen: *„Das Gewerbe der Feldmesser, Auktionatoren, Bücherrevisoren, ... der Güterbestätiger, Schaffner, Wäger, Messer, Bracker, Schauer, Stauer usw. darf zwar frei betrieben werden, es bleiben jedoch die ... Staats- und Communalbehörden ... berechtigt, Personen, welche dieses Gewerbe betreiben wollen, auf die Beobachtung der vorstehenden Vorschriften zu beeidigen und öffentlich anzustellen"* (Teetzmann 1998). Der vereidigte Feldmesser wird zum Vorläufer des heute in fast allen Bundesländern wirkenden öffentlich bestellten Vermessungsingenieurs.

Die Fortschritte in der geodätischen Theorie und der Instrumententechnik, verbunden mit wachsenden Qualitätsanforderungen in den allmählich stärker miteinander verknüpften Bereichen der Landes- und der Detailvermessung, führen im 19. Jahrhundert zu einer vertieften Behandlung der Geodäsie an einigen der klassischen Universitäten. Daneben entwickelt sich eine wissenschaftlich orientierte Ausbildung an den nun entstehenden höheren *technischen Lehranstalten*, die später zu polytechnischen Schulen und nach 1870 zu technischen Hochschulen werden, s. [9.4]. Hier entstehen im Rahmen des Ingenieurstudiums zunächst spezielle Vertiefungsrichtungen für das Vermessungswesen, aus denen sich allmählich eigenständige Studiengänge entwickeln (Simmerding 1997); Vorbild sind die bereits im 18. Jahrhundert in Frankreich gegründeten écoles superieures.

Die École Polytechnique war 1794 gegründet und von dem berühmten Geometer *Gaspard Monge* organisiert worden, sie wurde von Napoleon tatkräftig gefördert. Mit der Mathematik als tragender Säule wurden hier die unterschiedlichsten Ingenieur-Wissenschaften unterrichtet, dadurch trat eine klare Unterscheidung zu den aus dem Handwerk herausgewachsenen Fach- und Gewerbeschulen ein. Polytechnische Schulen entstanden bald darauf auch in Prag (1806) und in Wien (1815), dort wird unter dem Organisator und erstem Direktor *Johann Josef Ritter von Prechtl* (1778–1854) ab 1818 auch Vermessungswesen gelehrt.

Technisch orientierte Lehranstalten entstehen zunächst in den kleineren und mittelgroßen Ländern Deutschlands:

- In *Braunschweig* erwähnt die Gründungsurkunde des Collegium Carolinum von 1745 bereits das Feldmessen als Studienfach, sein berühmtester Absolvent wird Carl Friedrich Gauß. Die Umwandlung zur Polytechnischen Schule (1862) und zur Technischen Hochschule (1877) bringt Anfang der 1880er Jahre die Etablierung der Geodäsie.

- Auf eine lange Entwicklung kann auch die Bergakademie *Freiberg* zurückblicken. Als älteste Bergbauhochschule der Welt 1765 gegründet, gehört die Markscheidekunde zu den ersten Lehrfächern. Eine wesentliche Verbesserung des Niveaus in Markscheidekunde und Geodäsie tritt ab 1833 durch *Julius Ludwig Weisbach* (1806–1871) ein; er hatte u. a. in Göttingen bei Gauß und J. T. Mayer studiert und arbeitet später an der mitteleuropäischen Gradmessung mit (Zimmermann 1990).

- In *Karlsruhe* war auf Tullas Anregung bereits 1807 eine Ingenieurschule eröffnet worden, die u. a. „Geometer" und „Trigonometer" ausbildete. 1825 wird die Polytechnische Lehranstalt ins Leben gerufen. Nach Vereinigung mit der Ingenieurschule, der Bauschule und der Forstschule entsteht daraus 1832 die „Polytechnische Schule", an der auch Geometer theoretisch und praktisch in der Feldmesskunst ausgebildet werden (Oberholzer 1993). Unter den Professoren finden wir *Guido Schreiber* (ab 1828), vorher Lehrer an der badischen Artillerieschule, und den Obergeometer *Max Doll* (von 1865 bis 1898), der u. a. das Präzisionsnivellement der badischen Eisenbahnen leitet und ein Lehrbuch der praktischen Geometrie veröffentlicht. Die höhere Geodäsie wird von 1832–1850 durch *Karl Bader* vertreten. Mit *Wilhelm Jordan* wird dann 1868 die wissenschaftliche Geodäsie begründet.

- In *Darmstadt* wird aus der 1812 gegründeten „Bauschule" 1826 eine „Technische Schule" und 1836 eine „Höhere Gewerbeschule", 1869 wird sie zur „Polytechnischen Schule" und 1877 zur Technischen Hochschule umgestaltet. Geodätische Fächer werden hier ab 1843 durch *Johann Philipp Fischer* (1818–1887) gelehrt, der auch ein bemerkenswertes Lehrbuch der Höheren Geodäsie verfasst.

• In Sachsen war 1828 die Technische Bildungsanstalt zu *Dresden* gegründet worden, seit 1832 gibt es hier eine Ausbildung im Feldmessen sowie Situations- und Planzeichnen. Erster Vorsteher der Anstalt wird der vielseitig gebildete Wilhelm Gotthelf Lohrmann, der uns als Geodät und Astronom bereits begegnet ist. Der Maschinenbau-Professor *Johann Andreas Schubert* (1808–1870) baut diesen Bereich dann zum geodätischen Studium mit den Fächern praktische Geometrie, höhere Geodäsie und Astronomie aus. Nach Umwandlung in die Königlich Sächsische Polytechnische Schule (1851) wird 1852 ein Schüler Schuberts, der Bauingenieur und Feldmesser 1. Klasse *Christian August Nagel* (1821–1903), zum ordentlichen Lehrer für Geodäsie ernannt. Die Geodäsie wird ab 1858 zu einem selbständigen Lehrgebiet und bleibt dieses auch nach Umwandlung in das Kgl. Sächsische Polytechnikum (1871) und die Technische Hochschule (1890), Rößler (2002).

• In *Stuttgart* wird die 1829 gegründete „Vereinigte Real- und Gewerbeschule“ 1840 zur polytechnischen Schule, jetzt auch mit Ausbildung in praktischer Geometrie für Militärs und Geometer. Ab 1852 hält der Mathematiker *Carl Wilhelm von Baur* (1820–1890) dazu auch Vorlesungen zur Ausgleichungsrechnung und zur höheren Geodäsie (Schlebach 1892), von 1865 bis 1884 wirkt dann vor allem Professor *Hugo von Schoder* als Professor für Geodäsie. Die Schule wird 1876 zum Polytechnikum aufgewertet und 1890 zur Technischen Hochschule umbenannt.

• In *Hannover* wird 1831 eine „Höhere Gewerbeschule“ eröffnet, sie wird 1847 zur Polytechnischen Schule. Zunächst tragen hannoversche Offiziere das Feldmessen unter den Bezeichnungen „Praktische Geometrie“ und „Geometrisches Zeichnen“ vor, bis 1834 der Artillerie-Kapitän *Johann Georg Friedrich Hartmann* (1796–1834), ein Mitarbeiter von Gauß bei der Grad- und Landesvermessung, danach bis 1843 der spätere Major *Heinrich Ludwig Wilhelm Arnold Deichmann* (1800–1870). Von 1843 bis 1881 versieht *Georg Christian Konrad Hunaeus* (1802–1882) dieses Lehrgebiet, er hält daneben auch Vorlesungen zur Geologie und veranlasst 1858 die erste Bohrung nach Erdöl im Dorfe Wietze (Pelzer 1981). 1879 wird das Polytechnikum – nun zu Preußen gehörend – in eine Technische Hochschule umgewandelt. Mit dem aus Karlsruhe kommenden Jordan beginnt dann 1881 die eigenständige Entwicklung der Geodäsie (Konecny 2006).

Abb. 7.70. Carl Max von Bauernfeind (1818–1894)

• In *München* wird 1868 nach verschiedenen Vorstufen die „Polytechnische Schule“ gegründet, sie wird 1877/78 zur Technischen Hochschule umgewandelt. Hier kann bei *Carl Maximilian von Bauernfeind* (1818–1894, Abb. 7.70), dem Organisator dieser Entwicklung (seit 1851) und erstem Direktor der Polytechnischen Schule, ab 1879 auch das Fach Vermessungswesen studiert werden; der bewährte Eisenbahnbau-Ingenieur vertritt außer der Geodäsie und der praktischen Geometrie auch das Straßen- und Eisenbahnwesen. Für die vermessungstechnische Praxis bedeutsam wird Bauernfeinds Erfindung von Prismenkreuz und Winkelspiegel, bemerkenswert sind seine umfangreichen Studien zum Aufbau der unteren Atmosphäre und zur barometrischen Höhenmessung sowie die Organisation des Bayerischen Präzisionsnivellements (Magnus 1993).

Auf die weitere Entwicklung dieser Hochschulen und die akademische Ausbildung der Geodäten und der Landmesser in Preußen wird in [9.4] eingegangen.

Das Entstehen eines wissenschaftlich fundierten Berufsbildes dokumentiert sich auch an den nun herauskommenden *Lehrbüchern*, wobei die Grenzen zwischen Feldmessung und Geodäsie anfangs durchaus noch unscharf sind. Voraus geht das viele Jahrzehnte maßgebliche Werk von *L. Puissant*: „Traité de Géodésie ou Exposition des Méthodes Astronomiques et Trigonométriques, appliquées soit à la mesure de la Terre" (Paris 1805). Das erste (unvollständig gebliebene) deutschsprachige Lehrbuch zur *Geodäsie* stammt von *Johann Leonhard Späth* (München 1816). Hier wird die „höhere Geodäsie" als *„die Wissenschaft, die Figur und Größe der Erde zu bestimmen, große Reiche derselben geographisch aufzunehmen, und von ihnen Charten zu entwerfen"*, also als Erdmessung und Landesvermessung definiert. Die theoretische Weiterentwicklung der Geodäsie insbesondere durch Gauß und Bessel wird dann in den „Lehrbüchern der höheren Geodäsie" von *A. Decker* (Mannheim 1836) bzw. *Philipp Fischer* (Darmstadt 1845/1846) berücksichtigt. Decker unterscheidet klar zwischen der für die systematische Vermessung eines ganzen Landes zuständigen „höheren Geodäsie" und der „niederen Geodäsie" oder Feldmesskunst. Fischer stützt sich in seinem Werk außer auf Gauß und Bessel vor allem auf Gerling und Hansen und stellt deshalb die Fehlerlehre und die Methode der kleinsten Quadrate an den Eingang seiner Betrachtungen. Die Beobachtungsmethoden und die Berechnungen werden dabei bis zur Bestimmung von Größe und Gestalt der Erde immer wieder auch unter dem Gesichtspunkt der fehlertheoretisch einwandfreien Bearbeitung gesehen.

Mit der allmählich auf ein höheres Niveau sich entwickelnden Ausbildung der Feld- und Landmesser zum „Vermessungsingenieur" entstehen im 19. Jahrhundert in zunehmendem Maße auch Lehrbücher der *„Praktischen Geometrie"* oder *„Vermessungskunde"*. Sie helfen wesentlich mit, diesen technischen Beruf zu prägen und ein eigenes Berufsbild zu entwickeln. Dabei gehen sie weit über die noch stark älteren Methoden verhafteten Schriften und Anweisungen zur Feldmessung und zur Landesaufnahme des 18. Jahrhunderts hinaus und beziehen allmählich auch die Grundzüge der Fehlertheorie und der Landesvermessung ein.

Von den zahlreichen im 18. Jahrhundert erschienenen Büchern zur Feldmessung (eine Zusammenstellung findet sich in Minow u. Pfeiffer 1991) nennen wir zunächst das weit verbreitete Werk „Praxis Geometriae ..." (mehrere Auflagen zwischen 1732 und 1788) von *Johann Friedrich Penther*. Dieser beschreibt für die Winkelmessung das Astrolab mit Diopterbussole und das Triangel, erläutert den Messtisch und empfiehlt für die Längenmessung die Messkette, die Messschnur und die Messstange. *Johann Wilhelm Zollmann* gibt in der „Vollständigen Anleitung zur Geodaesie oder Practischen Geometrie ..." (Halle 1744) eine Einführung in die in Preußen üblichen Vermessungsmethoden. Der weiterhin ungenügenden mathematischen Kenntnis vieler Feldmesser trägt die „Praktische Anweisung zum Feldmessen, für solche, die ohne Kenntniß der Mathematik die Feldmesskunst ausüben wollen ..." von *Christoph Arzberger* (Koburg und Leipzig 1799) Rechnung.

Ein frühes Werk des 19. Jahrhunderts stammt von *Benzenberg*, welcher im Rahmen seiner Vermessung des Herzogtums Berg ein „Vollständiges Handbuch der angewandten Geometrie für Feldmesser, Landmesser, Oberlandmesser, Markscheider, Forstbeamte wie auch zum Selbstunterrichte und für Schulen" herausgibt (Düsseldorf 1813). Er muss sich dabei naturgemäß noch an dem Niveau der zu dieser Zeit für Detailvermessungen verfügbaren Personen orientieren. Auf einem höheren Niveau ist bereits das von *August Leopold Crelle* (1780–1856) herausgegebene „Handbuch des Feldmessens und Nivellierens in den gewöhnlichen Fällen" (Berlin 1826). Durch die „Crelle'schen Rechentafeln" bleibt der Autor, Mitglied der Berliner Akademie der Wissenschaften, über viele Jahrzehnte im Vermessungswesen bekannt, berühmt wird das von ihm gegründete „Journal für die reine und angewandte Mathematik". *Hunäus* vermeidet in seinem „Lehrbuch der Praktischen Geometrie" (Hannover 1847) zunächst noch die Ausgleichungsrechnung und ein tieferes Eingehen auf die „höhere Geodäsie", da er *„im Allgemeinen nur die Kenntnis der Elementar-Mathematik voraussetzen darf"*. In der zweiten Auflage (1868) ist dann dieser Teil völlig umgearbeitet, die Ausgleichungsrechnung wird auf der Basis des Gerling'schen Lehrbuches eingeführt und die Landesvermessung nach dem Bessel–Baeyer'schen Vorbild wesentlich vertieft. Eine ausführliche Darstellung der Instrumentenkunde findet sich in seinem Werk „Die geometrischen Instrumente der gesamten praktischen Geometrie, deren Theorie, Beschreibung und Gebrauch" (Hannover 1864). *Bauernfeind* behandelt in seinem in sieben Auflagen erschienenen zweibändigen Werk „Elemente der Vermessungskunde" (München ab 1856/1858) im ersten Band bei den Messinstrumenten auch Geräte der Landesvermessung wie den Repetitionstheodolit, das Heliotrop und den Basismessapparat; im zweiten Band finden wir bei den Messungen bereits die Behandlung der Fehler in Dreiecksnetzen und eine Einführung in die Berechnungs- und Abbildungsarbeiten der Landesvermessung. Für die Ausbildung der preußischen Landmesser erlangen die „Grundzüge der Ausgleichungsrechnung" (1883), die „Praktische Geometrie" (1885/1894) und die „Geodätischen Übungen für Landmesser und Ingenieure" (1890) von *Vogler* erhebliche Bedeutung. Diese Werke leiten ebenso wie das von *Jordan* begründete und über viele Jahrzehnte zur Standardliteratur gehörende „Handbuch der Vermessungskunde" bereits in die folgende Epoche des etablierten Vermessungsingenieurs über, s. [9.4].

8 Organisierte internationale Zusammenarbeit: Der deutsche Beitrag

Wie gezeigt, finden sich bereits zu Beginn des 19. Jahrhunderts auch in Deutschland Ansätze zu Gradmessungen. Dabei sollten durch trigonometrische Anschlüsse über die jeweiligen Landesgrenzen hinweg großräumige Netze zur Bestimmung der Krümmungsverhältnisse der Erde in Mitteleuropa und darüber hinaus entstehen. Zu nennen sind hier der unvollendet gebliebene Versuch von Zach in Thüringen und die von Müffling begonnene, schließlich vom Rhein bis nach Ostpreußen reichende Dreieckskette des preußischen Generalstabs, s. [6.3.2], [7.2.2]. Eine neue Qualität weisen die hannoversche Gradmessung von Carl Friedrich Gauß und die ostpreußische Gradmessung von Bessel und Baeyer auf, die bereits selbstverständlich als Teilstücke länderübergreifender Dreiecksketten aufgefasst werden, s. [7.1.1], [7.2.3]. Die zur gleichen Zeit erarbeitete neue Definition der Erdfigur hatte dabei zu der Erkenntnis geführt, dass als Hauptaufgabe der Erdmessung nicht mehr die Bestimmung der Ellipsoidparameter, sondern die Ermittlung der lokalen und regionalen Abweichungen des Schwerefeldes von einem Rotationsellipsoid anzusehen ist.

Es ist das Verdienst von Johann Jacob Baeyer, Zentraleuropa als ideales Untersuchungsgebiet für diese Frage erkannt zu haben. Mit ungewöhnlicher Energie und großem Geschick gelingt es ihm 1862 nach seinem Ausscheiden aus dem preußischen Generalstab – Baeyer ist bereits 68 Jahre alt! – die mitteleuropäischen Staaten 1862 zu einem entsprechendem wissenschaftlichen Projekt zu bewegen und dieses so zu organisieren, dass es sich bald zu einer ganz Europa und später auch außereuropäische Staaten einbeziehenden Wissenschaftsorganisation entwickelt. Von dieser hochrangig besetzten „Internationalen Erdmessung" (Name der Organisation ab 1886) gehen ganz wesentliche Entwicklungen für die Geodäsie aus, die weit über das ursprüngliche Projektziel hinausreichen. Das hierfür gegründete Preußische Geodätische Institut nimmt dabei unter der Leitung von Baeyer und Helmert bis zum ersten Weltkrieg eine führende Rolle ein. Von Anfang an besteht in dieser internationalen Organisation eine enge Zusammenarbeit von Vertretern der wissenschaftlichen Geodäsie und der Landesvermessungs-Institutionen, wobei in Preußen wegen der nicht klar unterschiedenen Aufgaben von Landesaufnahme und Geodätischem Institut zunächst erhebliche Diskrepanzen zu überwinden sind. Durch die Zielvorgaben und die Standards der Gradmessungsorganisation werden aber in den einzelnen Ländern und gerade auch in den deutschen Staaten neue Landesvermessungen initiiert, mit erheblichen Fortschritten in Vermessung, Auswertung und kartographischer Präsentation. Mit der Einbeziehung des Schwerefeldes und der zeitlichen Komponente wird schließlich die geodätische Aufgabenstellung um den geowissenschaftlichen Aspekt erweitert, ein für die weitere Entwicklung der Geodäsie in den nächsten einhundert Jahren ganz maßgeblicher Schritt.

Die Geschichte der in der Form der „International Association of Geodesy“ (IAG) bis heute bestehenden „Internationalen Erdmessung“ ist eingehend beschrieben in Hunger (1962), Völter (1963) und Torge (1993, 1996a), zur Entwicklung bis zum ersten Weltkrieg siehe Torge (2005a).

8.1 Die Mitteleuropäische Gradmessung: Baeyers Vision und Erfolg

8.1.1 Vorgeschichte und Beginn

Im Laufe seiner Mitarbeit bei Müffling und Bessel hatte Johann Jacob Baeyer die Bedeutung großräumiger astrogeodätischer Netze für die Bestimmung der Figur der Erde erkannt, s. [7.2.2], [7.2.3]. Nachdem er im Jahre 1857 nach einem weitgehenden Zerwürfnis mit dem Generalstab aus dem Dienst ausgeschieden war, wandte sich der Generalleutnant z. D. dieser Frage besonders intensiv zu (Dick 1996).

Der Konflikt mit dem Generalstab bricht als persönliche Fehde aus, ist aber vor allem durch grundsätzlich verschiedene Einstellungen zur Vermessung eines Landes begründet, s. [8.1.2]. Baeyer war 1856 als Generalmajor soweit aufgerückt, dass er zur weiteren Beförderung in den praktischen Dienst zurücktreten musste; dazu wurde ihm als Generalstabschef der um einige Jahre jüngere Moltke vorgesetzt. Baeyer fühlt sich zurückgesetzt und ersucht um Beförderung und direkte Unterstellung unter den König, hat damit aber keinen Erfolg. Auch die Unterstützung Alexander von Humboldts, dessen Bekanntschaft er 1823 gemacht hatte und der ihn außerordentlich schätzt: *„dass seine Majestät genug Offiziere besitze, die Brigaden kommandieren könnten, aber Niemanden, der seine erfolgreiche Thätigkeit auf wissenschaftlichem Gebiete fortführen könne“* (Pieper 1996) hilft wenig. Baeyer wird als Generalleutnant zur Disposition des Generalstabschefs gestellt, der ihn nach Ermessen mit der oberen Leitung der Haupttriangulation beauftragen kann. Diese Konstruktion erweist sich wegen entscheidender Weisungsbeschränkungen als Fehlschlag, Baeyer tritt 1867 von dieser Aufgabe zurück. Gleichzeitig war Baeyer von der seit langem von ihm ausgeübten Lehrtätigkeit an der Kriegsakademie entbunden worden, was seinen Einfluss auf die Landesvermessung weiter verringert.

Abb. 8.1. Wilhelm Struve (1783–1859)

Vorteilhaft für Baeyer wird, dass Wilhelm J. Struve (Abb. 8.1), der Direktor der Sternwarte in Pulkovo, im Jahre 1857 in Europa unterwegs ist, um für seinen Plan einer Längengradmessung von Valentia/Irland bis Omsk/Ural zu werben (Deumlich 1964). Baeyer wird auf Struves Vorschlag mit der Ausführung des preußischen Anteils an dieser Längengradmessung in 52° Breite beauftragt. Er hängt jedoch in Bezug auf Unterstützung vom Generalstab ab, die zwei ihm zur Hilfe zugewiesenen Offiziere werden ihm immer wieder für andere Aufgaben entzogen. Hinzu kommt ab 1859 ein Konflikt mit Otto Struve, der als Nachfolger seines Vaters Wilhelm die Leitung der Längengradmessung und ihre Auswertung übernehmen will. Um 1860 denkt Baeyer dann wohl erstmals an eine Gradmessung in Deutschland. So reist er auch in diesem Jahr nach München und findet beim Bayerischen Generalstab und bei der Kataster-Behörde sichtliches Interesse an einem solchen Projekt; hier entsteht die Idee einer Denkschrift zur Realisierung eines solchen Projektes (Pieper 1996).

Mit dem im April 1861 dem preußischen Kriegsministerium vorgelegten *„Entwurf zu einer mitteleuropäischen Gradmessung"* gelingt Baeyer dann der große Wurf eines international organisierten geodätischen Großprojekts. Ziel ist zunächst die Bestimmung der Lotabweichungen in Mitteleuropa unter Nutzung der vorhandenen astronomischen Ortsbestimmungen und Triangulationen sowie zusätzlicher Messungen.

Das Ziel der Unternehmung wird von Baeyer in der Denkschrift wie folgt zusammengefasst: *„Die beiliegende Übersichtskarte giebt ein anschauliches Bild von der Vertheilung der astronomisch festgelegten Punkte, an denen die Krümmung der Erdoberfläche vollständig und unabhängig ermittelt werden kann. Innerhalb dieses Rahmens können noch etwa 10 Meridian-Bögen unter verschiedenen Längen und noch mehr Parallel-Bögen unter verschiedenen Breiten berechnet werden; es kann die Krümmung der Meridiane jenseits der Alpen, mit der diesseits verglichen, der Einfluss der hohen Alpenkette auf die Ablenkung der Lothlinien untersucht, und die Krümmung von Theilen des Mittelländischen und Adriatischen Meeres, der Nord- und Ostsee bestimmt werden. Kurz, es bietet sich ein weites Feld von wissenschaftlichen Untersuchungen dar, die noch bei keiner Gradmessung in Betracht gezogen wurden, und die unzweifelhaft zu eben Mitteleuropäischen Gradmessung so viel interessanten als wichtigen Ergebnissen führen müssen.*
Ein solches Unternehmen kann aber, der Natur der Sache nach, nicht das Werk eines einzelnen Staates sein; schon das kritische Sichten und Ordnen der Materialien wäre auf diesem Wege völlig unmöglich. – Was aber der Einzelne nicht vermag, das gelingt Vielen! Vereine, die im practischen Leben sich so glänzend bewährt haben, werden auf dem Gebiete der Wissenschaft von nicht minder gutem Erfolge begleitet sein.
Wenn daher Mittel-Europa sich vereinigt, und sich mit seinen Kräften und Mitteln an der Lösung dieser Aufgabe betheiligt, so kann es ein bedeutungsvolles, grossartiges Werk ins Leben rufen. – Möge dasselbe den betreffenden hohen Regierungen bestens empfohlen sein".

In der in demselben Jahr erscheinenden Schrift *„Über die Größe und Figur der Erde, eine Denkschrift zur Begründung einer mitteleuropäischen Gradmessung von J. J. Baeyer, Berlin 1861"* erläutert Baeyer das Projekt näher und gibt eine ausführliche wissenschaftliche Begründung (Abb. 8.2). Die dem Andenken an Alexander von Humboldt gewidmete Denkschrift gibt zunächst einen geschichtlichen Überblick über die bisherigen Operationen zur Bestimmung von Größe und Figur der Erde, diskutiert dann die Technik und die Resultate der Gradmessungen und ihre zukünftigen Möglichkeiten und stellt schließlich den Entwurf der mitteleuropäischen Gradmessung vor. Das Ziel ist, der französisch-englischen Gradmessung im Westen (Meridian von Paris) und der russisch-skandinavischen im Osten (Meridian von Dorpat) ein gleichwertiges Operat in Mitteleuropa hinzuzufügen. Hier liegen nur die räumlich begrenzten Gradmessungen in Dänemark, in Hannover und in Ostpreußen vor. Hinzu kommen drei fertiggestellte bzw. in Angriff genommene Längengradmessungen, welche die Meridianbögen verbinden. Baeyer schlägt nun in Erweiterung des Gradmessungsgedankens die Einrichtung eines astrogeodätischen Netzes in Zentraleuropa vor, in dem die wichtigsten Sternwarten (etwa 30) durch die bereits bestehenden und evtl. auch durch neue Triangulationen miteinander verbunden werden sollen. Das Projekt wird etwa durch die Meridiane von Brüssel und Warschau (24° bzw. 37° ö. Ferro) und die Parallelkreise von Palermo und Christiana/heute Oslo (31° bzw. 60° nördl. Breite) begrenzt (Abb. 8.3). Baeyer nimmt auch zur Frage einer einheitlichen Maßeinheit und zur Berechnung des so entstehenden Netzes ausführlich Stellung, als erläuternde Schrift hierzu erscheint 1862 die Veröffentlichung *„Das Messen auf der sphäroidischen Erdoberfläche"*. Mit dem geplanten Vorhaben greift Baeyer ältere Ideen etwa von C. F. Gauß auf, geht aber in der Projektdefinition und der Beschreibung des wissenschaftlichen und organisatorischen Lösungsweges erheblich weiter. Hauptziel ist das Erkennen von Krümmungsanomalien der Erdfigur in Mitteleuropa und möglichst auch ihre Interpretation. Nötig sind hierzu vor allem die Sammlung und Aufbereitung der vorhandenen Daten, die Organisation neuer Messungen sowie die einheitliche Berechnung.

Ueber die

Grösse und Figur der Erde.

Eine Denkschrift

zur

Begründung einer mittel-europäischen Gradmessung

nebst

einer Uebersichtskarte

von

J. J. Baeyer,

Generallieutenant z. D.; auswärtigem Mitglied der Königl. schwedischen Académie des Sciences Militaires; correspondirendem Mitglied der Kaiserlichen Akademie der Wissenschaften zu St. Petersburg; Ehrenmitglied der K. K. geographischen Gesellschaft zu Wien und Mitglied mehrerer gelehrten Gesellschaften.

I,12

Berlin.

Druck und Verlag von Georg Reimer.

1861.

Abb. 8.2. Titelseite der Baeyer'schen Denkschrift (1861) zur Mitteleuropäischen Gradmessung

Die neue Zielsetzung und die geowissenschaftliche Fragestellung drückt sich auf S. 70 ff. der Denkschrift u. a. wie folgt aus: *„Die bisherigen Gradmessungen haben bewiesen, dass die Erde im Allgemeinen ein Rotations-Ellipsoid sei ... Die Gradmessungen haben ... auch viele neue Fragen angeregt. Zunächst haben sich ... an einzelnen Punkten erhebliche Abweichungen herausgestellt, die ... 15 bis 20mal größer sind, als der wahrscheinliche Fehler der Messung ... Diese Abweichungen zeigten sich jenseits der Alpen am stärksten, wo sie zwischen Mailand und Parma auf 20″ stiegen und in der Nähe von Turin ... sogar die enorme Höhe von 48″ erreichten ... Man hat lange die Ursache solcher Ablenkungen der Lothlinie in der Anziehung von Bergmassen zu finden geglaubt ... Eine andere Ansicht neigt sich dahin, die Ursache der Ablenkung nicht über, sondern unter der Oberfläche, in ungleichen Dichtigkeitsverhältnissen (großen Metall-lagern?) zu suchen. Wenn dies sich nachweisen liesse, so könnte möglicher Weise grosser praktischer Nutzen daraus gezogen werden ... Hieraus geht hinreichend hervor, welch' ein weites Feld der Untersuchungen noch vor uns liegt ... Die bisherigen Gradmessungen hatten nur die Bestimmung der allgemeinen Figur der Erde im Auge ... Seitdem diese Aufgabe aber befriedigend gelöst ist, hat die Sache sich umgekehrt und eine künftige Gradmessung wird es hauptsächlich nur mit den Abweichungen zu thun haben und bei ihrer Anlage Gegenden und*

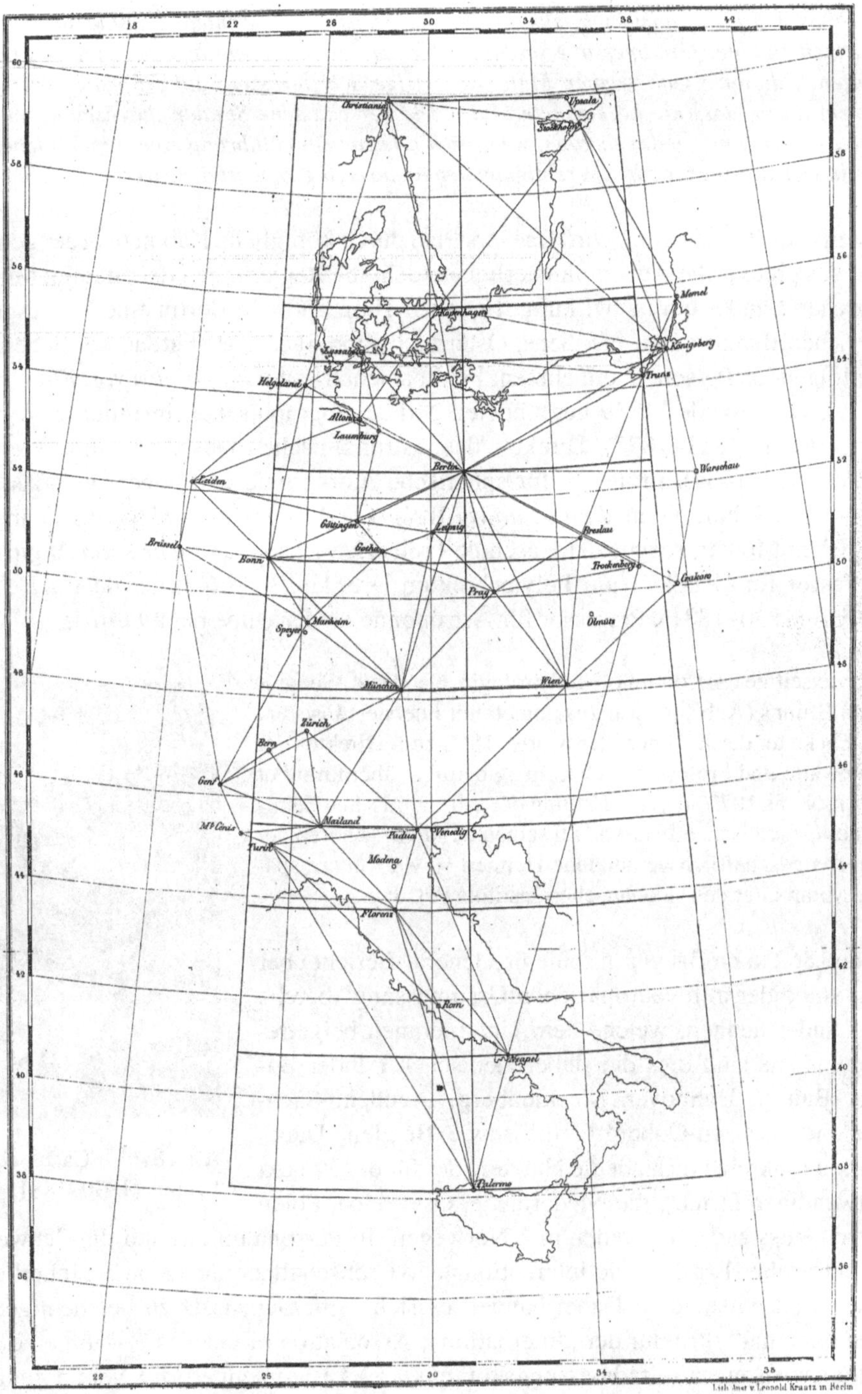

Abb. 8.3. Netzskizze zur Mitteleuropäischen Gradmessung: Sternwarten und aus den Triangulationen zu berechnende geodätische Linien

Terrainverhältnisse aufsuchen müssen, die man sonst gern vermied ... Eine so günstige Gelegenheit zu einer Gradmessung im Sinne der heutigen Anforderungen ... findet sich auf der ganzen Erde nicht zum zweiten Mal. Die einzige Schwierigkeit, auf die man stossen könnte, besteht darin, dass die bezeichnete Linie viele verschiedene Staaten durchschneidet, und die Unternehmung nur gelingen kann, wenn sich alle zur Durchführung eines einheitlichen Planes vereinigen. Zu einer solchen Vereinigung den Anstoss zu geben, ist der Zweck dieser Schrift ... ".

Bereits am 20. Juni 1861 wird Baeyers Plan durch königliche Kabinettsorder genehmigt, und das preußische Außenministerium ersucht die Regierungen der anderen mitteleuropäischen Länder um Mitwirkung. Im April 1862 findet in Berlin eine Vorbesprechung zwischen Beauftragten Preußens, Österreichs und Sachsens statt, an der neben Baeyer die folgenden Personen teilnehmen: Feldmarschall-Leutnant *August von Fligely* (1810–1879), Direktor des 1839 gegründeten Militärgeographischen Instituts in Wien, *Carl von Littrow* (1811–1877), Direktor des Astronomischen Observatoriums Wien, *Josef Herr* (1819–1884), Professor für sphärische Astronomie und höhere Geodäsie, Polytechnische Schule Wien, *Julius Ludwig Weisbach*, Professor für Mathematik an der Königlichen Montanistischen Hochschule Freiberg/Sachsen, und *Christian August Nagel*, Professor für Geodäsie am Polytechnikum Dresden, s. [7.6.2], sowie *Carl Christian Bruhns* (1830–1881), Professor für Astronomie an der Universität Leipzig.

Der vielseitige (Astronomie, Meteorologie, Geodäsie, Geographie) Bruhns (Abb. 8.4) war zusammen mit Foerster Assistent bei Encke an der Berliner Sternwarte. 1860 zum Direktor der Sternwarte und Professor nach Leipzig berufen, übernimmt er von 1868 bis 1872 auch die Leitung der astronomischen Sektion des Geodätischen Instituts. Zu seinen Schülern gehören der ihm freundschaftlich verbundene Helmert sowie weitere spätere Mitarbeiter des Geodätischen Instituts Potsdam.

Abb. 8.4. Carl Christian Bruhns (1830–1881)

Ende 1862 kann Baeyer in seinem „General-Bericht über den Stand der mitteleuropäischen Gradmessung" bereits 16 Länder nennen, welche dem Unternehmen beigetreten sind. Es sind dies die sieben deutschen Länder Baden, Baiern, Hannover, Mecklenburg, Preußen, Sachsen und Sachsen-Coburg-Gotha sowie Belgien, Dänemark, Frankreich (erlaubt die Nutzung der für das Projekt notwendigen Daten), die Niederlande, Österreich, Polen (durch Russland), Schweden und Norwegen (in Personalunion) und die Schweiz. Das ist ein großer Erfolg: eine internationale Wissenschaftsorganisation ist innerhalb kürzester Zeit entstanden! Dabei handelt es sich – im Gegensatz zu der heutigen „non-governmental" Struktur der „International Association of Geodesy" – um eine aus Regierungsvertretern (Gradmessungskommissare) zusammengesetzte Vereinigung, unter diesen Kommissaren finden wir die führenden Wissenschaftler und Militärgeodäten der teilnehmenden Länder. Als Folge entstehen auch in Deutschland in den nächsten Jahren

Gradmessungskommissionen in den o. g. Ländern sowie in Hessen und Oldenburg. Bis heute besteht die 1868 als Kommission der Bayerischen Akademie der Wissenschaften gegründete „Bayerische Kommission für die Internationale Erdmessung", welche nun zur Arbeit der „Internationalen Assoziation für Geodäsie" beiträgt (Strohmeier 1952).

Eine durch staatliche Übereinkunft gebildete wissenschaftliche Organisation wie die „Mitteleuropäische Gradmessung" war im übrigen ein Novum. Die wenigen bisher im Bereich der Astronomie und der Geowissenschaften gegründeten und i. Allg. nur kurzlebigen übernationalen Vereinigungen beruhten auf persönlichen Absprachen zwischen den beteiligten Wissenschaftlern, dabei wurden hauptsächlich Beobachtungsprogramme für die teilnehmenden Observatorien und die gemeinsame Auswertung vereinbart.

Zu diesen Vereinigungen gehörte die nur über rund zehn Jahre existierende „Mannheimer Meteorologische Gesellschaft" (um 1780), die „Astronomische Gesellschaft" (um 1800), s. [6.3.2], und der nach Vorarbeiten von Alexander von Humboldt durch C. F. Gauß erweiterte „Göttinger Magnetische Verein" (1829–1841) als Zusammenschluss erdmagnetischer Observatorien. Die 1863 gegründete und bis heute bestehende „Astronomische Gesellschaft" (1955 angegliedert an die „European Astronomical Society") zählt zu den auf nationaler Ebene entstehenden wissenschaftlich-technischen Vereinigungen, die auch die internationale Zusammenarbeit in ihr Programm aufgenommen haben. Im Bereich des Vermessungswesens bildet sich 1872 der „Deutsche Geometer-Verein", s. [9.4].

Baeyer schlägt in seinem Bericht eine Einteilung des Projektes nach internen, grenzüberschreitenden und gemeinsamen Arbeiten vor. Die aufgeführten Arbeiten geben einen guten Überblick über das Programm: *„Prüfung und Sichtung der vorhandenen Materialien, Verificirung, wo es nothwendig erscheint; Feststellung der Maasseinheit; Ausführung von Dreiecksmessungen zur Ausfüllung vorhandener Lücken oder zum Ersatz für ältere nicht mehr brauchbare Arbeiten. Berechnung der Polar-Coordinaten zwischen den inländischen astronomisch bestimmten oder noch zu bestimmenden Punkten. Messung von Polhöhen, Azimuthen, Pendellängen und telegraphischen Längenunterschieden usw."* Zur Diskussion der Arbeiten werden „Special-" und „General-Conferenzen" vorgesehen. Schließlich wird die Einrichtung eines Central-Büreaus in Berlin vorgeschlagen, in dem die Arbeiten zusammenfließen und aus den Special-Berichten ein General-Bericht zusammengestellt wird. Mit der ersten Allgemeinen Konferenz der Gradmessungsbevollmächtigten nimmt die „Mitteleuropäische Gradmessung" dann 1864 ihre Arbeit auf (Sadebeck 1883).

8.1.2 Das Projekt wird zur Wissenschaftsorganisation: Die Ergebnisse der ersten Epoche

Auf der ersten Allgemeinen Konferenz in Berlin 1864 werden entscheidende Beschlüsse gefasst, die Arbeiten der „Mitteleuropäischen Gradmessung" werden dabei in drei Sectionen eingeteilt:

I. Section: Für Organisationsfragen

1. Form, Umfang und Veröffentlichungsweise der Berichte über die Arbeiten in den einzelnen Staaten.
2. Bildung eines Central-Büreaus.
3. Bildung einer internationalen Commission zur kritischen Beurtheilung des zu verarbeitenden Materials.

II. Section: Für astronomische und physikalische Fragen

1. Feststellung der Beobachtungsmethoden für Polhöhe und Azimuth.
2. Aufstellung neuer Fundamentalbestimmungen der Fixsterne.
3. Intensitätsbestimmungen der Schwere.
4. Magnetische Bestimmungen.
5. Systematische Untersuchungen aller Haupt-Dreieckspunkte auf Lotabweichung.

III. Section: Für geodätische Fragen

1. Regulierung der Maasseinheiten.
2. Die Fehlervertheilung bei den Anschlusseiten der Dreiecksketten und bei dem Transport der Azimuthe.
3. Berechnung der Polar-Coordinaten der astronomisch bestimmten Punkte.
4. Regulierung der absoluten Höhenverhältnisse.
5. Anfertigung einer Dreieckskarte.

Wir erkennen, dass die Gradmessungsidee bereits um physikalische Aufgabenstellungen erweitert ist. Das wird sich in der Folgezeit verstärken, wenn auch bis zur Übernahme des Zentralbüros durch Helmert (1886) der geometrische Aspekt überwiegt.

Die Teilnehmerliste der ersten Allgemeinen Konferenz zeigt die gemischte Besetzung aus Wissenschaftlern und Militärs und – naturgemäß – die Dominanz der Vertreter deutscher Staaten, die uns zum großen Teil bereits begegnet sind: der Geheime Kanzleirath Paschen (Mecklenburg), Gen.-Lieut. Baeyer (Preußen), Kaupert als Vorsteher des topographischen Bureaus in Kassel und Professor Dr. Börsch (Kurhessen), Prof. Dr. Schering in Göttingen, Prof. Dr. Wittstein und Hauptmann Grumbrecht im Generalstabe (Hannover), Dr. Weisbach in Freiberg, Professor Dr. Bruhns, Director der Sternwarte in Leipzig, und Professor Nagel in Dresden (Königreich Sachsen), Geheimer Regierungsrath Dr. Hansen, Director der Sternwarte in Gotha (Herzogthum Sachsen-Coburg-Gotha), Geheimer Obersteuerrath Dr. Hügel in Darmstadt (Grossherzogthum Hessen), Professor Dr. Schönfeld, Director der Sternwarte in Mannheim (Baden); die Redaktion der Verhandlungen übernimmt Professor W. Foerster, Berlin. Auch die Tagungsorte der nächsten Allgemeinen Konferenzen zeigen, dass bis in die 1880er Jahre der deutsche Einfluss sehr stark ist: Berlin (1867), Wien (1871), Dresden (1874), Stuttgart (1877), München (1880), Rom (1883). Die internationale Erweiterung wird aber bereits 1867 sichtbar, nach dem Beitritt von Portugal, Spanien und Russland wird die Organisation in *„Europäische Gradmessung"* umbenannt. Zur kontinuierlichen wissenschaftlichen Leitung zwischen den Allgemeinen Konferenzen wird 1865 eine „Permanente Kommission" etabliert, ihr erster Präsident wird Professor Hansen.

Durch die Mitwirkung an der Struve'schen Gradmessung und die Anfangsarbeiten zur Einrichtung der „Mitteleuropäischen Gradmessung“ ist Baeyer bald so überlastet, das er 1864 in einem *„Ganz gehorsamen Promemoria“* an das Königliche Staatsministerium um personelle und sachliche Hilfe zum Betrieb eines Zentralbüros bittet und dabei überaus geschickt mit der wissenschaftlichen Ehre Preußens operiert. Wenn auch die zuständigen Minister zunächst meinen, dass das Zentralbüro ehrenamtlich mit Unterstützung durch zwei Wissenschaftler betrieben werden könne (!), so hilft schließlich doch der Hinweis Baeyers, dass er an der Grenze seiner Kräfte angelangt sei: *„Sollte ich die Augen zu thun oder auch nur krank werden, so ist in Preußen Niemand der über das Unternehmen auch nur eine nothwendige Auskunft geben könnte“* (Laitko 1996).

Nach Genehmigung der notwendigen Mittel durch den preußischen Staat kann das für die Koordination und Effektivität der Arbeiten bald ganz entscheidende Zentralbüro 1866 seine Arbeit aufnehmen, Baeyer wird der erste Präsident. Ihm zur Seite steht W. Foerster, ein naturwissenschaftlich und technisch vielseitig interessierter Wissenschaftler und hervorragender Wissenschaftsorganisator.

Wilhelm Julius Foerster (1832–1921, Abb. 8.5) ist als enger Mitarbeiter Baeyers diesem in der Anfangszeit der Gradmessung freundschaftlich verbunden, er leitet im Zentralbüro die Sektion Astronomie; von 1865 bis 1904 ist er Direktor der Berliner Sternwarte. Der auch den Präsidenten der Permanenten Kommission Hansen einbeziehende Konflikt über die Qualität der neueren preußischen Dreiecksmessungen und die Ausgleichung trigonometrischer Netze führt aber zu einem in Inhalt und Ton eskalierenden Briefwechsel und 1868 zum vollständigen Bruch zwischen Baeyer und Foerster, welcher sich erst nach dem Tode Baeyers wieder in der Europäischen Gradmessung engagiert (Buschmann 1994).

Abb. 8.5. Wilhelm Julius Foerster (1832–1921)

- Dem Programm der „Mitteleuropäischen Gradmessung“ entsprechend, nehmen in den folgenden Jahrzehnten insbesondere die *Triangulationsarbeiten* in Europa einen großen Aufschwung. Die Anzahl der trigonometrischen Punkte I. Ordnung in Europa steigt von rund 2000 (im Jahre 1862) auf über 3500 (1880), die Anzahl der Grundlinien verdoppelt sich auf über 100. Da die Berechnung der Dreiecksnetze aus rechentechnischen und politischen Problemen nur durch gruppenweise Ausgleichungen geschehen kann, wird die Frage der Netzzusammenschlüsse bedeutsam. Ganz wesentlich ist die Empfehlung (1867), das *metrische Maßsystem* einzuführen, nachdem 1864 noch die „Bessel-Toise“ als Maßeinheit vorgeschlagen worden war. Erfolgreich ist auch der Vorschlag, ein Büro für Maße und Gewichte einzurichten, dieses entsteht dann in Paris im Zusammenhang mit der internationalen Meter-Konvention (1875), s. [9.1].
- In der *Höhenbestimmung* wird ein ganz neuer und zukunftsweisender Weg beschritten. Nach französischem Vorbild (1857 ist dort ein Nivellementsnetz eingerichtet wor-

den) und schweizerischem Beispiel wird jetzt empfohlen, in jedem Land ein Präzisionsnivellements-Netz I. Ordnung anzulegen (gleiche Zielweiten, wahrscheinlicher Fehler soll ±3 mm/km entspr. ±4,5 mm/km mittlerer Fehler nicht überschreiten, „womöglich mehrfache Nivellierung derselben Linie") und an einen stabilen Höhenbezugspunkt anzuschließen. Die Meereshöhe dieses Festpunktes soll später bestimmt werden, kontinuierliche Mittelwasserbestimmungen an verschiedenen Meerespegeln sollen zur Festlegung einer Höhen-Nullfläche dienen. Die erst allmählich wachsenden Erkenntnisse über die Abweichungen der an verschiedenen Orten beobachteten Mittelwasser von einer einheitlichen Niveaufläche und über den Einfluss des Schwerefeldes auf das Nivellement führen jedoch dazu, dass ein einheitliches europäisches Nivellementsnetz erst in der zweiten Hälfte des 20. Jahrhunderts entsteht.

- Entscheidende Größen zur detaillierten Erfassung der Krümmungsverhältnisse sind die *Lotabweichungen.* Das Programm der Gradmessung erfordert deshalb wesentlich mehr astronomische Bestimmungen als sie bisher in den Sternwarten vorliegen. In diesem Bereich wird von der neuen Organisation durch die Aufstellung verbesserter *Fundamentalkataloge* für ausgewählte Gradmessungssterne und die Einführung der telegraphischen Zeitübertragung bei der Längenbestimmung Pionierarbeit geleistet. Lotabweichungs- und Geoidstudien müssen sich wegen des noch sehr begrenzten Datenmaterials in der Baeyer'schen Epoche allerdings noch auf die Bestimmung lokaler Abweichungen und ihre Interpretation beschränken. *Schweremessungen* konzentrieren sich auf die Erprobung des 1869 ausgelieferten Repsold'schen Reversionspendelapparates und anderer Geräte, die Zahl der gemessenen Schwerewerte bleibt in dieser Epoche jedoch gering.
- Auf Bitte des Senats und der geographischen Gesellschaft der Hansestadt Hamburg befasst sich die Allgemeine Konferenz in Rom 1883 auch mit der Zählung der geographischen Längen, hier ist nämlich wegen der zunehmenden internationalen Verbindungen eine weltweite Regelung dringend erforderlich. Eine entsprechende Empfehlung führt ab 1884 (Internationale Meridiankonferenz in Washington) zur allmählichen Einführung des *Meridians von Greenwich* als Nullmeridian für die geographische Länge und die darauf bezogene Weltzeit. Anzuerkennen ist schließlich der Aufbau einer geodätischen *Bibliographie* und die sorgfältige *Dokumentation* der Allgemeinen Konferenzen und der Verhandlungen der Permanenten Kommission sowie der Arbeiten des Geodätischen Instituts (Buschmann u. Kautzleben 1987).

Durch die Gradmessungskommissionen der teilnehmenden Staaten werden die von der Mitteleuropäischen Gradmessung formulierten Arbeiten in zunehmendem Maße vorangetrieben. Das gilt gerade auch für die deutschen Länder, wo sich universitäre Institute beteiligen, aber der Gesamtkonzeption entsprechend vor allem die für die Landesvermessung zuständigen Institutionen engagiert sind. Für die deutsche und die internationale Geodäsie bedeutsam ist die Einrichtung des *„Königlich Preußischen Geodätischen Instituts"* im Jahre 1870. Es wird einerseits für die auf Preußen entfallenden Arbeiten der „Europäischen Gradmessung" zuständig, andererseits soll es die Aufgaben des

Zentralbüros wahrnehmen; Baeyer hatte zusammen mit Foerster diese Dauereinrichtung 1867 in einer Denkschrift vorgeschlagen. Erster Präsident dieses unabhängigen und – im Gegensatz zur Landesaufnahme – nicht dem Kriegsministerium, sondern dem „Ministerium der geistlichen, Unterrichts- und Medizinalangelegenheiten" unterstehenden geodätischen Forschungsinstituts wird wiederum Baeyer. Das Institut entfaltet unter Baeyer bald eine rege und vorbildliche wissenschaftliche Tätigkeit, die von Helmert (1886) ausführlich dokumentiert wird. Auf Baeyers Vorschlag erhält es 1877 einen wissenschaftlichen Beirat aus Mitgliedern der Preußischen Akademie der Wissenschaften, Baeyer selbst ist bereits 1865 Ehrenmitglied der Akademie geworden.

In *Deutschland* konzentrieren sich die Aktivitäten des Instituts und der Gradmessungskommissionen auf astronomische Ortsbestimmungen, Triangulationen und Maßstabsvergleiche, Nivellements und Mittelwasserbestimmungen sowie erste Schweremessungen und Lotabweichungsbeobachtungen:

- Für das *Gradmessungsnetz* werden – der Aufforderung der Allgemeinen Konferenz von 1871 folgend – telegraphische Längenbestimmungen, Polhöhen- und Azimutmessungen in Mitteleuropa durchgeführt. Über 20 Jahre hinweg entsteht so ein europäisches *Längennetz* aus rund 40 Stationen (Bearbeiter vor allem C. Bruhns und Th. Albrecht). In Norddeutschland dienen mehr als 60 Breiten- und über 20 Azimutbestimmungen vor allem dem Studium der Lotabweichungen. Große Aktivitäten entfaltet auch die Bayerische Erdmessungskommission. Hier steht Soldners Nachfolger J. v. Lamont den Vorstellungen Baeyers zwar zunächst zurückhaltend gegenüber, beteiligt sich aber doch mit astronomischen Beobachtungen an der Verbesserung des bayerischen Landesnetzes. Stark engagieren sich hierbei und am Aufbau des mitteleuropäischen Längennetzes dann M. v. Bauernfeind und vor allem C. v. Orff.

Für den preußischen Anteil am Struve'schen 52°-Parallelkreisbogen und für die mitteleuropäische Gradmessung werden in der Baeyer'schen Epoche von 1867 bis 1877 das rheinische, das hessische und das märkisch-thüringische *Dreiecksnetz* beobachtet mit dem (nur begrenzt erreichten) Ziel länderübergreifender Zusammenschlüsse (Abb. 8.6) Die Dreiecksschlüsse der nach dem Muster der Küstenvermessung mit 10-zölligen Universalinstrumenten von Pistor und Martins ausgeführten Richtungsmessungen ergeben mittlere Winkelfehler von $\pm 0{,}7''$ bis $\pm 0{,}8''$. Zur Basismessung (1879/80 Nachmessungen der Grundlinien der Landesaufnahme in Strehlen/Schlesien und Berlin) wird vom Geodätischen Institut nicht der Bessel'sche Apparat, sondern der 1876 in den Brunner'schen Werkstätten (Paris) angefertigte Bimetallapparat (Messing/Platin) verwendet. Bei der Frage der Brauchbarkeit bestehender Triangulationen für die Zwecke der Gradmessung treten erhebliche Meinungsunterschiede auf. So konnte das neu ausgeglichene bayerische Netz ohne Bedenken übernommen werden, während die Messungen des preußischen Generalstabs von Baeyer weitgehend nicht akzeptiert wurden (s. u.). Ein Vorzeigebeispiel wird die neue Triangulation (1865–1890) des Königreichs Sachsen durch Christian August Nagel, bei der die wissenschaftlichen Kriterien der „Gradmessung" in vorbildlicher Weise beachtet werden, s. [9.3.2]. Schließlich beginnen bereits unter Baeyer 1865 astrogeodätische Lotabweichungsbestimmungen im Harz, unter

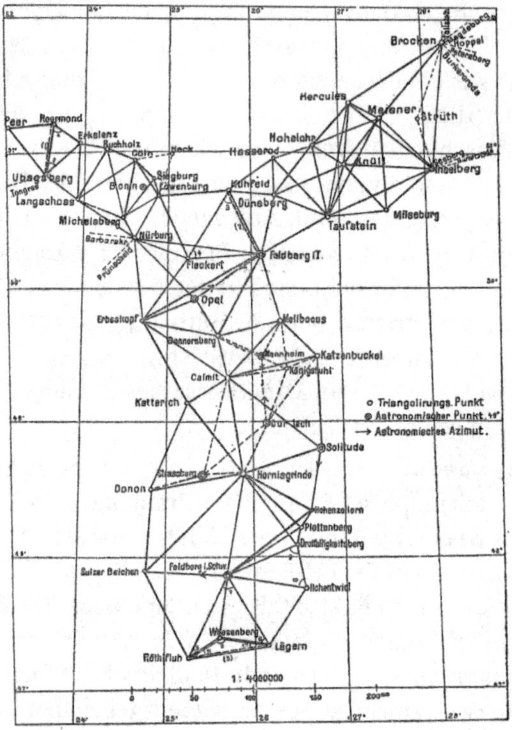

Abb. 8.6. Rheinisches und hessisches Dreiecksnetz des Geodätischen Instituts Potsdam, 1878–1883

Helmert wird dies zu einer ersten hochauflösenden lokalen Geoidberechnung führen, s. [8.2.2].

- Zur Erfassung der *Schwereintensität* wird in der Bayer'schen Epoche im Auftrag der Mitteleuropäischen Gradmessung von der Firma Repsold ein transportabler Reversionspendelapparat konstruiert, wobei auf Bessels Vorschlag eines symmetrischen Pendels zum Ausschalten des Einflusses der Luftdichte zurückgegriffen wird (Abb. 8.7). Bis etwa 1900 werden mit Repsold-Pendeln absolute Schweremessungen auf einer begrenzten Anzahl von Stationen durchgeführt, besonders in Deutschland (1869/71: 9 Punkte in Preußen, Sachsen, Thüringen und Baden, Beobachter Albrecht), Österreich, Russland und den USA, die Ergebnisse befriedigen jedoch nicht. Dies liegt besonders an dem 1875 von C. S.

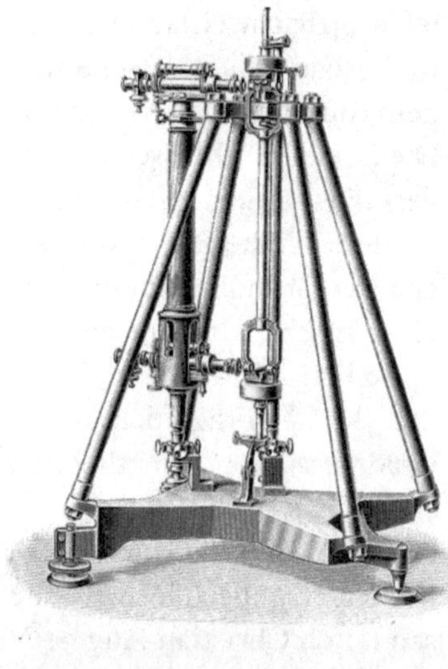

Abb. 8.7. Reversionspendelapparat von Repsold, ab 1862

Peirce gefundenen Mitschwingen des Pendelstativs, das 100 bis 200 mGal erreichen konnte und auch durch Korrektionen nicht zu beheben war. Die erhoffte Genauigkeitssteigerung gegenüber den älteren Pendelmessungen war also nicht eingetreten.

Wenn auch die Mitglieder der von der Europäischen Gradmessung eingesetzten Pendelkommission 1875 noch durchaus unterschiedliche Meinungen zur Qualität dieser Absolutmessungen haben, so zeigt doch die drastische Äußerung Baeyers, welcher Weg in Zukunft beschritten wird: *„Der Repsold-Apparat hat vollkommen versagt. Er ist wegen der großen Pendellänge unhandlich; das Mitschwingen wirkt sich verhängnisvoll aus...* " Baeyer schlägt die Rückkehr zum invariablen Pendel, also zur relativen Schweremessung vor.

- Ganz erheblichen Einfluss haben die Beschlüsse der Mitteleuropäischen Gradmessung zum *Präzisionsnivellement* und zur *Mittelwasserbestimmung*. Nach Versuchsmessungen zur Einübung der Beobachter laufen die Gradmessungsnivellements des Geodätischen Institutes 1864 an. Sie folgen meist den Eisenbahnen und sind an das Mittelwasser der Ostsee am Swinemünder Pegel („Ostseeniveau") angeschlossen (Abb. 8.8), s. auch [7.5]. Dabei bildet das Nivellement zwischen Swinemünde und Konstanz (1871–1882) direkt (Hessen, Baden) oder durch Verbindungsmessungen ein Rückgrat für die nun auch in den anderen deutschen Ländern entstehenden Präzisionsnivellements. Durchgeführt wird in dieser Zeit ferner ein Nivellement zwischen Swinemünde und Amsterdam (mit Beteiligung der Holländer und Anschluss an das Mittelwasser am Amsterdamer Pegel) und zwischen Anklam (am Unterlauf der Peene in Neubrandenburg gelegen) und Cuxhaven (1883–1885), dabei werden die wichtigsten Pegelstationen angeschlossen. Im Zusammenhang mit geplanten Flussregulierungen führt schließlich Baeyers Assistent Seibt im Auftrag der Elbstrombauverwaltung 1876/77 Präzisionsnivellements auf beiden Ufern des Elbstroms durch.

Wilhelm Seibt (1846–1927) wird später Leiter des 1891 im Preußischen Ministerium der öffentlichen Arbeiten eingerichteten Büros für die Hauptnivellements und Wasserstandsbeobachtungen; diese Dienststelle geht 1929 in der Landesanstalt für Gewässerkunde und Hauptnivellements im Ministerium für Landwirtschaft, Domänen und Forsten auf. Durch die Feinnivellements des Büros bzw. der Landesanstalt sind die Hauptwasserstraßen in Deutschland sorgfältig vermessen und die besonders gesicherten Fluss- und Küstenpegel auf Normal-Null bezogen worden. Unter Seibt gelangt das Büro durch die Verfeinerung der Nivellementsmethode und die Organisation des Pegelwesens zu hohem Ansehen (Gronwald 1932).

Insgesamt werden vom Geodätischen Institut in Preußen und darüber hinaus bis 1885 rund 11 000 Nivellements-Kilometer gemessen, wobei sich das Verfahren erst allmählich verbessert (kürzere Zielweiten, Doppelnivellement, nach holländischem Vorbild von Seibt eingeführte Messung mit leicht geneigter Ziellinie bei Einstellung auf Teilfeldmitte und Libellenablesung). Für die Mittelwasserbestimmung wird 1870 in Swinemünde erstmals ein Mareograph installiert, dort liegen bereits seit 1826 Pegelbeobachtungen vor. In Zusammenarbeit mit Mecklenburg und Lübeck werden auch die Pegelmessungen in Travemünde, Wismar, Warnemünde und Stralsund ausgewertet, die

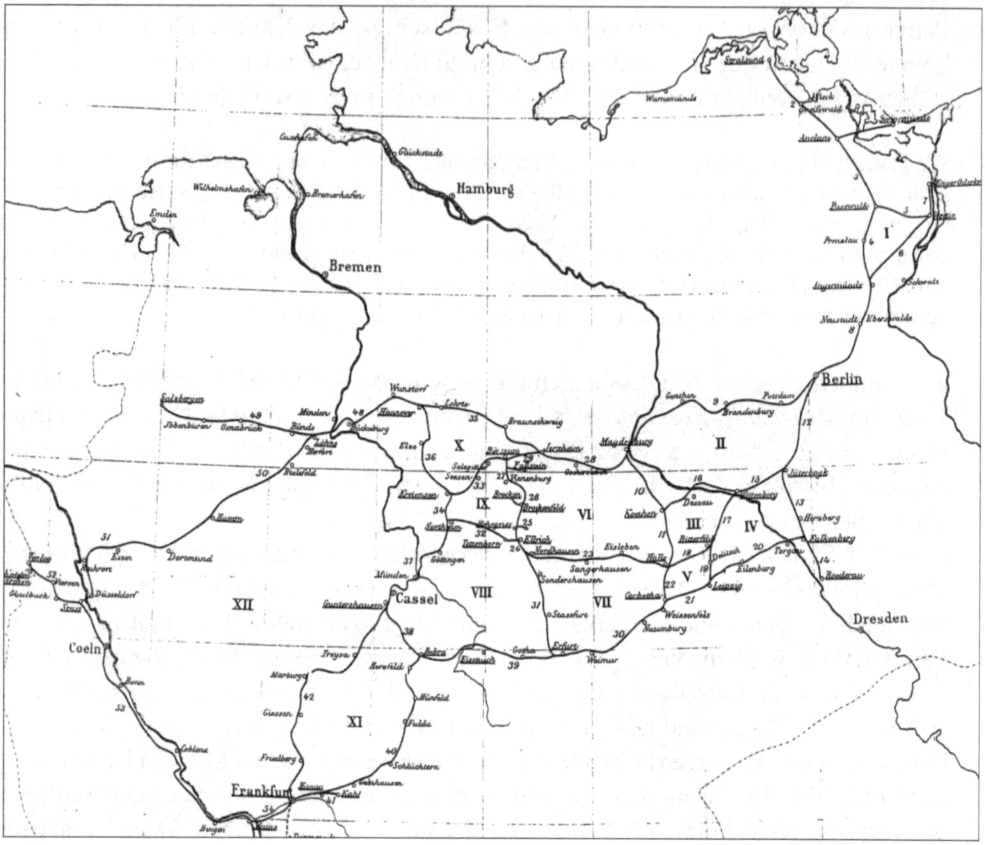

Abb. 8.8. Vom Geodätischen Institut Potsdam in Nord- und Mitteldeutschland bis 1875 ausgeführte Präzisionsnivellements

Vermutung einer Meeresspiegelneigung um $1/2$ m von Ostholstein bis Memel und kürzerwelligen Schwankungen um einige dm erweist sich später als falsch. Die Einrichtung eines Schreibpegels in Helgoland (1880) wird Anlass zu umfangreichen gegenseitig-gleichzeitigen Zenitwinkelmessungen zwischen dieser Hochseeinsel und dem Festland, mit Anschluss der Inseln Neuwerk und Wangerooge (1878–1888). Dabei kann trotz Streuung der täglichen Mittelwerte um einige Meter der Höhenunterschied nach Helgoland mit einem Fehler von nur 0,3 m bestimmt werden (Seeber u. Torge 1997).

Durch die Mitteleuropäische Gradmessung werden auch in den anderen Bundesstaaten Präzisionsnivellements angeregt und bis in das erste Jahrzehnt des 20. Jahrhunderts hinein durchgeführt, s. [9.3]. Hierzu zählen das Sächsische Landesnivellement, die Nivellements der Bayerischen Erdmessungskommission im rechtsrheinischen Bayern und in der Rheinpfalz sowie das Nivellement der Württembergischen Gradmessungskommission. Wir nennen ferner das Badische Hauptnivellement und die Nivellements in Hessen-Darmstadt und Mecklenburg. Auch in Hamburg wird von 1869 bis 1871 ein

Hauptnivellement nach den Empfehlungen der Gradmessung durchgeführt und an das System der Preußischen Landesaufnahme angeschlossen, die Bezugsfläche wird weiterhin durch den Hamburger Hauptpegel festgelegt. Die Genauigkeit dieser frühen Präzisionsnivellements wird durch mittlere Fehler von ±3 bis 5 mm/km charakterisiert.

Nach dem langen Konflikt zwischen Baeyer und dem Generalstab folgen schließlich auch die Triangulationen der *preußischen Landesaufnahme* ab 1870 den Empfehlungen der „Europäischen Gradmessung“, wenn auch der wissenschaftliche Disput zwischen der Landesaufnahme und dem Geodätischen Institut noch über die ganze Baeyer'sche Epoche anhält und erst unter Baeyers Nachfolger Helmert beigelegt wird, s. [8.2.1].

Der bereits angesprochene prinzipielle, aber auch persönlich motivierte Konflikt zwischen Baeyer und der Preußischen Landesaufnahme setzt sich bis zum Ende der Baeyer'schen Epoche fort. Der Generalstab wollte bei der Landesaufnahme nur soviel Aufwand treiben, wie für die topographischen Bedürfnisse des Militärs vonnöten ist. Baeyer – mit dem von Bessel geprägten Ideal von Wissenschaftlichkeit – war dagegen der Meinung, dass die geodätische Landesaufnahme Grundlage für alle praktischen Vermessungen und nach dem Höchststand der Wissenschaft angelegt werden sollte (Laitko 1996). Der Konflikt hatte bereits mit der schleppenden Behandlung seines Vorschlages zur Reorganisation des niederen Vermessungswesens in Preußen begonnen, s. [7.2.4]. Mit der Aufteilung der Haupttriangulation in die beim Generalstab verbleibende Landestriangulation und die Gradmessungstriangulation des dem Kultusministerium unterstellten Geodätischen Instituts wird das auch ein institutioneller, aber sehr persönlich geführter Kampf (Pieper 1996). Baeyer erklärt nun alle seit 1858 vom Generalstab ausgeführten Dreiecksmessungen als nicht brauchbar für die wissenschaftlichen Zwecke der Gradmessung (1857 hatte Baeyer die Leitung der trigonometrischen Abteilung abgegeben!). Der Konflikt beschäftigt sogar das Parlament. So schreibt Baeyer 1879 in einem „Beitrag zur Vertheidigung des geodätischen Instituts gegen die in der Sitzung des Abgeordneten-Hauses vom 18. Januar 1879 gegen dasselbe gerichteten Angriffe“: *„Und wer hat diese Abweichungen* (von der Methodik bei der ostpreußischen Gradmessung und der Küstenvermessung) *eingeführt? – Meine eigenen Schüler! – Wenn meine Schüler sich nicht von mit abgewendet, sondern im Sinne und Geist zu mir gehalten hätten, so würde das Preussische ... Vermessungswesen ungeachtet der Spaltung, in wissenschaftlicher Einheit dastehen“*. Unter diesem Gesichtspunkt ist auch Baeyers Äußerung zu verstehen: *„Fasst man dies Alles zusammen, so wird man kein anderes Urteil fällen können, als dass die Landestriangulation die ihr gestellte Aufgabe, ein trigonometrisches Netz herzustellen und festzulegen, welches den Anforderungen der Wissenschaft und den Verwaltungsbedürfnissen entspreche, in einer wenig befriedigenden Weise gelöst hat“*. Baeyer versucht auch, die Mitglieder der Permanenten Kommission auf seine Seite zu ziehen und überwirft sich dabei mit renommierten Wissenschaftlern wie Bruns, Hansen, Foerster und Jordan, die den krassen Auffassungen Baeyers nicht zustimmen können.

Der Geodät und Astronom Bruns, s. [8.2.2], äußert sich beispielsweise über das Verhältnis zwischen Baeyer und der preußischen Landesaufnahme folgendermaßen: *„... Später stellte sich heraus, dass Baeyer im Hintergrunde die Hoffnung gehegt hatte, dass ich bei seiner erbitterten Fehde mit der Preußischen Landesvermessung sein wissenschaftlicher Sekundant sein könne. Diese Hoffnung musste allerdings trügen, da B[aeyer] Unrecht hatte. Ich habe oft genug mit ihm darüber herumgestritten und hatte ihn einmal so weit, dass er an der Richtigkeit seiner Behauptung irre wurde, indem ich ihm schriftlich nachwies, dass das, was er der Landesvermessung beständig als Fehler vorwarf, sich genau ebenso auch in der ‚Ostpreußischen*

Gradmessung' vorfinde. Das griff ihn so an, dass er bettlägerig wurde und von Amtsniederlegung sprach. Nach wenigen Tagen war er aber wieder obenauf und erklärte mir rund und nett, dass, wenn er und Bessel einen Bock geschossen hätten, dies der Landesvermessung kein Recht gebe nun denselben Fehler zu begehen" (Pieper 1996).

Festzuhalten ist, dass Baeyer mit der Gründung und dem erfolgreichen Ausbau der „Mitteleuropäischen Gradmessung" eine internationale wissenschaftliche Organisation geschaffen hat, die bereits zu Lebzeiten ihres Gründers weit über die ursprünglichen Projektziele hinausgewachsen war: eine geniale Leistung! Die Landesvermessungen der beteiligten Länder wurden herausgefordert, den wissenschaftlichen Ansprüchen der „Gradmessung" zu genügen, was zu ganz wesentlichen Fortschritten in den Grundlagenvermessungen führte.

Der Erfolg Baeyers ist umso bemerkenswerter, als gerade in den 1860er Jahren kriegerische Verwicklungen die politische Situation in Mitteleuropa erschweren. So führt Preußen, verbündet mit Österreich, 1864 Krieg mit Dänemark wegen der beabsichtigten Einverleibung Schleswigs, 1866 besiegt Preußen das mit den süddeutschen Staaten und Hannover verbündete Österreich, und 1870/71 führt der Sieg der deutschen Staaten über Frankreich zur Gründung des Deutschen Reiches. Wenn auch Baeyers Pläne sicherlich mit den Bestrebungen Preußens um eine Vormachtstellung in Deutschland und in Zentraleuropa übereinstimmten, so ist die positive Resonanz der anderen Staaten wohl auch darauf zurückzuführen, dass ein mit der Preußischen Landesaufnahme und damit dem Generalstab in Fehde liegender Wissenschaftler dieses Unternehmen betrieb. So stellt *Foerster* in seinen „Lebenserinnerungen und Lebenshoffnungen" (1911) fest: *„... Die persönliche Stellung indessen, die ihm [Baeyer] zunächst gegenüber dem preußischen Generalstabe durch den pedantischen Schematismus seines Ausscheidens bereitet war, machte ihn ... zu einer für die militärischen Vertreter der Landesvermessungen aller übrigen Staaten ganz besonders sympathischen Persönlichkeit denn man darf es sagen, dass die preußische Armee damals von 1866 her trotz ihrer großen Erfolge und vielleicht gerade wegen derselben in allen anderen Ländern durchaus unpopulär war"* (Pieper 1996).

Baeyers Verdienste wurden vielfach anerkannt, zuletzt auf der 7. Allgemeinen Konferenz in Rom 1883, an der Baeyer selbst nicht mehr teilnehmen konnte. Die italienische Gradmessungskommission hatte für Baeyer eine Goldmedaille prägen lassen, die auf der einen Seite den Kopf Baeyers darstellt und auf der anderen die Inschrift „J. J. BAEYERO QUI AD TERRAE MENSURAS COMMUNI STUDIO ERUENDAS NATIONUM SODALITIUM EXCITAVIT ITALI LABORUM SOCII IN CONVENTU SEPTIMO ROMAE MDCCCLXXXIII" trägt (Abb. 8.9). Georges Perrier, der langjährige Generalsekretär der Nachfolgevereinigung „Association Internationale de Géodésie" würdigt ihn folgendermaßen: *„Als*

Abb. 8.9. Johann Jacob Baeyer, Medaille der italienischen Gradmessungskommission, Rom 1883

Baeyer starb, hatte er, dank einer zähen Arbeit, für sein Land einen ersten Platz in der Geodäsie erobert. Er kann als Verkörperung preußischen Wesens gelten, für das planvolle Arbeit, organisatorische Begabung, Geduld und zäher Ehrgeiz bezeichnend sind" (Tardi 1963). Baeyer stirbt 1885 im hohen Alter von 90 Jahren (Jordan 1885, Helmert 1886), eine ausführliche Würdigung erfährt er 1894 durch Helmert bei der Feier anlässlich seines hundertjährigen Geburtstages (Buschmann 1994, S. 19–26).

8.2 Die Internationale Erdmessung: Das Geodätische Institut Potsdam und Helmerts Wirken

8.2.1 Internationale und geowissenschaftliche Erweiterung

Nach Baeyers Tod übernimmt der uns bereits bekannte W. Foerster, s. [8.1.1], ad interim die Leitung der 8. Allgemeinen Konferenz in Berlin 1886, Anfang dieses Jahres wird dann F. R. Helmert mit der Leitung des Geodätischen Instituts betraut.

Friedrich Robert Helmert (1843–1917, Abb. 8.10) ist einer der großen Geodäten an der Schwelle vom 19. zum 20. Jahrhundert. Mit seinem Standardwerk „Die mathematischen und physikalischen Theorien der höheren Geodäsie" (Leipzig 1880/84) begründet er die Geodäsie endgültig als eigenständige wissenschaftliche Disziplin und legt in vielen Bereichen ganz neue Grundlagen, welche dieses Fach teilweise bis heute prägen. Helmert studiert zunächst Ingenieurwissenschaften an der Polytechnischen Schule Dresden und wirkt dann als Assistent von Professor Nagel an der musterhaften Gradmessungs-Triangulation von Sachsen mit. Ein Ergänzungsstudium an der Universität Leipzig schließt er mit einer Dissertation „Studien über rationelle Vermessungen im Gebiete der höheren Geodäsie" ab (Abb. 8.11). Nach einer kurzen Tätigkeit als Observator an der Sternwarte Hamburg wird er 1870 an die Polytechnische Schule in Aachen berufen und zwei Jahre später mit 29 Jahren zum ordentlichen Professor für Geodäsie ernannt. Außer dem oben genannten Werk entstehen hier die „Ausgleichungsrechnung nach der Methode der kleinsten Quadrate mit Anwendungen auf die Geodäsie und die Theorie der Messinstrumente" (1872), aber auch Arbeiten zur Ingenieurvermessung beim Eisenbahnbau und zum Nivellement. Mit der Ernennung (1886) zum Direktor des Preußischen Geodätischen Instituts und der gleichzeitigen Berufung auf ein neu errichtetes Ordinariat für höhere Geodäsie an der Universität Berlin beginnt eine für die geodätische Forschung und die internationale Zusammenarbeit überaus fruchtbare Periode. Sie wird geprägt von Helmerts eigenen Arbeiten und den vielfältigen Untersuchungen theoretischer und experimenteller Art seiner Mitarbeiter. Die Anerkennung der Institutsarbeiten weit über den fachlichen Bereich hinaus zeigt sich u. a. auch in der Auszeichnung der Institutsexponate anlässlich der Weltausstellung 1892/93 in Chicago. Im Jahre 1900 wird Helmert zum ordentlichen Mitglied der Preußischen Akademie der Wissenschaften gewählt, 1912 wird er mit

Abb. 8.10. Friedrich Robert Helmert (1843–1917)

der Großen Medaille für Wissenschaft ausgezeichnet, 25 weitere Orden und eine Anzahl akademischer Ehrungen aus dem In- und Ausland runden die weltweite Anerkennung dieses genialen Geodäten ab (Wolf 1993).

Positiv für das Institut und für das Vermessungswesen in Preußen wirkt sich aus, dass nach einer Übereinkunft zwischen Helmert und Schreiber (ab 1875 Leiter der Trigonometrischen Abteilung und ab 1888 der gesamten Preußischen Landesaufnahme, s. [9.2.2]), die dem Generalstab zugeordnete Königliche Landesaufnahme *allein* für die Landestriangulation und das Landesnivellement zuständig wird – damit entfällt die bisherige Doppelarbeit. Das gute Verhältnis zwischen Helmert und Schreiber führt sogar zu einer direkten Kooperation zwischen diesen beiden inzwischen weltweit anerkannten geodätischen Einrichtungen.

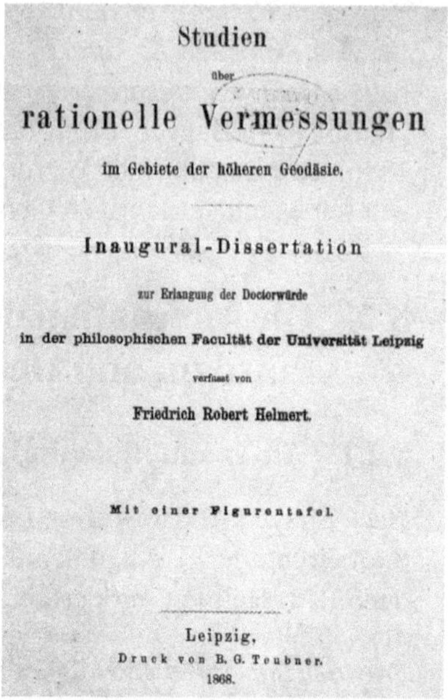
Studien
über
rationelle Vermessungen
im Gebiete der höheren Geodäsie.

Inaugural-Dissertation
zur Erlangung der Doctorwürde
in der philosophischen Facultät der Universität Leipzig
verfasst von
Friedrich Robert Helmert.

Mit einer Figurentafel.

Leipzig,
Druck von B. G. Teubner.
1868.

Abb. 8.11. Titelseite der Dissertation von F. R. Helmert, Leipzig 1868

Die Wissenschaftsorganisation selbst erfährt unter Helmert maßgebliche Änderungen. So wird für die Dauer von zehn Jahren eine Übereinkunft zwischen den beteiligten Staaten geschlossen, in der auch Beitragssätze festgesetzt sind. Der Beitritt weiterer europäischer und auch außereuropäischer Staaten (1889: Argentinien, Chile, Japan, Mexiko, USA) führt zur Namensänderung in „Internationale Erdmessung" („International Geodetic Association", „Association Géodésique Internationale"). Die Übereinkunft wird noch zweimal um jeweils 10 Jahre verlängert und läuft schließlich 1916 aus, s. auch [10.1.3], die 17. Allgemeine Konferenz in Hamburg 1912 wird der äußere Abschluss dieser Epoche internationaler Zusammenarbeit. In dieser Zeit wird auch der von der Entstehung der Mitteleuropäischen Gradmessung herrührende übergroße deutsche Einfluss zurückgedrängt, ab 1897 ist das Deutsche Reich schließlich nur noch durch einen Delegierten vertreten.

Dabei ist zu bemerken, dass in den Führungspositionen der Gradmessung von Anfang an durchaus renommierte Geodäten außerdeutscher Staaten zu finden sind. So wird die Permanente Kommission nach der Amtszeit von *Hansen* (1864–1868) von dem Direktor des Militärgeographischen Instituts in Wien, General *August von Fligely* (1869–1874) und dem Direktor des Geographischen und Statistischen Instituts in Madrid, General *Carlos Ibánez e Ibánez de Ibero* (1874–1886) geleitet. Letzterer wird auch von 1887 bis 1891 zum Präsidenten der Internationalen Erdmessung gewählt, ihm folgen der Präsident des Bureau des Longitudes Paris, *Hervé E. A. A. Faye* (1892–1902) und der Chef der geodätischen Sektion im Service Geographique de l'Armee, *General Jean A. L. Bassot* (1903–1917). Die Allgemeinen Konferenzen verteilen sich in dieser neuen Epoche nun auch verstärkt auf außerdeutsche Staaten: Paris (1889), Brüssel (1892), Berlin (1895), Stuttgart (1898), Paris (1900), Kopenhagen (1903), Budapest (1906), London und Cambridge (1909), Hamburg (1912).

1892 kann das Geodätische Institut aus der Beengtheit angemieteter Privathäuser in Berlin in ein repräsentatives Gebäude auf dem Telegraphenberg in Potsdam umziehen (Abb. 8.12). Die Messräume werden von Helmert nach modernsten Gesichtspunkten geplant, um optimale Messbedingungen zu schaffen. In das Hauptgebäude integriert werden temperaturstabiliert der Pendelsaal mit tief gegründeten Pfeilern und der Komparator-Saal, angelegt werden auch Prüfstrecken für die Basismessung und das Nivellement.

Abb. 8.12. Hauptgebäude des Geodätischen Instituts Potsdam, jetzt Geoforschungszentrum Potsdam

Der Name Telegraphenberg stammt vom Bau der preußischen Staatstelegramm-Linie zwischen Berlin und Koblenz, der 1832 begonnen wurde. Auf dem Berg befand sich eine der insgesamt 61 optischen Telegraphenstationen, für deren Beaufsichtigung ab 1848 der Oberst J. J. Baeyer zuständig war; 1852 wird die Linie eingestellt. Ab 1874 werden auf dem Telegraphenberg wissenschaftliche Institutsgebäude errichtet , von 1876 bis 1879 entsteht als erstes das Astrophysikalische Institut. Es folgen (1889–1893) das Hauptgebäude des Geodätischen Instituts mit einem geodätisch-astronomischen Observatorium und einem Turm für Winkelmessungen (später „Helmert-Turm") sowie das Meteorologische Institut mit magnetischem Observatorium (Helmert 1890). Das Geodätische Institut geht 1968 in dem „Zentralinstitut für Physik der Erde" (ZIPE) der Akademie der Wissenschaften der DDR auf, das 1992 zum „Geoforschungszentrum Potsdam" (GFZ) umgeformt wird (Torge u. Möller 1993); dabei beherbergt das Gebäude des Geodätischen Instituts bis heute das Department für Geodäsie und Fernerkundung. Im Wissenschaftspark „Albert Einstein" zusammengefasst, finden sich auf dem Gelände des Telegrafenberges ab 1999 neben dem Geoforschungszentrum auch weiterhin verschiedene Großforschungseinrichtungen der Geowissenschaften.

Helmert legt 1886 für das Geodätische Institut einen *Arbeitsplan* für die nächsten zehn Jahre vor, dabei geht er weit über das bisherige Ziel der „Gradmessung" hinaus. Eine wichtige Aufgabe bleibt weiter die Bestimmung der Lotabweichungen in Europa. Für Norddeutschland und für Baden (dieses hatte die Gradmessungsarbeiten an Preußen abgegeben) sieht er dabei etwa 70 Stationen vor. Bezugspunkt für das geodätische Datum soll Rauenberg werden, damit wird nun in der Orientierung des geodätischen Netzes Übereinstimmung mit der Preußischen Landesaufnahme erzielt. 21 Punkte I. Ordnung sollen mit Breiten- und Längenmessungen die Grundlage eines astronomisch-geodätischen Netzes werden (Abb. 8.13), für den Rest der Stationen kann die Längenbestimmung durch die wirtschaftlichere, aber weniger genaue Azimutmessung ersetzt werden. Geplant sind ferner detaillierte Lotabweichungs- und Geoiduntersuchungen, vor allem weiterhin im Harz, aber auch im Riesengebirge. Die absoluten Schweremessungen sollen wieder aufgenommen und relative Schweremessungen besonders in den detaillierter zu untersuchenden Gegenden durchgeführt werden, dabei wird dem Einfluss der oberflächennahen Massen auf die Schwerefeldparameter besondere Aufmerksamkeit gewidmet. Während unter Baeyers Leitung die geometrischen Aspekte der Geodäsie im Vordergrund standen, werden nun auch die physikalischen, geophysikalischen und geologischen Gesichtspunkte betont, z. B. Helmert (1993). Diese stärker *geowissenschaftliche* Ausrichtung der Forschung bestimmt auch die gesamte Arbeit der Internationalen Erdmessung in der Helmert'schen Epoche. Dabei folgt Helmert stets dem bereits in seiner Doktorarbeit angesprochenen Grundsatz der „rationellen Vermessung“, also *„nicht so genau wie möglich, sondern so genau wie nötig zu arbeiten“* (Harnisch u. Harnisch 1993). Die Helmert'sche Epoche ist neben dieser Hinwendung zur physikalischen Geodäsie und der Erfassung zeitabhängiger Phänomene auch durch Helmerts eigene Arbeiten zur Fehlertheorie und Ausgleichungsrechnung gekennzeichnet, die sich bis heute in Begriffen wie „Helmert'scher mittlerer Punktfehler“, „Helmert-Transformation“, „Gauß–Helmert-Modell“ und „Helmert'sche Netzanfelderung“ zeigen (Wolf 1993).

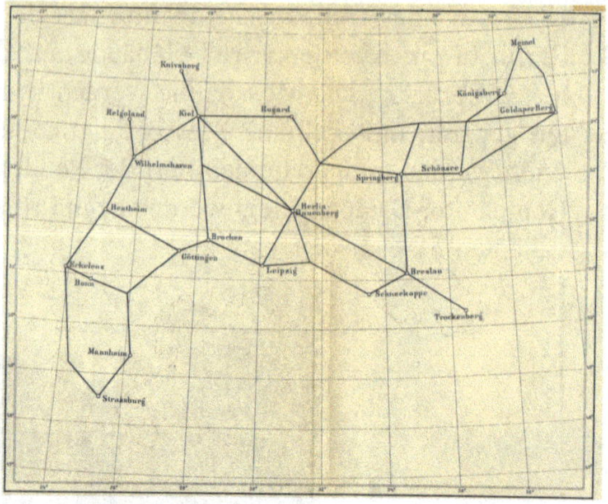

Abb. 8.13. Astronomisch-geodätisches Netz I. Ordnung der Europäischen Gradmessung, preußischer Anteil (Planung 1886)

8.2.2 Die Schwerefeldbestimmung als wesentliche Aufgabe

Bereits gegen Ende des 18. Jahrhunderts ist klar, dass Schweremessungen zur Bestimmung der Erdfigur und zum Auffinden von Massenunregelmäßigkeiten verwendet werden können; hinzu kommen die Vorschläge, die Schwerebeschleunigung für die Realisierung der Längeneinheit durch ein Pendel zu nutzen, s. [5.1.3]. Vorausgegangen waren die fundamentalen Erkenntnisse von Newton und Galilei, die theoretischen Arbeiten der französischen Mathematiker und erste weltweit verteilte Pendelmessungen. Die mit dem Ellipsoidmodell verfeinerte Definition der Erdfigur führt bis in die 1830er Jahre zu weiteren Schweremessungen entlang von Gradbögen und bei Schiffsexpeditionen. Die anfangs verwendeten Fadenpendel werden dabei durch das von dem Engländer

H. Kater 1817 konstruierte Reversionspendel (absolute Schweremessung) und bald darauf durch das „invariable" Pendel (relative Schweremessung mit einem Pendel konstanter Pendellänge) ersetzt. Deutsche Beiträge zu dieser Entwicklung beschränken sich auf Bohnenbergers Beschreibung der Reversionspendelmethode, s. [5.2.2], sowie Bessels Messungen mit dem Fadenpendel (1834/35) und seine Untersuchungen zum Reversionspendel, s. [9.1]. In der Mitte des 19. Jahrhunderts wird durch *George Gabriel Stokes* (1849) der gravimetrische Weg zur Bestimmung der Erdfigur auf das Geoid erweitert, *John Henry Pratt* (1854) und *George Bidell Airy* (1855) geben mit ihren Theorien zur Isostasie dem großräumigen geophysikalischen Aspekt neue Impulse. Für die weitere Modellbildung in der Geodäsie gewinnt die fundamentale Schrift „Die Figur der Erde – Ein Beitrag zur Europäischen Gradmessung" von H. Bruns (Berlin 1878) große Bedeutung. Als Hauptaufgabe der wissenschaftlichen Geodäsie wird von ihm die hypothesenfreie Bestimmung der Niveauflächen des Erdschwerefeldes (im Außenraum) aus astronomischen, geodätischen und gravimetrischen Messungen angesehen (Abb. 8.14).

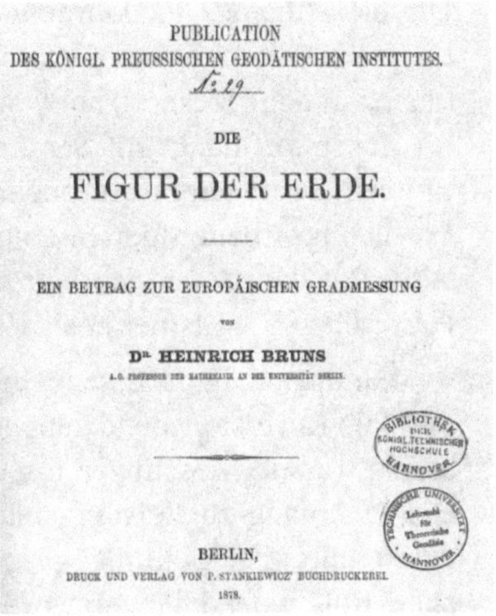
PUBLICATION
DES KÖNIGL. PREUSSISCHEN GEODÄTISCHEN INSTITUTES.

DIE

FIGUR DER ERDE.

EIN BEITRAG ZUR EUROPÄISCHEN GRADMESSUNG

VON

D^R. HEINRICH BRUNS

BERLIN,
DRUCK UND VERLAG VON P. STANKIEWICZ' BUCHDRUCKEREI
1878.

Abb. 8.14. Titelseite von H. Bruns: „Die Figur der Erde", Berlin 1878

Ernst Heinrich Bruns (1848–1919, Abb. 8.15) wird 1881 als Nachfolger von C. C. Bruhns Direktor der Leipziger Universitätssternwarte. Als theoretischer Astronom und Mathematiker hatte Bruns in Berlin Vorlesungen an der Universität gehalten und als Assistent im Geodätischen Institut gearbeitet, hier entsteht die o. g. grundlegende Schrift, die bis heute in jeder entwicklungsgeschichtlichen Darstellung der Geodäsie genannt wird. Die Berufung nach Leipzig beendet die unerquicklichen Querelen mit Baeyer, den er in seinem Streit mit der Preußischen Landesaufnahme nicht unterstützen kann. Unter der Leitung von Bruns entstehen in Leipzig eine große Zahl von wissenschaftlichen Arbeiten auch zur Geodäsie, u. a. die Doktorarbeit von Ernst Hammer (später Professor der Geodäsie in Stuttgart) „Über die geographisch wichtigen Kartenprojektionen"; daneben engagiert Bruns sich erfolgreich an der Universität als Berater und Organisator. Schüler von ihm wirken später im Reichsmarineamt, an den Sternwarten in Bamberg, München, Göttingen und La Plata sowie im Geodätischen Institut Potsdam (Münzel u. Ilgauds 1996).

Abb. 8.15. Ernst Heinrich Bruns (1848–1919)

Um die Mitte des 19. Jahrhunderts ist klar, dass für die Lösung der globalen Fragestellungen in Geodäsie und Geophysik Schweremessungen auf der gesamten Erdoberfläche (auch auf den Ozeanen) notwendig sind. Für die Untersuchung lokaler Anomalien, auch im Zusammenhang mit der Lagerstättenexploration, werden dagegen gravimetrische Engvermessungen erforderlich. Damit sind die Zielrichtungen für die gravimetrischen Forschungsarbeiten der Internationalen Erdmessung vorgegeben, das Geodätische Institut Potsdam setzt sich hier einen besonderen Forschungsschwerpunkt (Harnisch u. Harnisch 1993, Elstner et al. 1997):

- Für die nun in größerem Umfang benötigten *Schweremessungen* hatte sich der transportable Reversionspendelapparat von Repsold als ungeeignet erwiesen, s. [8.1.2], auch einige weitere Messungen um die Jahrhundertwende (Haid u. a.) ändern hieran nichts. Der Übergang zur leistungsfähigeren und genaueren relativen Schweremessung wird durch die Entwicklung (1887) eines handlichen Relativpendelapparates durch den österreichischen Major *Robert von Sterneck* (1839–1910, als Generalmajor später Chef der Trigonometrischen Abteilung des Militärgeographischen Institutes in Wien) möglich; das Instrument ist zunächst als Einpendel- und später zur Verringerung des Mitschwingens als Zwei- bzw. Vierpendelapparat ausgebildet (Abb. 8.16). Mit einer Genauigkeitssteigerung von zunächst 10 bis 20 mGal auf 5 mGal und besser und der kurzen Beobachtungsdauer von $^1/_2$ bis 1 Tag pro Station können nun nationale Schwerenetze hoher Genauigkeit aufgebaut werden. Um 1900 liegen bereits rund 1400 und zehn Jahre später fast 3000 Schwerewerte vor, welche im Zentralbüro der Internationalen Erdmessung sorgfältig gespeichert werden (Abb. 8.17). In Deutschland sind von der Mitte der 1890er Jahre bis 1910 rund 400 Schwerepunkte vermessen worden, davon etwa die Hälfte vom Geodätischen Institut Potsdam im Rahmen einer schwerpunktmäßig anlaufenden gravimetrischen Vermessung Preußens (L. Haasemann, E. Borrass) und der Rest von den Gradmessungskommissionen in Bayern (Prof. Anding), Württemberg (Prof. Koch) und Baden (Prof. Haid). Dabei werden neben Meridianprofilen (Punktabstände bis 15 km) auch spezielle Strukturen (Harz, Thüringer Wald, Riesengebirge) vermessen, als Referenzpunkte dienen Potsdam, München, Stuttgart und Karlsruhe. Flächenhafte Vermessungen großen Umfangs werden auch in Österreich-Ungarn durchgeführt. Das Geodätische Institut Potsdam befasst sich auch früh mit Drehwaagemessungen. Diese Methode zur Messung der Schwerefeldkrümmung und ihre Nutzung für die Geodäsie und die angewandte

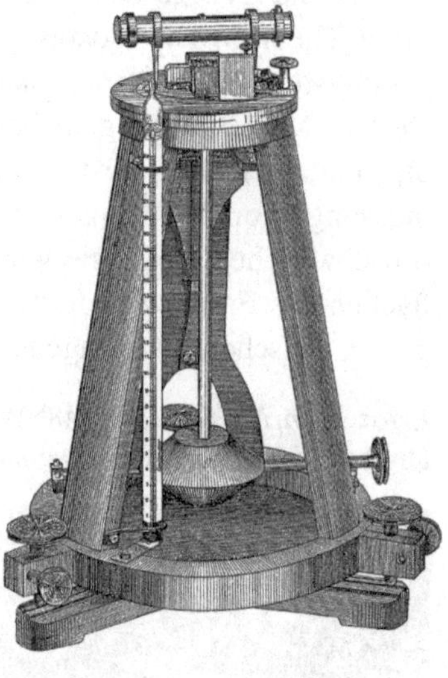

Abb. 8.16. Relativpendelapparat von Sterneck, ab 1887

Geophysik hatte der ungarische Professor Baron *Roland von Eötvös* (1848–1919) auf der Allgemeinen Konferenz der Internationalen Erdmessung in Budapest 1906 vorgestellt. Die in Potsdam von Hecker eingeleitete Entwicklungsarbeit wird später fortgesetzt und trägt schließlich auch zur Einführung des Drehwaageverfahrens in Deutschland und dem weltweiten Siegeszug dieser Explorationsmethode bei, s. [10.1.3].

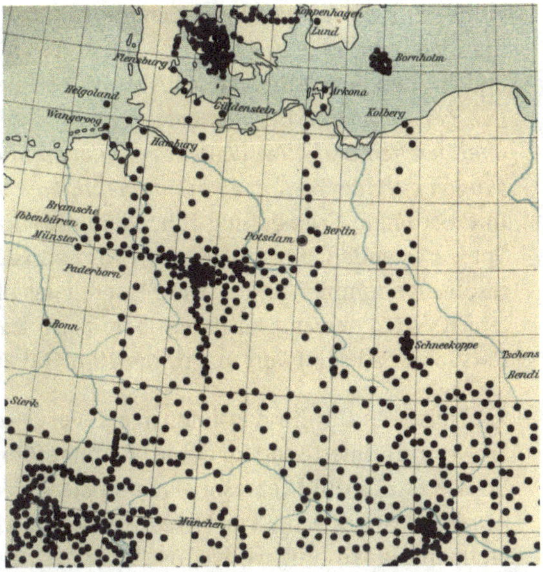

Abb. 8.17. Schwerepunkte in Deutschland, um 1910

Schließlich sei auf die im Rahmen von *Forschungsreisen* und *Expeditionen* durchgeführten Pendelmessungen hingewiesen – ein früher deutscher Beitrag zur globalen Schwerefelderfassung. So werden unter Erich von Drygalski bei der Grönland-Expedition (1891/93) und der Deutschen Südpolarexpedition (1901–1903) einige Schwerestationen angelegt, und im Rahmen der Hecker'schen Seegravimeterreisen (1901–1905) entstehen weltweit mehr als 20 Hafenstationen. Die Kaiserliche Marine vermisst rund 20 Punkte in Südwest-Afrika, und bei einer geologisch-geotektonischen Expedition nach Ostafrika (1899/1900) sollen knapp 40 Pendelpunkte dazu beitragen, Fragen des geologischen Aufbaus und der Grabenbildung zu klären, s. [10.1.3].

- Die Kombination der wenigen Absolutpunkte geringerer Genauigkeit mit den genaueren Relativmessungen hatte die Frage eines *Schwerebezugssystems* aufgeworfen, Helmert entwickelt hierzu eine entsprechende Konzeption. Diese über rund 100 Jahre in drei Realisierungen genutzte Strategie besteht darin, den absoluten Schwerestandard durch den Schwerewert nur einer (später mehrere) gut bestimmten Station festzulegen und die weiteren Stationen eines globalen Netzes durch relative Schweremessungen zu bestimmen (Torge 1998). Als erstes Bezugssystem dieser Art nimmt die Internationale Erdmessung 1900 das *„Wiener Schweresystem"* an. Es beruht auf der durch Theodor Ritter von Oppolzer 1884 im Militärgeographischen Institut in Wien durchgeführten absoluten Schweremessung und der Übertragung eines weiteren Absolutwertes aus München (Reversionspendelmessung durch Carl v. Orff, 1877) dorthin. Helmert vermutet allerdings (zu Recht) einen größeren Fehler (tatsächlich sind es 30 mGal) in dem Absolutwert und initiiert eine neue Absolutmessung im Geodätischen Institut Potsdam. Von ihm durch theoretische Arbeiten zum Reversionspendel gründlich vorbereitet, wird diese Messung von 1896 bis 1906 von seinen Mitarbeitern F. Kühnen und Ph. Furtwängler mit verschiedenen Reversionspendeln durchgeführt. 1909 legt E. Borrass der 16. Allgemeinen Konferenz einen Katalog mit mehr als 2800 Schweremessungen auf 2400 Stationen vor, in dem sämtliche seit etwa 1800 ausgeführten Beobachtungen verwertet und auf den neuen Potsdamer Absolutwert bezogen sind: *„so erscheint es uns hinlänglich gerechtfertigt, auf das gegenwärtig wohl am besten begründete Potsdamer System überzugehen und alle schon vorhandenen und künftig hinzukommenden relativen Messungen auf die Potsdamer Fundamentalkonstante zu beziehen ...* " (Borrass 1911). Die Internationale Erdmessung führt daraufhin das *„Potsdamer Schweresystem"* als neuen Schwerestandard ein. Das System wird von den Nutzern besonders auch in Deutschland rasch angenommen und erst 1971 durch das „International Gravity Standardization System IGSN71" ersetzt, nachdem bereits im Laufe der 1930er Jahre klar wurde, dass der Potsdamer Absolutwert um 10 bis 20 mGal zu groß ist.

• Beispiele für die nun intensivere Verwertung der gesammelten Schweredaten sind die von Helmert und anderen durchgeführten Untersuchungen zur Reduktion der Schwerewerte auf Meeresniveau und die Berechnung neuer *Normalschwereformeln* und *Abplattungswerte* für ein Niveausphäroid. Mit der Kondensationsmethode entwickelt Helmert ein wirkungsvolles Instrument zur Berechnung geodätisch nutzbarer Schwereanomalien. Diese sind als Differenz zwischen dem beobachteten, auf das Geoid reduzierten und dem für das Niveausphäroid (genähert gleich dem Bezugsellipsoid) berechneten Schwerewert definiert, dabei entspricht die Freiluftreduktion genähert einer Kondensation der topographischen Massen auf das Geoid. Aus einigen 100 freiluftreduzierten Schweremessungen erhält er so 1901 durch Ausgleichung eine verbesserte Schwereformel und eine Abplattung von 1:298,3 – der heute international vereinbarte Wert ist 1:298,257! 1915 riskiert Helmert sogar die Berechnung einer Schwereformel für ein dreiachsiges Ellipsoid und weist auf einen möglichen Unterschied in den Abplattungen der Nord- und der Südhalbkugel hin, hält diese Ergebnisse aber zu Recht für nicht signifikant.

Die zunehmende Information über das Schwerefeld wird auch für quantitative Untersuchungen zur *Isostasie* genutzt. So stellt Helmert (1910) eingehende Betrachtungen zum isostatischen Verhalten der Kontinente und Ozeane, aber auch kleinräumiger Strukturen wie der Tiroler Alpen und des Harzmassivs an. Anfang des 20. Jahrhunderts gelingen seinem Mitarbeiter Hecker erstmals Schweremessungen auf den *Ozeanen*. Auf ausgedehnten Reisen (1901–1905) im Atlantik, dem Indischen und dem Pazifischen Ozean kann dieser aus dem Vergleich von Luftdruckmessungen mit einem Quecksilberbarometer und einem Siedethermometer die Schwerekorrektion des Barometers und damit die Schwere berechnen. Trotz der begrenzten Genauigkeit von rund 30 mGal lassen sich so erste Erkenntnisse über das Schwerefeld auf den Ozeanen gewinnen. Auf einen Hinweis von Baron von Eötvös kann Hecker 1909 bei Fahrten im Schwarzen Meer sogar den bisher vernachlässigten Einfluss der Schiffsgeschwindigkeit nachweisen, den „Eötvös-Effekt". Die bei der gravimetrischen Vermessung Preußens angelegten Profile werden ebenso wie das Harzgebiet besonders gründlich untersucht und auch geologisch-geotektonisch interpretiert.

• An gravimetrische *Geoidberechnungen* ist wegen der unzureichenden und ungleichen globalen Datenüberdeckung auch in der Helmert'schen Ära noch nicht zu denken. Grund dafür ist, dass sowohl die Reihenentwicklung nach Kugelfunktionen als auch die Stokes'sche Integralformel Schwereanomalien auf der gesamten Erdoberfläche voraussetzt. Helmert schätzt aber bereits den Einfluss der kontinentalen Landmassen auf das Geoid mit bis zu ±400 m ab, stellt jedoch gleichzeitig fest, dass bei einer plausiblen isostatischen Kompensation der Topographie in der Realität nur eine Geoidvariation von ±27 m auftreten dürfte. Später geht er von einer Variation der Schwereanomalien von ±35 mGal aus und kommt zu der durchaus realistischen Feststellung: *„Hiernach wäre der mittlere Betrag von N* [der Geoidundulation] *etwa ±50 m. Im einzelnen kann N wohl 100 m und noch etwas mehr erreichen, doch gibt es gewiß nur wenige derartige Gebiete …* " (Helmert 1910).

Die im Bereich der Meeresoberfläche verlaufende Äquipotentialfläche des Schwerefeldes war bereits Anfang des 19. Jahrhunderts als „mathematische Erdoberfläche" eingeführt worden, s. [7.1.1]. Der Name „Geoid" wird jedoch erst 1873 von dem Göttinger Physiker *Johann Benedikt Listing* (1808–1882, Abb. 8.18) geprägt („Über unsere jetzige Kenntnis der Gestalt und Größe der Erde", Nachr. der Kgl. Ges. der Wissensch. und der Georg-August-Universität Göttingen), dieser Ausdruck setzt sich rasch durch.

Abb. 8.18. Johann Benedict Listing (1808–1882)

• Wegen des langsamen Fortschritts in der gravimetrischen Geoidbestimmung wird es ganz wesentlich, dass Helmert (1880/1884) mit dem *astronomischen Nivellement* einen Weg zeigt, wie lokale und regionale Geoidstrukturen aus den Lotabweichungen abgeleitet werden können, falls diese hinreichend dicht verteilt vorliegen. Mit diesem Ansatz kann man sich auf die von der Gradmessungsorganisation primär gesuchten Größen stützen, für deren Bestimmung ausgefeilte astronomische und geodätische Messverfahren zur Verfügung stehen. Da die Lotabweichung als Differenz zwischen der aktuellen Lotrichtung am Geoid (hier war eine kleine, von Helmert besonders untersuchte Reduktion von der Oberflächenrichtung notwendig) und der Richtung der Normalen des Bezugsellipsoids der Geoidneigung entspricht, war nur (!) eine Integration über den Weg notwendig, um Geoidhöhenunterschiede zu bestimmen Diese astrogeodätische Methode der Geoidberechnung wird bereits 1874 auf der 4. Allgemeinen Konferenz der Europäischen Gradmessung ausführlich diskutiert. Die bereits unter Baeyer begonnenen Detailvermessungen werden unter Helmert fortgesetzt, der nun auch grundlegende theoretische Untersuchungen durchführt. Mit der 1914 von seinem Mitarbeiter Galle vorgelegten Geoidberechnung für den Harz (mittlerer Abstand der Lotabweichungspunkte 15 km) werden die Arbeiten abgeschlossen, wobei Geoid-Nachbarschaftsgenauigkeiten von besser als 10 cm bereits neue Maßstäbe für die Schwerefelderfassung setzen.

- Selbstverständlich wird auch das ursprüngliche Ziel der Mitteleuropäischen Gradmessung, die Sammlung von *Lotabweichungen* durch Vergleich astronomischer und geodätischer Messungen und die Diskussion des Schwerefeldes in Europa, weiter verfolgt. Helmert entwickelt in diesem Zusammenhang eine klare Konzeption zur Berechnung eines europäischen Dreiecksnetzes unter Berücksichtigung des Schwerefeldes. Als Vorstufe hierzu werden die bereits früh von Helmert geplanten astrogeodätischen Polygonsysteme nach einem Näherungsverfahren ausgeglichen, um so einen ersten Überblick über das großräumige Verhalten der Lotabweichungen und der Geoidundulationen zu erhalten. Für Preußen, Sachsen, Baden und Elsass-Lothringen übernimmt das Geodätische Institut Potsdam die Bearbeitung dieser Netze, eine umfassende numerische Lösung gelingt wegen des begrenzten Datenmaterials und der rechentechnischen Probleme jedoch noch nicht. Die astrogeodätische Netzausgleichung wird dabei im Anschluss an den Zentralpunkt Rauenberg in Teilnetzen vorgenommen, sie wird bis in die 1930er Jahre fortgesetzt. Abgeschlossen wird bereits 1895 die Längengradmessung in 52° Breite, während die nicht so systematisch bearbeitete Dreieckskette in 48° Breite (Brest–Astrachan) unter Einschluss neuer Hauptdreiecksmessungen in Bayern und Württemberg erst um 1920 zusammenhängend berechnet werden kann.

Der große Abstand der Lotabweichungspunkte verhindert zwar eine Geoidberechnung für Mitteleuropa, doch werden die Ergebnisse der einzelnen Rechenabschnitte zur Berechnung der großen Halbachsen bestanschließender Ellipsoide benutzt (unter Beibehaltung der Abplattung des Bessel-Ellipsoids). Hieraus ergeben sich einerseits Hinweise auf die Qualität der einzelnen Messungen (für eine spätere, jedoch nicht zustande gekommene Gesamtausgleichung), andererseits auf die Krümmungsverhältnisse im jeweiligen Untersuchungsgebiet. Helmert findet hier bereits, dass die große Halbachse des Bessel-Ellipsoids gegenüber einem globalen Ellipsoid um mehr 500 bis 1000 m zu klein ist. Die zwischen einzelnen Berechnungen auftretenden Variationen von einigen 100 m führt er auf geotektonische Massenstörungen kontinentalen Charakters zurück.

- Schließlich wird auch das *Höhenproblem* durch Helmert weiter untersucht und zu einer praxisreifen Lösung („Helmert-Höhen") geführt. Die weiter verfolgte Auswertung der Meerespegelregistrierungen und der nivellitischen Anschlüsse ergibt, dass die Mittelwasser der europäischen Randmeere nicht derselben Niveaufläche angehören, dass die Abweichungen aber im Bereich weniger Dezimeter bleiben. Auf die Definition und Festlegung eines europäischen Höhennullpunktes wird deshalb weiterhin verzichtet, national war das Mittelwasser von Amsterdam bereits 1875 als Normal-Null eingeführt worden, s. [9.2.3]. Für die trigonometrische Höhenübertragung zeigt Helmert am Beispiel der Verbindung zur Insel Wangeroog eine den Refraktionseinfluss besser berücksichtigende Lösung auf.

8.2.3 Die Zeitkomponente des Erdkörpers wird erkannt

In Helmerts Amtszeit wird ebenfalls klar erkannt, dass die Orientierung des Erdkörpers im Raum ebenso wie seine Oberfläche und sein Schwerefeld *zeitlichen Änderungen* unterliegen, welche mit dem technischen Stand des ausgehenden 19. Jahrhunderts teilweise auch messbar sind.

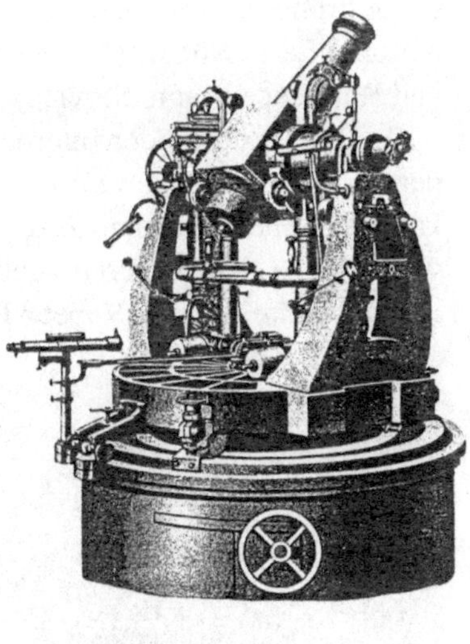

Abb. 8.19. Bamberg Universal-Transit, um 1880

Bereits auf der 7. Allgemeinen Konferenz 1883 schlägt der italienische Astronom *E. Fergola* vor, die von der Theorie (Euler) zu erwartende *Polbewegung* (also die Verlagerung des Erdkörpers gegenüber der raumfesten Rotationsachse) durch astronomische Breitenmessungen entlang desselben Parallelkreises systematisch zu untersuchen. Nachdem *F. Küstner* 1884/85 auf der Berliner Sternwarte entsprechende Breitenänderungen mit einem Universal-Transit der Fa. Bamberg (Abb. 8.19) beobachtet hat, nimmt das Zentralbüro der Europäischen Gradmessung die Untersuchung der Polbewegung in sein Arbeitsprogramm auf. Parallelbeobachtungen in Berlin, Potsdam und Prag (Th. Albrecht, 1889/90) und die Ergebnisse einer Expedition nach Honolulu (1891/92, A. Marcuse) mit gleichzeitigen Messungen in Berlin zeigen die von dem amerikanischen Privatastronomen *S. C. Chandler* 1891 erkannte „Chandler-Periode" (Abb. 8.20), sie wird von *S. Newcomb* 1893 als die durch die Erdelastizität verlängerte Euler-Periode erklärt. Nachdem Foerster die Frage eines internationalen Beobachtungsdienstes bereits 1888 angesprochen hatte, beschließt die 12. Allgemeine Konferenz 1898 die Einrichtung des Internationalen Polbewegungsdienstes: *„Die Conferenz beschließt, dass die ... vorgesehene internationale Untersuchung über die Breiten-Änderungen mit dem Jahre 1899 unter der Direktion und Verantwortlichkeit des Centralbureau's und unter der Kontrolle des Präsidiums der Erdmessung ... zu beginnen hat".* Dies ist der Beginn einer äußerst erfolgreichen Geschichte der Definition und Realisierung von raum- und erdfesten Bezugssystemen für

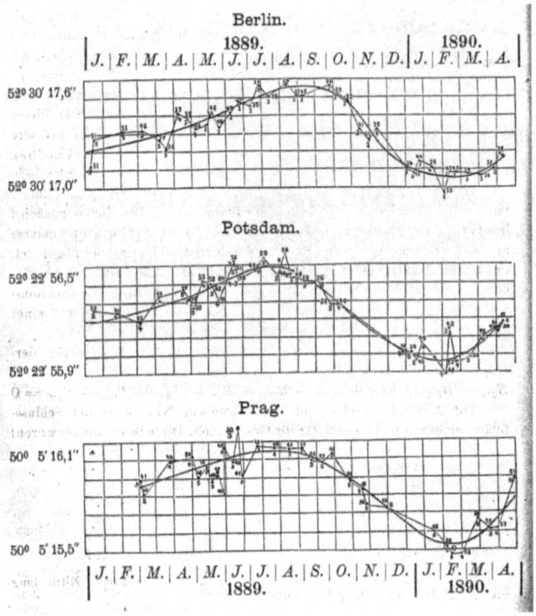

Abb. 8.20. Beobachtete Breitenänderungen in Berlin, Potsdam und Prag, Januar 1889 bis April 1890

die Astronomie und die Geodäsie, die schließlich (1987) zur Einrichtung des „International Earth Rotation Service" (IERS) führt (seit 2003: International Earth Rotation and Reference Frame Service).

In diese Epoche der Internationalen Erdmessung fallen auch die ersten Messungen der *Gezeiten der festen Erde*. Helmert hatte bereits in den „Mathematischen und physikalischen Theorien" den Gezeiteneinfluss auf die geodätischen Messungen abgeschätzt, war aber zu dem Ergebnis gekommen, dass dieser sich (damals noch) nicht wesentlich auswirke. E. von Rebeur-Paschwitz gelingen dann 1889–1891 erste Erdgezeitenmessungen mit Horizontalpendeln (d. h. der gezeitenbedingten Lotschwankungen) im Astrophysikalischen Institut Potsdam, in Wilhelmshaven und auf Teneriffa, später auch in Straßburg. O. Hecker beginnt 1902 mit Horizontalpendelmessungen in einem Seitenstollen des Tiefbrunnenschachtes (26 m Tiefe) auf dem Potsdamer Telegraphenberg (Abb. 8.21). Aus den siebenjährigen Messreihen schließt Helmert, dass die Elastizität der Erde der des Stahls nahe kommt. W. Schweydar setzt entsprechende Messungen ab 1910 fort, s. [10.1.3]. Ihm gelingt es 1913/14 auch erstmalig, im Potsdamer Tiefbrunnen mit einem Bifilargravimeter die gezeitenbedingten Schwereänderungen zu beobachten und die $^1/_2$-tägige Mondtide zu analysieren.

Abb. 8.21. Repsold-Horizontalpendel mit Fadenaufhängung, 1899

Schließlich finden sich bei Helmert im Zusammenhang mit seinen Arbeiten zur Auswertung des Präzisionsnivellements auch erste Hinweise zur Erfassung rezenter Erdkrustenbewegungen: *„Diese scharfen Höhenbestimmungen werden auch im Laufe der Zeit neben den ... Beobachtungen des Wasserstandes an den Meeresküsten ein Mittel zur Beurtheilung der Bewegung der Erdkruste abgeben ...* " (Antrittsrede vor der Königlich Preußischen Akademie der Wissenschaften 1900, Helmert 1993, S. 26).

9 Preußens Einfluss auf die Landesvermessung: Systematischer Aufbau und Qualitätssteigerung

Mit dem wirtschaftlichen Aufschwung und der zunehmenden Industrialisierung wachsen von den 60er Jahren des 19. Jahrhunderts an die Anforderungen an die Landesaufnahme sowie an die Detailvermessungen und kartenmäßigen Nachweise für das Kataster, die Erneuerung und Erweiterung der großen Städte sowie den Bau von Verkehrswegen. Ein grundlegender Schritt hierbei wird die nun endlich vorgenommene Vereinheitlichung der Längenmaße durch die verbindliche Einführung des Meters. Mit der Reichsgründung verstärken sich auch die Querverbindungen ökonomischer und militärischer Art zwischen den Ländern des Deutschen Reiches. Das zwingt zur besseren Koordinierung, wobei der nunmehrigen Führungsmacht Preußen eine Schlüsselrolle zukommt. Von Preußen gehen auch – begrenzt erfolgreiche – Bemühungen zur Vereinheitlichung des Vermessungswesens im Deutschen Reich aus. Dabei ist wichtig, dass in Preußen eine mit dem Namen Schreiber verknüpfte außerordentliche Qualitätssteigerung in der Landesvermessung einsetzt. Gleichzeitig ist das preußische Kataster, zum „Eigentumskataster" aufgewertet, um eine Verbesserung seiner geometrischen Nachweise bemüht. Der Einfluss Preußens und die Vorgaben der Europäischen Gradmessung führen auch zu Verbesserungen in den Vermessungswerken der an Preußen angrenzenden Länder, in Sachsen entsteht eine neue hochwertige Landesvermessung. Die süddeutschen Staaten können dagegen bei der Erneuerung ihrer Landeskartenwerke und Liegenschaftskataster an die vorbildlichen Arbeiten aus der ersten Hälfte des 19. Jahrhunderts anknüpfen.

Für die Entwicklung des gesamten Vermessungswesens bedeutsam werden die Fortschritte in der Ausbildung des Geometers. Der Beruf des Feldmessers entwickelt sich in den letzten Jahrzehnten des Jahrhunderts zum akademisch ausgebildeten Vermessungsingenieur, der Gleichwertigkeit mit den anderen Ingenieurdisziplinen anstrebt und auch die Geodäsie mit ihren wissenschaftlichen Grundlagen in sein Studium einbezieht; in Preußen mit seiner strikten Trennung von Landesvermessung und Liegenschaftskataster gestaltet sich dieser Weg besonders schwierig. Besonders verdient um die Hebung des Berufsstandes des Geometers mit dem Ziel einer vollakademischen Ausbildung macht sich der neu gegründete Deutsche Geometer-Verein.

9.1 Das einheitliche Längenmaß: Deutschland führt das Meter ein

Die nach den napoleonischen Kriegen einsetzende Modernisierung der Staaten, die Zunahme des Handels und die Industrialisierung verlangten zunehmend eine Vereinheitlichung der in den einzelnen deutschen Ländern bestehenden unterschiedlichen Maßsysteme, für das Vermessungswesen betrifft das vor allem das Längen- und das Flächenmaß. In den bis 1813/15 unter französischem Einfluss stehenden Gebieten hatte die Einführung des metrischen Systems in Frankreich bereits eine Signalwirkung, die auch nach den Freiheitskriegen anhält. Dabei werden die im jeweiligen Land geltenden Längenmaße allerdings zunächst auf Pariser Linien bzw. die Peru-Toise bezogen, indirekt damit aber auch auf das Meter, s. [5.1.3].

Bis zur Mitte des 19. Jahrhunderts wird das Maß- und Gewichtswesen in fast allen deutschen Staaten durch entsprechende Ordnungen geregelt. Württemberg erlässt auf Betreiben Bohnenbergers bereits 1806 eine Maß- und Gewichtsordnung, die im Wesentlichen die alten Regelungen fortschreibt. Es folgen Bayern (1809) und Baden (1810), das sich unter Beibehaltung von Fuß und Rute an das dezimale System anschließt. Preußen erklärt den bereits 1773 eingeführten Rheinländischen oder Rheinischen Fuß zum Normalmaß (Preußischer Fuß) und setzt ihn zu 139,12 Pariser Linien fest, die traditionelle Unterteilung in 12 Zoll zu je 12 Linien bleibt bestehen (1816). Mit den weiteren Maß- und Gewichtsordnungen für Hessen (1817), Hannover (1836), Braunschweig (1837), Nassau (1851), Sachsen (1858), Holstein (1859) und Mecklenburg (1868) liegen in der zweiten Hälfte des Jahrhunderts für fast alle deutschen Staaten landesweite Regelungen vor, damit ist wenigstens die Vielzahl der lokalen Maßeinheiten beseitigt (Hoffmann 1997).

Der Versuch einer den ganzen Deutschen Bund umfassenden Normung beginnt mit der gutachterlichen Tätigkeit einer 1861 von der Bundesversammlung eingesetzten Kommission. Diese spricht sich für die Einführung des metrischen Systems aus und findet damit auch Anerkennung findet, die Auflösung des Deutschen Bundes (1866) verhindert aber weitere Schritte. 1868 wird dann in der Maß- und Gewichtsordnung für den Norddeutschen Bund das metrische Maßsystem als verbindlich erklärt, nach der Reichsgründung wird diese Regelung ab 1872 für das ganze Reichsgebiet obligatorisch. Als Prototyp dient zunächst der Platinmaßstab, der unter Vermittlung des damals in Paris lebenden Alexander von Humboldt 1817 nach Preußen gelangte und der nach Humboldt *„gewiß bis auf $^{1}/_{1000}$ einer Linie genau“* ist. Die Kaiserliche Normal-Eichungskommission unter Leitung des Berliner Astronomen Wilhelm Foerster wird für die praktischen und wissenschaftlichen metrologischen Fragen zuständig, aus ihr geht später die Physikalisch-Technische Reichsanstalt hervor. Foerster ist von 1875 bis 1921 auch deutscher Repräsentant im Comité International du Mètre, das im Zusammenhang mit der internationalen Meterkonvention (Paris 1875) eingerichtet wird. Die in Folge aus einer Platin-Iridium-Legierung im X-Querschnitt als Strichmaß hergestellten Prototypen werden als Realisierung des „Internationalen Meters“ ab 1889 an die partizipierenden Länder verteilt. Das Deutsche Reich erhält bei der Verlosung den Meterprototyp Nr. 18, der heute in der Physikalisch-Technischen Bundesanstalt in Braunschweig aufbewahrt wird (Abb. 9.1). Bayern wird als Teilnehmerland an der ersten Meterkonferenz 1872 ebenfalls ein Prototyp (Nr. 7) zugeteilt, als Urmaß wird aber auch hier das Exemplar der Kaiserlichen Normal-Eichungskommission anerkannt.

Für die *geodätische* Nutzung in der Erd- und Landesvermessung werden zunächst die vom Archivmeter und vor allem die von der Peru-Toise angefertigten Kopien bedeutsam, die in der ersten Hälfte des 19. Jahrhunderts an viele Staaten verteilt werden. Sie dienen als Längen-Normale bei der Anlage der Landesvermessungen, nur in dem mit England verbundenen Königreich Hannover wird der hannoversche Fuß von einem Yard-Maßstab abgeleitet. Für länderübergreifende Verbindungen und Erdmessungsaufgaben wird der Vergleich der in den verschiedenen Staaten benutzten Standards wichtig. Dieser Aufgabe nimmt sich besonders die Europäische Gradmessung an, s. [8.1.2]; umfangreiche Vergleiche stammen von Bessel, Struve und Clarke (Strasser 1957).

Abb. 9.1. Meterprototyp

Eine ganz besondere Entwicklung finden wir in *Preußen* mit der Einführung des Preußischen Fußes. Realisiert wird dieses Maß zunächst durch einen eisernen Strichmaßstab von drei Fuß Länge mit Unterteilung in Zoll. Gleichzeitig wird im Hinblick auf Zweifel an der Stabilität des Urmeters und der Unmöglichkeit der exakten Wiederherstellung verfügt, dass dieses Fußmaß an ein Naturmaß anzuschließen sei, und es wird hierfür die Länge des Sekundenpendels in Berlin bestimmt. Die Aufgabe der Pendellängenbestimmung wird dem renommierten Astronomen Friedrich Wilhelm Bessel in Königsberg übertragen, s. [7.2.3].

Abb. 9.2. Bessel'scher Pendelapparat (F. W. Bessel 1826)

Bessel hatte bereits früh Untersuchungen zur absoluten Pendelmessung aufgenommen, insbesondere auch über den Einfluss des Luftwiderstandes; bemerkenswert sind auch seine Untersuchungen zum Äquivalenzprinzip (Verwendung verschiedener Materialien bei den Pendelexperimenten). Den Auftrag zur Herstellung eines neuen Urmaßes erhält er 1827 von der „Verwaltung für Handel, Fabrication und Bauwesen". Bessel entwickelt daraufhin einen nach dem Differenzenverfahren operierenden Fadenpendelapparat, dabei wird durch zwei Schwingungsachsen (Abstand ist der Toisen-Standard) die Unsicherheit in der Festlegung des Aufhängepunktes vermieden. Von Bessel stammen schließlich auch grundlegende theoretische Überlegungen zum Reversionspendel, welche in den 1860er Jahren beim transportablen Repsold'schen Apparat verwirklicht werden, s. [8.1.2].

Mit einem nach seinen Angaben von Repsold gebauten Pendelapparat führt Bessel 1826/27 in Königsberg und 1835 in Berlin Schweremessungen durch (Abb. 9.2). Mit dem Ergebnis „Pendellänge in Berlin = 440,739 Pariser Linien = 3 Fuß, 2 Zoll, 0,1626 Linien“ wird der preußische Fuß dann auf die Länge des Sekundenpendels bezogen. Ein entsprechendes Eichmaß (3 Fuß langes Endmaß aus Gussstahl mit Saphirendflächen) realisiert ab 1839 mit Gesetzeskraft über rund drei Jahrzehnte die Längeneinheit in Preußen (Simmerding 1970). Von dem Mechaniker Baumann angefertigte Kopien der „Bessel-Toise“ dienen als Längenstandard bei der trigonometrischen Abteilung des Generalstabs, damit ist der Maßstab der preußischen Triangulation auch auf das Archivmeter bezogen („legales Meter“).

Zu dieser Definition und Realisierung der Längeneinheit schreibt Bessel, dass der Fuß nun *„auf einem Urmaasse beruhe, welches zu allen Zeiten, bei entstehenden Zweifeln wiedererlangt werden könne“*. Seine ablehnende Haltung zum metrischen System zeigt sich in der 1833 hierzu geäußerten Bemerkung: *„Der schwache Grund hatte keine dauernde Tragkraft; was jetzt noch davon steht, sehe ich als eine Ruine an, welche erhalten wir, weil man die Mühe scheuet sie wegzuräumen“* (Hamel 1984). Bessels Ergebnis fand wegen seiner hohen Genauigkeit große Anerkennung, so erklärte Sir George B. Airy, der Leiter der Sternwarte in Greenwich und Verantwortliche für das britische Maß- und Gewichtswesen 1857: *„The most celebrated of the standards constructed in modern times is the Prussia standard made by the late astronomer Bessel“*.

Mit der verbindlichen Einführung des Meter ist die Vielfalt der in den deutschen Ländern geltenden Basiseinheit „Fuß“ und der mit unterschiedlichen Umrechnungsfaktoren daraus abgeleiteten „Rute“ endlich beseitigt. Auch die in der Feldmessung und der Landesvermessung häufig vorgenommene Zwischenlösung einer dezimalen Unterteilung der Rute („Feldrute“/„Feldfuß“) wird gegenstandslos. So war z. B. in der von Müffling 1821 herausgegebenen „Instruction für die topographischen Arbeiten des Königlich Preußischen Generalstabes“ die Preußische Rute mit dezimaler Unterteilung („Dezimalfuß“) benutzt worden und eine Umrechnung in Toisen und Meter angegeben, die Berechnungen wurden aber auch in Toisen vorgenommen und die Ergebnisse in Ruten umgerechnet. Die Umrechnung der wichtigsten Ruten- und Fußmaße in Meter findet sich u. a. in Jordan–Eggert (1950) und in der Preußischen Katasteranweisung VIII, s. Tab. 9.1.

An dieser Stelle sei auch kurz auf die Einheit der *Winkelmessung* eingegangen. Hier wird in der Astronomie und Geographie bis heute die von den Babyloniern eingeführte 360°-Teilung des Vollkreises benutzt, mit der Unterteilung $1° = 60'$ (Minuten) und $1' = 60''$ (Sekunden). In der Geodäsie wird gegen Ende des 18. Jahrhunderts die zentesimale Einteilung vor allem wegen der Vorteile bei der Berechnung vorgeschlagen (Lagrange) und auch bei frühen Vermessungen in Frankreich und einigen süddeutschen Staaten benutzt. Der Beirat für das Vermessungswesen, s. [10.1.1], beschließt dann 1928 – angestoßen von der Heeresleitung und den Herstellern von Tafelwerken und Instrumenten – die Zentesimalteilung als Ideallösung anzustreben. Ein Rd.-Erlass des RMdI von 1937 sieht schließlich die Umstellung im Vermessungswesen bis April 1945 vor, heute hat sich diese 400-gon-Teilung mit der SI-Einheit Gon in Deutschland weitgehend durchgesetzt (Herrmann 1938).

Land	Fuß (m)	Rute / Fuß	Rute (m)
Baden	0,3000	10:1	3,000
Bayern	0,2919	12:1 Werkrute 10:1 Feldrute	3,503 2,919
Braunschweig	0,2854	16:1	4,566
Frankfurt a. M.	0,2846	12,5:1 Feldrute	3,558
Hamburg	0,2866	16:1 Geestrute	4,585
Hannover	0,2921	16:1 Calenberger R.	4,674
Hessen-Darmstadt	0,2500	10:1 Hess. Klafter	2,500
Kurhessen	0,2849 Katasterfuß	14:1	3.989
Mecklenburg-Schw.	0,2910	16:1	4,656
Nassau	0,5000 Feldschuh	10:1 Feldrute	5,000
Oldenburg	0,2959	18:1	5,3258
Preußen	0,31385 Rheinl. Fuß	12:1 Rheinl. Rute	3,766
Sachsen	0,28322 Fuß = 1 Elle	7 7/12 Ellen = 1 Feldr.	4,295
Schleswig-Holstein	um 0,3 m	meist 1:16	um 4,8
Thüring. Staaten	um 0,3 m	14:1	um 4,0
Württemberg	0,2865	10:1	2,865
Dänemark	0,3138	10:1	3,138
Österreich	0,3161 Schuh	6:1 Klafter	1,897

Tab. 9.1. Umrechnung älterer Längenmaße in metrische Einheiten

9.2 Die preußische Landesvermessung wird reformiert: Die Schreiber'sche Epoche und ihre Auswirkungen

9.2.1 Koordination und neue Standards: Das Zentraldirektorium der Vermessungen

Wie geschildert, war das Vermessungswesen in Preußen seit jeher dezentral bei den jeweiligen Fachverwaltungen organisiert. Die Landesaufnahme ressortierte beim Kriegsministerium, die Katasterverwaltung beim Finanzminister, die Vermessungsarbeiten im Zusammenhang mit Gemeinheitsteilungen und Verkoppelungen beim Ministerium für Landwirtschaft, Domänen und Forsten, und die Messungen für Verkehrswege beim Ministerium für öffentliche Arbeiten; für das Preußische Geodätische Institut war das Kultusministerium zuständig. Dieser unwirtschaftlichen Zersplitterung soll das durch Kabinettsorder 1870 gegründete *„Centraldirektorium der Vermessungen im Preußischen Staate"* entgegenwirken. In ihm sind Vertreter aller mit Vermessungsarbeiten befassten Institutionen vertreten, es untersteht unmittelbar dem Staatsministerium; Vorsitzender wird der jeweilige Chef des Generalstabs der Armee, bis 1888 Moltke (Thiede 1935). Vorausgegangen waren ab 1862 Beratungen einer aus Delegierten der verschiedenen Ministerien zusammengesetzten Kommission, die u. a. eine ausgedehntere Triangulierung und die Notwendigkeit einer guten topographischen Übersichtskarte 1:25 000 sowie eine bessere Abstimmung der Vermessungsarbeiten in den einzelnen Ressorts für notwendig hält. Bei der Landesaufnahme hatte unter der Leitung Moltkes bereits seit Ende der 1850er Jahre eine erhebliche Vergrößerung stattgefunden, 1865 wird die Trigonometrische Abteilung des Generalstabs in das eigenständige, dem Großen Generalstab nachgeordnete *„Bureau der Landestriangulation"* umgewandelt.

Nach Gründung des deutschen Reiches setzt Moltke sich auch für ein gesamtdeutsches, einheitlich organisiertes Vermessungs- und Kartenwesen ein. Nach langwieriger Diskussion, in die der Ministerpräsident von Bismarck einbezogen wird, stimmt schließlich auch der preußische Kriegsminister einer solchen Vereinheitlichung zu. Moltke kann jedoch den Zusammenschluss zu einem *Reichsvermessungswesen* nicht erreichen. Maßgeblich hierfür ist außer der schwierigen Frage der an das Reich zu zahlenden Zuschüsse vor allem die Tatsache, dass Bayern, Sachsen und Württemberg ihre traditionsreichen Landesaufnahmen nicht aufgeben wollen. Der Zuständigkeitsbereich des preußischen Generalstabs einschließlich der Landesaufnahme wird jedoch nach 1871 durch Militärkonventionen mit den einzelnen Bundesländern erheblich erweitert, er umfasst nun ganz Deutschland mit Ausnahme von Bayern, Württemberg und Sachsen.

In das Zentraldirektorium werden außer dem Generalstabschef Vertreter (Kommissare) des Finanzministeriums, des Ministeriums für öffentliche Arbeiten, des Ministeriums für Landwirtschaft, Domänen und Forsten, des Ministeriums für Unterrichtsangelegenheiten, des Kriegsministeriums und des Generalstabs sowie der Admiralität berufen; berechtigt zur Entsendung von Kommissaren ist auch das Ministerium des Innern. Neben mehr formalen Befugnissen zur Information und Registrierung aller mit staatlichen Mitteln ausgeführten Vermessungen wird dem Zentraldirektorium vor allem die *obere Leitung* der im Staatsinteresse liegenden Vermessungen und Kartenarbeiten und die Feststellung der dabei zu legenden Methoden und Anforderungen übertragen – eine sehr weitgehende Zuständigkeit! Für die Arbeiten der *Landesaufnahme* wird dem Zentraldirektorium eine direkte Leitung zugesprochen.

Von den bindenden *Beschlüssen* des Zentraldirektoriums nennen wir die Neutriangulation des gesamten Staatsgebietes mit 10 versteinten Punkten je Quadratmeile und eine darauf aufbauende, auf 22 Jahre veranschlagte neue topographische Aufnahme für $^2/_3$ des Staatsgebietes, die Messtischblätter sollen nun veröffentlicht werden. Die Neutriangulation beginnt westlich der Elbe, nach erfolgreichem Abschluss wird um die Jahrhundertwende die Erneuerung sämtlicher Triangulationen östlich der Elbe gefordert. Auf Antrag der Landesaufnahme wird ferner die Schaffung eines Zentralpunktes für alle nivellitischen Arbeiten beschlossen. Dies führt zur Einrichtung des Normalhöhenpunktes im preußischen Staate und der Forderung, alle Nivellements mit der „Höhe über Null Normal" auf die so definierte Höhennullfläche zu beziehen, s. [9.2.3].

Bedeutsam für das *Liegenschaftskataster* und andere Detailvermessungen werden die vom Generalinspektor des Katasters F. G. Gauß angeregten „Bestimmungen über den Anschluss der Spezialvermessungen an die trigonometrische Landesvermessung" von 1879. Danach muss jede staatlicherseits durchgeführte Vermessung einer Fläche von 100 ha und mehr an die trigonometrischen Punkte der Landesaufnahme angeschlossen werden, s. [9.2.4]. Von allgemeiner Bedeutung für sämtliche vermessungstechnischen Arbeiten werden die „Bestimmungen über die Anwendung gleichmäßiger Signaturen für topographische und geometrische Karten, Pläne und Risse" (1879) mit der Einführung einheitlicher Signaturen für die Kartenwerke. Das Zentraldirektorium befasst sich auch mit der Herstellung der Gradabteilungskarte im Maßstab 1:100 000 („Karte des Deutschen Reiches", auch *„Generalstabskarte"*). Als Vorstufe zu dieser Reichskarte liegen die in Preußen und anderen deutschen Ländern im Laufe des 19. Jahrhunderts entstandenen topographischen Kartenwerke der Maßstäbe 1:100 000 (Preußen, Hannover und Braunschweig, Sachsen) bzw. 1:50 000 (Oldenburg, Kurhessen, Hessen-Darmstadt, Bayern, Württemberg, Baden) vor, s. die entspr. Hinweise in [7]. Die Karte des Deutschen Reiches wird dann ab 1878 für Preußen und die nord- und mitteldeutschen Staaten von der Preußischen Landesaufnahme, für Bayern, Württemberg und Sachsen nach entspr. Militärkonventionen von den dortigen topographischen Büros zu einem reichseinheitlichen Kartenwerk entwickelt. Es liegt 1909 mit 674 Blättern abgeschlossen vor, 1913 wird eine Neubearbeitung vorgesehen. Die Preußische Landesaufnahme übernimmt nun auch die Herstellung der topographischen Karte 1:25 000 in den norddeutschen Ländern, die süddeutschen Staaten bleiben weiterhin selbst verantwortlich für diesen Maßstab. Die in der Sombart'schen Denkschrift, s. [9.4], geforderte Neuaufnahme des ganzen Landes und die Schaffung einer Einheitskarte 1:5000 wird dagegen als nicht für zweckmäßig und durchführbar bezeichnet. Beteiligt ist das Zentraldirektorium schließlich auch an den langwierigen Diskussionen zur Einrichtung eines „Physikalisch-Mechanischen Instituts", die dann im Jahre 1888 zur Einrichtung der *„Physikalisch-Technischen Reichsanstalt"* unter der Leitung von Helmholtz führen.

9.2.2 Schreiber und die Landesaufnahme: Erneuerung der Grundlagenvermessung

Die vom „Zentraldirektorium der Vermessungen“ aufgestellten Forderungen an die Neuaufnahme Preußens waren mit der bestehenden Organisationsstruktur und dem verfügbaren Personal nicht zu lösen. Die technischen Zweige der Landesaufnahme werden deshalb 1875 aus dem Generalstab herausgelöst und als *„Königlich Preußische Landesaufnahme“* einem direkt dem Chef des Generalstabes verantwortlichen Leiter unterstellt; erster Amtsinhaber wird Generalmajor *Otto von Morozowicz* (1821–1882, Abb. 9.3). Mit der Gliederung in die trigonometrische (bisher „Bureau der Landestriangulation“) sowie die topographische und kartographische Abteilung wird so eine leistungsfähige Organisation geschaffen, die sich bis zur Gegenwart in den Landesvermessungsämtern der deutschen Länder wiederfand. Gleichzeitig findet eine Personalvermehrung statt. Zu dem Stammpersonal von 235 Personen kommen zusätzlich einige zehn kommandierte Offiziere mit zeitlicher Begrenzung, insbesondere für die Außenarbeiten in den Sommermonaten.

Abb. 9.3. Otto von Morozowicz (1821–1882)

Zum Chef der Trigonometrischen Abteilung der Landesaufnahme wird der Major Oscar Schreiber ernannt. Damit beginnt die Karriere eines mathematisch hochbegabten Geodäten, der gleichzeitig eine überragende Fähigkeit zur Organisation besitzt und so die preußische Landesvermessung – unter den vom Zentraldirektorium der Vermessungen aufgestellten Vorgaben – in ihren geodätischen Grundlagen in erstaunlich kurzer Zeit reformiert (Torge 2005b).

Abb. 9.4. Oscar Schreiber (1829–1905)

Carl August Heinrich Oscar Schreiber (1829–1905, Abb. 9.4) tritt nach einem kurzen Studium der Mathematik und Mechanik an der Polytechnischen Schule in Hannover 1848 als Volontär beim hannoverschen Garde-Jägerbataillon ein und macht hier rasch Karriere. Als Premierlieutenant wird er Lehrer für Mathematik beim Kadettenkorps und in den 1850er Jahren zu topographischen Arbeiten in das Emsland abgeordnet. In diesen 1815 von Hannover neu erworbenen Gebieten kann die topographische Aufnahme sich auf die Gauß’sche Triangulation stützen, doch wird dazu ein Verständnis für die von Gauß benutzte konforme Abbildung nötig (Großmann 1956). Gauß hatte hierüber keine zusammenhängende Darstellung verfasst, zur Umrechnung von geographischen in Gauß’sche ebene Koordinaten arbeiteten die damit betrauten hannoverschen Offiziere *„nur unter dem Einflusse einer Art von Tradition nach überlieferten Schablonen“* (Wittstein in der Vorrede zur Schreiber’schen Veröffentlichung von 1866).

Schreiber gibt sich mit diesen schematischen Rechenvorschriften nicht zufrieden und wendet sich an den uns bereits bekannten Professor Wittstein, s. [7.1.2]. Auf Wittsteins Anraten untersucht er das Gauß'sche Verfahren und legt mit der „Theorie der Projectionsmethode der hannoverschen Landesvermessung“ (Hannover 1866) eine strenge mathematische Ableitung vor, die ihn schlagartig in der Fachwelt bekannt macht (Abb. 9.5). In demselben Jahr noch zum Hauptmann befördert, wird er in dem für Hannover zunächst siegreichen Gefecht bei Langensalza leicht verwundet und tritt nach der anschließenden Kapitulation der hannoverschen Armee 1867 in die preußische Armee über. Er wird bald zum Bureau der Landestriangulation kommandiert, wo sich ihm der seinen Fähigkeiten entsprechende Wirkungskreis eröffnet. Zwischen 1868 und 1874 gewinnt er bei der Erkundung und Beobachtung in der Triangulation I. Ordnung gründliche Erfahrungen in der Grundlagenvermessung, erkennt aber auch die vielfältigen Mängel der seit langem geübten Vorgehensweise. 1874 wird ihm der Lehrstuhl für höhere Geodäsie an der Kriegsakademie übertragen, den er bis 1888 innehat. Der Chef der Landestriangulation von Morozowicz beurteilt ihn bereits 1869 fast überschwänglich: „*Hauptmann Schreiber ist eine so tüchtig mathematisch durchgebildete Persönlichkeit, wie die Armee wohl kaum eine zweite besitzen dürfte* ... “. 1888 wird Schreiber – nun zum Generalmajor befördert – Chef der gesamten Landesaufnahme. In der neuen Position kann er die Landesaufnahme in ihrer Gesamtheit fördern, wenn er sich auch naturgemäß der trigonometrischen Abteilung weiterhin sehr verbunden fühlt. 1890 zum Generallieutenant ernannt, wird er auf seinen Wunsch 1893 zur Disposition gestellt, in diesem Jahr verleiht ihm die Philosophische Fakultät der Friedrich-Wilhelm-Universität Berlin auch die Würde eines Doctor der Philosophie honoris causa. Schreiber zieht nun nach Hannover, arbeitet wissenschaftlich weiter und verstirbt dort 1905 (Tegeler 2005).

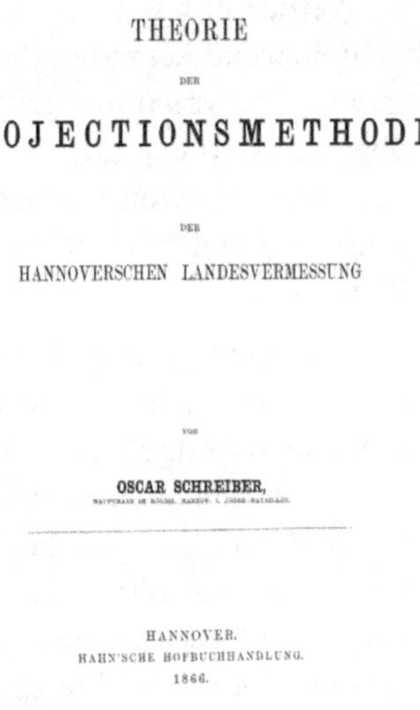
THEORIE
DER
PROJECTIONSMETHODE
DER
HANNOVERSCHEN LANDESVERMESSUNG
VON
OSCAR SCHREIBER,
HANNOVER.
HAHN'SCHE HOFBUCHHANDLUNG.
1866.

Abb. 9.5. Titelseite der Schreiber'schen Arbeit zur Gauß'schen Abbildung der hannoverschen Landesvermessung (1866)

Als Chef der Trigonometrischen Abteilung (1883 zum Oberst befördert) führt Schreiber in nur 13 Jahren eine vollständige Erneuerung der Grundlagenvermessung auf wissenschaftlicher Grundlage durch, die sich von der Netzplanung und die Festsetzung von Standards über die Vermessungs- und Berechnungsverfahren bis zur Publikation der Ergebnisse erstreckt (Mielert 1981). Dabei gelingt es ihm, die vom Zentraldirektorium der Vermessungen einerseits und von der Europäischen Gradmessung andererseits gestellten hohen Anforderungen an die Qualität der Produkte „Festpunktfelder“ und „Topographische Karten“ zu erfüllen. Aus dem ihm zur Verfügung stehenden unterschiedlich vorgebildeten Personal ragen der als sein Nachfolger aufgebaute Hauptmann *August von Morsbach* (1841–1909) und der mathematisch hochbegabte Trigonometer *Wilhelm Erfurth* (1839–1919) hervor; letzterer steigt bis zum „Geheimen Landesvermessungsrat“ auf – diesen Titel hat es in Preußen nur einmal gegeben.

In der *Messtechnik* führt Schreiber die folgenden Neuerungen ein:

- Verbesserung der *Basismessung* mit dem Bessel'schen Basismessapparat, hier kann Schreiber auf seine bei der Messung der Basis Braak gemachten Erfahrungen zurückgreifen. Die von ihm ergriffenen Maßnahmen reichen von der Erneuerung der Apparatur über die Ablotung und das Alignement bis zur Keilmessung und der Temperaturkorrektion. Mit mittleren Fehlern von ±0,5 mm/km und kleiner wird eine deutliche Steigerung der Präzision erreicht, verbunden ist dies mit einer Leistungssteigerung auf bis zu 2 km/Tag.

- Optimierung der Messungen im *Basisvergrößerungsnetz*. Schreiber löst hier die Aufgabe, wie mit einem festgelegten Arbeitsaufwand die aus der direkt gemessenen Basis abzuleitende Hauptdreiecksseite das größtmögliche Gewicht erhält. Der daraus resultierende „Schreiber'sche Satz" über die günstigste Gewichtsverteilung in Basisnetzen ist ein frühes Beispiel für die rund 100 Jahre später intensiv aufgegriffenen Optimierungsrechnungen in der Geodäsie, Musterbeispiel ist das Basisvergrößerungsnetz Göttingen (Abb. 9.6), Pelzer (2005).

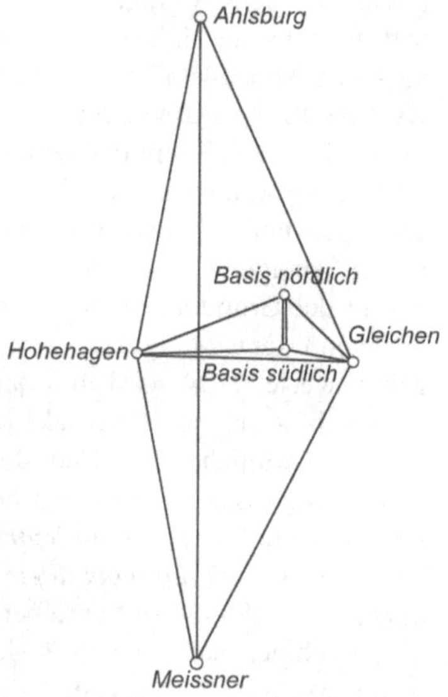

Abb. 9.6. Göttinger Basisvergrößerungsnetz 1880

- Bei der Anlage der *Triangulation* geht Schreiber von dem Ideal gleichseitiger Dreiecke aus, sorgfältige Netzerkundung und Signalbauten mit großen Höhen sind die logische Folge. Mit Leuchthöhen (Zielhöhen) von über 70 m und Beobachtungshöhen von über 50 m werden hier Meisterleistungen im Bau hölzerner Beobachtungstürme erreicht; bis in die 1970er Jahre sind diese Bauwerke nützlich. Ausgeschaltet werden nun auch Beobachtungen, die wie die Messung von Diagonalverbindungen trotz erheblichen Aufwands nur unwesentlich zur Punktbestimmung beitragen. Für die in der I. Ordnung auftretenden langen Seiten von 50 km und mehr wird die Heliotrop-Beobachtung von dem Ingenieurgeographen Bertram modifiziert und verbessert.

- Die auf Bessel zurückgehende Richtungsmessung wird in der I. Ordnung durch die *Winkelmessung in allen Kombinationen* ersetzt, diese flexible und willkürfreie Methode war bereits von Gauß, Gerling und Hansen behandelt worden. Schreiber führt sie jedoch mit einem klaren Beobachtungsplan so ein, dass die Gewichte der Richtungen nach der Stationsausgleichung sowohl innerhalb der Station als auch zwischen den Stationen hinreichend gleich sind: *„Für Haupttriangulationen sind reine Winkelbeobachtungen den Richtungsbeobachtungen vorzuziehen, weil sie bei gleichem Zeitaufwand genauere Resultate geben"* (Pelzer 2005).

- Für das nun zur Höhenmessung ausschließlich eingesetzte *geometrische Nivellement* werden ebenfalls wesentliche Verbesserungen eingeführt, wobei Schreiber auf die von ihm selbst bei einem Nivellement zwischen Magdeburg und Braunschweig gemachten Erfahrungen zurückgreifen kann. So werden die Zielweiten auf 50 m begrenzt (Verringerung des Refraktionseinflusses), die dekadische Ergänzung an den Nivellierlatten eingeführt (Vermeidung von Ablesefehlern), und es wird die tägliche Bestimmung des Lattenmeters vorgeschrieben. Der mittlere Fehler einer Hin- und Rückmessung kann so auf ± 2 mm/km reduziert werden.

Parallel zur Vermessung wird auch die *Berechnung* der trigonometrischen Netze und des Höhennetzes ab 1875 in wenigen Jahren auf eine wissenschaftlich saubere Grundlage gestellt. Dabei gelingt es Schreiber in mustergültiger Weise, durch Rechenanweisungen eine einheitliche Vorgehensweise zu erzielen: „Rechnungsvorschriften für die trigonometrische Abteilung der Landesaufnahme – Formeln und Tafeln zur Berechnung der geographischen Coordinaten aus den Richtungen und Längen der Dreiecksseiten“, Berlin 1878, mit 8-, 7- und 6-stelliger logarithmischer Rechnung für die I., II. und III. Ordnung (Abb. 9.7). Wesentliche Merkmale dieser neu gestalteten Berechnungen sind:

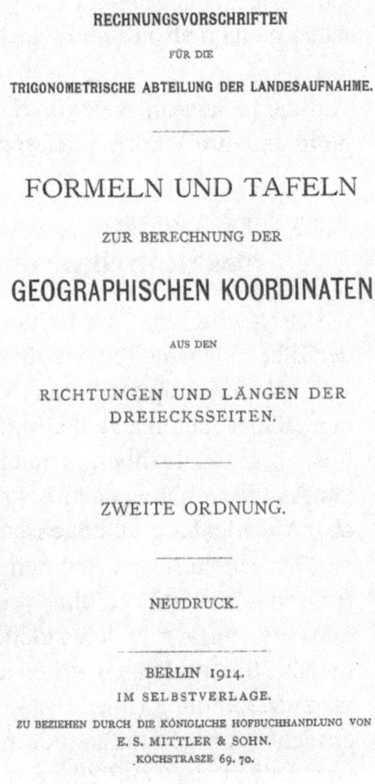
RECHNUNGSVORSCHRIFTEN
FÜR DIE
TRIGONOMETRISCHE ABTEILUNG DER LANDESAUFNAHME.

FORMELN UND TAFELN
ZUR BERECHNUNG DER
GEOGRAPHISCHEN KOORDINATEN
AUS DEN
RICHTUNGEN UND LÄNGEN DER
DREIECKSSEITEN.

ZWEITE ORDNUNG.

NEUDRUCK.

BERLIN 1914.
IM SELBSTVERLAGE.
ZU BEZIEHEN DURCH DIE KÖNIGLICHE HOFBUCHHANDLUNG VON
E. S. MITTLER & SOHN.
KOCHSTRASZE 69. 70.

Abb. 9.7. Titelseite „Rechnungsvorschriften für die Trigonometrische Abteilung der Landesaufnahme“, Zweite Ordnung, Berlin (ab 1878)

- Konsequente Umstellung aller Netzberechnungen auf die *Ausgleichung* nach der Methode der kleinsten Quadrate. Die „Schreiber'sche Regel“ ermöglicht die Elimination von Unbekannten in den „reduzierten Fehlergleichungen“ und verringert so den Rechenaufwand bei Punkteinschaltungen. Dieselbe Wirkung hat die unabhängig von der eigentlichen Netzausgleichung vorgenommene Ausgleichung der Basisvergrößerungsnetze. Die Ausgleichung der Dreiecksketten I. Ordnung geschieht auf dem Ellipsoid nach bedingten Beobachtungen, die der Füllnetze und der Punkte II.–IV. Ordnung in der Ebene nach vermittelnden Beobachtungen (s. u.).
- Zur Übertragung der geodätischen Koordinaten (sog. *„erste geodätische Hauptaufgabe“*) entwickelt Schreiber eine (logarithmische) Lösung, bei der durch Aufteilung des Übertragungsweges in einen meridionalen und einen hierzu senkrecht verlaufenden Anteil die Konvergenz der Legendre'schen Reihenentwicklung verbessert wird.

- Für die umfangreichen Berechnungen in den nachgeordneten Netzen führt Schreiber die nach ihm benannte, für ganz Preußen geltende *konforme Doppelprojektion* ein, sie führt zu den „Schreiber'schen Koordinaten". Hierbei wird das Ellipsoid zunächst nach der Gauß'schen Abbildung 2. Art konform auf die Kugel und diese dann nach der klassischen Methode der hannoverschen Landesvermessung in die Ebene abgebildet. Schreiber behält die von Gauß benutzte Bezugsbreite von 52°40′ auf der Kugel bei, Abszissenachse wird der Meridian mit der Länge 13°20′ ö. Greenwich (31° ö. Ferro). Nach Ausgleichung in der Ebene werden aus den ebenen Koordinaten Richtungswinkel und Seiten berechnet, nach dem Übergang auf ellipsoidische Größen liefert die Koordinatenübertragung dann auch geographische Koordinaten. Die Schreiber'schen Koordinaten bleiben also reine Zwischengrößen zur Vereinfachung der Rechnungen.

Auf die in der Amtszeit von Schreiber angelegten Grundlagennetze, ihre Datumsfestlegung und ihre Veröffentlichung wird anschließend eingegangen.

9.2.3 Die geodätischen Grundlagen: Der „Schreiber'sche Westen" und das Urnivellement

Ab 1875 wird unter der Leitung von Schreiber und nach seinen Vorgaben der westlich der Elbe gelegene Teil Preußens trianguliert und anschließend topographisch im Maßstab 1:25 000 aufgenommen (Matthias 1903). In die Aufnahme einbezogen werden von den 1880er Jahren an auf Grund entsprechender Abkommen die meisten norddeutschen Staaten, u. a. Oldenburg, Braunschweig, Schaumburg-Lippe, Bremen und das Hamburger Amt Ritzebüttel, ebenso wie Lippe, Sachsen-Anhalt und die Thüringer Lande, nicht aber Mecklenburg und Sachsen (Schmidt 1995).

Der geometrische Rahmen dieser Aufnahme wird wie bisher durch *Dreiecksketten* I. Ordnung gelegt, gefüllt wird er durch *Dreiecksnetze*. Dabei strebt Schreiber – wie oben erläutert – möglichst gleichseitige Dreiecke (die Dreieckswinkel bleiben stets größer als 30°) mit langen Seiten an, was zu aufwendigem Signalbau führt; eine besonders lange Verbindung (über 100 km) wird mit der Seite Schneekoppe–Großer Schneeberg erreicht. Von den anfänglich noch verwendeten, im Boden verankerten Standpfeilern wird bald zu den im Pfeilergerüst montierten Hänge- oder Sockelpfeilern übergegangen (Abb. 9.8). Um die aufwendige Heliotropbeobachtung (Abb. 9.9) zu reduzieren, werden zwischen den Punkten I. und II. Ordnung (Seitenlängen von einigen 10 km bzw. rund 15 km) Zwischenpunkte I. Ordnung (etwa 25 km) eingeschaltet; neue Dreiecksketten werden an die alten mit Zwang angefeldert. Auf diese Weise können die Grundlagen für die topographische Aufnahme zügig bereitgestellt werden, die Fehlerfortpflanzung ist aber natürlich nicht optimal und führt zu systematischen Verzerrungen. Ganz besonderer Wert wird nun endlich auch auf die sorgfältige Vermarkung und Sicherung der Festpunkte gelegt. Zur Vermarkung der trigonometrischen Punkte durch Steinpfeiler und unterirdischer Platte (Abb. 9.10) kommen exzentrische Sicherungen und Herablegungen bei Hochpunkten, Marksteinschutzflächen ergänzen diese Maßnahmen für die

Abb. 9.9. Bertram'sches Heliotrop

Abb. 9.8. Signal I. Ordnung Tafelbude bei Osterode in Ostpreußen, Beobachtungshöhe 37 m

Abb. 9.10. Vermarkung eines trigonometrischen Punktes durch unterirdische Granitplatte und Pfeiler

Punkte I. Ordnung. Zur Winkelmessung in den Hauptdreiecksnetzen und den Basisvergrößerungsnetzen werden überwiegend Universalinstrumente bzw. Theodolite der Berliner Werkstätten von Pistor und Martins (Abb. 9.11) und später der Firma Wanschaff bzw. Bamberg (Abb. 9.12) eingesetzt, mit Teilkreisdurchmessern von 27 cm und 4′ bzw. 5′-Intervallteilung sowie 0,1 Doppelsekunden-Ablesung. In Verbindung mit einem von Schreiber initiierten und bei Wanschaff gebauten (und bis 1945 benutzten) Teilkreisuntersuchungsgerät kann so der mittlere Fehler der ausgeglichenen Winkel auf $\pm 0{,}3''$ bis $\pm 0{,}4''$ reduziert werden, eine Genauigkeitssteigerung gegenüber den Bessel–Baeyer'schen Messungen um den Faktor 2.

Angeschlossen wird die Neutriangulation des westlichen Preußen an den kurz vorher fertiggestellten nördlichen Teil der Elbe-Hauptdreieckskette und damit an die ostelbischen Netze. Bis zur Jahrhundertwende entstehen so in rascher Folge der westliche Teil der Schleswig-Holsteinischen Kette, die Hannoversch-Sächsische Kette (1880/81) mit der Basis Göttingen (1880), die Hannoversche Kette (1882/85) mit der Basis

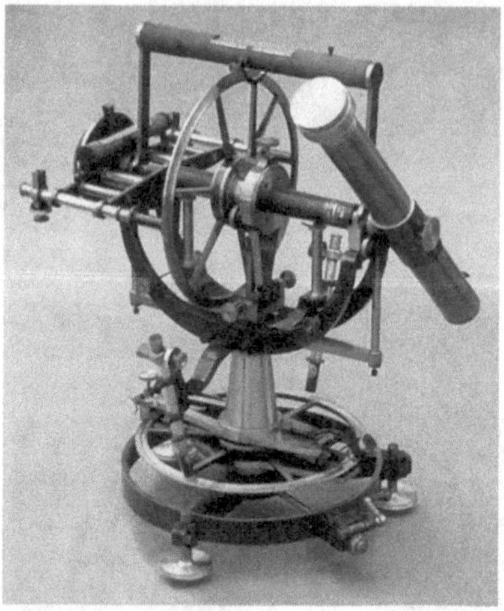

Abb. 9.11. 10-zölliges Universalinstrument Nr. I, Pistor und Martins, Berlin 1861. Verwendet bei der Haupttriangulation in Preußen 1865–1888

Abb. 9.12. Mikroskop-Theodolit von Bamberg, Berlin, um 1890

Abb. 9.13. Messung der zweiten Bonner Basis 1892

Meppen (1883) und die Rheinisch-Hessische Kette (1889/92) mit der Basis Bonn (1892), Abb. 9.13. Eingeschlossen von diesen Ketten werden das Sächsische Hauptdreiecksnetz (1881/82), das Wesernetz (1886/87) und das Niederrheinische Netz (1893/95). Im Westen kommen noch der nördliche und der südliche Niederländische Anschluss (1884/88, 1889/92) sowie der Belgische Anschluss (1894) hinzu. Das Thüringische Hauptdreiecksnetz (1888) liefert die Verbindung zum Bayerischen und Sächsischen Netz. Damit ist die Vermessung des „Schreiber'schen Blocks" abgeschlossen (Abb. 9.14). Zur Erfassung des 1871 annektierten Elsass-Lothringen war bereits 1876 die Elsass-Lothringische Dreieckskette angelegt worden. Von 1896 bis 1897 wird dann noch das Pfälzer Haupdreiecksnetz beobachtet und zwischen die Rheinisch-Hessische und die Elsass-Lothringische Kette eingepasst, damit wird hier das ältere bayerische Netz ersetzt. Abb. 9.15 zeigt, dass – von der ostpreußischen Gradmessung ausgehend – Preußen gegen Ende des 19. Jahrhunderts fast vollständig mit Dreiecksketten und Füllnetzen überdeckt ist.

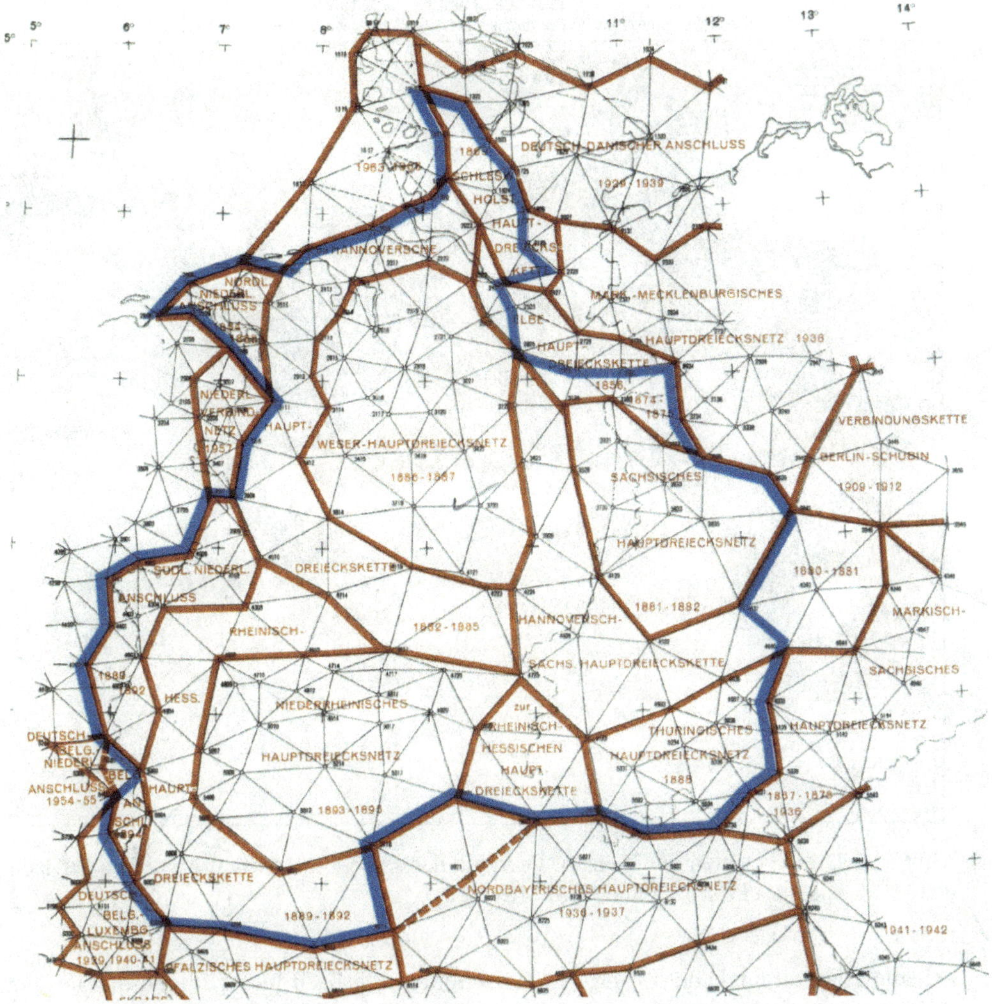

Abb. 9.14. „Schreiber'scher Block", beobachtet 1880–1895

Zur Maßstabsfestlegung und -kontrolle der preußischen Hauptdreiecksnetze dienen die zwischen 1834 und 1912 angelegten und über das gesamte Netz verteilten *Grundlinien.* Sie sind zwischen 5 und 10 km lang (Meppen 7 km, Göttingen 5 km, Bonn 2,5 km) und mit dem Bessel-Apparat gemessen. Die Präzision hat sich dabei durch die Schreiber'schen Verbesserungen dieses Apparates von rund ± 3 mm/km (Gradmessung in Ostpreußen) auf etwa ± 1 mm/km erhöht (Ledersteger 1944). Der Maßstab der älteren ostelbischen Dreiecksnetze wird durch die in der Bessel–Baeyer'schen Epoche angelegten Grundlinien bei Königsberg und Berlin bestimmt. Der daraus abgeleitete Maßstab der westelbischen Netze wird von der Basis Braak und den unter Schreiber gemessenen Grundlinien bei Göttingen, Meppen und Bonn kontrolliert und verbessert. Weitere Kontrollen liefern Grundlinien bei Oberhergheim/Elsass (1877), Schubin/Westpreußen (1903), Gumbinnen/Ostpreußen (1906) und Wohlau/Schlesien (1914).

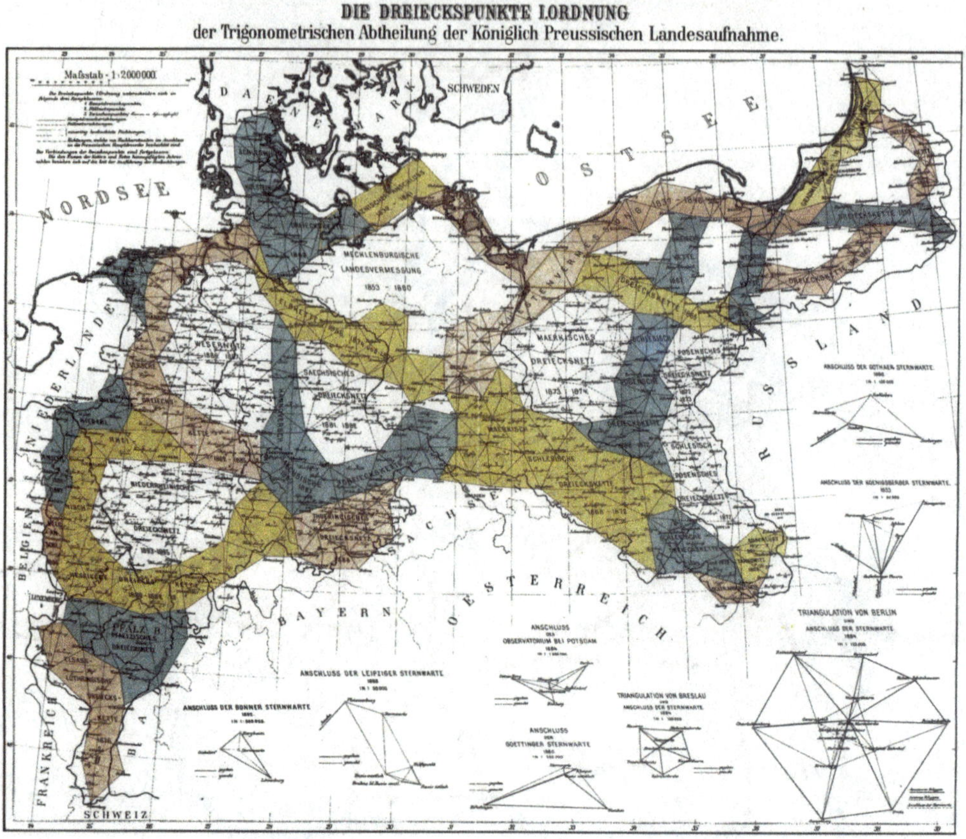

Abb. 9.15. Dreiecksketten und Netze I. Ordnung der Trigonometrischen Abteilung der Königlich Preußischen Landesaufnahme, 1832–1899

Auf die Hauptdreiecksnetze und die Zwischenpunkte I. Ordnung folgen die TP-Netze II. und III. Ordnung (Punktabstand 3 bis 6 km) und schließlich die nur vorwärts abgeschnittenen Punkte IV. O., in diesen Verdichtungsnetzen werden Richtungen beobachtet (Abb. 9.16, Abb. 9.17). Ziel ist nach den Vorgaben des Zentraldirektoriums, je Messtischblatt 20 bis 25 TP zu erhalten. Die Beobachtungen II. bis III. O. werden bis zur Jahrhundertwende abgeschlossen, teilweise wird auch die IV. Ordnung vermessen. Ähnliche Verdichtungsmessungen werden in Ost- und Westpreußen durchgeführt, aber auch im Bereich des Mecklenburgischen und des Sächsischen Netzes. Vermarkt werden die Punkte III. und IV. Ordnung bis 1875 nur mit einem Pfeiler, danach auch mit unterirdischer Platte.

Die *Ausgleichung* der auf das Ellipsoid reduzierten Längen und Azimute der geodätischen Linien wird in den Dreiecksketten I. Ordnung nach bedingten Beobachtungen und die der Füllnetze und der Netze II. bis IV. Ordnung in der Ebene (konforme Abbildung nach Schreiber) nach vermittelnden Beobachtungen durchgeführt. Dabei werden die in

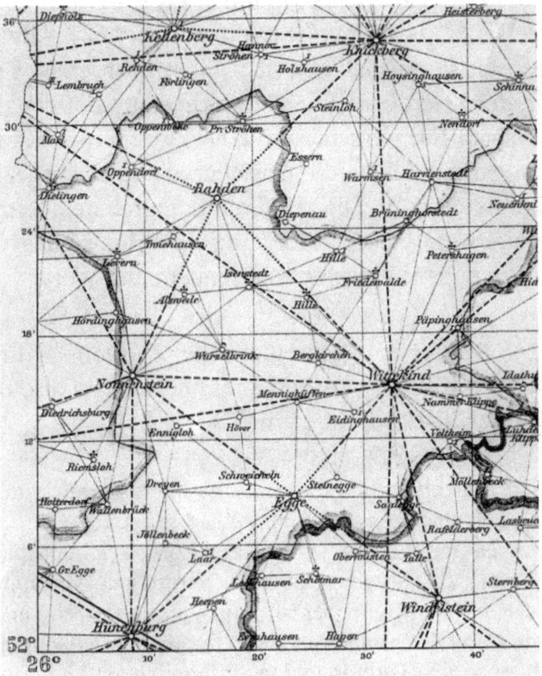

Abb. 9.16. Trigonometrisches Netzbild II. Ordnung, 1890

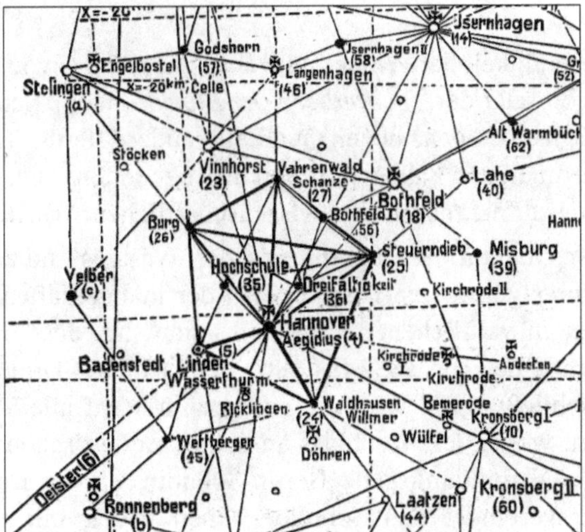

Abb. 9.17. Trigonometrisches Netzbild III. Ordnung

die Hauptdreiecksnetze eingeschalteten Punkte als Einzel-, Doppel- oder Dreierpunkte ausgeglichen. Die Netze und Ketten I. Ordnung werden i. Allg. mit Zwangsanschluss aneinander gefügt; nur in Ausnahmefällen findet nach einer Helmert-Transformation eine Mittelbildung der Koordinaten beider Netze statt; die Restklaffungen betragen 0,1 bis 0,2 m, selten 0,3 m. Für wissenschaftliche Zwecke werden die Teilnetze auch ohne Anschlusszwang ausgeglichen, die Unsicherheit einer ausgeglichenen Dreiecksseite bleibt dabei i. Allg. unter 0,1 m. Die mittleren Punktfehler sind meist kleiner als 10 cm, können bei schlechter Netzgestalt, Verletzung des Prinzips der Nachbarschaft und (den hin und wieder auftretenden) Zentrierfehlern aber auch Werte von 1 m und mehr erreichen.

Das *Geodätische Datum* des „Schreiber'schen Westens" wird durch den Anschluss an die Netze östlich der Elbe von dort übernommen, bleibt also durch den Zentralpunkt Rauenberg und das Bessel-Ellipsoid definiert, s. [7.2.3].

An dem Zentralpunkt Rauenberg hält die deutsche Landesvermessung bis Ende des 20. Jahrhunderts fest, wenn auch spätere astronomische Messungen in Potsdam und Neuausgleichungen im ostelbischen Netz mit Nutzung zahlreicher Lotabweichungspunkte für Rauenberg eine Lotabweichung von rund 2″ und eine azimutale Verdrehung von rund 1″ ergeben (Ledersteger 1943). Wegen der mit dem Rauenberg-Datum für das Berechnungsgebiet erreichten guten Anpassung von Geoid und Ellipsoid war dieses Festhalten auch sinnvoll. Die (unbekannten) Lotabweichungen bleiben im Hauptdreiecksnetz hinreichend klein, ihre Vernachlässigung bei der Netzberechnung verursacht nur im Gebirge größere Netzdeformationen. Gegenüber einem geozentrisch gelagerten Referenzsystem ist der Ursprung dieses auf das Bessel-Ellipsoid bezogenen Systems der Landesaufnahme allerdings um mehr als 600 m verschoben, eine Folge der nur lokalen Anpassung an das Schwerefeld.

Mit der hohen Genauigkeit der Winkel- und Basismessung sowie der guten Vermarkung und Dokumentation setzt der *„Schreiber'sche Block"* (auch „Schreiber'scher Westen") nicht nur in Preußen einen ganz neuen Qualitätsstandard für die Triangulation. Auch die „Internationale Erdmessung" akzeptiert nun die regelmäßig gemeldeten Ergebnisse der Preußischen Landesaufnahme für ihre wissenschaftlichen Arbeiten.

Gegenüber der Qualität des „Schreiber'schen Westens" fallen die älteren Triangulationen wegen ihrer geringeren Genauigkeit, der mangelhaften Vermarkung und der zwischen den Ketten verbliebenen Lücken so stark ab, dass das Zentraldirektorium 1896 die Erneuerung der von 1832 bis 1867 beobachteten Dreiecksketten in Ost- und Westpreußen beschließt. 1904 wird dieser Beschluss auf alle Triangulationen östlich der Elbe erweitert, wobei der Anschluss an den Schreiber'schen Block vorgesehen ist. Zunächst wird die Verbindungskette Berlin-Schubin mit der Basis Berlin beobachtet (1908–1913), sie verbindet den Schreiber'schen Block mit dem Westpreußischen (1899–1903) und dem Ostpreußischen (1903–1908) Hauptdreiecksnetz. Die weitere Triangulation verläuft wegen des ersten Weltkrieges und der schwierigen Bedingungen danach nur schleppend und wird erst ab 1934 wieder intensiviert, s. [10.2.2]. Die Leistung der Preußischen Landestriangulation im Zeitraum von 1865 bis 1912 dokumentiert sich eindrucksvoll durch rund 69 000 neu bestimmte trigonometrische Punkte (davon fast 900 Punkte I. Ordnung). Die *Messtischaufnahme* folgt wie gewohnt der Triangulation mit geringem Abstand, bis zum ersten Weltkrieg sind über 3500 Blätter dieser „Erstausgaben" aufgenommen und herausgegeben (Abb. 9.18), sie lösen die „Urmesstischblätter" ab.

Abb. 9.18. Messtischblatt 1:25 000, Blatt Solingen (verkl. Ausschnitt), 1893

Die Resultate der Preußischen Landesaufnahme werden in verschiedenen Druckwerken hervorragend und im Detail dokumentiert. Das Werk „Die Königlich Preußische Landestriangulation. Hauptdreiecke", Teil I–XI (1870–1901) enthält die Messungsergebnisse der Triangulation I. Ordnung im „Schreiber'schen Westen" (765 Haupt- und Zwischenpunkte), Abb. 9.19. Die im östlichen Preußen bis 1914 durchgeführten neuen Haupttriangulationen finden sich in „Die Preußische Landesvermessung. Hauptdreiecke, Neue Folge" (1925–1932), diese Publikation wird später eingestellt. Die Gesamtergebnisse der Dreiecksmessungen I. bis III. Ordnung sind in den Werken „Die Königlich Preußische Landestriangulation. Polarkoordinaten, geographische Positionen und Höhen" (1874–1886), „Abrisse, Koordinaten und Höhen" (1885–1923) und „Koordinaten und Höhen" (1925–1928) nachgewiesen.

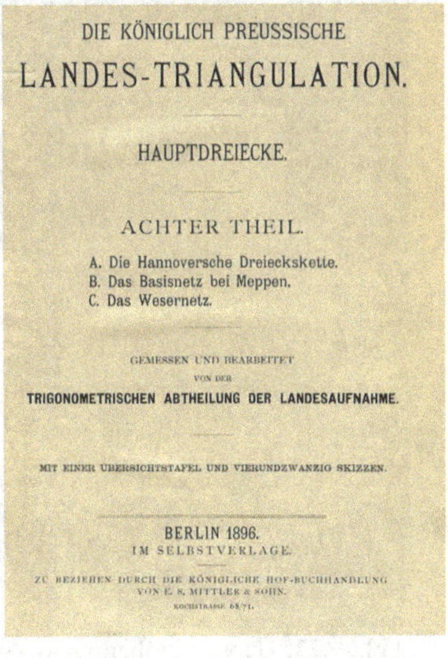
DIE KÖNIGLICH PREUSSISCHE
LANDES-TRIANGULATION.
HAUPTDREIECKE.
ACHTER THEIL.
A. Die Hannoversche Dreieckskette.
B. Das Basisnetz bei Meppen.
C. Das Wesernetz.
GEMESSEN UND BEARBEITET
VON DER
TRIGONOMETRISCHEN ABTHEILUNG DER LANDESAUFNAHME.
MIT EINER UEBERSICHTSTAFEL UND VIERUNDZWANZIG SKIZZEN.
BERLIN 1896.
IM SELBSTVERLAGE.
ZU BEZIEHEN DURCH DIE KÖNIGLICHE HOF-BUCHHANDLUNG
VON E. S. MITTLER & SOHN.
KOCHSTRASSE 68/71.

Abb. 9.19. Titelseite „Hauptdreiecke", Achter Theil, Berlin 1896

Unter Schreiber und seinen Nachfolgern wird in rund vier Jahrzehnten auch ein *Höhenfestpunktfeld* durch ein Präzisionsnivellement aufgebaut Es beruht auf einem einheitlichen Höhendatum und erfährt auf Grund zahlreicher Verbesserungen eine wesentliche Genauigkeitssteigerung gegenüber den Gradmessungsnivellements.

Der Einführung des vom Zentraldirektorium beschlossenen Normal-Höhenpunktes waren Vergleiche zahlreicher an den deutschen Küsten beobachteten *Mittelwasser* mit dem Mittelwasser des Amsterdamer Pegels vorausgegangen, s. [8.1.2]. Diese Vergleiche zeigen, dass die Nullpunkte der einzelnen Pegel nicht auf derselben Niveaufläche liegen, in der Ostsee deutet sich von Eckernförde bis Memel sogar eine West-Ost-Neigung von wenigen dm an. Insgesamt stimmen die Mittelwasser der deutschen Meerespegel aber hinreichend (auf ±0,1 m) mit dem Mittelwasser in Amsterdam überein. Auf Grund der dort vorliegenden langen Messreihen und der Tatsache, dass der Amsterdamer Pegel bereits bei vielen Höhenmessungen in Preußen zur Höhenfestlegung benutzt worden war, legt das Zentraldirektorium unter entscheidender Mitwirkung von Schreiber dann 1875 das Mittelwasser des Amsterdamer Pegels als Ausgangspunkt für die Höhen-Nullfläche fest.

Die Höhe des *„Normal-Höhenpunktes von 1879"* gegenüber dem Nullpunkt des Amsterdamer Pegels wird 1875/76 durch nivellitische Übertragung von Amsterdam nach Berlin bestimmt. Vermarkt wird dieser Punkt durch eine Skala am Nordpfeiler der Berliner Sternwarte, deren Mittelstrich 37,000 m über dem Niveau des Amsterdamer Pegels liegt (Normal-Nullpunkt), Abb. 9.20. Die durch diesen Punkt verlaufende Niveaufläche (Normal-Null-Fläche, N. N.) wird als „Landeshorizont" Bezugsfläche für die Höhenmessungen in Preußen, realisiert wird N. N. durch die Gesamtheit der in diesem System bestimmten Höhenfestpunkte (Jordan 1880); damit entfallen auch die bisher von der Landesaufnahme zur Höhenfestlegung benutzten Nullpunkte der Pegel in Neufahrwasser und in Hamburg (für Schleswig-Holstein). Normal-Null wird bald

Abb. 9.20. Normal-Höhenpunkt von 1879 für das Königreich Preußen, Sternwarte Berlin

Abb. 9.21. Normalhöhenpunkt von 1912, Granitsockel mit aufgesetzter Achatkugel vor dem Einbringen in den Erdboden, Hoppegarten

in ganz Deutschland als Höhenbezugsfläche angenommen und bildet für mehr als 100 Jahre die Grundlage für alle Höhenmessungen, die bisherige Vielfalt der Höhennullflächen wird endlich beseitigt, s. [7.5]. Der bevorstehende Abbruch der Berliner Sternwarte führt dann 1912 zur Neuanlage eines Ausgangspunktes für die Höhenmessungen. Zum *„Normal-Höhenpunkt von 1912"* wird die mittlere von insgesamt fünf (1932 auf elf erhöhten) unterirdischen Festlegungen (0,6 m unter Erdoberfläche) erklärt, die bei Hoppegarten etwa 40 km östlich Berlin in diluvialem Sanduntergrund großer Mächtigkeit und horizontaler Schichtung eingebracht werden, Abb. 9.21 (Heller und Wernthaler 1955).

Bezogen auf Normal-Null führt die Preußische Landesaufnahme von 1868 bis 1894 systematisch *Nivellements hoher Genauigkeit* in ganz Deutschland mit Ausnahme von Baden, Bayern, Württemberg, Sachsen und Mecklenburg durch. Das nach den Regeln von Schreiber entstehende *Nivellementsnetz* ist durch eine vorbildliche Beobachtungsmethode und die Anlage in Schleifen mit Ausgleichung der Schleifenwidersprüche gekennzeichnet (Abb. 9.22). Großer Wert wird von Schreiber auch hier auf die dauerhafte und stabile Vermarkung gelegt. Die zunächst bevorzugten Granitpfeiler (Abb. 9.23)

Abb. 9.22. Nivellements der trigonometrischen Abteilung der Landesaufnahme („Urnivellement"), Stand 1894

mit eingelassenem Nivellements-Nummernbolzen sind nicht sehr standfest, so dass die Nivellementslinien ab Anfang der 1880er Jahre überwiegend durch Mauerbolzen und in größeren Abständen durch Höhenmarken an standfesten Gebäuden (Kirchen, historische Gebäude usw.) vermarkt werden (Abb. 9.24). Der Anschluss an den Normal-Höhenpunkt von 1879 wird durch eine Nivellementsschleife um Berlin (1878/79) hergestellt, es folgen die weiteren Schleifen dieses *„Urnivellements"*. Insgesamt umfasst das Netz rund 16 500 km Nivellementslinien (meist entlang von festen Straßen) mit etwa 13 000 Nivellementsfestpunkten. Benutzt werden Feinnivelliere der Firma Hildebrandt mit starker Vergrößerung und sehr empfindlichen Libellen (4″–5″), Abb. 9.25. Gemessen wird mit (leicht) geneigter Ziellinie (Feinkippschraube) durch Mitteneinstellung eines Latten-Teilstrichs und Neigungskorrektion durch Libellenablesung, wobei die Teilung der Holzlatten mehrfach verändert wird; der mittlere Fehler für die doppelt gemessene Strecke beträgt ±2 mm/km. An die Nivellements der Landesaufnahme werden die Feinnivellements der Eisenbahnverwaltung und des Büros für die Hauptnivellements und Wasserstandsbeobachtungen angeschlossen, auch die Landesnivellements der anderen deutschen Länder beziehen sich im Lauf der nächsten Jahrzehnte durch Verbindungsmessungen auf Normal-Null. Mit dem die Ostseepegel verbinden-

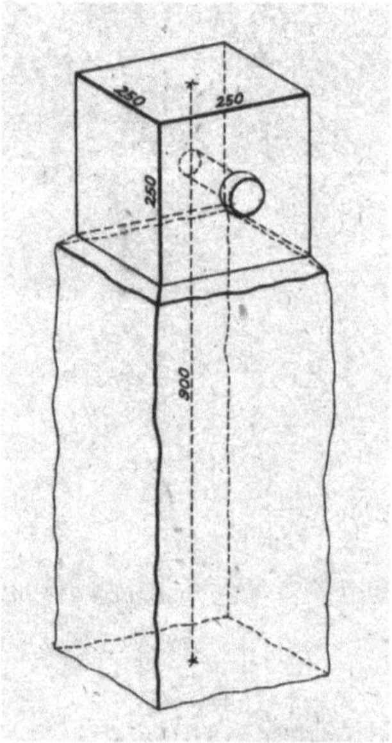

Abb. 9.23. Nivellementspfeiler aus Granit mit Höhenbolzen

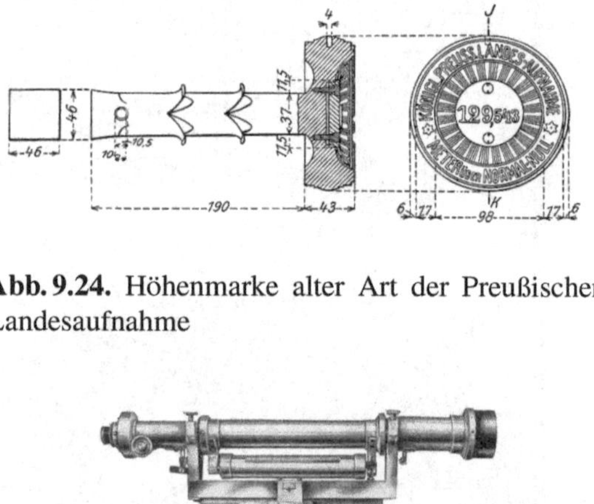

Abb. 9.24. Höhenmarke alter Art der Preußischen Landesaufnahme

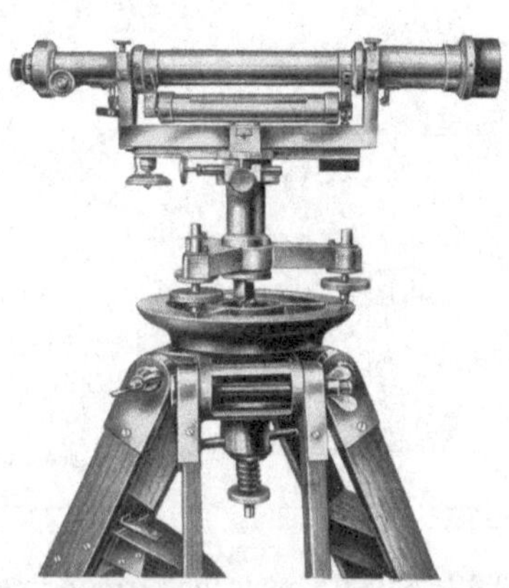

Abb. 9.25. Hildebrand-Feinnivellier

den „Küstennivellement" (1895–1901) setzt die Landesaufnahme schließlich auch die Meeresspiegeluntersuchungen des Geodätischen Institutes Potsdam fort.

Anfang des 20. Jahrhunderts zeigt sich, dass das Netz des Urnivellements durch bauliche Maßnahmen und Bewegungen der Erdoberfläche (Quellerscheinungen in Marschgebieten, Senkungen im rheinisch-westfälisches Bergbaugebiet) rasch verfällt, es wird deshalb 1913/14 der Beschluss zur vollständigen Erneuerung des Netzes gefasst. Die 1914 begonnenen Arbeiten werden 1919 wieder aufgenommen und dann allmählich weitergeführt. Dieses „neue Netz" hat mit dem alten Netz die Linienführung und die noch vorhandenen Festpunkte gemeinsam, übernimmt aber die Ausgangshöhe nur von dem Normal-Höhenpunkt, s. [10.2.3].

Ebenso wie bei den Triangulationen werden beim Nivellement die Ergebnisse der Arbeiten der preußischen Landesaufnahme und später auch die des Reichsamts für Landesaufnahme sorgfältig dokumentiert. Die Resultate des „Urnivellements" finden sich in „Nivellements und Höhenbestimmungen der Punkte I. und II. O." und „Nivellements der Trigonometrischen Abteilung der Landesaufnahme" (1870–1894) sowie in dem Werk „Die Nivellementsergebnisse der Trigonometrischen Abteilung der Königl. Preußischen Landesaufnahme" (1896–1921). Die Ergebnisse der Messungen im neuen System sind in „Die Nivellements von hoher Genauigkeit, Höhen über N. N. im neuen System der Trigonometrischen Abteilung des Reichsamts für Landesaufnahme" (1923–1937) und „Ergebnisse der Feineinwägungen" (1930–1939) nachgewiesen.

9.2.4 Die Verbindung von Kataster- und Landesvermessung: Ein langer Weg

Mit der Katastereinrichtung in den 1866 hinzugekommenen „neuen" Provinzen war die Anlage des Liegenschaftskatasters in Preußen abgeschlossen, s. [7.2.4]. Dabei ist nur in wenigen Landesteilen an übergeordnete Triangulationen angeschlossen worden; lokale Vermessungssysteme der unterschiedlichsten Art – meist gemarkungsweise – waren die Regel, wobei die Vermessungsunterlagen häufig nicht aufbewahrt wurden. Einen neuen Anstoß zur Verbesserung des Katasters und damit auch der Verbindung der Katastervermessungen mit dem Lagenetz der Landesaufnahme bringt der Übergang vom *Grundsteuer-* zum *Eigentumskataster*. Die Preußische Grundbuchordnung von 1872 führt das Kataster als „amtliches Verzeichnis der Grundstücke" ein und stellt damit die Verbindung zwischen Grundbuch und Kataster her. Die Reichsgrundbuchordnung von 1897 übernimmt diese Formulierung, mit dem Bürgerlichen Gesetzbuch tritt dann diese Regelung 1900 in Kraft. Ein Reichsgerichtsurteil von 1910 stellt schließlich fest, dass die in das Grundbuch übernommenen Katasterangaben am öffentlichen Glauben des Grundbuchs teilnehmen.

Mit der Einführung des Bürgerlichen Gesetzbuches wird im Sachenrecht auch das Eigentumsrecht und der Eigentumsübergang an Grundstücken reichseinheitlich geregelt. Damit entfallen die unterschiedlichen Rechtsnormen der einzelnen Länder, die sich u. a. auf das Allgemeine Landrecht für die Preußischen Staaten (1794), den linksrheinisch gültigen Code Civil (1804) und den Codex Maximilianeus Bavarius Civilis (1756) gestützt haben.

Die Katasterverwaltung reagiert auf die neuen eigentumsrechtlichen und wirtschaftlichen Anforderungen ab 1877 durch Anweisungen zur Erneuerung des Katasters, mit erhöhten Anforderungen auch an die Qualität der Vermessungen. Für die großräumige Verbesserung der geometrischen Grundlagen wird der Beschluss des Zentraldirektoriums über den Anschluss der Spezialvermessungen an die Landesvermessung bedeutsam, s. [9.2.1]. Hierzu werden 40 *rechtwinklig-sphäroidische Koordinatensysteme* in Soldner'scher Anordnung eingeführt, deren Geltungsbereich in der Regel mit einem Regierungsbezirk zusammenfällt (Abb. 9.26). Der jeweilige Koordinatenursprung wird durch Dreieckspunkte I. oder II. Ordnung der Landesaufnahme definiert und der Meridian durch diesen Nullpunkt wird Abszissenachse, wobei die Abszissen nach Norden und die Ordinaten nach Osten positiv gezählt werden. Die Systembreite wird nach Osten und Westen auf jeweils 64 km begrenzt. Die bei der Verwendung der Soldner-Koordinaten als ebene Koordinaten auftretenden Verzerrungen (maximale Werte für eine 1 km lange Strecke bei der Richtungsreduktion 5″, bei der Entfernungsreduktion 5 cm) bleiben dann innerhalb der damals für die Katastervermessung geltenden Fehlergrenzen (s. u.)

Abb. 9.26. Koordinatensysteme in den deutschen Ländern um 1900 (preußische Soldner-Systeme 1–40)

und können vernachlässigt werden. Die „IX. Anweisung für die trigonometrischen und polygonometrischen Arbeiten bei Erneuerung der Karten und Bücher des Grundsteuerkatasters“ (1881) enthält das Verzeichnis der Nullpunkte, ihre geographischen Koordinaten und den Geltungsbereich des jeweiligen Systems.

Da die Landesaufnahme 1879 bei weitem nicht abgeschlossen ist und die Vermessung und Berechnung der verschiedenen Netzteile sich noch bis in das 20. Jahrhundert hinein fortsetzt, muss i. Allg. mit „vorläufigen“ geographischen Koordinaten gerechnet werden, die erst später durch „endgültige“ ersetzt werden. Als Nullpunkte werden deshalb auch Punkte anderer Haupttriangulationen (europäische Gradmessung, hannoversche Landesvermessung, rheinisch-westfälische Katastervermessung, nassauische Landesvermessung) benutzt.

Die Anweisung IX regelt vor allem auch die übergeordneten *Vermessungsarbeiten* bei der Katastererneuerung. Für die notwendige Verdichtung des Festpunktfeldes der Landesaufnahme kommt die Triangulation III. oder IV. Ordnung und die anschließende Polygonierung in Frage, hierzu sind für die Anschlusspunkte der Landestriangulation die geographischen Koordinaten in „Soldner-Koordinaten“ umzurechnen. Als Stützpunkte für das Polygonnetz können auch zusätzliche „trigonometrische Beipunkte“ bestimmt werden (etwa als Polygonknotenpunkte), so dass schließlich ein trigonometrischer Punkt auf etwa 10 Polygonpunkte entfällt (Abb. 9.27). Gleichzeitig werden die Anforderungen an die Qualität der Netzverdichtung erheblich erhöht. So wird jetzt für die Punkteinschaltung durch Einschneiden die Fehlerverteilung nach der Methode der

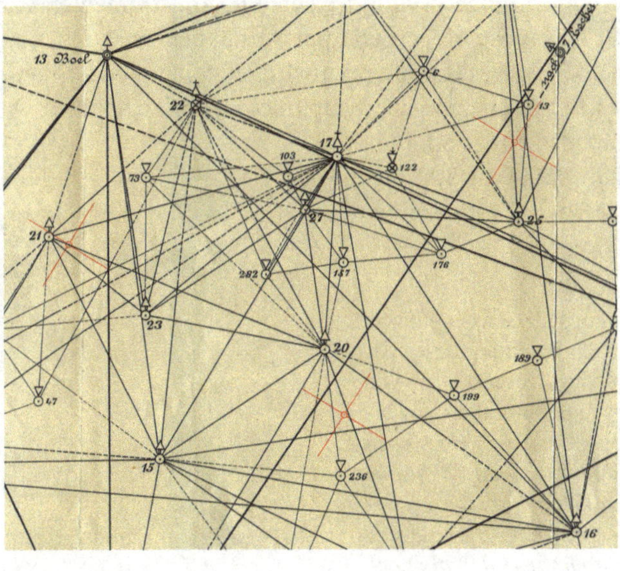

Abb. 9.27. Trigonometrisches Netz IV. Ordnung (Nr. 14–28) und Beipunkte als Verdichtung der Netze II. O. (Nr. 5–8) und III. O. (Nr. 9–13)

kleinsten Quadrate vorgeschrieben und es werden strengere, an den technischen Möglichkeiten orientierte Fehlergrenzen eingeführt. Bei der trigonometrischen Netzverdichtung (i. Allg. durch Einschneiden) werden maximale Abweichungen (Fehlergrenzen) zwischen berechneten und beobachteten Richtungen von 15″ (III. Ordnung, Seitenlängen 3 bis 10 km) bzw. 25″ (IV. Ordnung, weniger als 3 km) erlaubt. Für die Längenmessung im anschließenden Polygonnetz werden das Stahlband und die Messlatte zugelassen; die vom Gelände abhängigen Fehlergrenzen berücksichtigen einen zufälligen und einen systematischen Fehleranteil. Bei günstigem Gelände beträgt die maximal zulässige Differenz bei einer Doppelmessung 0,21 m/100 m. Der Winkelabschlussfehler eines Zuges darf $1{,}5'\sqrt{n}$ (n = Zahl der Brechpunkte) nicht überschreiten, der lineare Schlussfehler unter günstigen Bedingungen für eine Zuglänge von 1000 m nicht größer als 0,95 m sein.

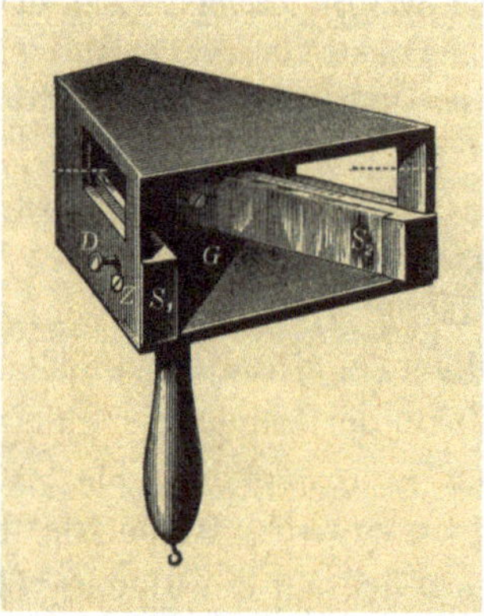

Abb. 9.28. Winkelspiegel

Die gleichzeitig erschienene „VIII. Anweisung für das Verfahren bei Erneuerung der Karten und Bücher des Grundsteuerkatasters“ (1881) schreibt das *Aufnahmeverfahren* im einzelnen vor. Der Neuvermessung ist in der Regel ein trigonometrisches und polygonometrisches Netz zu Grunde zu legen. Die Stückvermessung folgt dann mit einem Liniennetz aus vermarkten (Kleinpunkte) Messungslinien, von denen aus die Grenzpunkte usw. mit Rechtwinkelinstrumenten wie dem Winkelspiegel (Abb. 9.28) – vorgeschrieben erst bei Abständen >10 m! – aufgemessen werden (Orthogonalmethode). Der Bussolenzug wird jetzt nur noch ausnahmsweise in Waldgebieten, die Messtischaufnahme überhaupt nicht mehr zugelassen. Als Maßstäbe für die neu aufgenommenen Katasterkarten werden 1:2000, 1:1000, 1:500 und ausnahmsweise 1:4000 vorgeschrieben (Abb. 9.29).

Abb. 9.29. Gemarkungskarte 1:3200, Celle (verkl. Ausschnitt), 1870

Die hohe Bedeutung dieser neuen Vorschriften für die Entwicklung des preußischen Vermessungswesens wird von Jordan (1884) folgendermaßen gewürdigt; „*Wenn wir uns erinnern, dass noch vor 1–2 Jahrzehnten bei der Mehrzahl der preussischen Feldmesser die geodätischen Begriffe bei Kette, Bussole und Messtisch aufhörten, dass damals noch ein einheitliches Coordinatensystem als frommer Wunsch der Gelehrten galt, und wenn nun die heutige Anweisung*

IX. theilweise von denselben Geometern die Bildung und Auflösung von Normalgleichungen nach der Methode der kleinsten Quadrate verlangt, so müssen wir gestehen, dass die Katasterverwaltung es an Fortschritt nicht hat fehlen lassen".

Wegen der durch den Anschlusszwang und die engen Fehlergrenzen bedingten hohen Kosten werden Katasterneuvermessungen von Amts wegen (an denen sich die betroffenen Gemeinden mit einem hohen Kostenanteil beteiligen mussten!) jedoch kaum durchgeführt. In größerem Maße fallen sie aber als Folge eines Auseinandersetzungsverfahrens (Gemeinheitsteilung, Separation, Verkopplung, Konsolidation) und den aus städtebaulichen Gründen notwendigen Stadtvermessungen an.

Als Folge des preußischen Fluchtliniengesetzes (1875) hatten die Gemeinden Fluchtlinienpläne in den Maßstäben 1:250 bis 1:1000 aufzustellen. Die nun besonders in den Großstädten einsetzenden *Stadtvermessungen* stützen sich dabei auf eine eigene Triangulation und schließen diese an das jeweilige Landesvermessungsnetz an, wie das z. B. General Baeyer bereits früh für *Berlin* empfohlen hatte. Hier wird unter Leitung des Landmessers Knud Vasa von Höegh von 1876 bis 1899 (1884 wird das Vermessungsamt eingerichtet) eine Neumessung durchgeführt, die sich bei der Triangulation der verschiedenen Bezirke auf das Verdichtungsnetz der Preußischen Landesaufnahme bezieht Als Grundlage für die Detailaufnahme entsteht so ein städtisches Dreiecksnetz bis zur IV. Ordnung (mehr als 560 Punkte) mit verdichtendem Polygonnetz (mehr als 3000 Punkte), das Höhennetz wird ebenfalls an die Höhen der Landesaufnahme angeschlossen (Möckel 1976). Ein weiteres Beispiel ist die von Professor Jordan 1891–1893 vorgenommene Triangulation von *Hannover* (Jordan 1910, S. 215 ff.). Im Anschluss an die Punkte Aegidius und Linden Wasserturm wird dabei ein Netz III. Ordnung beobachtet (Richtungsfehler $\pm 5''$) und durch Einschneiden mit Ausgleichung nach der Methode der kleinsten Quadrate berechnet, mit Punktfehlern von wenigen cm (Abb. 9.30).

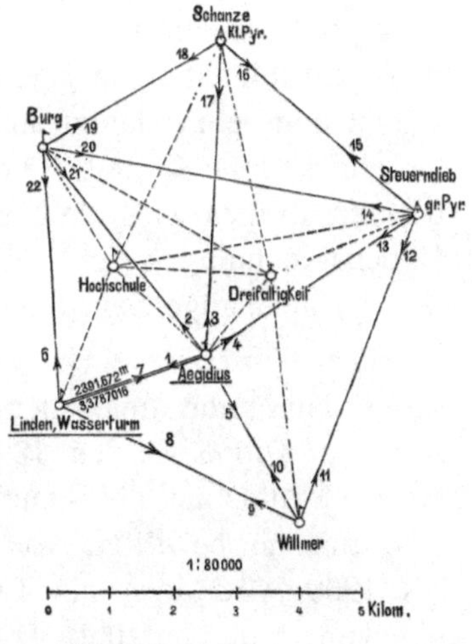

Abb. 9.30. Dreiecksnetz der Stadtvermessung Hannover, beobachtet 1891 von Jordan

9.3 Anschluss, Neuaufnahmen und Fortführung: Das Vermessungswesen außerhalb Preußens

9.3.1 Anschluss an die Preußische Landesaufnahme: Die Landesvermessung der Anrainerstaaten

Wie oben erwähnt, hatten die meisten der an Preußen angrenzenden Staaten sich bereit erklärt, ihre Landesvermessungen von der Preußischen Landesaufnahme erneuern zu lassen. Die entsprechenden Maßnahmen reichen von der vollständigen Neuvermessung durch die Landesaufnahme bis zur Einbeziehung der bestehenden Netze durch Anschlussmessungen, wobei das Königreich Sachsen durch die vorzügliche Nagel'sche Landesvermessung eine Sonderrolle einnimmt, s. [9.3.2]. Die norddeutschen Staaten werden außerdem von Linien des preußischen Urnivellements durchzogen oder umschlossen, so dass die mit unterschiedlicher Intensität entstehenden Landesnivellements angeschlossen und damit auch auf Normal-Null bezogen werden können.

- Das Herzogtum *Braunschweig* ist von 1882 bis 1887 von der Preußischen Landesaufnahme mit einer Triangulation I. und II. Ordnung überdeckt worden, 1886/87 folgt die Triangulation III. und IV. Ordnung. Mit dem Neumessungsgesetz von 1886 wird dann der Anschluss der Spezialvermessungen an das Dreiecksnetz vorgeschrieben, die Berechnungen werden im preußischen „Soldner"-System Nr. 28 (Kaltenborn) durchgeführt. Für die Landesvermessung bleibt die Landesökonomie-Kommission zuständig, hier tritt um die Jahrhundertwende von außen als treibende Kraft Prof. Koppe vom Geodätischen Institut der Technischen Hochschule auf, s. [9.4]. Er schlägt den Aufbau eines Lage- und Höhenfestpunktfeldes im Anschluss an die preußischen Netze vor, das Festpunktfeld soll auf einen trigonometrischen Punkt je km^2 verdichtet werden; Ziel ist die Entwicklung einer darauf aufbauenden Landeskarte 1:10 000 (Vorthmann 1960). Der Grundriss dieser Karte soll überwiegend aus den Flur- und Forstkarten abgeleitet werden, im übrigen wird die Messtischaufnahme bevorzugt. Im Zusammenhang mit der Höhenaufnahme entwickelt Koppe auch die bekannte Formel für die von der Geländeneigung abhängige Genauigkeit der Höhendarstellung.

Nach Einsetzen einer Vermessungskommission unter dem Vorsitz von Koppe werden 1892 die ersten Mittel für die neue Landesaufnahme bewilligt, von 1896 bis 1900 wird auch ein Landesnivellement durchgeführt. Die Vermessungsarbeiten müssen aber aus Geldmangel 1906 eingestellt werden – kartiert sind erst rund 15 % der Landesfläche (Weimann 1983), Abb. 9.31. Damit ist der Versuch gescheitert, endlich die (nicht veröffentlichte) Gerlach'sche Karte aus dem 18. Jahrhundert und den veralteten Papen'schen Atlas durch eine großmaßstäbige Grundkarte zu ersetzen.

Abb. 9.31. Topographische Landeskarte von Braunschweig 1:10 000, Blatt N.O.VIII, 6 „Groß-Vahlberg" (verkl. Ausschnitt), 1907

- Das Großherzogtum *Oldenburg* wird bis 1897 von der Preußischen Landesaufnahme mit der Triangulation bis zur III. Ordnung überdeckt, berechnet werden rechtwinklig-sphäroidische Koordinaten in Bezug auf den Schlossturm in Oldenburg; die Ergebnisse werden von der Oldenburgischen Vermessungsdirektion verwaltet. Nachdem das alte Nivellement von 1860 rasch verfallen war, wird Oldenburg von 1869 bis 1876 vom Urnivellement der Preußischen Landesaufnahme überdeckt, partielle Erneuerungen finden ab 1894 statt.

- In *Mecklenburg* ist die vorzügliche Triangulation von Paschen, s. [7.3.2], in der II. und III. Ordnung von 1892 bis 1912 erneuert worden, eine weitere Verdichtung durch das Netz IV. Ordnung (mittlerer Punktabstand 1 km) dient dem Anschluss der Katastervermessungen. Von den mecklenburgischen Punkten sind 16 mit Dreieckspunkten I. bzw. II. Ordnung der umschließenden preußischen Netze identisch, so dass bereits Schreiber eine kartographischen Zwecken genügende Umformung vornehmen konnte. Thilo (1913) führt dann unter Hinzunahme weiterer identischer Punkte eine Helmert-Transformation des mecklenburgischen Netzes durch, er stellt später auch Formeln zur Umrechnung der ebenen Koordinaten Mecklenburgs in Gauß–Krüger-Koordinaten bereit.

Auf Grund der Empfehlungen der Mitteleuropäischen Gradmessung wird von 1869 bis 1873 auch ein Landeshöhennetz durch geometrisches Nivellement bestimmt, eingesetzt werden Nivellierinstrumente der Wiener Firma Stampfer und Starke (Abb. 9.32). Die Höhen beziehen sich zunächst auf den Pegel Wismar, werden aber nach Anschluss an zwei preußische Nivellementslinien bald auf N. N. bezogen. Das rasch verfallende Netz wird von den 1930er Jahren an erneuert (Kleinfeldt u. Ramseger 2003).

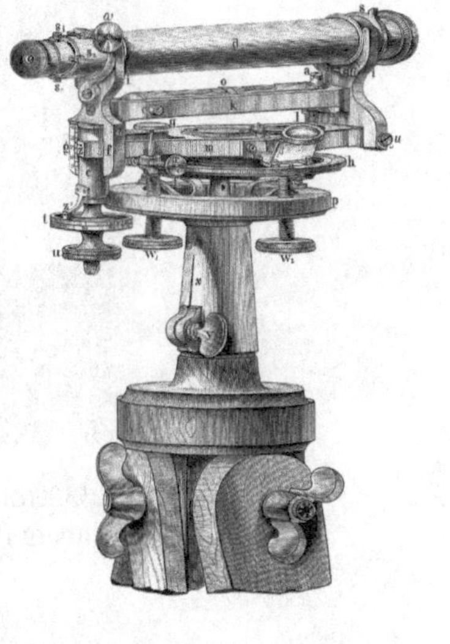

Abb. 9.32. Nivellierinstrument von Stampfer und Starke, Wien, Ende 19. Jhd.

- In *Hamburg* wird das nach modernen Gesichtspunkten in den 1860er Jahren aufgebaute Dreiecksnetz, s. [7.3.2], zunächst nicht in das System der preußischen Landesaufnahme eingerechnet. Angeschlossen wird dagegen ein von 1869 bis 1871 nach den Vorschriften der Gradmessung durchgeführtes Hauptnivellement, die Höhen beziehen sich bis 1931 auf den Hauptflutmesser in Hamburg („Hamburger Null").

Bremen schließt sich von 1888 bis 1893 mit einer Triangulation II.–IV. Ordnung an das Weser-Hauptdreiecksnetz der Preußischen Landesaufnahme an, die Messungen werden sukzessiv durch Einzelpunkteinschaltungen ausgeglichen. Berechnet werden Soldner-Koordinaten in Bezug auf die Helmstange des Ansgariturms, einem Punkt

I. Ordnung der Landesaufnahme. Im Anschluss an diese Triangulation wird von 1888 bis 1890 auch die Bremer Alt- und Neustadt vermessen. (Tworuschka 1985). Später (1925–1928) folgt ein Feinnivellement (Doppelnivellement mit Anschluss an die Landesaufnahme und Netzausgleichung) zur Bestimmung von fast 900 Höhenfestpunkten (Röhrs 1930).

- In *Hessen-Darmstadt* wird von 1886 bis 1921 auf Anregung der Geologie eine Höhenschichtenkarte 1:25 000 im Blattschnitt der preußischen Messtischblätter aufgenommen (meist Tachymeteraufnahme), wobei Kataster- und Forstkarten den Grundriss liefern (Abb. 9.33), Heil (1913), s. auch [7.3.1]. Das 1864 begonnene Gradmessungsnivellement verläuft als Landesnivellement schleppend und wird durch wechselnde Methoden beeinträchtigt, die Nivellementslinien werden nach und nach an das Netz der Preußischen Landesaufnahme angeschlossen (Heil 1927).

Abb. 9.33. Höhenschichtenkarte von Hessen 1:25 000, Blatt Zwingenberg (verkl. Ausschnitt), um 1890

9.3.2 Sachsen: Die Nagel'sche Vermessung setzt einen hohen Maßstab

Das Königreich Sachsen war nach der Aster'schen Triangulation und den Lohrmannschen Arbeiten gegenüber den Vermessungswerken in Süddeutschland und neuerdings auch in Preußen zurückgeblieben. Der Bedarf an einer neuen Landesaufnahme für topographische und Kataster-Zwecke wird nun gerade in der Zeit deutlich, in welcher die Europäische Gradmessung neue Qualitätsstandards für geodätische Arbeiten setzt. Dies führt zu der mit dem Namen von C. A. Nagel verknüpften Landesvermessung, die in der Anlage, der Vermessung und der Berechnung ein ganz bemerkenswertes Ergebnis erbringt (Deumlich 1996).

Christian August Nagel (1821–1903, Abb. 9.34) hatte am Lehrgang für die Grundsteuer-Vermessung teilgenommen und ab 1837 vier Jahre lang Katastervermessungen durchgeführt. Dem Ingenieurstudium an der Technischen Bildungsanstalt und der Feldmesserprüfung folgten Tätigkeiten beim sächsischen Eisenbahnbau und bei der Grenzvermessung mit Böhmen. 1849 wird er Assistent bei Professor Schubert in Dresden und 1852 ordentlicher Lehrer für Geodäsie an diesem Polytechnikum, s. [7.6.2], die Geodäsie ist nun erstmals in Deutschland selbständiges Lehrgebiet! 1858 zum Professor ernannt, verbindet Nagel eine praxisnahe Ausbildung mit hohen theoretischen Anforderungen, die Ausgleichungsrechnung nach der Methode der kleinsten Quadrate wird in der höheren Geodäsie eingeführt. Die Weiterbildung betreibt er u. a. mit der Gründung (1852) des „Vereins der praktischen Geometer im Königreich Sachsen", vor allem aber wirkt er als Gradmessungskommissar von Anfang an bei der „Mitteleuropäischen" bzw. „Europäischen Gradmessung" mit, s. [8.1.1]. Die in Vermessung und Berechnung weitgehend von Nagel selbst durchgeführte Triangulation des Königreichs wird dann auch sein viele Jahrzehnte maßgebendes Meisterstück (Zimmermann 2003).

Abb. 9.34. Chr. August Nagel (1821–1903)

Den Auftrag zur Bearbeitung einer *Landestriangulation I. Ordnung* erhalten Nagel, Weisbach (Freiberg) und Bruhns (Leipzig) sofort nach Einrichtung der Mitteleuropäischen Gradmessung. Nagel soll die trigonometrischen Arbeiten durchführen, wegen des frühen Todes von Weisbach und Bruhns muss er aber auch die Basismessung und das Nivellement sowie später auch die Bearbeitung der astronomischen Messungen übernehmen. Nach der Erkundung liegt bereits 1863 ein Netzentwurf (36 Punkte I. Ordnung mit Seitenlängen von 30 bis 50 km, 122 Punkte II. Ordnung) vor (Abb. 9.35). Die Hauptpunkte werden durch steinerne, teilweise mehrere Meter hohe Pfeiler aus Granit oder Sandstein sorgfältig vermarkt (Abb. 9.36), hinzu kommen tief gegründete gemauerte Fundamente und unterirdische Sicherungen. In das Netz werden nur wenige Hochpunkte einbezogen, u. a. die (inzwischen abgerissene) Pleißenburg in Leipzig mit der Universitätssternwarte. Die Richtungsmessungen (32-cm-Universaltheodolit, Helioptroplicht, Dreiecksschlussfehler fast immer $<1''$) werden von Nagel allein von 1867 bis

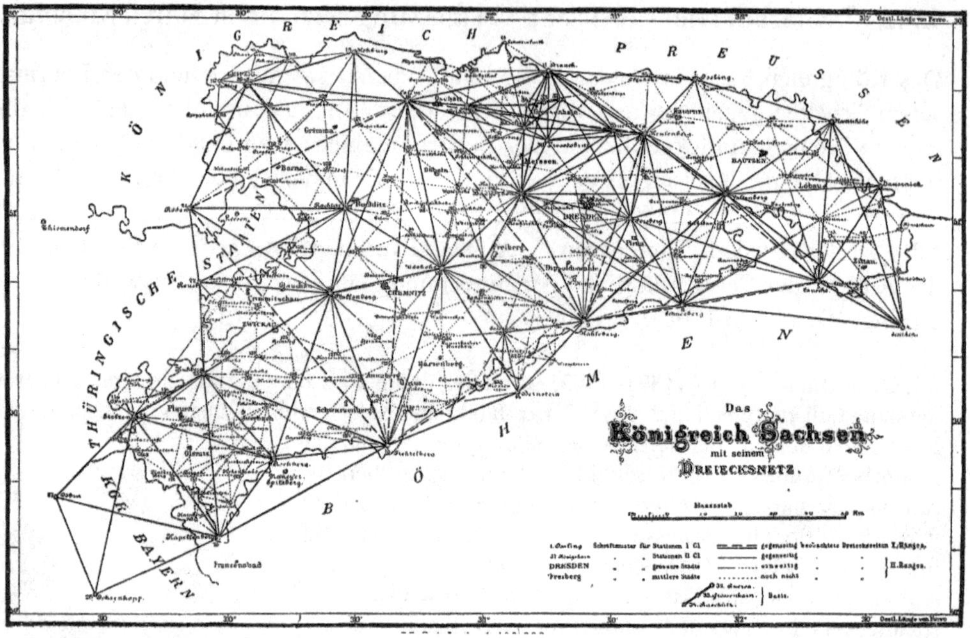

Abb. 9.35. Dreiecksnetz des Königreichs Sachsen, beobachtet 1867–1878 von Nagel

1878 durchgeführt (Abb. 9.37), u. a. wirkt dabei Helmert als Assistent mit. Bei Großenhain nördlich Meißen wird eine Grundlinie (8,9 km) angelegt und 1872 mit dem aus Berlin ausgeliehenen Bessel-Apparat gemessen (± 7 mm), das Basisvergrößerungsnetz wirkt allerdings recht verwirrend (Abb. 9.38). Astronomische Breiten und Längen werden unter der Leitung von Bruhns auf 12 Punkten, Azimute auf 9 Punkten bestimmt. Die Ausgleichung (159 Bedingungsgleichungen unter Einschluss der Grundlinie) löst Nagel in einem Guss, der mittlere Winkelfehler nach der Ausgleichung beträgt $\pm 0{,}35''$. Berechnet werden geographische und rechtwinklig-sphäroidische Koordinaten in einem Soldner-System (Nullpunkt ist der Basiszwischenpunkt Nr. 33-Großenhain). Das Netz I. Ordnung wird anschließend durch Netze II. und III. Ordnung (Punktabstand etwa 6 km) und bei Bedarf für Kataster- und Flurbereinigungszwecke auch bis zur IV. Ordnung verdichtet (Brunner 1996).

Die neben seinen umfangreichen Lehrverpflichtungen ohne einen speziellen Vermessungsdienst durchgeführte Landestriangulation kann Nagel nur mit größtem persönlichen Einsatz und guter Organisation seiner Arbeiten bewältigen. Er äußert sich hierzu 1893 wie folgt: *„Durch viele Nachtarbeiten, unterstützt durch eine kräftige Gesundheit ist mir dies aber möglich geworden, ohne meine Verpflichtungen dem Polytechnikum gegenüber auch nur im Geringsten zu verletzen … “* (Rößler 2002). Die Ergebnisse der Basismessung, der Triangulation, der astronomischen Arbeiten und des Landesnivellements werden zwischen 1882 und 1890 in vier Bänden „Astronomisch-Geodätische Arbeiten für die Europäische Gradmessung im Königreich Sach-

Abb. 9.36. Pfeiler des Trigonometrischen Punktes I. Ordnung „Röden“, Sachsen

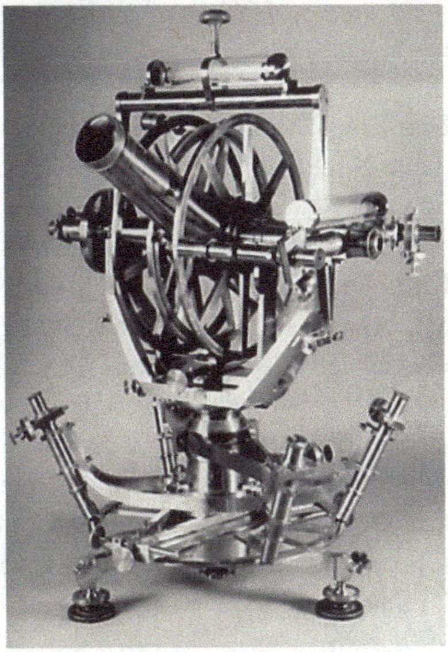

Abb. 9.37. Repsold-Universalinstrument (1863), benutzt von Nagel

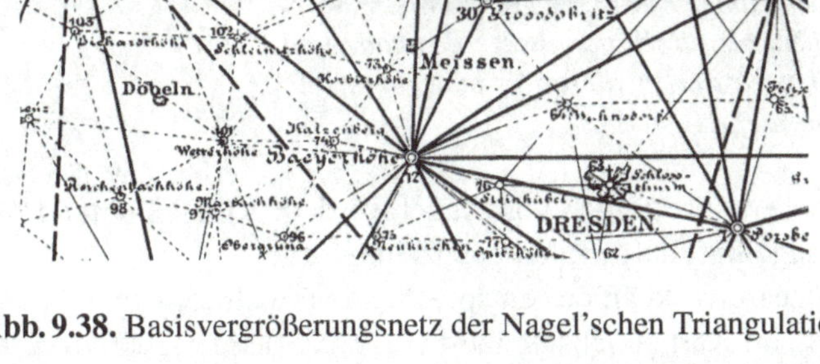

Abb. 9.38. Basisvergrößerungsnetz der Nagel’schen Triangulation

sen" veröffentlicht. Jordan (1896) urteilt über die Nagel'sche Triangulation folgendermaßen: *„Das Königreich Sachsen ist durch dieses Werk in die Reihe der geodätisch tätigen Staaten eingetreten, und ebenso wie Soldner in Bayern und Bohnenberger in Württemberg hat damit Nagel in Sachsen seinen Namen in die geodätische Geschichte seiner Heimat ehrenvoll eingeschrieben".*

Den Empfehlungen der Europäischen Gradmessung folgend, bearbeiten Weisbach und dann Nagel von 1865 bis 1878 auch das sächsische *Präzisionsnivellement.* Das in Schleifen meist längs der Eisenbahnlinien angelegte und als Doppelnivellement (Nivellierinstrumente von Hildebrand und Breithaupt) beobachtete Hauptnetz enthält 69 Knotenpunkte. Es wird nach vermittelnden Beobachtungen ausgeglichen und auf das Mittelwasser der Ostsee bei Swinemünde, später auf N. N. bezogen; der mittlere Fehler beträgt ± 3–5 mm/km. Wegen hoher Punktverluste und gestiegener Genauigkeitsansprüche wird das Nivellement von 1909 bis 1921 nach den Vorschriften der preußischen Landesaufnahme erneuert und an diese angeschlossen, die Nivellementslinien folgen nun meist den Straßen. Unter anderem durch den Einsatz verbesserter Nivellierlatten geht der mittlere Fehler nun auf $\pm 0{,}6$ mm/km zurück. Bis in die 1930er Jahre folgen Nivellements II. und III. Ordnung, erreicht wird schließlich eine Punktdichte von 1 Punkt/km^2.

Nagel unterbreitet – wie früher Baeyer in Preußen – 1876 in einer Denkschrift (Abb. 9.39) auch Vorschläge für eine rationelle Landesvermessung und kritisiert dabei besonders die Grundsteuervermessungen aus der ersten Hälfte des 19. Jahrhunderts, die ohne Anschluss an ein übergeordnetes Dreiecksnetz entstanden waren, s. [7.3.2]. Er entwickelt den Plan einer umfassenden Landesaufnahme, die auf der Grundlage der laufenden Triangulation schließlich zu einer auch die Höhenverhältnisse wiedergebenden Karte 1:2000 führen soll. Nach Grenzvermarkung soll aus der Grundstücksvermessung ein Zahlenkataster aufgebaut werden. Die Denkschrift endet mit den Worten: *„Auf diese Weise könnte ohne wesentliche Erhöhung der … Kosten für unser Vaterland ein Werk geschaffen werden, das, um die in der ersten Kammer 1833/34 gesprochenen Worte zu gebrauchen, als ein Nationalwerk dastände und das unter den besten Werken dieser Art eine ehrenvolle Stelle einnähme …".*

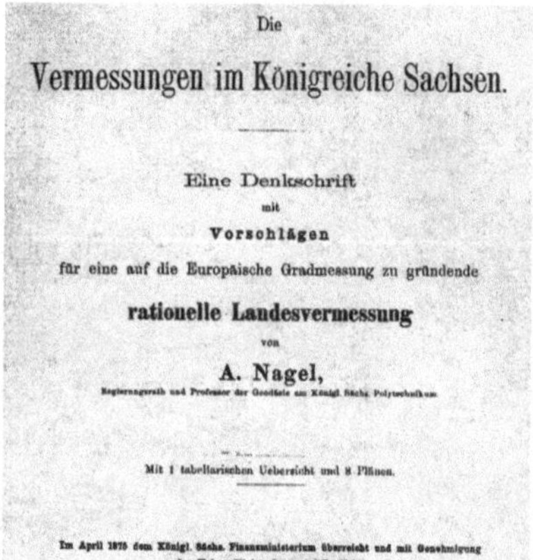
Die

Vermessungen im Königreiche Sachsen.

Eine Denkschrift

mit

Vorschlägen

für eine auf die Europäische Gradmessung zu gründende

rationelle Landesvermessung

von

A. Nagel,

Mit 1 tabellarischen Uebersicht und 8 Plänen.

Dresden.

In Commission von A. Huhle

1876.

Abb. 9.39. Titelseite der Nagel'schen Denkschrift (1876)

Auf Grund dieser Anregungen von Nagel werden die früher mangelhaft aufgenommenen Fluren ab 1896 neu vermessen und an das entsprechend verdichtete trigonometrische Landesnetz angeschlossen, im Kartenmaßstab wird von 1:2730 auf 1:2000 bzw. 1:1000 übergegangen. Die Zuständigkeit liegt weiter bei der Finanzverwaltung (ab 1888 Zentralbureau für

Steuervermessung), 1917 wird das Landesvermessungsamt gegründet. Die Ergänzungsarbeiten schreiten allerdings nur langsam voran und ziehen sich über Jahrzehnte hin. Etwas mühsam gestaltet sich auch der Übergang zu rechtwinkligen Kataster-Koordinaten. 1896 werden zunächst 34 lokale Soldner-Systeme mit Systembreiten von nur ±5 km eingeführt, so dass im jeweiligen System eben gerechnet werden kann. Die umständliche Handhabung dieser Koordinaten bei großräumigeren Arbeiten führt bereits 1904 zu ihrem Ersatz durch drei Systeme Gauß'scher Koordinaten (konforme Abbildung). Eines dieser Systeme fällt in Ursprung und Orientierung mit dem Landessystem (Ursprung Großenhain) zusammen; die beiden anderen sind nach Südwesten bzw. Südosten um volle 10er-km-Beträge so verschoben, dass das gesamte Land überdeckt wird.

Für die *topographische Aufnahme* bleibt das Topographische Bureau zuständig, seit 1903 als Abteilung für Landesaufnahme des Sächsischen Generalstabs. Von 1870 bis 1885 wird in Abstimmung mit dem Finanzminister die Karte 1:25 000 mit Schichtlinien („Äquidistantenkarte") bearbeitet (Abb. 9.40). Die Katasterkarten liefern nun die Lageinformation, zur Höhenbestimmung werden im Anschluss an das Gradmessungsnivellement geometrische, trigonometrische und barometrische Nivellements durchgeführt. 1900 wird eine topographische Neuaufnahme 1:25 000 begonnen, jetzt auf der Grundlage der Nagel'schen Triangulation und in Analogie zu den preußischen Messtischblättern, diese Aufnahme ist 1921 abgeschlossen.

Abb. 9.40. Sächsische Äquidistantenkarte 1:25 000, Blatt Nr. 114 Burkhardtsdorf (verkl. Ausschnitt), 1875

Als ein weiteres Beispiel für die wegen der bevölkerungs- und flächenmäßigen Expansion der Großstädte notwendigen *Stadtvermessungen* und ihre Einbindung in die Landesvermessung sei die Stadt *Leipzig* genannt (Gerke 1996). Ab 1875 wird hier die Forderung nach einem Gesamtbebauungsplan mit einwandfreier geometrischer Grundlage erhoben, mit der Schaffung des Grundlagenetzes wird Prof. Nagel beauftragt. Das Mitte der 1880er Jahre angelegte städtische Dreiecksnetz gliedert sich in fünf Ordnungen, von denen die erste einem Landesnetz III. Ordnung entspricht. Es schließt über den Zentralpunkt Pleißenberg (Punkt I. O.) und sechs das (damalige) Stadtgebiet umschließende Punkte II. O. an das Landesnetz an, die hierauf bezogenen Punktlagefehler liegen im cm-Bereich. Das trigonometrische Netz wird durch ein Polygonnetz verdichtet, für die Detailaufnahme (Grenzen und Topographie) schließen Polygonzüge und Messungslinien an. Wegen der laufenden Stadterweiterungen ist erst mit Beginn des ersten Weltkrieges ein gewisser Abschluss dieser Aufnahme erreicht, das städtische Kartenwerk liegt nun in den Maßstäben 1:1000 (unbebautes Gelände) bzw. 1:500 vor. Wie in anderen Städten, wird auch in Leipzig eine Vermessungsabteilung (hier im Jahre 1911 beim Tiefbauamt) eingerichtet.

9.3.3 Erneuerung der Vermessungswerke in den süddeutschen Staaten

• Das *bayerische Hauptdreiecksnetz* stammt aus der ersten Hälfte des 19. Jahrhunderts, s. [6.2.2]. Für wissenschaftliche Zwecke wird das Netz Anfang der 1870er Jahre durch den Oberstleutnant *Carl von Orff* (1828–1905), Leiter des Topographischen Büros, streng ausgeglichen; die Dreiecksschlussfehler bleiben dabei kleiner als 10″, der mittlere Winkelfehler überschreitet 2″ nicht (Orff 1873), s. auch [7.4.1].

Hierbei und bei dem späteren Aufbau eines Reichsdreiecksnetzes werden auch die Anschlüsse an die Nachbarstaaten untersucht, dabei finden sich systematische Verschiebungen von einigen Bogensekunden in der Breite und von 10″ und mehr in der Länge und im Azimut; die Restklaffungen liegen um ± 1 m, können aber auch 5 m erreichen (Kneißl 1942).

Mängel des alten Netzes sind die ungenügende Vermarkung, die Veränderungen der Hochpunkte, fehlende Verbindungen zu benachbarten Punkten im Sekundärnetz und aus topographischen Gründen nicht optimal vermessene Netzteile, etwa in der Oberpfalz. Zur Netzversteifung werden von den 1870er Jahren von der Gradmessungskommission (v. Orff, v. Oertel) zahlreiche astronomische Breiten- und Längenmessungen vorgenommen (Strohmeier 1952). Ab 1911 werden systematische Netzerneuerungen durchgeführt, die sich bis 1940 hinziehen; das Pfälzische Hauptdreiecksnetz wird von 1901 bis 1903 neu beobachtet (Kneißl 1940). In der Katastervermessung wird die bisher übliche Messtischaufnahme von den 1880er Jahren an durch zahlenmäßige Aufnahmemethoden verdrängt, in den Flurkarten wird auf die Maßstäbe 1:1000 und 1:2500 übergegangen. Bei dieser Katastererneuereung kommt C. A. Steppes ein besonderer Verdienst zu.

Carl Adolf Steppes (1843–1913) wirkt nach Tätigkeiten als praktischer Geometer ab 1882 im Kgl. Katasterbureau für die Erneuerung des Katasters, zuletzt als Regierungs- und Obersteuerrat. Als Schriftleiter der Zeitschrift für Vermessungswesen (1888–1913) betreut er über fast drei Jahrzehnte den angewandten Teil dieses Organs des Deutschen Geometervereins und führt dabei auch lebhafte Diskussionen mit dem den wissenschaftlichen Aspekt vertretenden Schriftleiter Professor Jordan (Lotz u. a. 1913), s. [9.4].

Das Topographische Büro bearbeitet weiterhin den *Topographischen Atlas* 1:50 000 (Abb. 9.41), dabei dienen die Flurkarten wie bisher als Grundlage für die Geländeaufnahme. Ab 1872 werden auch die bisher nur als Zwischenstufe betrachteten Positionsblätter 1:25 000 veröffentlicht, wobei das Gelände wie bei den preußischen Messtischblättern durch Höhenlinien dargestellt wird. Die Höhenbestimmung

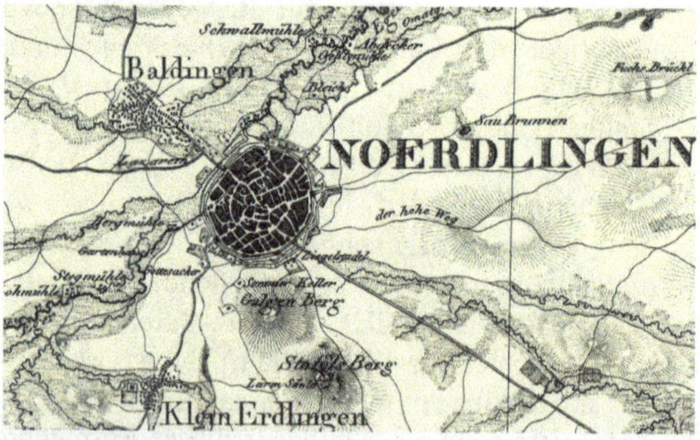

Abb. 9.41. Topographischer Atlas 1:50 000 von Bayern

basiert auf dem inzwischen angelaufenen Landesnivellement und verdichtenden barometrischen, trigonometrischen und nivellitischen Messungen, um 1900 hat sich die tachymetrische Aufnahme durchgesetzt. Zwischen 1883 und 1902 wird dann auch der bayerische Anteil an der reichseinheitlichen Karte 1:100 000 fertiggestellt, s. [9.2.1].

Die Beschlüsse der „Mitteleuropäischen Gradmessung“ führen auch in Bayern ab 1868 zu einem ersten *Präzisionsnivellement*, angelegt von der Bayerischen Erdmessungskommission. Unter der Leitung von v. Bauernfeind entsteht rechts des Rheins ein Haupthöhennetz in 21 Schleifen, eingesetzt werden Ertel-Nivelliere mit 30–40-facher Vergrößerung (Abb. 9.42). Das Netz wird später verbessert (Doppelnivellement in entgegengesetzten Richtungen, zweite Messung vieler Linien) und ergänzt, es verläuft überwiegend längs von Bahnstrecken. 1890 umfasst das nun abgeschlossen vorliegende Netz bei einer Linien-Gesamtlänge von rund 3500 km etwa 2500 Höhenpunkte. Die Ausgleichung der 21 Schleifen wird in einem Guss nach bedingten Beobachtungen durchgeführt. Der mittlere Fehler von $\pm 2{,}3$ mm/km ist hauptsächlich auf die ungenügende Maßstabskontrolle der feuchtigkeitsempfindlichen Holzlatten und zu große Zielweiten zurückzuführen. Zur Reduktion des Schwereeinflusses wird die normalorthometrische Korrektion angebracht, sie berücksichtigt aber nur den Einfluss der Normalschwere, s. auch [10.2.3]. Um 1900 ist jedoch bereits $1/4$ des Punktbestandes zerstört, so dass Netzerneuerungen notwendig werden. Diese werden durch die Erdmessungskommission, die Eisenbahnverwaltung und die oberste Baubehörde vorgenommen. Die Zielweiten werden nun auf 35 m reduziert, was den mittleren km-Fehler auf etwa die Hälfte verkleinert; um 1910 liegen rund 4300 vermarkte Höhenpunkte vor (publiziert in M. Schmidt: Das Bayerische Landesnivellement, München 1910). In der Rheinpfalz wird das Präzisionsnivellement von 1890 bis 1894 von v. Oertel beobachtet und ausgeglichen. Durch Anschluss an das Nivellement der preußischen Landesaufnahme wird schließlich auch das Höhenniveau vom Adriapegel in Triest auf N. N. umgestellt (Näbauer 1940).

Abb. 9.42. Großes Nivellierinstrument von Ertel

- In *Württemberg* liegt mit dem noch von Bohnenberger gemessenen Dreiecksnetz I. Ordnung eine vorzügliche Triangulation vor, es ist ebenso wie das Netz II. O. sphärisch berechnet worden, s. [7.4.2]. Das gut vermarkte Netz III. O. verdichtet das Festpunktfeld so, dass 1,5 Punkte auf 1 km^2 entfallen. Im letzten Jahrzehnt des 19. Jahrhunderts beginnen Netzbereinigungen, die Punktverschiebungen bis zu einigen Meter mit sich bringen; diese Erneuerungsarbeiten werden bis in die 1930er Jahre hinein fortgesetzt (Strobel 1968). Das Katasterwesen einschließlich der Triangulation untersteht weiterhin dem Steuerkollegium, während die Zuständigkeit für die topographische Landesaufnahme kurzfristig (1901–1922) vom Statistischen Landesamt (Finanzminister) zum Topographischen Büro beim Kriegsministerium übergeht.

Nach einer langen Diskussion beginnt Ende der 1860er Jahre eine bemerkenswerte *Höhenaufnahme* „vom Großen ins Kleine" (Egerer 1937, Strobel 1968). Die Grundlage liefert das Gradmessungsnivellement (1868–1878), es folgt auch in Württemberg hauptsächlich den Eisenbahnlinien. Mängel in der Vermarkung, aber auch der Messung und Berechnung führen rund zehn Jahre später zu einer Neuvermessung durch die Eisenbahnverwaltung, mit Anschluss an Punkte der Preußischen Landesaufnahme. Auf der Grundlage der Katasterkarte 1:2500 folgen Höhenaufnahmen in den vom Bahnbau betroffenen Landesteilen, Arbeiten der Forstverwaltung schließen sich an. Von den 1890er Jahren an übernimmt das Statistische Landesamt die Höhenaufnahme für das ganze Land. Prof. Hammer setzt sich dabei für die tachymetrische Aufnahme des Geländes ein und entwickelt den nach ihm benannten Tachymetertheodolit (Abb. 9.43). Durch Verdichtungsmessungen wird schließlich erreicht, dass jede Flurkarte von mindestens einer Nivellementslinie durchzogen ist. Die Herstellung der mit Höhenlinien versehenen Höhenflurkarte (etwa 16 000 Blätter) ist 1935 abgeschlossen (Abb. 9.44): ein bemerkenswertes Beispiel für eine großmaßstäbige, auch die Höhenverhältnisse nachweisende Karte! Aus der Höhenflurkarte abgeleitet wird die Topographische Karte 1:25 000, nachdem der Topographische Atlas 1:50 000 bereits 1852 fertiggestellt worden war.

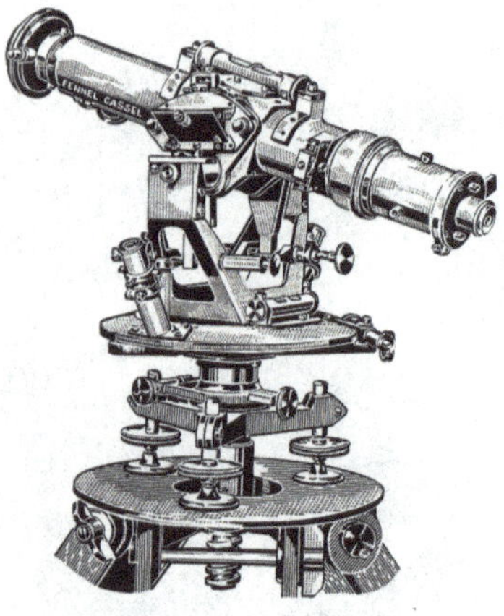

Abb. 9.43. Hammer-Fennel-Tachymeter, um 1900

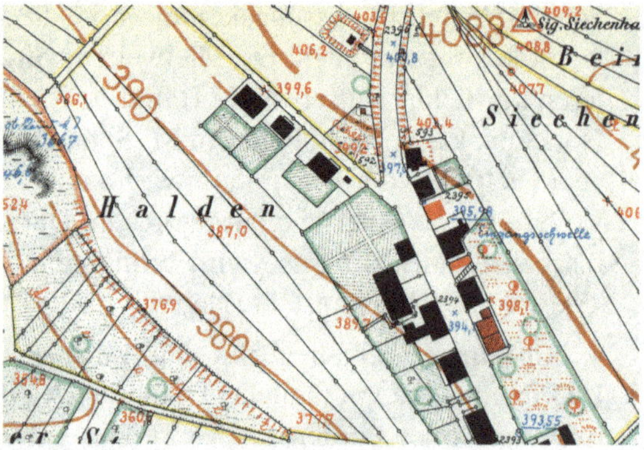

Abb. 9.44. Topographische und Höhen-Flurkarte, Württemberg, Blatt NW 2803 (verkl. Ausschnitt), aufgenommen 1894

- In *Baden* übernimmt mit dem Vermessungsgesetz von 1852 das Bureau der Katastervermessung und später die Steuerdirektion (Finanzministerium) die nachgeordneten Triangulationen von dem aufgelösten Militär-topographischen Bureau. Für die Laufendhaltung des Topographischen Atlas 1:50 000 bleibt bis 1871 (Übernahme durch den preußischen Generalstab) die Topographische Abteilung des General-

Abb. 9.45. Topographische Karte von Baden 1:25 000, 1874–1889

stabs zuständig. Für die Herstellung der 1874 beschlossenen topographischen Karte 1:25 000 mit Höhenlinien wird dann das Topographische Büro bei der Oberdirektion des Wasser- und Straßenbaus (Handelsministerium, ab 1891 Innenministerium) eingerichtet, dieses Kartenwerk ist 1889 fertiggestellt (Abb. 9.45), Walther (1931/32). 1878 gehen dann auch die Aufgaben der Steuerdirektion an dieses Büro über, mit der Zuständigkeit für die Grundlagenvermessung, die topographischen Karten und das Kataster ist so auch in Baden die organisatorische Einheit des Vermessungswesens erreicht! Von 1871 bis 1883 wird schließlich durch die Eisenbahnverwaltung und das Preußische Geodätische Institut ein Präzisionsnivellement längs der Bahnen durchgeführt und von Prof. Jordan ausgeglichen, wegen der ungenügenden Vermarkung verfällt dieses Netz allerdings rasch.

9.4 Der „Vermessungsingenieur" entsteht: Das Wirken des „Deutschen Geometervereins" und die akademische Ausbildung

Für die Herausbildung eines wissenschaftlich ausgebildeten Vermessungsingenieurs mit klar definiertem Studiengang und ganz allgemein für die Qualitätssteigerung der vermessungstechnischen Arbeiten wird die Tätigkeit des *Deutschen Geometer-Vereins* (D.G.V.) von herausragender Bedeutung (Großmann 1985). Der Verein wird 1871 in Coburg mit dem Zweck der *„Hebung und Förderung des Vermessungswesens in allen seinen Zweigen und Einzelheiten"* gegründet. Dieser Zweck soll durch Herausgabe einer Zeitschrift, durch Abhaltung von Versammlungen und durch Pflege sozialer Einrichtungen erreicht werden. Der Verein nennt sich 1920 in „Deutscher Verein für Vermessungswesen" um und trägt seit 2002 den Zusatz „Gesellschaft für Geodäsie, Geoinformation und Landmanagement". Die Zeitschrift erhält den Namen *„Zeitschrift für Vermessungswesen"* (ZfV), sie hat inzwischen (2007) ihren 132. Jahrgang erreicht (jetzt als zfv – Zeitschrift für Geodäsie, Geoinformation und Landmanagement), Abb. 9.46. Die jährlich stattfindenden Hauptversammlungen des Vereins befassen sich von Anfang an auch mit wissenschaftlichen Fragestellungen der Geodäsie und des Vermessungswesens, früh ergänzt durch Instrumentenvorführungen und die Ausstellung von Ergebnissen. Diese Fachtagung wird nach 1945 in „Deutscher Geodätentag" umbenannt, unter der Bezeichnung „INTERGEO – Kongress und Fachmesse für Geodäsie, Geoinformation und Landmanagement" ist hieraus die weltgrößte Fachausstellung für Produkte der Geoinformationswirtschaft entstanden.

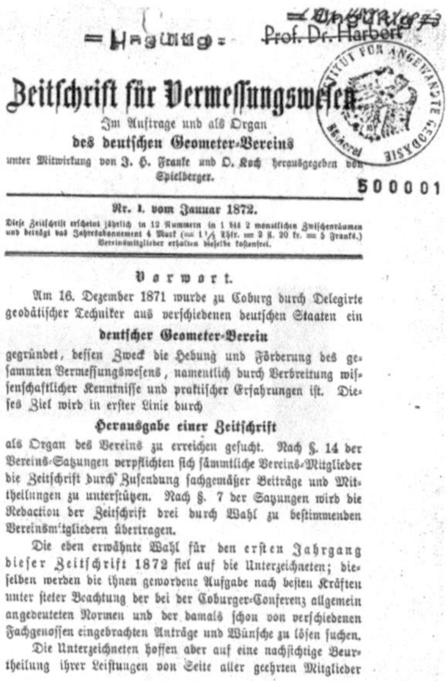
Zeitschrift für Vermessungswesen.

Im Auftrage und als Organ
des deutschen Geometer-Vereins
unter Mitwirkung von J. H. Franke und O. Koch herausgegeben von Spielberger.

500001

Nr. 1. vom Januar 1872.

Diese Zeitschrift erscheint jährlich in 12 Nummern in 1 bis 2 monatlichen Zwischenräumen und beträgt das Jahresabonnement 4 Mark (= 1⅓ Thlr. = 2 fl. 20 kr. = 5 Franks.) Vereinsmitglieder erhalten dieselbe kostenfrei.

Vorwort.

Am 16. Dezember 1871 wurde zu Coburg durch Delegirte geodätischer Techniker aus verschiedenen deutschen Staaten ein

deutscher Geometer-Verein

gegründet, dessen Zweck die Hebung und Förderung des gesammten Vermessungswesens, namentlich durch Verbreitung wissenschaftlicher Kenntnisse und praktischer Erfahrungen ist. Dieses Ziel wird in erster Linie durch

Herausgabe einer Zeitschrift

als Organ des Vereins zu erreichen gesucht. Nach §. 14 der Vereins-Satzungen verpflichten sich sämmtliche Vereins-Mitglieder die Zeitschrift durch Zusendung sachgemäßer Beiträge und Mittheilungen zu unterstützen. Nach §. 7 der Satzungen wird die Redaction der Zeitschrift drei durch Wahl zu bestimmenden Vereinsmitgliedern übertragen.

Die eben erwähnte Wahl für den ersten Jahrgang dieser Zeitschrift 1872 fiel auf die Unterzeichneten; dieselben werden die ihnen gewordene Aufgabe nach besten Kräften unter steter Beachtung der bei der Coburger-Conferenz allgemein angedeuteten Normen und der damals schon von verschiedenen Fachgenossen eingebrachten Anträge und Wünsche zu lösen suchen.

Die Unterzeichneten hoffen aber auf eine nachsichtige Beurtheilung ihrer Leistungen von Seite aller geehrten Mitglieder

Abb. 9.46. Titelseite der „Zeitschrift für Vermessungswesen", erster Jahrgang, Heft 1, 1872

Die erste Anregung zur Vereinsgründung geht von dem württembergischen Geometer *Abraham Fecht* (gest. 1889) aus, der auch die Unterstützung von Professor Jordan/Karlruhe findet. Geometervereine oder andere fachliche Zusammenschlüsse bestanden bereits vorher in Bayern (1848), Sachsen (1854), Württemberg (1856), Hannover (1861), Weimar (1865), Rheinland-Westfalen (1869) und Baden (1870). Der Verein wird anfangs besonders von Geometern aus den süddeutschen Staaten, aus Sachsen und Mecklenburg getragen. Die positive Haltung des Generalinspekteurs des preußischen Katasters, F. G. Gauss, und des Chefs der Preußischen Landesaufnahme, Generalmajor von Morozowicz, bewirkt ab Mitte der 70er Jahre auch ein stärkeres Engagement der Geodäten und Landmesser aus Preußen. Der Reformator der preußischen Landesvermessung, der spätere General Schreiber, ist dem Verein und seiner Zeitschrift eng verbunden und wird 1887 – zusammen mit F. R. Helmert und F. G. Gauss – zum Ehrenmitglied des Vereins ernannt. Besondere Bedeutung für die fachwissenschaftliche Ausrichtung des Vereins und die angestrebte Verbindung zwischen der „höheren" und der „niederen" Geodäsie erlangt die ZfV. Für ihren geodätisch-wissenschaftlichen Teil können von Anfang an renommierte Geodäten als Schriftleiter gewonnen werden. Den Anfang macht Professor Wilhelm Jordan aus Karlsruhe/Hannover (1873–1899), ihm folgen die Professoren Carl Reinhertz, Hannover (1899–1906), Otto Eggert, Danzig/Berlin (1908–1944) und Walter Großmann, Hannover (1944–1971).

Dabei gelingt es Jordan, in dem bis heute immer wieder aufbrechenden scheinbaren Gegensatz zwischen Theorie und Praxis die Weichen dafür zu stellen, dass die ZfV eine wissenschaftlich-technische Zeitschrift wird, die nationale und internationale Anerkennung findet. Belegt wird Jordans Einstellung u. a. durch Äußerungen in der bereits im ersten Jahrgang der ZfV von ihm erscheinenden Abhandlung „Die Bedeutung der Methode der kleinsten Quadrate für das niedere Vermessungswesen“: „... *Kurz gefasst ist unsere Ansicht diese: Es muß jeder im Vermessungswesen thätige Techniker wenigstens die Grundzüge der Ausgleichungsrechnung ebenso fest inne haben, wie den Pythagoräischen Lehrsatz der Geometrie; nicht um in der Praxis seine Zeit mit Formation von Bedingungsgleichungen und Auflösung von Normalgleichungen zuzubringen, sondern um richtige Begriffe über Messungsfehler zu gewinnen*“. 1897 stellt Jordan in der wieder einmal heftig gewordenen Diskussion um den Inhalt der ZfV fest: „... *Dass nun eine auf Hebung und Förderung des Vermessungswesens ausgehende Zeitschrift nicht immer so bequem zu lesen ist, wie etwa ein mehr auf Versandt von Anzeigen und Aehnliches ausgehendes Unternehmen, das mag sein. In den Gründungszeiten 1871 war hierzu das Stichwort gegeben worden: Die zu schaffende Zeitschrift sollte dem Geometer eine Lectüre ‚bei Kaffee und Cigarre‘ werden – aber es ist anders geworden. Unsere Zeitschrift hat wesentlich dazu beigetragen, dass höhere Disciplinen, wie geodätische Coordinaten, Dreiecksnetzausgleichungen u. dergl., welche früher ausschließlich Sache höherer geodätischer Gelehrter waren, Gemeingut der Landmesser geworden und dadurch für Landmesser auch pecuniär nutzbar geworden sind*“ (Torge 1996b).

In Bezug auf die *Geometerausbildung* erregt auf der DGV-Jahreshauptversammlung 1873 der Vorschlag von Professor Jordan Aufsehen, eine einheitliche Ausbildung mit dem Ziel anzustreben, aus dem Arbeitsgebiet des Geometers einen Ingenieurberuf zu machen. Nach Annahme dieses Vorschlages (1875) und Weiterleitung an die 26 deutschen Staatsregierungen antworten nur Oldenburg, Mecklenburg-Schwerin und Sachsen-Weimar positiv, drei Staaten, darunter Preußen, dilatorisch, der Rest überhaupt nicht. Das Preußische Abgeordnetenhaus reagiert jedoch mit einem Vorstoß des Abgeordneten Sombart. Er fordert 1879 eine höhere wissenschaftliche und technische Ausbildung der Feldmesser, eine Neuorganisation des zivilen öffentlichen Vermessungswesens und die Gründung eines Generalvermessungsamtes zur Koordination und Ausrichtung aller staatlichen Vermessungen. Das Abgeordnetenhaus folgt ihm und legt die Vorschläge der preußischen Staatsregierung als eigene Anträge vor.

Anton Ludwig Sombart (1816–1898) hatte das Baufach studiert und die Feldmesserprüfung abgelegt. Er hatte dann an den Separationsmessungen mitgewirkt, nach seiner Heirat mit einer Gutsbesitzerstochter war er als Rittergutsbesitzer in die 2. Kammer des preußischen Parlaments, das sogenannte Abgeordnetenhaus, gewählt worden. Seine negativen Erfahrungen mit dem zivilen Vermessungswesen in Preußen findet er durch die Diskussionen im Deutschen Geometerverein bestätigt, dies wird Anlass für seine Aktivitäten im politischen Raum (Großmann 1985).

1879 wird das Zentraldirektorium mit der Prüfung der Sombart'schen Denkschrift beauftragt. Es unterstützt die Ausbildungsvorschläge mit Nachdruck, die Einrichtung eines Generalvermessungsamtes wird wegen der Vorbehalte des Finanzministers jedoch nicht befürwortet. 1882 wird schließlich mit einer Vorschrift über die Prüfung der öffentlich anzustellenden Landmesser die Primareife, ein Jahr Vorpraxis und zwei Jahre

Studium an den Landwirtschaftlichen Hochschulen in Bonn oder Berlin gefordert. Diesem Beispiel folgen bald auch andere Länder, Bayern und Sachsen verlangen sogar die Reifeprüfung als Zulassungsvoraussetzung für das Studium; die Technische Hochschule München führt 1906 ein dreijähriges Studium mit Diplomabschluss ein. Aus Anlass einer 1909 in Preußen begonnenen Verwaltungsreform versucht dann der DGV, durch eine von dem Bayerischen Obersteuerrat Carl Steppes, s. [9.3.3], verfasste Denkschrift (1912) für die Landmesser ganz allgemein neben der Reifeprüfung ein 6-semestriges Studium und drei Jahre praktische Ausbildung vor der Staatsprüfung durchzusetzen. Unterbrochen durch den ersten Weltkrieg, kann später auf diese Vorarbeit zurückgegriffen werden, die akademische Vollausbildung („Diplom-Ingenieur") wird in Preußen jedoch erst 1930 erreicht (Großmann 1977), s. [10.2.1].

Der Deutsche Geometerverein wird auch früh bei den Bemühungen um eine internationale Zusammenarbeit tätig. Auf der Pariser Weltausstellung 1878 war die Fédération Internationale des Géomètres (FIG) gegründet worden, zu den Gründungsverbänden gehört der D.G.V. Dieser Vereinigung ist wegen übertriebener Forderungen zunächst kein Erfolg beschieden, das ändert sich auch nach dem erfolgreichen II. Kongress anlässlich der Weltausstellung in Brüssel (1910) nur wenig. Erst nach dem ersten Weltkrieg wird die FIG-Arbeit intensiviert, Deutschlands Beteiligung bleibt wegen der Kriegsauswirkungen jedoch begrenzt. Nach dem zweiten Weltkrieg kann die Bundesrepublik Deutschland durch den DVW bereits früh (ab 1951) die Mitarbeit in der FIG wieder aufnehmen; mit FIG-Präsidentschaften (Heinz Draheim/Karlsruhe, 1970–1972, Holger Magel/München, 2003–2006) und der Ausrichtung des FIG-Kongresses (Wiesbaden 1971, München 2006) wird die maßgebliche Rolle der deutschen Vermessungsingenieure im internationalen Konzert der Geometer dokumentiert (Magel 2004).

Mit den seit den 1870er Jahren aus unterschiedlichen Vorgängereinrichtungen entstehenden Technischen Hochschulen und mit der gleichzeitig in Preußen beginnenden universitären Ausbildung der Landmesser etabliert sich das Vermessungswesen allmählich auch in der Ausbildung als eigenständige Ingenieurdisziplin, mit Einschluss der seit Anfang an wissenschaftlich geprägten Geodäsie, s. [7.6.2]. Die Hochschulen bieten nun – in Abstimmung mit den Vorgaben für den im Staatsdienst oder in staatlichem Auftrag tätigen Vermessungsingenieur – geregelte Studiengänge im Vermessungswesen an. Diese werden von geodätischen Instituten getragen, die neben der Lehre dort betriebene Forschung trägt bald wesentlich zur weiteren Entwicklung der Geodäsie bei, mit entsprechenden Auswirkungen auch auf die geodätische Praxis in Deutschland.

Außerhalb Preußens wird an sechs *Technischen Hochschulen* ein wissenschaftliches Studium des Vermessungswesens möglich:

- In *Braunschweig* wird 1881 an der Technischen Hochschule ein Geodätisches Institut gegründet. *Carl Koppe* (1844–1910, Abb. 9.47) wird der erste Professor für Geodäsie, er ist durch die Leitung der Vermessungsarbeiten am St. Gotthard-Tunnel und – in der Braunschweiger Zeit – durch den Versuch bekannt geworden, eine topographische Grundkarte für das Herzogtum herzustellen (Gerke 1983a), s. [9.3.1]. Nachfolger Koppes wird 1907 der vorher in München und Stuttgart tätige *Heinrich Hohenner*. Ihm folgt von 1910 bis 1917 *Martin Näbauer* (1879–1950), bekannt durch die Lehrbücher „Grundzüge der Geodäsie" und „Vermessungskunde". Von 1917 bis 1922 wirkt *Wilhelm Lührs*, er ist anschließend bis 1944 Professor für Vermessungskunde an der Technischen Hochschule Breslau. Von 1922 bis 1952 nimmt *Egbert Harbert* (1882–1968) den Lehrstuhl für Vermessungskunde ein, die Neugründung des DVW nach dem 2. Weltkrieg gehört zu seinen großen Verdiensten (Gerke 1983b).

Abb. 9.47. Carl Koppe (1844–1910)

- *Dresden* besitzt bereits seit der Zeit Nagels, s. [9.3.2], einen Lehrstuhl für Geodäsie, ab 1875 werden Vermessungsingenieure im Vollstudium ausgebildet. Daneben wird allerdings auch die Ausbildung von Geometern durch die Praxis noch über einige Jahrzehnte beibehalten. Als Nachfolger Nagels wird 1893 aus Braunschweig der Landesvermessungsdirektor (Herzogliche Forsteinrichtungsanstalt) und Dozent *Bernhard Nikolaus Philip Pattenhausen* (1855–1926), ein Schüler Jordans und Mitarbeiter von Koppe, berufen, er baut das Lehrangebot erheblich aus (Werkmeister 1926). Ihm folgt 1925 *Paul Werkmeister* (1878–1944), vorher an der Höheren Maschinenbauschule Esslingen tätig. Er widmet sich u. a. der Untersuchung geodätischer Instrumente und wird durch die drei weit verbreiteten und ab 1910 in zahlreichen Auflagen erscheinenden Göschen-Bändchen „Vermessungskunde" bekannt (Rößler 2002).

- In *Darmstadt* werden die geodätischen Fächer ab 1871 durch den Mathematiker und Astronomen *Adam Maximilian Nell* (1824–1901) gelehrt. Ihm folgt 1898 *Paul Fenner*, und 1910 nimmt der an TH Braunschweig tätige *Heinrich Johann Hohenner* (1874– 1966, Abb. 9.48) den Ruf nach Darmstadt an. Er befasst sich u. a. mit den verschiedensten Geräteentwicklungen; die Ausgleichung trigonometrischer Netze führt er erstmals auf ein Problem der Statik zurück. In seine Amtszeit fällt 1924 die Einführung der akademischen Vollausbildung (7 und später 8 Semester) der Vermessungsingenieure (Hofmann 1954).

Abb. 9.48. Heinrich Hohenner (1874–1966)

- Auf *Wilhelm Theodor Jordan* (1842–1899) ist der Beginn der wissenschaftlichen Geodäsie in *Karlsruhe* zurückzuführen, er wird 1868 als Professor für „Praktische Geometrie und Höhere Geodäsie" berufen. Die Teilnahme an der Rohlf'schen Expedition in die Libysche Wüste (1873/74) veranlasst ihn zu eingehenden Untersuchungen über die barometrische Höhenmessung, die photogrammetrische Aufnahme der Oase Dachel ist eine Pionierleistung (Pelzer 1992). Jordan nimmt 1881 einen Ruf an die Technische Hochschule Hannover an (H. Jordan

1922). Sein Nachfolger wird *Franz Matthäus Haid* (1853–1919, Abb. 9.49), ein Schüler von Bauernfeind in München. Er sorgt als badischer Erdmessungskommissar und Vorstand des topographischen Bureaus u. a. für eine frühe gravimetrische Vermessung Badens mit dem von ihm entwickelten 4-Pendel-Apparat und führt die Theodolit-Tachymetrie anstelle des Messtischverfahrens ein (Näbauer 1920). Direktor des Geodätischen Institutes wird 1917 der aus Braunschweig berufene Martin Näbauer, ihm gelingt die Einführung des 6-semestrigen Studiums mit Diplomabschluss als Voraussetzung für die öffentliche Bestellung als Geometer oder die staatliche Anstellung. 1926 geht Näbauer nach München, von dort kommt als Nachfolger *Adolf Schlötzer* (1884–1963), der u. a. die Verbindung zur Geophysik sucht. Er hat nach dem Ausbau des Institutes vor allem auch den Wiederaufbau nach dem Kriege zu organisieren, zusammen mit dem seit 1938 tätigen *Heinrich Merkel* (1889–1965), Draheim (1993).

Abb. 9.49. Franz Matthäus Haid (1853–1919)

- In *Stuttgart* übernimmt 1884 nach dem Ausscheiden von Hugo von Schoder sein Assistent *Ernst von Hammer* (1858–1925, Abb. 9.50) als Professor für Geodäsie und praktische Astronomie für 43 Jahre die Ausbildung der Feldmesser. Er berät das Statistische Landesamt bei den Höhenmessungen, entwickelt den Hammer-Fennel-Tachymetertheodolit und verfasst (1885) ein Lehr- und Handbuch der ebenen und sphärischen Trigonometrie, das fünf Auflagen erlebt. Mit magnetischen Messungen und der Registrierung der Erdbebentätigkeit in Württemberg werden auch geophysikalische Fragen in die Institutsarbeiten einbezogen (Egerer 1926). Ihm folgt 1926 kurzfristig der von der Firma Zeiss kommende und in der Entwicklung geodätischer und photogrammetrischer Geräte erfahrene *Otto von Gruber* (1884–1942). Er führt die Photogrammetrie in den Lehrplan ein, geht aber 1930 zu Carl Zeiss zurück. Der aus Hannover kommende Nachfolger *Leo Fritz* (1893–1941) fällt an der Ostfront, ein zweiter Lehrstuhl für Geodäsie wird von 1929 bis 1944 von *Traugott Fischer* (1882–1944) besetzt. Auf den 1943 ebenfalls aus Hannover berufenen Edwin Feyer kommt die Aufbauarbeit nach 1945 zu.

Abb. 9.50. Ernst von Hammer (1858–1925)

- An der Technischen Hochschule *München* kann ab 1879 bei Carl Maximilian von Bauernfeind auch das Fach Vermessungswesen studiert werden, s. [7.6.2]. Von 1891 bis 1931 wirkt hier auch *Sebastian Finsterwalder* (1862–1951, Abb. 9.51), zunächst als Ordinarius für Höhere Mathematik und Analytische Geometrie, einer der vielseitigsten

Mathematiker der Technischen Hochschule. Er führt aber auch die Photogrammetrie ein und regt ganz wesentliche Entwicklungen in der Kartographie und speziell in der Gletscherforschung an; seine Arbeiten zum Zusammenschluss geodätischer Netze sind ebenfalls bemerkenswert. Nachfolger Bauernfeinds am Geodätischen Institut wird *Max Carl Ludwig Schmidt* (1850–1936), der sich bereits mit Höhen- und Lageänderungen geodätischer Festpunkte befasst. Ihm folgt 1926 aus Karlsruhe *Martin Näbauer*, dessen „Vermessungskunde" bis 1949 mehrere Auflagen erlebt (Magnus 1993).

Abb. 9.51. Sebastian Finsterwalder (1862–1951)

In *Preußen* läuft die Entwicklung zunächst in zwei Richtungen, nämlich der Ingenieurausbildung an den Technischen Hochschulen und der Landmesserausbildung an den landwirtschaftlichen Hochschulen:

- In *Hannover* wird 1881 *Wilhelm Jordan* (Abb. 9.52) aus Karlsruhe auf den Lehrstuhl für Geodäsie berufen. Mit dem von ihm begründeten Standardwerk „Handbuch der Vermessungskunde" (Abb. 9.53) – zunächst 1873 als „Taschenbuch der Praktischen Geometrie" herausgegeben – etabliert sich das wissenschaftliche Vermessungswesen nicht nur im deutschen Sprachraum (Pelzer 1981). Besonderen Wert legt Jordan auf die Einführung der Ausgleichungsrechnung in die Feldmessung, durch intensives Studium der Gauß'schen Werke und Übersetzungen vom Lateinischen ins Deutsche trägt er auch zur weiteren Verbreitung des Gauß'schen Wissens bei. Eine besondere Erziehungsarbeit leistet er jahrzehntelang als Schriftleiter der „Zeitschrift für Vermessungswesen" (s. o.), Helmert (1899). Nach Jordans Tod wird 1899 *Carl Reinhertz* (1859–1906) von Bonn nach Hannover berufen; von ihm stammt mit dem Göschenband „Geodäsie" (1899) eine über die nächsten einhundert Jahre weiter ausgebaute Einführung in die Erd- und Landesvermessung, er führt auch das Jordan'sche Handbuch fort. Von 1907 bis 1926 wirkt der aus München berufene *Karl Johannes Oertel* (1858–1949), ihm folgt von 1930 bis 1939 der vorher in Darmstadt und Aachen tätige *Paul Gast*, der auch die Photogrammetrie vorantreibt. Von 1939 bis zum Weggang nach Stuttgart 1943 finden wir dann *Edwin Julius Reinhold Feyer* (1888–1948), vorher (1929–1936) Inhaber des Lehrstuhls für Vermessungskunde an der 1910 gegründeten Technischen Hochschule Breslau und danach Professor im Reichsdienst an der Staatlichen Chinesischen Tung-Chi-Universität in Woosung bei Shanghai (Ramsayer 1949). Mit den 1943 berufenen Professoren *Richard Finsterwalder*

Abb. 9.52. Wilhelm Jordan (1842–1899)

(1899–1963) – Photogrammetrie, Topographie und Kartographie – und *Walter Großmann* (1897–1980) – Geodäsie – treten wir bereits in die Phase nach 1945 ein (Konecny 2006).

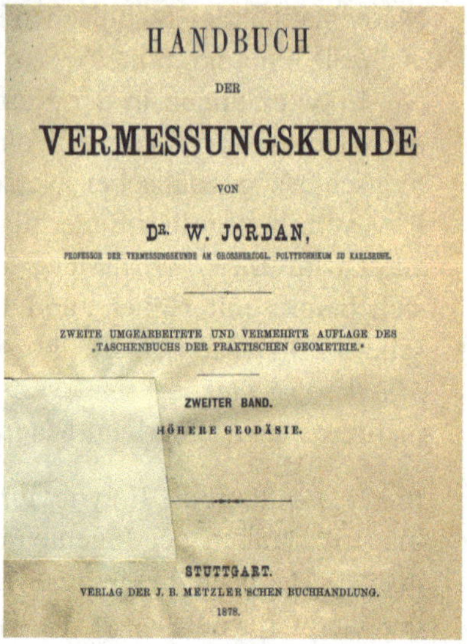
HANDBUCH
DER
VERMESSUNGSKUNDE
VON
DR. W. JORDAN,
PROFESSOR DER VERMESSUNGSKUNDE AM GROSSHERZOGL. POLYTECHNIKUM ZU KARLSRUHE.
ZWEITE UMGEARBEITETE UND VERMEHRTE AUFLAGE DES „TASCHENBUCHS DER PRAKTISCHEN GEOMETRIE."
ZWEITER BAND.
HÖHERE GEODÄSIE.
STUTTGART.
VERLAG DER J. B. METZLER'SCHEN BUCHHANDLUNG.
1878.

Abb. 9.53. Titelseite aus Jordans „Handbuch der Vermessungskunde", 2. Aufl., Zweiter Band, 1878

- Die Rheinisch-Westfälische Polytechnische Schule in *Aachen* wird 1870 eröffnet. An der eingegliederten Fachschule für Bauingenieurwesen war eine Fachrichtung den Geodäten vorbehalten, diese bleibt auch nach der Umbenennung in Technische Hochschule (1880) bestehen. Inhaber des Lehrstuhls für Praktische Geometrie und Geodäsie ist von 1870 bis 1885 der mit 27 Jahren berufene *Friedrich Robert Helmert*, ein Schüler Nagels. In Aachen entstehen seine grundlegenden Werke zur Ausgleichungsrechnung und zur höheren Geodäsie, welche entscheidend zur Herausbildung einer wissenschaftlich fundierten Geodäsie beitragen (Löschner 1970). Als Direktor des Zentralbüros der Internationalen Erdmessung trägt er ab 1886 entscheidend zum Aufschwung der internationalen Geodäsie bei, s. [8.2.1]. Sein Nachfolger wird *Wilhelm Werner* (1850–1935), früher Assistent bei Baeyer; er wird 1902 nach Berlin berufen. Ihm folgt von 1902 bis 1909 *Richard Schumann* (1864–1945), ein Schüler des Astronomen Heinrich Bruns in Leipzig, er wirkt später über mehrere Jahrzehnte an der Lehrkanzel für höhere Geodäsie und sphärische Astronomie der TH Wien. Es folgen *Paul Gast* (1876–1941), eine Anzahl von Jahren Leiter der trigonometrischen Abteilung des argentinischen Generalstabs, und ab 1927 *Alfred Berroth* (1892–1978), ein Mitarbeiter Helmerts, der besonders den physikalischen Aspekt der Geodäsie betont, er geht 1940 ebenfalls nach Wien.

Abb. 9.54. Otto Eggert (1878–1944)

- Im Jahre 1879 wird die Technische Hochschule *Berlin* gegründet. Sie führt ihren Ursprung auf die Königliche Bauakademie von 1799 zurück, an der auch schon die *„theoretische und praktische Bildung tüchtiger Feldmesser"* vorgesehen war. 1921 wird *Otto Eggert* (1878–1944, Abb. 9.54), ein Schüler von Vogler und Helmert, aus Danzig nach Berlin zunächst an die Landwirtschaftliche und 1925 an die Technische Hochschule berufen (Großmann 1944). Der seit Gründung (1904) der

Technischen Hochschule Danzig dort bestehende Lehrstuhl für Geodäsie wird danach mit *Wilhelm Lührs* aus Braunschweig besetzt. 1927 gelingt Eggert die Überführung der geodätischen Ausbildung von der Landwirtschaftlichen an die Technische Hochschule. Weiten Kreisen bekannt wird er insbesondere durch die Fortführung und wesentliche Erweiterung des Jordan'schen Handbuchs der Vermessungskunde und die jahrzehntelange Schriftleitertätigkeit für die Zeitschrift für Vermessungswesen. Vom Geodätischen Institut Potsdam kommt 1928 *Erich Brennecke* (1885–1967), der nach einer Ausbildung als Landmesser und einem Zweitstudium der Naturwissenschaften bei Helmert promoviert hat und sich besonders auch mit philosophischen Fragen der Messtechnik und der Geodäsie befasst, er wirkt hier bis 1954 (Harbert 1967).

- Parallel zur Entwicklung an den Technischen Hochschulen wird in Preußen eine akademische Ausbildung für die Landmesser eingerichtet. Der Anstoß hierzu kommt von der sich rasch entwickelnden Kulturtechnik, Ziel ist die Steigerung der landwirtschaftlichen Produktion. Ausbildungsorte werden die landwirtschaftlichen Hochschulen in Bonn und Berlin.

In *Bonn* beginnt bereits 1876 ein auch für Feldmesser vorgesehenes Studium der Kulturtechnik an der Landwirtschaftlichen Akademie zu Poppelsdorf (Osthoff 1951). Auf Drängen des Akademiedirektors *Friedrich Wilhelm Dünkelberg* (1819–1912) werden ab 1881 geodätische Kurse für die spezielle Ausbildung der Feldmesser eingerichtet und ein Lehrstuhl für Geodäsie begründet. Dieser wird mit *Christian August Vogler* (1841–1925) besetzt, einem früheren Assistenten Bauernfeinds in München und späteren Privatdozenten in Aachen (Eggert 1925). Vogler wechselt 1883 an die 1881 gegründete Landwirtschaftliche Hochschule *Berlin*, an der entsprechende Kurse zur Landmesserausbildung eingerichtet werden; hier wirkt außerdem der durch das „Lehrbuch der Landesvermessung" (Berlin 1913) bekannt gewordene *Ernst Hegemann* (1857–1929). Den Lehrstuhl für Geodäsie in Bonn übernimmt der Katasterkontrolleur *Otto Koll* (1851–1911, Abb. 9.55), er hatte in der preußischen Katasterverwaltung u. a. als Mitarbeiter von F. G. Gauß im Finanzministerium Karriere gemacht. Bekannt wird er durch sein Buch zur Ausgleichungsrechnung, mit dem er diese Methode auch in die Feldmessung einführt, und die frühe Propagierung der Rechenmaschine (Müller 1911). 1894 wird in Bonn ein zweiter Lehrstuhl für Geodäsie eingerichtet und mit Kolls Assistenten *Carl Reinhertz*, einem Schüler Helmerts, besetzt. Die Nachfolge des in das Preußische Finanzministerium berufenen Koll tritt 1901 der Landmesser *Curtius Müller* (1866–1944) an, ein Schüler Voglers mit langer Erfahrung in der Zusammenlegung; er

Abb. 9.55. Otto Koll (1851–1911)

wirkt hier bis 1934 (Samel 1944), ab 1919 zusammen mit *Paul Samel* (1877–1962). Der geodätische Studiengang in Bonn geht mit dem Übergang der Landwirtschaftlichen Hochschule an die Rheinische Friedrich-Wilhelms-Universität (1934) an diese über. Mit den 1935 bzw. 1944 berufenen Professoren *Gustav Schütz* (1890–1964) und *Alfred Möhle* (1903–1991) wird bereits die Nachkriegsära in Bonn eingeleitet (Kuhlmann u. Witte 2006).

10 Vereinheitlichungsbestrebungen ab 1919: Auf dem Weg zu einem deutschen Vermessungswesen

Nach dem ersten Weltkrieg treten im deutschen Vermessungswesen erhebliche Veränderungen organisatorischer Art ein, der besonders in der preußischen Landesvermessung sichtbare militärische Einfluss wird weitgehend beseitigt. Die latent schwelende Frage der Vereinheitlichung der Vermessungswerke in den deutschen Ländern und der Verknüpfung von Landesvermessung und Katastervermessung wird weiter verfolgt, zunächst – mit durchaus beachtlichem Erfolg – innerhalb der Strukturen der Weimarer Republik. Die stärkere Verwissenschaftlichung des „Vermessungsingenieurs" durch verbesserte Ausbildung bleibt weiterhin ein Ziel gerade auch des Deutschen Vereins für Vermessungswesen. Im zentralistischen und totalitär organisierten Einheitsstaat des „Dritten Reiches" wird die reichseinheitliche Organisation des Vermessungswesens formal erreicht, die Realisierung kann jedoch in der begrenzten Zeit des „1000-jährigen Reiches" nicht gelingen. Viele der in diesem kurzen Zeitraum von 1919 bis 1944 erarbeiteten Regelungen haben aber einen wesentlichen Einfluss auf die nach 1945 entstehenden Organisationsformen des deutschen Vermessungswesens und auf die wissenschaftlich-technischen Grundlagen der Vermessungswerke ausgeübt. Das gilt besonders für das föderalistisch organisierte Vermessungswesen in der 1949 gegründeten „Bundesrepublik Deutschland", in begrenztem Umfang aber auch für die im Osten Deutschlands entstehende „Deutsche Demokratische Republik" (1949–1990).

Der „Überblick über das deutsche Vermessungswesen" von Suckow und Ellerhorst (1932) – entstanden aus einem Bericht an den Reichssparkommissar – informiert eingehend über die geodätischen Strukturen um 1930 und gibt auch historische und technische Zusammenfassungen. Der Stand der Landesvermessung und der amtlichen Kartenwerke im Deutschen Reich gegen Ende des zweiten Weltkrieges wird – wiederum mit historischen Bezügen – ausführlich im Planheft (1944) dargestellt.

10.1 Umstrukturierungen und Zielvorgaben: Die Neuformation des Vermessungswesens in der Weimarer Republik

10.1.1 Die Grundlagenvermessung wird zivile Aufgabe: Das Reichsamt für Landesaufnahme

Zu Beginn des Weltkrieges wird die Preußische Landesaufnahme entsprechend den Mobilmachungsmaßnahmen aufgelöst. Ihre Angehörigen treten in den Dienst des Feldheeres, nur die Kartographische Abteilung bleibt weiterhin für den Nachdruck der vom Heer benötigten Karten zuständig. Auf Anordnung des Generalstabschefs von Hindenburg wird die Landesaufnahme jedoch 1917 wieder eingerichtet, um das Kriegsvermessungswesen in den Frontgebieten besser unterstützen zu können und um die Friedensorganisation vorzubereiten; Chef wird kurzfristig wiederum der Generalmajor Hermann von Bertrab.

Hermann von Bertrab (1857–1940), der frühere langjährige Leiter der Trigonometrischen Abteilung und von 1911 bis 1914 bereits Chef der Preußischen Landesaufnahme, erhält nach seiner erneuten Ernennung den Auftrag, die Einrichtung einer Vermessungszentrale für das ganze Reich zu versuchen. In der daraufhin gebildeten „Obersten militärischen Vermessungsstelle im Deutschen Reiche und seinen Schutzgebieten" sind unter seinem Vorsitz Vertreter der militärischen und zivilen Vermessungsinstitutionen bemüht, einheitliche Vermessungsgrundlagen für ganz Deutschland zu schaffen. Hierzu gehören das geodätische Datum in Lage (Ellipsoid, Fundamentalpunkt) und Höhe (Normal-Null) sowie die Einführung von Gauß'schen rechtwinkligen Koordinaten und die Herstellung einer Topographischen Grundkarte 1:5000. Der Beirat für das Vermessungswesen greift später diese Anregungen auf und fasst entsprechende Beschlüsse, s. [10.1.2].

Mit der im Versailler Vertrag (1919) festgelegten Auflösung des Großen Generalstabs und der Begrenzung auf ein 100 000-Mann-Heer war die Preußische Landesaufnahme nicht mehr beim Militär zu halten. Sie wird als zivile Behörde („Landesaufnahme, Zweigstelle Berlin") dem Reichsminister des Innern unterstellt, dabei treten erhebliche Probleme auf. So entfällt die Nutzung militärischen Personals in Form abgeordneter Offiziere und Mannschaften, durch die allgemeinen Sparmaßnahmen verringert sich außerdem das Personal bald um etwa $^1/_3$ auf rund 600 Personen. Mitte der 1920er Jahre hat das Amt nur noch die Hälfte des Personalbestandes vor dem Kriege. Organisatorisch angegliedert an das *„Reichsamt für Landesaufnahme"* (Bezeichnung ab 1921) wird die Abteilung für Landesaufnahme des Sächsischen Generalstabes als *„Landesaufnahme, Zweigstelle Dresden"*. Es behält die Zuständigkeit für die Triangulation, für alle anderen Vermessungsarbeiten ist das sächsische Landesvermessungsamt zuständig. Das Reichsamt ist nach dieser Neuregelung für die Triangulation in ganz Norddeutschland einschließlich Hessen (nur I. Ordnung) und Thüringen, aber ohne Sachsen und Mecklenburg, zuständig, ebenso wie für die Feinnivellements (zusammen mit der Landesanstalt für Gewässerkunde) und die Herstellung der Karte 1:25 000. Militärische Vermessungsdienststellen verbleiben zunächst noch in Bayern und Württemberg, ihr Aufgabenbereich beschränkt sich jedoch auf die Herstellung der topographischen Karten 1:25 000 und 1:100 000. Es sind dies das Topographische Büro in München (bisher dem Bayerischen Generalstab zugeordnet) und das Topographische Büro in Stuttgart (Württembergisches Kriegsministerium). Ersteres wird 1922 dem Bayerischen Staatsministerium der Finanzen unterstellt, letzteres geht in der Topographischen Abteilung des Württembergischen Statistischen Landesamtes auf (v. Müller 1936): damit sind die Arbeiten zur Landesvermessung in ganz Deutschland bei zivilen Behörden angesiedelt!

Das nun zivile Reichsamt für Landesaufnahme gliedert sich – wie bisher – neben der Zentralabteilung in die Trigonometrische, die Topographische und die Kartographische Abteilung. Es wird ab 1921 durch einen Präsidenten geleitet, dies sind weiterhin ehemalige Offiziere mit Generalstabsausbildung und Erfahrungen im Vermessungs- und Kartenwesen. Auf General von Bertrab folgt 1918 Generalleutnant a. D. *Georg Johannes Theodor Weidner* (1865–1924), der frühere Chef der Topographischen Abteilung, und von 1924 bis 1934 Generalmajor a. D. *Richard von Müller* (1869–1942), letzter Chef der Kartographischen Abteilung. Bis Kriegsende leitet schließlich Generalleutnant a. D. *W. Vollmar* (1881–1964) das Reichsamt. Seine Karriere hatte ihn über das Feldartillerie-Regiment Nr. 63, die Preußische Landesaufnahme und den Großen Generalstab bis zum Referenten für Vermessungs- und Kartenwesen im Reichswehrministerium geführt (Gigas 1964).

Die Herauslösung der Landesaufnahme aus dem militärischen Bereich führt nun auch – beginnend im ersten Weltkrieg – zur Bildung eines *Heeresvermessungs- und Kartenwesens*, das die speziellen Bedürfnisse des Militärs bedienen soll. Innerhalb des Deutschen Reiches wird dabei natürlich auf die geodätischen Grundlagen und die Kartenwerke der Landesvermessung zurückgriffen (Müller 1972, Hafeneder 2004).

Für die im Felde anfallenden Vermessungsarbeiten war 1915 die Stelle *„Chef des Kriegsvermessungswesens"* im Großen Hauptquartier geschaffen worden, Leiter wurde der Generalstabsoffizier Major *Siegfried Boelcke* (1876–1930). Damit sollten die bei Kriegsbeginn zu Tage getretenen erheblichen Mängel in der Kartenversorgung und im artilleristischen Bedarf beim Stellungskrieg behoben werden. In mühsamem Aufbau und mit vielen Improvisationen gelingt dem jungen Artillerieoffizier eine Organisation des militärischen Karten- und Vermessungswesens, die mit unterschiedlichen Vermessungs- und Karteneinheiten schließlich den Bedarf an Karten und Vermessungsunterlagen deckt (Albrecht 1969).

Die Reichswehr hatte im Jahre 1921 für das militärische Karten- und Vermessungswesen eine *„Heeresvermessungsstelle"* im Truppenamt der Heeresleitung (der frühere Generalstab) eingerichtet. Sie wird für alle militärischen Landesvermessungs- und Kartenfragen bis hin zu der Kartenversorgung, der Ausbildung und der artilleristischen Grundversorgung zuständig, letztere werden später unter dem Begriff „Truppenvermessung" zusammengefasst. Bei der 1934 beginnenden Aufrüstung werden die Heeresvermessung und die Militärgeographie 1936 zu einer eigenen Abteilung in dem wieder hergestellten Generalstab zusammengefasst, mit einer bis zum Ende des zweiten Weltkrieges ständig wachsenden Zahl von Vermessungsabteilungen, Druckereizügen und Kartenstellen. 1941 wird die Funktion *„Chef des Kriegskarten- und Vermessungswesens"* im Generalstab des Heeres geschaffen, ihm wird der Kommandeur der Karten- und Vermessungstruppen beim Hauptquartier des Oberkommandos des Heeres unterstellt. Chef des Kriegskarten- und Vermessungswesens wird der Generalleutnant G. Hemmerich.

Gerlach Hemmerich (1879–1969) hatte praktische Erfahrungen in der Preußischen Landesaufnahme und im Reichswehrministerium gesammelt. Nach einer zivilen Tätigkeit übernimmt er 1936 die Leitung der neu geschaffenen Vermessungsabteilung im Generalstab und prägt die Organisation des Kriegskarten- und Vermessungswesens entscheidend (Kneißl 1969).

Von den fachlichen Arbeiten der Heeresvermessung nennen wir besonders den Zusammenschluss der europäischen Triangulationen, wobei die Informationen über die

Vermessungs- und Kartenunterlagen der einzelnen Länder in sog. Planheften zusammengetragen werden. Als einheitliches Koordinatensystem und Kartengitter wird das 6° breite Meridianstreifen-System der Sowjetunion übernommen, es sollte als „Deutsches Heeres-Gitter" eingeführt werden.

10.1.2 Freiwillige Zusammenarbeit: Der Beirat für das Vermessungswesen

Die Ausgliederung der Preußischen Landesaufnahme aus dem militärischen Sektor ebenso wie die Umwandlung der verbliebenen militärischen Dienststellen in Sachsen, Bayern und Württemberg in zivile Behörden waren – in Verbindung mit der allgemein mit dem Übergang zur Republik einsetzenden Neuorganisation des Staates – Anlass, über eine Neustrukturierung des Vermessungswesens in Deutschland nachzudenken. Aufgegriffen wird diese Gelegenheit zur Vereinheitlichung des gesamten staatlichen Vermessungswesens und zur Hebung des Berufsstandes wiederum vom Deutschen Geometerverein. In Verbindung mit dem Landesverband preußischer Landmesservereine richtet er an das Reichsamt des Innern eine Eingabe auf Einrichtung eines „Reichsvermessungsamtes" (Lotz 1919). Der 1919 eingesetzte Reichskommissar für die Neuorganisation des Vermessungswesens, General der Infanterie a. D. von Bertrab, bis 1918 Chef der Preußischen Landesaufnahme, unterstützt diese Bestrebungen ausdrücklich (v. Bertrab 1919), s. [10.1.1].

Der „Deutsche Geometerverein" hatte sich seit seiner Gründung intensiv an den Diskussionen um die Organisation des deutschen Vermessungswesens und die Ausbildung der Berufsträger beteiligt, s. [9.4]. 1919 wandelt er sich in einer Gründungsversammlung in Halle/Saale zum „Deutschen Verein für Vermessungswesen" um (D.V.V., später DVW). Eine wichtige Forderung des Vereins bleibt die volle akademische Ausbildung (6 Semester) an einer Technischen Hochschule mit Diplomabschluss, vor der Übernahme in den Staatsdienst sollen dann 3 Praxisjahre folgen.

Der von dem Reichskommissar 1920 vorgelegte Entwurf zur Vereinheitlichung des zivilen Vermessungswesens findet jedoch nicht die Zustimmung der Ländervertreter (Bayern: *„Das Vermessungswesen ist Landessache"*), und v. Bertrab muss feststellen: *„Die großen Hoffnungen, die s. Zt. vor allem die vermessungstechnischen Berufsorganisationen an die Berufung des Reichskommissars knüpften, gehen nicht in Erfüllung"* und: *„die Schaffung einer obersten Instanz im Reiche für das Vermessungswesen (Reichsvermessungsamt) konnte nicht durchgesetzt werden"* (ZfV 1921, S. 93, S. 145), gleichzeitig legt er sein Amt nieder.

Die aus der lokalen Sicht nachvollziehbare Furcht vor der Vermengung hochwertiger Vermessungswerke mit dem recht heterogenen preußischen Kataster und der Bevormundung durch die vorbildliche, aber bisher militärisch organisierte Preußische Landesaufnahme sind ebenso wie finanzielle Fragen für die ablehnende Haltung der Länder ausschlaggebend; eine positive Folge wird aber die Einrichtung des Beirats für das Vermessungswesen. Vorbereitet wird diese Bildung eines Beratungsgremiums von dem im Reichsministerium des Innern gebildeten Fachreferat für das Vermessungswesen unter der Leitung von Bertrabs Mitarbeiter Krause, Leiter des Katasteramtes Berlin-Schöneberg.

Der *„Beirat für das Vermessungswesen"* wird 1921 durch Erlass des Reichspräsidenten *„zur Förderung und allmählichen Vereinheitlichung des Vermessungswesens im gesamten Deutschen Reiche"* gebildet. Der Beirat hatte in wissenschaftlichen und praktischen Vermessungsangelegenheiten zu beraten und war befugt, Anträge zum Erlass von Gesetzen usw. beim Reichsminister des Innern zu stellen. Ihm gehörten Fachvertreter der beteiligten Ministerien des Reiches und der Länder, des Städtetages und der Berufsangehörigen des Vermessungsdienstes an; den Vorsitz führte der Direktor des Geodätischen Instituts in Potsdam. Mit der Einsetzung des Beirats wird das Zentraldirektorium der Vermessungen in Preußen aufgelöst, s. [9.2.1], Albrecht (1984).

Bereits 1923 fasst der Beirat wichtige Beschlüsse zur Vereinheitlichung der Vermessungsgrundlagen, die bis zum Ende des 20. Jahrhunderts das Vermessungswesen in Deutschland prägen (Kohlschütter 1931/32a):

– Bezugsfläche für das deutsche Dreiecksnetz ist das Bessel-Ellipsoid.

– Zentralpunkt des Dreiecksnetzes I. Ordnung soll der Beobachtungsturm des Geodätischen Institutes Potsdam („Helmert-Turm", Zwischenpunkt I. Ordnung) werden (Abb. 10.1), mit den aus der Ausgleichung der Dreieckskette Berlin/Schubin sich ergebenden Werten für die ellipsoidische Breite und Länge und das Azimut der Anschlussseite (Potsdam-Golmberg), s. [10.2.2].

– Das System geographischer Koordinaten der Preußischen Landesaufnahme wird deutsches Einheitssystem.

– Für die Darstellung der Messungsergebnisse werden ebene rechtwinklige „Gauß–Krüger-Koordinaten" in 3° breiten Meridianstreifen mit den Meridianen 3°, 6°, 9° usw. als Mittelmeridianen berechnet.

Abb. 10.1. Helmert-Turm, Geodätisches Institut Potsdam

1924 beschließt der Beirat den Übergang vom Nullmeridian Ferro auf Greenwich durch Abzug von 17°40′. Vorgeschlagen wird auch die Herstellung einer „Topographischen Grundkarte des Deutschen Reiches" im Maßstab 1:5000 als Planungsunterlage und als Grundlage für die Karten kleinerer Maßstäbe sowie die Herstellung eines neuen Kartenwerkes „Deutsche Karte 1:50 000".

Der Beirat hat sich ferner eingehend mit den in den einzelnen Ländern sehr unterschiedlichen Fehlergrenzen beschäftigt und für die Katastervermessung maximal zulässige Fehler bei Längenmessungen, bei der Triangulierung, der Polygonierung und der Flächenermittlung festgelegt, ebenso für das Nivellement. Weitere Arbeiten befassen sich mit der Normung von Begriffen im Vermessungswesen, der Einführung photogrammetrischer Methoden, der Vereinheitlichung der topographischen Karten und der Ausbildung der Vermessungsfachleute. Dabei wird der Übergang zu einem achtsemestrigen Studium bereits grundsätzlich für erforderlich gehalten, für das besonders rückständige Preußen aber zunächst ein dreijähriges Studium mit erster Staatsprüfung empfohlen. Die Beratungen zum Liegenschaftskataster und seiner Weiterentwicklung und Vereinheitlichung führen dagegen zu keinem Fortschritt. Dies liegt an den von Land zu Land doch sehr unterschiedlichen und über viele Jahrzehnte und mehr gewachsenen Regelungen für das Liegenschaftswesen. Dieses ist inzwischen in allen Ländern bis zur Ortsebene in Kataster- bzw. Vermessungsämtern organisiert; Ende der 1920er Jahre gibt es fast 1000 solcher Ämter, davon rund $^2/_3$ in Preußen. Schließlich nimmt der Beirat 1924 auch zu dem seit langem diskutierten Problem der Verstaatlichung des Vermessungswesens Stellung. Er spricht sich gegen die Verstaatlichung sämtlicher Vermessungen aus, folgt aber in der Mehrheit den Vorstellungen des preußischen Geheimrats Suckow, die Urkundsmessungen zu verstaatlichen (Suckow 1925).

Wenn der Beirat für das Vermessungswesen auch nur beratende und empfehlende Funktion hatte, so hat er doch in der föderalistischen Struktur der „Weimarer Republik“ entscheidende Weichen gestellt und die Vereinheitlichung des deutschen Vermessungswesens auf vielen Gebieten voran getrieben.

10.1.3 Wissenschaftliche Geodäsie und internationale Kontakte: Das Geodätische Institut Potsdam unter schwierigen Bedingungen

Das Preußische Geodätische Institut erfährt 1917 mit dem Tod von Helmert und dem Ausscheiden vieler seiner Mitarbeiter erhebliche personelle Veränderungen (Eggert 1917). Durch die Anstrengungen der auf Helmert folgenden Direktoren und ihr Geschick, weiterhin fähige Mitarbeiter heranzuziehen, können jedoch auch unter den erschwerten Bedingungen der nächsten zwei Jahrzehnte bemerkenswerte wissenschaftliche Leistungen erzielt werden (Buschmann 1993a). Das Institut wird auch nicht – wie bei der stärkeren Zentralisierung vielleicht zu erwarten war – in den Aufgabenbereich des Reiches übernommen, sondern bleibt eine preußische Einrichtung im Geschäftsbereich des Ministers für Wissenschaft, Kunst und Volksbildung. Als Direktoren fungieren in den nächsten Jahrzehnten L. Krüger (Amtszeit 1917–1922), E. Kohlschütter (1922–1935) sowie O. Eggert (1936–1939) und H. Schmehl (1939–1945), beide sind auch Professoren an der T. H. Berlin, s. [9.4].

Abb. 10.2. Louis Krüger (1857–1923)

Nachfolger Helmerts wird *Johann Heinrich Louis Krüger* (1857–1923, Abb. 10.2), Kaspereit (1957). Seit 1884 im Geodätischen Institut tätig, war er ein enger Mitarbeiter Helmerts bei den Dreiecksberechnungen und Lotabweichungsbestimmungen in Zentraleuropa und bei der Auswertung der Längengradmessung. Bei der ihm von der Gesellschaft der Wissenschaften zu Göttingen übertragenen Aufgabe der Bearbeitung von Gauß' geodätischem Nachlass findet er zahlreiche Notizen, die Schreiber nicht bekannt waren; hieraus resultiert eine neue umfassende Darstellung der Gauß'schen konformen Abbildung (1912, 1919). Die 1923 in Deutschland eingeführte einheitliche Abbildung wird deshalb ihm zu Ehren als Gauß–Krüger-Abbildung bezeichnet. *Ernst Kohlschütter* (1870–1942, Abb. 10.3) leitet anschließend das Institut in einem wichtigen Zeitabschnitt der Neudefinition seiner Aufgaben. Nach dem Studium der Mathematik, Physik und Astronomie hatte der auch technisch begabte Wissenschaftler 1898–1900 astronomisch-geodätische Arbeiten bei Grenzregulierungen in Ostafrika durchgeführt und dann als wissenschaftlicher Leiter an einer von der Göttinger Akademie organisierten Expedition in Ostafrika teilgenommen; die von ihm dabei vorgenommenen Pendelmessungen sollten einen Beitrag zur Untersuchung der Erdkruste leisten. Nach Eintritt in das Reichsmarineamt avanciert er dort zum Wirklichen Admiralitätsrat. Die Berufung zum Professor für Geodäsie und Geophysik an der Universität Berlin (1922) ist mit der Ernennung zum Direktor des Geodätischen Instituts verbunden (Buschmann 1993b).

Abb. 10.3. Ernst Kohlschütter (1870–1942)

Das Institut hat seine Aufgaben nach 1919 neu zu definieren. Ab 1916 ist mit dem Erlöschen der „Internationalen Erdmessung" seine Funktion als Zentralbüro entfallen, es fungiert jedoch noch bis 1923 als Sammelstelle für die Daten des Internationalen Polbewegungsdienstes und wertet die entsprechenden Beobachtungen aus. Dies ist ein Verdienst der von Raoul Gautier (Genf) und Hendrikeus Gerardus van de Sande Bakhuyzen (Leiden) initiierten, von neutral gebliebenen Staaten getragenen *„Association Géodésique réduite entre Etats Neutres"*. In die 1919 im Rahmen des von den Siegermächten neu gebildeten „Conseil International des Recherches" gegründete *„Union Géodésique et Géophysique Internationale"* wird Deutschland dagegen zunächst nicht aufgenommen, so dass die internationalen wissenschaftlichen Kontakte weitgehend abgerissen bleiben. Die Verhandlungen über die Aufnahme Deutschlands in diese Union führen erst 1937 zu einem Erfolg, nachdem Deutschland die 1926 angebotene Mitgliedschaft wegen der aus deutscher Sicht einschränkenden und „diskriminierenden" Bedingungen noch abgelehnt hatte. Der Ausbruch des zweiten Weltkrieges verhindert dann die Realisierung dieser erneuerten internationalen Zusammenarbeit; die deutsche Delegation, die sich auf dem Wege zur Generalversammlung in Washington 1939 bereits eingeschifft hatte, muss umkehren.

Nach dem zweiten Weltkrieg wird die Bundesrepublik Deutschland bereits 1951 wieder Mitglied der International Union of Geodesy and Geophysics (IUGG) und damit auch der International Association of Geodesy (IAG) als einer der sieben IUGG-Assoziationen; von 1964 bis 1990 ist auch die Deutsche Demokratische Republik (DDR) Mitglied der IUGG. Deutsche Wissenschaftler beteiligen sich bald intensiv an der IAG-Arbeit und stellen bis heute immer wieder eine Anzahl der (gewählten) IAG-Funktionäre, u. a. von 1991 bis 1995 mit Wolfgang Torge/

Hannover den IAG-Präsidenten, s. auch die ZfV-Sonderhefte (ab Heft 4/1955) bzw. Schwerpunkthefte (ab 1981) zu den IUGG-IAG-Generalversammlungen.

Zu den erschwerten internationalen Randbedingungen kommt hinzu, dass von den ursprünglichen nationalen Aufgaben bereits seit den Absprachen zwischen Helmert und Schreiber die Triangulation und das Präzisionsnivellement alleinige Aufgabe der Landesaufnahme ist. Unter diesen Voraussetzungen konzentrieren sich die geodätischen Arbeiten des Institutes, in Abstimmung mit dem Reichsamt für Landesaufnahme, auf theoretische und praktische Untersuchungen zum Aufbau geodätischer Netze. Hinzu kommt die Weiterentwicklung von Methoden der geodätischen Astronomie, wobei der Zeitmessung große Aufmerksamkeit gewidmet wird. Mit der Ausgleichung großer Dreiecksnetze befassen sich u. a. H. Boltz, K. Reicheneder und O. Eggert, während L. Krüger die konforme Abbildung in die Ebene in praxisreife Algorithmen bringt. Wegweisend für die Landesvermessung wird das Boltz'sche Entwicklungsverfahren (1923), es erlaubt die gruppenweise strenge Ausgleichung nach bedingten Beobachtungen und die anschließende strenge Zusammenfassung auch größerer Dreiecksnetze mit wirtschaftlich vertretbarem Aufwand. Damit können nun auch die Netze der Landesaufnahme, die durch den – aus praktischen Anforderungen erforderlichen – Zwangsanschluss an bestehende Netzteile naturgemäß verschlechtert werden, großräumig auf ihre Qualität untersucht und für wissenschaftliche Zwecke genutzt werden (E. Brennecke, H. Schmehl). B. Wanach und H. Mahnkopf verbessern die Zeitbestimmung mit Pendeluhren und funktelegraphischen Zeitzeichen und ab 1933 mit Quarzuhren, 1934 werden durch F. Pavel und W. Uhink damit auch die Erdrotationsschwankungen nachgewiesen.

Durch die Mitarbeit ausgewiesener Geophysiker kann auch der interdisziplinäre *geowissenschaftliche* Aspekt weiter verfolgt werden – die Geophysik hatte sich inzwischen als eigenständige Disziplin etabliert, die 1922 gegründete „Deutsche Seismologische Gesellschaft" wandelt sich 1924 zur „Deutschen Geophysikalischen Gesellschaft" um (Koenig 1974). Dies schließt die relative Pendelmessung mit der Entwicklung eines Vierpendelapparates (Kohlschütter, Schmehl) und die Nutzung drahtloser Zeitsignale zur Bestimmung des Uhrganges, den Bau eines für Messungen auf See konzipierten und nach dem Barometerprinzip arbeitenden Gasfedergravimeters (H. Haalck) sowie die Weiterentwicklung der Drehwaage (W. Schweydar) ein. Die Firma Askania/Berlin stützt sich bei der bald in großem Stil anlaufenden kommerziellen Produktion von Schweremessgeräten weitgehend auf diese Entwicklungen. Grundlegende theoretische Arbeiten zum Schwerefeld und zur lokalen und regionalen (Isostasie) Interpretation werden von Haalck und K. Jung verfasst, ihre Lehrbücher und Monographien werden für die sich rasch entwickelnde angewandte Geophysik von Bedeutung. G. Angenheister ist auf den Gebieten des Erdmagnetismus, der Seismologie und der geophysikalischen Aufschlussmethoden tätig, und W. Schweydar setzt seine Erdgezeitenmessungen mit Horizontalpendeln fort, jetzt in einer Grube bei Freiberg/Sachsen in 189 m Tiefe, s. [8.2.3].

Bereits in den 1920er Jahren beginnen – der allgemeinen Entwicklung in der Exploration von Bodenschätzen und besonders von Erdöl mit geophysikalischen Verfahren folgend – in Zusammenarbeit mit der Preußischen Geologischen Landesanstalt *gravimetrische Vermessungen* speziell der Salzstockstrukturen in Norddeutschland (A. Berroth, A. v. Flotow). Eingesetzt wird die Drehwaage und in begrenztem Maße auch das Haalck'sche Gravimeter, Relativpendelgeräte liefern das gravimetrische Gerüst und die großräumigen Schwerefeldstrukturen. Schweremessungen werden auch in Bayern durch die dort weiter bestehende Erdmessungskommission durchgeführt. Mit dem Entstehen geophysikalischer Explorationsfirmen gehen diese Arbeiten immer mehr zurück, eine große gravimetrische Aufgabe kommt aber später noch einmal im Rahmen der Geophysikalischen Reichsaufnahme auf das Institut zu, s. [10.2.5].

Gedankenaustausch und Zusammenarbeit in internationalem Rahmen ist der deutschen Geodäsie in den 1920er und 1930er Jahren durch die Mitarbeit in der *Baltischen Geodätischen Kommission* möglich. Dem Geodätischen Institut bietet sich damit – in Analogie zum ursprünglichen Ziel der „Mitteleuropäischen Gradmessung" – wieder die Mitwirkung in einem internationalen Großprojekt (Kohlschütter 1931/32b). Die Kommission wird auf Grund eines Vorschlags von J. Bonsdorff, Direktor des Finnischen Geodätischen Institutes, 1924 auf einer geodätischen Konferenz in Helsingfors von den Ostsee-Anrainerstaaten (die Sowjetunion wirkt nur von 1929 bis 1938 mit) mit dem Hauptziel gegründet, das Geoid im Bereich der Ostsee zu bestimmen. Wichtigstes Instrument hierzu soll ein die Ostsee einschließendes geodätisches Netz werden, ergänzt durch Präzisionsnivellements und Schweremessungen. Für die Winkelmessungen (in allen Kombinationen oder vollständige Richtungssätze) wird der maximale Fehler einer stationsausgeglichenen Richtung zu $0{,}75''$ festgesetzt. Die Ergebnisse der Arbeiten sollen auch den Landesvermessungen der beteiligten Staaten zur Verfügung stehen und der Untersuchung rezenter Krustenbewegungen dienen. Deutscher Vertreter in der Kommission wird der Direktor des Geodätischen Institutes Potsdam, formal besteht diese Zusammenarbeit bis zum Ende des zweiten Weltkrieges. Die Bearbeitung des trigonometrischen „Ostsee-Ringes" umfasst insbesondere auch die Beobachtung von Laplace-Azimuten (maximaler Abstand 200 km) und astronomischen Lotabweichungen (möglichst auf jedem Dreieckspunkt) sowie die nach einheitlichen Regeln verlaufende Messung von Grundlinien mit Invar-Drähten. Die Ausgleichung der Netze wird zunächst länderweise mit dem Boltz'schen Entwicklungsverfahren vorgenommen, später sollen die Teilnetze vereinigt werden. Im Rahmen der Präzisionsnivellements werden auch hydrostatische Nivellements durchgeführt, z. B. über den Fehmarn-Belt; die Anschlüsse von Mareographen sichern die Verbindung zum Meeresspiegel. Im Rahmen dieses Projektes beteiligt sich das Geodätische Institut Potsdam auch intensiv am Aufbau eines astronomischen Längennetzes und eines Schweregrundnetzes zwischen den gravimetrischen „Landeszentralen" mit Anschluss an den Fundamentalpunkt Potsdam.

In den Bereich der Grundlagenforschung sind verschiedene Expeditionen einzuordnen, die trotz der erschwerten finanziellen und politischen Verhältnisse in den 1930er Jahren stattfinden. Aus geodätischer Sicht ist dies einmal die von A. Wegener geleitete *Grönland-Expedition* (1930), bei der *Alfred Wegener* (1880–1930), Physiker, Astronom und Meteorologe, den Tod findet. Bekannt geworden ist Wegener insbesondere durch die Kontinentalverschiebungstheorie, bei der die Aussagefähigkeit von wiederholten astronomischen Ortsbestimmungen mit Horizontalbewegungen von 30 m/Jahr und mehr allerdings völlig überschätzt wird. Zu den meteorologischen, geophysikalischen und geodätischen Messungen dieses Unternehmens gehören auch Schwere- und Höhenmessungen, für die der vom Geodätischen Institut Potsdam abgeordnete K. Weiken zuständig ist (Schwarzbach 1980).

Karl Weiken (1895–1983) hatte nach einem Studium der Geodäsie und Kulturtechnik in Berlin zunächst in der preußischen Landeskulturverwaltung gearbeitet. In das Preußische Geodätische Institut übernommen, leitet er nach der Grönlandexpedition die dortigen gravimetrischen Arbeiten und wird insbesondere für die im Rahmen der Geophysikalischen Reichsaufnahme durchgeführten Pendelmessungen zuständig, s. [10.2.4]. Nach dem zweiten Weltkrieg führt ihn eine erneute Karriere in der Landeskulturverwaltung bis in das Bundesministerium für Ernährung, Landwirtschaft und Forsten (Möller 1984).

Die deutsche *Island-Expedition* von 1938 führt deutsche Geologen, Geodäten und Geophysiker zusammen zur Untersuchung neotektonischer Vorgänge in Nordisland, von geodätischer Seite sind Oskar Niemczyk als Markscheider und E. Emschermann (beide T. H. Berlin) beteiligt. Die gravimetrischen Arbeiten werden von Ernst August Ansel (Universität Freiburg, Pendelmessungen) und Alfred Schleusener (Seismos GmbH., Hannover, Gravimetermessungen mit dem Thyssen-Schleusener-Gravimeter, s. [10.2.5]) durchgeführt (Niemczyk 1943).

Deutsche Geodäten haben auch nach 1950 intensiv an den geowissenschaftlichen Untersuchungen in Grönland und Island mitgewirkt. In Grönland wurden 1957–1959 im Rahmen der internationalen glaziologischen Grönland-Expedition (EGIG) Lage- und Höhenmessungen auf dem Inlandeis durchgeführt (Lichte 1957). In Island wurden die deutschen geodätischen und gravimetrischen Arbeiten 1965 wieder aufgenommen (Gerke 1967), sie führten in den folgenden Jahrzehnten zur Feststellung rezenter Krustenbewegungen und Schwereänderungen im Zusammenhang mit langfristig ablaufenden Plattenbewegungen, aber auch bei episodischen Rifting-Prozessen (Torge 1989, Völksen u. Seeber 1998).

10.2 Vereinheitlichung und reichsweite Aufnahmen: Das Vermessungswesen im totalitären Staat

10.2.1 Die Neuorganisation des Vermessungswesens: Das Neuordnungsgesetz und seine Folgen

Eine entscheidende – wenn auch nur kurzlebige – Veränderung in der Organisation des deutschen Vermessungswesens tritt 1933 mit dem zentralistisch aufgebauten „Dritten Reich“ ein. Hier kann das Vermessungswesen – den allgemeinen Trend ausnutzend – viele Vorstellungen zur einheitlichen Regelung im gesamten Reich verwirklichen.

Grundlage für alle hierzu ergriffenen Maßnahmen wird das auf Grund verschiedener Referentenentwürfe 1934 erlassene „Neuordnungsgesetz“. Dieses *„Gesetz über die Neuordnung des Vermessungswesens“* ist ein Rahmengesetz, das von der Reichsregierung auf der Grundlage des verhängnisvollen Ermächtigungsgesetzes erlassen wird. Es ermächtigt in nur fünf Paragraphen den Reichsinnenminister zur Vereinheitlichung des Vermessungswesens (Pfitzer 1934). Die reichsweite Geltung und die Zuständigkeit werden in §1 des Gesetzes geregelt: *„Das Vermessungswesen ist Reichsangelegenheit. Es wird vom Reichsminister des Innern geleitet“*. Das Gesetz gibt dem Innenminister das Weisungsrecht für alle im amtlichen Vermessungswesen tätigen Behörden und Personen und spricht Ermächtigungen zur Regelung der Ausbildung, der Aufgaben des freien Berufs und einer Berufsordnung sowie einer Reichsvermessungsordnung aus. In letzterer sollen die Arbeiten der Landesvermessung und des Liegenschaftskatasters geregelt werden. Mit dem Neuordnungsgesetz und den in der Folge erlassenen Regelungen setzt bis 1945 eine immer stärker werdende Vereinheitlichung des Vermessungswesens ein (Großmann 1973b).

Der Beirat für das Vermessungswesen wird 1935 durch Rechtsverordnung aufgehoben. Dabei wird in einem Schreiben an den Vorsitzenden Prof. Kohlschütter festgestellt, dass *„Der Beirat trotz der erschwerten Verhältnisse ... einen weitreichenden Einfluß auf das deutsche Vermessungswesen (hat) ausüben können und darüber hinaus wertvolle Vorarbeiten für die Neugestaltung des gesamten Vermessungswesens geleistet (hat)“* (ZfV 1935, S. 506–509).

Der an der Leitung des Vermessungswesens zunächst nicht interessierte Finanzminister versucht nachträglich (1936) noch einmal, die Zuständigkeit für die Neuordnung zu erhalten. Er stützt sich dabei besonders auf die bisherige Regelung für die Katasterverwaltung und den Zusammenhang mit der Bodenschätzung sowie die straffe, von oben bis unten durchgehende Organisation der Reichsfinanzverwaltung. Dieser Vorstoß wird vom Reichsinnenminister jedoch scharf zurückgewiesen (Kurandt 1959).

Eine zentrale Rolle bei der Umsetzung der im Gesetz angesprochenen Aufgaben spielt A. Pfitzer als Leiter der 1935 für die Neuordnung eingesetzte Referatsgruppe im Reichsministerium des Innern.

Abb. 10.4. Albert Pfitzer (1882–1948)

Albert Pfitzer (1882–1948, Abb. 10.4) war nach dem Studium in Bonn und unterschiedlichen Tätigkeiten als Katasterlandmesser und Katasterdezernent 1933 in das preußische Finanzministerium versetzt und 1935 dem Reichsinnenministerium als Fachreferent für die Neuordnung des Vermessungswesens überwiesen worden. Pfitzer propagiert die Grundgedanken der im Rahmen der Diktatur nun möglichen Neugestaltung des Vermessungswesens in mehreren Aufsätzen in der ZfV und in Vorträgen anlässlich der Hauptversammlungen des Deutschen Vereins für Vermessungswesen. Er betont dabei stets den

Zusammenhang mit dem Vorhandenen: *„Allein dadurch, dass wir das Gegenwärtige aus dem Vergangenen entwickeln, werden wir der Reichsvermessung eine Dauer für die Zukunft geben können und vermeiden, dass sie eine sinnlose oder abenteuerliche Einrichtung wird oder ein nie zu verwirklichendes Hirngespinst bleibt“* (Pfitzer 1936). Bei den Erläuterungen zur Neuordnung stellt Pfitzer – gestützt auf §2 des Gesetzes, wonach *„den Forderungen der Reichsverteidigung in erster Linie Rechnung zu tragen ist“* – natürlich auch die Bedeutung der *„Karte als Waffe“* heraus, es folgen die steuerlichen, eigentumsrechtlichen und planerischen Aspekte (Pfitzer 1935). 1943 scheidet Pfitzer krankheitshalber vorzeitig aus dem Dienst aus (Kurandt 1952). Nach dem Zusammenbruch des Reiches versucht er in einer „Vorerwägung“, die verbliebenen Möglichkeiten einer Reform des Vermessungswesens auszuloten und Übergangslösungen anzubieten, ohne von der Grundidee der Einheit von Landesvermessung und Katastervermessung abzugehen (Pfitzer 1948).

In der Referatsgruppe werden klare Vorstellungen zu den Aufgaben und dem Aufbau einer Reichsvermessung erarbeitet (Pfitzer 1936). Das *Reichsamt für Landesaufnahme* soll durch Bestandsaufnahme und Planung sowie Durchführung der notwendigen geodätischen, topographischen und kartographischen Arbeiten für die Umsetzung dieser Vorstellungen sorgen (Vollmar 1936). Die im Gesetz vorgesehene „Reichsvermessungsordnung“ kommt bis Kriegsende nicht mehr zustande, doch werden Teile davon durch einzelne Rechtsvorschriften geregelt. In Runderlassen „Über den Zusammenschluss der Landesvermessungen“ (1935, 1936) werden die geodätischen Grundlagen (Festpunktfelder) der Reichsvermessung und die Reichskartenwerke gegliedert, der Reichsfestpunktfeld-Erlass („FP-Erlass“) von 1940 (Mitt. RfL 16: 229–246) setzt diese organisatorische Erneuerung der Lagefestpunktfelder fort (Großmann 1937). Im Jahre 1938 wird das Gesetz über die Bildung von *Hauptvermessungsabteilungen* (HVA) erlassen. Damit werden an zunächst 13 Stellen (bezogen auf das Deutsche Reich in den Grenzen von 1937) Mittelinstanzen eingerichtet, welche Teilaufgaben der Landesvermessung (Landesdreiecks- und Aufnahmenetze, Höhenmessungen, Landeskartenwerke 1:25 000 und 1:5000) und des Liegenschaftskatasters übernehmen sollen.

Amtsbezirke und Sitze der HVA I–XIII sind: Ostpreußen (Königsberg), Schlesien (Breslau), Sachsen (Dresden), Berlin/Brandenburg (Potsdam), Pommern (Stettin), Hamburg/Mecklenburg/Schleswig-Holstein (Hamburg), Bremen/Oldenburg/Braunschweig/Schaumburg-Lippe/Provinz Hannover (Hannover), Thüringen/Anhalt/Provinz Sachsen (Magdeburg), Lippe/Provinz Westfalen/Reg.bezirk Osnabrück (Münster/Westfalen), Rheinprovinz (Köln), Hessen/Hessen-Nassau/Saarland/Rheinpfalz (Wiesbaden), Württemberg/Baden (Stuttgart), Bayern (München).

Der Präsident des Reichsamts für Landesaufnahme wirkt bei der Aufsicht über die HVA mit und kann in technischen Angelegenheiten Weisungen erteilen, ein straffer hierarchischer Verwaltungsaufbau von der Landesvermessung bis zum Kataster wird mit dieser Dezentralisierung aber nicht erreicht.

Mit der Einrichtung der HVA verschwinden die mit teilweise unterschiedlichen Zuständigkeiten noch bestehenden Landesvermessungsbehörden in Bayern, Sachsen, Württemberg, Baden, Hessen und Mecklenburg sowie die in anderen Ländern vorhandenen zentralen Vermessungsstellen. In Bayern ist bereits 1930 mit der Überführung des Topographischen Büros in das Landesvermessungsamt die Einheit von Landesvermessung und Kataster hergestellt worden. In Württemberg wird dies 1937 mit der Vereinigung des dem Finanzministerium zugeordneten Katasterbüros und der Topographischen Abteilung beim Statistischen Landesamt erreicht, es entsteht die Abteilung „Landesvermessung" im Innenministerium. In Baden sind die bisher bei der Wasser- und Straßenbaudirektion wahrgenommenen geodätischen und topographischen Aufgaben 1936 auf die Abteilung für Landesvermessung beim Finanz- und Wirtschaftsministerium übergegangen. Auch in Nord- und Mitteldeutschland war in einigen Ländern eine Zentralisierung des Vermessungswesens eingetreten, so in Sachsen (1917) und in Hessen (1921) mit der Einrichtung von Landesvermessungsämtern, jeweils beim Minister der Finanzen. Es folgen Oldenburg (1930) mit einer zentralen Vermessungsdirektion und Mecklenburg (1930) mit einem dem Landwirtschaftsminister zugeordneten Landesvermessungsamt, in Braunschweig werden die Vermessungsarbeiten 1931 in einem Landeskultur- und Vermessungsamt zusammengefasst. Während die Landesvermessungsämter in den größeren Ländern Süd- und Mitteldeutschlands leicht in HVA umfirmiert werden können, müssen in Norddeutschland die Hauptvermessungsabteilungen für Räume von Provinzgröße neu aufgebaut werden. Nach dem Krieg entstehen in der Bundesrepublik Deutschland dann aus den HVA die Landesvermessungsämter, wobei in Bayern und Baden-Württemberg an die alte Tradition angeknüpft werden kann.

Nicht mehr zum Zuge kommt wegen der Kriegsereignisse die mit der Verordnung über die „Vereinfachung und Vereinheitlichung des Kataster- und Vermessungswesens" von 1944 angestrebte reichsweite Vereinheitlichung des *Katasters*, s. [10.2.4]. Geplant ist dabei, auch die Kataster- und Vermessungsbehörden – Katasterämter – als Reichsvermessungsbehörden in der Kreisstufe dem Reichsminister des Innern zu unterstellen. In der Mittelstufe war dies mit den Hauptvermessungsabteilungen ja bereits geschehen, diese sollten danach auch eine Abteilung „Katastervermessung" erhalten.

Eine weitere organisatorische Vereinheitlichungsmaßnahme betrifft vor allem den norddeutschen Raum. Die seit langem vom Geometerverein bzw. DVW und dann auch vom Beirat für das Vermessungswesen geforderte volle *Ingenieurausbildung* für den Vermessungsdienst war nämlich bisher nur in den süddeutschen und einigen anderen Ländern realisiert worden (Großmann 1977). Preußen geht dagegen erst 1923 von der Primareife zum Abitur als Voraussetzung für das nun dreijährige Landmesserstudium über; als Alternative läuft 1930 ein vierjähriges Diplomstudium des Vermessungswesens an den Technischen Hochschulen Berlin und Hannover an.

1937 wird nun durch eine reichseinheitliche Ausbildungs- und Prüfungsordnung für den „Höheren vermessungstechnischen Verwaltungsdienst" der akademische Teil der Ausbildung mit dem Abschluss als Diplomingenieur geregelt; verlangt wird ein Studium von 7 Semestern und 4 Monaten Praktikum, die Diplom-Hauptprüfung gilt als erste Staatsprüfung. Bis zum Diplom führen danach die Studiengänge in Berlin, Dresden, Hannover, Karlsruhe, München und Bonn; in Aachen, Braunschweig, Breslau, Darmstadt und Stuttgart kann bis zur Vordiplom-Prüfung studiert werden. Entsprechend wird 1940 für den gehobenen Dienst das Studium an einer Staatsbauschule (heute: Fachhochschule) vorgeschrieben, hier wird nach 18 Monaten Praktikum und 3 Semestern die Prüfung zum „Ingenieur für Vermessungstechnik" abgelegt. Schließlich ist die

„Berufsordnung der *Öffentlich bestellten Vermessungsingenieure*" (ÖbVI) von 1938 zu nennen, welche die Mitwirkung der ÖbVI an der Reichs- und Landesvermessung regelt. Mit dieser Verordnung entfällt endlich auch die Einbeziehung der „Geometer" in die Gewerbeordnung, sie werden nun „Freiberufler" (Steinbring 1973). Durch Erlass wird bald darauf jedoch die Neuzulassung von Öffentlich bestellten Vermessungsingenieuren untersagt (in Bayern gab und gibt es diese Form des Vermessungsingenieurs ohnehin nicht), so dass bald eine Überalterung der Berufsträger eintritt (Teetzmann 1998).

Die Meinung über das in Zeiten einer Diktatur entstandene Neuordnungsgesetz und seine Folgeregelungen ist unterschiedlich (Gomille 2003): *„Dieses Gesetz enthält zwar kein nationalsozialistisches Gedankengut, ist aber der Form nach ganz ein Kind seiner Zeit"* (Nittinger 1962). Zur Bedeutung des freien Berufes gibt es unterschiedliche Äußerungen von Pfitzer, der diesen Berufsstand einmal in seiner geschichtlichen Entwicklung würdigt und die staatliche Bindung hervorhebt, andererseits als *„vermessungsgeschichtliches Denkmal … aus der Barockzeit des Vermessungswesens"* charakterisiert. Das Neuordnungsgesetz gilt ebenso wie die Berufsordnung der Öffentlich bestellten Vermessungsingenieure nach 1945 weiter, da die entsprechenden Vorschriften nicht dem Grundgesetz widersprechen. Sie sind noch bis in die 1960er Jahre in den Bundesländern Grundlage für das amtliche Vermessungswesen und werden erst dann allmählich durch Ländergesetze ersetzt.

10.2.2 Die deutschen Landesvermessungen wachsen zusammen: Reichsfestpunktfeld und Reichskartenwerke

Das Reichsamt für Landesaufnahme verstärkt ab Mitte der 1930er Jahre seine Anstrengungen zum Aufbau des nun neu strukturierten Reichsfestpunktfeldes (einheitliche Vermarkung, Orientierung und Koordinierung) sowie zur Entwicklung reichseinheitlicher Kartenwerke. Durch die mit Bildung der Hauptvermessungsabteilungen 1938 vorgenommene Aufgabenverteilung kann sich das Reichsamt dann verstärkt auf den Aufbau der Grundlagenetze (Reichsdreiecksnetz und Landesdreiecksnetze außer in den Ländern Bayern, Sachsen, Württemberg, Baden, Hessen und Mecklenburg) und die Herstellung der topographischen Karten kleinerer Maßstäbe (ab 1:50 000) konzentrieren (Pfitzer 1939).

Das *Reichsfestpunktfeld* gliedert sich nach dem F.P.-Erlass in das Reichsdreiecksnetz, die Landesdreiecksnetze und die Aufnahmenetze sowie das Reichshöhennetz. Das Reichsdreiecksnetz als weitmaschiges Rahmennetz (ein Punkt auf etwa 50 km^2, entspricht den bisherigen preußischen Netzen I. und II. Ordnung und den Grundlinien) wird durch die Landesdreiecksnetze (entsprechen den Netzen III. und IV. Ordnung in Preußen) auf 1 Punkt/5 km^2 verdichtet. Die Aufnahmenetze bilden die letzte Verdichtungsstufe und sollen zu einer Verdichtung von etwa 1 Punkt/km^2 führen. Sie dienen als Grundlage für sämtliche Einzelvermessungen und für die Einpassung älterer Vermessungsergebnisse. Für die Punktbestimmung werden – der technischen Entwicklung wie z. B. der Zwangszentrierung folgend – außer der Triangulation auch Feinpolygonzüge (Landesdreiecksnetz) und Gerüstpolygonzüge (Aufnahmenetz) zugelassen. Als Genauigkeitsmaß wird für die trigonometrischen Punkte die große Halbachse der nach der

Ausgleichung berechneten Fehlerellipse eingeführt, diese darf 15 cm nicht überschreiten. Für Gerüstpolygonzüge werden die maximalen Abschlussfehler in Länge und Winkel auf $^2/_3$ der Werte der Ergänzungsbestimmungen von 1931 herabgesetzt. Wichtig für die Erhaltung der Netze wird die Forderung, dass in allen Stufen die Bodenpunkte mit einem Granitpfeiler und einer unterirdischen Granitplatte vermarkt werden sollen. Die Hochpunkte (Turmspitzen usw.) sind durch Leuchtschrauben und Turmbolzen exzentrisch zu vermarken, hinzu kommen für alle Festpunkte exzentrische unterirdische Sicherungen: Für große Teile des Reiches bedeutet das eine Wiederherstellung von Festpunkten und Neuvermarkung! Die Festpunkte sollen nun einheitlich in Beschreibungen, Netzbildern und Karten (1:25 000) mit ihren Gauß–Krüger-Koordinaten und den Höhen über N. N. nachgewiesen werden.

Wie erstmals von Müffling unternommen und später von Schreiber mustergültig organisiert, werden die *Messungs-* und *Berechnungsarbeiten* des Reichsamtes für Landesaufnahme durch Vorschriften detailliert geregelt (Gigas 1937). So beginnt die Triangulation I. Ordnung mit einer sorgfältigen Erkundung, gefolgt von der Vermarkung und dem Signalbau, wobei fast unverändert an den bewährten Holzkonstruktionen der Preußischen Landesaufnahme festgehalten wird. Zur Winkelmessung dienen 27-cm-Theodolite von Bamberg bzw. später Askania oder Hildebrand mit 41-, 62- oder 72-facher Vergrößerung und Mikroskopablesung (0,1″–0,2″), Abb. 10.5, 10.6. Die Winkelmessung in allen Kombinationen (jeder Winkel in 5 vollen Sätzen) bleibt weiter das Standardverfahren. In den 1940er Jahren wird auch der Wild-Theodolit T3 und der Askania-Theodolit mit photographischer Registrierung eingesetzt (Gigas 1943), für die Netzverdichtungen steht jetzt auch der Zeiss-Theodolit C zur Verfügung (Abb. 10.7). Zur Zielbeleuchtung dienen Heliotrope und elektrische Leuchtgeräte. Die Beobachtungen

Abb. 10.5. 27 cm-Theodolit von Hildebrand

Abb. 10.6. 27 cm-Schraubenmikroskop-Theodolit von Askania

werden gleichmäßig auf Tag und Nacht verteilt, wobei nur wenige Stunden vor und nach Sonnenuntergang ruhige Lichter erwarten lassen. Mit den auf der Station ausgeglichenen Richtungen (±0,5″ bis 1″) wird dann die zwangsfreie Ausgleichung nach bedingten Beobachtungen oder die Ausgleichung mit Zwangsbedingungen (Anschluss an bereits berechnete Netzteile) durchgeführt. Die jetzt in Abständen von rund 200 km geplanten Grundlinien von 5 bis 10 km Länge werden ab Anfang der 1930er Jahre mit Jäderindrähten (24m-Invardrähte) gemessen.

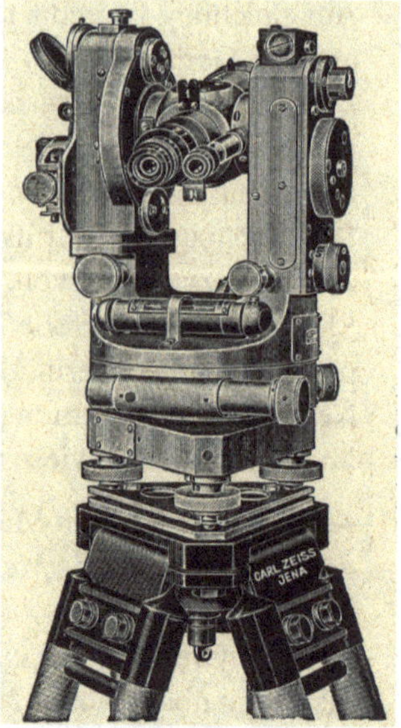

Abb. 10.7. Zeiss-Theodolit C (II.–IV. Ordnung), ab 1941

Kern des Reichsdreiecksnetzes ist das System des Reichsamtes für Landesaufnahme, realisiert durch den unter Schreiber und seinen Nachfolgern in allen drei Ordnungen triangulierten „Schreiber'schen Block". Damit ist das *Geodätische Datum* weiterhin durch das Bessel-Ellipsoid mit der astronomischen Orientierung im Zentralpunkt Rauenberg definiert, s. [7.2.3], [9.2.3].

Nicht wirksam wird der vom Beirat für das Vermessungswesen empfohlene Ersatz des zerstörten Punktes Rauenberg durch den Helmert-Turm des Geodätischen Institutes (Kohlschütter 1924). Die hiermit verbundene strenge Neuausgleichung des Reichsdreiecksnetzes wird nämlich nicht abgeschlossen, der Helmert-Turm bleibt somit nur ein der Orientierungskontrolle dienender Laplace-Punkt, mit astronomischer Breiten-, Längen- und Azimutbestimmung, Wolf (1987), s. [10.1.1].

Auch der *Maßstab* des Reichsdreiecksnetzes wird durch den „Schreiber'schen Block" bestimmt, also durch die Grundlinien in Berlin, Braak, Göttingen, Meppen und Bonn. Dabei wird insbesondere durch einen Fehler in der Berliner Basis ein größerer Maßstabsfehler in das gesamte Netz hinein getragen, dem überlagern sich Übertragungsfehler bei der Netzbearbeitung. Dieser Fehler wird im Mittel etwa kompensiert durch den Unterschied zwischen dem Standard des Bessel'schen Basisapparates (durch Umrechnung aus Toisen erhaltene „Meter der Landesaufnahme", auch „legale Meter") und dem später eingeführten „internationalen Meter" ($1\,m_{legal} = 1{,}000\,013\,m_{international}$). Im Jahre 1944 wird deshalb festgelegt, dass der Maßstab des Reichsdreiecksnetzes im internationalen Meter zu verstehen ist (Ledersteger 1944). Zur großräumigen Maßstabskontrolle kommen schließlich zu den bis 1914 gemessenen Grundlinien, s. [9.2.3], noch die Basislinien Rügen (1932), Stolp (1935), Wien (1941) und Schorfheide (1941) hinzu.

Für Preußen und die angrenzenden Länder wird das *Reichsdreiecksnetz* (I. Ordnung) bis Anfang der 1940er systematisch fertiggestellt. Dabei wird von der Strategie der Dreiecksketten und Füllnetze abgegangen und es wird – wie bei den Triangulationen der anderen deutschen Länder – zur Anlage von Flächennetzen übergegangen. Berechnet werden außer den (evtl. auch erst „vorläufigen") geographischen Koordinaten auch Gauß–Krüger-Koordinaten (Gigas 1940, Planheft 1944, Schmidt 1995), Abb. 10.8.

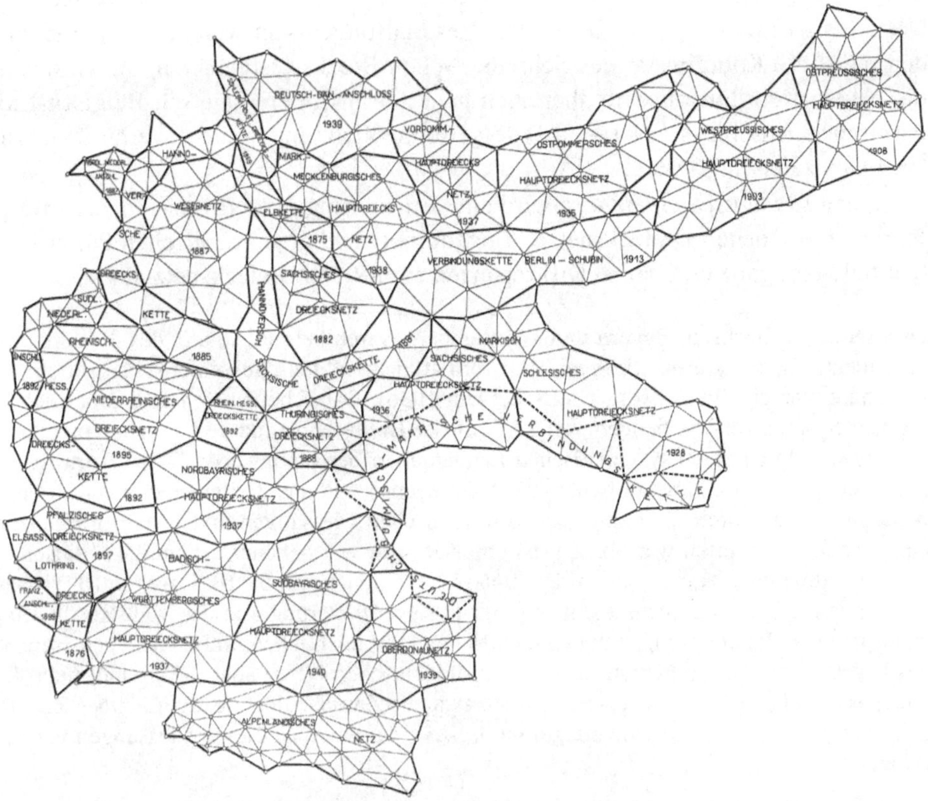

Abb. 10.8. Reichsdreiecksnetz (Hauptdreiecke), Gebiet des Deutschen Reiches 1938 und Verbindungsnetze zu Nachbarländern

Anfang der 1920er Jahre finden wir östlich der Elbe noch die von der Preußischen Landesaufnahme durchgeführten Hauptdreiecksmessungen in West- und Ostpreußen sowie die Verbindungskette Berlin-Schubin, s. [9.2.3]. Von 1922 bis 1928 wird dann das Märkisch-Schlesische Hauptdreiecksnetz gemessen. Durch die Zielsetzungen der Baltischen Geodätischen Kommission bestimmt ist die Anlage von Dreiecksnetzen an der Ostseeküste: das deutsch-dänische Anschlussnetz (1930–1931, 1939) schließt an das Vorpommersche Hauptdreiecksnetz (1932–1937) an, östlich folgt das Ostpommersche Hauptdreiecksnetz (1933–1936). Das Märkisch-Mecklenburgische Netz (1938) und das Sächsische Anschlussnetz (1936) dienen dem Ersatz bzw. dem Anschluss der älteren Dreiecksnetze von Mecklenburg (Paschen) und Sachsen (Nagel), s. [7.3.2], [9.3.2]. Ab 1930 werden auch die Stadtnetze von Hamburg und Bremen an das Netz der Landesaufnahme angeschlossen und umgerechnet. Die neu gemessenen Netze östlich der Elbe sowie das Sächsische Dreiecksnetz werden nach zwangsfreier Ausgleichung zunächst zusammengefügt und dann an den Ostrand des Schreiber'schen Blocks angefeldert, nach Helmert angerechnet werden auch die älteren Netze im Südwesten (Pfälzer Netz, Elsass-Lothringische Kette). Bei Restklaffungen von wenigen Dezimetern werden meist die Koordinaten des Schreiber'schen Blocks festgehalten, teilweise werden die beiden Koordinatenpaare aber auch gemittelt. Mit dem Deutsch-Belgisch-Luxemburgischen Anschluss (1940–1941) folgt schließlich eine weitere Verbindung zu den Nachbarstaaten im Westen.

In den *süddeutschen Ländern* wird eine Erneuerung der teilweise vor weit über 100 Jahren entstandenen Dreiecksnetze dringend notwendig, an identischen Punkten treten hier teilweise ganz erhebliche Diskrepanzen zum Reichsdreiecksnetz auf.

Die Netze von Sachsen, Bayern und Württemberg waren bereits Anfang des 20. Jahrhunderts über identische Punkte mit Helmert-Transformationen an den „Schreiber'schen Block" herangerechnet worden (Finsterwalder u. Boecklein 1936). Dabei hatten sich gegenüber dem preußischen System Verschiebungen von 2–3″ in der Breite und rund 13″ in der Länge ergeben, letztere war durch einen systematischen Längenfehler des preußischen Netzes verursacht. Die gegenseitigen Verdrehungen blieben mit 1–3″ ebenso wie die Breitenänderungen in der Größenordnung, die durch die Fehler der astronomischen Messungen und Fehlerfortpflanzung in den Netzen zu erwarten war, das bayerische Netz war wie bekannt um rund 13″ falsch orientiert (Kneißl 1940). Die Netzmaßstäbe unterscheiden sich um 5×10^{-6} bis 1×10^{-5}, was mit den Fehlern der Grundlinienmessungen, der Basisvergrößerung und der Maßstabsübertragung zu erklären ist. Restklaffungen in den identischen Punkten blieben im Fall des sächsischen Netzes bei ±0,1–0,2 m, erreichten im Fall der süddeutschen Netze aber ±1 m und mehr. Die so angepassten älteren Triangulationen wurden zwar als Zwischenlösung („vorläufiges Reichsdreiecksnetz") zugelassen, für eine endgültige Lösung wurden aber Neuvermessungen vorgesehen (Unger 1941).

In *Bayern* beginnen 1910 erste Erneuerungen im Hauptdreiecksnetz. Ab 1920 wird ein neues Netz aufgebaut, das im Norden an die Rheinisch-Hessische Kette und das Thüringische Netz anschließt. Die Winkelmessung geschieht mit einem 27-cm-Theodolit in allen Kombinationen entsprechend den Regeln des Reichsamts für Landesaufnahme (aus Dreiecksschlüssen berechneter mittlerer Fehler der ausgeglichenen Winkel ±0,3″). Grundlinien werden bei München (1921) und Nürnberg (1937) gemessen, 9 Laplacesche Azimute dienen zur Orientierung. Die Beobachtungen in den Teilen Nordbayerisches und Südbayerisches Hauptdreiecksnetz finden von 1936 bis 1940 statt.

In *Württemberg* wird bereits um die Jahrhundertwende die Genauigkeit der Urtriangulation als unzureichend angesehen. Von 1899 bis 1936 wird diese deshalb vom Katasterbüro aufeinanderfolgend in mehreren Blöcken durch Neutriangulation (I. und II. Ordnung) bereinigt, Orientierung und Maßstab des alten Netzes werden beibehalten; hierbei treten Koordinatenänderungen bis zu 4 m auf (Strobel 1968). Da dieses inhomogene Netz den Anforderungen des Reichsamts für Landesaufnahme nicht entspricht, wird ein neu geplantes Baden-Württembergisches Hauptdreiecksnetz bereits 1936/1937 vollständig neu gemessen, die Dreiecksschlussfehler bleiben fast immer $<1''$.

Nach der Besetzung Österreichs werden dann noch das Oberdonaunetz und das Niederdonaunetz (beobachtet in den 1930er Jahren vom österreichischen Bundesamt für

Eich- und Vermessungswesen), das Alpenländische Netz (angelegt seit 1851 vom Militärgeographischen Institut Wien) und das Obersteierische Netz (Mil. Geogr. Inst., seit 1875) an das Reichsdreiecksnetz angeschlossen.

Die süddeutschen Teilnetze werden – in Analogie zu den ostelbischen Netzen – zunächst für sich ausgeglichen und dann zusammengeschlossen und im Norden an das Reichsfestpunktfeld angefeldert. Durch Festhalten ausgewählter Seiten werden die Orientierung und der Maßstab vom „Schreiber'schen Westen" übernommen. Die zunächst auftretenden Koordinatendifferenzen von einigen m und mehr gehen nach der Anpassung auf die Größenordnung von ±0,1 m zurück (Kneißl 1941).

Die in den 1970er Jahren durchgeführte strenge Diagnoseausgleichung des Deutschen Hauptdreiecksnetzes hat gezeigt, dass durch die blockweise Bearbeitung der einzelnen Netzteile und die Anfelderung an den ebenfalls nacheinander in Teilen bearbeiteten Schreiber'schen Westen das Reichsdreiecksnetz systematische Verzerrungen aufweist, vor allem eine systematische Verbiegung des südlichen Netzteils gegenüber dem nördlichen und ein Maßstabsgefälle bis zu 2×10^{-5}. Die Nachbarschaftsgenauigkeit ist besser als 0,3 m, doch können über große Distanzen Fehler von 1 m und mehr auftreten (Schmidt u. Ehlert 1976).

Im Gegensatz zu den Netzen I. Ordnung sind bei den nachgeordneten Netzen um 1940 noch weite Teile nicht für die Aufnahme in das endgültige Reichsfestpunktfeld geeignet. Zur Übernahme geeignete *Landesdreiecksnetze* liegen in Norddeutschland im Bereich des „Schreiber'schen Blocks", in West- und Ostpreußen sowie in Mecklenburg und Sachsen vor, die *Aufnahmenetze* sind hier aber lückenhaft. In Süddeutschland sind diese Verdichtungsnetze weitgehend vorhanden. Die Vermarkung der Festpunkte ist jedoch meist ungenügend, so dass in den meisten süddeutschen Ländern neben Koordinatenumformungen auch Netzerneuerungen vorzunehmen sind. Auch in Preußen werden in den 1920er bis 1940er Jahren (begrenzt) Teile der vorhandenen Netze erneuert, beispielsweise wegen erheblicher Punktverschiebungen in den Bergbaugebieten an der Ruhr und in Oberschlesien.

In Analogie zu den Festpunktfeldern wird auch bei den amtlichen *Kartenwerken* nun zwischen Reichs- und Landeskartenwerken unterschieden. *Reichskartenwerke* mit Zuständigkeit des Reichsamts für Landesaufnahme sind zunächst einmal die Deutsche Karte 1:50 000 (Abb. 10.9) und die Karte des Deutschen Reiches 1:100 000 (Abb. 10.10). Während der Maßstab 1:50 000 in den süddeutschen Ländern mit dem „Topographischen Atlas" vorhanden ist, entstehen in Preußen bis 1945 nur wenige Musterexemplare (Mohr 1962). Die „Generalstabskarte" 1:100 000 liegt dagegen flächendeckend für das ganze Reich vor. Es folgen die Topographische Übersichtskarte 1:200 000, die Übersichtskarte von Mitteleuropa 1:300 000, die nur bis 1927 bearbeitete Karte von Europa und Vorderasien 1:800 000 und die hieran anschließende Übersichtskarte 1:1 Mill. Dieses heute als „Internationale Weltkarte" bezeichnete Kartenwerk wurde auf Vorschlag des deutschen Geographen Penck zwischen 1909 und 1913 auf internationalen Konferenzen beschlossen. Die *Landeskartenwerke* umfassen die Deutsche Grundkarte 1:5000 (Abb. 10.11) sowie die Topographische Karte 1:25 000 (Abb. 10.12).

Abb. 10.9. Topographische Karte 1:50 000, Berlin und Umgebung, vierfarbige Ausgabe (verkl. Ausschnitt), 1925

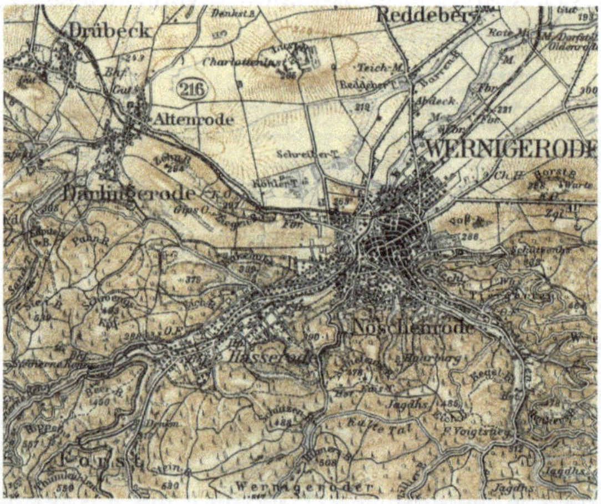

Abb. 10.10. Topographische Karte 1:100 000 (Karte des Deutschen Reiches), dreifarbige Ausgabe (verkl. Ausschnitt), 1925

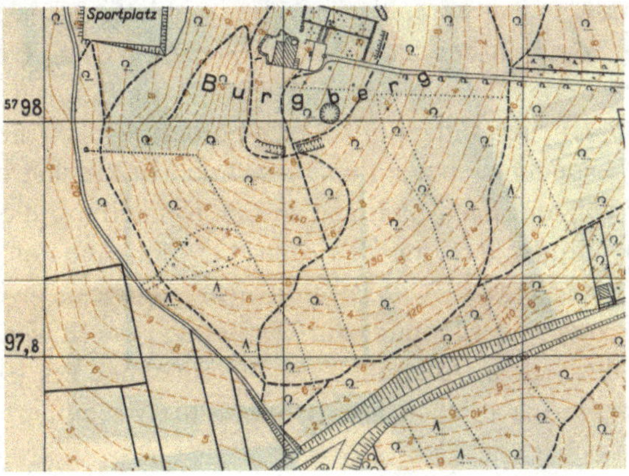

Abb. 10.11. Deutsche Grundkarte 1:5000 (verkl. Ausschnitt)

Abb. 10.12. Topographische Karte 1:25 000 (verkl. Ausschnitt), 1925

Für die etwa 4400 Blätter der Karte 1:25 000 werden 1938 die Hauptvermessungsabteilungen zuständig, bis Anfang der 1940er Jahre ist dieses Kartenwerk auch in den süddeutschen Ländern an das preußische Messtischblatt angepasst worden.

Eine wichtige Vorarbeit bei der Schaffung der *Deutschen Grundkarte* 1:5000 wird von den Katasterämtern geleistet. Bereits 1923/24 vom Beirat für das Vermessungswesen vorgeschlagen, erneuert Pfitzer (1935) die Forderung nach diesem großmaßstäbigen Kartenwerk, das besonders von den Planern seit den 1920er Jahren dringend gewünscht wird. Er schlägt vor, die Katasterämter an der Herstellung dieses Landeskartenwerkes dadurch zu beteiligen, dass aus den Katasterkarten eine nur den Grundriss und die Parzellenstruktur enthaltende *„Katasterplankarte"* entwickelt wird. Diese Vorstufe der Grundkarte könne bereits der Planung zur Verfügung gestellt werden, die Höhendarstellung kann später geschehen. Auch diese Maßnahme kann bis 1945 nur sehr begrenzte Erfolge aufweisen, wird aber nach dem Krieg für die Wiederaufbauarbeiten von großer Bedeutung.

Mit der Deutschen Grundkarte wird das bereits 1851 von General Baeyer für die östlichen Provinzen Preußens geforderte einheitliche großmaßstäbige Kartenwerk ernsthaft in Angriff genommen. In Bayern liegen mit den Katasterkarten 1:5000 und in Württemberg mit den Höhenflurkarten 1:2500 bereits seit dem 19. Jahrhundert solche Grundlagen vor, s. [6.2.2], [7.4.2]. Die Forderung nach einer Karte 1:5000 war gegen Ende des ersten Weltkrieges von militärischer Seite, aber auch von Seiten der Geographie wieder aufgegriffen worden. Es folgten Probeaufnahmen durch das Reichsamt für Landesaufnahme und – nach dem entsprechenden Beiratsbeschluss – ein Musterblatt und Zeichenvorschriften. 1936 wird die Anfertigung der Grundkarte und der Katasterplankarte durch Erlass des Reichsinnenministers verfügt, der Grundkartenerlass von 1941 erklärt die Grundkarte zum amtlichen Kartenwerk; 1937 folgen ein endgültiges Musterblatt und eine Zeichenvorschrift. Die Anfertigung der Grundkarte 1:5000 stellt eine gewaltige Herausforderung dar, sind für das Deutsche Reich in den Grenzen von 1937 doch rund 144 000 Karten zu erstellen! Die intensive Herstellung setzt – mit länderweise unterschiedlicher Aktivität – dann auch erst nach 1945 ein (Heissler 1949).

10.2.3 Das Höhenfestpunktfeld: Netzerneuerung, Netzverdichtung und geokinematische Nutzung

Das *Reichshöhennetz* als Teil des Reichsfestpunktfeldes wird durch die Höhen aller Punkte definiert, die durch geometrische Nivellements höchster Genauigkeit (Feineinwägungen) bestimmt worden sind. Es setzt sich demnach aus den seit den 1870er Jahren entstandenen und teilweise später auch erneuerten Präzisionsnivellements der einzelnen Länder zusammen. Wegen der großen Zahl der Punktverluste durch Baumaßnahmen und der Veränderungen durch rezente Krustenbewegungen treten dabei besondere Probleme bei der Laufendhaltung und Erneuerung auf.

Die *Preußische Landesaufnahme* hatte 1912 mit einer Netzerneuerung durch „Nivellements von hoher Genauigkeit" begonnen, welche das bestehende, von 1868 bis 1894 vermessene und stark verfallene Nivellementsnetz („Höhen im alten System") ersetzen sollten. Vorausgegangen waren Wiederherstellungsarbeiten im Netz, bei denen wertvolle Erkenntnisse über die Standsicherheit der Festpunkte gesammelt wurden. Die Neuberechnung wird im Anschluss an den Normal-Höhenpunkt von 1912 durchgeführt und führt zu *„Höhen über N. N. im neuen System“*, s. [9.2.3].

Dabei wird, dem auf Helmert (1884) zurückgehenden Schreiber'schen Ansatz folgend, die normal-orthometrische oder sphäroidische Schwerereduktion an den Nivellements angebracht. Da hierbei anstelle der „wahren“ Schwere längs des Nivellementsweges nur die für ein ellipsoidisches Erdmodell gültige Normalschwere berücksichtigt wird, bleiben die Abweichungen der Höhen gegenüber dem „wahren“ Abstand von der Höhen-Nullfläche, also der orthometrischen Höhe, weiterhin im mm- bis dm-Bereich.

Das Reichshöhennetz wird wie bisher in großen Schleifen angelegt, die in den folgenden Jahrzehnten nacheinander und z. T. erst nach dem zweiten Weltkrieg beobachtet werden (Abb. 10.13). Netzteil I (1911–1914, 1920) umfasst den weiteren Raum um Berlin mit den Anschlussmessungen an den Normal-Höhenpunkt, Teil II (Nordwestdeutschland bis zur Rheinprovinz, 1910–1927) schließt hier an. Es folgen Teil III (Niederrhein und Ruhrgebiet, 1931–1937), Teil IV (Südteil Hannover, Braunschweig, Thüringen, Hessen, 1936–1938) und Teil V (Sachsen und Böhmen, 1939–1942). Ausgehend vom Netzteil I werden die jeweils für sich nach bedingten Beobachtungen ausgeglichenen Teilnetze mit Zwang an die vorausgehenden Teile angeschlossen. Die Originalunterlagen für die Netzteile IV bis VI (Baden, Württemberg) gehen im Krieg verloren, was nach 1945 zu aufwendigen Rekonstruktionsarbeiten und Ergänzungsmessungen zwingt. Diese Teile werden ebenso wie die Netzteile VII (Bayern) und VIII (Rheinland-Pfalz) endgültig erst nach dem Krieg bearbeitet, dann im Rahmen des Deutschen Haupthöhennetzes (Heller u. Wernthaler 1955).

Die Genauigkeit dieser neuen Nivellements hat sich durch verbesserte Instrumente und Latten wesentlich gesteigert. Benutzt werden Feinnivelliere der Firma Hildebrand mit 40-facher Vergrößerung und Kippschraube mit Libelle (Empfindlichkeit 5″), gearbeitet wird mit geneigter Ziellinie, Mitteneinstellung eines Teilstrichs und Libellenablesung. Ende der 1930er Jahre wird das Wild-Zeiss-Feinnivellierverfahren mit Planplattenmikrometer-Instrumenten (Zeiss-Nivellier A und andere) und Invarlatten eingeführt, so dass mit einspielender Libelle (10″/pars, Einspielgenauigkeit bei Koinzidenz der Blasenenden 0,3″) nivelliert werden kann (Abb. 10.14). Der aus den Schleifenschlussfehlern (um 10–20 mm) berechnete mittlere Fehler für 1 km Doppelnivellement (Zielweite 50 m, später 30–40 m, Hin- und Rückmessung zu verschiedenen Zeiten und unter anderen meteorolo-

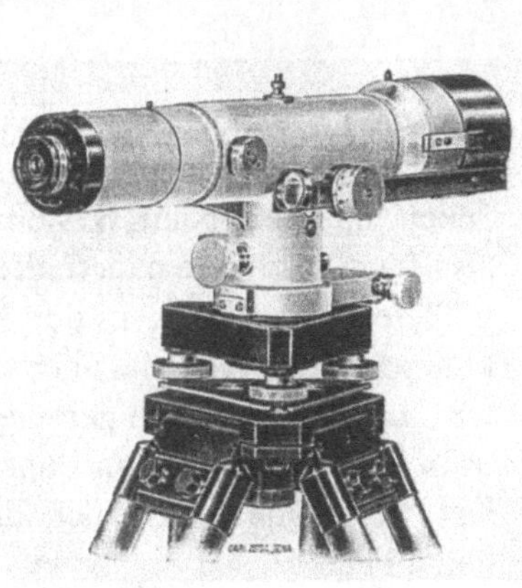

Abb. 10.14. Zeiss Nivellier A, ab 1935

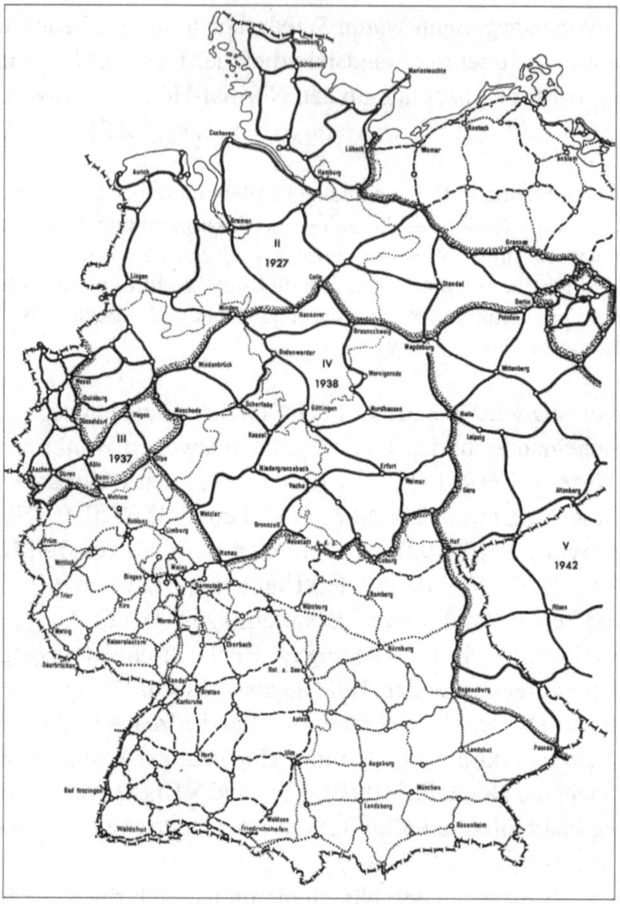

Abb. 10.13. Reichshöhennetz (Neues System), Stand 1945

gischen Bedingungen) geht von ±2 mm/km (Urnivellement) auf rund ±0,5 mm/km zurück (Gronwald 1949). Die Differenzen zwischen den Höhen identischer Punkte im „alten" und im „neuen" System betragen im Durchschnitt etwa 5 cm und bleiben kleiner als 10 cm. Auf eine dauerhafte und stabile Vermarkung der Festpunkte wird nun noch größerer Wert gelegt, zu den Höhenmarken an Gebäuden (Knotenpunkte des Netzes) kommen Mauerbolzen (überwiegende Vermarkung) und Pfeilerbolzen an Granitpfeilern. In geologisch ruhigen Gebieten werden in Abständen von einigen 100 km unterirdische Festlegungen in Punktgruppen als „Landesnivellements-Hauptpunkte" angelegt, Rohrfestpunkte dienen zur großräumigen Absicherung in Marschgebieten (Planheft 1944).

An das Nivellementsnetz des Reichsamts für Landesaufnahme werden nach und nach auch die Feinnivellements der übrigen deutschen Länder angeschlossen. Keine besonderen Probleme bereitet das für die angrenzenden Länder Mecklenburg, Braunschweig, Hessen und Bremen, das gilt auch für die ausgedehnten Einwägungen der Eisenbahnverwaltung und des Büros für die Hauptnivellements und Wasserstandsbeobachtungen. In *Sachsen* war das Gradmessungsnivellement in den Jahren 1908–1921 durch ein neues Nivellement nach den Vorschriften der Preußischen Landesaufnahme ersetzt worden, es wird ebenfalls angeschlossen. In Bayern waren fast alle früheren Nivellementsnetze ab 1920 neu vermarkt und neu vermessen worden, 1925 wird der Aufbau eines neuen Landeshöhennetzes geplant. Grundlage (Netz I. Ordnung) soll weiterhin das Netz der Gradmessungskommission bilden, die Verdichtungen II. Ordnung (längs der Verkehrswege) und III. Ordnung sollen schließlich zu 2 bis 4 Höhenpunkten je Katasterblatt führen (Rösch 1925). Die Ergebnisse dieser Neubearbeitung sind zur Übernahme in das Reichshöhennetz jedoch nur bedingt brauchbar, so dass eine Neuvermessung vorgesehen wird. In *Württemberg* genügen das Gradmessungsnivellement, die Eisenbahnnivellements und die für die landesweite Höhenaufnahme 1:2500 durchgeführten Nivellements ebenfalls nicht den Anforderungen an das Reichshöhennetz, so dass nach den Richtlinien des Reichsamts für Landesaufnahme von 1937 bis 1939 ein neues Netz I. Ordnung vermessen wird. In *Baden* ist dagegen mit dem von 1922 bis 1938 beobachteten Haupthöhennetz ein brauchbares Höhenfestpunktfeld vorhanden, es beruht auf der Erneuerung der badischen Eisenbahn-Feinnivellements und ihrer Erweiterung auf die Straßenzüge. Endgültig fertiggestellt wird das Reichshöhennetz (dann als deutsches Haupthöhennetz) mit seinen Netzteilen Baden/Württemberg/Hessen/Rheinpfalz und Bayern jedoch erst nach 1945.

Eine besondere Leistung stellt die Anlage des *Nordseeküstennivellements* dar. Auslöser ist die seit Anfang des 20. Jahrhunderts diskutierte Frage, ob die deutsche Nordseeküste einer Senkung von etwa 5 mm/Jahr oder mehr unterworfen sei, wobei geologische, paläobotanische und vorgeschichtliche Gesichtspunkte herangezogen werden. Um diese Frage durch geodätische Wiederholungsmessungen zu klären, wird vom Reichsamt für Landesaufnahme und der Landesanstalt für Gewässerkunde und Hauptnivellements von 1928 bis 1931 (Ergänzungen 1937) ein Feinnivellementsnetz in Nordwestdeutschland zwischen der holländischen und der dänischen Grenze beobachtet und in sich ausgeglichen, dabei werden vor allem auch Pegel an der Küste und auf den Inseln angeschlossen (Abb. 10.15). Die Messungen folgen meist bestehenden Nivellementslinien I. Ordnung, durch zusätzliche unterirdische Festlegungen und Rohrfestpunkte (Marschgebiete, Pegelstandorte) wird die Langzeitstabilität des Netzes erhöht. Ausgangspunkt für das Netz ist die unterirdische Festlegung (Punktgruppe) Wallenhorst in den Ausläufern des Teutoburger Waldes, für die eine Senkung nicht erwartet wird (Gronwald 1949).

Das Nordseeküstennivellement wird 1949–1955/1959 neu beobachtet. Die Wiederholungsmessungen lassen eine Landsenkung von 0,5 bis 1 mm/Jahr vermuten, wobei an den Flussmündungen signifikante lokale Absenkungen stattfinden. Das im Rahmen der Messungen zum deutschen Haupthöhennetz 1985 in Niedersachsen durchgeführte dritte Nordseeküstennivellement bestätigt die Senkungstendenzen mit Beträgen bis zu −1,4 mm/Jahr (Augath 1993).

Abb. 10.15. Nordseeküstennivellement, 1928–1931

10.2.4 Messinstrumente und Rechenhilfsmittel: Technologischer Fortschritt und industrielle Fertigung

Die Landesvermessungen in den deutschen Ländern werden ab den 1920er Jahren durch weitere Fortschritte in der Mess- und Rechentechnik gefördert, dies geht einher mit dem Entstehen weiterer leistungsfähiger *Instrumentenfirmen*. Allgemein findet bei den Instrumenten nun der Übergang von der offenen zur kompakten Bauweise statt. Beim Zielfernrohr wird der Okularauszug durch die Innenfokussierung ersetzt, die Ablesung an den Teilkreisen wird verbessert; die Justierung der Instrumente bleibt aber weiterhin ständige Aufgabe des Anwenders. Beim Übergang von den Werkstätten des 19. Jahrhunderts zur industriellen Fertigung tritt im Bereich der Feinmechanik und Optik eine gewisse Konzentration ein. Neben die mit den Namen Breithaupt, Fennel, Hildebrand, Ertel und Dennert und Pape verbundenen alten Firmen, s. [5.1.2], [7.6.1], treten auch neue Hersteller geodätischer Instrumente:

- Der Feinmechaniker und Optiker *Johann Carl Wilhelm Anton Bamberg* (1847–1892, Abb. 10.16) gründet 1871 in Berlin eine Werkstatt für feinmechanische und optische

Präzisionsinstrumente (Theufer u. Hoffmann 1941). Vorausgegangen war eine Lehre bei Zeiss und eine Weiterbildung bei Abbe an der Universität Jena und in der Werkstatt von Pistor und Martins. Aufträge kommen von der Kaiserlichen Marine und von der Preußischen Landesaufnahme, für die er 1875 den ersten Mikroskoptheodolit liefert (Hirsch 1985). Es folgt eine Phase der Erweiterung und die Fusion mit der „Centralwerkstatt Dessau" der Deutschen Continental Gasgesellschaft. So entstehen 1921 die *Askania-Werke*, welche im folgenden Jahr auch die 1875 von Julius Wanschaff gegründeten Werkstätten übernehmen, in denen u. a. Universalinstrumente für die Preußische Landesaufnahme gebaut wurden. Bis in die 1970er Jahre stellt die Firma Askania eine große Palette von geodätischen und geophysikalischen Instrumenten her, sie wird dann von der Firma Siemens übernommen (Graf 1952).

Abb. 10.16. Carl Bamberg (1847–1892)

- In Bonn wird von *Max Wolz* (1850–1928) auf Veranlassung von Prof. Koll 1887 eine feinmechanisch-optische Werkstatt eingerichtet, der Firmengründer hatte nach der Lehrzeit bei Zeiss Erfahrungen bei Hildebrand und Bamberg gesammelt. Hergestellt werden hier die unterschiedlichsten geodätischen, aber auch astronomische und physikalische Instrumente Das Werk bleibt bis in die 1970er Jahre im Familienbesitz (Wolz-Festschrift 1973).

- Die Firma *Zeiss* entwickelt sich aus der optimalen Zusammenarbeit des vielseitig begabten Physikers *Ernst Abbe* (1840–1905, Abb. 10.17) und *Carl Zeiss* (1816–1888, Abb. 10.18) in Jena. Letzterer hatte nach Mechanikerlehre, Wanderjahren und kurzem Studium 1846 eine Werkstatt zur Herstellung feinmechanischer und optischer Geräte gegründet und war 1860 zum Universitätsmechanikus ernannt worden. Der Privatdozent Abbe übernimmt 1866 zusätzlich zu seinen Lehraufgaben an der Universität Jena (1870 wird er Professor und 1877 Direktor der Sternwarte) eine Tätigkeit als wissenschaftlicher Mitarbeiter bei Zeiss. Er wird später Teilhaber und entwickelt unter Einführung technologischer Neuerungen die theoretischen Grundlagen für die Herstellung optischer Systeme. Die fruchtbare Zusammenarbeit zwischen Carl Zeiss, Ernst Abbe und dem Glaschemiker *Otto Schott* (1851–1935) mit dem in Jena gegründeten Glastechnischen Laboratorium macht die Firma Zeiss zum weltweit führenden Hersteller optischer Geräte. Nach dem Tod von Carl Zeiss wird Abbe alleiniger Leiter der Zeiss-Werkstätte. Eine Abteilung für geodätische Instrumen-

Abb. 10.17. Ernst Abbe (1840–1905)

Abb. 10.18. Carl Zeiß (1816–1888)

Abb. 10.19. Heinrich Wild (1877–1951)

te wird 1909 eingerichtet, nachdem *C. Pulfrich* bereits 1904 einen auch als Nivellier geeigneten Theodolit entwickelt hatte. Die Leitung der geodätischen Abteilung übernimmt der Schweizer Vermessungsingenieur *Heinrich Wild* (1877–1951, Abb. 10.19). Mit den ersten Nivellieren und einem Repetitionstheodolit beginnt sofort der Weg zu kleineren und leichteren Instrumenten, verbunden mit vielen wesentlichen Neuerungen (Ahrend 1969, Meier 1992). So findet sich bereits beim Nivellier Ni I (Abb. 10.20) die Innenfokussierung mit Hilfe einer Zwischenlinse und die zylindrische anstelle der konischen Stehachse. Für das Präzisionsnivellement wird die Planplatte zum Ausmessen des restlichen Lattenintervalls eingeführt, das 10 000ste Nivellier wird bereits 1912 ausgeliefert. 1910 beginnt die Entwicklung des Repetitionstheodoliten RthII (Abb. 10.21), und mit dem Sekundentheodolit Th1 (Abb. 10.22) wird Anfang der 1920er Jahre die Reihe erfolgreicher Instrumente zur Winkelmessung in den niederen Ordnungen eröffnet. Wesentliche Merkmale dieser neuen Instrumente werden die Glasteilkreise und die optische Koinzidenzmikrometerablesung von zwei Teilkreisstellen (Eggert 1924). Während der Tätigkeit von Heinrich Wild bei Zeiss (1908–1921) steigt Carl Zeiss Jena zum Marktführer für geodätische Instrumente in der Welt auf. Ende der 1990er Jahre geht die geodätische Abteilung der Firma Zeiss in dem schwedischen Unternehmen Spectra Precision auf (Feist 2001).

Heinrich Wild siedelt 1921 mit 15 Jenaer Spezialisten in die Schweiz über und gründet dort in Heerbrugg die Firma Wild, die unter ihm und dem Direktor Albert Schmidheini bald Weltgeltung erlangt (Strasser 1977). Es folgen der Austritt aus dem Unternehmen (1932) und die erfolgreiche Zusammenarbeit mit der Firma Kern in Aarau (Schöler u. Hoffmeister 2003); die Firmen Wild und Kern gehen in den 1990er Jahren in der Firma Leica auf. Die von Heinrich Wild erfolgreich praktizierte Philosophie des Instrumentenbaus wird 1939 von ihm folgendermaßen formuliert: *„Die neuen Gerätekonstruktionen sollen nicht dazu führen, dass die vorgeschriebenen Toleranzen, d. h. die noch zulässigen Fehler der Messresultate, verkleinert werden, denn die*

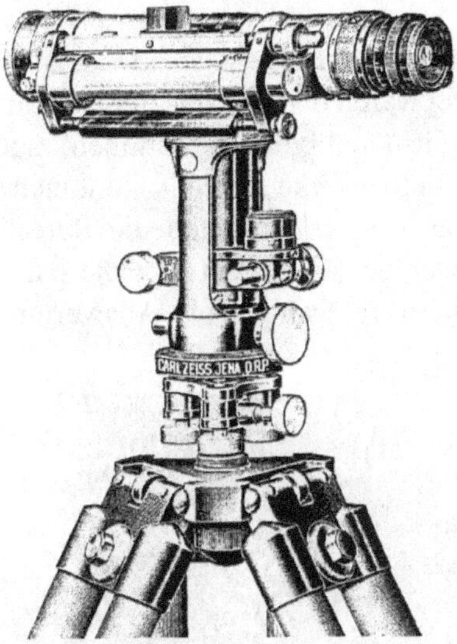

Abb. 10.20. Zeiss Nivellier Ni I, 1911/1920

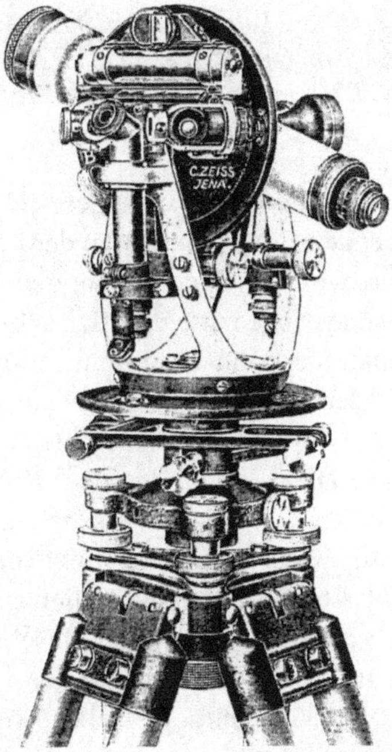

Abb. 10.21. Zeiss Repetitionstheodolit RTh, ab 1912

Abb. 10.22. Zeiss Theodolit ThI, ab 1922

diesbezüglichen Ansprüche sind heute schon zum Teil übertrieben. Sie sollen vielmehr ermöglichen, diese Endresultate in einfacher Weise, in kürzerer Zeit und mit geringeren Anstrengungen zu erhalten. Es soll auch nicht mehr nötig sein, dass die Benutzer ein Instrument vor der Messung justieren müssen, denn es sind seit langem Messmethoden bekannt, die in einfacher Weise eine Elimination der möglichen Instrumentenfehler gestatten".

Die *Rechentechnik* verändert sich im 20. Jahrhundert ebenfalls entscheidend. Die grundlegenden Berechnungen in der Landesvermessung waren bisher logarithmisch durchgeführt worden (in der Triangulation I. Ordnung mit 8-stelligen Logarithmen), spezielle Lösungswege hatte u. a. Schreiber entwickelt; Tabellenwerke für die trigonometrischen Funktionen und bestimmte ellipsoidische Hilfsgrößen erleichterten die Berechnung. Mit dem Aufkommen mechanischer Rechenmaschinen (1892 entsteht die bald Weltgeltung erlangende Firma Brunsviga in Braunschweig) werden die Auswertungen in der Landes- und in der Katastervermessung allmählich auf numerische Rechnung umgestellt, wiederum unterstützt durch Tafelwerke (Abb. 10.23). Die ursprünglich auf die vier Grundrechenarten beschränkten Maschinen werden später auf Funktionsrechenmaschinen erweitert, und es werden viele spezielle Lösungen für vermessungstechnische Aufgaben bis hin zur Ausgleichung von Bogenschnitt und Einschneiden sowie der Auflösung von Normalgleichungen entwickelt. Zu den Standardwerken dieser Umstellungsphase gehören die verschiedenen Auflagen von Koll (1903): „Geodätische Rechnungen mittels der Rechenmaschine", K. Lips: „Formeln und Tafeln zur Berechnung der ellipsoidischen, der konformen und der geographischen Koordinaten mit der Rechenmaschine", Stuttgart 1932, und H. Boltz: „Formeln und Tafel zur Berechnung geographischer bzw. Gauß-Krügerscher Koordinaten" (Potsdam 1942 bzw. 1943), s. Eggert et al. (1954), Großmann (1964). Der radikale Umbruch in den Berechnungen deutet sich in dem hier betrachteten Zeitraum an, als der Maschinenbau- und Bauingenieur *Konrad Zuse* (1910–1995) im Jahre 1941 den ersten vollautomatischen, programmgesteuerten elektromechanischen Digitalrechner der Welt entwickelt (Zemanek 1996). Die Zuse-Rechenanlagen (die 1949 gegründete Firma Zuse wird ab 1967 sukzessive von Siemens übernommen) leiten in den ersten zwei Jahrzehnten nach dem zweiten Weltkrieg den Siegeszug der elektronischen Datenverarbeitung auch im Vermessungswesen ein.

Abb. 10.23. Rechenmaschine Brunsviga, ab 1913

10.2.5 Reichsweite Bestandsaufnahmen von geodätischer Relevanz: Reichsbodenschätzung mit Reichskataster und Geophysikalische Reichsaufnahme

Die im totalitären Staat einsetzende systematische Erfassung des deutschen Raumes führt auch zu zwei geowissenschaftlich orientierten Landesaufnahmen, an denen das Vermessungswesen beteiligt ist, der Reichsbodenschätzung und der Geophysikalischen Reichsaufnahme.

Im Fall der Reichsbodenschätzung kommt eine reichsweite Herausforderung auf das Liegenschaftskataster zu, auf die mit dem erneuten Versuch einer Vereinheitlichung des Katasterwesens reagiert wird. Die Katasterarbeiten der einzelnen Länder waren nach dem ersten Weltkrieg zunächst in den herkömmlichen, länderweise sehr unterschiedlichen Formen weitergeführt worden. Die preußische Katasterverwaltung wird darüber hinaus durch neue steuerliche Aufgaben (1923: Gesetz über die Erhebung einer vorläufigen Steuer vom Grundvermögen, Hauszinssteuer) zusätzlich belastet und fungiert hier als eine Art von „technischer Nothilfe"; im übrigen folgt sie den vom Beirat für das Vermessungswesen vorgegebenen Empfehlungen, z. B. mit der Einführung der Gauß–Krüger-Koordinaten (1927).

Eine große Rolle spielt der im preußischen Finanzministerium für die Katasterverwaltung zuständige Geheime Finanzrat *Friedrich Suckow* (1870–1937). Er hatte nach dem Landmesserstudium in Berlin eine klassische Karriere in der preußischen Katasterverwaltung absolviert, die ihn 1918 in das preußische Finanzministerium führte. Er engagiert sich dann im Beirat für das Vermessungswesen, versucht (vergeblich) eine vollständige Verstaatlichung im Liegenschaftsvermessungswesen herbeizuführen (Suckow 1925), erreicht aber auch die weitgehende Anpassung der Landmesserprüfung an die Diplomprüfung der Technischen Hochschulen (Eggert 1938).

Die mit den Anweisungen VIII und IX geregelte *Katasterneuvermessung* hat wegen der hohen Kostenbeteiligung der Kommunen und der hohen Genauigkeitsanforderungen nur sehr begrenzten Erfolg. Größere Gebiete werden fast nur im Rahmen von Flurbereinigungen und Stadtvermessungen aufgenommen, s. [9.2.4], nach dem ersten Weltkrieg kommt die Erneuerung praktisch ganz zum Erliegen. Die Fortführungsanweisung II von 1920 entwickelt dann den Gedanken der *„allmählichen Erneuerung"* des Katasters, der in den nächsten Jahrzehnten u. a. von Pfitzer (1929) propagiert wird. Neue, den strengen Anforderungen der Anweisung genügende Fortführungsvermessungen sollen danach stückweise an ein im Entwurf vorliegendes Polygonnetz angeschlossen werden. Die einzelnen Polygonseiten werden später zu Polygonzügen zusammengefasst und in das Trigonometrische Festpunktfeld eingebunden (Kaestner 1937). Auch diesem Ansatz ist jedoch bis zum zweiten Weltkrieg kein großer Erfolg beschieden. Die Ergänzungsbestimmungen (1931) zu den Anweisungen VIII, IX und X sehen dann entsprechend den Empfehlungen des Beirats für das Vermessungswesen die Umstellung auf Gauß–Krüger-Koordinaten vor. Sie fassen aber auch die Fehlergrenzen noch schärfer, was die Durchführung von Neumessungen weiter erschwert. Die Fehlergrenze (günstige

Verhältnisse) für Längenmessungen (maximal zulässige Differenz zweier Messungen) beträgt jetzt über 100 m nur 0,16 m und bei Polygonseiten 0,09 m. Die Fehlergrenze für den Winkelabschluss eines angeschlossenen Polygonzuges mit n Punkten wird auf $1{,}0'\sqrt{n}$, der Längsfehler über 1000 m auf 0,41 m verkleinert.

Die Urteile über den Zustand des preußischen Katasters rund 70 Jahre nach seinem Entstehen sind teilweise äußerst krass. So stellt Pfitzer (1929) fest, dass *„immer noch die Karten von 80 % der Fläche Preußens ... ungenügend sind und vor allem nicht als beweiskräftige Grundbuchkarten gelten können"*. Noch im Jahre 1950 ist z. B. im heutigen Niedersachsen der Zustand des Katasterkartenwerkes äußerst unbefriedigend. Die Karten weisen 69 (!) verschiedene Maßstäbe auf, allerdings überwiegen die Maßstäbe 1:500, 1:1000, 1:2000 (Grundsteuerneumessungen), 1:2133,3 und 1:3200 (Teilungs- und Verkopplungskarten im ehemaligen Königreich Hannover) und 1:3000 (Braunschweig und Oldenburg). In der preußischen Provinz Hannover sind nach der Fertigstellung des Urkatasters durch Neumessungen und Koordinierung in Soldner-Systemen bzw. im Gauß–Krüger-System nur rund 8 % der Katasterkarten erneuert worden, auf die „allmähliche Erneuerung" entfällt dabei höchstens 1,5 % (v. d. Weiden 1955).

Den Anstoß für die Aufstellung eines einheitlichen *Reichskatasters* gibt die mit dem Bodenschätzungsgesetz von 1934 eingeleitete *Reichsbodenschätzung*, deren Ergebnisse im Kataster nachgewiesen werden sollen (Kurandt 1936). Dies erfordert eine Vereinheitlichung der vielen unterschiedlichen Katastersysteme. Gleichzeitig ist der Übergang vom Steuer- zum Eigentumskataster – das Reichskataster soll weiterhin als amtliches Verzeichnis der Grundstücke im Sinne der Grundbuchordnung dienen – und zum Mehrzweckkataster – das Kataster als Unterlage auch für Zwecke der Planung, der Wirtschaft, der Statistik und für die topographischen Kartenwerke – vorgesehen. Die Entwicklung zum Reichskataster beschränkt sich zunächst weitgehend auf die Definition und Beschreibung der Katasterbestandteile (Bücher und Karten) sowie die Einführung von einheitlichen Begriffen und von Vorschriften zur Katasterfortführung. Als Voraussetzung für die Katasterkarte wird eine Vermessung gefordert, die in das amtliche Gauß–Krüger-Gitternetz eingeordnete Rahmenkarte soll die Regel werden. Dabei werden je nach Grundstücksgröße und Bodenwert Maßstäbe zwischen 1:500 und 1:5000 (1:2000 für landwirtschaftliche Gebiete) vorgesehen. Diese riesige, besonders in Preußen auftretende Aufgabe des Übergangs von Inselkarten zu Rahmenkarten mit Anschluss an das Lagefestpunktfeld der Landesaufnahme und Koordinierung im Gauß–Krüger-System kann bis 1945 nur sehr begrenzt in Angriff genommen werden. Unter der Leitung von F. Kurandt (Innenministerium) und A. Rösch (Reichsfinanzministerium) werden dabei aber wichtige Vorarbeiten geleistet, so dass nach 1945 das Liegenschaftskataster in der Bundesrepublik Deutschland trotz des föderalistischen Aufbaus weitgehend einheitlich gestaltet werden kann.

Friedrich Jakob Kurandt (1892–1987, Abb. 10.24) hatte nach dem Studium der Geodäsie und Kulturtechnik in Bonn eine Laufbahn in der preußischen Katasterverwaltung absolviert, die ihn vom Katasterlandmesser schließlich bis in die Referatsgruppe Pfitzer im Reichsinnenministerium führt. Hier entwickelt er die Grundvorstellungen für ein modernes Liegenschaftskataster, als dessen wichtigste Aufgabe er die Sicherung des Grundeigentums ansieht (Kneißl 1967). *Albrecht Rösch* (1888–1962) hatte den Diplom-Ingenieurgrad an der TH München erworben und war nach Übertritt vom Bayerischen Landesvermessungsamt zum Reichsfinanzministerium mit der Durchführung des Reichsbodenschätzungsgesetzes beauftragt worden. Mit dem in drei Auflagen erschienenen Standardwerk „Reichsbodenschätzung und Reichskataster“ – dem „Rösch–Kurandt“ – wird diese für viele Jahrzehnte richtungsweisende Maßnahme in allen Details dokumentiert (Veit 1962).

Abb. 10.24. Friedrich Jakob Kurandt (1892–1987)

Mitte der 1930er Jahre wird die Geodäsie – in diesem Fall vertreten durch das Geodätische Institut Potsdam – auch an einer weiteren fachübergreifenden geowissenschaftlichen Bestandsaufnahme des Reichsgebietes beteiligt. Mit dem Lagerstättengesetz von 1934 ist die von der Preußischen Geologischen Landesanstalt (Präsident Otto Barsch), dem Geodätischen Institut und anderen Institutionen vorgeschlagene *„Geophysikalische Reichsaufnahme“* angeordnet worden (Closs 1974). Damit werden die in den 1920er Jahren begonnenen geophysikalischen Erkundungsmessungen systematisch auf ganz Deutschland ausgedehnt, neben den seismischen und den magnetischen Messungen nimmt dabei die *gravimetrische Aufnahme* einen hohen Stellenwert ein. Sie schließt im Absolutwert an die frühere Absolutschweremessung im Geodätischen Institut Potsdam an, ein aus relativen Pendelmessungen aufgebautes Schweregrundnetz (Messungen in Schleifen, mehr als 100 Punkte) bildete dann den Rahmen für die flächenhafte Aufnahme. Die Pendelmessungen wurden vom Geodätischen Institut (Weiken) ausgeführt, dabei entsteht auch die noch bis in die 1970er Jahre benutzte Gravimetereichstrecke Harzburg–Torfhaus sowie die Zugspitz-Eichstrecke (530 mGal Schweredifferenz). Insgesamt werden von 1923 bis 1943 rund 450 Pendelpunkte angelegt (Genauigkeit ±0,5–1 mGal). Die Detailaufnahme geschieht in Norddeutschland und im Oberrheingraben zunächst durch Drehwaagemessungen mit Punktabständen von einigen 100 m bis zu einigen km. Diese werden später durch Schweremessungen mit in Deutschland gebauten Federgravimetern ersetzt (Abb. 10.25). In einer großen Stückzahl eingesetzt wird das 1934 von v. Thyssen und Schleusener bei der Explorationsfirma Seismos/Hannover entwickelte Gerät

Abb. 10.25. Geophysikalische Reichsaufnahme, Schwerebasisnetz aus Pendel- und Gravimetermessungen (Ausschnitt)

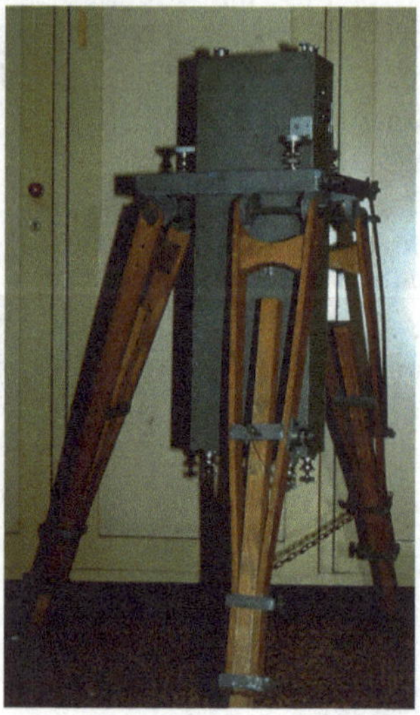

Abb. 10.26. Thyssen-Schleusener-Gravimeter, ab 1934

Abb. 10.27. Askania-Gravimeter, ab 1938

(Abb. 10.26), später kommen die von A. Graf konstruierten Gravimeter der Firma Askania hinzu (Abb. 10.27); die Messgenauigkeit dieser frühen Schweremessgeräte liegt bei 0,1–0,3 mGal. Mit der Durchführung der Gravimetermessungen werden die Firmen Seismos/Hannover und später auch Prakla (Gesellschaft für praktische Lagerstättenforschung) beauftragt, letztere wird 1937 in Berlin speziell für die Arbeiten bei der Reichsaufnahme gegründet. Mitte der 1930er Jahre werden auch mit dem Haalck'schen Gravimeter mehr als 2000 Punkte in Mittel- und Norddeutschland vermessen, das Gerät ist jedoch gegenüber den Federgravimetern nicht konkurrenzfähig, s. [10.1.3].

Die gravimetrischen Ergebnisse der Reichsaufnahme (mehr als 40 000 Schwerepunkte, weitgehende Überdeckung Deutschlands mit Punktabständen von 2 bis 5 km) werden nach 1945 in Schwerekarten 1:200 000 dargestellt und schließlich mit den in den nächsten Jahrzehnten vorgenommenen Ergänzungsmessungen und Messungen der Erdölindustrie zu einer gravimetrischen Übersichtskarte Westdeutschlands verarbeitet (Plaumann 1983/1991/1995). Die im Rahmen der Reichsaufnahme gemessenen Schwerewerte und die späteren Ergänzungen bilden bis heute einen wertvollen Datensatz für geophysikalische und geologische Interpretationen und für gravimetrische Geoidberechnungen.

11 Elektronik und künstliche Erdsatelliten: Die radikale Veränderung des Vermessungswesens in der zweiten Hälfte des 20. Jahrhunderts

Die hier vorgestellte „Geschichte der Geodäsie in Deutschland“ endet mit dem Jahr 1945. Grund hierfür ist vor allem der technologisch bedingte radikale Umbruch, den die Geodäsie und das Vermessungswesen allgemein ab etwa 1950 erfahren hat. Dieser Wandel ist um die Jahrtausendwende in weiten Teilen abgeschlossen, doch sind auch wesentliche Aufgaben noch nicht gelöst oder erst in Ansätzen erkennbar. Die bis 1990 andauernde Teilung Deutschlands führte darüber hinaus dazu, dass das Vermessungswesen in den beiden deutschen Staaten sich zunächst unterschiedlich organisiert hat; das gilt für die wissenschaftliche Geodäsie, die Landesvermessung und das Liegenschaftskataster. Nach der Wiedervereinigung setzt dann eine einheitliche und an globalen Vorgaben orientierte Entwicklung ein, wobei die föderalistische Struktur der Bundesrepublik Deutschland weiterhin regionale Eigenheiten zulässt. Die bis 1945 bestehenden Vermessungssysteme sind im Laufe dieses Wandels immer mehr aufgegeben oder umgeformt worden, die ebenfalls erneuerten Kartenwerke werden nun Grundlage und Bestandteil von Geoinformationssystemen. Wir fassen in diesem abschließenden Kapitel die Entwicklung der vergangenen 50 Jahre und den heutigen Stand kurz zusammen.

Die *wissenschaftliche* Geodäsie wird weiterhin an (Technischen) Universitäten und außeruniversitären Einrichtungen betrieben. Dabei sind im Hochschulbereich an den klassischen Standorten teilweise stärkere Veränderungen eingetreten, Spezialrichtungen sind auch an anderen Universitäten entstanden. Die Fachrichtungen „Vermessungswesen“ haben sich sowohl an den Universitäten als auch an den Fachhochschulen in *„Geodäsie und Geoinformatik“* oder ähnlich umbenannt und auf Grund internationaler Vorgaben i. Allg. die berufsqualifizierenden Abschlüsse „Bachelor“ und „Master“ eingeführt (Müller u. Neumann-Redlin 2006). Für die Zusammenarbeit in Forschung und Lehre und die Vertretung nach außen wurde 1952 die *„Deutsche Geodätische Kommission“* bei der Bayerischen Akademie der Wissenschaften gegründet, sie wird heute allgemein als wissenschaftliche Repräsentanz der deutschen Geodäsie anerkannt (Albertz et al. 2002).

Nicht ganz einfach gestaltet sich die Nachfolgeregelung bei den bis 1945 herausragenden außeruniversitären zentralen Einrichtungen, dem Geodätischen Institut Potsdam und dem Reichsamt für Landesaufnahme. Das Geodätische Institut geht 1968 als Bereich „Geodäsie und Gravimetrie“ im *Zentralinstitut für Physik der Erde* (ZIPE) auf, einem Institut der Akademie der Wissenschaften der DDR. Nach der Wiedervereinigung entsteht hieraus das *„Geoforschungszentrum Potsdam“* (GFZ), in dessen Department „Geodäsie und Fernerkundung“ wir die geodätische Forschung im interdisziplinären Rahmen wiederfinden. In Westdeutschland entwickelt sich aus den Resten der trigonometrischen Abteilung des Reichsamts für Landesaufnahme und nach Erweiterung um die Bereiche Photogrammetrie und Kartographie das 1952 in die Bundesverwaltung überführte *„Institut für Angewandte Geodäsie“*. Neben seinen Forschungsarbeiten wird es vor allem für länderübergreifende Aufgaben und für die internationale Vertretung des deutschen Vermessungswesens zuständig, dies ist auch nach der Wiedervereinigung mit der Einbeziehung des Forschungszentrums Leipzig und der Umbenennung in *„Bundesamt für Kartographie und Geodäsie“* (BKG) so geblieben (Seeger et al. 2002). Stärker theoretisch ausgerichtet und wie das BKG besonders auch in die Programme der „International Association of Geodesy“ (IAG) eingebunden sind die Arbeiten des 1951 gegründeten und von der DGK betriebenen *„Deutschen Geodätischen Forschungsinstituts“* (DGFI) in München (Drewes 2002). Dabei sei erwähnt, dass die deutsche Geodäsie nach dem zweiten Weltkrieg bereits früh wieder in der IAG und der FIG (Fédération Internationale des Géomètres) mitwirkt, 1951 wird die Bundesrepublik Deutschland Mitglied dieser beiden internationalen Organisationen. Bis heute bringt sich Deutschland hier durch Personen und Institutionen mit erheblichem Gewicht in die internationale Zusammenarbeit ein.

Der *technologische Wandel* beginnt in der Geodäsie in den 1950er und 1960er Jahren mit der elektromagnetischen Distanzmessung (Mikrowellen und Licht einschließlich Laser) und der elektronischen Datenverarbeitung. Geodätische Grundlagenetze lassen sich nun rascher und mit höherer Genauigkeit aufbauen und mit strengen Verfahren berechnen. Ein entscheidender Durchbruch kommt mit dem Start des russischen Satelliten Sputnik I (1957). Künstliche erdumlaufende Satelliten werden seitdem als extraterrestrische Ziele und/oder Sensoren benutzt, um die Erdorientierung im Raum, ein globales Festpunktfeld und das Schwerefeld der Erde zu bestimmen; einen wesentlichen Beitrag hierzu liefert die Radiowellenstrahlung von Quasaren (Very Long Baseline Interferometry), Seeber (2003). Seit Ende der 1980er Jahre wird mit diesen Techniken ein *Internationales Terrestrisches Bezugssystem* (ITRS) regelmäßig durch die dreidimensionalen Koordinaten und die Geschwindigkeiten einer großen Anzahl geodätischer Stationen realisiert („International Terrestrial Reference Frame“). Zuständig für die Laufendhaltung dieses geodätischen „Weltsystems“ ist der Internationale Erdrotationsdienst IERS, s. [8.2.3]. Mit dem seit 1993 operationellen Global Positioning System (GPS) und zukünftig dem europäischen Galileo-System stehen der Positionierung und der Navigation Verfahren zur Verfügung, mit denen auch bei lokalen Aufgaben Ortsbestimmungen unterschiedlicher Genauigkeit (bis zu einigen mm) im globalen System möglich sind. Die *satellitengestützte Positionsbestimmung* wird seitdem in zunehmendem Maße auch für Detailvermessungen bis hin zur Erfassung zeitlicher Änderungen eingesetzt. Ein international angenommenes „Geodätisches Referenzsystem“ (GRS80) stellt dazu das für die meisten Anwendungen benötigte ellipsoidische Modell bereit. Gleichzeitig hat bei den *terrestrischen Messverfahren* ein Übergang zum weitgehend automatischen Datenfluss stattgefunden, vom mikroprozessorgesteuerten Mess- und Auswertevorgang bis zur Koordinatentransformation und digitalen und graphischen Ausgabe (Kahmen 2005).

Im Bereich der *Schwerefeldbestimmung* ist bei den terrestrischen Verfahren eine Weiterentwicklung besonders durch die Freifall-Absolutgravimeter eingetreten. Die hier seit den 1980er Jahren erreichte operationelle Einsatzfähigkeit erlaubt es nun, den Schwerestandard global mit „μGal-Genauigkeit" zu realisieren und rasch auch regionale und lokale Schwerefestpunktfelder anzulegen. Für die Schwerefeldmodellierung spielen wiederum die künstlichen Erdsatelliten eine entscheidende Rolle. So sind seit den 1960er Jahren die langwelligen Schwerefeldanteile aus der Analyse von Satellitenbahnstörungen berechnet worden. In Verbindung mit terrestrischen Schwereanomalien und den Ergebnissen der Satellitenaltimetrie (Abstandsmessungen zur Meeresoberfläche als Annäherung an das Geoid) konnten so Geoidmodelle mit „m-Genauigkeit" abgeleitet werden. Mit den ab etwa 2000 gestarteten niedrig fliegenden Schwerefeldsatelliten wird eine räumliche Schwerefeldauflösung von 50 bis 100 km und eine entsprechende Geoidgenauigkeit im „cm-Bereich" erwartet.

Die technologischen Fortschritte in der Geodäsie waren und sind bis heute von Weiterentwicklungen der *theoretischen* Grundlagen begleitet (Heck 2003, Hofmann-Wellenhof u. Moritz 2005, s. auch Torge 2003). Wir nennen die drei- und vierdimensionale Modellbildung geometrischer Festpunktfelder, die Schwerefeldmodellierung und die Analyse und Verarbeitung großer heterogener Datensätze (Niemeier 2002, Grafarend 2006). Die klassische Aufgabe der Geodäsie hat sich heute – unter Berücksichtigung des „global change" und der Geodynamik unseres Planeten – auf die kontinuierliche Erfassung der Auswirkungen dieser Prozesse erweitert, wobei geometrische *und* gravimetrische Beobachtungen zu einem konsistenten Modell globaler Deformationen und Massentransportprozesse im System Erde integriert werden müssen (Drewes 2006).

Gewandelt haben sich auch die Verfahren zur *topographischen* und *liegenschaftsrechtlichen* Erfassung der Erdoberfläche. Die Ergebnisse dieser flächenhaften Aufnahmen werden heute grundsätzlich in dem oben beschriebenen globalen Koordinatensystem bereitgestellt. Eingesetzt werden neben den terrestrischen Aufnahmemethoden die Luftbildphotogrammetrie und vor allem Satellitenbilder (Kraus 1994/1996/2000, Kraus 1988/90). Die bei zahlreichen Fernerkundungsmissionen in unterschiedlichen Spektralbereichen gewonnenen Geoinformationen entsprechen in der Genauigkeit den klassischen topographischen Karten 1:10 000, gehen im Inhalt aber teilweise weit über diese hinaus. In naher Zukunft dürften die Satellitenbilder Genauigkeiten im sub-Meterbereich liefern und damit bereits den Kartenmaßstab 1:5000 bedienen (Müller et al. 2006). Die Kartographie befindet sich mit dem Aufbau von topographisch-kartographischen Informationssystemen im Übergang von der graphischen zur digitalen Speicherung raumbezogener Informationen (Hake et al. 2002). Das erlaubt eine hohe Flexibilität in der Darstellung und in der Nutzung der immer dringender benötigten Geo-Informationssysteme (Bill u. Fritsch 1997). Die Geoinformatik stellt dabei die Methoden zur Verwaltung, Analyse und Visualisierung der Geodaten bereit (Bartelme 1995).

Das deutsche Vermessungswesen und ganz speziell auch die *Landesvermessung* ist von dem skizzierten technologischen Umbruch naturgemäß stark betroffen. Dabei sind bis 1990 die Entwicklungen in der Bundesrepublik Deutschland und in der Deutschen

Demokratischen Republik (DDR) zu unterscheiden, erst mit dem Beitritt der DDR zur Bundesrepublik setzt wieder eine zwischen den Bundesländern abgestimmte und eine gewisse Einheitlichkeit anstrebende Strategie ein.

In *Westdeutschland* geht die Kompetenz für das amtliche Vermessungs- und Katasterwesen auf die Bundesländer über, da das Grundgesetz (1949) dem Bund dafür keine Zuständigkeiten zugesprochen hatte. Von den 1960er Jahren an werden in den einzelnen Bundesländern Vermessungsgesetze erlassen, sie ersetzen das Neuordnungsgesetz von 1934 und die darauf gestützten Vorschriften. Landesvermessungsämter als Teil der Vermessungs- und Katasterverwaltungen waren bereits ab Ende der 1940er Jahre an eingerichtet worden, sie übernehmen wie ihre Vorgängerinstitutionen die Grundlagenvermessung und die Herstellung der topographischen Karten. Auf der unteren Verwaltungsebene bleiben die Kataster- bzw. Vermessungsämter für die Führung des Liegenschaftskatasters zuständig. Die föderalistische Struktur erfordert wiederum eine Koordinierung der Arbeiten im amtlichen Vermessungs- und Kartenwesen, hierfür wird 1949 die „Arbeitsgemeinschaft der Vermessungsverwaltungen der Länder der Bundesrepublik Deutschland" (AdV) gebildet (AdV 50 Jahre, 1998).

Im *Lage-* und *Höhennetz* wird an den Bezugssystemen des Reiches festgehalten (Deutsches Hauptdreiecksnetz DHDN, Deutsches Haupthöhennetz DHHN). Dabei werden im Lagenetz durch neuere Winkel- und dann vor allem durch elektronische Streckenmessungen die Netzkonfiguration und die Genauigkeit verbessert. Die von Land zu Land unterschiedlichen neuen Vermessungen und Ausgleichungen führen allerdings dazu, dass der großräumige Zusammenhang immer mehr verloren geht und an den Grenzen der Bundesländer Koordinatendifferenzen im dm- bis m-Bereich auftreten (Seeger 1997). Satellitengestützte Positionierungsverfahren werden früh auf ihre Brauchbarkeit untersucht, zunächst in Bezug auf die Verbesserung von Maßstab und Orientierung des DHDN. Die Einführung von *räumlichen* Streckenmessungen und vor allem die dreidimensionalen Satellitenverfahren bewirken, dass die *Geoidbestimmung* erhöhte Bedeutung gewinnt; dabei werden die Geoidhöhen als Reduktionsgrößen anfangs nur mit dm-Genauigkeit benötigt. Entsprechende Geoidberechnungen stützen sich zunächst auf astrogeodätische Lotabweichungsbestimmungen, später auf gravimetrische Lösungen in Kombination mit globalen Schwerefeldmodellen und digitalen Topographie-Modellen. Im Höhenbereich wird auch nach einer vollständigen Neuvermessung (1980/85) an dem reichseinheitlichen N. N.-System festgehalten. Die gravimetrische Geoidbestimmung und die (geplante) Reduktion des Nivellements führen aber dazu, dass seit den 1960er Jahren verstärkt flächen- und linienhafte *Schweremessungen* durchgeführt werden. Es folgen systematisch angelegte Hauptschwerenetze in den einzelnen Ländern, die an ein bundesweites Schweregrundnetz (1976) anschließen. Dieses basiert auf neuen Absolutschweremessungen, so dass ein globaler und international überwachter Schwerestandard gewährleistet ist.

Bei der Herstellung der amtlichen *topographischen Kartenwerke* und der Führung des *Liegenschaftskatasters* wird ebenfalls zunächst der frühere reichseinheitliche Ansatz weiter verfolgt. Die Landesvermessungsämter bearbeiten die topographischen Karten 1:5000, 1:25 000, 1:50 000 und 1:100 000, die Herstellung der kleinmaßstäbigeren Übersichtskarten 1:200 000 und kleiner wird durch Verwaltungsabkommen dem IfAG übertragen. Während die Länder bei der Grundkartenerstellung sehr unterschiedliche Wege gehen, wird in den 1950/60er Jahren das von der NATO gewünschte Kartenwerk 1:50 000 einheitlich aufgestellt. Es verwendet die konforme UTM-Abbildung (Universal Transversal Mercator Projection) mit Meridianstreifensystemen von 6 Längengrad Ausdehnung, basierend auf dem internationalen Ellipsoid von 1924. Im Liegenschaftskataster geht die Umstellung auf das einheitliche Gauß–Krüger-System länderweise recht unterschiedlich voran, der jeweilige Fortschritt orientiert sich vor allem an der Dringlichkeit zur Katastererneuerung (Baugebiete, Flurneuordnung, Industrieansiedlung, Straßenbau). Auch im Bereich des *militärischen Geowesens* setzt sich nach einer Unterbrechung von rund zehn Jahren die vorausgegangene Entwicklung fort. Bei Aufstellung der Bundeswehr wird 1956 ein Militärgeographischer Dienst (heute: Geoinformationsdienst der Bundeswehr) eingerichtet. Er ist für die ressortspezifischen Aufgaben des Militärs zuständig, stützt sich aber im Bereich der Grundlagenetze und der topographischen Karten auf die Produkte der zivilen Landesvermessungen (Hafeneder 2004).

In der *Deutschen Demokratischen Republik* (DDR) wird das Vermessungs- und Kartenwesen zentralistisch aufgebaut, zunächst mit Landesvermessungsämtern und einer Zentralbehörde beim Innenministerium. Nach Ablösung der Länderstruktur durch Bezirke werden regionale Vermessungsdienste eingerichtet, ein Geodätischer Dienst (Leipzig) und ein Kartographischer Dienst (Potsdam) übernehmen zentrale Aufgaben und Grundlagearbeiten. Es folgt die Umwandlung der Dienste in Volkseigene Betriebe (VEB) und deren Zusammenfassung zu einem „VEB Kombinat Geodäsie und Kartographie“ (1970). Dieses Staatsunternehmen ist auch für die Ingenieurvermessungen zuständig, angegliedert werden der Geodätische und der Kartographische Dienst. Die nach Auflösung des Kombinats (Juni 1990) gebildeten Unternehmen Geodäsie und Kartographie werden dann bereits im August 1990 in die Zuständigkeit der neu gebildeten Länder überführt.

Das *Dreiecksnetz* und das *Höhennetz* wird in der DDR von den 1950er Jahren an mit klassischen Methoden vollständig erneuert und im Rahmen von Gesamtausgleichungen der osteuropäischen Netze neu berechnet. Mit dem Übergang auf das „Pulkovo 42-Datum“ werden der Fundamentalpunkt, das Referenzellipsoid (Krassowsky-Ellipsoid) und die Netzorientierung geändert – eine vollständige Abkehr vom „Reichsdreiecksnetz“. Nach Fertigstellung eines „Astronomisch-Geodätischen Netzes“ (1957) führt eine erste gemeinsame Ausgleichung mit den Netzen I. Ordnung der Ostblockstaaten zum System 42/57, eine spätere Neuausgleichung liefert mit dem „Staatlichen Trigonometrischen Netz 1942/1983“ das System 42/83. Ebenso radikal ist die Änderung im Höhenbereich. Das in den 1950er Jahren neu bearbeitete Nivellementsnetze I. Ordnung wird in den 1970er Jahren neu vermessen und 1982 in eine Gesamtausgleichung der osteuropäischen Präzisionsnivellements einbezogen. Die Ergebnisse werden auf das Mittelwasser des Pegels in Kronstadt bezogen und unter Berücksichtigung der wirklichen Schwere in

Normalhöhen berechnet, Höhenbezugsfläche wird damit das in Geoidnähe verlaufende Quasigeoid (großräumige Abweichungen im cm- bis dm-Bereich). Mit Relativgravimetern vermessen wird schließlich ab 1960 ein *„Staatliches Gravimetrisches Netz“*, das in vier Ordnungen bis zu einem Punktabstand von 1 bis 2 km flächendeckend angelegt ist; Absolutbezug bleibt aber der vor rund 80 Jahren bestimmte Potsdamer Schwerewert.

Für den Gebrauch von *Landkarten* besteht in der DDR ein genereller staatlicher Vorbehalt: Die geometrisch genaue und inhaltlich vollständige topographische Karte ist ausschließlich staatlicher, vor allem militärischer Verwendung vorbehalten („Ausgabe Staat“ ab 1965). Während die Maßstabsfolge mit Ausnahme der Grundkarte 1:5000 der Überlieferung des Reichsamts für Landesaufnahme folgt, werden die geodätischen Grundlagen (s. o.), der Blattschnitt und die Kartengraphik geändert. Neu entwickelt (Fertigstellung 1970) wird eine Topographische Karte 1:10 000, dies wird nun der Grundmaßstab für die Folgekarten. Eine inhaltlich überarbeitete und auf das alte Gauß–Krüger-Koordinatensystem bezogene Ausgabe hiervon darf von Betrieben der Volkswirtschaft benutzt werden, während den Bürgern ganz allgemein nur stark vereinfachte Karten zur Verfügung gestellt werden. Das *Liegenschaftskataster* hat in der DDR nur geringe Bedeutung, wesentliche Fortschritte in Bezug auf eine Modernisierung treten mit Ausnahme der Vereinigung mit dem Grundbuch (1952) nicht ein. Einen ganz wesentlichen Anteil an den lokalen Vermessungen nehmen anfangs die Arbeiten zur Bodenreform ein, sie dauern bis 1954 an. Die Aufstellung eines „Einheitskatasters“ wird weiter verfolgt, jedoch mit ganz erheblichen Abstrichen bei den Anforderungen; daneben werden die Bodennutzungsverhältnisse in einem Wirtschaftskataster erfasst.

Nach der Wiedervereinigung werden in den 1990er Jahren auch in den neuen Bundesländern Vermessungs- und Katasterverwaltungen mit Landesvermessungsämtern eingerichtet. Seitdem finden im Rahmen von Verwaltungsreformen in ganz Deutschland Umstrukturierungen dieser Verwaltungen statt, etwa die Umwandlung der Landesvermessungsämter in Landesbetriebe unterschiedlichen Namens und die organisatorische Verbindung der Kataster- mit den Agrarstrukturverwaltungen. Die Zahl der auf der regionalen (unteren) Verwaltungsebene eingerichteten staatlichen oder kommunalen Ämter geht durch Vergrößerung der Zuständigkeitsbereiche stark zurück, Anfang des 21. Jahrhunderts gibt es bundesweit nur noch weniger als 300 solcher Dienststellen. Gleichzeitig erzwingen die global und vor allem auch auf der europäischen Ebene auf technisch-organisatorischem Gebiet erzielten Fortschritte tiefgreifende Veränderungen im Bereich der geodätischen Grundlagen und der topographisch-kartographischen Information. In diesen Bereichen werden die Bundesländer zu weitgehenden Vereinheitlichungen und zur verstärkten Zusammenarbeit untereinander und mit dem BKG gezwungen (Kummer et al. 2006).

In den ersten Jahren nach der Wiedervereinigung werden zunächst noch die bisherigen Bezugssysteme benutzt, durch Koordinatentransformation wird das ostdeutsche Lagenetz rasch an das westdeutsche Hauptdreiecksnetz angeschlossen (Seeger 1997). Eine entscheidende Vorgabe wird die Einführung des europäische Referenzsystems (ETRS89) als regionaler Verdichtung des ITRS. Es ist für die Epoche 1989.0 definiert und als „European Terrestrial Reference Frame 1989“ (ETRF89) realisiert. Hieran angeschlossen wird das *Deutsche Referenznetz 1991* (DREF91) mit über 100 Punkten. Diese sind weitgehend mit trigonometrischen Punkten I. und II. Ordnung identisch, die Umformung der weiteren Punkte des Hauptdreiecksnetzes ist vorgesehen. Das DREF91 wird durch ein Netz von permanenten GPS-Stationen laufend gehalten. In den Bundesländern folgen weitere Verdichtungsnetze mit Punktabständen von 15 bis 25 km. Für weitere Positionierungs- und Navigationsaufgaben ist der *Satellitenpositionierungsdienst* der deutschen Landesvermessung (SAPOS) aufgebaut worden, der über rund 250 Permanentstationen die Nutzung des GPS-Systems durch Differentialmethoden ermöglicht. Mit dieser Strategie ist es nun bei entsprechender Beobachtungsanordnung und Prozessierung möglich, „m“- bis „cm“-Genauigkeit im Referenzsystem zu erzielen. Das BKG betreibt daneben ein GPS-Referenznetz (GREF) mit 21 Stationen zur Integration der SAPOS-Teilnetze der Länder in die europäischen und globalen Netze und zur Verbindung mit geophysikalischen und ozeanographischen Messstationen. Mit den neuen Möglichkeiten der satellitengestützten Positionierung verlieren die klassischen vermarkten Festpunktfelder immer mehr an Bedeutung, es wird jedoch nicht vollständig auf sie verzichtet. Große Erwartungen werden im Bereich der Punktbestimmung und Navigation an das *„Galileo“-Projekt* der Europäischen Union geknüpft (Deisting u. Hein 2006). Dieses zivile System wird seit Ende der 1990er Jahre geplant. Mit dem GPS-System interoperabel, soll es ab 2011 einsatzbereit sein. Schließlich wird die für die vermessungstechnischen Anwendungen und die Kartographie wichtige Frage der Abbildung in die Ebene 1991 durch einen AdV-Beschluss gelöst. Wiederum in Anlehnung an europäische Festlegungen wird die UTM-Abbildung eingeführt, bezogen auf das geozentrisch orientierte Geodätische Referenzsystem 1980; damit ist die Gauß–Krüger-Abbildung aufgegeben worden.

Das deutsche *Höhennetz* ist inzwischen ebenfalls vereinheitlicht und in ein europäisches System eingebunden worden. Hierzu wird das Nivellementsnetz I. Ordnung neu ausgeglichen (Deutsches Haupthöhennetz DHHN92) und über den Punkt Wallenhorst an das Niveau des Einheitlichen Europäischen Nivellementsnetzes (UELN86) angeschlossen, es bezieht sich also weiterhin auf den Amsterdamer Pegel. Als amtliche Höhen werden – wie bereits in der DDR praktiziert – die hypothesenfreien Normalhöhen eingeführt, Bezugsfläche ist also das Quasigeoid (Normalhöhennull NHN). Wegen der großen Bedeutung einer Höhenüberwachung im „mm-Genauigkeitsbereich“ ist eine Neuvermessung des Nivellementsnetzes I. Ordnung für den Zeitraum 2006 bis 2010 vorgesehen, parallel dazu werden GPS- und Schweremessungen vorgenommen. Eine ganz neue Möglichkeit der Höhenbestimmung ist mit der GPS-Positionsbestimmung möglich geworden. Zur Reduktion der rein geometrisch definierten ellipsoidischen „GPS-Höhen“ auf die amtlichen Höhen wird jedoch ein Quasigeoid-Modell mit „cm-Genauigkeit“ benötigt. Die seit über 10 Jahren für Europa und speziell auch Deutschland berechneten Modelle erreichen diese Genauigkeit im langwelligen Anteil noch nicht, doch ist mit den Resultaten der neuen Satellitenmissionen ein entsprechender Fortschritt zu erwarten (Denker 2006). Schließlich ist auch bei den *Schwerenetzen* eine

Vereinheitlichung rasch gelungen. Das (West-)Deutsche Schweregrundnetz wird 1994/95 mit Absolutgravimetern neu vermessen und auf Ostdeutschland ausgedehnt (DSGN94). Die länderweise Verdichtung I. Ordnung mit gemeinsamer Ausgleichung ergibt dann das Deutsche Hauptschwerenetz (DHSN96), Netzverdichtungen und Transformationen der älteren Messungen laufen noch.

Die Digitalisierung der topographischen Informationen führt in Verbindung mit dem Übergang zu einem einheitlichen geodätischen Referenzsystem dazu, dass auch in Deutschland die klassische Sichtweise in der Kartographie weitgehend aufgegeben wird. Das Vermessungswesen stellt nun die geotopographische Basisinformation für den Aufbau von Geo-Informationssystemen bereit (Grünreich 2006). Für die digitale Erfassung der Geobasisdaten wird das „Amtliche Festpunktinformationssystem“ (AFIS), das „Amtliche Topographisch-Kartographische Informationssystem“ (ATKIS) und das „Amtliche Liegenschaftskatasterinformationssystem“ (ALKIS) aufgebaut. Diese Entwicklung ist Teil des gemeinsamen Aufbaus einer Geodaten-Infrastruktur durch Bund, Länder und Gemeinden und eines Wandels zum amtlichen Vermessungs- *und* Geoinformationswesen (Kummer et al. 2006). In ATKIS halten die Landesvermessungsämter und das BKG folgende Datensätze bereit (Harbeck 1998): digitale Landschafts- und Geländemodelle, digitale und analoge topographische Karten, digitale Orthophotos und analoge Luftbilder und Luftbildkarten. Die gespeicherten digitalen Landschaftsmodelle sind die Grundlage für digitale topographische Karten, wobei die Maßstäbe 1:10 000 bzw. 1:25 000 als primäre Landschaftsmodelle betrachtet werden. Die Karten werden in den Maßstäben 1:10 000/1:25 000 (Basiskarte), 1:50 000 (zivil-militärisches Kartenwerk), 1:100 000, 1:250 000 und 1:1 Mill. vorgehalten, daneben wird auch der Maßstab 1:200 000 bearbeitet. Mit ALKIS soll langfristig das seit langem angestrebte einheitliche Liegenschaftskataster erreicht werden. Dies schließt die Umstellung auf das neue geodätische Bezugssystem ETRS89/UTM ein.

Zusammenfassend lässt sich feststellen, dass die technologische Entwicklung in den vergangenen 50 Jahren einen radikalen Umbruch in den klassischen Ansätzen der Geodäsie und des Vermessungswesens bewirkt hat. Die zukünftige Entwicklung wird sehr stark von der Integration der geodätischen Produkte in das interdisziplinäre „Monitoring“ des Systems Erde bestimmt werden. Damit wird auch die mehrtausendjährige Geschichte der Geodäsie sich in einem größeren thematischen und räumlichen Rahmen fortsetzen.

Literaturverzeichnis

Häufig benutzte Abkürzungen:

AVN	Allgemeine Vermessungsnachrichten, Wichmann-Hüthig, Heidelberg.
DGK	Deutsche Geodätische Kommission bei der Bayerischen Akademie der Wissenschaften, München.
KN	Kartographische Nachrichten, Kirschbaum Verlag, Bonn.
Mil. Geo	Schriftenreihe des Militärgeographischen Dienstes der Bundeswehr, Bonn-Bad Godesberg.
Mitt. RfL	Mitteilungen des Reichsamts für Landesaufnahme, Berlin.
NVK	Nachrichten der Niedersächsischen Vermessungs- und Katasterverwaltung, Hannover.
VI	Der Vermessungsingenieur, Verband Deutscher Vermessungsingenieure (VDV).
VT	Vermessungstechnik, Kammer der Technik, Berlin.
ZfV	Zeitschrift für Vermessungswesen, K. Wittwer, Stuttgart, ab 2002 Wißner-Verlag, Augsburg.

AdV 50 Jahre (1998): 50 Jahre AdV – Arbeitsgemeinschaft der Vermessungsverwaltungen der Länder der Bundesrepublik Deutschland. Hamburg.

Ahrend, M. (1969): Zur Entwicklung der ZEISS-Vermessungsinstrumente. ZEISS Informationen 17: 112–125.

Albertz, J., H.-P. Bähr, H. Hornik, R. Rummel, Herausg. (2002): Am Puls von Raum und Zeit – Festschrift 50 Jahre Deutsche Geodätische Kommission. DGK, Reihe E, Nr. 26, München.

Albrecht, O. (1969): Das Kriegsvermessungswesen während des Weltkrieges 1914–18. DGK, Reihe E, Nr. 9, München.

Albrecht, O. (1980a): Colonel Ingénieur Géographe Tranchot und die linksrheinische Kartenaufnahme 1801–1803. General Freiherr von Müffling und die Kartenaufnahme der Rheinlande 1814–1828. Mil. Geo: 27–45/47–65, Bonn-Bad Godesberg.

Albrecht, O. (1980b): General Karl Wilhelm von Grolman – Der organisatorische Begründer der Landesaufnahme des preußischen Generalstabes. Mil. Geo: 67–75, Bonn-Bad Godesberg.

Albrecht, O. (1984): Der Beirat für das Vermessungswesen im Deutschen Reich 1921–1933. DGK, Reihe E, Nr. 21, München.

Albrecht, O. (2001): Beiträge zum militärischen Karten- und Vermessungswesen in Brandenburg-Preußen. Mil. Geo, Heft 34, Bonn-Bad Godesberg.

Albrecht. O. (2004): Beiträge zum militärischen Vermessungs- und Kartenwesen und der Militärkartographie in Preußen (1803-1921). Schriftenreihe Geoinformationsdienst der Bundeswehr, Heft 1, Euskirchen.

Amann, J. (1908): Die bayerische Landesvermessung in ihrer geschichtlichen Entwicklung. Verlag des K. B. Katasterbureau, München.

Ambronn, L. (1899): Handbuch der astronomischen Instrumentenkunde. Bd. 1 und 2, Julius Springer, Berlin.

Ambronn, L. (1900): Der zwölfzöllige Theodolit, welchen Gauß bei seinen Messungen zur hannoverschen Triangulation in den Jahren 1822 und 1823 benutzt hat. ZfV 29: 177–180.

Apel, H. (1965): Die kurhessische Triangulation, ihre Entstehung und die Möglichkeit, sie mit dem Reichsfestpunktfeld zu verknüpfen. DGK, Reihe C, Nr. 78, München.

Apel, H. (1976): Christian Ludwig Gerling, ein Wegbereiter der deutschen Landesvermessung. Mitt.blatt DVW Hessen 27: 5–12.

Arnberger, E., I. Kretschmer (1975): Wesen und Aufgabe der Kartographie – Topographische Karten. In: E. Arnberger: Die Kartographie und ihre Randgebiete. Bd. I, F. Deuticke, Wien.

Augath, W. (1993): Stand und Weiterentwicklung der Höhenüberwachung der niedersächsischen Nordseeküste – Ein Beitrag der Niedersächsischen Vermessungs- und Katasterverwaltung zum Küstenschutz und Umweltmonitoring. NVK 43: 78–92.

Augath, W., K. Kummer (1988): Die Bezugssysteme der Grundlagenvermessung. NVK 38: 260–317.

Bachmann, E. (1965): Wer hat Himmel und Erde gemessen? Ott Verlag, Thun München.

Baeschlin, C. F. (1948): Lehrbuch der Geodäsie. Orell Füssli Verlag, Zürich.

Bagrow, L., R. A. Skelton (1985): Meister der Kartographie. 6. Aufl., Berlin.

Bartelme, N. (1995): Geoinformatik. Springer, Berlin Heidelberg.

Bauer, H. (1977): Gauß' 200. Geburtstag. NVK 27: 3–12.

Bauer, H. (1993): Die Kurhannoversche Landesaufnahme des 18. Jahrhunderts. NVK 43: 123–142.

Bauer, H. (1995): Georg Christoph Lichtenberg und die Kurhannoversche Landeaufnahme. NVK 45: 3–9.

Bauernfeind, C. M. (1856/1858): Elemente der Vermessungskunde, Band I/II. Cotta'sche Buchhandlung München.

Baumann, E. (2002): Geodätische Literatur an der Schwelle des 19. Jahrhunderts zu Beginn der Karriere von Müfflings. Fachinform.bl. DVW Thüringen Nr. 4: 59–64.

Bayerisches Landesvermessungsamt (2001): Es ist ein Maß in allen Dingen – 200 Jahre Bayerische Vermessungsverwaltung. Eos-Verlag München.

Bayerische historische Karten (1984): „Das Land unserer Väter" – Bayerische historische Karten aus den Archiven des Bayer. Landesvermessungamts. Bayer. Landesvermessungsamt, München.

Beck, W. (1968): Tradition und Fortschritt der topographischen Karten. In: Württemb. Landesvermessung 150 Jahre (1968): 233–297.

Behr, H.-J., Bearb. (2003): Karl Freiherr von Müffling. Offizier – Kartograph – Politiker (1775–1851). Böhlau Verlag, Köln Weimar Wien.

Beineke, D. (2001): Verfahren zur Genauigkeitsanalyse von Altkarten. Schriftenreihe Hochschule der Bundeswehr, Heft 71, München.

Beitr. Baeyer-Symp. (1996): Beiträge zum J. J. Baeyer-Symposium, Berlin-Köpenick, 5.–6.11.1994. DGK, Reihe E, Nr. 25, Frankfurt a. M.

Berger, H. (1903): Geschichte der wissenschaftlichen Erdkunde der Griechen. 2. Aufl., Veit u. Co., Leipzig. Unveränd. Nachdruck W. de Gruyter. Berlin 1966.

Bergmann, W. (1995): Mittelalterliche Straßenkarten. In: Klemp u. Lagoda (1995): 30–37.

Berliner Vermessungsverwaltung 100 Jahre (1976): Der Senator für Bau- und Wohnungswesen (Herausg.), 100 Jahre Berliner Vermessungsverwaltung. Mitt. a. d. Vermessungswesen Berlin, Nr. 6.

Bertinchamp, H.-P. (1979): Historische Entwicklung der Landesaufnahme im Rhein-Main-Gebiet. KN 29: 165–172.

Bertinchamp, H.-P. (1988): Wilhelm Dilich, ein hessischer Topograph in sächsischen Diensten (1625–1650). Sächsische Heimatblätter 34: 31 ff.

Bertrab, H. von (1919): Die Notwendigkeit einer Neuorganisation des staatlichen Vermessungswesens. ZfV 48: 295–307.

Bessel 200 Jahre (1984): Friedrich Wilhelm Bessel 1784–1846 – Sein Weg zu den Sternen – Begleitheft zur Ausstellung des Mindener Museums 10.9.–21.10.1984.

Bialas, V. (1970): Praxis Geometrica. Zur Geschichte der Geodäsie am Beginn der Neuzeit. DGK, Reihe E, Nr. 11, München.

Bialas, V. (1972): Der Streit um die Figur der Erde – Zur Begründung der Geodäsie im 17. und 18. Jahrhundert. DGK, Reihe E, Nr. 14, München.

Bialas, V. (1979): Die Einheit von Theorie und Praxis im geodätischen Werk von Carl Friedrich Gauß. In: Festschrift zur Vollendung des 75. Lebensjahres von o. Prof. em. Dr.-Ing. Karl Gerke am 10. August 1979. Geodät. Schriftenreihe TU Braunschweig Nr. 1: 41–49.

Bialas, V. (1981): Entwicklung und erste Anwendungen des Triangulationsverfahrens in der Geodäsie des frühen 17. Jahrhunderts. In: Wissenschaftsgeschichte um Wilhelm Schickhard, J. C. B. Mohr (Paul Siebeck), Tübingen.

Bialas, V. (1982): Erdgestalt, Kosmologie und Weltanschauung. K. Wittwer, Stuttgart.

Bialas, V. (1992): Kosmographische Voraussetzungen für die europäischen Entdeckungen und Eroberungen um 1500 – Zum 500. Jahrestag der Columbusfahrt. ZfV 117: 707–716.

Bialas, V. (1998): Vom Himmelsmythos zum Weltgesetz – Eine Kulturgeschichte der Astronomie. Ibera Verlag, Wien.

Bialas, V. (2004): Johannes Kepler. Verlag C. H. Beck, München.

Bill, R. (1996): Grundlagen der Geoinformationssysteme. Band 2, Wichmann/Hüthig, Heidelberg.

Bill, R., D. Fritsch (1997): Grundlagen der Geoinformationssysteme. Band 1, 3. Aufl., Wichmann/Hüthig, Heidelberg.

Blumer, R., J. Butenuth, H. Münzenmayer (2005): Johann Gottlieb Friedrich Bohnenberger und der große astronomische Kreis der Firma Reichenbach-Utzschneider im Tübinger Observatorium. Mitt.bl. DVW Baden-Württemberg 52: 96–103.

Bodemüller, H. (1955): Carl Friedrich Gauß zum Gedächtnis. ZfV 80: 33–44.

Bönisch, F. (1963): Matthias Öders kursächsische Landesaufnahme aus der Zeit um 1600, ihr Wesen und ihre Genauigkeit. KN 13: 43–47.

Bönisch, F. (1967): The geometrical accuracy of the 16th and 17th century topographical surveys. Imago Mundi 21: 62–69.

Bönisch, F., H. Brichzin, K. Schillinger, W. Stams (1990): Kursächsische Kartographie bis zum Dreißigjährigen Krieg. I: Die Anfänge des Kartenwesens. Deutscher Verlag der Wissenschaften, Berlin.

Boljen, J. (1998): Die Tätigkeit des Arbeitskreises Grundlagenvermessung von 1949 bis 1998. In: AdV 50 Jahre (1998): 19–36.

Born, G. (1991): Harmonice Mundi: Pythagoras und Kepler, Chips und Satelliten. ZfV 116: 1–15.

Borrass, E. (1911): Bericht über die relativen Messungen der Schwerkraft mit Pendelapparaten in der Zeit von 1808 bis 1909 und über ihre Darstellung im Potsdamer Schweresystem. Verhandlungen der 1909 in London und Cambridge abgehaltenen sechszehnten Allgemeinen Conferenz der Internationalen Erdmessung, III. Teil: Spezialbericht über die relativen Schweremessungen, G. Reimer, Berlin.

Brachner, A. (1996): Von Ellen und Füßen zur Atomuhr. Deutsches Museum München.

Brandt, L. (1977): Heinrich Christian Schumacher zum Gedächtnis – Zur Geschichte der Altonaer Sternwarte. In: Gauß 200 Jahre (1977a): 75–93.

Bretterbauer, K. (1999): Wie Eratosthenes die Erde gemessen hat. Verm.wesen und Raumordnung 61 : 73–81.

Brinkmann (1935): Das Bremische Vermessungs- und Katasterwesen seit 1813. ZfV 64: 369–379.

Brosche, P. (1993): Lichtenbergs astrogeodätische Ortsbestimmungen. Lichtenberg-Jahrbuch 1993: 78–106.

Brosche, P. (2001): Der Astronom der Herzogin – Leben und Werk von Franz Xaver von Zach. Verlag Harri Deutsch, Frankfurt a. M.

Brosche, P., M. Odenkirchen (1996): C. F. Gauß und die Einführung der Methode der kleinsten Quadrate. Mitt. Gauss-Gesellschaft Göttingen 33: 11–20.

Brunner, H. (1996): Historische Landesvermessungen in Sachsen. Mitt. Landesverein Sächsischer Heimatschutz e. V. Heft 1/1996: 2–13.

Brunner, K. (1995): Philipp Apians Landesaufnahme Bayerns. In: Klemp u. Lagoda (1995): 38–45.

Brunner, K. (2001): Erhard Etzlaubs Karte „Die Landstraßen durch das Römische Reich“. In: R. Buzin, T. Wintges (Herausg.): Kartographie 2001 – multidisziplinär und multidimensional. Beiträge zum 50. Deutschen Kartographentag: 43–54, Herbert Wichmann Verlag, Heidelberg.

Brunner, K. (2002): Regionalkarten von Preußen des 16. Jahrhunderts. In: W. Scharfe (Herausg.): 9. Kartographiehistorisches Colloquium, Rostock 1998: 81–86, Kirschbaum Verlag, Bonn.

Brunner, K., H. Musall, Herausg. (1996): Martin Helwigs Karte von Schlesien aus dem Jahre 1561. Karlsruher Geowiss. Schriften, Reihe C, Band 9, Fachhochschule Karlsruhe – Hochschule für Technik, Fachbereich Geoinformationswesen.

Burlisch, R. (2001): Himmel und Erde messen. Mitt.bl. DVW Bayern 53: 401–423.

Buschmann, E. (1993a): Ein Jahrhundert Geodäsie in Potsdam. AVN 100: 247–265.

Buschmann, E. (1993b): Ernst Kohlschütter zum Gedenken. AVN 100: 200–202.

Buschmann, E., Herausg. (1994): Aus Leben und Werk von Johann Jacob Baeyer. Institut für Angewandte Geodäsie, Frankfurt a. M.

Buschmann, E., H. Kautzleben (1987): Erdmessung – 125 Jahre erstes internationales geodätisches Programm. VT 35: 110–115.

Cantor, M. (1875): Die römischen Agrimensoren und ihre Stellung in der Geschichte der Feldmeßkunst. Nachdruck Sändig, Wiesbaden 1968.

Closs, H. (1974): Die geophysikalische Reichsaufnahme und ihre Vorgeschichte. In: H. Birett, K. Helbig, W. Kertz, U. Schmucker (Herausg.): Zur Geschichte der Geophysik: 115–130, Springer-Verlag, Berlin etc.

Clotten, M. (1881/1882): Das Vermessungswesen im ehemaligen Königreich Hannover. ZfV 10: 292–298, 387–398, 425–438, 445–459, ZfV 11: 22–31, 256–270.

Danielsen, R. (1951): Schumachers geodätische Arbeiten und ihre Bedeutung für die damalige Zeit. In: W. Reek (1951): 37–49.

Dasecke (1939): Zwei Briefe von Carl Friedrich Gauß aus dem Jahr 1800. Mitt. RfL 15: 122–132.

Decker, A. (1836): Lehrbuch der höheren Geodäsie. Mannheim.

Decramer, L. R. (2001): Auf den Spuren der Geometer der Dritten Legion Augusta. VI 52: 194–201.

Deelwater (1941): Ueber die hannoversche Triangulation von 1821–44 und ihre Verwendung bei den Katasterneumessungen anlässlich der Grundsteuerveranlagung. ZfV 70: 41–46.

Degner, H. (1930/31): Geschichtliche Entwicklung der amtlichen Preußischen Gradabteilungsblätter. Mitt. RfL 7: 85–99.

Degner, H. (1931/32): Karl Ludwig v. Lecoq und die Aufnahme Westfalens. Mitt. RfL 7: 25–38.

Degner, H. (1940): Die Aufnahmearbeiten des Preußischen Generalstabes nach den Freiheitskriegen. Mitt. RfL 16: 1–20.

Degner, H. (1941): Die Preußischen Ingenieurgeographen. Nachr. a. d. Reichsverm.dienst. Mitt. RfL 17: 184–194.

Deisting, B., G.W. Hein (2006): GALILEO – ein europäisches Projekt von internationaler Bedeutung. ZfV 131: 299–305.

Denker, H. (2006): Das Europäische Schwere- und Geoidprojekt (EGGP) der Internationalen Assoziation für Geodäsie. ZfV 131: 335–341.

Denkschrift DGV (1912): Denkschrift des Deutschen Geometervereins zur Ausgestaltung des preußischen Vermessungswesens (1912), ZfV 41: 57–95.

Deumlich, F. (1964): Wilhelm J. Struve (1793–1864). VT 12: 431.

Deumlich, F. (1996): Sachsens Beitrag zum geodätischen Fortschritt. ZfV 121: 415–423.

Deumlich, F., R. Staiger (2002): Instrumentenkunde. 9. Aufl., Wichmann/Hüthig, Heidelberg.

Dick, W. R. (1996): Zur Vorgeschichte der Mitteleuropäischen Gradmessung. In: Beitr. Baeyer-Symp. (1996): 15–27, Frankfurt a. M.

Dilke, O. A. W. (1991): Mathematik, Maße und Gewichte in der Antike. Philipps Reclam jun., Stuttgart.

Doll, M. (1873): Das Vermessungswesen im Großherzogthum Baden. ZfV 2: 35–53, 65–76.

Dolz, W. (1999): Wilhelm Gotthelf Lohrmann (1796–1840) – verdienter Geodät, Kartograph und Selenograph Sachsens. In: Kröger (1999): 17–30.

Dörflinger, J. (1989): Die Landesaufnahme des österreichischen Generalquartiermeisterstabes 1749–1854. Fachhochschule Karlsruhe, Karlsruher Geowiss. Schriften, Reihe C, Band 2.

Draheim, H. (1987): 225 Jahre Breithaupt und Sohn. AVN 94: 3–7.

Draheim, H. (1993): Die Gründerjahre 1868–1917. In: Festschrift zur 125 Jahr-Feier des Geodätischen Instituts der Universität Fridericiana Karlsruhe (Technische Hochschule): 20–29, Karlsruhe.

Dreier, F. A. (1989): Winkelmessinstrumente vom 16. bis zum frühen 19. Jahrhundert. 2., erw. Aufl., Ausstellung im Kunstgewerbemuseum 1979/1980, Staatliche Museen Preußischer Kulturbesitz, Berlin.

Drewes, H. (2002): Das Deutsche Geodätische Forschungsinstitut – ehemals Abteilung I: Theoretische Geodäsie. In: Albertz et al. (2002): 159–177.

Drewes, H. (2006): Zum Wandel in der Zielsetzung geodätischer Forschung. ZfV 131: 292–298.

Egerer, A. (1926): Ernst Hammer †. ZfV 55: 1–13.

Egerer, A. (1937): Vorgeschichte und Bedeutung der Landeshöhenaufnahme von Württemberg. Mitt. RfL 13: 23–36. .

Eggert, O. (1911): Bessel als Geodät. ZfV 40: 301–310.

Eggert, O. (1916): Die dänische Landesvermessung 1816–1916. ZfV 45: 299–306.

Eggert, O. (1917): Friedrich Robert Helmert † . ZfV 46: 283–295.

Eggert, O. (1924): Der neue Zeiss-Theodolit. ZfV 53: 289–295.

Eggert, O. (1925): Christian August Vogler †. ZfV 54: 242–249.

Eggert, O. (1938): Friedrich Suckow †. ZfV 67: 97–100.

Eggert, O., F. Koll, G. Klietsch (1954): Geodätische Rechnungen mittels der Rechenmaschine. 3. Aufl., K. Wittwer, Stuttgart.

Ehlert, D., G. Soltau (1995): 200 Jahre Ausgleichungsrechnung nach der Methode der kleinsten Quadrate. ZfV 120: 618–620.

Ehrmanntraut, R. (1982): Friedrich Wagner und die Landesvermessung in Nassau. Mitt.bl. DVW Hessen 33: 42–53.

Eichhorn, G (1987): Sieben Generationen im Dienste des Vermessungswesens – 225 Jahre Firma Breithaupt u. Sohn, Kassel. ZfV 112: 474–477.

Elstner, C., M. Harnisch, G. Harnisch (1997): Gravimetrische Arbeiten im Geodätischen Institut und im Zentralinstitut Physik der Erde Potsdam 1870–1991. In: H. Neunhöfer et al. (Herausg.): Zur Geschichte der Geophysik in Deutschland: 182–186, Hamburg.

Emelius, A. (1909): Das Vermessungswesen in Schleswig-Holstein, Hannover, Kurhessen, Nassau und Franfurt a. Main bis zur Vereinigung mit Preussen. AVN 21: 521–536.

Engelsberger, M. (1969): Beitrag zur Entwicklungsgeschichte des Theodolits. DGK, Reihe C, Nr. 134, München.

Erb, S. (2004): „Vermesser des Meeres, der Erde und des Himmels": Tobias Mayer – ein beinahe vergessenes Genie. Mitt.bl. DVW Baden-Württemberg 51: 113–146.

Erxleben, B. (1985): Streiflichter aus der Frühzeit des bremischen Katasters. In: 150 Jahre Kataster- und Vermessung in Bremen 1835–1985: 101–109.

Feist, W. (2001): Ein Beitrag zur Geschichte der Entwicklung geodätischer Instrumente in Jena. Jenaer Jahrbuch zur Technik- und Industriegeschichte, Band 3: 197–222.

Felber, H.-J. (1994): Briefwechsel zwischen Alexander von Humboldt und Friedrich Wilhelm Bessel. Akademie Verlag, Berlin.

Feldmesser-Reglements (1981): Instruction für Feldmesser 1782. Reglement für Ingenieure und Feldmesser 1803. Reprint: Schriftenreihe Förderkreis Vermessungstechnisches Museum e. V., Nr. 4, Dortmund.

Finsterwalder, R. (1967): Zur Entwicklung der bayerischen Kartographie von ihren Anfängen bis zum Beginn der amtlichen Landesaufnahme. DGK, Reihe C, Nr. 108, München.

Finsterwalder, R. (1973): Eine Kartierung Bayerns gegen Ende des 18. Jahrhunderts. ZfV 98: 458–462.

Finsterwalder, R. (1988): Maßstab und Genauigkeit alter Karten – gezeigt an einigen Kartierungen Bayerns. Cartographia Bavariae, Bayern im Bild der Karte, Ausstellungskatalog Bayer. Staatsbibliothek München: 193–211.

Finsterwalder, R. (1997): Genauigkeit und Herkunft der Ortspositionen im mitteleuropäischen Raum zu Beginn des 16. Jahrhunderts. KN 47: 96–102.

Finsterwalder, R. (2001): Genauigkeit und Maßstab der Nürnbergkarte Etzlaubs von 1492. Mitt.bl. DVW Bayern 53: 431–435.

Finsterwalder, S., F. Boecklein (1936): Zusammenschluss der deutschen Dreiecksnetze in Nord und Süd. Mitt. RfL, Sonderheft 11.

Fischer, H. (1991): „... genaue Kenntnis von einem schönen und großen land zu geben" – Die Dreiecksmessungen des Geodäten César François Cassini de Thury in Süddeutschland und Österreich in den Jahren 1761 und 1762. Beitr. zur Landeskunde, regelm. Beilage zum Staatsanzeiger für Baden-Württemberg, Nr. 3: 9–15.

Fischer, H. (2005): Ignaz Ambros von Amman – sein Leben, seine Werke. Mitt.bl. DVW Baden-Württemberg 52: 105–115.

Fischer, Ph. (1845/46): Lehrbuch der höheren Geodäsie. C. W. Leske, Darmstadt.

Forstner, G. (2005): Längenfehler und Ausgangsmeridiane in alten Landkarten und Positionstabellen. Schriftenreihe Studiengang Geodäsie und Geoinformation, Universität der Bundeswehr München, Heft 80.

Friedrich, S. (2000): Zu Lebzeiten Legende, heute nahezu vergessen? Zum 170. Geburtstag von Friedrich Gustav Gauß. VI 51: 374–376.

Frühauf, W., H. Bleumer, W. Bunjes (1999): Liegenschaftskataster im Bereich des Regierungsbezirks Braunschweig – 150 Jahre Katastergesetzgebung im ehemaligen Herzogtum Braunschweig. Bezirksregierung Braunschweig.

Fuchs, A. (2001): Die Entstehung des Topographischen Büros 1801 in München. ZfV 126: 218–224.

Gaede (1885): Beiträge zur Kenntnis von Gauss' praktisch-geodätischen Arbeiten. ZfV 14: 113–245.

Galle, A. (1924): Über die geodätischen Arbeiten von Gauss. C. F. Gauss Werke, Bd. XI, 2. Abt., Berlin.

Gauß, C. F. (1828): Bestimmung des Breitenunterschiedes zwischen den Sternwarten von Göttingen und Altona, Göttingen. In: C. F. Gauss Werke, neunter Band. Herausg. v. d. Königl. Gesellsch. d. Wissensch. zu Göttingen, B. G. Teubner, Leipzig 1903.

Gauß 200 Jahre (1977a): Festschrift zum 200. Geburtstag von Carl Friedrich Gauß. Gauß-Gesellschaft Göttingen, Mitt. Nr. 14.

Gauß 200 Jahre (1977b): Carl Friedrich Gauß 1777–1855. Ausstellungskatalog zum 200. Geburtstag, Stadt Göttingen.

Gauß–Bessel Briefe (1980): Briefwechsel zwischen Gauß und Bessel. Herausg. auf Veranlassung der Königl. Preuß. Akad. d. Wissensch., Leipzig 1980.

Gauß und die Landesvermessung in Niedersachsen (1955): Herausg. von der Nieders. Vermessungs- und Katasterverwaltung, Nieders. Landesvermessungsamt Hannover.

Geoinformationssysteme Bayern (1993): „Es ist ein Maß in allen Dingen". Bayerisches Staatsministerium der Finanzen – Bayerische Vermessungsverwaltung, München.

Gerardy, Th. (1952): Die Gaußsche Triangulation des Königreichs Hannover und die preußischen Grundsteuervermessungen. Wiss. Arb. Inst. für Geodäsie und Photogrammetrie der T. H. Hannover, Nr. 3.

Gerardy, Th. (1955a): Episoden aus der Gaußschen Triangulation des Königreichs Hannover (1821–1844). ZfV 80: 54–62.

Gerardy, Th. (1955b): Die Triangulation des Königreichs Hannover durch C. F. Gauß (1821–1844). In: Gauß und die Landesvermessung in Niedersachsen (1955): 83–114.

Gerardy, Th. (1964): Christian Ludwig Gerling an Carl Friedrich Gauss – Sechzig bisher unveröffentlichte Briefe. Arb. a. d. Nieders. Staats- und Universitätsbibl. Göttingen, Band 5, Vandenhoeck & Ruprecht, Göttingen.

Gerardy, Th. (1977a): Geodäten als Korrespondenten von Carl Friedrich Gauss. AVN 84: 150–160.

Gerardy, Th. (1977b): Die Anfänge von Gauss' geodätischer Tätigkeit. ZfV 102: 1–20.

Gerke, K. (1967): Ein Beitrag zur Bestimmung rezenter Erdkrustenbewegungen. In: Aus der geodätischen Lehre und Forschung – Festschrift zum 70. Geburtstag von Professor Walter Großmann: 66–73, K. Wittwer, Stuttgart.

Gerke, K. (1978): Friedrich Wilhelm Spehr, ein Mathematiker am Collegium Carolinum – geb. 1799, gest. 1833. Mitt. der Techn. Universität Carolo-Wilhelmina zu Braunschweig 13: 3–11.

Gerke, K. (1983a): Carl Koppes Werden und sein Wirken an der Carola Wilhelmina. In: Möller und Weimann (1983): 21–48.

Gerke, K. (1983b): Egbert Harbert als Hochschullehrer. In: Beiträge zum Egbert-Harbert-Gedenkkolloquium, Geodät. Schriftenreihe der TU Braunschweig, Nr. 5: 11–26.

Gerke, W.-U. (1996): Neuvermessung der Stadt Leipzig ab 1884. In: Meßpunkt Leipzig (1996): 40–43.

Gerlach, W., M. List (1966): Johannes Kepler. R. Piper u. Co. Verlag, München.

Gigas, E. (1937): Triangulation I. Ordnung und Basismessung. Reichsamt für Landesaufnahme – Trigonometrische Abteilung. Reichsdruckerei Berlin.

Gigas, E. (1940): Die Grundlagen der deutschen Landesvermessung. Die geschichtliche Entwicklung der deutschen Triangulationen bis zum Werden des deutschen Reichdreiecksnetzes. In: Reichsamt für Landesaufnahme, Trigonometrische Abteilung: Dreiecks- und Höhenmessung: 5–27, E. S. Mittler u. Sohn, Berlin.

Gigas, E. (1943): Ein neuer Theodolit für Beobachtungen I. Ordnung. Nachr. a. d. Reichsverm.dienst – Mitt. RfL 19: 185–192.

Gigas, E. (1964): Präsident a. D., Generalleutnant a. D. W. Vollmar †. ZfV 89: 392.

Girndt, U. (1996): Die Länge des Westweges nach Asien. Karlsruher Geowiss. Schriften, Reihe B, 3: 9–42.

Gombel, M. (2002): Konstrukteure und Mechaniker von geodätischen Instrumenten – eine Zusammenstellung. Schriftenreihe Förderkreis Vermessungstechnisches Museum e. V., Nr. 32, Dortmund.

Gomille, U. (2003): Vermessungsgesetze in Niedersachsen. NVK 53: 29–39.

Gotthardt, J. (1955a): Eine Wende in den französischen Katasteraufnahmen vor eineinhalb Jahrhunderten. AVN 62: 48–49.

Gotthardt, J. (1955b): Katasteraufnahmen in Westfalen zur Zeit des Freiherrn vom Stein. AVN 62: 171–174.

Graf, A. (1952): 80jähriges Jubiläum der Askania-Werke in Berlin. ZfV 77: 56–57.

Grafarend, E. W. (2006): Linear and Nonlinear Models – Fixed Effects, Random Effects, and Mixed Models. W. de Gruyter, Berlin New York.

Greve, D. (1997): Ruthen, Hufen und Erben – Vermessung und Kataster in Mecklenburg. cw Verlagsgruppe Schwerin.

Greve, D. (2003): Geschichte des Liegenschaftskatasters in Mecklenburg. In: Mecklenburg. Landesvermessung 150 Jahre (2003): 61–71.

Grewe, K. (1984): Bibliographie zur Geschichte des Vermessungswesens. Konrad Wittwer, Stuttgart.

Grewe, K. (1991): Vermessungsgeräte der Römer. Verm. Phot. Kulturtechn. 89: 606–616.

Grewe, K. (1992): Bibliographie zur Geschichte des Vermessungswesens, 1. Ergänzungslieferung. Konrad Wittwer, Stuttgart.

Gronwald, W. (1932): Die Aufgaben des Büros für die Hauptnivellements und Wasserstandsbeobachtungen im preußischen Ministerium für Landwirtschaft, Domänen und Forsten. ZfV 61: 561–569.

Gronwald, W. (1949): Die Nivellements im Bezirk des Niedersächsischen Landesvermessungsamts und ihre inneren Zusammenhänge. Nieders. Landesverm.amt – Trig. Abteilung, Hannover.

Gronwald, W. (1955): Carl Friedrich Gauß – Ein Lebensbild. In: Gauss und die Landesvermessung in Niedersachsen (1955): 1–16.

Großmann, W. (1937): Landesdreiecksnetze und Aufnahmenetze (T.P.-A.P.-Rd.-Erl.). Mitt. RfL 13: 39–42.

Großmann, W. (1944): Otto Eggert. ZfV 73: 49–54.

Großmann, W. (1955a): Niedersächsische Vermessungsgeschichte im 18. und 19. Jahrhundert. In: Gauß und die Landesvermessung in Niedersachsen (1955): 17–59.

Großmann, W. (1955b): Zwei Briefe von C. F. Gauß zur Unterweisung Hannoverscher Generalstabsoffiziere. ZfV 80: 45–54.

Großmann, W. (1955c): Gauß' geodätische Tätigkeiten im Rahmen zeitgenössischer Arbeiten. ZfV 80: 371–384.

Großmann, W. (1956): Oskar Schreiber und die Gauß'schen Koordinaten. NVK 6: 3–7.

Großmann, W. (1964): Geodätische Rechnungen und Abbildungen in der Landesvermessung. 2. Aufl., K. Wittwer, Stuttgart.

Großmann, W. (1973a): 500 Jahre Copernicus. ZfV 98: 341–346.

Großmann, W. (1973b): Albert Pfitzer und der Deutsche Verein für Vermessungswesen. ZfV 98: 258–264.

Großmann, W. (1977): 100 Jahre Berufsentwicklung in Norddeutschland. ZfV 102: 498–506.

Großmann, W. (1985): Geschichte des Deutschen Vereins für Vermessungswesen (DVW), Teil I: 1871–1918/19. Sonderheft der ZfV 23: 5–74.

Grothenn, D. (1996): August Papen und sein „Topographischer Atlas des Königreichs Hannover und Herzogtums Braunschweig". NVK 46: 150–173.

Grünreich, D. (2006): Konzeption für die deutschlandweite Bereitstellung geo-topographischer Basisinformationen, insbesondere für Aufgaben des Bundes. In: „Festschrift 125 Jahre Geodäsie und Geoinformatik an der Leibniz Universität Hannover", Wiss. Arb. Fachr. Geod. u. Geoinf. Univ. Hannover, Nr. 263: 181–189.

Günther, G. (2004): Das französische Kataster. NÖV – Nachr. a. d. öff. Verm.dienst Nordrhein-Westfalen 37: 33–42.

Haasbroek, N. D. (1968): Gemma Frisius, Tycho Brahe and Snellius and their triangulations. Publ. Netherl. Geod. Comm., Delft.

Haasbroek, N. D. (1972): Investigation of the accuracy of Krayenhoff's triangulation (1802–1811) in Belgium, The Netherlands, a part of north western Germany. Publ. Netherl. Geod. Comm., Delft.

Häberlein, R. (1997): Der Gadner-Atlas aus topographischer Sicht. Mitt. DVW Baden-Württemberg 44: 95–105.

Hafeneder, R. (2004): Überblick über das Militärische Geowesen Deutschlands im 19. und 20. Jahrhundert. Schriftenreihe Geoinformationsdienst der Bundeswehr, Heft 2, Euskirchen.

Hake, G., D. Grünreich, L. Meng (2002): Kartographie. 8. Aufl., W. de Gruyter, Berlin New York.

Hamel, J. (1984): Friedrich Wilhelm Bessel. Biographien hervorragender Naturwissenschaftler, Techniker und Mediziner, Band 67. B. G. Teubner, Leipzig.

Hamel, J. (1998): Geschichte der Astronomie. Birkhäuser Verlag, Basel Boston Berlin.

Hamel, J., E. Buschmann (1996): Friedrich Wilhelm Bessels und Johann Jacob Baeyers Zusammenwirken bei der „Ostpreußischen Gradmessung" 1830–1838. In: Beitr. Baeyer-Symposium (1996): 45–58.

Hammer, E. (1896): Zur Geschichte des Fadenkreuzes. ZfV 25: 513–517.

Hammer, E. (1908): Geschichte der Landmessung in Ägypten. ZfV 37: 377–384.

Hampel, G. (1968): Topographische Landesaufnahme. In: Württemberg. Landesvermessung 150 Jahre (1968): 212–232.

Hanke, M., bearbeitet von H. Degner (1935): Geschichte der amtlichen Kartographie Brandenburg-Preußens bis zum Ausgang der Friderizianischen Zeit. J. Engelhorns Nachf., Stuttgart.

Hanke, M., H. Degner (1934): Die Pflege der Kartographie bei der Königlich Preußischen Akademie der Wissenschaften unter der Regierung Friedrichs des Großen. Abh. Preuß. Akad. der Wissenschaften, Jahrg. 1933, Phys. Math. Klasse Nr. 2, Verlag der Akad. der Wissenschaften, Berlin.

Hansen 200 Jahre (1995): Von Tondern nach Gotha – Der Astronom Peter Andreas Hansen 1795–1874. Nordschleswiger Hefte, Heft 1, Aabenraa.

Harbeck, R. (1998): Die Arbeit der AdV auf dem Gebiet der Topographie und Kartographie. In: AdV 50 Jahre (1998): 37–54.

Harbert, E. (1967): o. Prof. emer. Dr. phil. Erich Brennecke zum Gedächtnis. ZfV 92: 377–378.

Harms, O. (1961): Biographien zur Geschichte des oldenburgischen Vermessungswesens. NVK 11: 10–22.

Harms, O. (1961/1963): Die amtliche Topographie in Oldenburg und ihre kartographischen Ergebnisse. Oldenburger Jahrbuch Bd. 60: 1–38, 62: 123–174.

Harms, O. (1963): Die Neuausgabe von Karten der ersten topographischen Karten in Niedersachsen. NVK 13: 58–65.

Harms, O. (1981): Aufgaben und Organisation des Vermessungswesens in Oldenburg. In: Oldenburger Landesvermessung 200 Jahre (1981): 35–81

Harmßen, J. (1996): Die erste große Landesaufnahme Kursachsens. In: Meßpunkt Leipzig (1996): 32–39, Leipzig.

Harnisch, M., G. Harnisch (1993): Helmerts Arbeiten zur physikalischen Geodäsie. In: Helmert (1993): 37–77.

Hartnack, W. (1939): Die „Millaria Germanica communia". Mitt. RfL 15: 133–146, 207–222.

Harzer, P. (1920): Nekrolog – Johann Adolf Repsold. Viertel-Jahres-Schrift der Astronomischen Gesellschaft 55: 3–24.

Hauerken, J. (1961): Das oldenburgische Liegenschaftskataster. NVK 11: 22–34.

Hawking, S., L. Mlodinow (2005): Die kürzeste Geschichte der Zeit. 2. Aufl., Rowohlt Verlag, Reinbeck bei Hamburg.

Heck, B. (2003): Rechenverfahren und Auswertemodelle der Landesvermessung. 3. Aufl., Verlag Wichmann/Hüthig, Heidelberg.

Heil, J. (1913): Die Topographische Landesaufnahme des Großherzogtums Hessen, ZfV 42: 185–197, 209–220.

Heil, J. (1927): Das hessische Landesnivellement und seine Entstehungsgeschichte. ZfV 56: 771–774.

Heissler, V. (1949): Möglichkeiten und Vorschläge für die Verwendung und Weiterentwicklung der Deutschen Grundkarte 1:5000. Wiss. Arb. Inst. f. Geod. u. Phot. d, TH Hannover Nr. 1.

Heller, E., R. Wernthaler (1955): Entwicklung und Genauigkeit des deutschen Haupthöhennetzes. DGK, Reihe B, Nr. 17, München.

Helmert, F. R. (1880/1884): Die mathematischen und physikalischen Theorien der höheren Geodäsie. B. G. Teubner, Leipzig. Unveränderter Nachdruck Minerva G.m.b.H., Frankfurt a. M. 1962.

Helmert, F. R. (1886): Übersicht der Arbeiten des Königl. Geodätischen Instituts unter Generallieutenant z. D. Dr. Baeyer, nebst einem allgemeinen Arbeitsplane des Instituts für das nächste Decennium. Publication des Königl. Preuss. Geodätischen Instituts, P. Stankiewicz, Berlin.

Helmert, F. R. (1890): Das Königliche Geodätische Institut. In: Die Königlichen Observatorien für Astrophysik, Meteorologie und Geodäsie bei Potsdam. Herausg. von den betheiligten Directoren: 115–159. Mayer und Müller, Berlin, Nachdruck Zentralinstitut für Physik der Erde, Potsdam 1989.

Helmert, F. R. (1899): Wilhelm Jordan †. ZfV 28: 321–328.

Helmert, F. R. (1910): Die Schwerkraft und die Massenverteilung der Erde. Enzykl. d. Mathem. Wiss. VI 1, 7: 85–177. B. G. Teubner, Leipzig.

Helmert, F. R. (1993): Akademievorträge mit einer Einführung von Ernst Buschmann, Potsdam. Verlag des Instituts für Angewandte Geodäsie, Frankfurt a. M.

Herrmann, K. (1938): Die neue 400-Grad-Teilung. ZfV 67: 117–120.

Hertel, P. (1995): Vermessung in der Antike. In: Klemp u. Lagoda (1995): 21–29.

Heyde, H. (1923): Die Höhennullpunkte der amtlichen Kartenwerke europäischer Staaten und ihre Lage zu Normal-Null. Neu herausg. durch M. Spata, Schriftenreihe Förderkreis Vermessungstechn. Museum e. V., Nr. 28, Dortmund 1999.

Hirsch, O. (1973): Ein Beitrag aus der geodätischen Astronomie. In: Wolz-Festschrift (1973): 7–17.

Hirsch, O. (1985): Die Kunst, geodätische Instrumente zu bauen, und die Mechaniker, die dies konnten. In: Junius (1985b): 47–75.

Hoffmann, D. (1997): Normung von Maß, Zeit und Gewicht: Vom deutschen Zollverein bis zur Physikalisch-Technischen Bundesanstalt. In: Junius u. Kröger (1997): 7–29.

Hofmann, W. (1954): Professor Hohenner 80 Jahre. ZfV 79: 385–386.

Hofmann-Wellenhof, B., H. Moritz (2005): Physical Geodesy. Springer, Wien New York.

Holewa, R. (1997): Der Oberrhein – ein geodätisches Eldorado. Über die Vorläufer der Landesdreiecksnetze. ZfV 122: 418–425.

Humboldt, A. von (1845–1862): Kosmos – Entwurf einer physischen Weltbeschreibung. Editiert und mit einem Nachwort versehen von O. Ette und O. Lubrich, Eichborn Verlag, Franfurt a. M. 2004.

Hunäus, G. Chr. C. (1848): Lehrbuch der praktischen Geometrie zum Gebrauche an höheren technischen Lehranstalten. Helwing'sche Hofbuchhandlung, Hannover.

Hunger, F. (1962): Hundert Jahre Internationale Erdmessung. ZfV 87: 117–125.

Husen, B. (2001): Von der Topographischen Karte zum Digitalen Geländemodell – ein Abriss von 200 Jahren. NÖV Nachrichten aus dem öffentlichen Vermessungsdienst Nordrhein-Westfalen 34: 17–23.

Ingensand, H. (1992): 2000 Jahre Theodolit: von Heron bis Heinrich Wild – Ein Beitrag zur Entwicklungsgeschichte des Theodoliten. Verm., Photogr., Kulturtechn. 90: 128–131.

Jestaedt, A. (1955): Die Fuldische Landesvermessung im alten Fürstentum Fulda. ZfV 80: 247–253.

Jordan, G. (1955): Die alten Teilungs- und Verkoppelungskarten im Raume Niedersachsen. In: Gauss und die Landesvermessung in Niedersachsen (1955): 141–154.

Jordan, H. (1922): Wilhelm Jordan – Lebensbild eines deutschen Geodäten. ZfV 51: 577–585.

Jordan, W. (1880): Der Normal-Höhenpunkt für das Königreich Preußen. ZfV 9: 1–16.

Jordan, W. (1884): Besprechung der VIII. und IX. Anweisung vom 25. Oktober 1881 ... ZfV 13: 19–35.

Jordan, W. (1885): General Baeyer †. ZfV 14: 369–372.

Jordan, W. (1888): Die deutschen Landesvermessungen. ZfV 17: 310–325.

Jordan, W. (1889): Die Gradmessung der Araber, 827 n. Chr. ZfV 18: 100–109.

Jordan, W. (1896): Ueber die Entwicklung des deutschen Vermessungswesens im 19. Jahrhundert. ZfV 25: 587–600.

Jordan, W. (1899): Hessische Geodäsie. ZfV 28: 1–18.

Jordan, W., fortgesetzt von C. Reinhertz (1910): Handbuch der Vermessungskunde. Band 1, Ausgleichungs-Rechnung nach der Methode der kleinsten Quadrate. 6. erw. Aufl., bearb. von O. Eggert, J. B. Metzlersche Buchhandl., Stuttgart.

Jordan, W., O. Eggert (1950): Handbuch der Vermessungskunde, zweiter Band: Feld- und Landmessung. 10. Aufl., herausg. von A. Berroth, J. B. Metzlersche Verlagsbuchhandl., Stuttgart.

Jordan, W., K. Steppes (1882): Das deutsche Vermessungswesen – Historisch-kritische Darstellung. Band I: W. Jordan: Höhere Geodäsie und Topographie des Deutschen Reichs, Band II: K. Steppes: Das Vermessungswesen im Dienste der Staatsverwaltung. K. Wittwer, Stuttgart.

Junius, H. (1985a): Von Instrumentenmachern und Konstrukteuren. In: Museumshandbuch Dortmund (1985): 157–164.

Junius, H., Herausg. (1985b): Vermessungswesen und Kulturgeschichte. Schriftenreihe Förderkreis Vermessungstechn. Museum e. V., Nr. 11, K. Wittwer, Stuttgart.

Junius, H., K. Kröger, Herausg. (1997): Europa wächst zusammen. Schriftenreihe Förderkreis Vermessungstechn. Museum e. V., Nr. 23, K. Wittwer, Stuttgart.

Jürgens, H. (1978): Untersuchung und Neuberechnung der oldenburgischen Katastertriangulation 1838–1846. Schriftenreihe Nieders. Landesverwaltungsamt – Landesvermessung – Nr. 608, Hannover 1978.

Kaestner, W. (1937): Die allmähliche Erneuerung des preußischen Katasters. ZfV 66: 22–28.

Kaestner, W. (1956): Die Bedeutung der Triangulationen in den ehemaligen Provinzen Rheinland und Westfalen für das Kataster in Nordrhein-Westfalen. AVN 63: 49–52.

Kahlfuß, H.-J. (1969): Landesaufnahme und Flurvermessung in den Herzogtümern Schleswig, Holstein und Lauenburg vor 1864. Karl Wachholtz Verlag, Neumünster.

Kahlfuß, J. (2001): Geschichte der amtlichen Kartographie Schmalkaldens. Thüring. Landesvermessungsamt, Erfurt.

Kahmen, H. (2005): Angewandte Geodäsie: Vermessungskunde. 20. Aufl., W. de Gruyter, Berlin New York.

Karsunke, R. (2000): 275 Jahre Preußisches Liegenschaftskataster. Vermessung Brandenburg 5: 38–43.

Kartenbild der Renaissance, Das (1977): Ausstellungskatalog der Herzog August Bibliothek Wolfenbüttel Nr. 20.

Kaspereit, G. (1957): Louis Krüger zum Gedächtnis. NVK 7: 122–127.

Kaspereit, G. (1958): Das Vorspiel. NVK 8: 118–120.

Kaspereit, G. (1960): Johann Tobias Mayer – Vater und Sohn. NVK 10: 86–91.

Kaufer, E. (1992): Wahrnehmung des Raumes und wirtschaftlicher Wandel im Mittelalter: Eine Perspektive in die Neuzeit. ZfV 117: 1–12.

Kerschbaum, (1873): Die Landesvermessung und Steuerregulierung des Herzogthums Sachsen-Coburg. ZfV 2: 211–244.

Kick, W. (1970): Alexander von Humboldt und die Geodäsie. ZfV 95: 157–172.

Kienast, H. (2005): Die Vermessung des Tunnels des Eupalinos. In: Kröger (2005): 17–28.

Kleinfeldt, C., P.-G. Ramseger (2003): Von der Triangulation zum Satellitenpositionierungsdienst – 150 Jahre Mecklenburgische Landesvermessung. In: Mecklenburg. Landesvermessung 150 Jahre (2003): 14–35.

Klemp, D., H.-J. Lagoda, Herausg. (1995): Geschichte des Vermessungswesens. VDV-Schriftenreihe Band 8, Verlag Chmielorz, Wiesbaden.

Klügel, G. S. (1805): Mathematisches Wörterbuch, Bd. 2. Schwickert'scher Verlag, Leipzig.

Kneißl, M. (1940): Das alte bayerische Hauptdreiecksnetz – Beobachtung, Ausgleichung und Koordinatensysteme. Mitt. RfL 16: 200–216.

Kneißl, M. (1941): Die Ergebnisse der Ausgleichungen und der Zusammenschlüsse der süddeutschen Dreiecksnetze. Nachr. a. d. Reichsverm.dienst/Mitt. RfL 17: 42–72.

Kneißl, M. (1942): Betrachtungen zur Erneuerung und Umformung der Grundlagen des bayerischen Landesvermessungswerks. Nachr. a. d. Reichsverm.dienst/Mitt. RfL 18: 6–43.

Kneißl, M. (1967): Zum 75. Geburtstag von Friedrich Jakob Kurandt. DGK, Reihe E, Nr. 6, München.

Kneißl, M. (1969): Generalleutnant Gerlach Hemmerich, sein Werk und Wirken. Eine Studie zu seinem 90. Geburtstag am 4. Februar 1969. DGK, Reihe E, Nr. 8, München.

Knobloch, E., D. Lelgemann, A. Fuls (2003): Zur hellenistischen Methode der Bestimmung des Erdumfanges und zur Asienkarte des Klaudios Ptolemaios. ZfV 128: 211–217.

Koch, J. (1997): Die Messung der Braaker Basis 1820 und 1821 im Rahmen der Landestriangulation Dänemarks und Hannovers. Mitt. Gauß-Gesellschaft Göttingen, Nr. 34: 11–23.

Koenig, M. (1974): Die Deutsche Geophysikalische Gesellschaft, 1922–1974. In: H. Birett, K. Helbig, W. Kertz, U. Schmucker (1974): Zur Geschichte der Geophysik: 3–13. Springer-Verlag, Berlin Heidelberg New York.

Kohl, W. (1956): Geschichte des rheinisch-westfälischen Katasters. Vermessungstechn. Rundschau 18: 281–292, 350–354.

Kohlschütter, E. (1924): Die Koordinaten des Zentralpunkts der deutschen Triangulationen. ZfV 53: 321–324.

Kohlschütter, E. (1931/32a): Zum zehnjährigen Bestehen des Beirats für das Vermessungswesen. Mitt. RfL 7:209–231.

Kohlschütter, E. (1931/32b): Die Arbeiten der Baltischen Geodätischen Kommission. Mitt. RfL 7: 164–186.

Konecny, G. (2006): 125 Jahre Geodäsie und Geoinformatik an der Universität Hannover. In: „Festschrift 125 Jahre Geodäsie und Geoinformatik an der Leibniz Universität Hannover", Wiss. Arb. Fachr. Geod. u. Geoinf. Univ. Hannover, Nr. 263: 61–82.

Konstanzer (1960): Überblick über die Entwicklung des Vermessungswesens im Lande Braunschweig. NVK 10: 22–30.

Kost, W. (1955): Zur topographischen Kartographie im niedersächsischen Raum von 1764 bis 1863. In: Gauss und die Landesvermessung in Niedersachsen (1955): 115–140.

Kost, W. (1965): Eine vergleichende Betrachtung eines Ausschnitts aus einer alten und einer neuen topographischen Karte 1:50 000. ZfV 90: 325–330.

Kraus, K. (1988/1990): Fernerkundung. Band 1 und 2, Dümmler, Bonn.

Kraus, K. (1994/1996/2000): Photogrammetrie. Band 1 (5. Aufl.), Band 2 (3. Aufl.), Band 3, Dümmler, Bonn.

Krauß, G. (1969): 150 Jahre Preußische Messtischblätter. ZfV 94: 125–135.

Krehan, A. (1872): Das Vermessungs- und Katasterwesen des Großherzogthums Sachsen-Weimar. ZfV 1: 105–120.

Kröger, K. (1991): Eine technikgeschichtliche Betrachtung zur Entwicklung geodätischer Instrumente. Verm. Phot. Kulturtechn. 89: 623–628.

Kröger, K., Herausg. (1999): Wegbereiter in der deutschen Landesvermessung – Spurensuche. Schriftenreihe Förderkreis Vermessungstechn. Museum e. V., Nr. 27, K. Wittwer, Stuttgart.

Kröger, K., Herausg. (2005): Von Gizeh bis DESY – 5000 Jahre angewandte Geometrie. Schriftenreihe Förderkreis Vermessungstechn. Museum e. V., Nr. 35, Verlag Chmielorz, Wiesbaden.

Krüger, G., J. Schnadt (2001): Die Entwicklung der geodätischen Grundlagen für die Kartographie und die Kartenwerke 1810–1945. Vermessung Brandenburg 6: 26–49. Aus: Scharfe u. Scheerschmidt (2000): 113–136.

Kuhlmann, H., B. Witte (2006): Wandel der universitären Ausbildung – 125 Jahre Lehrstuhl für Geodäsie in Bonn. ZfV 131: 7–15.

Kummer, K., N. Pischler, W. Zeddies (2006): Das Amtliche deutsche Vermessungswesen. ZfV 131: 234–241.

Kurandt, F. (1936): Über das zukünftige Reichskataster. ZfV 65: 721–725.

Kurandt, F. (1952): Zum 70, Geburtstag von Dr.-Ing. e. h. Albert Pfitzer. ZfV 77: 161–165.

Kurandt, F. (1959): 25 Jahre Vermessungsgesetz. ZfV 84: 177–187.

Kurandt, F. (1966): Zur Erinnerung an die Gründung der preußischen Katasterverwaltung am 1. Januar 1865. ZfV 91: 1–11.

Labicki, P., B. Resnik (2004): Bibliographie zur Geschichte des Vermessungswesens, 2. Erg. lieferung. Verlag Chmielorz, Wiesbaden.

Laitko, H. (1996): Johann Jacob Baeyer, die internationale Stellung des Preußischen Vermessungswesens und die Mitteleuropäische Gradmessung. In: Dahlemer Archivgespräche, Band 1: 58–78, Archiv zur Geschichte der Max-Planck-Gesellschaft, Berlin.

Landesvermessungsamt Nordrhein-Westfalen, Herausg. (1993): Landesvermessung im Wandel – Eine Dokumentation aus den Archiven des Landesvermessungsamtes.

Landesvermessungsamt Sachsen, Herausg. (2006): Die Vermessung Sachsens – 200 Jahre Vermessungsverwaltung. Verlag Klaus Gumnior, Chemnitz.

Lang, A. W. (1985): Kleine Kartengeschichte Frieslands zwischen Ems und Jade. Verlag Soltau-Kurier-Norden.

Ławrynowicz, K. (1995): Friedrich Wilhelm Bessel 1784–1846. Birkhäuser Verlag, Basel Boston Berlin.

Ledersteger, K. (1943): Die Lotabweichung im deutschen Zentralpunkt und die Orientierung des Reichsdreiecksnetzes östlich der Elbe. Nachr. a. d. Reichsverm.dienst/Mitt. RfL 19: 171–184.

Ledersteger, K. (1944): Die Kompensation des Maßstabsfehlers des Reichsdreiecksnetzes. Nachr. a. d. Reichsverm.dienst/Mitt. RfL 20: 65–68.

Lehmann, E. (1987): Über den historischen Weg des topographischen Aufnahmewesens in Brandenburg-Preußen von den Anfängen bis zur friderizianischen Zeit. VT 35: 342–345.

Lehmann, E. (1988): Aus der Anfangsperiode weiträumiger preußischer Landesaufnahme im norddeutschen Raum. VT 36: 306–310.

Lehmann, G. (1955): Gauß' theoretische geodätische Arbeiten. In: Gauß und die Landesvermessung in Niedersachsen (1955): 60–82.

Lehmann, H. (1933/34): Entwicklungsgeschichte der Thüringer amtlichen Kartographie. Mitt. RfL 9: 39–58.

Lelgemann, D. (2000): Das Gnomon, das astro-geodätische Messinstrument des klassischen Altertums. ZfV 125: 288–292.

Lelgemann, D. (2001): Eratosthenes von Kyrene und die Messtechnik der alten Kulturen. Verlag Chmielorz, Wiesbaden.

Lelgemann, D. (2004): Antike geographische Literaturangaben und die Stadion-Definitionen des klassischen Altertums. In: F. Huber, E. C. A. Rottländer (Herausg.): Ordo et mensura VIII: 92–110, Scripta Mercaturae Verlag, St. Katherinen.

Lencer, G., L. Mayer (1995): Peter Andreas Hansen – Zur Feier der 200. Wiederkehr seines Geburtstages vom 8.12.1795. Mitt.bl. DVW Hessen-Thüringen Nr. 3: 2–7.

Levallois, J. J. (1988): Mésurer la terre – 300 ans de géodésie Francaise. Association Francaise de Topographie, Paris.

Lichte, H. (1957): Geodätische Messungen auf dem grönländischen Inlandeis. ZfV 82: 46–50, 65–73.

Lips, K. (1930/1931): Zur Entstehung der Schmettauschen Karte des Preußischen Staates. Mitt. RfL 6: 208–210.

Lips, K. (1933): Die Kataster von 34 märkischen und pommerschen Städten aus den Jahren 1720 bis 1730. AVN 45: 437–450.

Lips, K. (1936/1937): Die mitteleuropäischen Dreiecksmessungen vor dem Jahre 1861. Mitt. RfL 12: 246–275, 13: 229–261, 304–326.

Lips, K. (1938): Die Lubinschen Karten von Rügen und Pommern 1608–1619. Mitt. RfL 14: 79–101.

Löschner, F. (1970): Helmert's Entwicklung und Bedeutung als Lehrer der praktischen Geometrie. DGK, Reihe E, Nr. 12: 1–28, Aachen.

Lotz, H. (1919): Das Reichsvermessungsamt. ZfV 48: 470–476.

Lotz H., O. Eggert, A. Hüser (1913): Regierungs- und Obersteuerrat Steppes †. ZfV 42: 793–795.

Lovell, B. (1988): Das unendliche Weltall – Geschichte der Kosmologie von der Antike bis zur Gegenwart. New York 1981, Deutscher Taschenbuch Verlag dtv München 1988.

Lucht, H. (1985): 150 Jahre Kataster und Vermessung in Bremen. ZfV 110: 219–228.

Lucht, H. (1999): Johann Friedrich Benzenberg. In: Kröger (1999): 55–73.

Magel, H. (2004): Der Auftrag der FIG im 21. Jahrhundert – Einige Anmerkungen aus deutscher Sicht. ZfV 129: 305–310.

Magnus, K. (1993): Abriß zur Geschichte der TUM. In: Festschrift „TUM – 125 Jahre Technische Universität München 1868–1993“: 79–124.

Matthias, P. (1903): Die Hauptdreiecke der Königlich Preußischen Landestriangulation. ZfV 32: 2–17, 33–52.

Mayer, J. Tobias (1777): Gründlicher und ausführlicher Unterricht zur praktischen Geometrie. Vandenhoek und Ruprecht, Göttingen. Reprint des Dritten Theils, vierte Aufl. (1818), Verlag Chmielorz, Wiesbaden 2001.

Méchain u. Delambre (1806–1810): Grundlagen des dezimalen metrischen Systems oder die Messung des Meridianbogens zwischen den Breiten von Dünkirchen und Barcelona. Ostwald's Klassiker der exakten Wissenschaften Nr. 181, W. Engelmann, Leipzig 1911.

Mecklenburg. Landesvermessung 150 Jahre (2003): 150 Jahre Mecklenburgische Landesvermessung 1853–2003. Landesvermessungsamt Mecklenburg-Vorpommern, Schwerin.

Meier, H.-K. (1992): Zeiss-Innovationen im geodätischen Instrumentenbau. Verm., Phot., Kulturtechnik 90: 132–137.

Merkel, H. (1927): Das badische Vermessungswesen. ZfV 56: 9–16.

Merkel, H. (1928): Die geodätischen Arbeiten Christian Mayers in der Kurpfalz. Veröff. DVW Baden, Nr. 1, J. Langs Buchdruckerei, Karlsruhe i. B.

Merkel, H. (1954): Die Badische Landesvermessung in ihrer historischen Entwicklung. ZfV 77: 216–223, 252–255.

Mesenburg, P. (1989): Numerische und graphische Analysen zur geometrischen Struktur von Portolankarten. In: K. H. Meine, Herausg. (1989): Internationales Jahrbuch für Kartographie 1988: 73–82. Universitätsverlag, Ulm.

Mesenburg, P. (1995): Netzgeometrie und Abbildungskonzept der Karte des Nicolaus von Cues. In: Klemp u. Lagoda (1995): 46–53.

Mess-Kunst (2005): Katalog der Ausstellung im Landesamt für Vermessung und Geoinformation. München, 20.10.–18.11.2005.

Meßpunkt Leipzig (1996): Leipziger Blätter, Sonderheft 1996, Kulturstiftung Leipzig und Stadt Leipzig, Städtisches Vermessungsamt.

Meurer, P. H. (1985): Jacob van Deventer (ca. 1500–1575) und die Frühzeit der zeichnerischen Triangulation. Nachr. a. d. Karten- und Vermessungswesen I, 96: 15–23.

Meurer, P. H. (1989): Verschollene und unrealisierte Germania-Karten des 16. Jahrhunderts. KN 39: 222–225.

Michling, H. (1976): Carl Friedrich Gauß. Aus dem Leben des Princeps Mathematicorum. Verlag Göttinger Tageblatt, Göttingen.

Mielert, H. (1981): General Dr. h. c. Oskar Schreiber – Seine Bedeutung für die Meß- und Rechenverfahren der Landesvermessung. Schriftenreihe Mil. Geogr. Dienst der Bundeswehr, Bonn-Bad Godesberg.

Minow, H. (1976): Gab es im Altertum großräumige Vermessungen? VI 27: 69–94.

Minow, H. (1979): Der Beitrag der Araber zur Entwicklung des Vermessungswesens im Mittelalter. VI 30: 50–57.

Minow, H. (1985): Das Astrolabium und seine Bedeutung für die Feldmesskunst. VI 36: 179–183.

Minow, H. (1986): Agrippa und die Vermessung des Römischen Reiches. VI 37: 150–152.

Minow, H. (1990): Historische Vermessungsinstrumente – ein Verzeichnis der Sammlungen in Europa. 2. Aufl., Verlag Chmielorz, Wiesbaden 1990.

Minow, H. (1991): Vermessungsinstrumente im Mittelalter. Verm., Phot., Kulturtechnik 89: 617–622.

Minow, H. (2000): Der Kosmograph Sebastian Münster und die geometrischen Messungen. VI 51: 209–213.

Minow, H. (2003): Feldmessen im Mittelalter. VI 54: 124–127.

Minow, H., F. Pfeifer, G. Opdenberg (1973/1976): Praxis Geometriae – 5000 Jahre Vermessungswesen. VI 24: 19–21, 83–85, 132–135, 25: 36–47, 26 (Pfeifer): 91–96, 27 (Opdenberg): 37–59.

Minow, H., F. Pfeifer, Herausg. (1991): Geometria Practica. Vermessungstechnische Lehrbücher aus drei Jahrhunderten, eine illustrierte Bibliographie. Schriftenreihe Förderkreis Vermessungstechn. Museum e. V., Nr. 17, Verlag Chmielorz, Wiesbaden.

Mittler, E., Herausg. (2005): „Wie der Blitz einschlug, hat sich das Rätsel gelöst“. Carl Friedrich Gauß in Göttingen. Ausstellungskatalog, Nieders. Staats- und Universitätsbibliothek Göttingen.

Möckel, R. (1976): Grundlagenvermessung und geodätische Sonderaufgaben. In: Berliner Vermessungsverwaltung 100 Jahre (1976): 24–32.

Möller, D. (1984): Karl Weiken †. Polarforschung 54: 55–57.

Möller, D., G. Weimann, Herausg. (1983): Beiträge zum Carl Koppe-Gedächtniskolloquium. DGK, Reihe E, Nr. 20, München.

Mohr, G. (1962): Die neue Topographische Karte 1 : 50 000. ZfV 87: 47–57.

Moritz, H. (1977): Der Begriff der mathematischen Erdgestalt seit Gauß. AVN 84: 133–138.

Müller, C. (1906): Zur Geschichte der Röhrenlibelle. ZfV 35: 673–678.

Müller, C. (1911): Otto Koll †. ZfV 40: 357–363.

Müller, G. (2000): Zur Entwicklung des Liegenschaftskatasters in Sachsen – Vom Grundsteuerzum Eigentumskataster. Fachinform.blatt 2/2000, DVW Thüringen.

Müller, R.v. (1936): Das Reichsamt für Landesaufnahme vom Kriegsende bis zum Frühjahr 1934. Mitt. RfL, Sonderheft 13.

Müller, Th. (1972): Überblick über das Karten- und Vermessungswesen des deutschen Heeres von 1919 bis 1945. Schriftenreihe Mil. Geogr. Dienst der Bundeswehr: 3–34, Bonn-Bad Godesberg.

Müller, J., M. Neumann-Redlin (2006): Neuer Bachelor- und Masterstudiengang in Geodäsie und Geoinformatik. In: „Festschrift 125 Jahre Geodäsie und Geoinformatik an der Leibniz Universität Hannover“, Wiss. Arb. Fachr. Geod. u. Geoinf. Univ. Hannover, Nr. 263: 27–35.

Müller, J., Chr. Heipke, H. Kutterer, G. Seeber, M. Sester (2006): Geodäsie und Geoinformatik: die Kerndisziplin für eine moderne Erdbeobachtung. In: „Festschrift 125 Jahre Geodäsie und Geoinformatik an der Leibniz Universität Hannover“, Wiss. Arb. Fachr. Geod. u. Geoinf. Univ. Hannover, Nr. 263: 9–25.

Münzel, G., H.-J. Ilgauds (1996): Die geodätischen Aktivitäten der Astronomen der Leipziger Universitätssternwarte. In: Meßpunkt Leipzig (1996): 18–25.

Museumshandbuch Dortmund (1985): Museum für Kunst und Kulturgeschichte Dortmund, Museumshandbuch Teil 2, Vermessungsgeschichte. Cramers Kunstanstalt, Dortmund 1985.

Mzik, H. von: (1938): Des Klaudios Ptolemaios Einführung in die darstellende Erdkunde. Gerold, Wien.

Näbauer, M. (1920): Dr. Matthäus Haid †. ZfV 49: 490–494.

Näbauer, M. (1940): Das bayerische Präzisionsnivellement. Mitt. RfL 16: 122–149.

Nagel, G. (2001): Die Basis von Charles Rigobert Marie Bonne. Mitt.bl. DVW Bayern 53: 193–207.

Neumann, J. (1993): Entwicklungslinien deutscher Kartographiegeschichte – eine Skizze. KN 43: 41–48.

Neumann, J. (1997): Das Werden des kartographischen Deutschlandbildes. KN 47: 213–218.

Neunhöffer, E. (1932/33): Lebensbeschreibung von Johann Heinrich Haas. Mitt. RfL 8: 288–307.

Neunhöffer, E. (1933/34): Hessische Kartographie im 18. Jahrhundert – Triangulationen in der Rheinebene. Mitt. RfL 9: 121–140.

Niederöst, J. (2005): Das Relief der Urschweiz von Franz Ludwig Pfyffer (1716–1802): 3D-Rekonstruktion, Analyse und Interpretation. Mitt. Inst. Geod. u. Phot., ETH Zürich, Nr. 89.

Niemczyk, O. (1943): Spalten auf Island. K. Wittwer, Stuttgart.

Niemeier, W. 2002): Ausgleichungsrechnung. W. de Gruyter, Berlin New York.

Niemeyer, J. (1951): Zum hundertsten Todestag Heinrich Christian Schumachers. ZfV 76: 23–25.

Nittinger, J. (1962): Die Vermessungsgesetzgebung in der Bundesrepublik unter besonderer Berücksichtigung des niedersächsischen Gesetzes über die Landesvermessung und das Liegenschaftskataster. ZfV 87: 33–47.

Oberholzer, G. (1993): Die Vorgeschichte 1825–1867. In: Festschrift zur 125 Jahr-Feier des Geodätischen Instituts der Universität Fridericiana Karlsruhe (Technische Hochschule): 7–19, Karlsruhe.

Oehme, R. (1981): Skizze der Geschichte der Kartographie im deutschen Südwesten. In: Die Oberrheinlande in alten Landkarten, Ausstellungskatalog: 21–32. Bad. Landesbibliothek Karlsruhe.

Oertel, H. (1935): Die Gothaer Landesvermessung. ZfV 64: 309–316, 332–347.

Ohlemutz, W. (1953): Beiträge und kritische Betrachtungen zur amtlichen Topographie und Kartographie im ehemaligen Großherzogtum Hessen. Hess. Landesvermessungsamt Wiesbaden.

Ohlemutz, W. (2006): Die geodätischen Grundlagen der Landesvermessung im ehemaligen Großherzogtum Hessen, Darmstadt 1957. AVN 113: 186–191 und folgend.

Oldenburger Landesvermessung 200 Jahre (1981): Festschrift „200 Jahre Oldenburger Landesvermessung". DVW-Bezirksgruppe Oldenburg–Bremen.

Orff, C. (1873): Die bayerische Landesvermessung in ihrer wissenschaftlichen Grundlage. Herausg. von der K. Steuer-Cataster-Commission in Gemeinschaft mit dem topographischen Bureau des K. Generalstabes. Akad. Buchdruckerei von F. Straub, München.

Osthoff, F. (1951): 75 Jahre geodätisch-kulturtechnisches Studium an der Universität Bonn. ZfV 76: 217–219.

Osthoff, F. (1967): Die Godesberger Katasterverhandlungen vom 20.–25. Oktober 1817. ZfV 92: 421–424.

Panther, A. (1937): Die badische Landesvermessung und die Gesetzgebung hierüber in geschichtlicher Entwicklung. ZfV 66: 243–253, 279–285, 321–331.

Pápay, G. (1988): Aufnahmemethodik und Kartierungsgenauigkeit der ersten Karte Mecklenburgs von Tilemann Stella (1525–1589) aus dem Jahre 1552 und sein Plan zur Kartierung der deutschen Länder. Petermanns Geogr. Mitt. 132: 209–216.

Paschen 200 Jahre (2004): DVW – Deutscher Verein für Vermessungswesen e. V. – Landesverein Mecklenburg-Vorpommern (Herausg.): Friedrich H. C. Paschen – dem mecklenburgischen Geodäten und Astronomen zum 200 Geburtstag. Schwerin 2004.

Past, F. (1999): Dr. Johann Georg Soldner – Schöpfer der wissenschaftlichen Grundlagen der bayerischen Landesvermessung. In: Kröger (1999): 93–107.

Past, F. (2005): Johann Georg von Soldner (1776–1833) und seine Zeit. Veröff. Bayer. Komm. f. d. Internat., Astr.-Geod. Arb., Nr. 62, München.

Pattenhausen, B. (1887): Die Entwicklung des Vermessungswesens und der offiziellen Kartographie in Braunschweig. ZfV 16: 318–330, 356–365.

Pelzer, H. (1981): Wilhelm Jordan. Begründer geodätischer Lehre und Forschung an der Universität Hannover. In: Universität Hannover 1831–1981 – Festschrift zum 150jährigen Bestehen der Universität Hannover, Band 1: 206–212. W. Kohlhammer, Stuttgart etc. 1981.

Pelzer, H. (1992): Wilhelm Jordan – Einem geodätischen Lehrer und Forscher zum 150. Geburtstag. ZfV 117:703–707.

Pelzer, H. (2005): Von der Schreiberschen Regel zum Schreiberschen Satz. Wiss. Arb. Fachr. Geod. u. Geoinf., Univ. Hannover, Nr. 257: 31–42.

Perrier, G. (1949): Wie der Mensch die Erde gemessen und gewogen hat. Übersetzung (E. Gigas) von „Petite Histoire de la Géodesie“, Alcan Presses Universitaires de France, Paris 1939. Bamberger Verlagshaus.

Peters, K. (1985): Zur Diskussion über die Herkunft und Entstehung der Portolankarten. VI 36: 183–188.

Peters, K. (2002): Messgeräte des Altertums. Schriftenreihe Förderkreis Vermessungstechn. Museum e. V., Nr. 30, Dortmund.

Pfitzer, A. (1913): Zur Geschichte des Rheinisch-Westfälischen Katasters – Johann Jakob Vorlaender, ein Vorkämpfer des preußischen Vermessungswesens. ZfV 42: 1–7, 40–49, 57–70, 81–94, 113–128.

Pfitzer, A. (1914): Baeyer an Vorlaender vor 50 Jahren. ZfV 43: 129–134.

Pfitzer, A. (1922): Die Instruktion vom 12. März 1822 für die rheinisch-westfälische Katastervermessung. ZfV 51: 168–173.

Pfitzer, A. (1929): Bedeutung und Ausgestaltung des Katasters. ZfV 58: 881–904.

Pfitzer, A. (1934): Das Gesetz vom 3. Juli 1934, der Grundstein zur Reichsvermessung. ZfV 63: 321–324.

Pfitzer, A. (1935): Das Vermessungs- und Kartenwerk – ein Mittel und Werkzeug der Raumbeherrschung und die Neuordnung des Vermessungswesens. ZfV 64: 577–589.

Pfitzer, A. (1936): Aufgaben und Aufbau einer Reichsvermessung. ZfV 65: 1–18.

Pfitzer, A. (1939): Großdeutschlands Vermessungs- und Kartenordnung. ZfV 68: 489–506.

Pfitzer, A. (1948): Vermessungswirklichkeit und Vermessungshilfen. Manuskriptdruck Berlin.

Pieper, H. (1996): Johann Jacob Baeyer. In: Beitr. Baeyer-Symp. (1996): 89–119.

Planheft (1944): Planheft Großdeutsches Reich – Überblick über die Landesvermessungs- und Kartenwerke. Herausg. vom Reichsministerium des Innern, Juli 1944, Stollbergsche Buchdruckerei Gotha.

Plaumann, S. (1983/1991/1995): Die Schwerekarte 1:500 000 der Bundesrepublik Deutschland (Bouguer-Anomalien), Blatt Nord/Mitte/Süd. Geolog. Jahrbuch, Reihe E, Heft 27: 3–16, Heft 46: 3–16, Heft 53: 3–13, Hannover.

Prell, H. (1957): Die Stadienmaße des klassischen Altertums in ihren wechselseitigen Beziehungen. Wiss. Z. T. H. Dresden 6, Heft 3: 549–563.

Preyss, C. R. (1962): Georg von Reichenbach. AVN 69: 41–47.

Pürkner (1963): 160 Jahre Ertel – Werk für Feinmechanik – eine Gründung Georg von Reichenbachs. Mitt.bl. DVW Bayern 15: 57–59.

Ramsayer (1949): Prof. Dr. phil. E. Feyer †. ZfV 74: 28.

Ramseger, P.-G. (2004): Friedrich Heinrich Christian Paschen – F. Paschen – ein Schweriner Astronom und Geodät – Zu seinem 200. Geburtstag eine Dokumentation einiger seiner Spuren. In: Paschen 200 Jahre (2004): 8–73.

Reek, W., Herausg. (1951): Heinrich Christian Schumacher 1780–1850. Gedenkschrift zum hundertsten Todestage. Sonderheft Mitt.blatt Verm.amt Hamburg.

Reek, W. (1962): 100 Jahre Dennert und Pape. ZfV 87: 216.

Reek, W. (1970): 125 Jahre Stadt- und Katastervermessung in Hamburg. ZfV 95: 406–411.

Reich, K. (1996): Gauß' geodätische Vermessungstätigkeit im Kontext zweier Briefe an J. J. Baeyer. In: Beitr. Baeyer-Symp. (1996): 121–142.

Reich, K. (2000): Sie studierten bei Gauß – Karrieren von Gauß' Schülern – Gauß als Lehrer. Mitt. Gauss-Gesellschaft Göttingen, Nr. 37: 33–62.

Reinhertz, C. (1901): Christian Ludwig Gerling's geodätische Thätigkeit. ZfV 30: 1–56.

Reinhertz, C. (1903): J. F. Benzenberg als Geodät. ZfV 32: 17–25, 52–57, 65–92.

Reist, H. (1965): Johann Gottlieb Friedrich von Bohnenberger – Gedanken zum 200. Geburtstag. AVN 72: 218–241.

Reist, H. (1968): Das württembergische Vermessungswesen in historischer Sicht. In: Württemberg. Landesvermessung 150 Jahre (1968): 3–56.

Repsold, J. A. (1908/1914): Zur Geschichte der astronomischen Messwerkzeuge. Leipzig.

Richter, E. (1984): Der Jakobsstab. VI 35: 23–25.

Richter, H. (1954): Vom großen „Geometer" Albrecht Dürer. ZfV 79: 91–92.

Roedder (1907): Zur Geschichte des Vermessungswesens Preußens, insbesondere Altpreußens, aus der ältesten Zeit bis in das 19. Jahrhundert. ZfV 36: 689–712, 721–745, 753–768, 785–801, 817–832, 849–865, 881–896, 913–927.

Röhrs, H. (1930): Die Bremische Feineinwägung. ZfV 59: 707–713.

Rösch, A. (1925): Die Höhenmessung in Bayern. ZfV 54: 342–345.

Rosien, W. (1952): Die Ebstorfer Weltkarte, Hannover.

Rößler, H. (2002): Aus der Geschichte des Geodätischen Instituts der Technischen Universität Dresden. Schriftenreihe des Geod. Inst., Heft 1: 7–36.

Rummel, R. (2006): Der Geodät. In: R. Häfner, H. Soffel, Herausg. (2006): Johann von Lamont – Leben und Werk. Festschrift anlässlich seines 200. Geburtstages: 95–106. Universität München.

Sadebeck, M. (1883): Register der Protokolle, Verhandlungen und Generalberichte für die Europäische Gradmessung vom Jahre 1861 bis zum Jahre 1880. Publ. Königl. Preuß. Geod. Inst., P. Stankiewicz, Berlin.

Samel. P. (1944): Geh. Reg.-Rat Professor Curtius Müller †. ZfV 73: 101.

Sauer (1927): Die Geschichte des Kurhessischen Katasters. ZfV 56: 648–660.

Schäfer, V. (1998): Die Tätigkeit des Arbeitskreises Liegenschaftskataster von 1951 bis 1998. In: AdV 50 Jahre (1998): 55–64.

Schaffer, J. (2003): Von der Mecklenburg-Karte Tilemann Stellas zum Geo-Informationssystem ATKIS – Die Entwicklung der topographischen Landesaufnahme in Mecklenburg. In: Mecklenburg. Landesvermessung 150 Jahre (2003): 40–53.

Scharfe, W., H. Scheerschmidt, Herausg. (2000): Berlin-Brandenburg im Kartenbild. Staatsbibl. zu Berlin, Ausstell. Kat. Neue Folge 42.

Scheel, G., G. Mohr (1978): Die Entwicklung der Deutschen Landesvermessung. Hessisches Landesvermessungsamt Wiesbaden.

Schiegg 250 Jahre (2002): Festschrift zum 250. Geburtstag von Pater Ulrich Schiegg OSB. Herausg. von der Marktgemeinde Ottobeuren und der Benediktinerabtei Ottobeuren, 2002.

Schl(ebach) (1892): Professor Dr. C. W. von Baur †. ZfV 21: 423–427.

Schlemmer, H. (1981): Aktuelle Instrumentenkunde, Konstrukteure geodätischer Instrumente. H. Wichmann Verlag, Karlsruhe.

Schlenger, H. (1933/34): Ein Beitrag zum Quellenwert friderizianischer Landesaufnahmen. Mitt. RfL 9: 214–218.

Schmidt, E. (1828): Lehrbuch der mathematischen und physikalischen Geographie. Göttingen.

Schmidt, F. (1935): Geschichte der geodätischen Instrumente und Verfahren im Altertum und Mittelalter. Unveränderter Nachdruck: K. Wittwer, Stuttgart 1988.

Schmidt, M. (1884): Historische Notizen über die topographische Landesaufnahme des Königreichs Sachsen, insbesondere über den Oberreit'schen topographischen Atlas. ZfV 13: 260–268.

Schmidt, R. (1973): Die Kartenaufnahme der Rheinlande durch Tranchot und v. Müffling, 1801 –1828, Teil 1, Geschichte des Kartenwerkes und vermessungstechnische Arbeiten. Publ. d. Gesellschaft für Rheinische Geschichtskunde XII, P. Hanstein Verlag. Köln Bonn. Dazu Nachtrag: Karten des Mittelrheingebietes und von Südwestdeutschland durch den österreichischen Generalquartiermeisterstab (teilweise unter v. Schmitt) 1793–1797 (Manuskript).

Schmidt, R. (1995): Referenz- und Koordinatensysteme in der deutschen Grundlagenvermessung. Nachr. a. d. öff. Verm.dienst Nordrhein-Westfalen 28: 23–67.

Schmidt, R. (2007): Die preußische Dreieckskette vom Rhein über Schlesien nach Memel 1817–1834. DGK, Reihe E, Nr. 29, München.

Schmidt, R., D. Ehlert (1976): Diagnoseausgleichung des Deutschen Hauptdreiecksnetzes durch den AdV-Arbeitskreis Triangulation. In: G. Krauß (Herausg.): Geodätische Woche Köln 1975: 186–194.

Schmidtchen, V. (2005): Die Pyramiden von Gizeh. In: Kröger (2005): 9–15.

Schnath, G. (1933/34): Die kurhannoversche Landesaufnahme des 18. Jahrhunderts und ihre Kartenwerke. Mitt. RfL 9: 19–32.

Schöler, H., H. Hoffmeister (2003): Heinrich Wild und sein Wirken für den geodätischen Instrumentenbau in Jena. Mitt. DVW Bayern 55: 53–61.

Schroeder-Hohenwarth, J. (1958): Die preußische Landesaufnahme von 1816–1875. Nachr. a. d. Karten- und Vermessungswesen, Reihe I, Nr. 5: 5–59. Frankfurt a. M.

Schroeder-Hohenwarth, J. (1962): Der Gestaltungswandel in der topographischen Kartographie während der letzten 200 Jahre – erläutert an den Maßstäben 1:86 400 und 1:100 000. KN 12: 69–83.

Schulte, P.-G. (1984): Vom klevischen Grundsteuerregister zur Katasterkarte. Nachr. a. d. öff. Verm.dienst Nordrhein-Westfalen 17: 185–201.

Schulze, B. (1933/34): Der Urheber der Schmettauschen Karte von Preußen. Mitt. RfL 9: 273–285.

Schumacher, H. (1962): Ministerialrat a. D. Dr.-Ing. E. h. Friedrich Kurandt 70 Jahre. ZfV 1962: 70–71.

Schwarz, K. P. (1975): Zur Erdmessung des Eratosthenes. AVN 82: 1–12.

Schwarzbach, M. (1980): Alfred Wegener und die Drift der Kontinente. Wiss. Verlagsges., Stuttgart.

Schwarzburg-Sondershausen (1875): Die Landesvermessung des Fürstenthums Schwarzburg-Sondershausen. ZfV 4: 209–242.

Schwenter, D. (1641): Mensula Praetoriana, Nürnberg. Nachdruck Veröff. des Förderkreises Vermessungstechnisches Museum e. V., Nr. 10, Dortmund 1986.

Seeber, G. (1984): Zum 200. Geburtstag von Friedrich Wilhelm Bessel. ZfV 109: 576–585.

Seeber, G. (2003): Satellite Geodesy. 2nd ed., W. de Gruyter, Berlin New York.

Seeber, G., W. Torge (1997): Eine GPS/Geoid-Höhenübertragung zum Meerespegel in Helgoland. ZfV 122: 445–457.

Seeger, H. (1997): Europäische Koordinaten – gestern und heute. In: Junius u. Kröger (1997): 66–85.

Seeger, H., D. Grünreich, J. Ihde, B. Weichel (2002): Geschichte des Instituts für Angewandte Geodäsie – Abteilung II des DGFI. In: Albertz et al. (2002): 178–214.

Siems, E. (2005): Erste Eisenbahnen – nicht ohne Feldmesser. In: Kröger (2005): 53–66.

Simek, R. (1992): Erde und Kosmos im Mittelalter. C. H. Beck, München.

Simmerding, F. X. (1970): Zur gesetzlichen Neuordnung des Eich- und Messwesens mit einer geschichtlichen Betrachtung über die Definition der Längeneinheit. ZfV 95: 141–149.

Simmerding, F. X. (1991): Das amtliche bayerische Feldmeßlehrbuch vom Jahre 1661. Mitt.bl. DVW Bayern 43: 415–428.

Simmerding, F. X. (1997): Glück und Not des Geometers – Höhen und Tiefen des Berufsstands, der mühsame Aufstieg im 19. Jahrhundert, Teil I. Mitt.bl. DVW Bayern: 129–146.

Soffel, H. (2005): Johann von Lamont (1805–1879) – Lebensweg und wissenschaftliche Leistungen unter besonderer Berücksichtigung seiner Arbeiten zur Erforschung des Magnetfeldes. Veröff. Bayer. Komm. f. d. Internationale Erdmessung, Astron.-Geod. Arbeiten, Nr. 62, München.

Soldner, J. (1810): Theorie der Landesvermessung. Herausg. von J. Frischauf, Ostwalds Klassiker der Exakten Wissenschaften Nr. 184, W. Engelmann, Leipzig 1911.

Spata, M. (1996): Martin Helwigs Karte von Schlesien aus dem Jahre 1561. In: Brunner u. Musall (1996): 5–18.

Spata, M. (1999): Friedrich Christoph Müller und seine Karten der Grafschaft Mark aus den Jahren 1775–1791. In: Kröger (1999): 31–54.

Spata, M. (2001): Friedrich Christoph Müller (1751–1808). VI 52: 348–351.

Spata, M. (2002): Müfflings Kartenaufnahme der Rheinlande 1814–1828. Fachinform.blatt DVW- Landesverein Thüringen Nr. 4: 19–31.

Spata, M. (2004): Karl Ludwig Edler von Lecoq – in Erinnerung an seinen 250. Geburtstag. VI 55: 358–360.

Späth, J. L. (1816): Die höhere Geodäsie oder die Wissenschaft, die Reiche der Erde, und diese selbst, geographisch aufzunehmen und zu chartieren. E. A. Fleischmannische Buchhandlung, München.

Stams, W. (1990): Werner Lohrmanns geodätische und kartographische Arbeiten. Wiss. Z. der TU Dresden 39: 159–170.

Stams, W., M. Stams (1981): Die große topographische Landesaufnahme in Sachsen von 1780 bis 1811 und ihre Folgekarten. Sächsische Heimatblätter 27: 197–212.

Steiff (1899): Wilhelm Schickhardt und seine Landesaufnahme Württembergs 1624–1635. ZfV 28: 401–415, 537–549.

Stein, W. H. (2001): Die französischen Anfänge der Bayerischen Vermessungsverwaltung: „Bureau topographique de Baviere“ (1801–1807) und „Carte de la Baviere“ (1807–1818). Mitt.bl. DVW Bayern 53: 137–191.

Steinbring, H. (1973): Der Landmesser und die Gewerbeordnung. ZfV 98: 79–84.

Stichling, P. (1936): Der Stand der Vermessungstechnik bei Beginn der preußischen Separationen und die Einflüsse auf die Gestaltung des Separations-Vermessungswesens (1817–1881). AVN 48: 601–613.

Stichling, P. (1951): Das rheinische Maß, seine wirtschaftliche und kulturelle Bedeutung. In: F. R. Jung, Herausg.: Geodätische Woche Köln 1950: 95–99. K. Wittwer, Stuttgart.

Stichling, P. (1954): Die preußischen Feldmesser-Reglements – Zur 250jährigen Wiederkehr der Feldmesser-Reglements vom Februar 1704. Mitt.bl. BdVI 5: 45–57, 69–82, 118–132, 141–155, 165–176, 214–223.

Stigloher, W. (1984): Die Militärkartographie in Bayern um der Wende des 18. Jahrhunderts unter besonderer Berücksichtigung der „Schmittschen Karte von Südwestdeutschland“. Diss. TU München, Fakultät für Bauingenieur- und Vermessungswesen.

Strasser, G. (1957): Ellipsoidische Parameter der Erdfigur (1800–1950). DGK, Reihe A, Nr. 19, München.

Strasser, G. (1977): Heinrich Wild 1877/1977. AVN 84: 340–346.

Strauss, R. (1991): Lagebezugssysteme in Deutschland im Wandel. AVN 98: 130–138.

Strobel, A. (1968): Die Grundlagenvermessung. In: Württemberg. Landesvermessung 150 Jahre: 57–112.

Strohmeier, W. (1952): Die astronomisch bestimmten Breiten, Längen und Azimute in Bayern. Eine Aufführung in Tabellen, nebst zweier ergänzender Mitteilungen und einer Geschichte der Bayer. Kommission für die Internationale Erdmessung. Veröff. Bayer. Komm. f. d. Internationale Erdmessung, Astron.-Geod. Arbeiten, Heft 15, München.

Suckow, F. (1925): Verstaatlichung des Vermessungswesens. ZfV 54: 263–275.

Suckow, F. (1929): Friedrich Gustav Gauß zum Gedenken bei der 100. Wiederkehr seines Geburtstages. ZfV 58: 481–502.

Suckow, F., J. Ellerhorst (1932): Überblick über das deutsche Vermessungswesen. R. Reiss, Liebenwerda.

Szabo, A. (1992): Das geozentrische Weltbild. dtv-Wissenschaft, München.

Tardi, P. (1963): Hundert Jahre Internationale Erdmessung. ZfV 88: 2–10.

Teetzmann, V. (1998): 100 Jahre Berufsverband der vereideten Landmesser/Öffentlich bestellten Vermessungsingenieure. Forum 24: 472–498.

Tegeler, W. (2005): Oscar Schreiber – Sein Lebensweg als Offizier und Geodät in hannöverschen und preußischen Diensten. Wiss. Arb. Fachr. Geod. u. Geoinf., Univ. Hannover, Nr. 257: 12–30.

Theufer, O., Hoffmann (1941): Aus dem Leben des Gründers. Askania-Warte 6: 25–31, 53–59, 72–78.

Thiede, R. (1935): Das Zentraldirektorium der Vermessungen im Preußischen Staate und sein Einfluß auf das Preußische Vermessungswesen. ZfV 64: 148–159, 203–213, 247–255, 280–287.

Thilo, G. (1926): Anschluss der mecklenburgischen Landesvermessung an das deutsche Einheitssystem. Mitt. RfL, Sonderheft 3.

Töpfer, F. (1981): 200 Jahre topographische Landesaufnahme in Sachsen. VT 29: 122–125.

Torge, W. (1989): 50 Jahr deutsch-österreichische Islandforschung – Vorwort der Schriftleitung. ZfV 114: 1.

Torge, W. (1993): Von der mitteleuropäischen Gradmessung zur Internationalen Assoziation für Geodäsie. ZfV 118: 595–605.

Torge, W. (1994): Die Geodäsie im Übergang zur international organisierten Wissenschaft: Zum 200. Geburtstag von Johann Jacob Baeyer. ZfV 119: 513–522.

Torge, W. (1996a): The International Association of Geodesy (IAG) – More than 130 Years of International Cooperation. J. Geodesy 70: 840–845.

Torge, W. (1996b): 25 Jahre ZfV-Schriftleiter – ein Redaktionsbericht. ZfV 121: 295–310.

Torge, W. (1997): Von Gauß zu Baeyer und Helmert – Frühe Ideen und Iniativen zu einer europäischen Geodäsie. In: Junius u. Kröger (1997): 39–65.

Torge, W. (1998): 100 Jahre Schwerereferenznetze – Klassische und moderne Konzeption. ZfV 123: 355–363.

Torge, W. (2002): Müfflings geodätisches Wirken in der Umbruchepoche vom 18. zum 19. Jahrhundert. ZfV 127: 97–108.

Torge, W. (2003): Geodäsie. 2. Aufl., W. de Gruyter, Berlin New York.

Torge, W. (2005a): The International Association of Geodesy 1862 to 1922 – from a regional project to an international organization. J. Geodesy 78: 558–568.

Torge, W. (2005b): Von der Militärkartierung zur systematischen Landesaufnahme – Preußens langer Weg zur Schreiberschen Epoche der Landesvermessung. Wiss. Arb. Fachr. Geod. u. Geoinf., Univ. Hannover, Nr. 257: 43–72; s. auch: Der lange Weg der preußischen Landesvermessung – zum 100. Todestag von Oscar Schreiber (1829–1905). ZfV 130: 359–371.

Torge, W., D. Möller (1993): Kommentar zum Beitrag „Ein Jahrhundert Geodäsie in Potsdam". AVN 100: 444–446.

Truck, S. (1903): Gradmessungsarbeiten in Russland. ZfV 32: 193–204.

Tworuschka, H. (1985): Die Erneuerung des Lagefestpunktfeldes in Bremen 1977–1985. In: 150 Jahre Kataster und Vermessung in Bremen 1835–1985: 35–45, Herausg. Kataster- und Vermessungsverwaltung Bremen.

Ufer, W. (1991): Zur Geschichte der preußischen Katasterverwaltung. VT 39: 19–22.

Ullrich, M. (2004): Der Beitrag zur Vermessung in Thüringen durch Franz Xaver von Zach. Fachinform.blatt DVW Landesverein Thüringen Nr. 5: 1–69.

Unger, H. (1941): Zum Aufbau des Reichsfestpunktfeldes. ZfV 70: 26–31.

Unger, H. (1961): Die preußischen Grundsteuergesetze vom 21. Mai 1861 und das Liegenschaftskataster, AVN 68: 127–132.

Veit, H. (1962): Ministerialrat a. D. Dr.-Ing. Albrecht Rösch †. ZfV 87: 457–458.

Völksen, C., G. Seeber (1998): Nachweis von rezenten Krustendeformationen in Nordisland mit GPS. ZfV 123: 68–75.

Vollmar, W. (1936): Landestriangulation, Höhenmessungen und amtliche Kartenwerke im Reichsvermessungswesen. ZfV 65: 19–42.

Völter, U. (1963): Geschichte und Bedeutung der Internationalen Erdmessung. DGK, Reihe C, Nr. 63, München.

Vorthmann (1960): Professor Karl Koppe und seine topographische Landeskarte von Braunschweig. NVK 10: 5–21.

Walther (1931/32): Die amtlichen topographischen Kartenwerke des Landes Baden. Mitt. RfL Nr. 1: 38–46.

Weiden, A. von der (1955): Die Urkataster und die Entwicklung sowie Neugestaltung der katasteramtlichen Messungs- und Kartenwerke in Niedersachsen. In: Gauss und die Landesvermessung in Niedersachsen (1955): 155–184.

Weimann, G. (1983): Die Braunschweigische Landeskarte 1:10 000 – Koppes Einfluß auf die Weiterentwicklung der Kartographie. In: Möller u. Weimann (1983): 75–84.

Weißgerber, C. (1969): Antike Quellen zur Geschichte des Vermessungswesens. VI 20: 171–180.

Werkmeister, P. (1926): Bernhard Pattenhausen †. ZfV 55: 641–643.

Willmann, E. (1939): Die Entwicklung des Vermessungswesens bei den deutschen Eisenbahnen. AVN 51: 264–272.

Winkel, O. (1951): Petrus Apianus von Bennewitz. Verm.techn. Rundschau 13: 77–79.

Winschiers, K. (1982): 500 Jahre Vermessung und Karte in Bayern. Mitt.bl. DVW Bayern 34, Sonderheft 2.

Wittstock, B. (2001): Rechts- und Verwaltungsvorschriften des Preussischen Grundsteuerkatasters 1820–1945. Pro BUSINESS GmbH, Berlin.

Wolf, H. (1977): C. F. Gauss und die Methode der kleinsten Quadrate. AVN 84: 125–133.

Wolf, H. (1987): Datums-Bestimmungen im Bereich der deutschen Landesvermessung. ZfV 112: 406–413.

Wolf, H. (1993): Friedrich Robert Helmert – sein Leben und Wirken. ZfV 118: 582–590.

Wolf, R. (1890/92): Handbuch der Astronomie, ihrer Geschichte und Literatur. Zürich.

Wolz-Festschrift (1973): „Beiträge aus der Geodäsie der Gegenwart", 1883–1973, Bonn.

Württemberg. Landesvermessung 150 Jahre (1968): 150 Jahre württembergische Landesvermessung – Festschrift zur 150 Jahrfeier. Landesvermessungsamt Baden-Württemberg, Stuttgart.

Zanthier, H. von (1930/31): 150 Jahre Landesaufnahme Sachsen. Mitt. RfL 4: 180–190.

Zemanek, H. (1996): Konrad Zuse (1910–1995). Elektrotechnik und Informationstechnik 113: 303–306.

Ziegler, Th. (1993): Der König ließ messen sein Land. Deutscher Verein für Vermessungswesen, Landesverein Bayern, München.

Zieher, H. (1968): Urvermessung und Primärkataster. In: Württemberg. Landesvermessung 150 Jahre (1968): 113–135.

Zimmermann, B. (1980): Zur Geschichte der nichteuklidischen Geometrie. VT 28: 238–241.

Zimmermann, B. (1981): Heron von Alexandria – Geometer der Antike. VT 29: 383–386.

Zimmermann, B. (1983): Wilhelm Olbers (1785–1840) – Zum 225. Geburtstag des Astronomen. VT 31: 350–351.

Zimmermann, B. (1989): Max Hildebrand – Konstrukteur geodätischer Instrumente. VT 37: 411–412.

Zimmermann, B. (1990): Zur Entwicklung der Bergakademie Freiberg und der Markscheiderausbildung im 18. und 19. Jahrhundert. VT 38: 353–354.

Zimmermann, B. (1995): Peter Andreas Hansen und die thüringische Landesvermessung. VI 46: 247–251.

Zimmermann, B. (2000): Friedrich Paschen und die mecklenburgische Landesvermessung 1853–1873. Beiträge zur Astronomiegeschichte Bd. 3: 68–99, Verlag Harri Deutsch, Thun Frankfurt a. M., mit Erweiterungen erschienen in der Schriftenreihe des Förderkreises Vermessungstechnisches Museum e. V., Band 33, Dortmund 2004.

Zimmermann, B. (2003): Christian August Nagel und das sächsische Vermessungswesen im 19. Jahrhundert. VI 54: 385–389.

Zimmermann, B. (2004): Friedrich Paschen als Geodät. In: Paschen 200 Jahre (2004): 74–79.

Zubler, L. (1625): Novum Instrumentum Geometricum, Basel. Nachdruck W. Größchen KG, Dortmund 1978.

Verzeichnis der Abbildungen

Abb. 1.1. Autorenexemplar.
Abb. 1.2. Bibliothek Leibniz Universität Hannover.
Abb. 1.3. Autorenexemplar.

Abb. 2.1. Archäologisches Museum Istanbul. Aus: Mess-Kunst (2005), S. 41.
Abb. 2.2. Louvre Paris. Aus: Mess-Kunst (2005), S. 45.
Abb. 2.3. Deutsches Museum, München. Photographie. Aus: Museumshandbuch Dortmund (1985), S. 94.
Abb. 2.4. Louvre Paris. Aus: Mess-Kunst (2005), S. 43.
Abb. 2.5. Aus: Schwarz (1975), S. 3.
Abb. 2.6. Aus: Minow et al. (1973/76), 1974, S. 39.
Abb. 2.7. Aus: Schwarz (1975), S. 7.
Abb. 2.8. Aus: Minow et al. (1973/76), 1975, S. 92.
Abb. 2.9. Aus: Revue XYZ, Suppl. au No. 54, 1993, Umschlagseite.
Abb. 2.10. Staatsbibliothek zu Berlin, Preußischer Kulturbesitz (SBB Kart 41 KD1). Aus: Scharfe u. Scheerschmidt (2000), S. 17.
Abb. 2.11. Aus: Ingensand (1992), S. 128.
Abb. 2.12. Vermessungs- und Katasteramt Dortmund, Sammlung Verm.techn. Museum Dortmund. Aus: Peters (2002), S. 15.
Abb. 2.13. Rekonstruktion von G. Rivius. Aus: Grewe (1991), S. 613.

Abb. 3.1. Faksimile. Aus: Museumshandbuch Dortmund (1985), S. 33.
Abb. 3.2. Originalgetreue Nachbildung, Kloster Ebstorf. Aus: Frühauf et al. (1999), S. 49.
Abb. 3.3. Herzog August Bibliothek Wolfenbüttel (1.2.4 Geogr. 2°, Ptolemäus auctus, 1520). Aus: Das Kartenbild der Renaissance. Ausstellungskatalog der Herzog August Bibliothek Wolfenbüttel, 1977, S. 52/53.
Abb. 3.4. Staatsbibliothek zu Berlin, Preußischer Kulturbesitz (SBB Kart 41 KD1). Aus: Scharfe u. Scheerschmidt (2000), S. 18.
Abb. 3.5. Staatsbibliothek zu Berlin, Preußischer Kulturbesitz (SBB Kart 41 KD1). Aus: Scharfe u. Scheerschmidt (2000), S. 20.
Abb. 3.6. Aus: Minow (1991), S. 621.
Abb. 3.7. Deutsches Museum, München. Aus: FIG (Féderation Internationale des Géomètres)-Kalender (2007).
Abb. 3.8. Aus: Minow (1990), S. 201.
Abb. 3.9. Aus: Minow (1990), S. 202.
Abb. 3.10. Aus: Museumshandbuch Dortmund (1985), S. 102.
Abb. 3.11. Aus: Museumshandbuch Dortmund (1985), S. 106.
Abb. 3.12. Aus: Zubler (1625), Nachdruck 1978, S. 18.
Abb. 3.13. Aus: Minow (1990), S. 229.

Abb. 3.14. Deutsches Museum, München. Aus: Brachner (1996), S. 29.

Abb. 3.15. © Landesamt für Vermessung und Geoinformation Bayern. Aus: Winschiers (1982), S. 171.

Abb. 3.16. © Landesamt für Vermessung und Geoinformation Bayern. Aus: Bayerisches Landesvermessungsamt: Das Land unserer Väter. München 1984, S. 1.

Abb. 3.17. Reproduktion der Originalvorlage, Badische Landesbibliothek Karlsruhe (Gg1). Aus: Brunner u. Musall (1996).

Abb. 3.18. Staatlicher Mathematischer-Physikalischer Salon Dresden, Zwinger, Reproduktion nach Faksimileausgabe 1927. Aus: Bönisch et al. (1990), Tafel 7.

Abb. 4.1. Anonym. Kupferstich, LWL-Landesmuseum für Kunst und Kulturgeschichte, Münster/Portraitarchiv Diepenbroick. Fotonachweis LWL Münster/Rudolf Wakonigg.

Abb. 4.2. Aus: Haasbroek (1968), S. 17.

Abb. 4.3. Aus: Repsold (1908), Band I, Fig. 14.

Abb. 4.4. Quelle wie Abb. 4.1.

Abb. 4.5. Quelle wie Abb. 4.1.

Abb. 4.6. Herzog August Bibliothek Wolfenbüttel: 24.1 Astron. (5), F. Gemma: Libellus de locorum, 1533. Aus: Das Kartenbild der Renaissance. Ausstellungskatalog der Herzog August Bibliothek Wolfenbüttel, 1977, S. 49.

Abb. 4.7. Aus: Haasbroek (1968), S. 59.

Abb. 4.8. Aus: Jordan (1910), S. 480.

Abb. 4.9. Vermessungstechnisches Museum Dortmund. Aus: Museumshandbuch Dortmund (1985), S. 111.

Abb. 4.10. Aus: Haasbroek (1968), S. 64.

Abb. 4.11. Aus: Minow u. Pfeiffer (1991), S. 41.

Abb. 4.12. Aus: Schwenter (1641), S. 5.

Abb. 4.13. Aus: Zubler (1625), Nachdruck 1978, Band 2, S. 19.

Abb. 4.14. © Landesamt für Vermessung und Geoinformation Bayern. Aus: Winschiers (1982), S. 172.

Abb. 4.15. © Landesamt für Vermessung und Geoinformation Bayern. Aus: Geoinformationssysteme Bayern (1993), S. 77.

Abb. 4.16. Institut für Länderkunde Leipzig; Faksimile-Ausgabe 1889. Aus: Harmßen (1996), S. 34.

Abb. 4.17. Aus: Steiff (1899), S. 402.

Abb. 4.18. Aus: Jordan (1910), S. 483.

Abb. 4.19. Landesvermessungsamt Baden-Württemberg AZ:2851.3-A/455 vom 11.12.06. Aus: Beck (1968), S. 240.

Abb. 5.1. Aus: Observatoire de Paris – Son Histoire (1990), S. 20.

Abb. 5.2. Aus: Perrier (1949), Tafel I.

Abb. 5.3. Aus: Museumshandbuch Dortmund (1985), S. 53.

Abb. 5.4. Aus: Perrier (1949), Tafel IV.

Abb. 5.5. Historisches Museum Hannover.

Abb. 5.6. Aus: Kaspereit (1960), S. 86.
Abb. 5.7. Aus: Kaspereit (1960), S. 87.
Abb. 5.8. Nachdruck 2001, Autorenexemplar.
Abb. 5.9. © Landesamt für Vermessung und Geoinformation Bayern. Aus: Ziegler (1993), S. 11.
Abb. 5.10. Vermessungstechnisches Museum Dortmund.
Abb. 5.11. Vermessungstechnisches Museum Dortmund. Aus: Museumshandbuch Dortmund (1985), S. 69.
Abb. 5.12. Aus: Gombel (2002), S. 10.
Abb. 5.13. Aus: Gombel (2002), S. 13.
Abb. 5.14. Aus: Gombel (2002), S. 46.
Abb. 5.15. Aus: Observatoire de Paris – Son Histoire (1990), S. 20.
Abb. 5.16. Aus: Levallois (1988), Anlage.
Abb. 5.17. Aus: Schroeder-Hohenwarth (1962), Anl. 1.
Abb. 5.18. Neuzeichnung nach Lips (1936/37), Kartengrundlage: Putzgers Historischer Weltatlas. 88. Aufl. (1965), S. 90/91, Velhagen u. Klasing, Bielefeld.
Abb. 5.19. Geoinformationsdienst der Bundeswehr. Aus: Hafeneder (2004), S. 81.
Abb. 5.20. Landesvermessungsamt Baden-Württemberg AZ:2852.3-A/455 vom 11.12.06. Aus: Reist (1968), S. 16 f.
Abb. 5.21. Aus: Reist (1965), Anl. 3, wie Abb. 5.20.
Abb. 5.22. Aus: Reist (1965), Anl. 1, wie Abb. 5.20.
Abb. 5.23. Aus: Finsterwalder (1973), Abb. 3.
Abb. 5.25. Aus: Merkel (1928), S. 5.
Abb. 5.24. Aus: Merkel (1928), S. 18.
Abb. 5.26. Aus: Ohlemutz (1953), Tafel II.
Abb. 5.27. Dr. Marianne Gräfin Schmettow, Eschborn.
Abb. 5.28. Aus: Kost (1965), Anlage.
Abb. 5.29. Stadtarchiv Schwelm. Aus: Spata (1999), S. 32.
Abb. 5.30. Aus: Spata (1999), S. 43.
Abb. 5.31. Bormann-Museum Celle. Aus: Bauer (1993), S. 127.
Abb. 5.32. Landesvermessung und Geobasisinformation Niedersachsen. Aus: Kost (1955a), S. 120 ff.
Abb. 5.33. Aus: Kaspereit (1958), S. 119 .
Abb. 5.34. Landesvermessung und Geobasisinformation Niedersachsen. Aus: Kost (1955a), S.122 ff.
Abb. 5.35. Aus: Oldenburger Landesvermessung 200 Jahre (1981), S. 40.
Abb. 5.36. Aus: Hauerken (1961), Anl. 1.
Abb. 5.37. Landesvermessung und Geobasisinformation Niedersachsen. Aus: Kost (1955b), S. 126 ff.
Abb. 5.38. Geoinformationsdienst der Bundeswehr. Aus: Hafeneder (2004), S. 84.
Abb. 5.39. Neuzeichnung nach Stams u. Stams (1981), S. 197.
Abb. 5.40. Aus: Zanthier (1930/31), Anlage.

Abb. 6.1. Aus: Levallois (1988), S. 88.

Abb. 6.2. Aus: Lips (1936/37), S. 234.

Abb. 6.3. Landesvermessungsamt NRW. Aus: Husen (2001), S. 18.

Abb. 6.4. Aus: Lips (1936/37), Beilage V.

Abb. 6.5. Aus: Schroeder-Hohenwarth (1962), Anl. 10.

Abb. 6.6. Landesvermessung und Geobasisinformation Niedersachsen. Aus: Gerardy (1955), S. 90 ff.

Abb. 6.7. © Landesamt für Vermessung und Geoinformation Bayern. Aus: Ziegler (1993), Anl. 1.

Abb. 6.8. Abtei Ottobeuren. © wie Abb. 6.7. Aus: Ziegler (1993), S. 38.

Abb. 6.9. Fritz Heller, Feuchtwangen. Aus: Past (2005), S. 23.

Abb. 6.10. Universitäts-Sternwarte, Ludwig-Maximilian-Universität München. Aus: Häfner u. Soffel (2006), S. 6.

Abb. 6.11. Autorenexemplar.

Abb. 6.12. © Landesamt für Vermessung und Geoinformation Bayern. Aus: Ziegler (1993), S. 42.

Abb. 6.13. Wie Abb. 6.12. Aus: Ziegler (1993), Anl. 6.

Abb. 6.14. Wie Abb. 6.12. Aus: Ziegler (1993), S. 12.

Abb. 6.15. Wie Abb. 6.12. Aus: Ziegler (1993), S. 13.

Abb. 6.16. Wie Abb. 6.12. Aus: Ziegler (1993), S. 20.

Abb. 6.17. Aus: Bauernfeind (1856), S. 334.

Abb. 6.18. Wie Abb. 6.12. Aus: Ziegler (1993), Anl. 26.

Abb. 6.19. Wie Abb. 6.12. Aus: Ziegler (1993), S. 35.

Abb. 6.20. Deutsches Museum, München. Aus: Bayerisches Landesvermessungsamt (2001), S. 39.

Abb. 6.21. Wie Abb. 6.12. Aus: Ziegler (1993), S. 36.

Abb. 6.22. Stadtmuseum Landeshauptstadt Düsseldorf. Aus: Lucht (1999), S. 59.

Abb. 6.23. Aus: Lucht (1999), S. 71.

Abb. 6.24. Aus: Ehrmannstraut (1982), S. 46.

Abb. 6.25. Göttinger Universitäts-Sternwarte, Gauß-Gesellschaft Göttingen.

Abb. 6.26. Städtisches Museum Göttingen. Aus: Gauß 200 Jahre (1977b), S. 20.

Abb. 6.27. Privatbesitz. Aus: Brosche (2001), S. 147.

Abb. 6.28. Museum für Regionalgeschichte und Volkskunde Gotha. Aus: Brosche (2001), S. 153.

Abb. 6.29. Schloss Charlottenhof, Potsdam, Stiftung Preußische Schlösser und Gärten Berlin-Brandenburg. Aus: Alexander von Humboldt: Kosmos. Eichborn Verlag, Frankfurt a. M. 2004.

Abb. 6.30. Lindenau-Museum Altenburg. Aus: Brosche (2001), S. 155.

Abb. 7.1. Aus: Michling (1976), S. 73.

Abb. 7.2. Aus: Bauernfeind (1856), Band I, S. 144.

Abb. 7.3. Archiv der Gauß-Gesellschaft. Aus: Mittler (2005), S. 165.

Abb. 7.4. Aus: Ambronn (1900), S. 178.

Abb. 7.5. Gaede (1885), Tafel III. Aus: Gauß 200 Jahre (1977a), S. 97.

Abb. 7.6. Gauß-Gesellschaft Göttingen. Aus: Gauß 200 Jahre (1977a), S. 99.

Abb. 7.7. Aus: Michling (1976), S. 44.

Abb. 7.8. Autorenexemplar.

Abb. 7.9. Landesvermessung und Geobasisinformation Niedersachsen. Aus: Gerardy (1955b), S. 94 f.

Abb. 7.10. Kopie Göttinger Universität-Sternwarte, Gauß-Gesellschaft Göttingen.

Abb. 7.11. Herausg. von der Historischen Kommission für Niedersachsen und Bremen und vom Niedersächsischen Landesverwaltungsamt – Landesvermessung, Hannover 1977. Aus: Torge (2005b), S. 52.

Abb. 7.12. Landesvermessung und Geobasisinformation Niedersachsen. Aus: Hafeneder (2004), S. 59.

Abb. 7.13. Aus: Albrecht (1980), S. 65.

Abb. 7.14. Aus: Lips (1936/37), Beilage VI.

Abb. 7.15. Bildarchiv Preußischer Kulturbesitz (bpk Berlin).

Abb. 7.16. Neuzeichnung nach Dr.-Ing. Rudolf Schmidt (2007), Kartengrundlage: Putzgers Historischer Weltatlas. 88. Aufl. (1965), S. 96, Velhagen u. Klasing, Bielefeld. Aus: Torge (2005b), S. 46.

Abb. 7.17. Reproduktion der „Instruction ... (1821)“. Institut für Angewandte Geodäsie, Frankfurt a. M. 1980, Autorenexemplar.

Abb. 7.18. Staatsbibliothek zu Berlin, Preußischer Kulturbesitz (SBB Kart N 729). Aus: Scharfe et al. (2000), S. 115.

Abb. 7.19. Aus: Schmidt (2007), Abb. 7, S. 24.

Abb. 7.20. Aus: Krauß (1969), Beilage 2.

Abb. 7.21. Aus: Degner (1930/31), Anl.

Abb. 7.22. Aus: Krauß (1969), S. 127.

Abb. 7.23. Aus: Schroeder-Hohenwarth (1962), Anl. 12.

Abb. 7.24. Mindener Museum für Geschichte, Landes- und Volkskunde. Aus: Bessel 200 Jahre (1984), S. 18.

Abb. 7.25. Engelmann, Abhandlungen von F. W. Bessel, Bd. 3, Leipzig 1876, Tafel 3. Aus: Jordan u. Reinhertz (1910), S. 499.

Abb. 7.26. Ölgemälde von Stankiewicz, Geoforschungszentrum Potsdam. Aus: Buschmann (1994), S. 4.

Abb. 7.27. Baeyer: Die Küstenvermessung und ihre Verbindung mit der Berliner Grundlinie. Berlin 1849. Aus: Schmidt (2007), S. 22.

Abb. 7.28. Baeyer: Die Küstenvermessung und ihre Verbindung mit der Berliner Grundlinie. Berlin 1849. Aus: Reich (1996), S. 140.

Abb. 7.29. Aus: Krauß (1969), Beilage 4.

Abb. 7.30. Aus: Jordan–Eggert (1950), S. 32.

Abb. 7.31. © Landesvermessungsamt NRW, Bonn 2006. Aus: Landesvermessungsamt Nordrhein-Westfalen, Herausg. (1993), S. 66.

Abb. 7.32. Aus: Lips (1936/37), S. 310.

Abb. 7.33. Aus: Stichling (1936), S. 603.

Abb. 7.34. Aus: Friedrich (1999), S. 41.

Abb. 7.35. Aus: Die Entwicklung der Stadt Celle in Karten seit 1750. Herausg. Katasteramt Celle mit Unterstützung der Stadt Celle 1992, Anl. 3.3.1.

Abb. 7.36. Aus: Gerardy (1952), S. 5.

Abb. 7.37. Landesvermessung und Geobasisinformation Niedersachsen. Aus: v. d. Weiden (1955), S. 158 f.

Abb. 7.38. Geoforschungszentrum Potsdam, Zentralbibliothek.

Abb. 7.39. Aus: Michling (1976), S. 125.

Abb. 7.40. Neuzeichnung nach Jordan u. Reinhertz (1910), S. 497, und Kahlfuß (2001).

Abb. 7.41. Reproduktion eines Archivstücks des Hessischen Landesamtes für Bodenmanagement und Geoinformation, Wiesbaden. Aus: Hafeneder (2004), S. 59.

Abb. 7.42. Aus: Jordan (1899), S. 5.

Abb. 7.43. Aus: Ohlemutz (1953), Tafel VI.

Abb. 7.44. Aus: Ehrmanntraut (1982), S. 49.

Abb. 7.45. © Kupferstichkabinett, Staatliche Museen zu Berlin (Inv. Diez SZ 41). Aus: Hansen 200 Jahre (1995), Frontispiz.

Abb. 7.46. Ergänzte Zeichnung nach Lips (1936/37), S. 251, und Hansen 200 Jahre (1995), S. 30.

Abb. 7.47. Stadtarchiv Braunschweig, Kopie aus dem Stammbaum der Familie Spehr. Aus: Gerke (1978), S. 3.

Abb. 7.48. Aus: Gerke (1978), S. 8.

Abb. 7.49. Aus: Oldenburger Landesvermessung 200 Jahre (1981), S. 59.

Abb. 7.50. Aus: Hauerken (1961), Anl. 3.

Abb. 7.51. Aus: Landesvermessung – Kalender der Nieders. Verm. u. Katasterverwaltung 1955.

Abb. 7.52. Amt für Geoinformation, Vermessungs- und Katasterwesen, Schwerin. Aus: Kleinfeldt u. Ramseger (2003), S. 20.

Abb. 7.53. Aus: Ramseger (2004), S. 35.

Abb. 7.54. Aus: Danielsen (1951), S. 39.

Abb. 7.55. Portrait aus: J. Schmidt: Mondcharte in 25 Sectionen und 2 Erläuterungstafeln von Wilhelm Gotthelf Lohrmann. Leipzig 1878. Aus: Dolz (1999), S. 18.

Abb. 7.56. Aus: Zanthier (1930/31), Anl.

Abb. 7.57. A. Habermeyer: Die topographische Landesaufnahme von Bayern im Wandel der Zeit. K. Wittwer, Stuttgart 1993. Aus: Hafeneder (2004), S. 24.

Abb. 7.58. © Landesamt für Vermessung und Geoinformation Bayern. Aus: Hafeneder (2004), S. 52.

Abb. 7.59. Landesvermessungsamt Baden-Württemberg AZ:2851.3-A/455 vom 11.12.06. Aus: Strobel (1968), Anl. 1.

Abb. 7.60. Wie Abb. 7.59. Aus: Reist (1965), Anl. 9.

Abb. 7.61. Wie Abb. 7.59. Aus: Zieher (1968), Anl. 9.

Abb. 7.62. Wie Abb. 7.59. Aus: Reist (1965), Anl. 7.

Abb. 7.63. Aus: „65. Deutscher Geodätentag", Karlsruhe 1981, Tagungsführer. Wichmann-Verlag, S. 61.

Abb. 7.64. Aus: Jordan u. Reinhertz (1910), S. 531.

Abb. 7.65. Aus: Walther (1931/32), Tafel 4.

Abb. 7.66. Aus: Gombel (2002), S. 25.

Abb. 7.67. Aus: J. W. Koch: Der Hamburger Spritzenmeister und Mechaniker Johann Georg Repsold. Dissertation Institut für Geschichte der Naturwissenschaften, Department Mathematik, Universität Hamburg, 2001.

Abb. 7.68. Aus: Repsold (1908), Bd. 2, Fig. 34.

Abb. 7.69. Aus: Gombel (2002), S. 36.

Abb. 7.70. Bayerische Akademie der Wissenschaften. Aus: Geist und Gestalt – Biographische Beiträge zur Geschichte der Bayerischen Akademie der Wissenschaften vornehmlich im zweiten Jahrhundert des Bestehens. Verlag C. H. Beck, München 1959.

Abb. 8.1. Vierteljahrsschrift der Astronomischen Gesellschaft, Leipzig 29 (1894). Aus: Buschmann (1994), S. 114.

Abb. 8.2. Geoforschungszentrum Potsdam.

Abb. 8.3. Aus: J. J. Baeyer: Über die Grösse und Figur der Erde. Eine Denkschrift zur Begründung einer mitteleuropäischen Gradmessung nebst einer Übersichtskarte. G. Reimer, Berlin 1861. Geoforschungszentrum Potsdam.

Abb. 8.4. Universitätsarchiv Leipzig (FS N 4366). Aus: Münzel u. Ilgauds (1996), S. 20.

Abb. 8.5. Archiv der Berlin-Brandenburgischen Akademie der Wissenschaften zu Berlin. Aus: Buschmann (1994), S. 146.

Abb. 8.6. Aus: Jordan (1910), S. 517.

Abb. 8.7. Aus: J. B. Messerschmitt: Die Schwerebestimmung an der Erdoberfläche. Braunschweig 1908, S. 64.

Abb. 8.8. © Landesvermessungsamt NRW, Bonn 2006. Aus: Landesvermessungsamt Nordrhein-Westfalen, Herausg. (1993), S. 38.

Abb. 8.9. Nachprägung Zentralinstitut für Physik der Erde in Potsdam. Aus: Buschmann (1994), S. 27.

Abb. 8.10. Aus: DGK, Reihe E, Nr. 12, Aachen 1970.

Abb. 8.11. Aus: Münzel u. Ilgauds (1996), S. 23.

Abb. 8.12. Photographie Geoforschungszentrum Potsdam.

Abb. 8.13. Aus: Helmert (1886), Anl. 2, Tafel I.

Abb. 8.14. Institut für Erdmessung, Universität Hannover.

Abb. 8.15. Universitätsarchiv Leipzig (FS Ü 20,37). Aus: Münzel u. Ilgauds (1996), S. 24.

Abb. 8.16. Aus: W. Jordan, O. Eggert: Handbuch der Vermessungskunde. 3. Band, 2. Halbband, 8. Aufl., Stuttgart 1941, S. 359.

Abb. 8.17. Aus: E. Borrass: Bericht über die relativen Messungen der Schwerkraft mit Pendelapparaten in der Zeit von 1808 bis 1909 und über ihre Darstellung im Potsdamer Schweresystem. Verhandlungen der 16. Allgemeinen Conferenz der Internationalen Erdmessung, Teil III, G. Reimer, Berlin 1911.

Abb. 8.18. Aus: Michling (1976), S. 126.

Abb. 8.19. Aus: Theufer u. Hoffmann (1941), S. 58.

Abb. 8.20. Aus: Verhandl. der Permanenten Commission der Internationalen Erdmessung in Freiburg i. B. vom 15. bis 21. September 1890. Bericht von Prof. Jordan, ZfV 20 (1891): S. 6.

Abb. 8.21. Aus: Repsold (1908), Band 2, Fig. 102.

Abb. 9.1. Photo: Physikalisch-Technische Bundesanstalt Braunschweig.

Abb. 9.2. Aus: J. B. Messerschmitt: Die Schwerebestimmung an der Erdoberfläche. Braunschweig 1908, S. 49.

Abb. 9.3. K. v. Priesdorff: Soldatisches Führertum. Hamburg 1936. Aus: Albrecht (2004), S. 140.

Abb. 9.4. K. v. Priesdorff: Soldatisches Führertum, Hamburg 1941. Aus: Torge (2005), S. 363.

Abb. 9.5. Geodätisches Institut, Leibniz Universität Hannover.

Abb. 9.6. Nach Schreiber, ZfV 1882, S. 1–17. Aus: Torge (2005a), S. 54.

Abb. 9.7. Geodätisches Institut, Leibniz Universität Hannover.

Abb. 9.8. Aus: W. Jordan, C. Reinhertz: Handbuch der Vermessungskunde. 3. Band, 6. Aufl., J. B. Metzler, Stuttgart 1916, S. 29.

Abb. 9.9. Aus: W. Jordan: Handbuch der Vermessungskunde. III. Band, 5. Aufl., bearb. von C. Reinhertz, J. B. Metzler, Stuttgart 1907, S.35.

Abb. 9.10. Aus: Museumshandbuch Dortmund (1985), S. 74.

Abb. 9.11. Vermessungstechnisches Museum Dortmund.

Abb. 9.12. Aus: Gombel (2002), S. 7.

Abb. 9.13. © Landesvermessungsamt NRW, Bonn 2006. Aus: Landesvermessungsamt Nordrhein-Westfalen, Herausg. (1993), S. 3.

Abb. 9.14. Aus: Nieders. Min. des Innern: Aufbau und Erhaltung des trigonometrischen Festpunktfeldes (TP-Erlass). Hannover 1969.

Abb. 9.15. Aus: Die Königlich Preußische Landestriangulation – Hauptdreiecke. VII. Teil. Trigon. Abt. der Landesaufnahme, Berlin 1895.

Abb. 9.16. © Landesvermessungsamt NRW, Bonn 2006. Aus: Landesvermessungsamt Nordrhein-Westfalen, Herausg. (1993), S. 53.

Abb. 9.17. Aus: W. Jordan, C. Reinhertz: Handbuch der Vermessungskunde. I. Band, 7. Aufl., bearb. von E. Eggert, J. B. Metzler, Stuttgart 1910, S. 451.

Abb. 9.18. Aus: Krauß (1969), Beil. 5.

Abb. 9.19. Geodätisches Institut, Leibniz Universität Hannover.

Abb. 9.20. Der Normal-Höhenpunkt für das Königreich Preußen. Berlin 1879. Aus: Museumshandbuch Dortmund (1985), S. 137.

Abb. 9.21. Die Nivellements von hoher Genauigkeit, Höhen über N. N. im neuen System der Trigonometrischen Abteilung des Reichsamts für Landesaufnahme. Berlin 1923. Aus: Museumshandbuch Dortmund (1985), S. 139.

Abb. 9.22. Ergebnisse der Feineinwägungen, Vorheft. Trigonometrische Abteilung des Reichsamts für Landesaufnahme, Berlin 1930. Aus: Museumshandbuch Dortmund (1985), S. 137.

Abb. 9.23. Die Festlegungsmittel der Trigonometrischen Abteilung des Reichsamts für Landesaufnahme. Berlin 1929. Aus: Museumshandbuch Dortmund (1985), S. 138.

Abb. 9.24. Aus: E. Gigas: Dreiecks- und Höhenmessung. Reichsamt für Landesaufnahme, Trig. Abt., Berlin 1940, S. 211.

Abb. 9.25. Aus: W. Jordan, O. Eggert, M. Kneißl: Handbuch der Vermessungskunde. Band III: Höhenmessung, Tachymetrie, 10. Aufl., J. B. Metzler, Stuttgart 1956, S. 136.

Abb. 9.26. Aus: Jordan–Eggert (1950), S. 155.

Abb. 9.27. Aus: IX. Katasteranweisung (1881), Anl. II zu §23. Landesbetrieb „Landesvermessung und Geobasisinformation Niedersachsen“ (LGN), Hannover.

Abb. 9.28. Aus: Jordan–Eggert (1950), S. 35.

Abb. 9.29. Aus: Die Entwicklung der Stadt Celle in Karten seit 1750. Herausg. Katasteramt Celle 1992, Anl. 3.3.2.

Abb. 9.30. Aus: Jordan (1910), S. 413.

Abb. 9.31. Aus: Frühauf et al. (1999), S. 246.

Abb. 9.32. Aus: Bauernfeind (1856), Band I, S. 408.

Abb. 9.33. Aus: Ohlemutz (1953), Tafel VII.

Abb. 9.34. Universitätsarchiv der TU Dresden, Fotoarchiv.

Abb. 9.35. Aus: Jordan (1910), S. 544.

Abb. 9.36. Aus: Meßpunkt Leipzig (1996), S. 56.

Abb. 9.37. TU Dresden, Kustodie.

Abb. 9.38. Aus: H. Brunner (1996), S. 72.

Abb. 9.39. Aus: Meßpunkt Leipzig (1996), S. 55.

Abb. 9.40. Aus: Zanthier (1930/31), Tafel 5.

Abb. 9.41. © Landesamt für Vermessung und Geoinformation Bayern. Aus: Geoinformationssysteme Bayern (1993), S. 9.

Abb. 9.42. Aus: Bauernfeind (1856), S. 396.

Abb. 9.43. Aus: F. Deumlich: Surveying Instruments. W. de Gruyter, Berlin New York 1982, S. 15.

Abb. 9.44. Landesvermessungsamt Baden-Württemberg AZ:2851.3-A/455 vom 11.12.06. Aus: Hampel (1968), Anl. 25.

Abb. 9.45. Aus: Walther (1931/32), Tafel 5.

Abb. 9.46. Bundesamt für Kartographie und Geodäsie, Frankfurt a. M..

Abb. 9.47. Aus: Möller u. Weimann (1983), S. 4.

Abb. 9.48. Aus: Hofmann (1954), S. 385.

Abb. 9.49. Aus: Draheim (1993), S. 27.

Abb. 9.50. Archiv der Turnerschaft Alt-Württemberg im CC zu Stuttgart.

Abb. 9.51. Bayerische Akademie der Wissenschaften. Aus: Geist und Gestalt – Biographische Beiträge zur Geschichte der Bayerischen Akademie der Wissenschaften vornehmlich im zweiten Jahrhundert ihres Bestehens. Verlag C. H. Beck, München 1959.

Abb. 9.52. Aus: Konecny (2006), S. 64.

Abb. 9.53. Institut für Erdmessung, Leibniz Universität Hannover.

Abb. 9.54. Aus: Jordan–Eggert (1950), Frontseite.

Abb. 9.55. Aus: Müller (1911), S. 357.

Abb. 10.1. Aus: Planheft (1944), Abb. 2.

Abb. 10.2. Aus: Festvortrag zur Gedächtnisfeier des 100. Geburtstages von Louis Krüger. Schriftenreihe des Kulturausschusses der Stadt Elze, 1957.

Abb. 10.3. Aus: Buschmann (1993b), S. 201.

Abb. 10.4. Aus: Kurandt (1952), S. 161.

Abb. 10.5. Aus: W. Jordan, O. Eggert, M. Kneissl: Handbuch der Vermessungskunde. 10. Ausgabe, Band IV/1, J. B. Metzler, Stuttgart 1958, S. 168.

Abb. 10.6. Aus: Jordan–Eggert (1950), S. 345.

Abb. 10.7. Aus: Jordan–Eggert (1950), S. 343.

Abb. 10.8. Nach: Gigas (1940), Fig.4., S. 20 f.

Abb. 10.9. Reichsamt für Landesaufnahme. Aus: W. Geisler: Das Bildnis der Erde. Edgar Thamm, Halle a. S. 1925, Anlage.

Abb. 10.10. Wie Abb. 10.9.

Abb. 10.11. Aus: Heißler (1949), Anl. IV.

Abb. 10.12. Wie Abb. 10.9.

Abb. 10.13. Jahresbericht des RfL 1940/41, Nachr. a. d. Reichsvermessungsdienst 1941, Nr. 4. Aus: Augath u. Kummer (1988), S. 292.

Abb. 10.14. Aus: Ahrend (1969), S. 114.

Abb. 10.15. Aus: Jahresbericht des Reichsamts für Landesaufnahme, 1.4.1931–31.3.1932. Mitt. RfL 1932/33, Nr. 2: 77–94, Anlage.

Abb. 10.16. Aus: Gombel (2002), S. 7.

Abb. 10.17. Aus: Gombel (2002), S. 78.

Abb. 10.18. Aus: Gombel (2002), S. 78.

Abb. 10.19. Aus: Gombel (2002), S. 73.

Abb. 10.20. Aus: Ahrend (1969), S. 112.

Abb. 10.21. Aus: Ahrend (1969), S. 115.

Abb. 10.22. Aus: Ahrend (1969), S. 114.

Abb. 10.23. Aus: Jordan–Eggert (1950), S. 13.

Abb. 10.24. Aus: Schumacher (1962), S. 70.

Abb. 10.25. Aus: Plaumann (1983), S. 1.

Abb. 10.26. Institut für Erdmessung, Leibniz Universität Hannover.

Abb. 10.27. Aus: W. Jordan, O. Eggert: Handbuch der Vermessungskunde. 3. Band, 2. Halbband, Stuttgart 1941, S. 382.

Namen- und Sachverzeichnis

H

N

T

Kolibri 360 GmbH
Ferdinand-Jühlke-Straße 7
99095 Erfurt, Deutschland
produktsicherheit@kolibri360.de